城垣杯

规划决策支持模型设计大赛获奖作品集 2021

Planning Decision Support Model Design Compilation

北京市城市规划设计研究院
北京城垣数字科技有限责任公司
世界规划教育组织
北规院弘都规划建筑设计研究院有限公司
编

中国建筑工业出版社

图书在版编目（CIP）数据

城垣杯·规划决策支持模型设计大赛获奖作品集. 2021 = Planning Decision Support Model Design Compilation / 北京市城市规划设计研究院等编. —北京：中国建筑工业出版社，2022.3

ISBN 978-7-112-27043-9

Ⅰ. ①城… Ⅱ. ①北… Ⅲ. ①城市规划—建筑设计—作品集—中国—现代 Ⅳ. ①TU984.2

中国版本图书馆CIP数据核字（2021）第270054号

责任编辑：陈夕涛　徐　浩
书籍设计：锋尚设计
责任校对：张惠雯

城垣杯
规划决策支持模型设计大赛获奖作品集2021
Planning Decision Support Model Design Compilation

北京市城市规划设计研究院
北京城垣数字科技有限责任公司
世界规划教育组织
北规院弘都规划建筑设计研究院有限公司
编

*

中国建筑工业出版社出版、发行（北京海淀三里河路9号）
各地新华书店、建筑书店经销
北京锋尚制版有限公司制版
北京富诚彩色印刷有限公司印刷

*

开本：889毫米×1194毫米　1/12　印张：31⅓　字数：618千字
2022年3月第一版　2022年3月第一次印刷
定价：**360.00**元

ISBN 978-7-112-27043-9
（38736）

版权所有　翻印必究
如有印装质量问题，可寄本社图书出版中心退换
（邮政编码 100037）

编委会成员

顾　问：石晓冬、吴志强、王　引

主　编：张晓东、张铁军、黄晓春

副主编：何莲娜、吴运超、胡腾云、孙道胜、吴兰若

编　委：顾重泰、崔　喆、阳文锐、李慧轩、王吉力、郭　婧、
梁　弘、石　闻、张　宇、李　翔、陈科比、刘郑伟、
曹　旭、姚　尧、王雪梅、王海洋、解鹏飞、张宇昂、
荣毅龙、王　良、黄婷婷、宋浩然、王轶萱、王志鹏、
徐　帅、王　赛

序一

春华秋实，收获季节又来临，第五届“城垣杯·规划决策支持模型设计大赛”圆满落幕，竞赛获奖作品集付梓问世。

2021年，中国各个城市陆续进入大规模数字化转型阶段，在蓬勃发展的物质空间取得了伟大成就的基础上，正在历史性地从量的扩张向质的提升跨越，而质的提升与数字化精准决策紧密相关。

过去40年快速城镇化中决策的粗放和随意，造成了部分城市品质低下，面对城市主体越来越多元、城市治理越来越复杂的现状，需要大量规划师尤其是青年规划人一起参与改变。

连续成功举办五届的规划决策支持模型设计大赛，影响力不断提升，队伍规模不断扩大，研究主题紧跟时代，技术方法更加智能，吸引并托举了中国大量年轻的规划学者投身其中，推动了中国现在理论模型和使用模型的提升。尤其高兴的是，从全世界规划学界视野中去观察，这一领域中国已经走到了世界的前列，这与大家的探索息息相关。

这本沉甸甸的作品集，代表了我国城市规划领域数字化模型应用的状况和水平，各位青年规划师和学子对城市问题的精彩剖析和创见，对城镇化转型阶段的规划路径选择也有着积极的参考价值。我在这些作品中见到了中国未来规划的方向，看到了新中华文明在形成中蓄力。

谨以这段文字祝贺北京市城市规划设计研究院精心组织的设计大赛获得圆满成功，感谢各位评委专家的全身心投入，恭喜各位获奖团队。作为大赛荣誉主席，祝愿“城垣杯”竞赛越办越好！

中国工程院院士

德国工程科学院院士

瑞典皇家工程科学院院士

世界规划教育组织主席

2021年10月

序二

在“数据爆炸”的今天，我们规划从业者、学者面临着前所未有的机遇。我们从未如此深入、如此多元地洞察、剖析我们所在的区域、所居住的城市，乃至整个地球。但是，新数据不能沿用老方法，新机遇亟须在方法技术、思维理念等方面有新的突破。尤其在规划转型的今天，“以人为本”的规划更需要新数据、新方法的支持。

我们很骄傲。今年大赛终评是7月3日，恰好是建党百年大庆典礼之后。回望过去、眺望前路，我们正处在历史与未来的交汇点上，正走向第二个百年的新征程，我们深知规划工作的重担，也备感鼓舞。

我们很感激。“城垣杯・规划决策支持模型大赛”举办的初衷即是希望通过大赛搭建平台，激励规划和城市治理工作的方法技术突破以及思维理念创新。今天已经走过了第五年，衷心感谢全国各地的规划学者、规划从业人员、高校的老师和同学一如既往的关注与支持。

我们很欣慰。从第一届大赛至今，参与的团队、同学们以及各位专家相互碰撞出很多思想火花，激发灵感，涌现出很多新的思路和方法，为我国规划量化研究的理论方法和实践应用，提供了宝贵的经验。

我们很欣喜。大赛挖掘出了不少具有创新精神和实践能力的规划界新锐，他们很多已经在学界、业界中崭露头角。本次出版的作品集，是通过层层选拔的精英成果，是在大赛邀请的全国顶尖专家们悉心指导下的成果，更是同行交流、共同奋进的新时代缩影。

我们很期待。希望大家继续孜孜不倦地在规划工作科学化的道路上奋勇前进，为我国规划事业贡献更多的智慧力量。希望“城垣杯”大赛一如既往激发思想、碰撞火花，有新的格局和新的展现，成为规划创新的策源地，为我国的规划科学化做出更大的贡献。

不忘初心、保持耐心、富有匠心，愿我们与新时代的规划工作一道成长。

北京市城市规划设计研究院院长

石晓冬

2021年10月

前言

在全面建设社会主义现代化国家的新征程上，在向第二个百年奋斗目标进军的新道路上，规划从业者需坚持遵循城市发展规律，基于前沿的规划量化研究理念和方法，利用先进的信息技术，统筹各类资源要素，对国土空间规划实施和现代化城市治理展开定量分析研究，力求科学支撑决策，支撑经济社会持续健康发展。

自2017年起，“城垣杯·规划决策支持模型设计大赛”已成功举办五届，得到了社会各界的广泛关注。大赛旨在汇聚国内外致力于规划量化研究的专业学者，鼓励专业学者们结合自身研究专长，探索交叉学科技术应用，综合运用多源数据，从理论方法、技术支撑、成果展现等方面进行开拓创新。五年来，大赛影响力不断提升，参与大赛的队伍规模不断扩大，技术研究主题内容不断丰富、技术研究方法不断进步。大赛见证和记录了国内外规划量化研究领域向更深、更广的领域拓展的前进历程。五届大赛的成功举办，为我国国土空间规划和城市治理工作科学化提供了新思路、新方法，推动了我国规划量化研究的理论方法水平提升和实践应用拓展，提高了我国国土空间规划量化研究的综合实力。

利用开放大数据开展的各种案例研究在国土空间规划和城市治理中取得了更大的影响力，因此在本届大赛中，主办方继续向参赛选手提供百度地图慧眼、中国联通智慧足迹等大数据资源，并设置了百度、联通专项议题，鼓励参赛团队积极运用大数据、云计算、人工智能等前沿技术推动城市管理手段、管理模式、管理理念的创新。主办方还在大赛议题方面推陈出新，打破原有的固定赛道模式，设置“生态文明背景下的国土空间格局构建”和“面向高质量发展的城市综合治理”两大主题，引导选手在聚焦主题方向的基础上更加自由地选择切入角度，以更开放的平台迎接新时期异彩纷呈的前沿理念与前沿技术。

《城垣杯·规划决策支持模型设计大赛获奖作品集2021》(以下简称《作品集》)收录了第五届大赛评选出的19项获奖作品，以飨读者。希望《作品集》的出版能为规划从业人员及学者们搭建一个交流学习、相互借鉴的平台，也希望有更多的机构和同行参与进来，共同推动规划量化研究领域的创新实践。

编委会

2021年10月

Foreword

In China's new journey toward fully building a modern socialist country and new march toward the second centenary goal, planners need to adhere to the law of urban development. Based on cutting-edge planning quantitative concepts and methods, planners should make use of advanced information technology, coordinate various resource elements, and carry out quantitative analysis of spatial planning and modern urban governance, to help make scientific policies to support the sustained and healthy development of economy and society.

Since 2017, Planning Decision Support Model Design Contest (Chengyuan Cup) have been successfully held for five times. It has attracted widespread attention from all walks of life. The contest aims to gather scholars committed to planning quantitative research, encourage them to explore the application of interdisciplinary technology, to comprehensively use multi-source data to achieve innovation in the field of theory, methods, technical support and visualization. In the past five years, the impact of the contest has been continuously improved, the scale of the teams participating in the contest has been continuously expanded, the content of research topics has been continuously enriched, the technical research methods have been continuously improved. The contest has witnessed and recorded the march of planning quantitative research towards a deeper and wider fields. The successful holding of the five contests has provided new ideas and new methods for the scientization of China's spatial planning and urban governance, promoted the improvement of the theoretical and methodological level and the expansion of practical application of quantitative research and planning, and improved the comprehensive strength of quantitative research and planning.

Various case studies carried out with open data and big data have gained greater influence in spatial planning and urban governance. Therefore, we the organizers continue to provide big data, including Baidu Map Insight data and China Unicom Smart Steps data. We also set special topics for Baidu and China Unicom to encourage teams to actively use big data, cloud computing, artificial intelligence and other cutting-edge technologies to promote the innovation of urban management means, management patterns, and management concept. We also pushed through the old and brought forth the new in the topics of the contest. We broke the original fixed track mode, set up two themes of 'construction of spatial pattern under the background of ecological civilization', and 'comprehensive urban governance for high-quality development', and guided all teams to choose the cutting angle more freely on the basis of focusing on the theme direction. We welcome the colorful new ideas and technologies in the new era with a more open platform.

Chengyuan Cup · The Planning Decision Support Model Design Compilation 2021 includes 19 winning works selected in the fifth contest for readers. It is hoped that the publication of the compilation can build a platform for exchange, learning and mutual reference for planning practitioners and scholars, and more units and peers are expected to participate to jointly promote the innovative practice in the field of planning quantitative research.

Editorial Board

October, 2021

目录

第五届
获奖作品

人本视角下的城市色彩谱系
——“建筑—街道—街区”城市色彩量化计算模型实证研究

工作单位：北京工业大学、北京市城市规划设计研究院

报名主题：面向高质量发展的城市综合治理

研究议题：数字化城市设计、城市更新与场所营造

技术关键词：规划监测评估、色彩数据库、色彩协调度、模糊神经网络、街景

参赛人：张梦宇、顾重泰、陈易辰、王良

参赛人简介：本团队来自北京工业大学和北京市城市规划设计研究院，作第一个高校与科研单位的联合团队，长期致力于规划交叉领域的理论研究以及城市运行的政策转化。团队成员主要为博士和研究生，具备多学科背景，团队指导包括张健教授、张晓东主任等规划领域专家。在立足北京的基础上，主导了多项实际研究工作，包括基于大数据的首都圈划定、北京“科创人群”画像与空间特征的分析、北京城市更新专项、北京城市防疫规划专项等多个规划项目和研究课题，实际参与了北京防疫指导工作、王府井街区更新改造工程等，并基于大数据自主研发了北京城市街景色彩数据库、轨迹调研APP等信息化产品，旨在实现大数据研究从规划编制到实施监测全流程的技术支持。

一、研究问题

1. 研究背景和意义

我国在遥远的古代就开始了有关城市色彩的实践，但有意识的现代城市色彩规划大约从20世纪90年代开始。城市色彩作为空间要素中历史文脉的重要载体，是塑造城市特色，延续城市文脉的主要手段。

近年，我国出台了一系列政策标准，指导城市色彩的保存、传递、交流和识别等。2017年，住房和城乡建设部发布《城市设计管理办法》，提出重点地区城市设计应当塑造城市风貌特色，确定建筑色彩等控制要求。2017年10月，《历史文化名城名镇名村保护条例》经修订后正式发布。《条例》中指出，历史文化街区、名镇、名村核心保护范围内的历史建筑，应当保持原有的高度、体量、外观形象及色彩等。2020年，住房和城乡建设部和国家发展改革委联合发布《关于进一步加强城市与建筑风貌管理的通知》，旨在延续城市文化，加强建筑色彩、空间环境等方面的要求。同年10月，自然资源部发布《国土空间规划城市设计指南》，要求在总体规划中，中心城区需对城市天际线、色彩等要素进行系统构建，并提出导控要求；详细规划中，加强对建筑体量、界面、风格、色彩、第五立面等要素的管控。这些文件的出台，大大提高了城市色彩对风貌塑造和文脉传承的重要性。

城市色彩作为视觉感知第一构成要素，反映着一个城市的民族文化、承载着重要历史、美学的信息，是人居环境的重要组成部分。因此，城市色彩的管控成为延续城市文脉，塑造城市特色，提高城市品质的重要手段。

2. 研究目标和拟解决问题

（1）拟解决问题

通过对我国不同城市的色彩规划进行分析（表1–1），可以

看出目前在色彩数据方面存在以下问题：

①城市色彩基础数据缺乏且未形成系统数据库。目前我国城市色彩调研主要通过实时影像拍摄和物卡比对的方式进行采集，采集数据非常有限，未形成系统的数据库。虽然少量研究已引入大数据，但未形成成熟的技术方法，不能实现新技术的普遍推广。

②不同调研方式存在自身的局限性。人工拍照采集的图像数据与真实色彩环境存在色彩、比例失真等问题；通过物卡比对的方式进行调研耗时耗力；大数据的方法很难保证色彩数据的准确性，与物体真实色彩偏差较大。

③自上而下的城市决策与自下而上的城市建造在色彩方面缺乏有效的数据对接。目前，城市色彩规划主要通过色彩总谱和分区分谱的方式进行管控，这些色谱与“色彩基因”本身存在差异。因此，区分决策层面色彩映像与城市建造层面色彩的关系，是色彩规划亟待解决的技术问题。

因此，本次研究基于复杂系统思维，依据孟塞尔国际标准色系，引入大数据的方法，构建城市色彩基础数据库。基于“单体—街道—街区”三级色彩数据框架，量化色彩感觉形成色值数据和色彩属性，科学构建色彩评估分析模型，在中微观层面指导建筑方案设计、重点区域城市设计以及老城街区更新，为城市精细化治理提供管理依据。

国内城市色彩规划现状　　表1-1

城市	基础研究对象	调研方法	控制方法
天津市	自然色彩、 文化色彩、 传统建筑色彩、 现状建筑色彩	《常用建筑色》 02J503-1 物卡目视比对	色彩总谱 城市主色调
武汉市	自然环境、 历史文化	使用的孟塞尔色彩系统，进行专业的色彩预算、数据记录和拍照存档	功能分区 分区色谱
哈尔滨市	地理气候、 传统建筑文化、 历史建筑、 现代类型建筑	拍照、色彩提取	主色调 色彩控制单元
杭州市	城市区域、 重点街道、 部分单体建筑	拍照、色彩提取形成图谱	主色调 色彩分区 建筑类型

续表

城市	基础研究对象	调研方法	控制方法
温岭市	六大类型 建筑色彩	中国建筑物卡国家标准物卡 数码照相机	色彩总谱、 分区色谱 基调色、强调色
广州市	自然环境、 人文色彩、 人工色彩	提取色谱、 物卡测色	宏观城市色彩规划体系；中观功能组织和空间结构景观色彩规划指引
苏州市	总体色彩、 街道色彩	对照物卡进行视觉测色	主色调、街道色彩、 建筑色彩、 环境设施色彩
重庆市	现状自然色彩、 人文色彩、 人工色彩	利用《中国建筑物卡国家标准》对照片进行色彩比对 （没有太阳的晴天10:00~15:00之间拍照）	基调色色谱 建筑分类 第五立面
洛阳市	自然地理色彩、 人文地理色彩、 人工色彩	图像采集 物卡比对仪测量	总体控制：基调色 分区控制：屋顶色、基调色、辅助色、点缀色
长沙市	自然景观要素、 民俗特产元素、 城市人工景观	中国建筑物卡国家标准物卡	总体控制：暖色主色调 相对自由运用明度 严格控制色彩艳度
郑州市	城市概况、自然地理、历史文化、建筑、交通、广告、色彩喜好的倾向等	中国建筑物卡国家标准物卡	主色调色谱 建筑分类控制：色相、黑度、白度、色系对比
扬州市	自然环境、 人文历史、 历史城市建筑色彩	实地调研提取城市推荐色谱	基调色控制：“扬州灰、明月白、烟雨青、暖秋彩、深浅黛”
西安市	自然地理、人文历史、城市发展脉络、建筑类型	中国建筑物卡国家标准物卡	主旋律定位、 片区色彩深化
北京市	人文历史、土壤植被、建筑风格、人工色彩	中国建筑物卡国家标准物卡	基调色、 建筑材质及配色方案
呼和浩特市	历史文化街区、自然地理、人文地理、不同时期建筑色彩	图像采集、 物卡比色	建筑色谱、主色调、 辅色调
上海市	色彩控制分区、实施路径、气候特征、地区气质、现状色彩基础	3万多处街景影像、HSV值	色彩主题、色彩控制分区、实施引导、基调色、辅助色、点缀色
济南市	城市色彩地域属性、土壤色彩、光环境分析、人文环境、建筑色彩	实地调研、 物卡比色	城市色彩推荐色谱 （分色系）

（2）研究目标

基于不同数据采集方式及其精度特征，构建从宏观层面到微观层面的色彩空间基础数据模型框架。

基于人眼识别特征，利用开放大数据，结合传统调研数据，探索光环境下色彩与物体真实色彩之间的联系，优化大数据的获取方式和数据精度。

依据色彩学、计算机图形学和城乡规划理论等，明确色彩风貌五要素，量化色彩感觉，形成色值数据和色彩属性。

针对色彩规划实施效果不佳的问题，在中观层面探讨街区施色方法和文化价值，结合公众参与，自下而上得出“单体—街道—街区”三层面的色彩谱系图，支撑色彩评估分析。

二、研究方法

1. 研究方法及理论依据

（1）研究方法

1）数据识别方法

①K-means聚类分析方法

K-means聚类分析方法是根据样本之间的距离即相似性进行划分，把相似的样本聚成一类（簇），最后形成多个类簇，使同一个簇内部的样本相似度高，不同簇之间差异性高。该算法是通过随机选取初始点，通过计算每个样本与中心点之间距离来归类，每个簇的均值向量作为新的中心点，不断更新中心点进行迭代，得到最终结果。对于色彩的提取来说，K-means聚类方法可以快速提取图片特征色彩，实现批量图片的色彩处理模式。

②色彩数据库的方法

以孟塞尔色彩体系作为重要理论依据建立色彩数据库。对色彩进行采集、存储、处理和分析，辅助生成相应的色彩谱系。数据库中同一样本可包含多种色彩源，即实时影像、物卡比色和分光测色结果等。按照不同色彩源的特性采取不同色彩处理和分析方法，导出相应的色彩谱系（图2-1）。

③模糊神经网络

基于深度学习神经网络的图像语义分割。深度学习神经网络是计算机视觉分析中常用的技术方法，通过对标定数据集的学习，建立对图片中特定内容的分类模型，可实现对目标图片中每个像素点进行语义分类。本研究中使用了PSPNet（Pyramid Scene Parsing Network）在Cityscapes数据集上的预训练模型，对于城市街道图像中的建筑物有较高的识别准确度（图2-2）。

图2-1　孟塞尔色彩数据库示意

2）数据分析方法

①定量分析法

色彩对比，指色彩整体、色相、明度、彩度、面积等色彩构成要素之间的对比。本研究根据约翰内斯·伊顿（Johannes Itten）（瑞士）色彩对比理论，将对比与调和作为整体色彩的把控原则，对色彩处理结果进行分析对比（表2-1）。

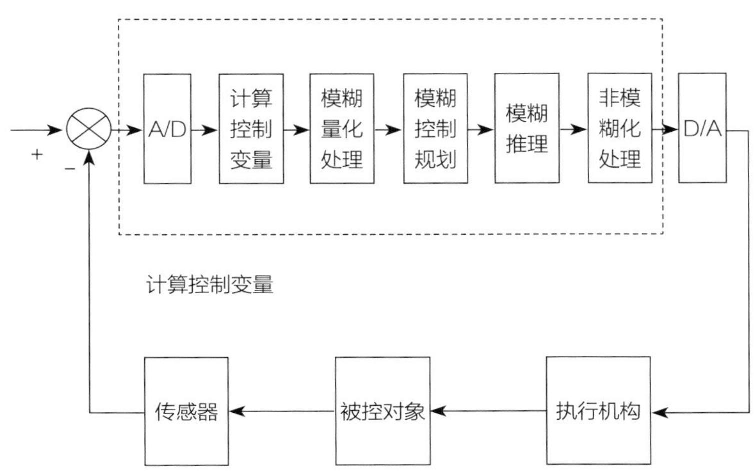

图2-2　模糊控制的基本原理框图

孟塞尔（Munsell）色彩对比　　表2-1

色相对比	色环间隔	明度对比	明度值差	彩度对比	彩度值差
临近对比	0～18°	弱对比	<3	弱对比	≤3
类似对比	19°～63°	中对比	3～5	中对比	4～8
对照对比	64°～162°	强对比	≥6	强对比	>8
补色对比	163°～180°				
面积对比	色彩作用	面积占比	色彩数量		
主体色	控制基调	≥51%	1～2色		
辅助色	辅助代表	≥25%	1～4色		
点缀色	点缀作用	≤24%	其余色		

色彩协调度。本研究依据孟塞尔色彩理论中面积、明度与彩度的关系，即（A色的明度×彩度）/（B色的明度×彩度）=B面积/A面积，分析色彩协调关系。

②层次分析法

层次分析法是一种经典的决策分析方法，在对复杂决策问题的本质、影响因素及内在关系等进行深入分析的基础上，利用较少的定量信息使决策的思维过程数学化，从而将复杂的决策过程简单化。本研究使用层次分析法来分析各单位色彩对群体基调色的影响权重，并形成色彩整合的数据模型。

（2）理论依据

1）色彩识别理论

色度学产生于20世纪，是一门对人类色彩知觉进行量化的技术集成。1994年出版的《色彩技术原理及其应用》中将色度学明确定义为"对于色彩刺激进行测量、计算和评价的学科"。目前国际上常见色彩体系的有8种（表2-2）。20世纪90年代，我国众多科研单位对"建筑色彩体系和建筑物卡"展开了研究，制定了一系列色彩标定系统和法规依据。我国颜色标准体系采用的国际通用颜色三维属性进行标定，在编制结构上与孟塞尔色彩体系类似。

孟塞尔（A.H.Munsell）色彩体系由美国美术教师A.H.孟塞尔（A.H.Munsell）在1905年研究创造，是影响力最大、应用最广泛的色彩分类和标定表面色的方法。孟塞尔（A.H.Munsell）色彩体系以一个类似球体的三维空间模型来模拟色彩的色相、明度、彩度（即饱和度、艳度）等属性，依据其视觉特性来制定色彩分类和标定系统。美国光学协会测色委员会在此基础上依据人的感觉做了修改，形成现在通用的孟塞尔色彩系统，作为本研究的重要理论依据（图2-3）。

国际主要通用色彩标定系统　　表2-2

色彩体系	建立时间	色彩标定方法	参数标注方式	通用性/专用性
美国孟塞尔色彩体系	1905年	由色相（H）、明度（V）、彩度（C）三属性构成的圆柱形坐标体系	色相H、明度V、彩度C	在系统允许的集合空间内，相邻样片的色调、明度、纯度属性中每一个的视觉间隔相等
德国奥斯特瓦尔德色体系	1915年	黑色、白色和纯色为顶点的三角形，以明度为垂直轴，回转一周形成的复圆锥体	色调、白度、黑度	视觉间隔相等；色调环上相对位置的颜色互补
CIE标准色度学系统	1931年	采用二维坐标的形式来显示三个色光变量	光谱三刺激值XYZ和色品坐标x、y	每一种颜色都可以用产生它的光谱三刺激值XYZ和色品坐标x、y来表示；强调颜色刺激的物理定量
德国工业标准色彩体系（DIN）	1938年	基于CIE标准色度学系统	色调T、黑度D、饱和度S、DIN6164-T：S：D	单个颜色属性改变时视觉间隔相等；采用了折中原则，不强调三维间隔
美国光学学会均匀色体系（OSA-UCS）	1947年	基于八面立方体的菱形格	明度L、黄-蓝度j、红-绿度g、L：j：g	尽可能均匀的颜色视觉间隔
匈牙利Coloroid色彩体系	1962年	以明度作为轴心，混合色相环的圆柱体	色度A、明度V、饱和度T、A-V-T	美学上间隔相等
瑞士自然色体系NCS	1964年	采用6个基准色和2个圆锥相扣的立体形式	色调ϕ、纯度c、黑度s、sscc-Aϕ ϕB	采用相似性原则；即每种颜色同四个颜色原色（红、黄、绿、蓝）及两个无彩色原色（黑、白）之间的相似程度
日本实用色彩坐标体系（PCCS）	1982年	色相环由24个色相组成，明度按视感分9等	色调、明度、纯度	综合了孟塞尔体系和奥斯瓦尔德体系的优点

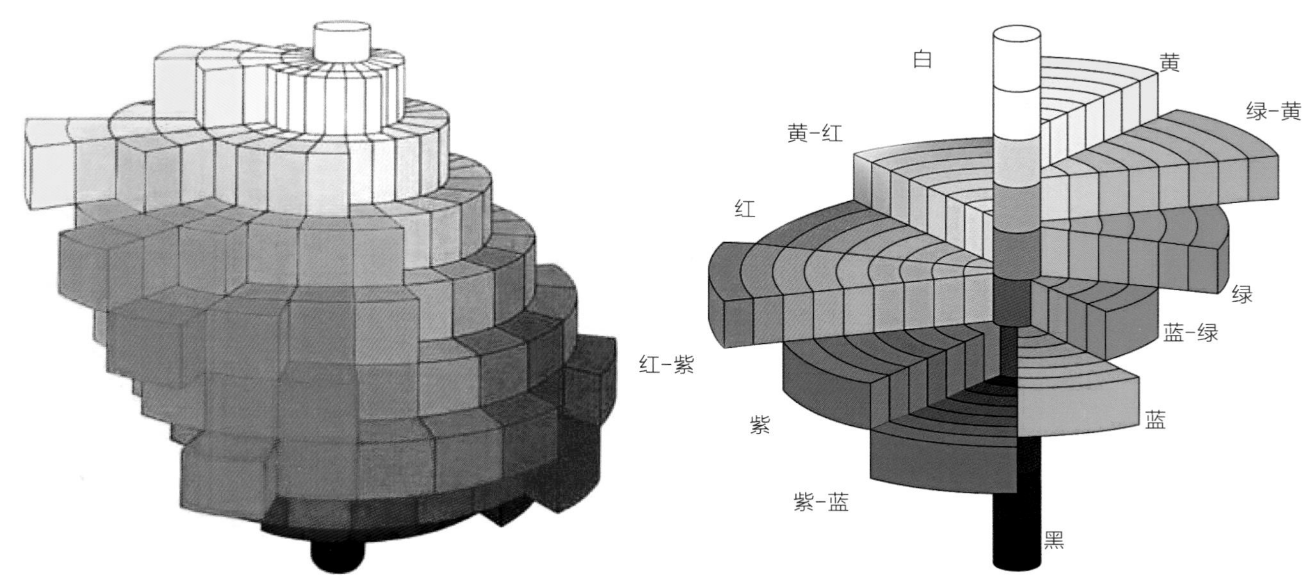

图2-3 孟塞尔（Munsell）色彩体系

2）色彩计算体系——图像学

人眼感知系统。人眼可同时感知到的可见光均属于电磁波的一个频段，不同频率的电磁波映射成为不同的色彩。人类通过视网膜上的杆状细胞和锥状细胞感知色彩，感知结果伴随个体差异也会呈现出异同。人类可以感知的色彩有1600多万种，自然界中的绝大部分彩色都可以由三种基色按一定比例混合得到，客观来说，光是电磁波，实时影像从角度、光线、尺度等的选择伴随摄制人的主观意识，是个体对城市的色彩感知的反应（图2-4、图2-5）。

RGB成色与图像的成形。在计算机中，每一个图片都由无数个像素点组成，而每一个像素点都表现一种颜色。每个像素都有其在图片中对应的坐标，电脑所储存的信息就是这些坐标和坐标所包含的RGB系数，然后再通过数字压缩算法对图片数据进行压缩。

图像白平衡。描述显示器中红、绿、蓝三基色混合生成后白色精确度的一项指标，是摄像领域一个非常重要的概念，通过它可以解决色彩还原和色调处理的一系列问题。对在特定光源下拍摄时出现的偏色现象，通过加强对应的补色来进行补偿。

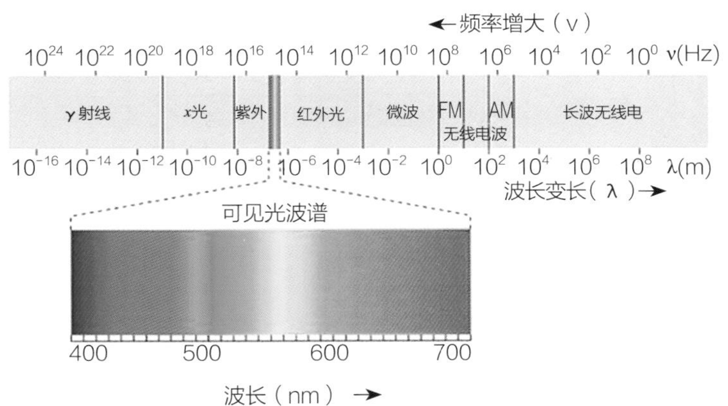

图2-4 人眼可见的色彩波段频率

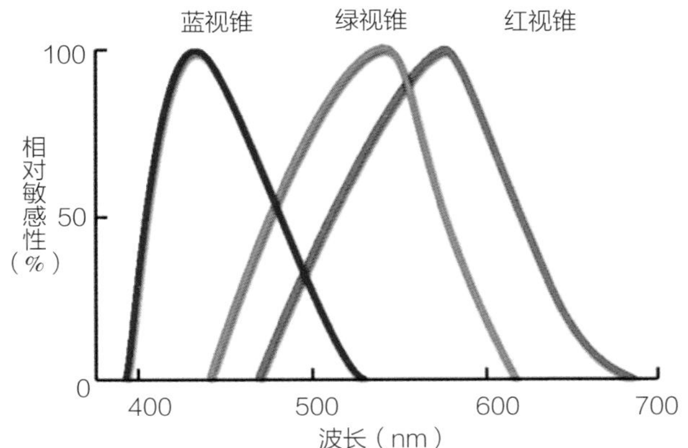

图2-5 人眼对色彩的相对敏感性和波长关系

3） 城市色彩理论

①城市设计理论

凯文·林奇是将心理学领域引入城市研究的学者之一，其标志是他1960年所著的《城市意象》一书。他将人们对城市的印象归纳为五种元素，即道路、边界、区域、节点、地标。

②色彩心理学

19世纪初，威廉·凡·贝佐尔德（1837–1907年）和路德维格·凡·赫姆霍兹（1821–1894年）为色彩学引入了色彩视觉的心理学和生理学机制，主要研究色彩的美感以及它提供给人们精神、心理方面的享受。约翰·伊顿在《色彩艺术——色彩的主观经验与客观原理》书中提出，理性的色彩只有采用科学的技术手段才能看清其面貌及本质，色彩感知通过多种对比识别，最终形成视觉效果可人的色彩组合。

色彩对人的心理影响首先作用在感觉水平层面，由人的条件反射引起；其次是联想水平层面，人类对色彩的抽象联想在某种程度上存在一定的共性，这种共性的来源多基于色彩与相应事物的内在关联性；最后是象征水平层面，它由联想发展到社会观念，而后形成相应的色彩心理语义和相应的心里感知，因此属于反映于文化层面的心理语义。

2. 技术路线及关键技术

（1）技术路线

本研究围绕“城市色彩系统”进行研究，研究过程包括：确定色彩数据研究方法→建立色彩基础数据模型→构建色彩数据分析模型→形成不同层面城市色彩谱系图→价值分析及运用，研究技术路线如图2–6所示。

（2）关键技术

1）数据库模型框架

同一样本可以包含宏观、中观、微观三个层面、四种类型的色彩基础数据。

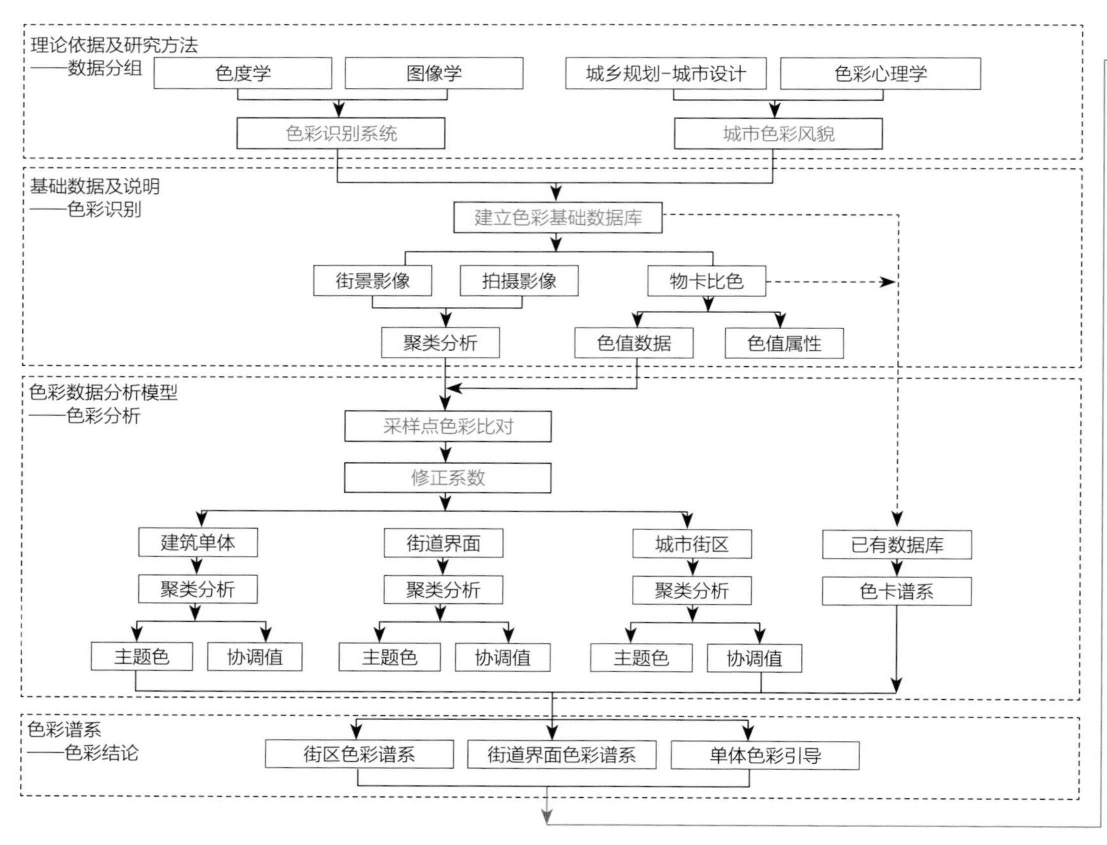

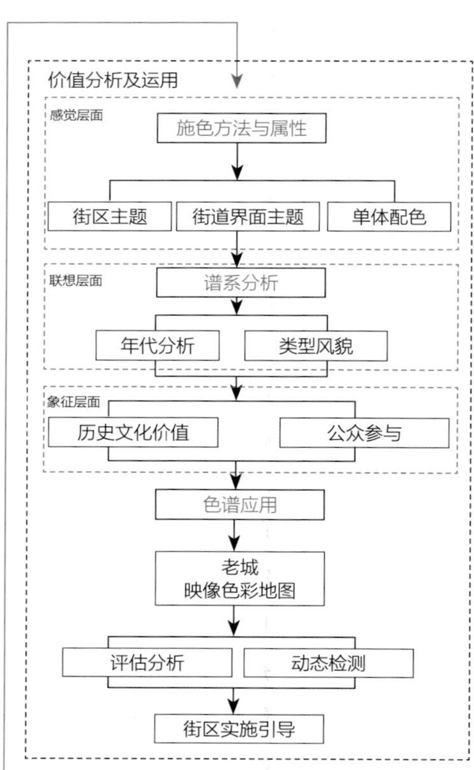

图2–6 技术路线

卫星光谱色彩（高光谱卫星），适用于宏观色彩环境，例如大地景观色彩等。

实时影像色彩，对应中观基调层面的色彩。实时影像记录的方式是最大程度再现人类对城市色彩感知的方法。实时影像角度、光线、尺度等的选择伴随摄制人的主观意识，正是个体对城市的色彩感知的反应。大数据时代背景下对海量影像的提取与处理，可以提炼出群体对于城市色彩的倾向。此方法多用于提炼城市映像层面的色彩，不宜在建造层面或修缮层面直接使用。

物卡对比色彩，对应中微观建造层面的色彩。主要采用孟塞尔（Munsell）国际标准色系统色卡，在自然光条件下采用“贴附比色”和“距离比色”方式，对色彩测量点样本进行物卡对比测量，读取色卡数值。此方法需要将样本与色卡置于同一光环境下，消除色温等其他因素干扰，得到较为精确的读数。结论包括“样本—属性—色值区段”，多用于控制城市中某些片区或某种类型色彩。此方法的局限是耗时耗力，小规模建筑群或历史街区可以适用，城市尺度则难以完成。

精密仪器测量色彩，对应微观修缮层面的色彩。在建筑色彩测量现场使用便携式分光测色计（CM-700d，分光式），配ϕ8mm目标罩（含玻璃片，测量、照明口径MAV：8mm），设置光源C（日光，色温6774K）、2° 标准视角（CIE1931）、色度指标WI（E313-96）、Munsell色空间等显示条件，根据采集部位色彩均匀程度设置自动平均次数等测量条件，经零位校正、白色校正后，对测量点样本的建筑本体进行采集部位色彩精细测量，读取分光测色仪显示的色值。在实验室，主要通过台式分光测色计（CM-3700A，分光式、侧面端口）、台式分光测色计（CM-5，顶部端口）等，设置相应的显示条件、测量条件等，对建筑构件的色彩取样进行色彩精细测量，读取分光测色仪显示的色值。由于仪器设计等原因，此方法单次仅可采集毫米级别的面积，对于有纹理的建筑材质则难以处理。所以仅适用于修缮层面的局部修补，在城市层面和建筑层面不宜使用。

2）数据限定和修正系数

数据限定与补充。目前获取实时影像的途径主要有网络爬取和实地拍摄。网络爬取数据为现有开放大数据，根据分析需求，选取图片质量相对均质的数据，本次研究选取的是街景影像。对爬取图像质量进行初步判定，剔除色彩偏差较大的路段，主要剔除道路南侧（即建筑北侧）以及受光照条件较差的路段，通过实地拍摄数据加以补充。由于实时拍摄影像受光环境影响较大，因此在数据采集时，需根据道路走向进行分类，限定采集设备和采集时间，保证同分类图像画质均匀，避免色彩偏差较大的问题。

修正系数。在街景数据中，影像色彩受光影响主要来源于道路方向、街巷高宽比（H/D），以及绿视率。根据道路走向和街巷高宽比随机选取采样点，对采样点的街景数据、拍摄数据和物卡比色数据分别进行比对。

a．道路方向。本次研究分为建筑东侧、西侧、南侧、北侧分别进行讨论。

b．街巷高宽比H/D。依据街道美学理论，将道路H/D分为三类：H/D≥1、H/D=1/2、H/D≤1/3。

c．绿视率。由于本次研究不针对绿视率进行讨论，在选取采样点时，尽量避免绿视率较高的位置，绿视率的具体影响机制还有待进一步研究。

d．修正系数。分为色相、明度、彩度三个修正系数，为避免修正后色差较大，原则上色相修正系数在临近对比范围（≤18°），明度和彩度值在弱对比范围（≤3）。

经研究，人眼对于色彩的感知受到光环境影响较大，通常比实际建造色彩明度更高，对于光反射率较大的材质如带釉面的琉璃砖瓦，玻璃等，明度方面影响更为显著。推测受到空气质量的影响，自然光环境下人眼感知到的色彩较建造色彩整体偏暖，对于彩度极低的灰色也有较为敏锐的感受，说明人眼能分辨的色彩阈值较目前的孟塞尔色卡更高。人眼是一个复杂的生物系统，明度和色相的变化一定程度上会影响到彩度的感知，具体的影响机制还有待进一步研究。

三、数据说明

1. 数据内容及类型

（1）实时影像数据

为了较准确且直接地将抽象的建筑色彩运用计算机定量地进行分析，需要选择合适且恰当的素材形式。本研究选取实时影像的途径主要有网络爬取和实地拍摄，网络爬取选择街景影像作为基础，对爬取数据较差的路段采用实地拍摄进行补充（图3-1）。

图3–1　实时影像数据（部分）

实时影像资料选取的基本原则包括：①画面受光影影响小，处在合适的光色环境中，避免光线太强出现曝光过度的情况；②画面表现主要对象清晰，画幅占比较大，避免绿视率的过多影响；③表现主体的影像数量大致平衡，确保主要色彩平衡。补充拍摄的具体方法为：采样点间距为20m，选取冬季晴天建筑受光面（避免中午过于强烈的阳光），如北京，南北向道路东侧采样时间为下午4点左右，西侧为上午9点左右，东西向道路北侧为上午9点左右，南侧为上午7–9点。

（2）物卡对比数据

在色彩图像数据分析的基础上，根据色彩修正需求，选取代表性色彩样本进行自然光条件下的物卡对比，形成色彩样本的主体色、辅助色和点缀色（见图3–2）。针对色彩属性，在建筑本体方面，采集其地理位置（GPS）、建造时间、建筑类型、结构形式、材料与表皮面积等属性信息。

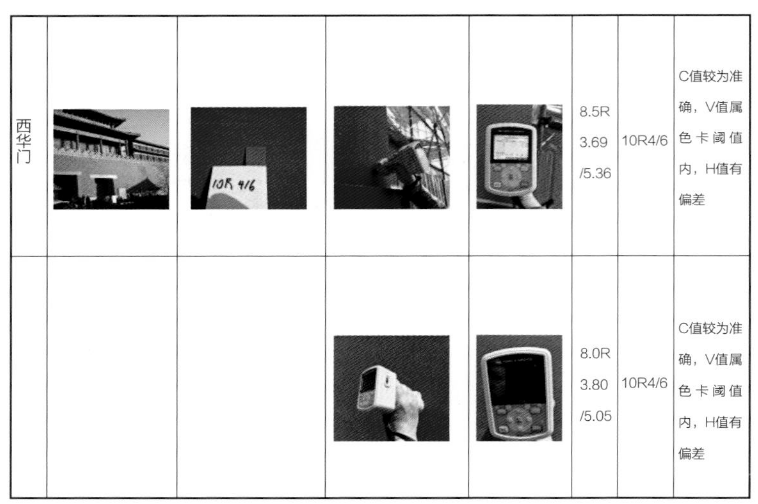

图3–2　物卡对比和分光精细测量数据示意

（3）精密仪器测量

精密仪器测量主要包含现场测量和实验室测量两种。在现场测量实验中，选取建筑本体部位受到不同因素影响（受光面、背光面，磨损多、磨损少等）的位置进行测量，论证该部位材质对应的原始色彩和受到各种外界因素影响发生病害后的色彩嬗变情况（图3–2）。

2. 数据预处理技术与成果

由于建筑色彩依附于建筑本体会因光照、绿植等环境参数的改变而发生视觉上的变化，在实时影像素材收集过程中，图片内容除建筑本身外不可避免地包含周边环境要素。这些环境要素在色彩感观上与建筑物有着十分明显的差异。若不加以区分纳入建筑色彩的计算中，会对分析结果产生较大的影响。为了突出建筑体在图像中的主要目标位置，减少其他影像的干扰，需要对图像进行预处理。

图像预处理主要分为两个步骤（图3–3）：

第一步是网络数据选取。从网络下载的街道全景的原始数据为360度球面投影视图，在进行语义分割分析前需要先变换和切分为正常人眼视角的透视图。这一过程需要确定“视野朝向”和“视角范围”这两个参数。原始数据是车载摄影器材沿道路行进方向拍摄所得，因此研究对象建筑物在右手方向（即道路右侧）的视野中所占面积最大，故研究选取这一方向作为朝向参数。为保证图片边缘不出现明显变形，避免影响聚类准确性，研究以水平和竖直方向均为105度作为视角范围参数。

第二步对图像进行白平衡处理。根据道路走向随机选取采样点，对采样点的街景数据、拍摄数据和物卡比色数据进行对比，确定影像数据的偏色情况，通过添加补色的方式调解色温。具体

原始数据

右方向105度范围透视图

白平衡微调

图3-3 图像预处理

的修正系数受数据获取和采集时间影响会有偏差，本次研究的修正系数参照物卡比色确定，修正数值为按照孟塞尔色彩体系将色相值（h）上调2.5%（数值体现为上浮9°）。

四、模型算法

1. 模型算法流程及相关数学公式

在色彩提取技术上，为避免依据个人喜好提取色彩、色彩描述含糊不清等偏感性的问题，本研究将抽象的建筑色彩利用计算机进行量化分析，更加高效，也具有普适性。利用K-means聚类算法快速大量的提取图片的色彩特征进行图片的批量色彩处理，再对图像色彩进行二次聚类提取主色调。

K-means聚类算法也称为K均值算法，为典型的无监督学习算法，是处理大数据信息的常用算法。给定样本$X=\{x_1, x_2, \cdots, x_n\}$，模型的目标是将n个样本分到k个不同的类簇中，每个样本到其所属的中心点距离最小，每个样本只能属于一类，用C表示划分。簇C_i的均值向量

$$\mu_i=\frac{1}{|C_i|}\sum_{x\in C_i}x \qquad (4-1)$$

为该簇的中心点。K-means算法的目的就是寻找K个中心点来最小化平方误差。

$$E=\sum_{i=1}^{k}\sum_{x\in C_i}\|x-\mu_i\|_2^2 \qquad (4-2)$$

平方误差E越小则表明簇内样本的相似度越高。

K-means算法的主要过程如下：

输入：样本集＝$\{X_1, X_2, \cdots, X_n\}$，$k$值

输出: 簇集＝$\{C_1, C_2, \cdots, C_k\}$

计算单幅图的所有像素点rgb各通道值的最大值与最小值之间的差值乘以k个0–1的随机数加上该通道的最小值作为初始聚类中心。

repeat

for i=1,2,⋯,n *do*

for j=1,2,⋯,k *do*

计算每个像素点X_i到中心点μ_i之间的距离

distance＝$\|X_i-\mu_i\|_2$;

end for

将像素点X_i归到与其最近的质心μ里；

end for

for j＝1,2,⋯,k *do*

更新中心点：$\mu_i=\frac{1}{|C_i|}\sum_{x\in C_i}x$；

end for

*until*新质心与原质心的距离小于0.1，迭代停止。

（注意：算法部分的缩进需要严格按照以上缩进形式）

K-means就是将数据进行分组—聚类—再分组—再聚集直至聚类中心不再变化的循环迭代过程，本次研究中，数据为图像中的像素RGB值，聚类中心k即色彩簇数，计算图像中任一像素至聚类中心的距离，并把每个像素纳入与其最相近的聚类中心当中，完成一次聚类过程，再分别计算每一类簇中各个像素点的RGB均值得到新的聚类中心，对所有像素点重新聚类，对此过程反复迭代计算，直到满足收敛条件，则聚类中心不再更新，输出色彩结果，完成色彩的提取。

选择适当的初始中心点是K-means算法的关键步骤，常见的方法是从数据集中随机选取初始点，但这样簇的质量较差，本研

究是对色彩进行提取，需要满足色彩的特定值在0～255范围内，因此，计算单幅图片各像素点RGB三通道最大和最小值，通过计算两者的差值乘以0～1的随机数再加上通道的最小值作为初始点，这样确保了初始点符合色彩的特殊范围要求且是随机的、分散的。在距离的度量上选择常见的欧几里得距离，计算简单且有效，距离越大，色彩之间的差异越大。K–means的迭代终止条件为两次中心点之间的距离小于0.1时，认为类簇不再发生变化，迭代停止。

（1）单位图像的色彩聚类提取

单位图像的色彩聚类即利用K–means聚类技术对图库中每幅图像的全部像素进行聚类，提取单位图像的色彩特征。为尽可能多地提取出图片的色彩，将色彩提取数定为15即聚为15类簇（图4–1）。当两次迭代得到的聚类中心点之间的欧几里得距离不超过0.1，则认为聚类完成，停止迭代。如果大部分类簇中的色彩占比过小，并不能体现图片的色彩特征，则对得到的15类簇中的像素点个数进行排序，提出占比最高的前5类主色作为单位图片的色彩特征。为避免前五类主色中仍存在像素占比过低的情况，对其进行筛选，将占比数低于5%的色彩去除，保留最终的主色为单位图片的最终色彩提取。

得出的结果如图4–2所示：

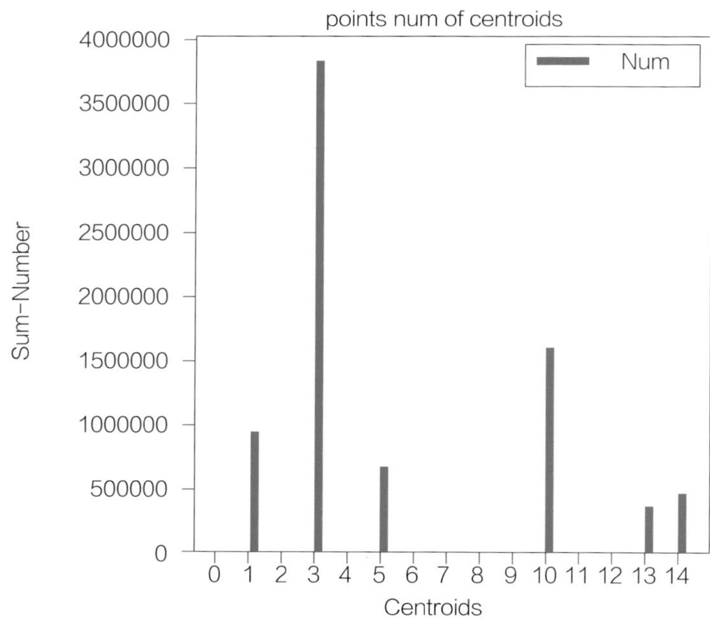

图4–1　15类簇结果示意

1	序号	B	G	R	占比率	
2	11	190	210	229	19.92 %	3.0Y 9.3/5.1
3	5	169	186	203	13.96 %	2.6Y 8.9/3.4
4	1	224	234	243	11.33 %	5YR9/1
5	12	148	162	179	9.08 %	2.4Y 8.4/3.4
6	3	37	44	62	8.11 %	9.6YR 4.9/3.2
7	4	138	156	224	7.23 %	7.3YR 8.5/4.9
8	7	128	142	156	6.35 %	2.9Y 7.9/3.3
9	9	60	69	89	6.15 %	0.4Y 5.9/3.3
10	10	83	94	116	5.96 %	0.9Y 6.7/3.4
11	8	108	119	133	5.76 %	2.7Y 7.4/3.2
12	6	102	116	184	3.81 %	6.0YR 7.6/5.2
13	2	46	47	135	1.27 %	9.7R 5.7/7.4

图4–2　色彩提取结果示意

（2）群体图像的色彩聚类提取

群体图像的色彩提取过程将一次聚类得到的单位图像的结果为数据源，进行二次聚类提取，得到能够准确概括群体色彩的主题色。在进行K–means聚类提取时需要注意的是，单幅图提取色彩特征时，K–means更新中心点的策略是类簇中的色彩均值，但在二次聚类再采用均值时会出现原本没有的色彩。因此，在二次聚类时，中心点的更新策略改为，将类簇中距离该类簇中心点最近的样本点作为新的中心点，保证了中心点始终为第一次聚类得到的色彩特征。对一次聚类结果的色彩进行二次聚类，相较一次聚类，色彩值的种类较少，因此，选择聚为5或10类。此外，还需要删除类簇中样本点个数少于1的类簇即该类簇不能代表该组的色彩特征，最终得到的色彩作为批量图像的主题色（图4–3）。

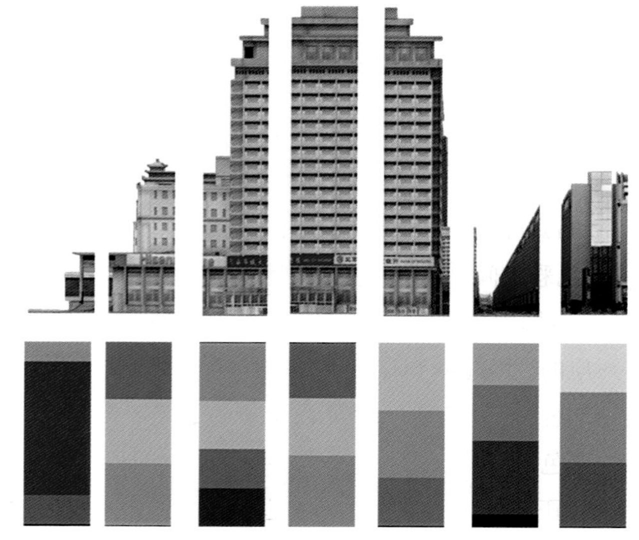

图4–3　二次聚类提取结果示意

（3）RGB到孟塞尔色彩空间的转换

RGB色彩模式适用于计算机图像显示，通过改变RGB三分量来改变色彩。孟塞尔色空间HV、C表色体系更符合视觉上的均匀性。大多数色彩体系中的色彩与人类色彩视觉不同，无法直观地理解。为使机器模拟人类色彩视觉，所选择的色彩体系应具有与人类色彩感觉类似的色彩空间参数和结构。孟塞尔表色体系是模拟人类色彩视觉的最佳选择。因此，本研究将提取出的RGB转为孟塞尔色彩空间。

虽然孟塞尔色空间与RGB是一个非线性转换过程，但它们之间无法直接建立准确的数学模型。考虑到可以牺牲一定的转换精度，在转换过程中应用CIE Yxy和CIE XYZ作为过渡，并根据此关系建立数学模型，可以实现两个色空间的转换。转换过程如图4-4所示：

RGB → CIE XYZ → CIE Yxy → RGB

图4-4 转换过程

根据RGB值求CIE XYZ空间的三刺激值（X,Y,Z），公式为:

$$\begin{bmatrix}X\\Y\\Z\end{bmatrix}=[M]\begin{bmatrix}R\\G\\B\end{bmatrix}$$
$$[M]=\begin{bmatrix}0.4124 & 0.3576 & 0.1805\\0.2126 & 0.7152 & 0.0722\\0.0193 & 0.1192 & 0.9505\end{bmatrix} \quad (4\text{–}3)$$

所有CIE XYZ色彩在CIE Yxy空间中都具有唯一的位置，且马蹄形的外缘对应于人类可以看到的各种光谱纯度的实际光波长，因此XYZ和Yxy可简单连接起来。CIE Yxy 是以不同的方式表示CIE Xyz的色彩空间，在x和y坐标方面以2D的方式来表示色彩。在CIE xy色度图中，由色度坐标x，y所描述的点与该色彩的特征是一一对应的。因此可借助色度图，确定色彩的主波长（色相）和纯度（彩度），而三刺激值Y则表示亮度因子（明度），从而转换为孟塞尔色值。

（4）修正系数

对于色相、明度和彩度，其修正系数$\boldsymbol{\alpha}$受道路的走向，高宽比和绿视率等影响，即：

$$\boldsymbol{\alpha}=\boldsymbol{\alpha}\{\boldsymbol{D},\boldsymbol{G},\boldsymbol{\beta}\} \quad (4\text{–}4)$$

式中，$\boldsymbol{D}$表示道路方向，$\boldsymbol{G}$表示高宽比，$\boldsymbol{\beta}$表示绿视率。

本计算实例中，以下为建筑东侧、西侧、南侧、北侧四个方向采样点的具体论证过程：

色相：影像数据相对物卡比色数据来说，整体偏向黄色，在进行白平衡时，按照孟塞尔色彩体系将色相值（h）上调2.5%（数值体现为上浮9度）。

明度：影像数据聚类色彩与物卡比色相比，明度普遍高1～3；多个数据时可通过求取平均数后降低1个值，单个数据时候降低2个值。

彩度：与物卡比色相比，低明度有彩色系彩度低1～2，高明度有彩色系彩度高2～4，无彩色系高1～2，色值上难以显示无彩灰色（N）。

2. 模型算法相关支撑技术

本研究利用Python语言对数据进行分析处理以及相关算法的开发，实现色彩特征提取和聚类分析及色彩量化等处理和可视化效果。其中，借助于Python软件中的Colour Science的工具包进行色彩空间的转换，得到分析所需的孟塞尔色彩空间数据。

五、实践案例

本研究选取北京老城区的城市设计重点关注区域——东华门街道作为研究对象，研究区域包含北京最重要的城市色彩风貌特色区故宫、国家展示窗口天安门广场、城市发展主轴东长安街、久负盛名的商业步行街王府井、历史文化保护重点街区东交民巷等，极具城市色彩理论研究价值及历史文化保护价值。

东华门街道为“一轴、四区、多线、多点”的空间格局。依据《首都功能核心区控制性详细规划（街区层面）（2018–2035）》，细分三级管控区（图5-1）。包括的“皇城故宫街区、天安门广场东街区、正义路东街区、王府井街区”在“保护—延续—传承—更新”等方面分别突出不同特点。

因此，本次研究将整体研究尺度确定为“街区/片区→街道→建筑单体”三个层面。借助街景图片、自主感知、网络采集等搭建城市色彩数据库进行现状感知；运用城市色彩理论、计算机视

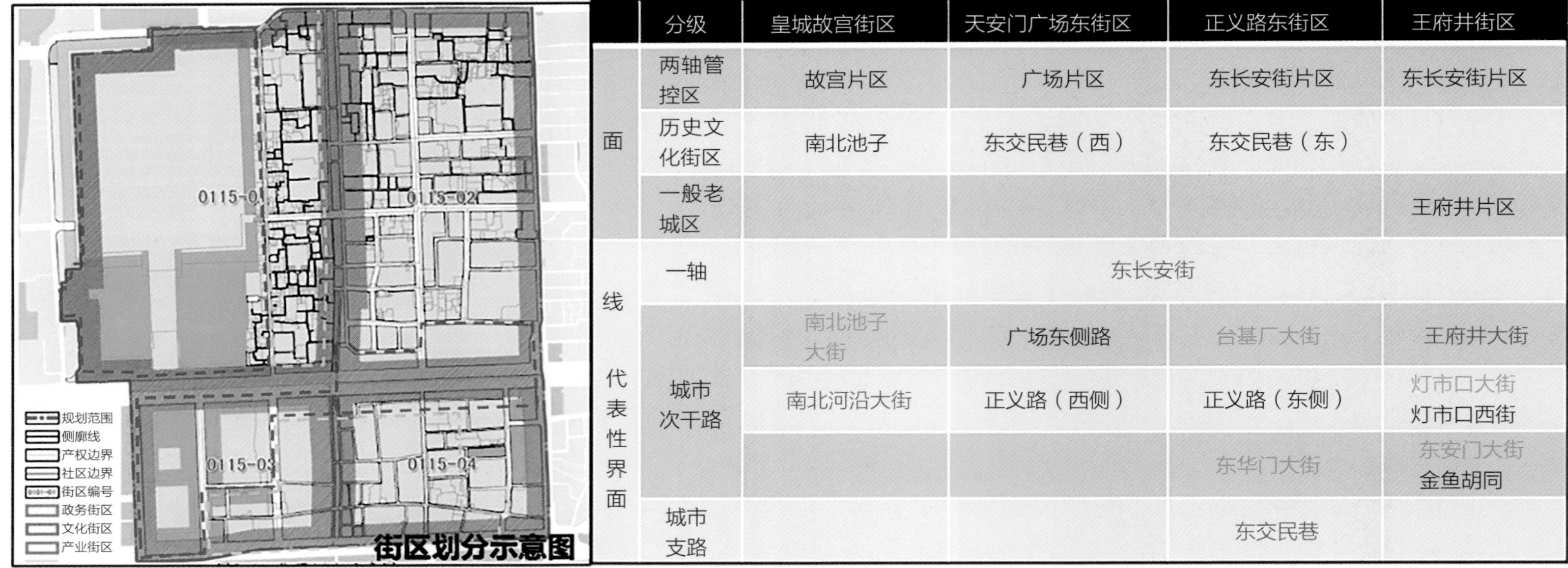

	分级	皇城故宫街区	天安门广场东街区	正义路东街区	王府井街区
面	两轴管控区	故宫片区	广场片区	东长安街片区	东长安街片区
	历史文化街区	南北池子	东交民巷（西）	东交民巷（东）	
	一般老城区				王府井片区
线	一轴	东长安街			
代表性界面	城市次干路	南北池子大街	广场东侧路	台基厂大街	王府井大街
		南北河沿大街	正义路（西侧）	正义路（东侧）	灯市口大街 灯市口西街
				东华门大街	东安门大街 金鱼胡同
	城市支路			东交民巷	

图5-1　研究范围示意图及分区列表

觉、城市设计方法对各个空间尺度的色彩进行指标评价分析生成引导策略并评价规划方案；引入社交网络照片作为公众参与补充助力自下而上式规划；将长时序街景感知纳入风貌监测机制，对色彩协调性进行长期监督引导（图5-2）。

1. 多尺度色彩感知及协调性评估

（1）控规街区尺度色彩提取

如图5-3所示，按照控规对于街区空间的划分，对不同片区的街区数据集进行信息萃取：①通过图片读取及计算机视觉语义分割提取照片建筑空间，排除环境干扰；②进行色彩平衡处

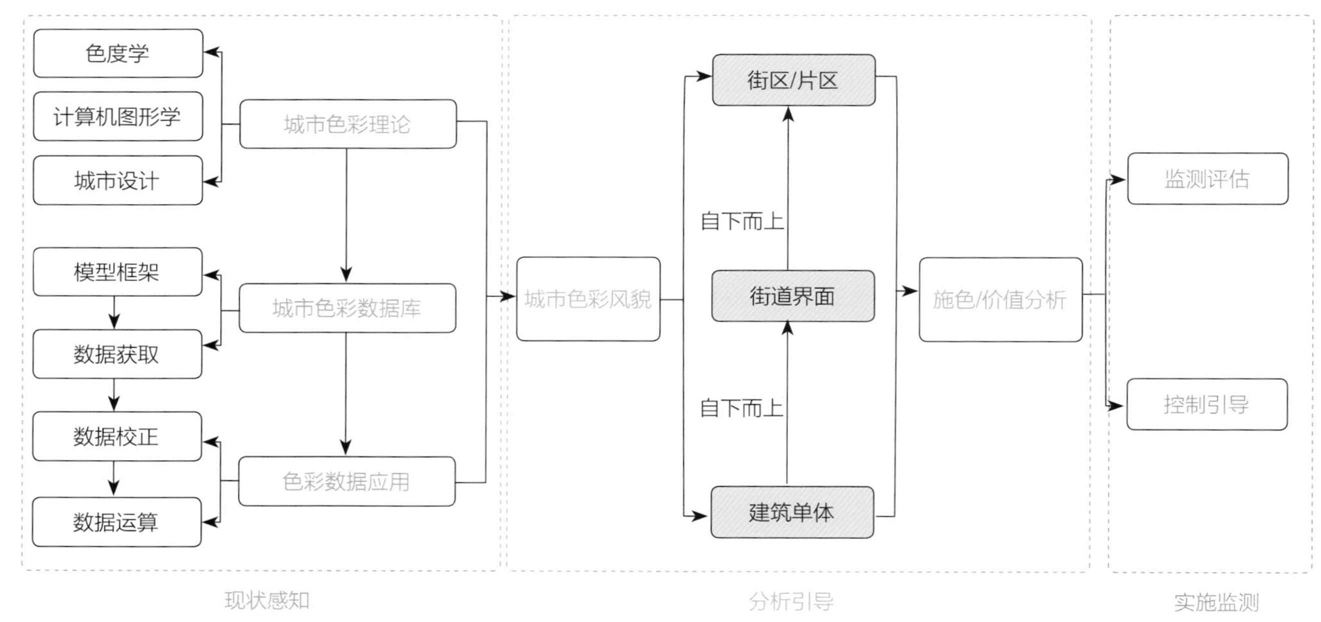

图5-2　城市色彩谱系应用路径

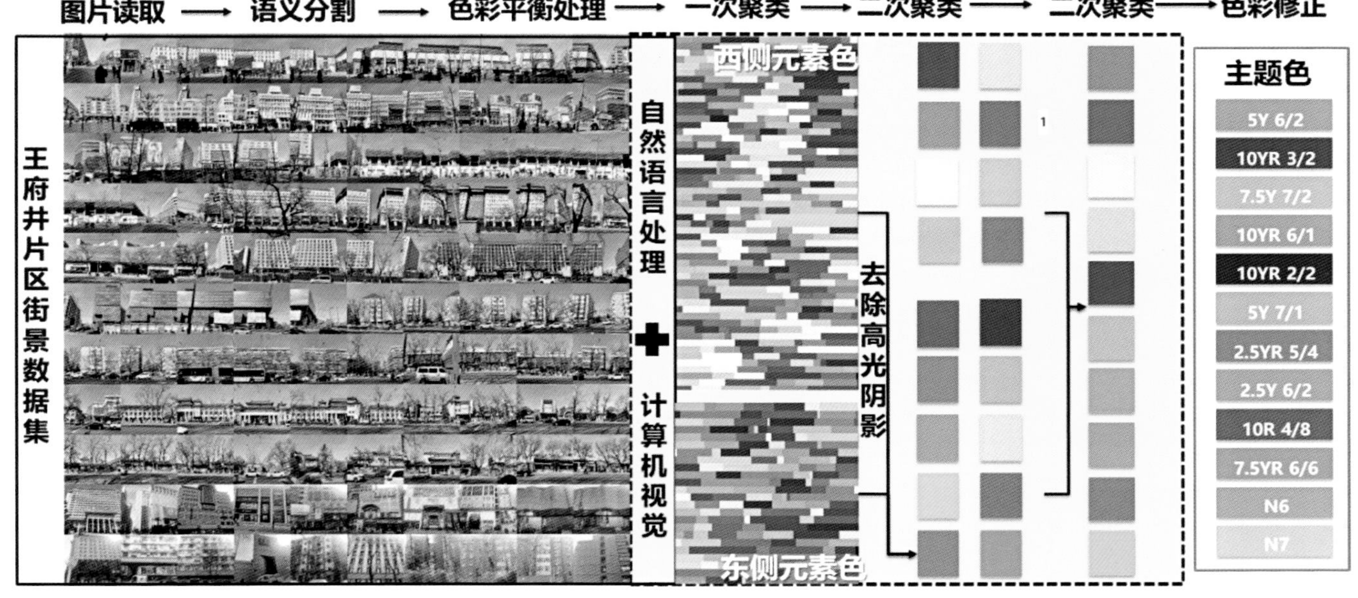

图5-3　街区层面城市色彩感知及分析路径

理，校正不同角度、光照、方向等给照片带来的失真影响；③基于K-means算法提取每张照片的十个主题色，形成街区马赛克拼图；④按照街道朝向进行二次聚类分别获得十类主题色；⑤将不同朝向的街道色彩综合聚类，最终得到10类占比最大的色彩。

根据这个10个色彩的出现频次，将出现频率最高的6个色彩定位为基调色，剩余色彩为其他代表色，统称为街区主题色。

施色方法：王府井片区基调色以暖色系为主，包括黄色（5Y、7.5Y）、红黄色（10YR）。明度主要为中高明度6～7，搭配了部分低明度2～3的色彩。彩度以中低彩度1～2为主。王府井片区其他代表色以暖色系为主，包括黄色（2.5Y、5Y）、红黄色（2.5YR、7.5YR）、红色（10R）。明度集中在中高明度4～7。彩度变化值较大，从低彩度1～2至中高彩度8均有分布。

属性分析：根据每个色彩出现的图片，确定主要运用在建筑类型（高度、功能、风格等），以及色彩对应的材质等属性。例如：5YR5/4主要出现在北京百货大楼、王府井百货等，建筑高度主要为6～7层，为商业建筑，材质以砖为主，该色彩具有20世纪五六十年代的商业建筑风格。

（2）街道立面尺度色彩分析

借助孟德尔色彩理论分析线性色彩关系理论，对沿街立面的色彩协调值变动进行分析评判。如图5-4所示，以王府井步行街为例，按照色彩分析理论，萃取街道立面的色彩明度与彩度，得出色彩协调值波动曲线。分析可知：存在七个主要的色彩协调值波动折点，图中黄色虚线所示5个区域为重要景观节点，是街道空间的标志性建筑，存在协调值波动属正常现象；而A、B两个红色框选区域则是由于广告牌奇装异彩带来的协调值波动，是下一步街道整饬的重点关注区。

在此基础上，对王府井大街的色彩色相、明度、彩度、协调度进行综合评判，如图5-5所示，得出如下分析结论：

街道西侧：整体色彩协调。色相统一，以暖色系为主，主要为红黄色（7.5YR 、10YR）、黄色（2.5Y、5Y、7.5Y）。明度集中在5～7，搭配了部分高明度8和少量中低明度3～4的色彩。彩

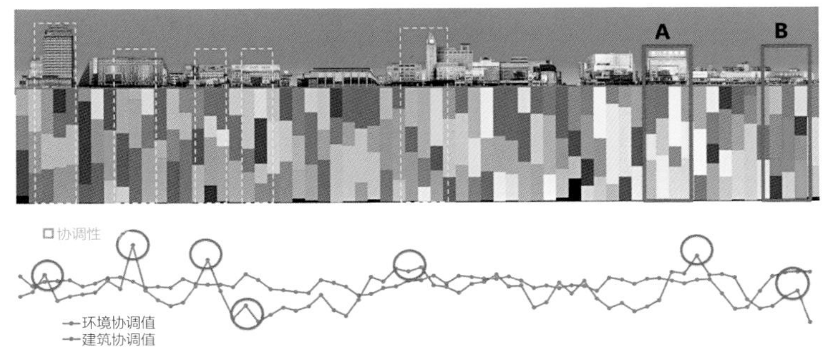

图5-4　街道立面层次城市色彩协调值评价结果

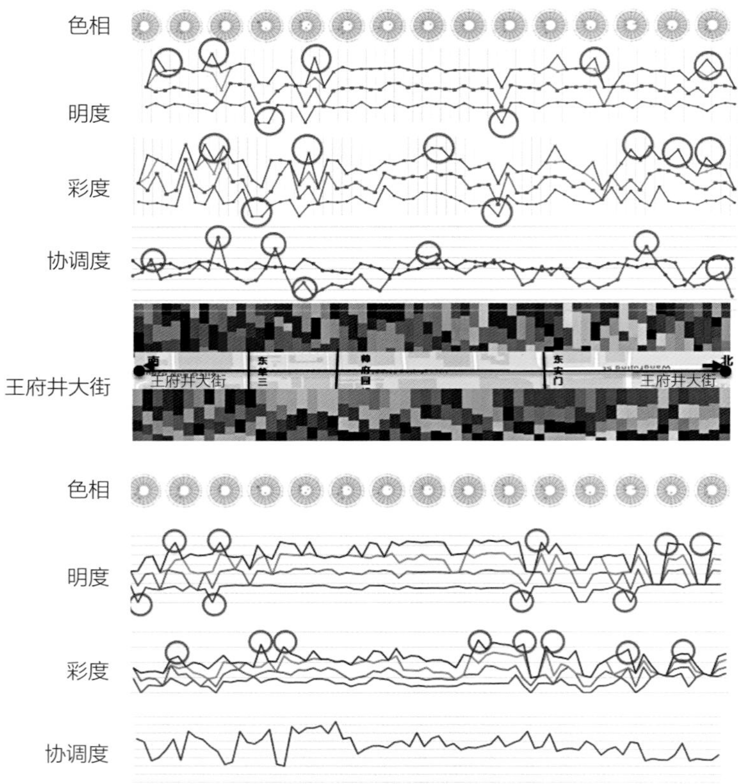

图5-5　王府井步行街色彩协调指标综合评价

度以中低彩度为主，相对变化较大，峰值主要出现在代表性商业建筑。但有少量高明度、高彩度冷色系出现在商业建筑外立面广告牌，对街道界面有一定影响。协调值的波动除建筑体量外，与彩度的波动对应。

街道东侧：街道相对协调。色相以暖色系为主，主要为红黄色（10YR）、黄色（2.5Y、5Y、7.5Y），较西侧建筑，较多使用了冷色系的色彩，主要为玻璃幕墙，对街道界面有一定影响。明度集中在5～7，搭配了部分高明度8和少量中低明度3～4的色彩。彩度主要为低彩度1～3，部分大体量玻璃幕墙建筑出现了中彩度4～6。协调值的波动主要出现在大体量玻璃幕墙建筑和色彩丰富的低层建筑。

街道整体秩序主要通过色相和明度进行统一，分别为临近对比和弱对比的范围，街道的变化体现在彩度的变化，变化区间为中对比4～5。

（3）单体建筑尺度色彩分析

为验证街景数据的可靠性，同时量化互联网街景数据、自主拍摄数据、物卡比色数据三者的差异及转换参数，对片区内具有历史文化价值的重要单体建筑进行了标定校准。

如图5-6所示为以北京饭店为例（平均高宽比1>H/D>1/3）

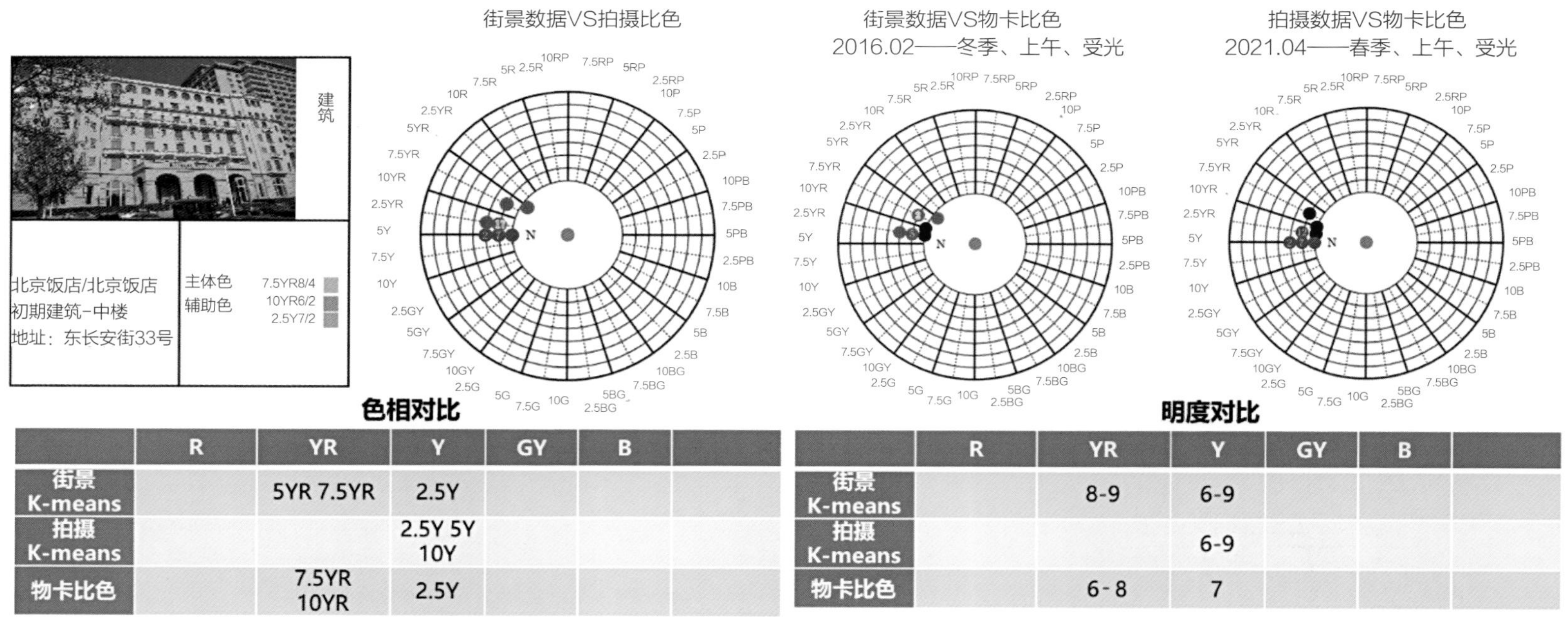

	R	YR	Y	GY	B	
街景 K-means		5YR 7.5YR	2.5Y			
拍摄 K-means			2.5Y 5Y 10Y			
物卡比色		7.5YR 10YR	2.5Y			

	R	YR	Y	GY	B	
街景 K-means		8-9	6-9			
拍摄 K-means			6-9			
物卡比色		6-8	7			

图5-6　单体建筑层面的色彩数据标定及校准参数确定

进行的数据校准分析过程。对多类同等建筑进行比较标定发现：较物卡比色数据，街景数据色相准确，拍摄数据整体偏向黄色；明度普遍偏高1～2个值；中明度红黄色（YR）彩度吻合，高明度色彩（Y）基本偏高2。据此得出以物卡比色为基准的多源街景数据校勘标准，用以老城区范围内的大规模色彩感知校准工作（本次研究仅验证北京老城区范围内冬、夏两季的色彩校准参数）。

2. 街道色彩引导及方案设计实践

依据街道现状色彩感知基础，本次研究以王府井街道为例开展规划实证，结合王府井街道空间及建筑外立面整治方案的色彩整治效果进行评估。如图5-7所示为王府井步行街重要节点建筑整治前后色彩协调度对比图：

整体而言，各建筑整治改造使得街道建筑色彩整体趋向稳定，好友世界、工美大厦、丹耀大厦改造所带来的正向影响尤为显著。以好友世界为例，好友世界作为非代表性建筑，改造使用低彩度中明度暖色系为主体色，拆除高明度高彩度广告牌。改造后好友世界的协调值由34.61降至20.94，即均值20左右，与周围建筑色彩基本达到协调，使得周边的代表性建筑得到重点突出，街道色彩整体趋向稳定状态。

3. 公众参与路径及文化价值挖掘

本次研究截取百度、大众点评、马蜂窝等社交网络平台与研究区域相关的照片进行色彩分析，获取的部分照片如图5-8所示。研究认为公众上传的，经过修正和艺术加工的摄影作品一定程度上反映公众心目中较协调的街道色彩，符合公众对于街道色

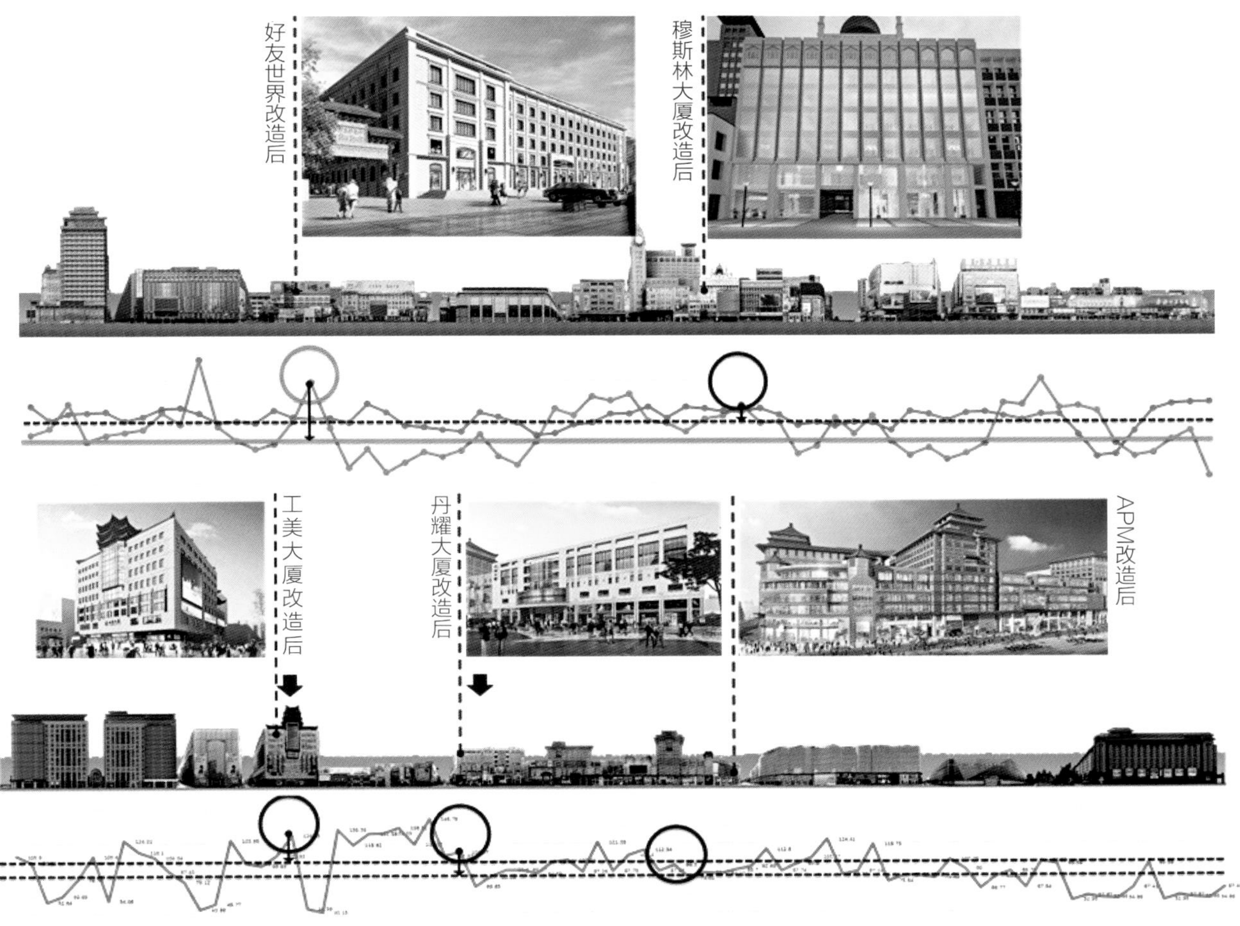

图5-7 王府井东西两侧建筑整治前后色彩协调值比对图

彩的优化意向。照片数量上重点关注的节点建筑是街道的重点关注区域，应给予更高的色彩协调值。

从各大媒体平台上传的美图来看，大众心中的王府井大街是暖色系的，红黄色（10YR）、黄色（2.5Y、5Y）是最喜爱的颜色，明度和彩度与分析值吻合。钟楼、教堂为王府井街区的重点关注建筑，其色彩协调值也的确位于突出位置，色彩定位基本符合建筑街道空间定位。

图5-8　社交网络平台重点关注建筑及其色彩分析

对王府井街区的色彩文化价值进行挖掘，街区以王府井大街闻名，街区施色秩序与历史文化很好的贴合在一起。中彩度中明度的红黄色、黄色体现了近现代浓厚的商业娱乐氛围，低彩度中密度的黄色和中明度灰色集合了宗教文化和居民生活的特色，奠定了低调柔和的环境基调。

4. 城市色彩管控及持续监测机制

综合以上数据处理手段及分析方法，研究对于东华门街道的“一轴、四区、多线、多点”空间进行“街区→街道→建筑”尺度的色彩评价。依据各片区用地面积占比、管控要求的权重，确定各片区和管控要求的权重系数。结合色彩本身占比，将各片区基调色的面积系数、管控系数、色彩占比进行叠加，选出排名前15的色彩作为东华门街道主题色，其中前一半为基调色。详细控制引导如图5-9所示，支持从片区层面到街道层面的色彩谱系控制。

在此基础上，本研究初步尝试建立监测评估的机制。监测包括基调色监测和核心代表色监测等。评估可通过色相值、协调值，结合空间结构、文化价值、公共参数等综合分析。

为此，本研究以首都功能核心区作为研究对象，初步绘制了北京市老城映像色彩地图。如图5-10所示，结合色彩协调度对

东华门街道
10YR5/6
7.5R4/8
10R4/6
5Y6/2
5Y5/2
N5
N6
5Y5/1
5Y7/1
7.5R5/6
7.5Y8/2
5Y6/2
N4
N7

街区						
皇城故宫街区	10YR5/6	7.5R4/8	10R4/6	5Y7/1	5Y5/1	N6
	5YR6/6	10YR6/6	7.5R5/6	5Y5/2	2.5Y6/2	N5
王府井街区	5Y6/2	10YR 3/2	7.5Y 8/2	10YR 6/1	10YR 2/2	N6
	5Y7/1	2.5YR5/4	2.5Y 6/2	10R 4/8	7.5YR6/6	N7
天安门广场东街区	5Y5/2	5Y5/1	5Y6/2	10YR3/2	5Y4/1	N5
	7.5Y6/2	7.5Y6/1	7.5Y5/2	7.5Y7/1	5Y8/4	N6
正义路东街区	10YR 3/2	5Y 5/2	5Y 4/1	7.5Y 6/2	7.5Y 6/1	N4
	7.5Y5/2	7.5Y7/1	5Y 6/2	5Y 6/1	5Y 8/4	N6

片区												
故宫片区	10YR5/6	7.5R4/8	10R4/6	5Y7/1	N6	5YR6/6	10YR6/6	7.5R5/6	2.5Y6/2	5Y6/2	5Y8/1	
南北池子	5Y5/1	5Y5/2	5Y4/2	5Y6/1	2.5Y6/2	2.Y6/1	5Y7/1	5Y7/2	10R4/4	10R5/6	N5	N6
东长安街北片区	5Y6/1	5Y7/1	5YR5/1	5Y5/2	7.5Y7/1	5Y7/2	10Y3/2	10YR6/4	5Y8/4	7.5Y7/2	N6	N7
王府井片区	5Y 6/2	10YR 3/2	7.5Y 8/2	10YR 6/1	10YR 2/2	N6	5Y7/1	2.5YR5/4	2.5Y6/2	10R4/8	7.5YR6/6	N7
广场片区	5Y5/2	5Y7/1	5Y5/1	2.5Y6/2	5Y6/2	5Y6/1	N5	N6	N7			
东交民巷（西）	10YR3/2	5Y5/2	5Y4/1	7.5Y6/2	7.5Y6/1	N4	N6	7.5Y5/2	7.5Y7/1	5Y8/4	5Y7/1	N7
东长安街南片区	5Y 6/2	5Y 6/1	5Y 4/2	5Y 7/1	5Y 5/2	N8	5Y 7/2	10YR 6/4	N6	N7		
东交民巷（东）	10YR 3/2	5Y 5/2	5Y 4/1	7.5Y 6/2	7.5Y 6/1	N4	N6	7.5Y 5/2	7.5Y 7/1	5Y 8/4	5Y 7/1	N7
一般老城片区	5Y5/2	5Y5/1	5Y4/2	5Y6/1	2.5Y6/2	2.Y6/1	5Y7/1	5Y7/2	7.5R3/6	10R4/6	N4	N5

图5-9　东华门街道色彩谱系控制引导指标

图5-10　首都功能核心区老城色彩映像地图

区域主题色进行选择，对区域内明度、彩度均较高的颜色进行特征提取，同时结合周边地块的建筑环境进行综合考虑。

老城映像地图倾向于人的主观认知出发，对刺激视觉能力较强的色彩进行萃取，其算法的优化可按照不同需求进一步确认。

六、研究总结

1. 模型设计的特点

基于孟塞尔（Munsell）标准色系，结合色彩心理学、计算机图形学、城市设计理论对“街区—街道—建筑”三个层次的城市色彩感知进行探索，使得大规模、细粒度的城市色彩感知成为可能。据此，对多尺度色彩协调性进行评估，为城市色彩引导及方案设计提供科学依据。借助社交网络照片组织公众参与路径及文化价值挖掘，为城市色彩管控及持续监测机制搭建提供了思路。

（1）确保大数据尽量接近真实值，引入了修正系数的方法，打通不同数据之间的关系。

（2）感知街区街道建筑多个尺度的现状色彩，提出了衡量协调性的指标。

（3）进行规划实践，参与了街区更新设计方案评价，得出街道色彩实施优化路径。

（4）借助网络社交图片，搭建了自下而上的公众参与机制，梳理了街道色彩的文化价值。

（5）具备大规模，多尺度，长线条城市色彩监测的技术基础，使得一向难以量化的城市色彩具备了纳入控制性详细规划层面指标管控体系并且长期管控的基础条件。

2. 应用方向或应用前景

实用价值：本研究构建的城市色彩数据模型可普遍运用于城市设计和监测评估。实时影像可形成色彩映像谱系，适用于城市色彩规划、城市文化宣传、城市色彩管理等；物卡比色可形成建造层面色彩谱系，适用于规范建筑色彩设计、景观色彩设计等；分光测色仪精细测量数据适用于城市修缮。

研究前景：梳理城市色彩基因及形成的文化脉络，对现代城市设计和历史文脉保护具有重要意义。

本研究仍然存在理论和技术的局限性，对于不同色彩系统的转换方式、影响色彩因素的权重等方面还需要进一步探索。未来，将提升数据转换精度，明确各层次城市色彩管控内容、手段和衔接办法，为城市设计与历史文脉保护提供借鉴。

参考文献

［1］杨至德．风景园林设计原理［M］．武汉：华中科技大学出版社，2015：152.

［2］丛思安，王星星．K-means 算法研究综述［J］．电子技术与软件工程，2018（17）：155-156.

［3］Zhang J, Sokhansanj S, Wu S, et al. A transformation tech- nique from RGB signals to the Munsell system for color analysis of tobacco leaves［J］. Computers & Electronics in A- griculture, 1998, 19（2）:155-166.

多源数据支撑下的城市绿道智能选线规划研究

工 作 单 位：江苏省规划设计集团有限公司

报 名 主 题：面向高质量发展的城市综合治理

研 究 议 题：数字化城市设计、城市更新与场所营造

技术关键词：机器学习、时空行为分析、神经网络

参 赛 人：蒋金亮、高湛、徐云翼、陈军

参赛人简介：参赛团队来自江苏省规划设计集团有限公司数据信息中心，具有城市规划、地理信息系统、计算机等知识背景，长期致力于大数据和人工智能方法辅助规划及规划分析系统开发，在*sustainability*、《自然资源学报》《现代城市研究》等国内外期刊上发表多篇学术文章，取得3项发明专利和多项软件著作权。

一、研究问题

1. 研究背景及目的意义

党的十八大以来，生态文明建设被摆在前所未有的战略高度，十九大报告更是明确提出我国社会主要矛盾已经转化为人民日益增长的美好生活需要和不平衡不充分的发展之间的矛盾，这意味着城市发展需要提供优质生态产品以满足人民日益增长的优美生态环境需要。如何营造生态绿色、宜居活力的空间，成为城市发展和建设的重中之重。随着城市居民对日常休闲健身活动空间的需求提升，承载生态、休闲、文化功能的绿道日益成为健康导向下城市建设的现实需求。有研究表明，绿道属于线性的景观廊道，能够为人们提供休闲、游憩空间，保护景观连续性，提供动植物栖息场所，兼具游憩、教育、历史资源保护等功能。通过绿道建设可以满足市民日益增长的优美生态环境需要，有效助推城市高质量发展。因此，通过科学的绿道选线规划引导高质量的城市绿道系统建设，对于提升城市生态环境效益，满足人民群众游憩、健康等需求，具有重要现实意义。

奥姆斯特德在波士顿城市公园规划中提出的“parkway”是美国绿道的萌芽，“翡翠项链”式公园系统成为国际公认的第一条绿道。绿道这一概念在欧美发展有100多年的历史，但直到20世纪90年代学者才对绿道有相对系统化定义。20世纪90年代，Little从形态、交通、景观、生态等方面对绿道进行全面定义，指出绿道是沿着自然廊道、交通线路或其他线路的线性开放空间；任何为慢行系统设立的自然或景观道；一个连接公园、自然保护区、文化景观或历史遗迹之间及其聚落的开放空间，一些局部的公园道或绿带都称之为绿道。绿道主要分为三个类别：①具有重要生态意义的走廊和自然系统的绿道；②休闲绿道，通常靠近水、小径和风景；③具有历史遗产和文化的绿道，且这三个类别功能越来越重叠。21世纪初，绿道被引入我国，先后在浙江、广东、北京等地开展了规划研究和建设实践。

在绿道体系建设中，如何通过绿道系统的优化构建和慢行空间的打造提升，进而实现城市空间与生态空间的融合，激发城市活力，成为城市绿道系统规划面临的重要课题，国内外学者在绿道选线规划上进行了大量实践探索。早期研究更多以滨水空间、

带状绿地、风景线路等线性廊道作为载体，串联居住区、游憩空间等关键节点，强调绿道的连通度和可达性。随着地理信息技术的发展，为绿道选线提供了方法和依据。一方面，学者利用GIS路径分析方法，采用引力模型、成本距离模型等方法进行绿道选线，多应用于区域大尺度的绿道规划。如罗坤（2018）结合徐汇区实际情况，借助成本距离模型评估区域内任意点到公共绿地、历史文化等8类设施的成本距离，判断绿道选线的可达性，确定不同资源要素权重，进行综合叠加，进行绿道选线综合适宜性评估；周盼等（2014）运用最小累积阻力模型和多因子叠加法，以草原丝绸之路文化线路为研究对象，对绿道遗产保护、游憩可达性和生态保护进行适宜性分析，加权叠加得到综合适宜性评价结果，确定绿道选线；徐希等（2016）从生态安全格局、资源分布和设施支撑对绿道选线进行综合评价，人工修正后确定绿道选线。另一方面，学者以道路空间作为承载绿道的线性空间，评价道路的绿道建设适宜性，进行绿道综合选线，应用于城区尺度的绿道规划。如李敏稚等（2021）提出适宜性指标体系框架，运用成本连通性和成本距离工具进行分析和修正，构建广州历史城区绿道规划网络。

随着信息化技术的更迭，大数据和机器学习等新技术为绿道研究提供了新的数据来源和分析方法，居民时空行为分析、机器学习等方法被逐渐用在线路规划中。如徐欣等（2020）爬取武汉东湖风景区GPS轨迹及图片数据，利用数据空间网格化、近邻分析等方法研究游客时空行为特征，为景区线路规划提供建议。叶宇（2021）、Tang Ziyi等（2020）虽然采用层析分析法计算道路各因素权重，分析绿道适宜性总体评分，提出绿道选线方案，但是在分析过程中，采用机器学习的方法对街道空间品质进行评价，提高了绿道选线的科学性。

从上述分析可以看出，当前绿道系统规划更多采用自上而下的分析视角，借助物理空间静态指标进行综合评估，在分析中较少考虑自下而上的人本视角和时空间行为分析方法，缺乏对于居民在绿道上活动的行为方式研究，方法上对于机器学习的应用仍然处于探索阶段。因此，本研究拟采集居民活动数据，通过时空行为分析、机器学习等方法综合分析居民的真实出行倾向，尝试提出城市绿道智能选线方法，推动绿道选线规划方法更新。

2. 研究目标及拟解决的问题

本研究以经典设计理论作为理论支撑，收集多源城市大数据，借助机器学习、人工智能算法，提出城市绿道选线分析框架。研究整合基础地理数据、POI数据、手机信令数据、居民活动数据、街景数据、土地利用数据等多源数据，分析居民真实出行特征，多因子综合分析居民运动轨迹的真实倾向，进而模拟居民出行行为，提出城市绿道选线方法。本研究拟解决如下问题：

（1）基于居民行为模拟的绿道数据收集和应用。本研究将通过公开网站收集居民慢行运动数据，分析起讫点空间分布特征，研究居民真实出行行为。

（2）人工智能算法在绿道规划中的应用。采用人工智能方法，选择合适的机器学习模型，训练居民运动轨迹中不同指标的规律特征，获取道路属性变化规律。

（3）出行行为模拟的科学性和应用。将运动轨迹属性变化规律纳入机器学习模型中进行模拟，分析真实路径和预测路径的相关性，得到科学合理的预测模型。提取城市绿道起点、终点，进一步模拟居民真实出行行为，提取高频线路作为绿道选线依据。

二、研究方法

1. 研究方法及理论依据

本研究在分析建成环境对绿道影响中，以5D设计理论作为理论依托。在分析方法上，以时空行为分析方法作为支撑，采用LSTM（Long Short Term Memory network）神经网络对居民运动轨迹的指标变化规律进行学习，预测居民在绿道中的行进规律（表2-1）。

（1）5D设计理论

随着空间品质成为城市设计重要目标受到越来越多学者的关注，研究者尝试将量化分析引入其中，以测度“空间品质”概念，从而为提升空间品质提供数据和方法支撑。其中，罗伯特·塞韦罗（Robert Cervero）和卡拉·科克尔曼（Kara Kochelman）在1997年提出“3D”模型，包括密度（density）、用地多样性（diversity）和设计（design），用以分析城市环境品质对交通行为的影响。这一模型基于大量数据和计算，讨论城市建成环境品质与交通行为的关联。在“3D”模型基础上，瑞德·尤因（Reid Ewing）与罗伯特·塞韦罗（Robert Cervero）进一步增加目的地可达性（destination accessibility）与交通距离（distance to transit）两个变量，提出了“5D”模型，用以量化城市环境品质。5D设计理念已经被广泛应用于建成环境品质研究中。因此，本文借鉴5D设计模型，通过不同指标测度5个不同维度，分析影响绿道选择的指标因子，探索绿道分析的精准研究框架。

结合5D设计理念，通过对相关研究进行综述和检索，综合考虑相关研究绿道选线评价指标体系，确定针对基于5D设计理念的绿道分析的指标体系，共包含5类共10个绿道体系测度指标（表2-2）。

绿道选线指标量化体系　　表2-1

序号	分析尺度	评价类型	指标
1	区域尺度	生态环境	斑块重要值、可能连通性指数、斑块面积、斑块形态指数等景观生态学指标
2		生态保护、资源保护利用、可实施性	地质、水文、生物多样性、资源分级、辐射范围分级、道路、公交枢纽和特色乡镇
3	中心城区尺度	景观风貌	植物景观、斑块类型、绿地率及表征文化、生态的综合指标
4		自然生态、历史文化、公共空间、道路交通	吸引力、可达性、利用潜力、亲水性等
5		连接性、景观性、服务性、生态性	与节点连接度、与交通设施连接度、场所特色性、环境协调度、人群活动密度、慢行设施、景观服务设施、气候适应性、街道绿化覆盖率
6		高密度开发、多样性、良好的设计、交通距离、目的地可达性、可建设性	服务区开发密度、基于 LBS 的活动密度、基于街景数据筛选的人行计数、基于 POI 数据的功能多样性、营业时长、街景品质评价、距地铁站点距离、路网步行可达性、最大连续非机动化断面宽度
7	社区尺度	交往游憩	社区基础设施的位置和分布密度

5D维度的定量化测度方法　　表2-2

维度	指标
密度	人口密度
多样性	POI设施密度
	POI设施混合度

续表

维度	指标
设计	绿视率
	天空开阔度
	道路宽度
	人行道宽度
目的地可达性	全局集成度
交通距离	交叉口密度
	到公园距离

（2）时空行为分析方法

20世纪60年代中后期，随着地理学者出于对计量地理学过分简化空间问题、忽视人的作用的不满，强调个体和微观过程的时间地理学、行为主义开始发展，奠定了时空间行为研究的理论基础。时间地理学强调人受到的制约以及围绕人的外部客观条件，将时间和空间在微观个体层面相结合，通过时空棱柱、时空路径等概念及符号系统构建理论框架。时间地理学的核心思想是满足个人需求的活动和事件具有时间维和空间维。目前，居民的时空行为研究正在逐渐从传统问卷调查或访谈方法转变为利用GPS、移动互联网等新技术手段获取研究数据，呈现出研究方法科学化、研究对象个体化、研究主题应用化等趋势。

（3）LSTM神经网络模拟方法

本研究拟采用机器学习中监督深度学习的方式，根据居民的运动轨迹寻找出道路各指标的变化规律。具体手段为利用LSTM神经网络对居民轨迹中变量的变化规律进行学习，以此预测未来的行进规律。本研究采用一种监督型的深度学习分析方法，神经网络就属于深度学习的一种方式，具体而言，本研究使用的神经网络是人工神经网络（Artificial Neural Networks，简写为ANNs）下的一种。神经网络是一种模仿动物神经网络行为特征，进行分布式并行信息处理的算法数学模型。这种网络依靠系统的复杂程度，通过调整内部大量节点之间相互连接的关系，从而达到处理信息的目的。循环神经网络（Recurrent Neural Network, RNN）是一类以序列（sequence）数据为输入，在序列的演进方向进行递归（recursion）且所有节点（循环单元）按链式连接的递归神经网络（recursive neural network）。

因循环神经网络能够记忆轨迹中短期的属性变化规律，但是并不适用于长期记忆，故本研究使用LSTM神经网络，它采用一种特殊的循环神经网络，可以很好地解决长时依赖问题。通过对规律的长期记忆，最终输出规律模型。

2. 技术路线及关键技术

本研究按照如图2-1所示技术路线图进行绿道选线规划研究。首先，收集手机信令数据、运动轨迹数据、街景图像、POI数据、用地和道路数据等构建现状数据库；其次，结合GIS、时空行为分析、机器学习等方法，提取所有道路密度、多样性、设计、目的地可达性和交通距离5个维度共计10个指标；再次，提取运动轨迹所经过的道路及其次序信息，采用LSTM神经网络算法进行学习，训练得到运动轨迹不同属性变化规律，将该框架返回到运动轨迹的起点和终点，模拟得到运动轨迹并与真实运动轨迹进行验证对比；进一步，提取绿道选线的起始点和终点，将其输入到训练的人工智能框架，得到模拟的居民出行线路，识别出高频次出行线路作为绿道选线规划的依据，最后形成绿道规划方案。

上述技术路线中主要涉及三个技术难点：

（1）基于机器学习的道路属性测度。采用机器学习已有模型和算法可识别出绿视率和天空开阔度，对于宽度的识别则要对大量的慢行道路进行识别。本研究对街景图片进行灰度图像平滑后，利用慢行道和车行道边缘差异明显这一特征，设置合理的阈值对慢行道路进行提取。通过机器学习反复计算，输出计算慢行道宽度间距的模型。

（2）将道路网络转化为拓扑网络结构，并输入LSTM神经网络框架。本研究将带属性的道路抽象为节点，将相应的各道路互通关系转换为人工智能框架能够接入的networkx库格式，所有道路和互通关系利用字典生成表进行高效率的查询。将路网中的道路起始点和终点一一对应，将道路间的互通关系转换为拓扑关系，建立好字典列表后，在networkx绘制。拓扑路网建成后，每一条轨迹经过的道路、次序规律、道路属性都可以输入到LSTM神经网络框架进行模拟。

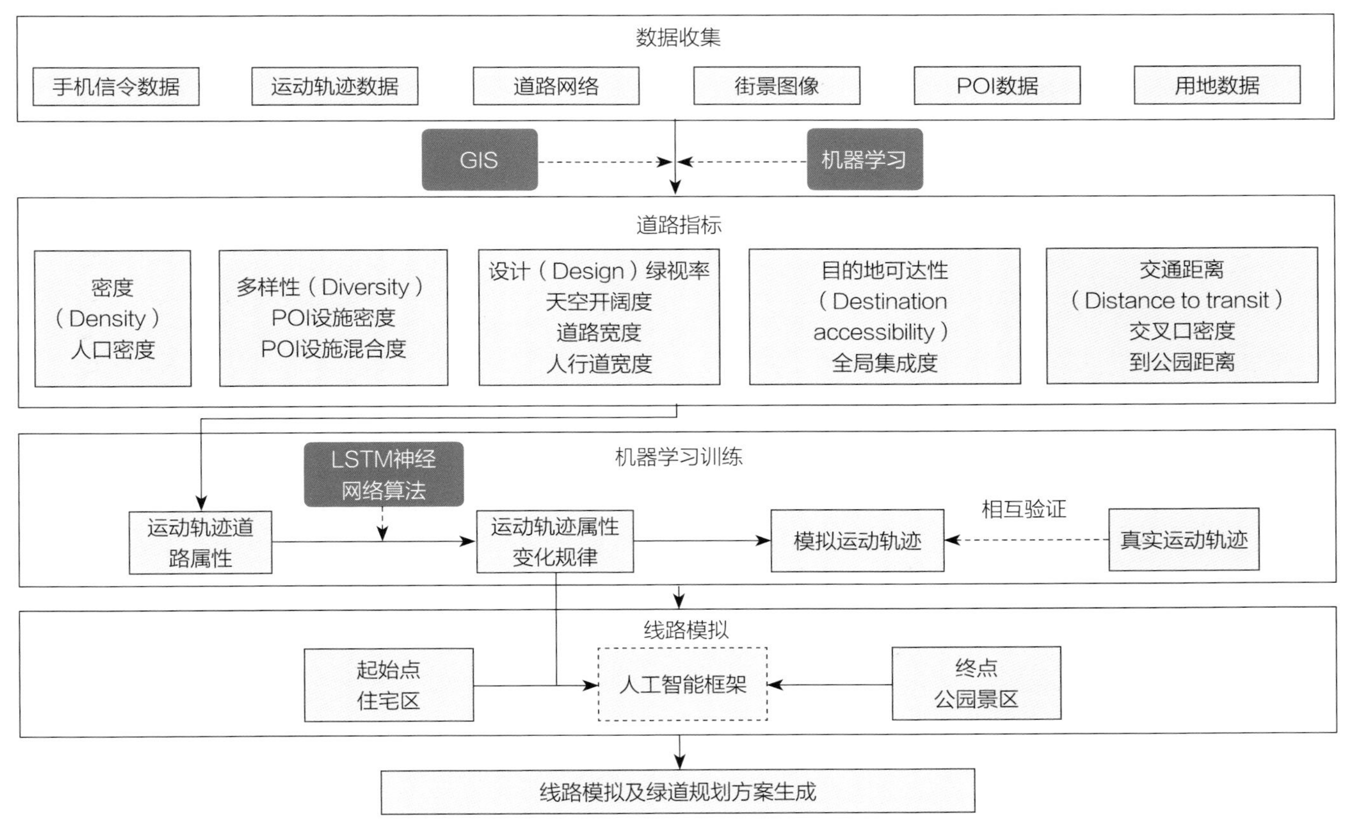

图2-1　技术路线图

（3）LSTM神经网络框架训练。LSTM神经网络的具体设置参数无法通过训练过程得到，必须预先进行设计，通过一定次数的试错才能够得到最适合的方法。在本研究中，经过数次测试之后，计算得到时间步长和隐藏层参数。在具体分析中，计算每个属性在整体范围内的均方根误差，判断不同模型的精准程度，进而输入进人工智能模型进行下一步运算。

三、数据说明

1. 数据内容及类型

本研究数据主要来源于土地利用数据、运营商数据、网络公开数据等渠道，包含用地、道路、设施、街景图片、手机信令等数据（图3-1）。

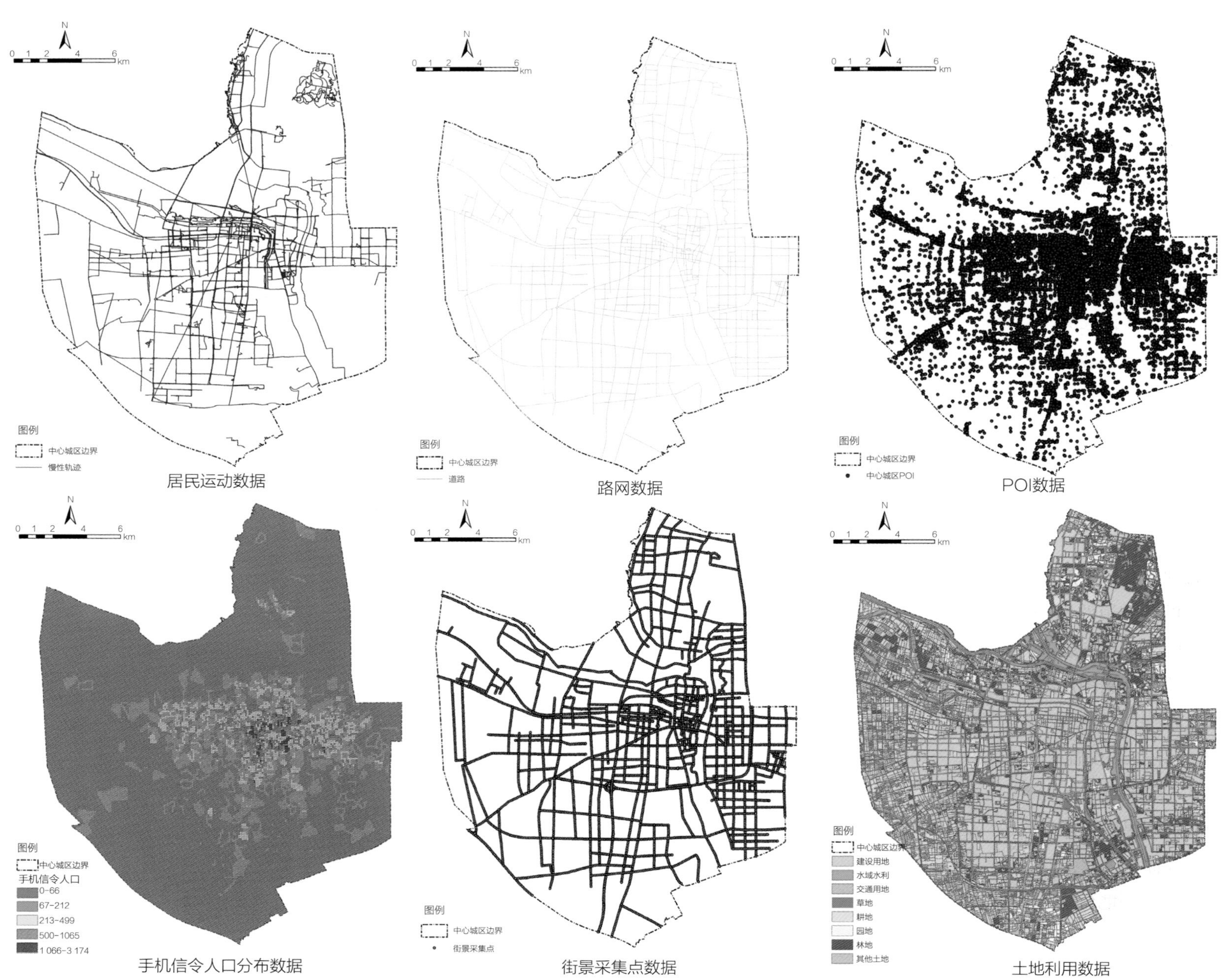

图3-1 数据示意图

（1）用户运动数据

该项数据来源于六只脚（http://www.foooooot.com）网站，通过网络爬虫对研究区范围内的用户运动轨迹进行抓取，得到的数据是从起点到终点之间每隔一定时间间隔的点，通过ArcGIS软件可以按照时间顺序对每一条轨迹进行生成。使用该项用户运动轨迹数据，旨在通过实际道路的绿道功能使用情况，来为每条道路赋予热度值，用于后续预测路线的合理性评价分析。

（2）道路数据

该项数据来源高德地图API，通过开放接口抓取道路线路空间信息，并利用ArcGIS软件进行矢量道路数据的生成，根据研究区域范围，提取研究区范围内的主要道路，并且按照道路交叉口分布对矢量路网进行分段。该项道路数据作为基础本底数据，后续各个评价指标的计算都将作为属性赋予每一段道路，同时最终生成的预测线路也将按照该路网进行线路选取。

（3）POI数据

该项数据来源高德地图API，通过开发接口抓取地图兴趣点信息，并基于分类字段对获取到的POI数据进行筛选，按照商业设施（如餐饮服务、购物服务、住宿服务等）、公共服务设施（如医疗保健、科教文化）、风景名胜等将POI进行重新分类，用于后续每个路段的功能性指标计算。

（4）手机信令数据

该项数据来源于移动运营商，通过建立网格将手机信令数据聚合到网格中，形成研究区内50m网格的人口分布数据。以研究区内的基础道路网为中心，做出道路两侧100m的缓冲区，统计缓冲区内的人口数，作为每一段路的人口指标。

（5）街景图片数据

该项数据来源百度地图街景静态图API，以矢量路网为底图，每隔50m设置一个街景采集点，采集沿路方向和垂直道路方向共4张街景图片。街景图片数据可以基于机器学习算法，通过语义分割提取图片中的树木、天空、楼宇等要素，基于各类要素的图片面积占比，计算出绿视率、天空开阔度等指标。

（6）用地数据

该项数据来源于第三次土地调查的结果，数据包含耕地、种植园用地、林地、草地、湿地、商业服务业、工矿、住宅、公共管理与公共服务、交通运输、水域及水利设施用地等多种地类分布情况，能够帮助判断道路两旁用地的功能类型，后续可以辅助道路类型的划分。

2. 数据预处理技术与成果

按照上述5D设计理论，选择10个关键变量，其中用人口密度表征密度维度，用POI设施密度、POI设施混合度表征多样性，绿视率、天空开阔度、道路宽度和人行道宽度表征设计维度，全局集成度表征目的地可达性维度，交通距离维度通过交叉口密度和到公园距离表征（表3-1）。

5D维度的定量化测度方法　　表3-1

维度	指标	数据来源
密度	人口密度	手机信令数据
多样性	POI设施密度	高德POI
	POI设施混合度	高德POI
设计	绿视率	街景数据
	天空开阔度	街景数据
	道路宽度	用地数据
	人行道宽度	街景数据
目的地可达性	全局集成度	路网数据
交通距离	交叉口密度	路网数据
	到公园距离	公园及路网数据

数据预处理阶段，主要进行多源数据的清洗和筛选、各评价指标的计算以及路网拓扑的建立等工作。结合数据处理和指标测算，详细说明在数据预处理过程中的关键技术以及计算结果的内容和含义。

（1）密度指标

人口密度：统计道路100m范围内人口密度。沿道路网建立双侧100m缓冲区，统计包含在缓冲区范围内的手机信令人口数并赋予每个缓冲区人口数量的属性，再通过连接的方式将人口数量赋予每一段道路。人口密度的计算公式如下：

$$Density_i = Pop_i / (L_i \times 100) \quad (3\text{-}1)$$

式中，$Density_i$为道路人口密度值，Pop_i为第i段路100m范围内人口数量，L_i为道路长度，结果单位为人/m^2。

（2）多样性指标

①POI设施密度：统计道路50m范围内POI设施密度。在统计之前，需要基于高德POI的类型表进行POI类型的筛选与合并，主要包括以下类型：商业设施（餐饮服务、购物服务、住宿服务、生活服务、体育休闲设施）、政府机构、风景名胜、公司企业、交通设施、公共服务（科教文化设施、医疗保健服务）、住宅（剔除产业园区）。沿道路网建立双侧50m缓冲区，统计包含在缓冲区内不同种类的POI数量并赋予每个缓冲区人口数量的属性，再通过连接的方式将POI数量赋予每一段道路。POI设施密度的计算公式如下：

$$Density_i = Poi_i / (L_i \times 100 \div 10\,000) \quad (3\text{-}2)$$

式中，Poi_i为第i段路50m范围内该类POI的数量，L_i为道路长度，结果单位为个/hm^2。

②POI设施混合度：基于上述合并后的POI类型（商业设施、政府机构、风景名胜、公司企业、交通设施、公共服务、住宅），利用熵值法来测算POI设施的混合度。POI设施混合度的计算公式如下：

$$\mathrm{H}(\mathrm{X}) = -\sum_{i=1}^{n} P_i \log P_i \quad (3\text{-}3)$$

式中，H（X）表示随机变量X的熵；P_i为X取X_i的概率。

（3）设计类指标

①绿视率：通过对百度街景图片的语义分割操作，获取图片中的树木占比，对街景点沿路和垂直方向4张图片取平均值得到该街景点位的绿视率。某路段的绿视率指标为该路段中所有街景点的绿视率的平均值。

②天空开阔度：通过对百度街景图片的语义分割操作，获取图片中的天空占比，对街景点四周的4张图片取平均值得到该街景点位的开阔度。某路段的绿视率指标为该路段中所有街景店的开阔度的平均值。

③人行道宽度：统计道路人行道宽度，借助每段道路的百度街景图片数据，采用人工判读的方式确定是否存在人行道，再通过自主编写的测量程序对图片中含有的人行道部分进行宽度测量，并根据拍摄角度自动纠正得到实际宽度。慢行宽度的识别使用了针对由鱼眼摄像转换为沿街道方向正面街景图片（统一制式）的道路宽度识别算法，其原理在学习了已有测量数据后，利用算法对统一制式图片（镜头焦距统一）同一块区域的位置进行宽度识别，将识别的数据与验证集比较，准确度高达97%。

④道路宽度：通过第三次国土调查中的用地数据，提取出道路图斑，计算出每段道路的总宽度。

（4）交通距离指标

①交叉口密度：统计道路500m范围内交叉口密度。通过ArcGIS软件中的拓扑工具，对路网的交叉点进行提取，统计道路两侧500m缓冲区内交叉点的数目，进而计算得到道路500m范围内交叉口密度。

②到公园距离：统计道路距离公园距离。通过ArcGIS软件中的距离测算工具，计算每条道路中心点到每个公园中心点的距离，并取到最邻近公园的距离作为到公园距离的指标值。

（5）可达性指标

以全局集成度（integration）表现道路在整个空间的可达性。根据Bill Hillier的空间句法分析原理，认为全局集成度是实际相对不对称值的倒数。计算公式为：

$$I_i = 1/R_{(n)} = \frac{n\left[\log_2\left(\frac{n+2}{3}\right)-1\right]+1}{(n-1)(MD_i-1)} \quad (3\text{-}4)$$

式中，I_i是城市空间的全局集成度，$R_{(n)}$是实际相对不对称值。

$$MD_i = \frac{\sum_{j=1}^{n} d_{ij}}{n-1} \quad (3\text{-}5)$$

式中，MD_i是平均深度值，指系统某一空间到达其他空间所需经过最小连接数；n为城市单元空间个数和；d_{ij}是空间两个节点i与j之间的最短步距离。本研究通过Axwoman工具计算道路全局集成度，作为表征道路可达性的指标。

四、模型算法

1. 模型算法流程及相关数学公式

本研究模型算法主要包括机器学习对图片的识别、LSTM神经网络分析方法和A*路径模拟算法。

（1）基于机器学习的图片识别算法

本研究中基于机器学习的图片识别算法主要包括绿视率、天空开阔度及慢行宽度的识别。

首先，通过调用地图街景接口查询宿迁城区覆盖范围内的所有道路街景图像，每个样本点间隔50m，根据特定视角采集前后左右4张街景图像。其次，利用基于机器学习算法的卷积神经网络工具（Segnet）提取街景图像中绿视率、天空开阔度、慢行空间等关键空间特征，分别计算绿色植被、天空等要素在街景图像中的比例。

对于宽度的识别则要先利用机器学习，使得机器先对大量的慢行道路进行识别。首先对图像进行灰度处理，具体公式为：

$$Gray=0.299 \cdot R+0.587 \cdot G+0.114 \cdot B \qquad (4\text{–}1)$$

按照上述公式形成相应的灰色照片，同时对图像进行平滑滤波处理，避免多处出现噪点。进一步选择高斯滤波法进行处理，其原理是重新计算图像中每个点的值，计算的时候将该点与周围点进行加权平均，权重符合高斯分布。一般将权重按对应位置组成矩阵形式，称为高斯核，一般鱼眼摄影的图像转换为街景后用到的是大小为5的高斯核，针对二维图像的高斯滤波公式如下：

$$G(x,y)=\frac{1}{2\pi\sigma^2}e^{-\frac{x^2+y^2}{2\sigma^2}} \qquad (4\text{–}2)$$

大小为5的高斯核则为：

$$K=\frac{1}{159}\begin{bmatrix}2 & 4 & 5 & 4 & 2\\4 & 9 & 12 & 9 & 4\\5 & 12 & 15 & 12 & 5\\4 & 9 & 12 & 9 & 4\\2 & 4 & 5 & 4 & 2\end{bmatrix} \qquad (4\text{–}3)$$

灰度图像平滑之后，利用慢行道和车行道边缘比较明显的特点，设置合理的阈值将其提取出来。人工校核去除掉明显不正常的边缘后，计算两条直线的间距，通过机器学习反复计算后，输出计算慢行道宽度的模型。

（2）LSTM神经网络处理流程

LSTM是一种改进后的RNN神经网络，其改进了RNN神经网络因为记忆时间长之后导致的递归权重矩阵维度爆炸和误差逆传播中梯度消失问题。LSTM神经网络每一个循环单元有一个额外的记忆状态ct和若干控制信息流的门，包括输入门、记忆门、遗忘门和输出门。这样就可以对长时间跨度的信息进行阈值筛选并选择性记忆。LSTM神经网络计算公式如下：

$$f_t=\sigma\left(W_t x_t+Uf\,h_t-1+bf\right) \qquad (4\text{—}4)$$

$$c_t=\tan h(Wc\,x_t+Uch_t-1+bc) \qquad (4\text{—}5)$$

$$i_t=\sigma\,(W_t x_t+Uih_t-1+bi) \qquad (4\text{—}6)$$

$$c_t=f_t\odot c_t-1+i_t\odot c_t \qquad (4\text{—}7)$$

$$o_t=\sigma(Wo\,x_t+Uo\,h_t-1+bo) \qquad (4\text{—}8)$$

$$h_t=\tan h\,(c_t)\odot o_t \qquad (4\text{—}9)$$

$$y=Wd\,hn+bd \qquad (4\text{–}10)$$

式中，h_t为隐含状态，x_t为t时刻的输入，f_t、I_t、o_t、c_t分别为t时刻的遗忘门、输入门、输出门和细胞状态。c_t为记忆更新向量；σ（·）表示Sigmoid函数，tan h（·）为双曲余弦函数；W、U表示权重矩阵；b表示偏置向量；⊙表示向量标量积，y为t时刻的输出。

LSTM以不同滞时的序列作为输入，通过遗忘门、输入门和输出门调整循环单元的隐含状态向量与记忆状态向量，从而实现长、短期记忆及序列预测。LSTM的有效学习能力主要通过循环单元中的记忆状态向量c_t，通过阈值设置与前序列单元的传递，可将前序输入信息有选择性地长期保留，而遗忘门控制前一时刻的记忆状态向量c_{t-1}中哪些元素会被遗忘。LSTM中隐含状态向量和记忆状态向量的长度可以指定，且多个LSTM网络层可以叠置，只需按照输出的格式在最后时刻添加相应的密集层（也称全连接层），其结构图如图4-1所示：

LSTM神经网络的具体设置参数无法通过训练过程得到，必须预先设计好之后，通过一定次数的测试和训练才能够得到最适合的方法。在本研究中，经过数次测试之后，设置时间步长记录为3，隐藏层为4，计算效果较好。

（3）A*算法路径模拟

在输出规律模型之后，先将原始路网转换为拓扑关系。利用路网中的道路点属性和互通情况完善拓扑路网，将完善后的拓扑路网与规律加载到人工智能框架内，利用代理智能体（agent）通

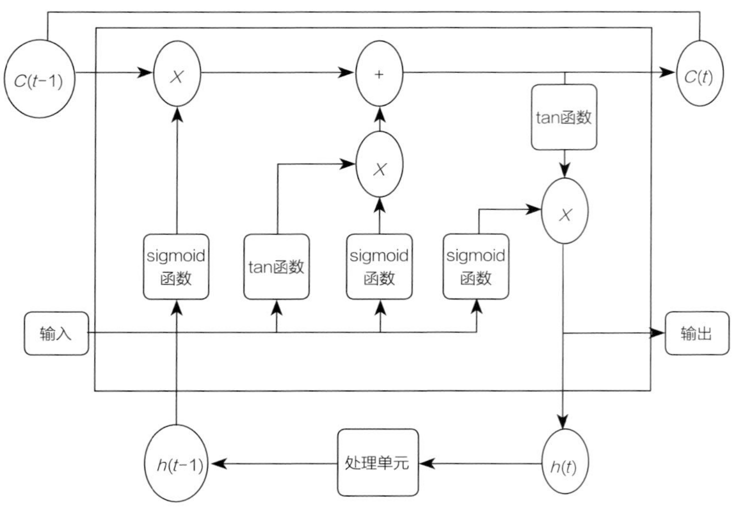

图4-1 LSTM神经网络示意图

过类A*算法走出最合理的路径。

本研究用到的人工智能框架指的是能够将需求使用在已加载了代理智能体及相关算法的结构中，只需输入起终点即可自动运行相关算法进行最优化路径选择。路径选择使用的是类A*算法。A*搜寻算法俗称A*算法，是比较流行的启发式搜索算法之一，被广泛应用于路径优化领域。它的独特之处是检查最短路径中每个可能的节点时引入了全局信息，对当前节点距终点的距离做出估计，并作为评价该节点处于最短路线上的可能性的量度。A*算法通常是用在最短路径计算上，是路径叠加计算的最小值，本研究采用改进的类A*算法，计算利用规律模型预测出的值与实际值之间的皮尔森相关系数。利用相关系数反算出离散系数，加权求和的最小值即为与预测最佳值相差最小的最优路径。

2. 模型算法相关支撑技术

本研究所使用的软件平台为64位Windows系统下的Anaconda平台，语言为Python。其中调用到的库，数据处理方面为Pandas，神经网络主要利用了Tensorflow搭建，模式识别与机器学习主要利用了Opencv2算法，人工智能框架中，类A*算法是基于编写的Search模块对基于树状搜索的A*修改后生成，框架中的拓扑网络从构建到可视化利用了networkx搭建了非定向型图得以完成拓扑。代理智能体agent则是在编写的search模块中基于拓扑结构中的运行逻辑完善了基本行为准则：即沿道路互通方向行走，不存在最优可能性下即掉头退后的操作，但可以根据预测和计算结果返回之前的结果，以便校核自身行为。

五、实践案例

1. 模型应用实证介绍

（1）研究区概况

研究区范围为宿迁中心城区，东至西楚大道（宿新公路）、张家港大道，南界淮徐高速公路、新扬高速公路，西抵八支渠，北止骆马湖、青墩路，总面积约359.32 km^2。中心城区是宿迁中心城市的核心载体，也是全市的政治、经济、文化、交通、金融中心。其中，宿城区是宿迁市政府所在地，宿豫区是宿迁的文教区（图5-1）。

图5-1 中心城区范围

（2）慢行轨迹热度

将采集到的居民运动轨迹进行空间可视化表达，从图5-2中可以看出，整体上慢行轨迹基本覆盖到中心城区全部路网。轨迹热度较高的道路主要集中在宿豫区和宿城区中心区，外围郊区和乡镇的道路轨迹热度相对较低。特别是在中心城区大型公园附近，慢行轨迹热度尤为集中，如古黄河湿地公园周边八一路、骆马湖路成为慢行热门线路。北侧的湖滨公园、三台山森林公园周边道路也呈现较高的慢行热度，成为居民运动较多的线路。

（3）慢行轨迹起讫点分布特征

从慢行轨迹起讫点核密度来看，起点核密度主要集中在宿城区古城，集中在人民广场、市政府、古黄河两岸，这些区域人口分布较为密集，以居住人口集聚为主。慢行轨迹终点则较为集中，主要沿着古黄河湿地公园南侧分布（图5-3）。

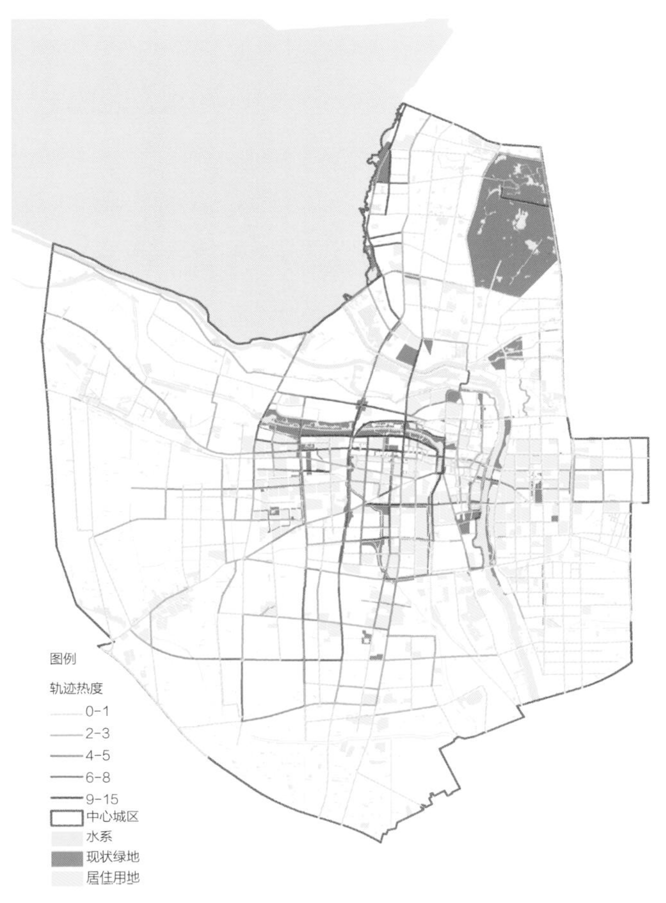

图5-2　慢行轨迹热度

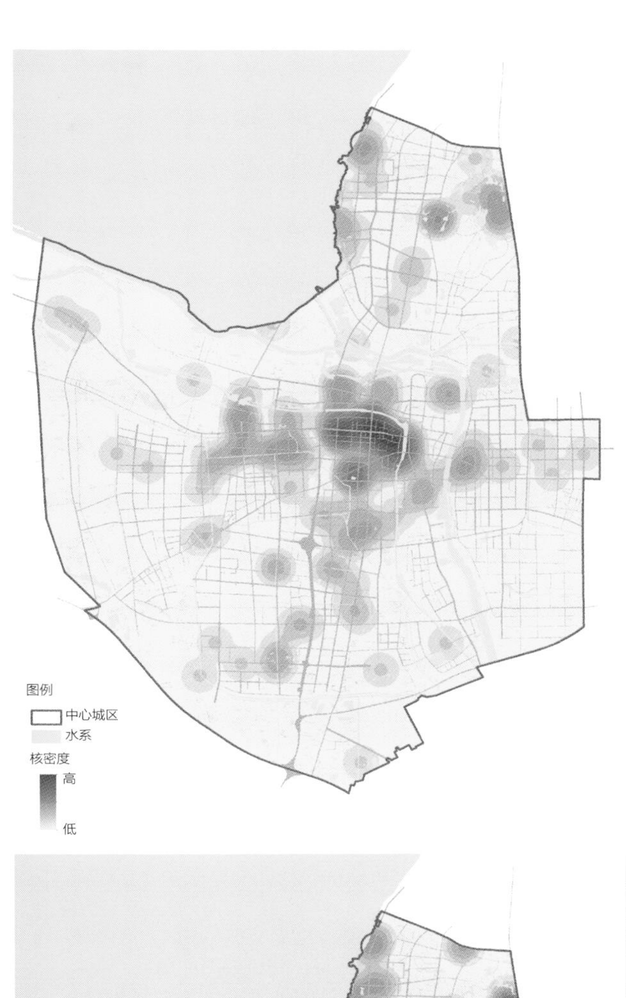

图5-3　运动轨迹起点（上）和讫点（下）核密度

（4）道路各指标计算

对上述因子进行计算，将其与道路进行空间链接，得到各因子空间分布图（图5-4）。道路各属性指标统一进行建库处理，以便后续训练模型中道路属性提取。

2. 模型训练及路径模拟

按照拓扑学原理，将所有道路抽象为节点，节点与节点之间的关系抽象为联系，将数据属性与路网对应，形成带属性路网，利用拓扑将带属性路网做成拓扑路网，如图5-5所示。将数据属

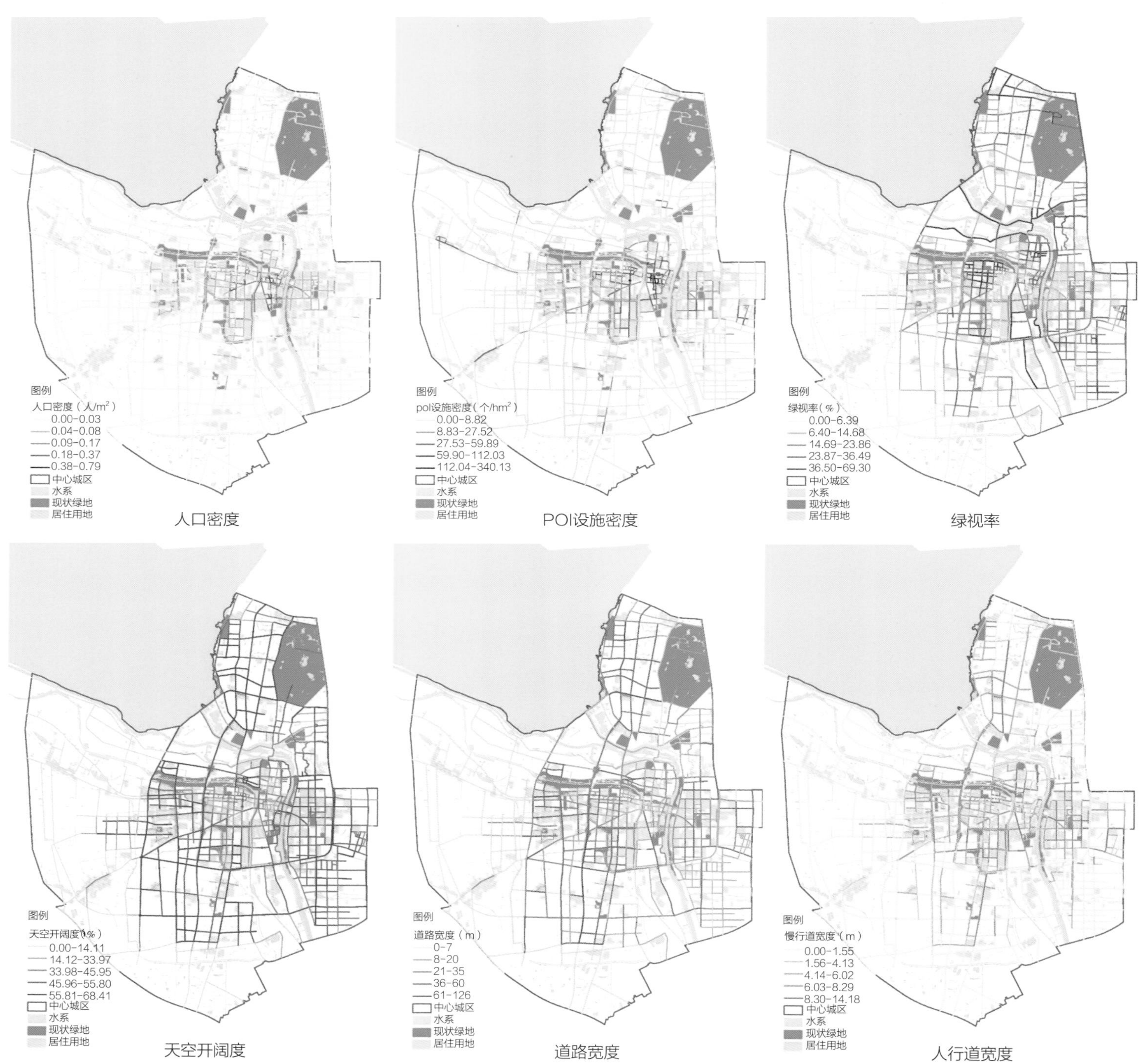

图5-4a 各因子空间分布图

图5-4b　各因子空间分布图

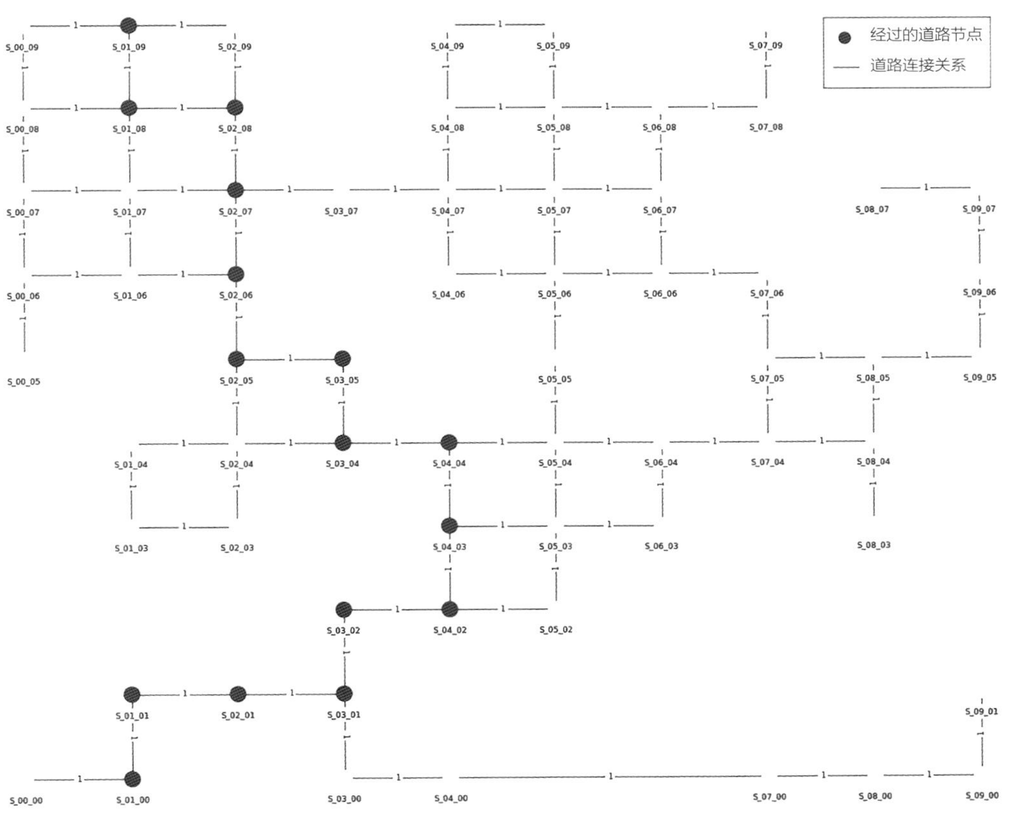

图5-5　拓扑路网示例图

性与居民运动轨迹的道路连接顺序相对应，将轨迹的属性变化输入进LSTM神经网络后训练属性变化规律模型。

（1）机器学习模拟情况

首先，将已根据运动轨迹道路顺序生成的属性变化表输入进LSTM神经网络进行训练。通过神经网络将分析出的规律模型导出，作为后续人工智能的代理智能体的运行规则。其次，随机选择运动轨迹的70%作为训练集，30%作为测试集，测试结果部分展示如图5-6所示，图中绿色部分是测试部分，红色部分为利用已生成模型对规律进行验证。

从模型测试结果（表5-1）可以看出，表中各个属性在整体范围内的均方根误差均较小，拟合度基本都高于80%，平均损失也很小，可认为输出的各模型相对精准，可以输入进人工智能模型进行下一步运算。其中，POI设施混合度指标误差较大，在分析中予以剔除，这主要因为不同类别POI设施在不同片区空间分布差异太大所致。

模型测试结果　　表5-1

属性/误差说明	RMSE（均方根误差）	总值范围	模型平均损失
绿视率	8.19	（0,70）	0.013 8
天空开阔度	10.46	（0,80）	0.023
慢行宽度	2.68	（0,14）	0.035 01
到公园距离	685.14	（0,10000）	0.004 65
交叉口密度	0.03	（0,0.3）	0.011
POI密度	14.56	（0,300）	0.001 21
人口密度	0.04	（0,0.8）	0.002 78
路宽	12.59	（0,120）	0.010 345
全局集成度	3.95	（0,72）	0.012 23

进一步，为验证模型鲁棒性，将每一条真实轨迹和模拟轨迹的指标变化趋势进行拟合，分析二者之间的相似性，进而验证

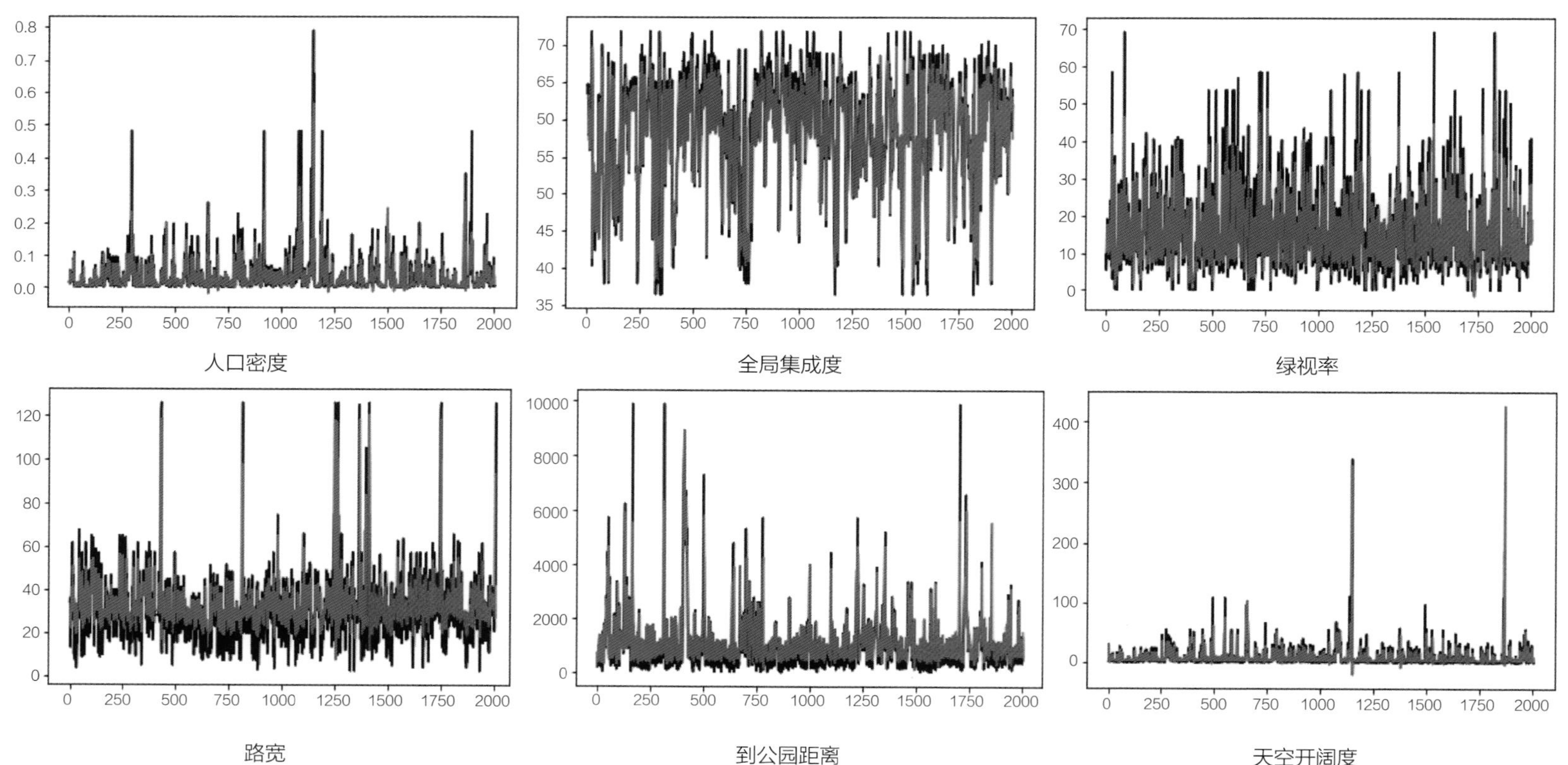

图5-6　部分指标LSTM神经网络模型测试结果

真实线路和模拟线路之间的相似性。图5-7为POI密度LSTM神经网络模型测试结果，每一条真实轨迹和模拟轨迹趋势误差在92%左右。

（2）绿道路径模拟

将属性变化规律模型和拓扑路网输入进人工智能框架，对模型进行验证。输入真实运动轨迹起点、终点，将框架内预置的代理智能体（agent）在拓扑路网中根据属性变化规律模型进行模拟轨迹运行，最终输出模拟轨迹（图5-8）。

为了进一步验证上述轨迹的合理性，本研究计算每一条轨迹真实热度和预测热度值，其中每一条轨迹的热度值为经过的每一段道路通过次数之和，计算真实值和预测值二者之间的相关性。通过测算，如图5-9所示，真实轨迹热度和预测轨迹热度相关系数为0.82，可以认为预测轨迹与真实轨迹较为接近，整体模型具有较大可信度。

（3）出行路径模拟

将属性变化规律模型和拓扑路网输入进人工智能框架，以所有居民小区中心为起点，大型公园绿地入口作为终点，其中公园绿地包括虞姬公园、雪枫公园、古黄河风光带、马陵公园等，整体上呈现均匀分布，平均面积为72.67hm^2（图5-10）。

将框架内预置的代理智能体（agent）在拓扑路网中根据属性变化规律进行模拟轨迹运行，最终输出路线模拟后的运动轨迹，对轨迹做热度统计处理后，得到基于人工智能的绿道选线基础。从图5-11中可以看出，通过模拟居民慢行方式出行，湖滨大道、项王路、金沙江路、振兴大道等路居民出行经过频次较高，适合串联打造城市绿道系统。

基于上述模拟结果，将上述分析结果反馈到规划分析中，构建如图5-12所示的绿道体系规划图。

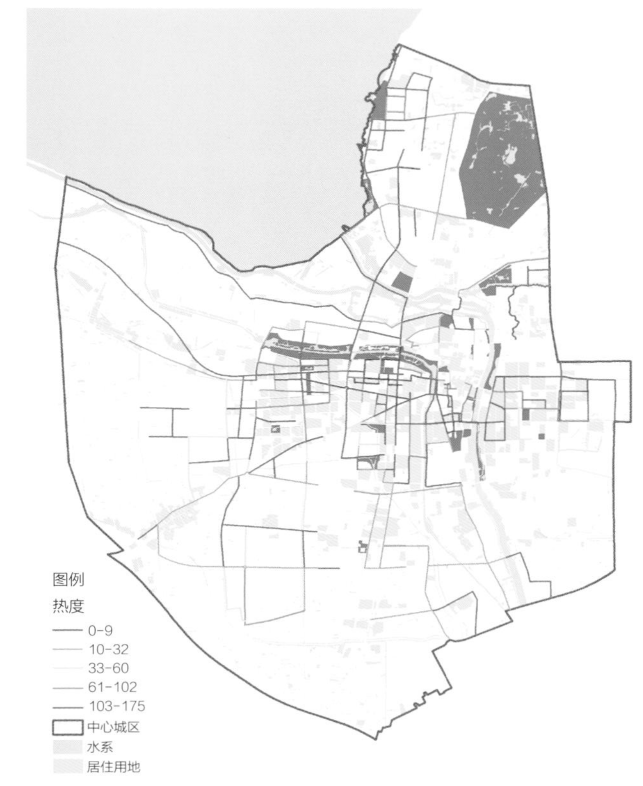

图5-8　预测轨迹特征

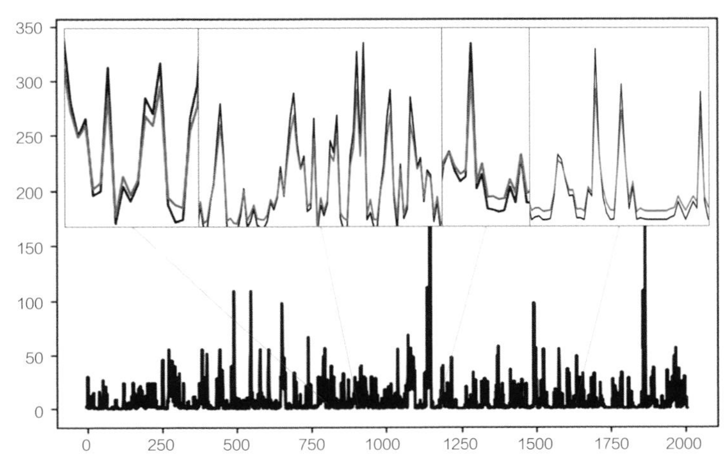

图5-7　POI密度LSTM神经网络模型测试结果

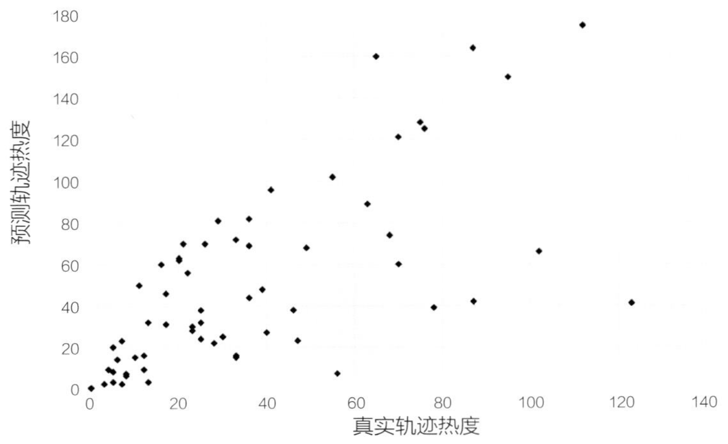

图5-9　轨迹热度验证

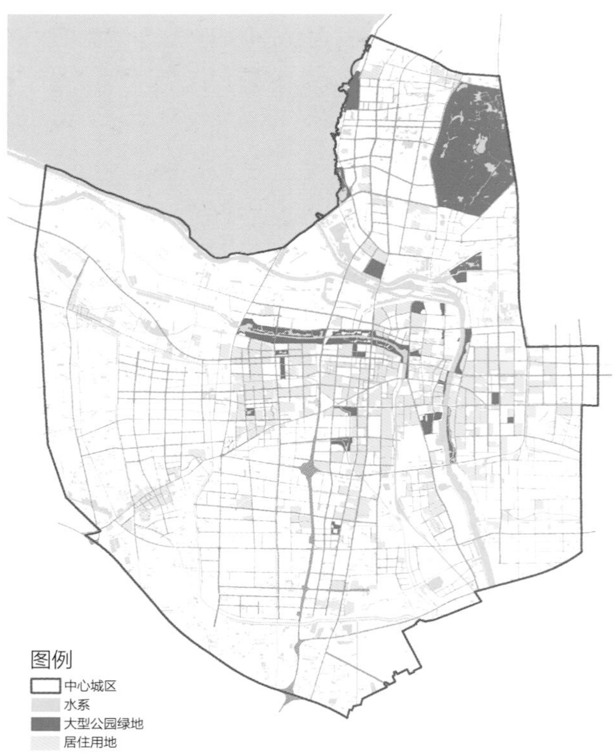

图5-10　起点、终点分布图

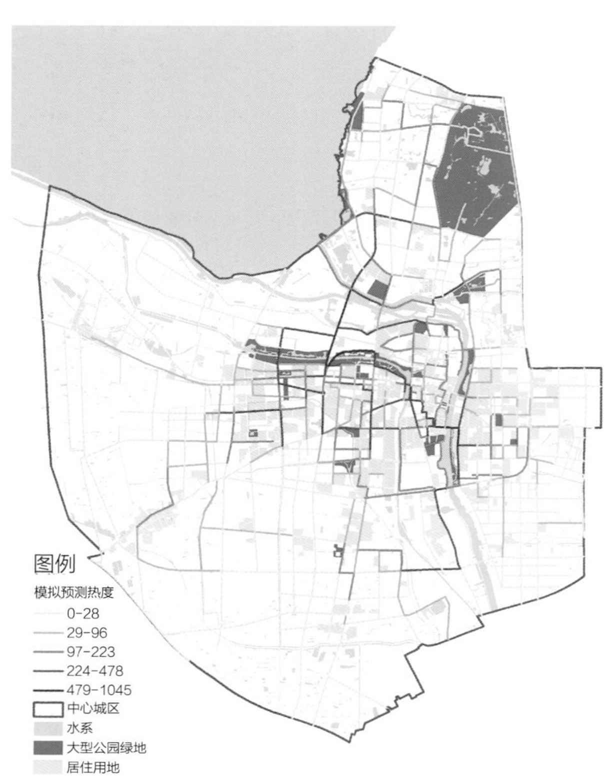

图5-11　模拟居民出行热度

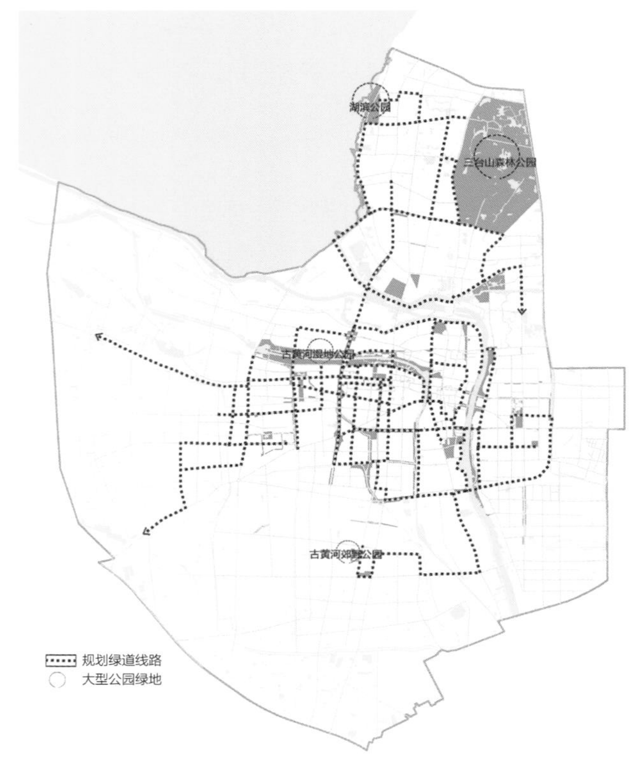

图5-12　绿道体系规划图

六、研究总结

1. 模型设计的特点

随着物质生活水平的提高和对健康生活的向往，城市居民日益关注日常休闲健身活动和空间，绿道系统的构建成为健康导向下城市建设的现实需求。绿道建设能够营造更加宜居、活力的城市空间，对于推动城市高质量发展具有重要作用，绿道选线布局和建设显得尤为重要。因此，通过科学合理的方法进行绿道选线，进而构建绿道体系网络，对于慢行空间的打造提升，实现城市空间与生态空间的融合，激发城市活力具有重要现实意义。

本研究整合基础地理数据、POI数据、手机信令数据、居民活动数据、街景数据、土地利用数据等多源数据，通过分析居民真实出行时空特征，测度绿道选线的影响要素，进而结合LSTM神经网络模型模拟居民真实出行行为，识别运动轨迹道路属性的变化规律，进而模拟居民出行，提取潜在城市绿道网络，形成绿道选线规划方案。该方法有别于传统的基于指标体系综合评估的分析方法，将居民真实活动轨迹融入空间要素分析中，融合居民出行行为特征与街道环境要素，借助基于人工智能的量化评估方法，为绿道选线规划和建设提供指导。

2. 应用方向或应用前景

在本研究基础上，目前已经初步形成了基于街景图像的道路要素识别模型（图6–1）、LSTM支撑的绿道选线模型（图6–2）两大软件模块。一方面，结合机器学习的方法，利用开源街景图片数据，提取绿视率、天空开阔度、慢行道宽度等道路属性指标，为分析街道空间，提升街道环境品质提供数据支撑；另一方面，开发形成人工智能算法支撑的绿道选线模块，辅助进行绿道选线，提升规划师运算效率，提高规划科学性。

本研究提出的绿道选线规划方法，除可应用于慢行系统外，可进一步推广到其他线路选线研究，包括通学路、旅游线路等路线研究，满足学生上下学、居民休闲游憩等不同需求，也可延伸至交通出行预测，进行居民出行交通仿真模拟，进而规划更符合真实出行行为的线路，营造以人为中心的城市空间环境。未来，基于人工智能的规划方法在城市规划和建设领域可进一步推广，延伸到用地布局、公共服务设施配置、交通走廊规划等领域，测度不同空间的要素特征，识别其变化规律，进而构建智慧规划方法体系。

图6–1 基于街景图像的道路要素识别模型

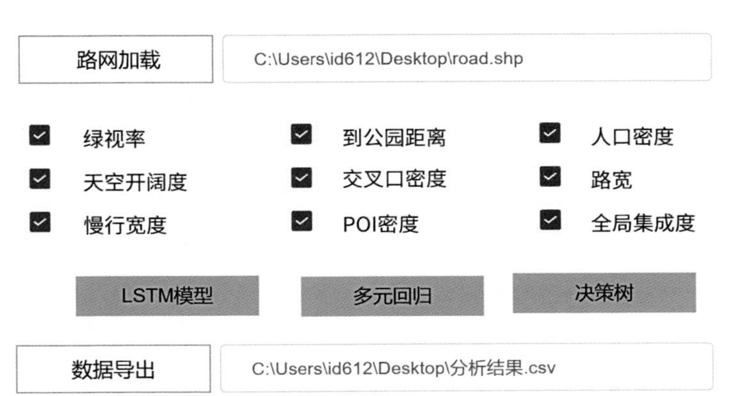

图6–2 LSTM支撑的绿道选线模型

参考文献

[1] 罗坤. 大都市区绿道选线规划与建设策略研究——以上海市徐汇区绿道为例［J］. 城市规划学刊，2018（3）：77–85.

[2] 李敏稚，翁旋荧，赵晓莺. 广州历史城区绿道网络构建研究［J/OL］. 城市规划，1–11［2021–11–10］.

[3] Little C E.Greenways for America / Charles E. Little［M］. Baltimore:Johns Hopkins University Press, 1990.

[4] Jg F.Greenway planning in the United States: its origins and recent case studies［J］. Landscape & Urban Planning, 2004, 68（2–3）: 321–342.

[5] 叶洋洋，唐代剑. “慢哲学”思维下城市旅游绿道开发的理论路径——以杭州市为例［J］. 城市问题,2019（12）: 41–48.

[6] 杨松. “统筹整合”策略下的城市绿道系统规划——以北京市顺义区绿道系统规划为例［J］. 城市交通，2012，10（4）：35–41.

[7] 马向明，程红宁. 广东绿道体系的构建:构思与创新［J］. 城市规划，2013，37（2）：38–44.

[8] 周盼，吴雪飞，陶丹凤，等. 基于多重目标的绿道选线规划研究——以草原丝绸之路（元上都至元中都段）文化线路为例［J］. 规划师，2014，30（8）：121–126.

[9] 徐希，姜芊孜，王华，等. 县域绿道选线方法探索——以江苏省盱眙县为例［J］. 规划师，2016，32（S2）：170–175.

[10] 徐欣，胡静. 基于GPS数据城市公园游客时空行为研究——以武汉东湖风景区为例［J］. 经济地理，2020，40（6）：224–232.

[11] 叶宇，黄鎔，张灵珠. 多源数据与深度学习支持下的人本城市设计：以上海苏州河两岸城市绿道规划研究为例[J]. 风景园林，2021，28（1）：39-45.

[12] Tang Z, Ye Y, Jiang Z et al.A data-informed analytical approach to human-scale greenway planning: Integrating multi-sourced urban data with machine learning algorithms [J]. Urban Forestry & Urban Greening, 2020, 56：126871.

[13] 翟宇佳，徐磊青. 城市设计品质量化模型综述[J]. 时代建筑，2016（2）:133-139.

[14] Ewing R H.Characteristics, Causes, and Effects of Sprawl: A Literature Review [M]. In:Marzluff J M, Shulenberger E, Endlicher W et al (eds.) ,Urban Ecology: An International Perspective on the Interaction Between Humans and Nature. Boston, MA:Springer US, 2008：519-535.

[15] Cervero R, Kockelman K.Travel demand and the 3Ds: Density, diversity, and design [J]. Transportation Research Part D: Transport and Environment, 1997, 2（3）：199-219.

[16] 李方正，梁佩斯，李雄，等. 多尺度绿道网络布局特征及选线量化体系建构[J]. 城市发展研究，2017，24（7）：17-24.

[17] 柴彦威，申悦，陈梓烽. 基于时空间行为的人本导向的智慧城市规划与管理[J]. 国际城市规划，2014，29（6）：31-37.

[18] Hägerstrand T.What about people in Regional Science? [J]. Papers of the Regional Science Association, 1970, 24(1)：6-21.

[19] 赵莹，柴彦威，陈洁，等. 时空行为数据的GIS分析方法[J]. 地理与地理信息科学，2009，25（5）：1-5.

[20] 柴彦威，申悦，肖作鹏，等. 时空间行为研究动态及其实践应用前景[J]. 地理科学进展，2012，31（6）：667-675.

[21] Goodfellow I, Bengio Y, Courville A.Deep Learning [M]. MIT press，2016.

[22] 胡庆芳，曹士圯，杨辉斌，等. 汉江流域安康站日径流预测的LSTM模型初步研究[J]. 地理科学进展，2020，39（4）：636-642.

VGI动态响应下的山地步道空间治理平台
——以宁海NTS为例

工 作 单 位：天津大学

报 名 主 题：生态文明背景下的国土空间格局构建

研 究 议 题：国土用途管制与利用效率提升

技术关键词：时空行为分析、复杂网络、机器学习

参　赛　人：王超群、郭佳欣、马昭仪、袁诗雨、张舒

参赛人简介：王超群、郭佳欣：天津大学建筑学院风景园林学在读硕士研究生，空间人文与场所计算实验室（SHAPC Lab）成员；曾在数字人文年会上作题为《从都市时空叙事看〈海上花列传〉的“穿插藏闪”》的报告并收录会议论文集。马昭仪：天津大学建筑学院风景园林学在读博士研究生，空间人文与场所计算实验室（SHAPC Lab）成员；致力于数字文化遗产、空间人文研究，在PLoS ONE上发表*Representation of the spatio-temporal narrative of The Tale of Li Wa*。袁诗雨、张舒：天津大学建筑学院风景园林学在读硕士研究生，空间人文与场所计算实验室（SHAPC Lab）成员。

一、研究问题

1. 研究背景

我国有着广大的山地资源，约占国土面积的2/3。广大山地区域由于区位、交通、信息等方面的劣势，普遍经济基础薄弱。与此同时，随着城市化进程的加剧，广大市民对于回归自然、在户外游憩的需求日益增长。目前我国户外运动爱好者已达2亿。

山地资源能够提供较高的生态服务价值，在满足民众对户外游憩需求的同时，也能通过这种休闲业态为地区经济发展带来活力和经济效益（图1–1）。但是，若资源的开发建设跟不上激增的户外运动需求，一些体育活动在缺乏保障的条件下展开，将带来事故风险。如2021年5月发生的甘肃景泰越野赛重大事故，由于赛事组织管理不规范、运营执行不专业，导致重大人员伤亡的公共安全责任事件。健全、高效的山地户外运动资源开发体系的

图1–1　户外运动的意义

建立亟待提上议程。

以最为典型的登山活动为例，这种游憩活动依赖的是步道系统，需要在山地上修建步道，整合自然资源并提供相应的休闲服务设施。我国于2010年指定的《国家登山健身步道标准》将步道定义为："NTS是国家登山健身步道系统的简称（National Trail System），是指一个区域内所有登山步道的连接及其附属区域、设施的总和。"（图1–2）

近十年间，我国建设了数十条国家登山健身步道，总长超过2 000km，为国民提供了体育休闲设施和户外游憩空间，对促进区域内体育、旅游及文化等各项事业的发展产生了显著的效果。

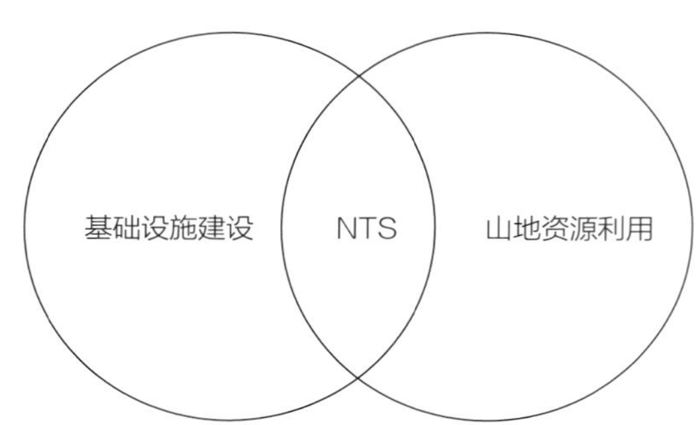

图1–2　步道系统的本质

2. 国内外研究现状

（1）步道资源利用与基于登山者偏好的资源评估之间的错位

在徒步过程中的景观体验感知往往成为影响徒步者线路选择的重要因素。我国步道建设中，步道景观资源的利用供给与步道主要使用者的景观偏好需求之间往往存在错位。在步道初期选线和后期使用评估中，都在某种程度上忽视了登山者的景观资源偏好。

（2）步道资源评估方法

对于生态文化服务系统的评估具有无形性、主观性和缺乏标准化的特征，长期以来较难系统地量化和绘制地图。我国步道建设针对徒步者的景观偏好研究，主要以问卷访谈等方式收集徒步者对步道景观的评价，再进行定性或定量分析获得反馈。这种方法不仅费时费力，还会明显受到受访者参与程度的影响。随着景观偏好研究的发展，更高效率的游客受雇用摄影（visitor employed photograph，简称VEP）和自发地理信息（volunteered geographic information，简称VGI）的影响，开始被应用于偏好数据采集。其中，相对于介入式地要求游客拍摄照片并询问原因的VEP法，收集游客自发分享的相关信息的VGI法更适合小众又偏好山野环境的徒步者群体，避免了人力的消耗和侵入式数据采集方法对精度的影响。VGI所包含的文本、轨迹和照片数据被用来分析徒步者的出行动机、行为模式和景观偏好，但此类研究对于照片数据的挖掘与利用尚未深入。

（3）多方利益主体

相关研究表明，只有明确旅游业核心利益相关者及其利益关系，以多主体、多目标实现共生的方式才能实现总体利益最大化与可持续发展。户外运动的核心利益相关者主要包含行政部门、社会组织、社会公众。三大核心利益之间关系如图1–3所示，但此类专门研究尚未进入到实践领域。

（4）智慧景区

智慧景区附属于智慧城市建设，作为景区的数据基础设施发展较为迅猛，已经能够将多主体的治理视角引入景区服务系统。也有研究创新性地提出将大数据融入风景名胜区规划体系的建议。但是，将空间治理与大数据结合的理论研究和实证案例都尚未出现。

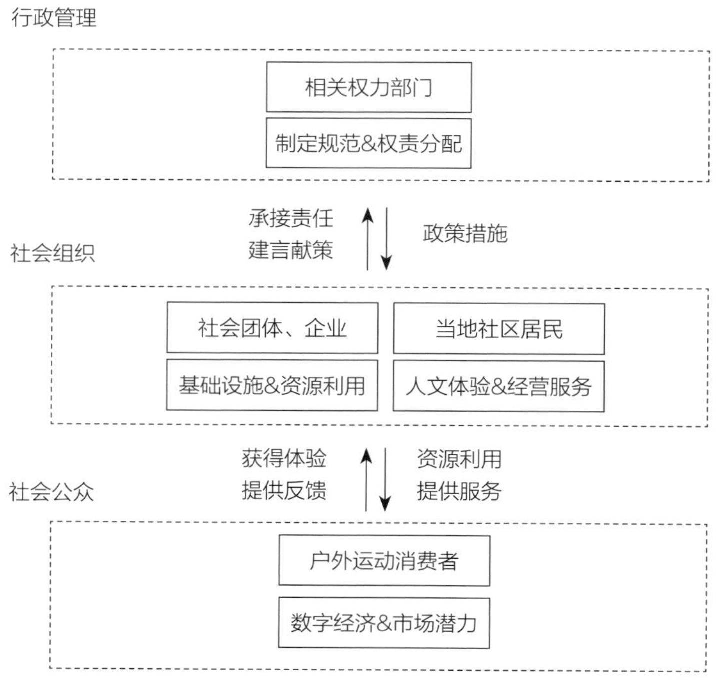

图1–3　山地户外运动利益关系图（根据文献自绘）

3. 研究问题提出

（1）研究目标

针对有限的、以生态空间为主导功能的山地景观资源，利用登山者的自发地理信息（VGI）进行动态景观资源评估，并对其与多主体对资源的利用需求进行耦合分析，有针对性地完善与山地步道相关要素的调配问题，从而实现以步道为中心的资源利用优化，并以平台的方式不断进行数据与治理之间的循环（图1-4）。

（2）拟解决问题

以我国第一条国家登山健身步道系统宁海NTS为例，实现基于VGI的多主体对山地步道资源的利用提升。

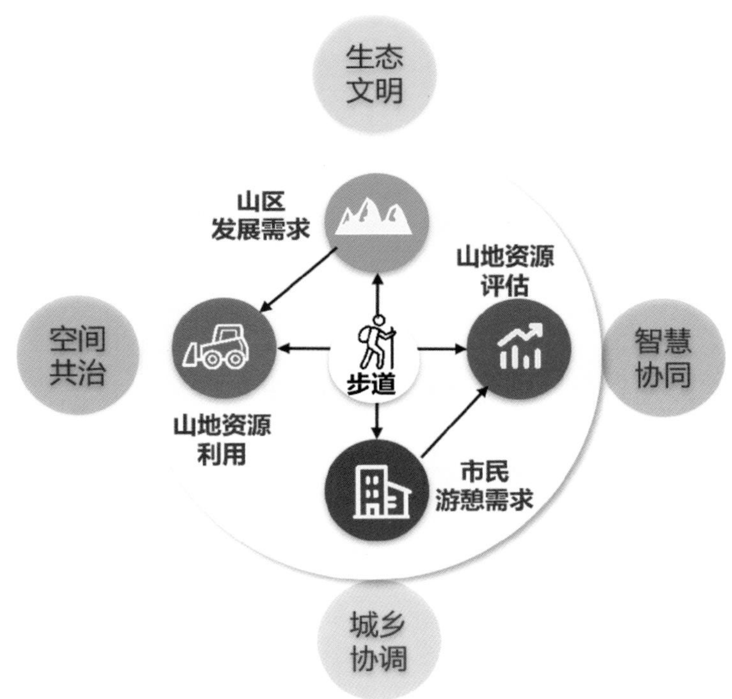

图1-4　研究目的及意义

二、研究方法

1. 研究方法及理论依据

（1）风景资源管理、景观视觉资源

1）景观是一种可以管理和利用的宝贵资源

人类需要通过管理自身行为与自然资源利用去实现景观资源的可持续发展。当前时代背景亟须抓住机遇快速完成信息化转型。基于信息化理念，在景观的视觉感知信息化方面，刘滨谊利用计算机技术、航测和遥感技术构建数字化模型，基于视觉模拟的方法评价风景“旷奥度”，从中华传统文化视角出发将主观感受与数字三维景观模型匹配，提出“风景景观环境—感受信息数字模拟”理论，赋予风景园林模型整合“风景景观环境感受信息”的能力，探索了应用数字技术进行风景审美和风景评价的功能。在风景园林工程的设计、建造和运营全过程管理优化方面，有LIM（风景园林信息模型）。此外还有许多模型平台被开发：场地信息模型（Site Information Modeling, SIM）、风景园林BIM（Landscape BIM）。

2）风景资源主要以视觉性为主体

欧洲风景公约（The European Landscape Convention，简称ELC）定义风景（Landscape）“是一片被人们所感知的区域，该区域的特征是人与自然的活动或互动的结果”。公约明确强调了观察者与风景之间的感知关系，即所有感官的全面体验，而其中视觉占主导地位，涵盖了感官感知的87%。

3）基于问卷与研究者拍照的视觉分析

风景秀丽度的评估有基于感知和基于专家评估的经典方法。前者受到志愿者个人背景的影响较大。后者通过专家评估每个要素的重要程度，相较前者来说更为不可靠。两种方法都不能真实反映观看者视觉感知的情况。有研究使用视域内部的景观格局及用地类型的多样性分析方法和人类视觉感知判断进行相关分析，主客观结合可以更好代表景观特征和人类判断，尤其是在山地场景下更具科学性。

（2）基于大数据的图像识别

1）基于图像语义的街道应用：较为成熟

街景图像相关研究从图像中提取植被计算绿视率评估街道品质，进一步用于可步行指数计算、绿色空间感知、街道断面优化等分析，此外，对于街景图像中的要素识别与应用，Porzi等从街景图像中提取了安全感和舒适度感知相关的要素，Hazelhoff等提取图像中的交通标志，计算密度来评估城市道路步行安全性。

2）基于图像语义的山地景观偏好：尚未和时空结合

在徒步过程中由徒步者自主决定拍摄的照片中提取各类自然人文要素，可以反映徒步者感知到的景观元素的分布，根据其频率可判断容易被感知的高热度景点。目前对VGI数据运用于步道决策的研究中更多关注的是单纯的空间分布，对照片具体内容还未得到重视。

综上，在上述两类对图像元素的提取研究中，街景图像的元素提取已非常成熟，而VGI图像中的元素提取还没有得到大范围运用，并且在有限的研究内容内没有讨论景观感知要素的时空演变。

（3）时空间行为研究与智慧城市

1）城市研究的行为转向

我国进入了“以人为本”的新型城镇化发展阶段，基于时空间行为的视角来创新现有的城市研究与规划的理论体系，结合我国实际总结空间—行为互动的概念模型和解释模型，是当前我国城市发展转型面临的迫切现实需求。

2）行为空间与人本城市

柴彦威等提出，一方面是将时空间行为研究方法运用到城市规划与管理之中，另一方面是运用时空间数据开创智慧城市规划与管理模式。基于时空间大数据的智慧城市的规划与管理策略可以对居民活动的时间、空间以及行为模式、生活方式进行引导。

3）多主体、动态响应与智慧治理

智慧治理是城市治理发展的核心趋向，而智慧城市通过对社会事实进行编码、赋值、运算和应用等,可以形成清晰可见的城市治理图景,实现城市运行的精细化操作。 智慧治理过程是其中的多元利益相关方在动态的利益关系网络中不断调整自身行为形成治理策略的过程。智慧治理范式倡导多元化治理主体之间形成稳定的权力依赖与合作伙伴关系。智慧治理的概念遍布于旅游研究领域内。

2. 技术路线及关键技术

VGI动态响应的山地步道空间治理平台的框架主要包括：①可复用的步道资源动态评估；②多主体视角下的步道资源利用需求与资源评估之间的耦合判断；③步道多主体优化策略；④数据与治理平台的动态循环。下面将分别介绍这四个部分（图2-1）。

（1）可复用的步道资源动态评估

基于动态VGI数据（轨迹、照片）和山地的空间数据，综合利用时空分析、基于图像识别的景观语义分析和一般的景观特征分析进行步道资源的动态评估（图2-2）。

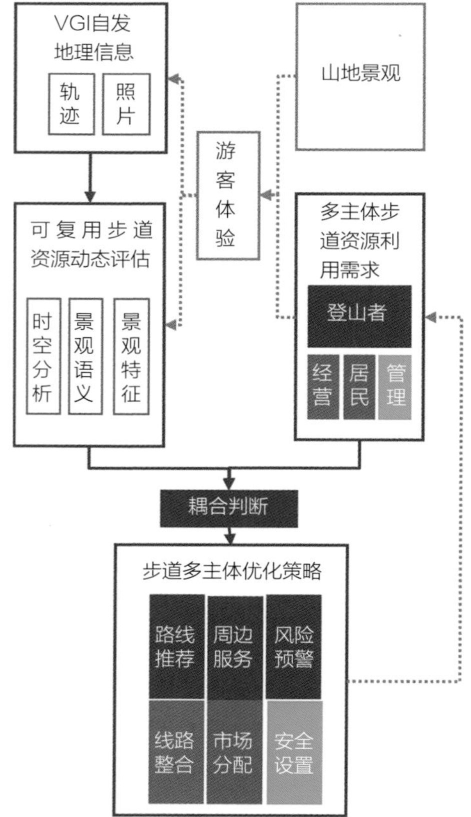

图2-1　VGI动态响应的山地步道空间治理平台框架

图2-2　可复用的步道资源动态评估

（2）多主体步道资源利用需求分析

登山者、经营者、管理者、居民对山地步道资源的利用都是基于登山活动的安全、景观、生活三个方面的需求。其中景观需求促成登山者和经营之间的互动，平台为经营方提供线路整合优化策略、为登山者端进行线路推荐。其余两个端口同理（图2-3）。

（3）步道多主体优化策略

分别对多主体的资源利用需求与资源评估进行耦合判断，依据耦合与否建立相应的资源利用优化策略（图2-4～图2-7）。包括：

经营-线路整合：空间偏好VS既存线路

管理-安全设置：使用效率VS安全需求

居民-市场分配：消费热点VS服务能力

登山者-路线推荐：既往景观偏好VS景观偏好

登山者-风险预警：既往使用情况VS安全需求

登山者-周边服务：市场服务VS生活需求

（4）数据与治理平台的动态循环

在进行了优化策略的实施后，将会基于游客体验继续产生新的VGI数据，从而形成从（1）～（3）的优化循环。

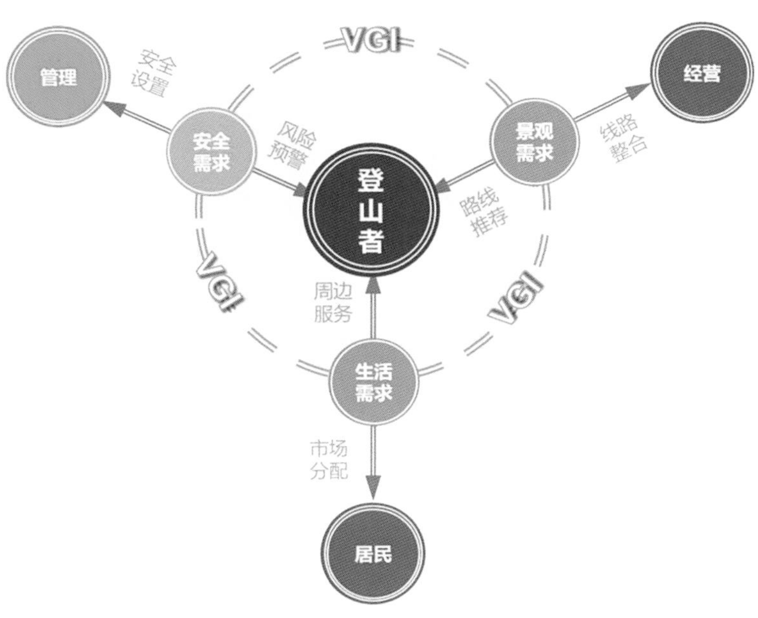

图2-3　基于VGI的多主体步道资源利用

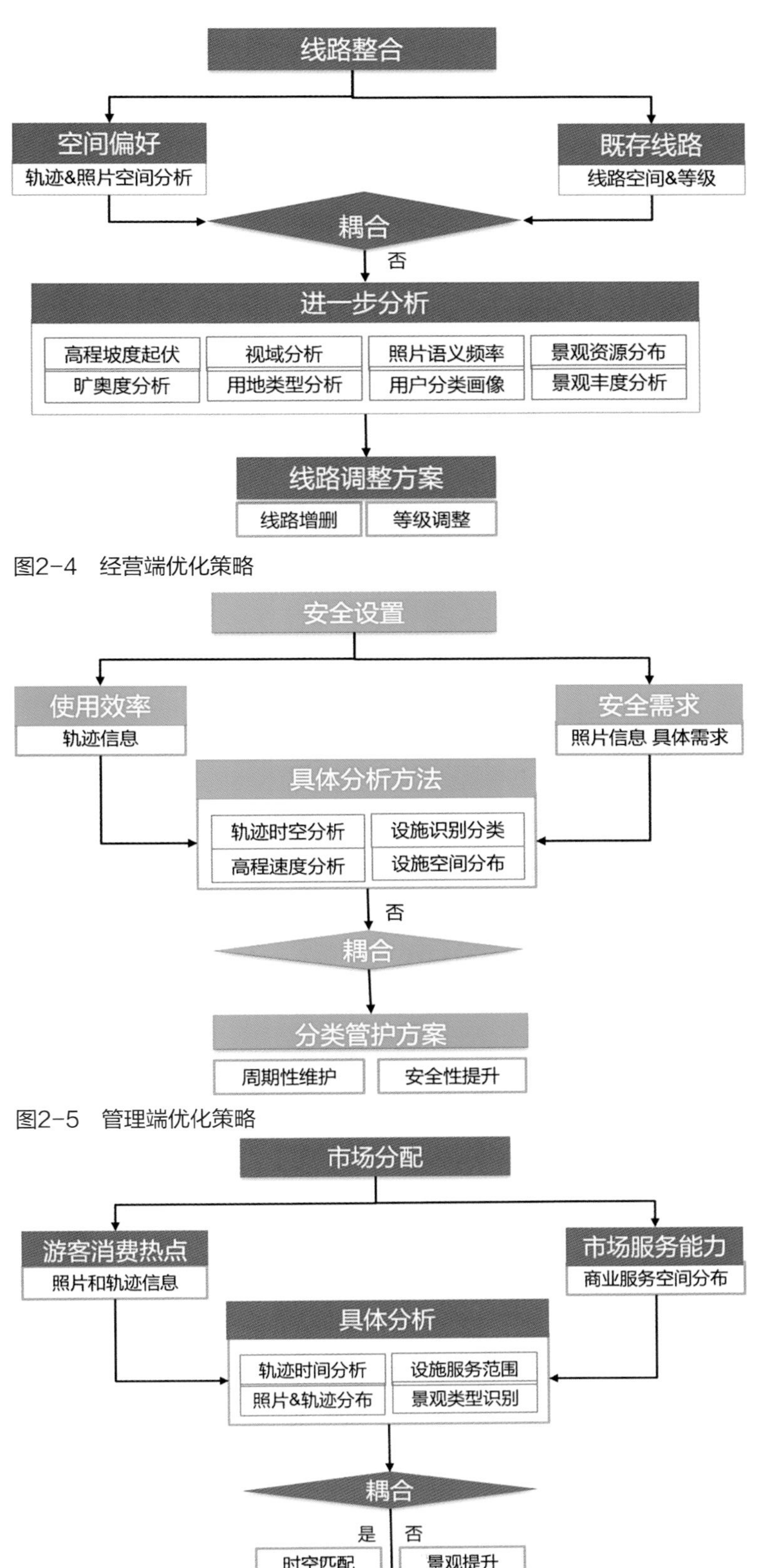

图2-4　经营端优化策略

图2-5　管理端优化策略

图2-6　居民端优化策略

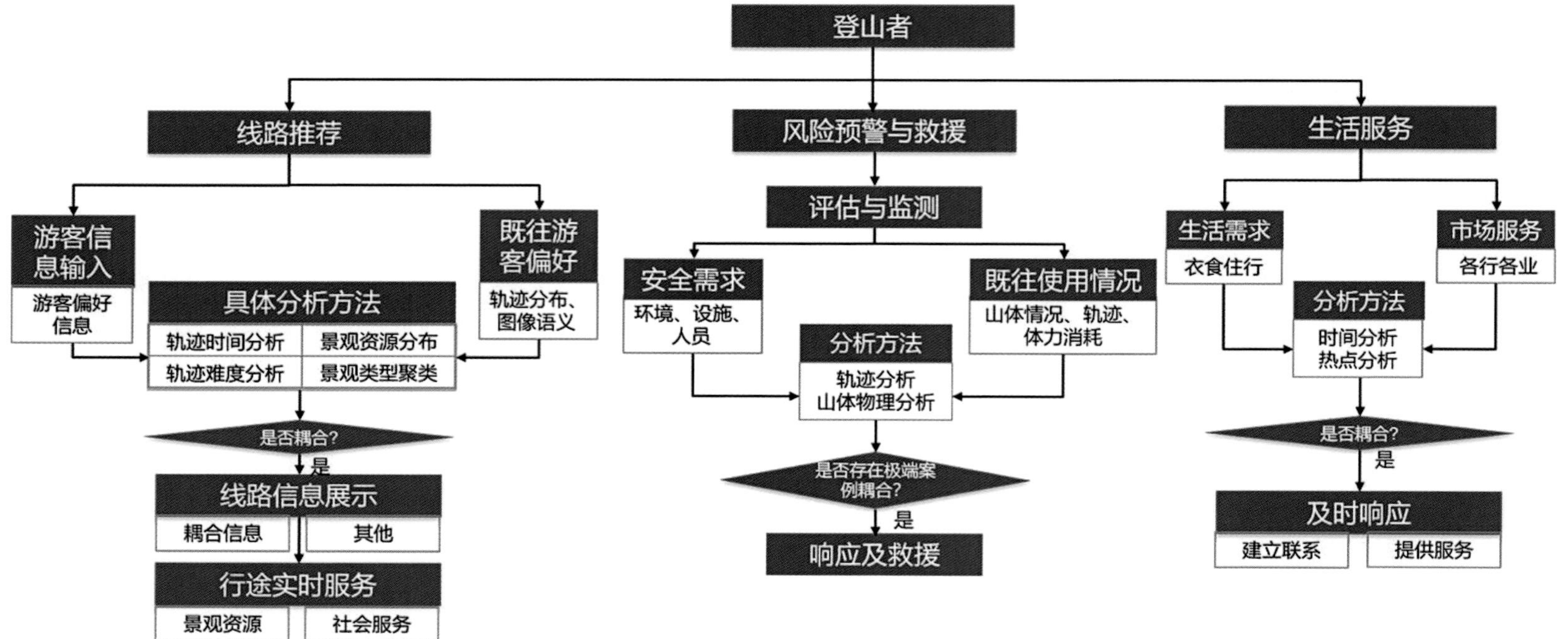

图2-7　登山者优化策略

三、数据说明

1. 数据内容及生产方式

（1）VGI数据

本研究的VGI数据选取六只脚户外徒步网站作为数据源，主要包括了徒步者GPS轨迹以及带有地理标记的照片，以及用户等级、生成时间、行走速度、高程变化等关联数据。VGI数据以其获取方式便捷、时效性强、众包生产的特点，为全面、快速获取使用者信息提供可能性，为决策者提供了解群体现象的途径（VGI数据中的宁海国家登山健身步道徒步者景观资源偏好）。

本研究收集游客的VGI信息在多个场景发挥不同的功效：在步道整合优化中，VGI数据呈现游客的活动范围及视觉偏好。在设施优化层面，VGI数据可以间接反映游客行为模式在本地服务市场层面，从VGI数据挖掘游客行为时空规律来指导乡村服务市场的时空分配。

（2）图像语义数据

将VGI中的图像以人工编码、机器学习两种方式进行解译。人将两种结果综合叠加，对3 601张图片共编码9 320个语义要素（图3–1）。

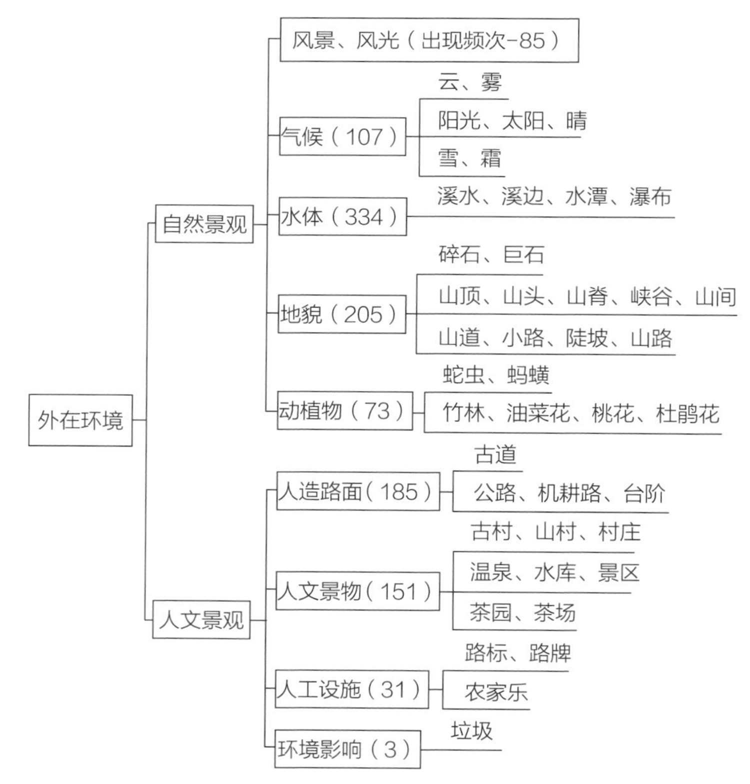

图3–1　编码框架

（3）宁海县地形及卫星影像数据

DEM来源于地理空间数据云（http://www.gscloud.cn/），地形数据作为输入数据用于地形起伏度、旷奥度的运算中，精度为30m×30m。高清卫星遥感影像图精度为1m。

（4）宁海县用地分类数据

来源于网站http://data.ess.tsinghua.edu.cn/。

（5）宁海国家健身步道线路数据及景点数据

自绘，整理自官网http://www.nhdsbd.com/。

2. 数据预处理技术

数据预处理主要包括：

（1）VGI爬取数据预处理

主要包括轨迹及照片数据的筛选及照片点位经纬度的纠偏。去除部分记录有误或数据不全的路径。剩余1 650条轨迹数据。

（2）照片内容及点位

照片数据的整理主要分为内容筛选和拍摄点位经纬度纠偏两部分。从上传了照片的129条轨迹中共收集了4 153张照片。删除自拍照、合照等无意义照片，剩余3 696张照片。

（3）空间数据生产及坐标系处理

将步道景点、步道线路根据官方图件进行数字转绘，并将所有地理空间数据统一投影WGS1984/UTM50N。

四、模型算法

1. 分析方法

本模型涉及的主要分析方法如图4–1所示：

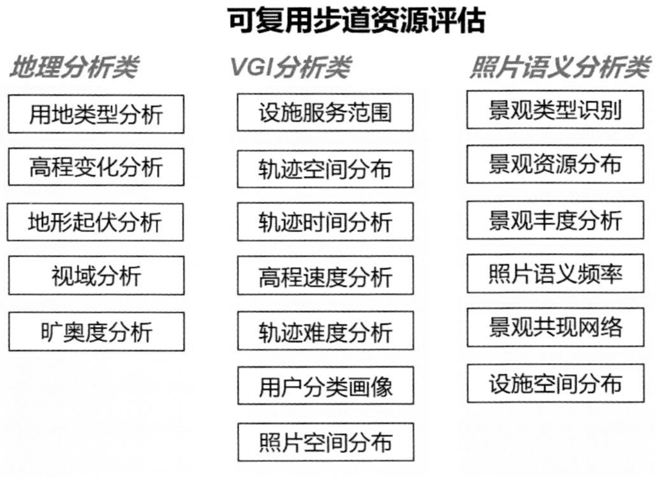

可复用步道资源评估

地理分析类	VGI分析类	照片语义分析类
用地类型分析	设施服务范围	景观类型识别
高程变化分析	轨迹空间分布	景观资源分布
地形起伏分析	轨迹时间分析	景观丰度分析
视域分析	高程速度分析	照片语义频率
旷奥度分析	轨迹难度分析	景观共现网络
	用户分类画像	设施空间分布
	照片空间分布	

图4–1　模型涉及算法

对涉及计算公式的部分予以罗列：

视域分析：使用可见性分析工具计算得出。

旷奥度：用天空可视因子（SVF）来表征旷奥度。

地形起伏度：邻域11个网格内：*H*max–*H*min=*RD*。其中，*H*为高程，*RD*为地形起伏度。

设施服务范围：对VGI数据中的设施村庄点进行核密度和缓冲区分析。

轨迹空间分布：对VGI数据中的登山客GPX轨迹转线后求解线密度。

轨迹时间分析：对VGI数据中的登山客GPX轨迹携带的出行时间进行分析。

高程速度分析：选取典型轨迹，因为其航迹点间隔时间相同，因此可以用距离表示速度；航迹点之间的平面距离计算如下：

$$d(i,j)=R\times \arccos\left[\cos y_1\cos y_2\cos(x_1-x_2)+\sin y_1\sin y_2\right] \quad (4\text{–}1)$$

将统一轨迹的高程和速度历时性变化在同一张图中加以绘制，用速度慢、高程变化大的标准识别危险地段。

照片空间分布：对VGI数据中的带有地理信息的照片进行点密度分析。

景观类型识别：照片语义中景观相关标签。

景观资源分布：照片语义中景观类型的空间分布。

景观丰度分析：使用步道景点生成的泰森多边形为整个区域划分为若干个单元，计算单元内的信息熵。*i*为语义种类，*p*（*xi*）为第*i*种语义出现的概率。

$$H(x)=-\sum_{i=1}^{n}\left(p(xi)\log p(xi)\right) \quad (4\text{–}2)$$

照片语义频率：查询全域或指定区域中某一语义如“山体”（图3–1）在照片中出现的频率。

景观共现网络：首先根据各元素的共现计算Jaccard系数，再以Jaccard相似度为距离进行层次聚类。将聚类结果用网络展示

$$\mathrm{J}(A,B)=\frac{|A\cap B|}{|A\cup B|}$$

设施空间分布：照片语义中设施的空间分布，各端口对于分析方法的应用如图4–2所示：

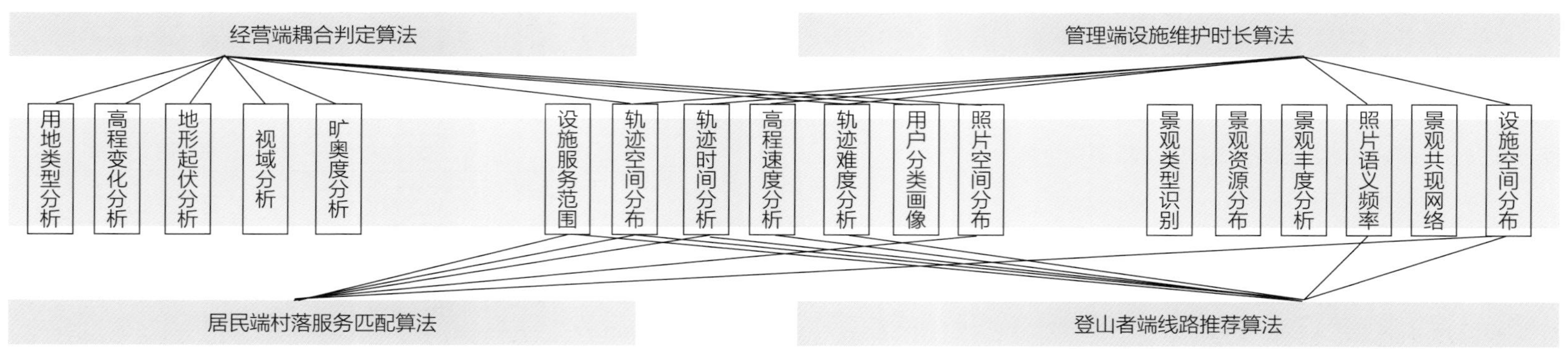

图4–2　各端口涉及算法

2. 模型算法流程

模型算法流程如图4–3～图4–6所示：

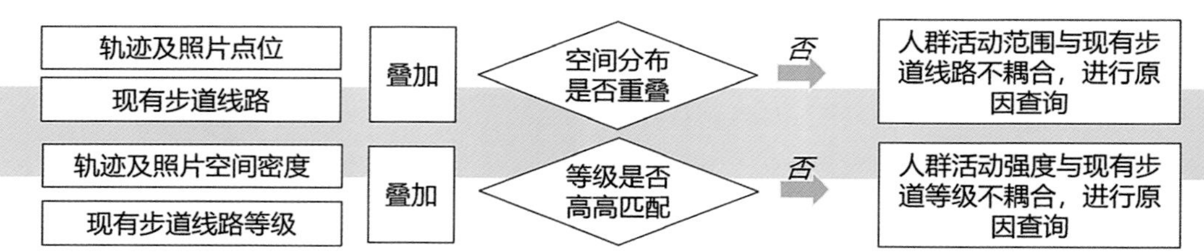

图4–3　经营端——耦合判定

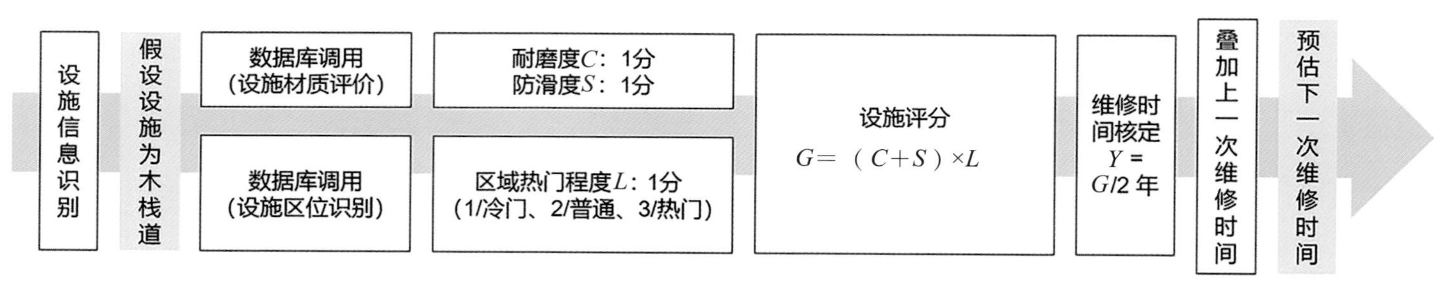

图4–4　管理端——设施维护时长

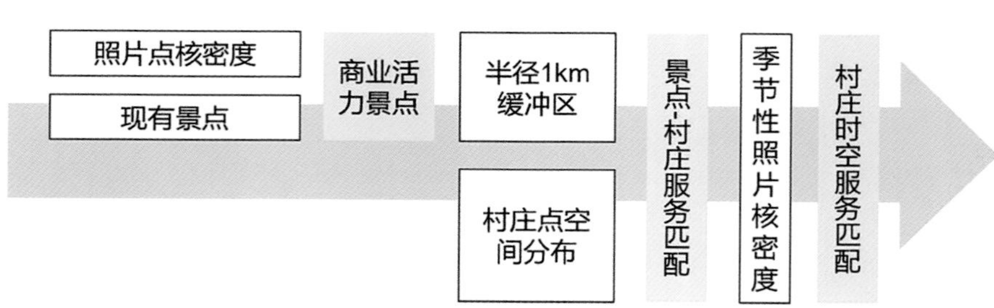

图4–5　居民端——村落服务匹配

游客偏好信息输入

假设用户输入结果

期待用时：6-7h（权重：0.5）
期待景观类型：水景（权重：0.3）
喜好难度：难（权重：0.2）

数据库调用（轨迹信息/图像语义信息）

现有轨迹评估
不同轨迹用时分布（6-8h-10分，8-10h/4-6h-8分，10-12h/2-4h6分…）
水景语义信息分布（大于10处-10分；8-10处-8分；6-8处-6分…）
轨迹难度分布（难-10分；超难/一般-8分，容易-6分）

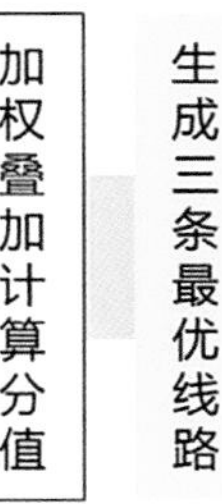

图4-6　登山者端——线路推荐

五、实证案例

1. 经营端——线路整合

由于无法在建设实施阶段就精准预估到使用者的使用偏好与需求，因此在建成后通过使用VGI数据进行线路整合优化。

如图5-1所示，线路整合分为线路增删和等级调整。

（1）线路增删决策

决定线路的增删主要通过现有步道线路和人群活动分布叠加。

如图5-2所示，现有建成线路中存在少量的未有人使用的区域，以及少量的由驴友自发开辟的线路。本节选取龙宫区域进行详细原因查询。

如图5-3所示，从实景卫星图和高程图来看，这一部分自发

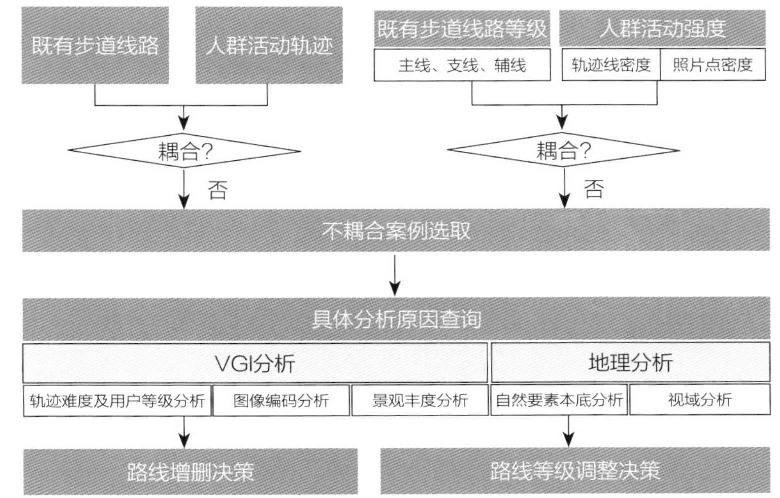

图5-1　步道线路整合实证框图

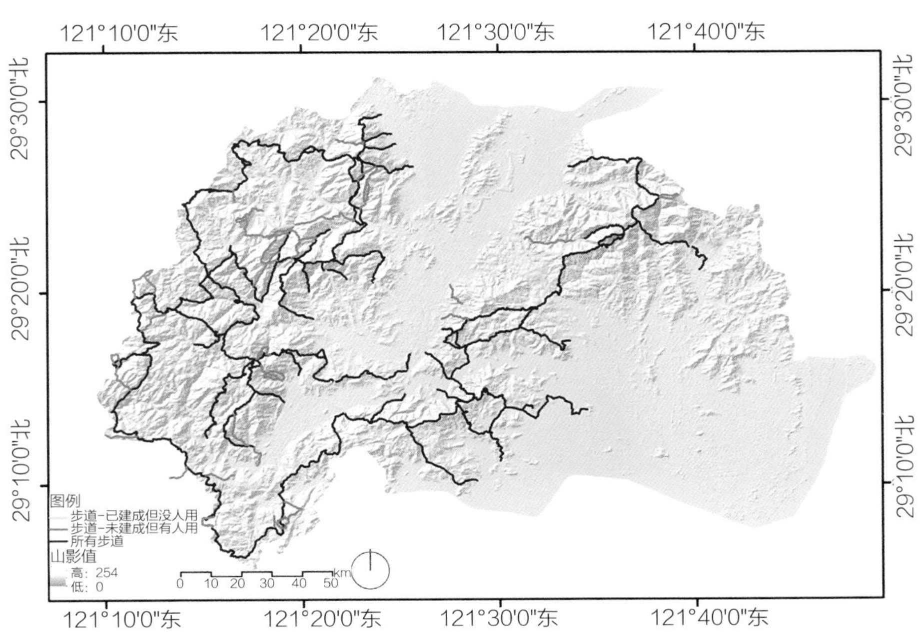

图5-2　现有步道与登山者活动不耦合情况

开拓的线路分布在高程较高的群山之中。徒步者避开原有选线而去攀登更具难度的山峰，更深层次地深入山体之中获取徒步体验。

如图5-4所示，为该线路经过的区域以及宁海全域的照片要素语义编码频率的比较。相比全域照片，这一轨迹上及照片经过的区域（以景点泰森多边形划分）的语义，山体均为排名前三的要素。可见该区域山地景观资源突出受到喜爱。这一轨迹的编码中，村落建筑作为一种优势语义出现。经检查照片元数据后，发现这些村落建筑多为废弃的村屋住房等，破败荒芜的景象引起了游客的驻足取景。因此，这一线路有足够的优势景观。

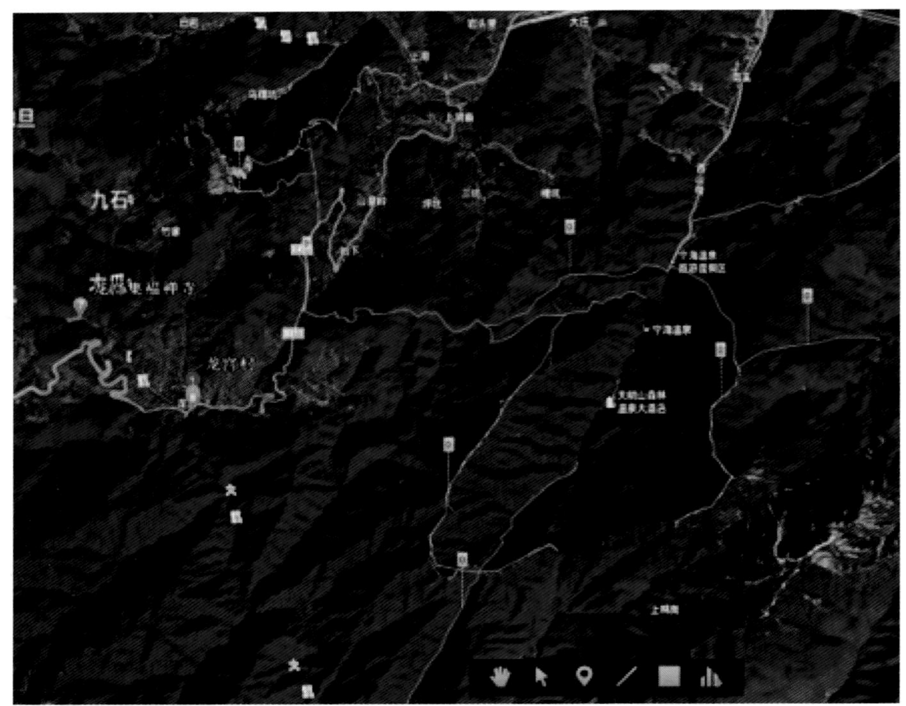

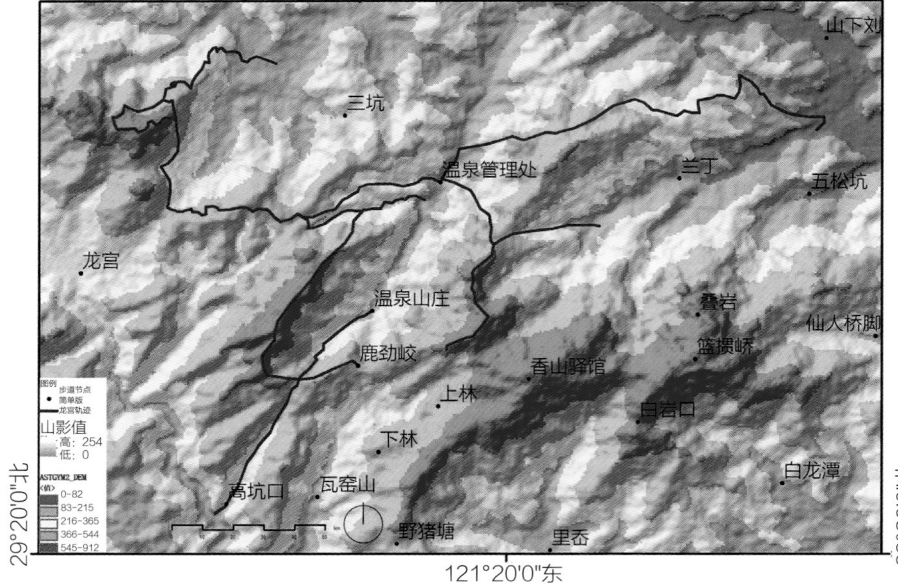

图5-3 实景卫星图（上）和高程图（下）

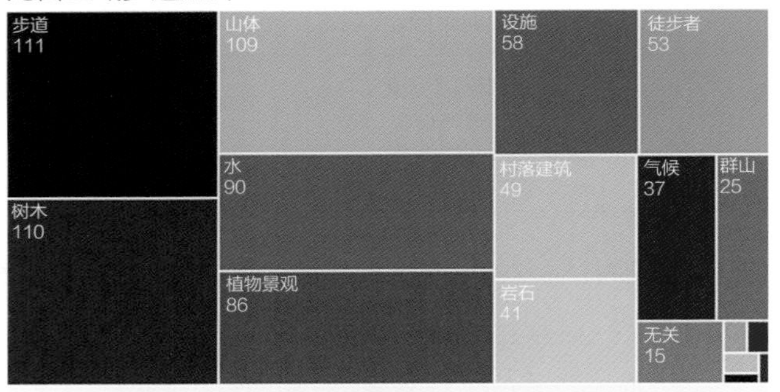

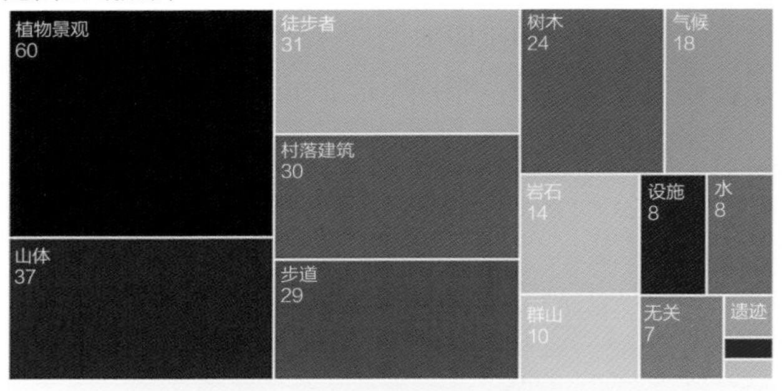

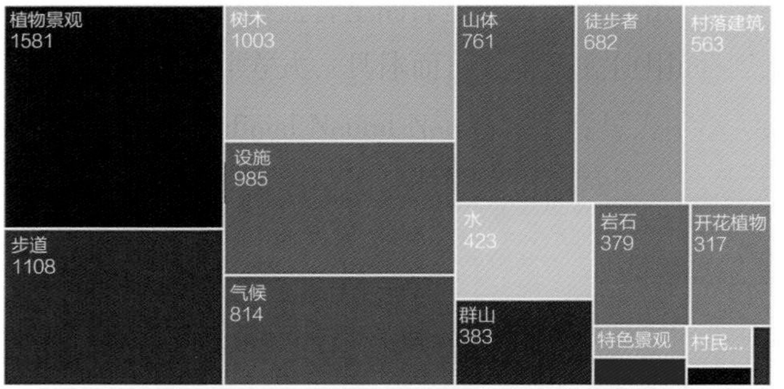

图5-4 照片语义编码频率比较图

龙宫区域轨迹难度统计表　　表5–1

难度等级	7 762	46 089	1 477 202	1 478 611	1 584 999
非常难		1			
简单	1			1	
一般			1		1

龙宫区域用户等级统计表　　表5–2

轨迹编号	7 762	46 089	1 477 202	1 478 611	1 584 999
1	1		1		
2	1	1		1	
3					1
4					1

从表5–1和表5–2可以得出，龙宫区域无论是轨迹难度级别还是留下轨迹的用户等级都不高。因此，综合判断新开辟的选线难度不高。经上述分析，本区域较为适合发展新的线路。

（2）线路等级调整决策

已有步道规划分为主线—辅线—支线三个等级，等级越高代表投入建设程度越高。将使用强度和步道等级叠加得出投入建设程度不够的区域和可以适当减少资源投入的区域，并且选取一条主线（新岭头—望府茶场）和一条支线（新岭头—国家湿地公园）进行对比查询（图5–5）。

自然要素方面，主线和支线相比高程变化、地形起伏变化、旷奥度变化、视域变化都更为剧烈（图5–6～图5–8），较容易被徒步者感知。并且，对比轨迹难度和用户等级（图5–9），发现高等级的用户留下了简单的轨迹，说明是一个小众的线路。

从具体原因查询可以得出对于这一带优化的策略：考虑升高支线的等级，重点打造此区域特有的水体农田风车景观，加大宣传力度。

2. 管理端——安全设置

由于登山健身步道位于群山峻岭之中，拉网式维护设施的成本过高。而设施对登山安全保障至关重要，平台做出对于设施维护的周期计算和定点加强的指示。

（1）设施周期性维护

维护时长通过自身材质、使用频率综合得出。

结合维护公式G如下：

$$G=(C+S)\times L \tag{5-1}$$

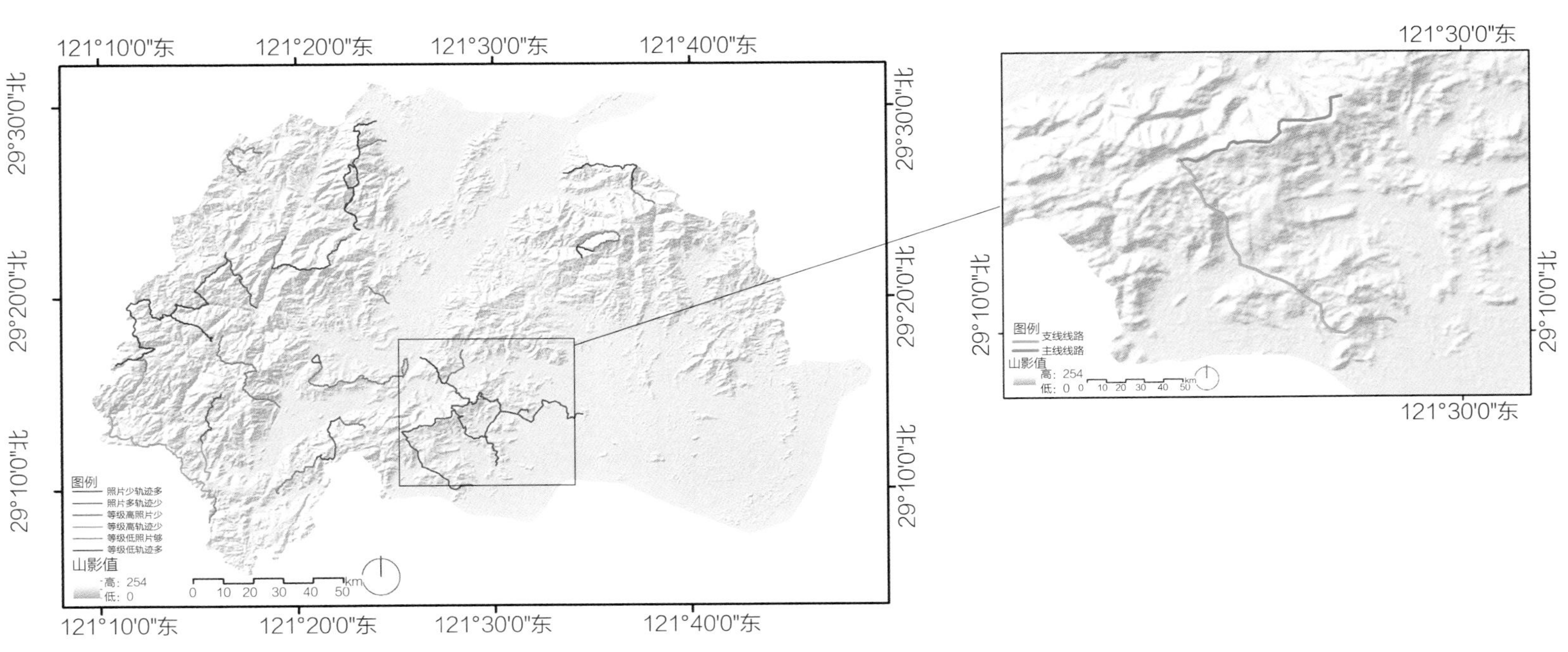

图5–5　现有步道与登山者活动强度不耦合情况

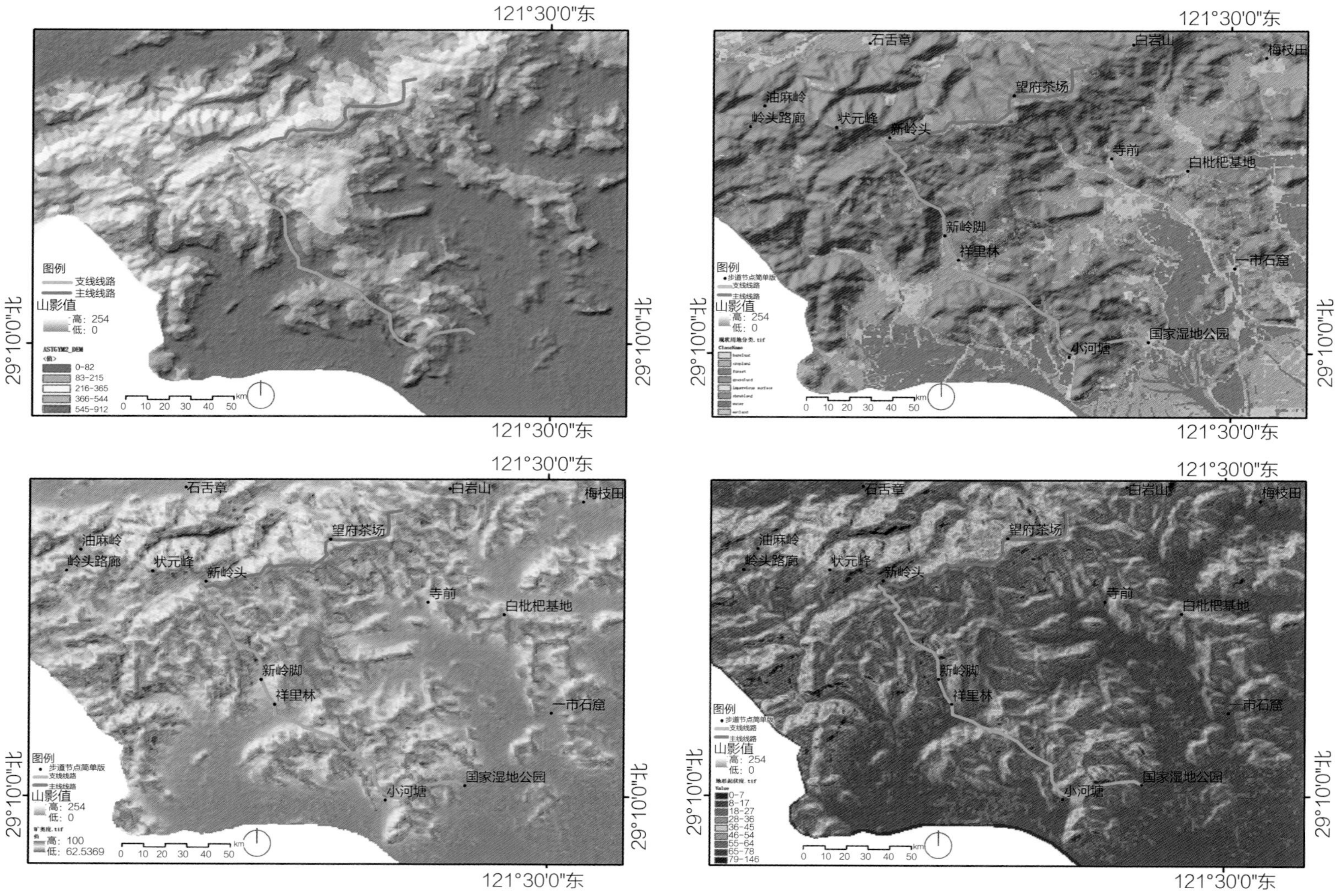

图5-6 主线、支线高程、用地性质、旷奥度、地形起伏度对比

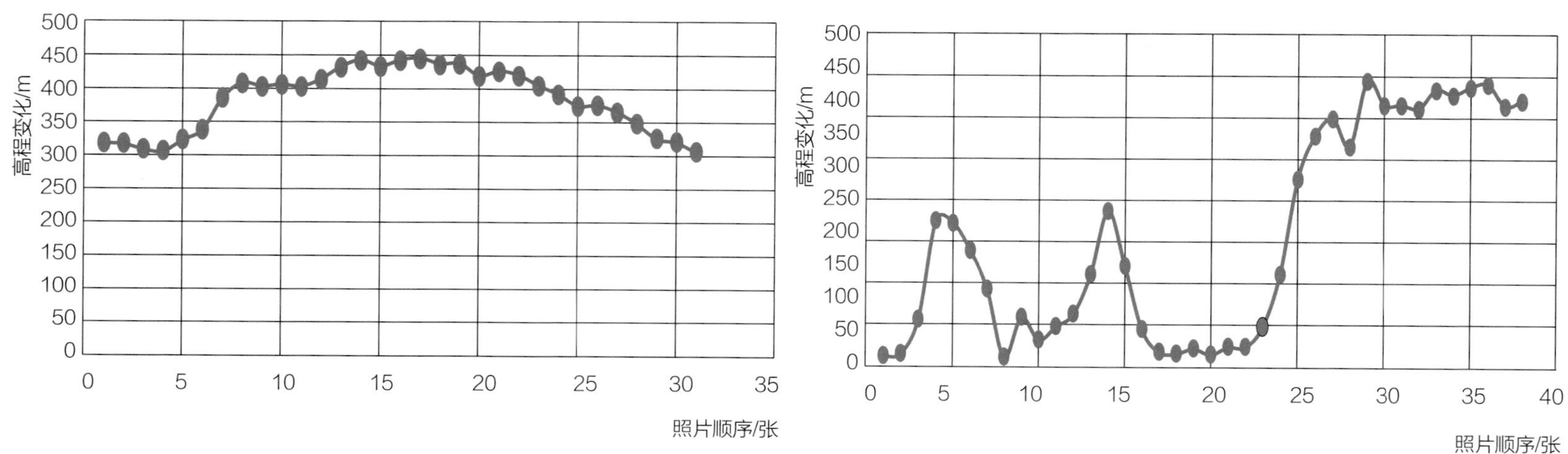

图5-7 主线（左）和支线（右）高程变化对比

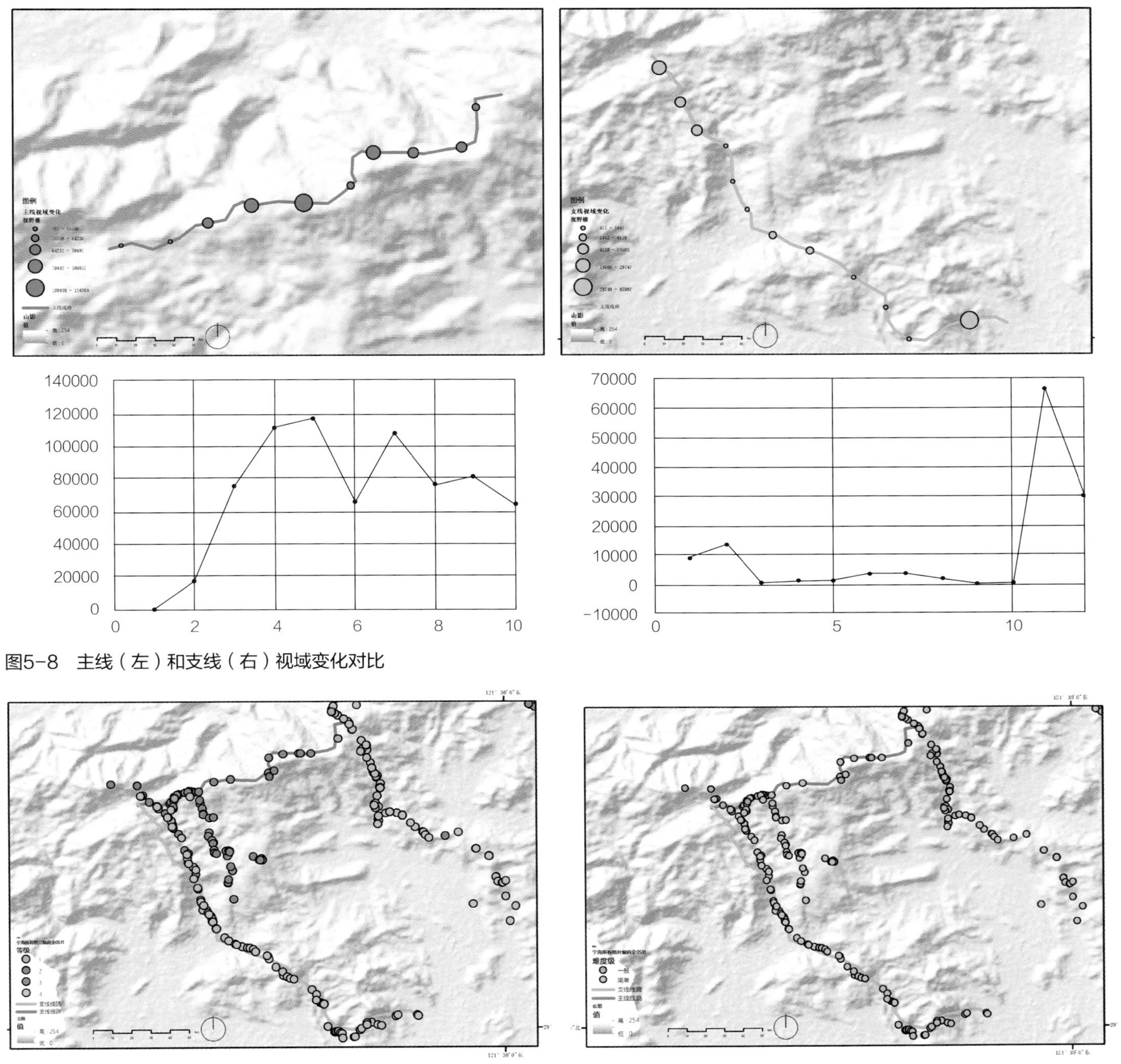

图5-8　主线（左）和支线（右）视域变化对比

图5-9　新岭头一带用户等级（左）和轨迹难度（右）分布

其中，*G*为设施维护周期，单位为年；*C*为耐腐性；*S*为防滑性；*L*为区域位置取值，依据VGI照片点密度划分为三个使用频率等级，如图5-10所示分为1（冷门）、2（普通）、3（热门）。

各材质相应取值见表5-3：

设施材质评分　　表5-3

材质	沥青	山石	混凝土	合成材料	砌块	木板
耐腐性C	3	3	1	2	3	1
防滑度S	3	1	3	3	2	1
区域位置	*2	*3	*1			

根据评分可推断下一次维修时间。

以木栈道为例，图5-11为结合图5-10的分区及识别出的木栈道所在点位置，获得木栈道的使用强度，即区域L值。

其次带入表5-3求解G值：

$$G=(C+S)\times L=(1+1)\times 2=2 \tag{5-2}$$

最后，结合该处上一次维护时间（如2017年3月18日）即可

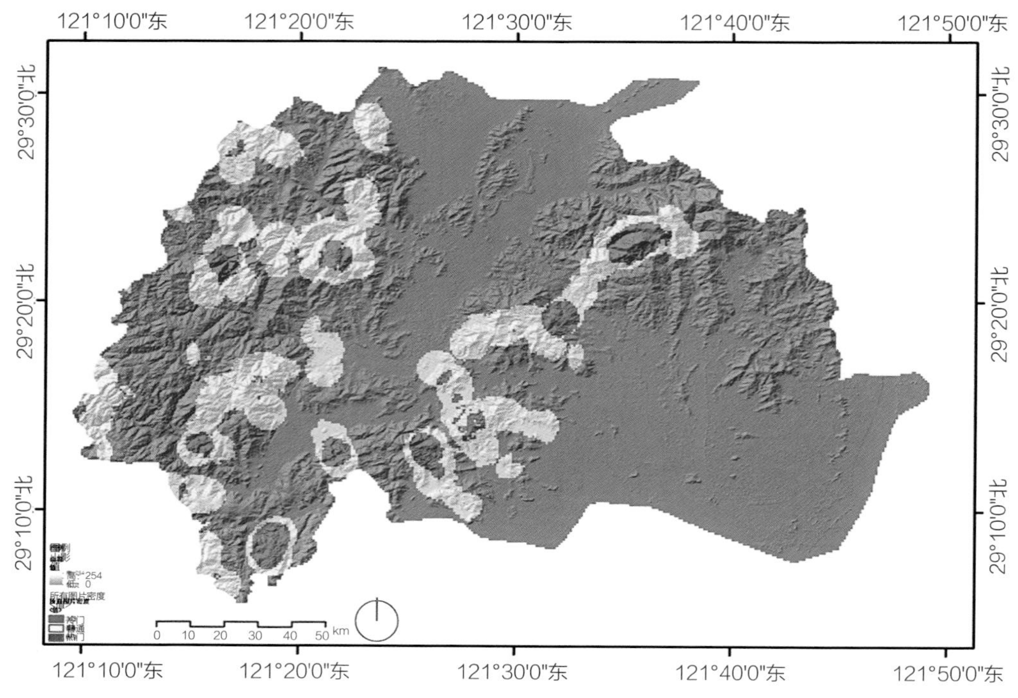

图5-10　VGI照片点密度

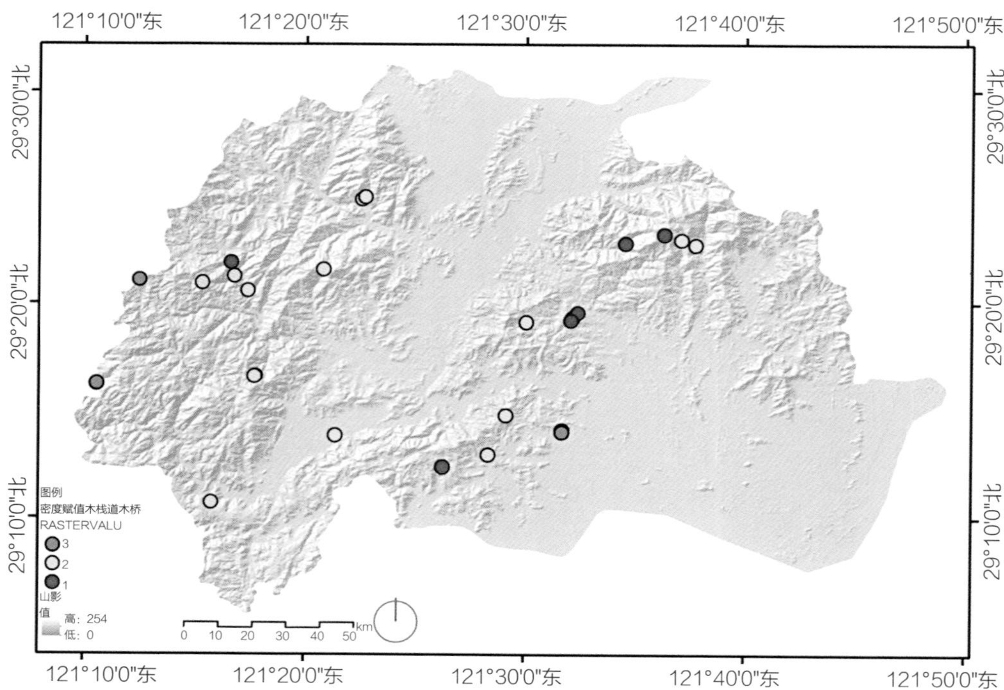

图5-11　区域热度赋值木栈道

推断出下一次维护时间为2019年3月18日。

（2）设施安全性提升

通过Python处理GPX数据，计算不同轨迹点速度的变化（图5-12）。

已知数据的纬度、经度与高度，则记一个数据点为（x_i, y_i, e_i），对于点（x_i, y_i, e_i）与（x_j, y_j, e_j），考虑地球球体特性，其平面距离可由下式获得

$$d(i,j)=R\times\arccos[\cos y_1\cos y_2\cos(x_1-x_2)+\sin y_1\sin y_2] \quad (5\text{-}3)$$

其中，R为地球半径，取6 371.393km。

由于航迹点时间间隔相同，可定义三维空间距离，来当作“速度”：

$$3\mathrm{d}=\sqrt{d(i,j)^2+(e_i-e_j)^2} \quad (5\text{-}4)$$

高度差分计算：

$$\Delta e_i=e_i-e_{i-1}, i\geqslant 2$$

定位速度慢、高程变化大的轨迹点，证明该点难度较高（图5-13）。因此，依据速度变化点来设置“注意安全”“慢行”等标语，适当添加“绳索”“铁链”等方便着力物件。

3. 居民端——生活服务

（1）生活服务村庄识别

实证分析发现：游客停留地热点在空间上的分布不均（图5-14），具有春夏为主、秋冬为辅的季节性特征（图5-15），且现状村庄设施分布与游客停留地热点在空间与季节特征上不耦合程度高（图5-16）。因此，平台为本地居民指导市场分配。

将游客轨迹照片热点、轨迹时间偏好、设施服务范围进行叠加得到的登山高热步道（图5-17），可预判游客行进过程中具有较强服务需求且有服务能力的路段。

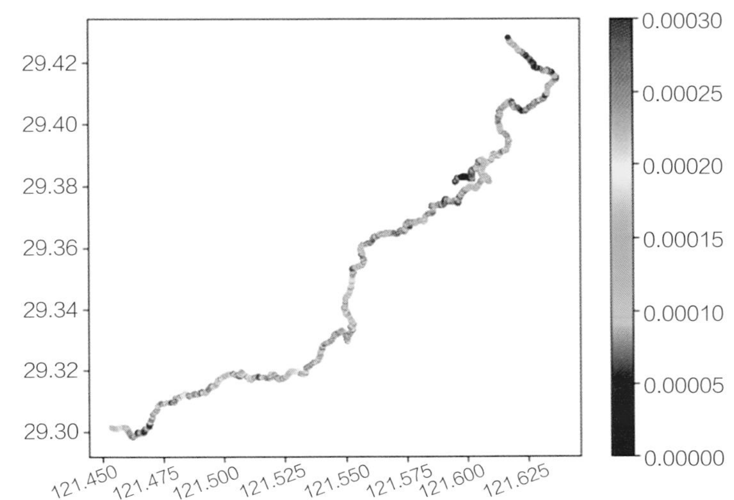

图5-12　轨迹速度变化图

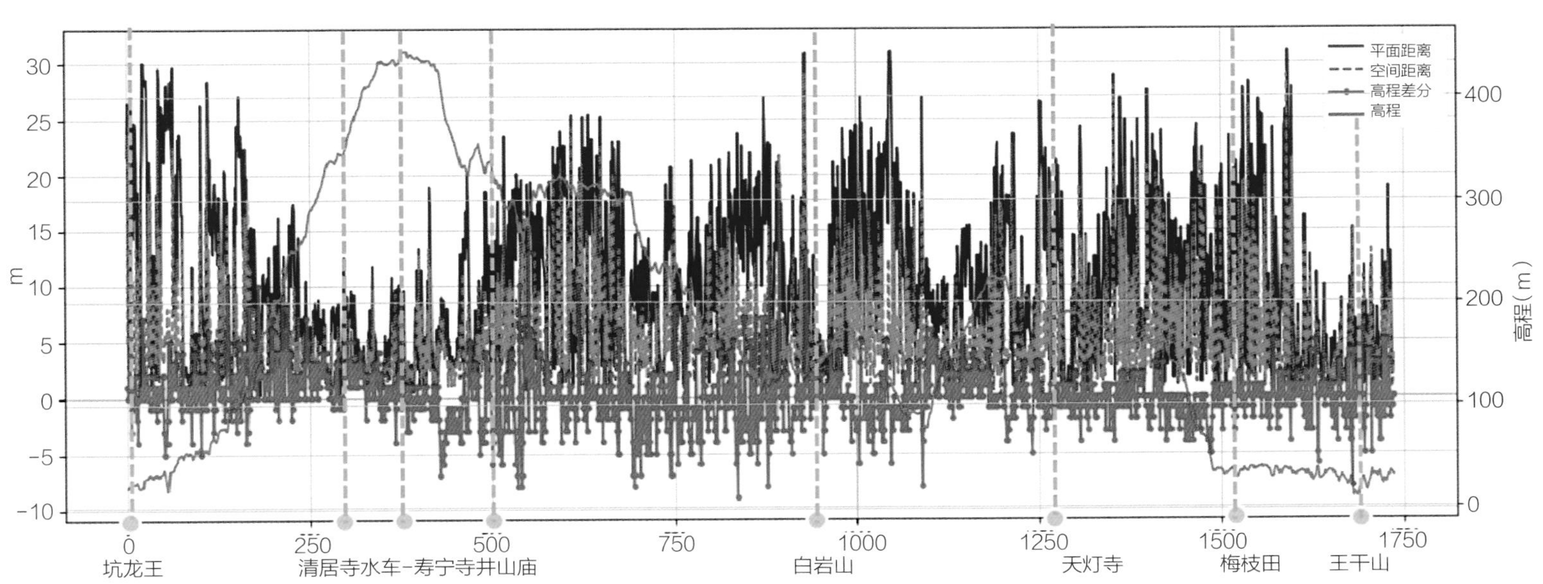

图5-13　轨迹高程、速度变化图

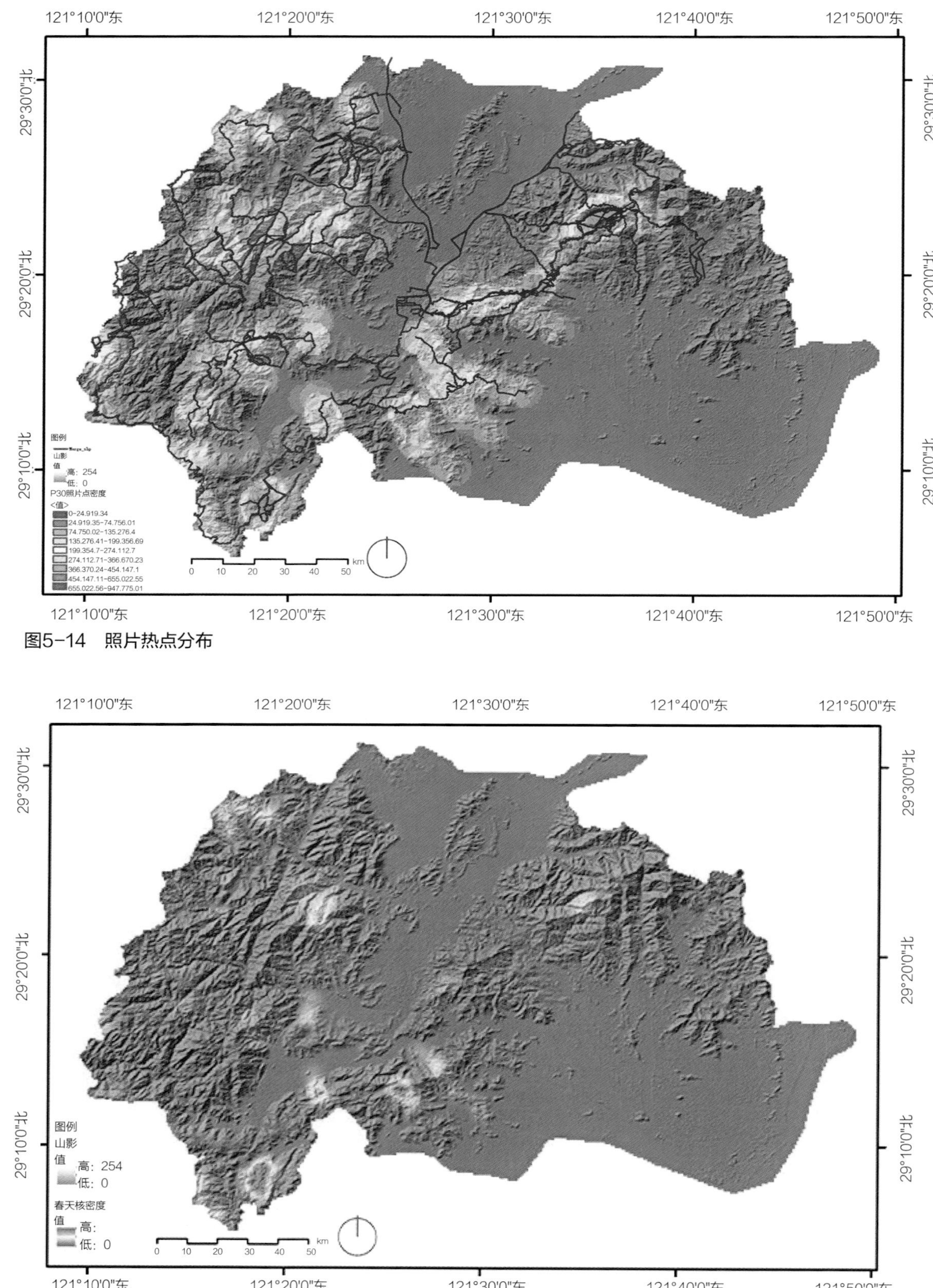

图5-14　照片热点分布

图5-15a　轨迹时间分布（春）

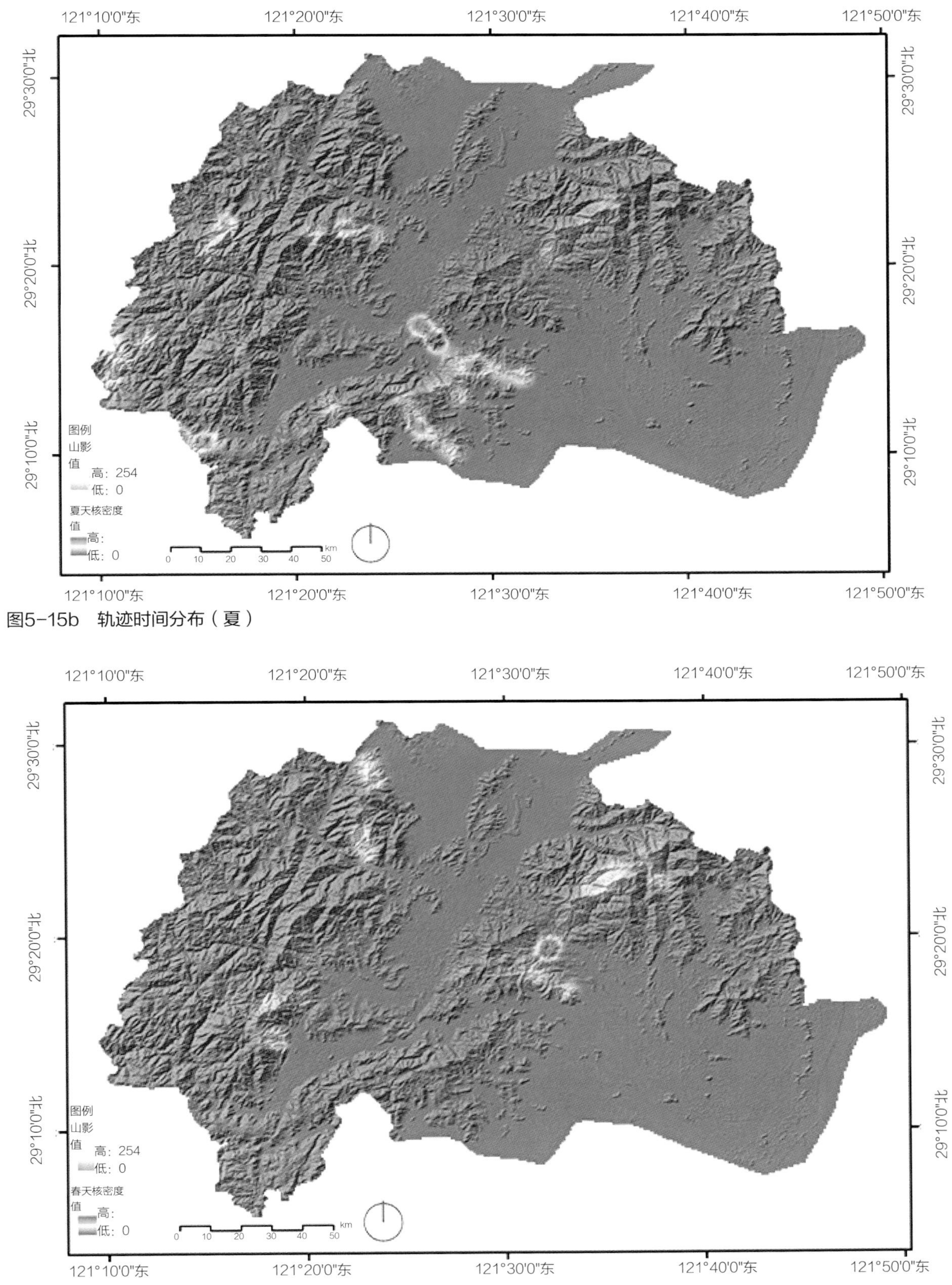

图5-15b　轨迹时间分布（夏）

图5-15c　轨迹时间分布（秋）

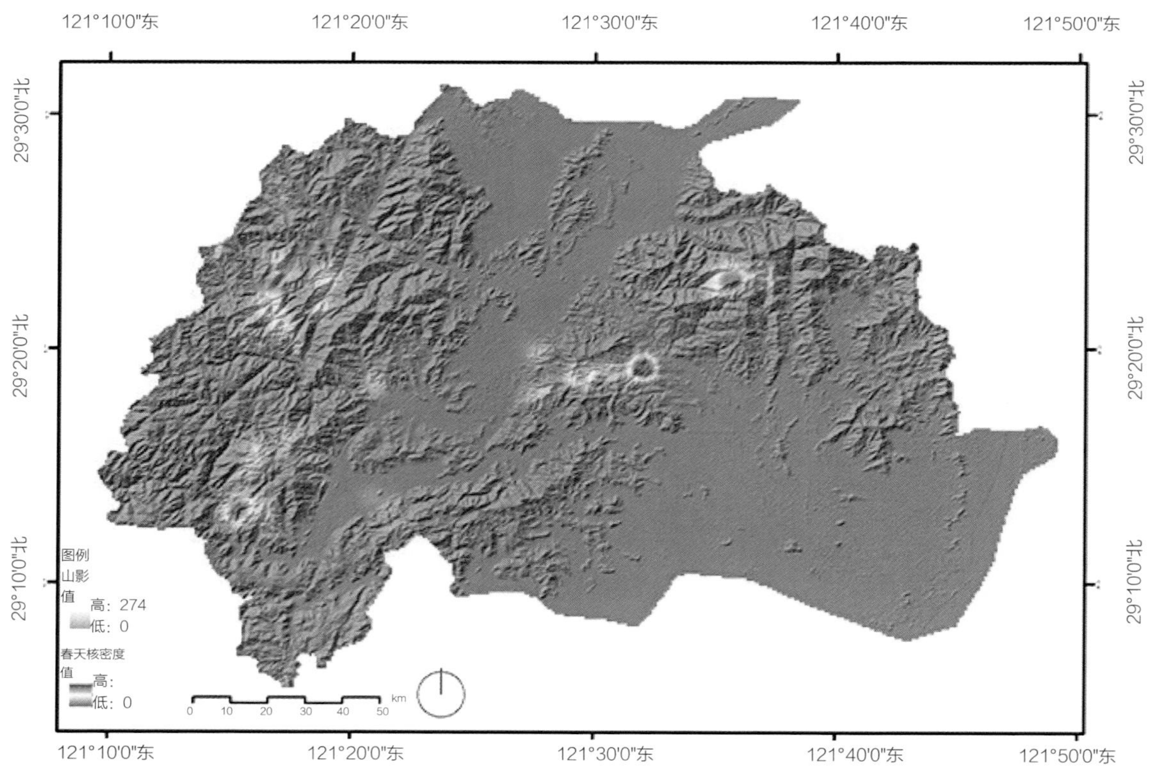

图5-15d　轨迹时间分布（冬）

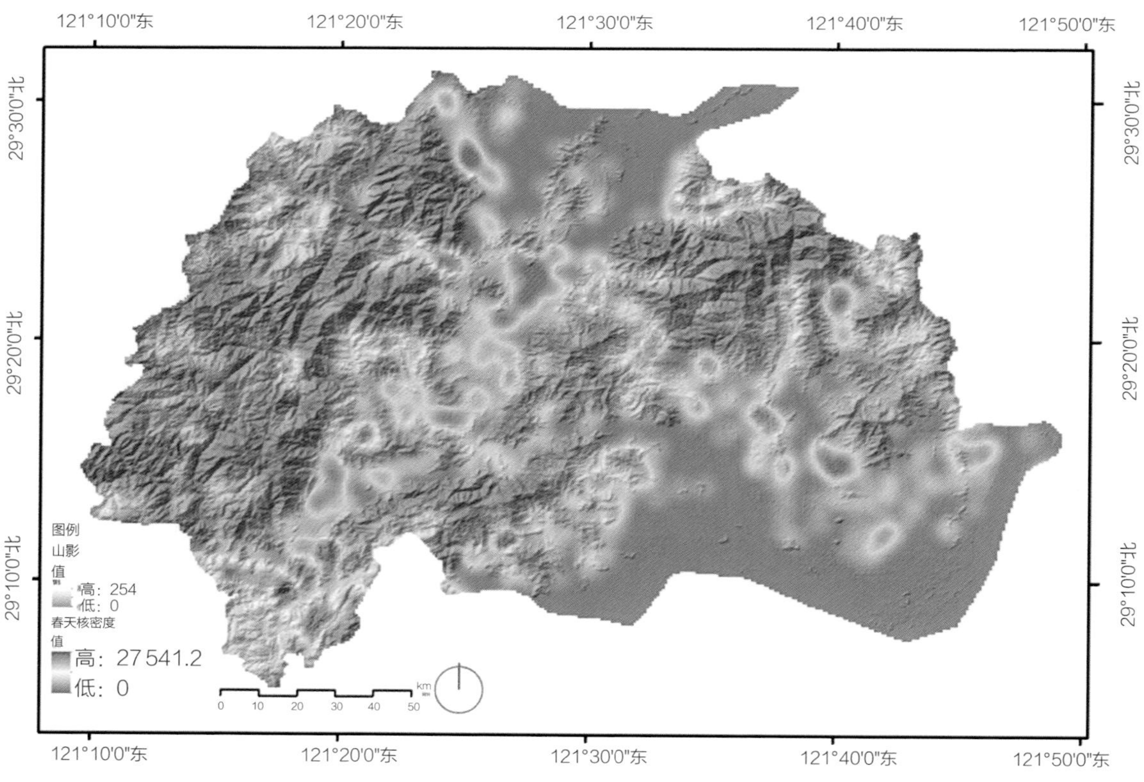

图5-16　村庄服务范围

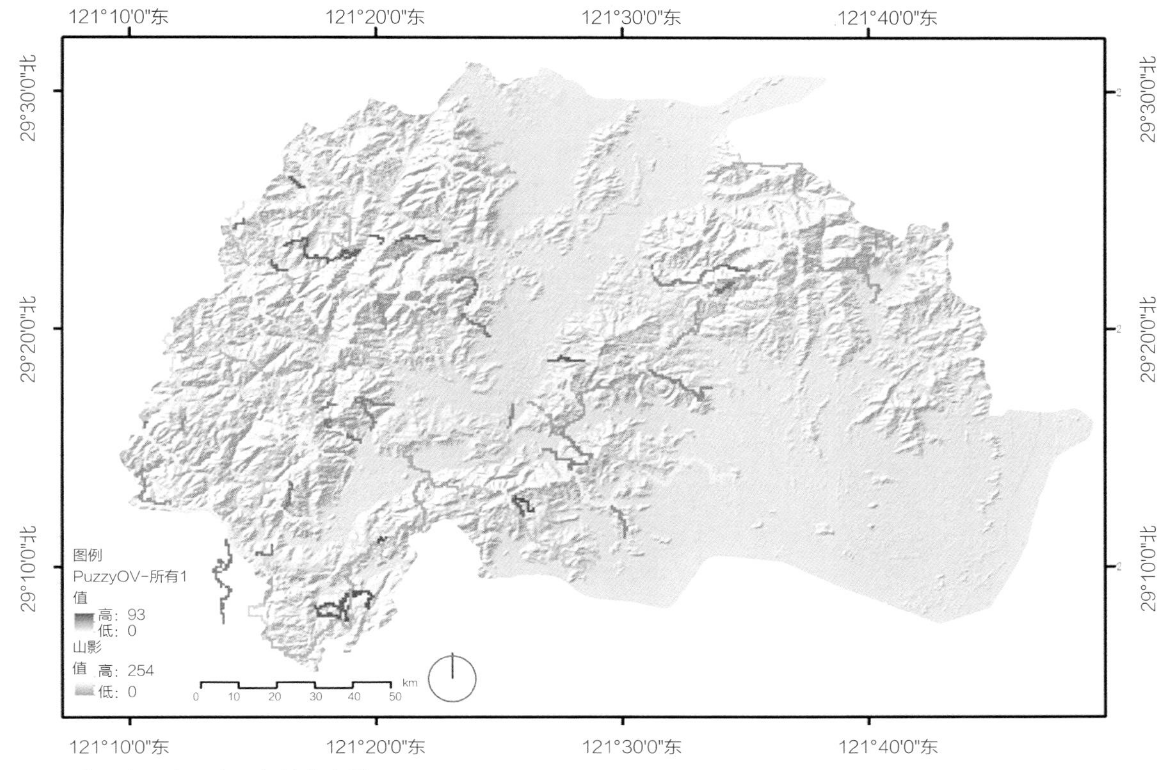

图5-17　高服务需求、高服务能力步道

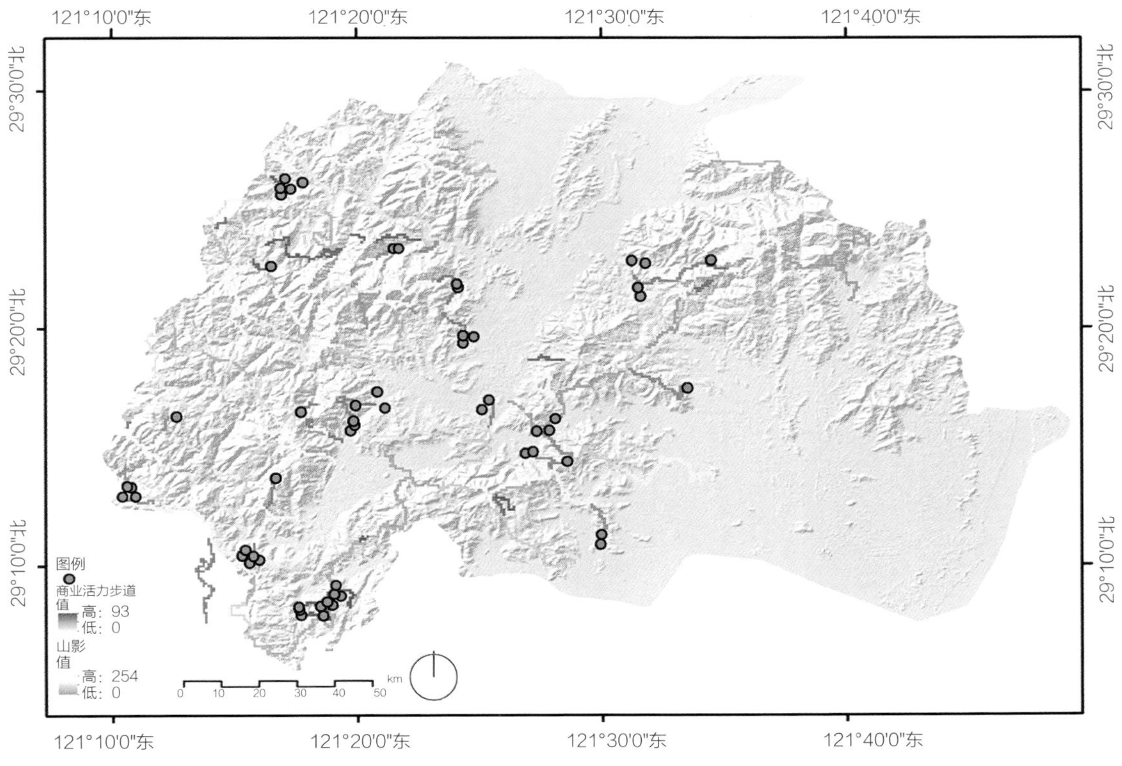

图5-18　生活服务村庄

以1km为服务半径，对高需求、高服务能力步道建立缓冲区范围来确定周边相应的服务村庄，结果得到68个生活服务村庄，得到村庄—步道空间匹配（图5-18）。

（2）季节性服务线路匹配

结合游客季节性停留地热点分布对上述68个生活服务村庄的业态实现动态规划。

以高热点的线路坑龙王至王干山线为例进行展示，游客可通过App在春季可匹配到3个村庄服务点：白岩山村、上枫槎村、下枫槎村（图5-19）；夏季可匹配到6个村庄服务点，增加了上园村、金家山村、港头村（图5-20）。

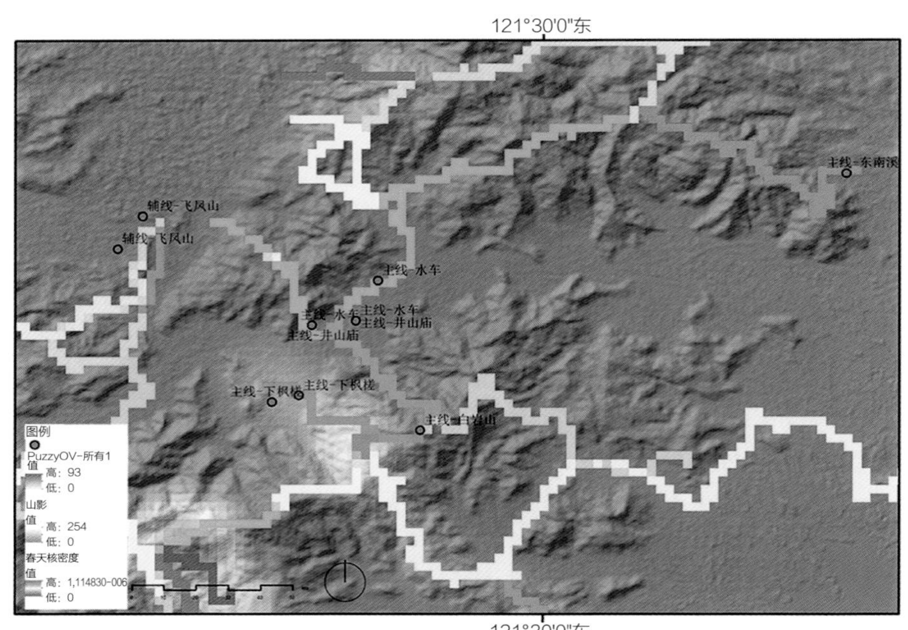

图5-19　春季服务村庄匹配

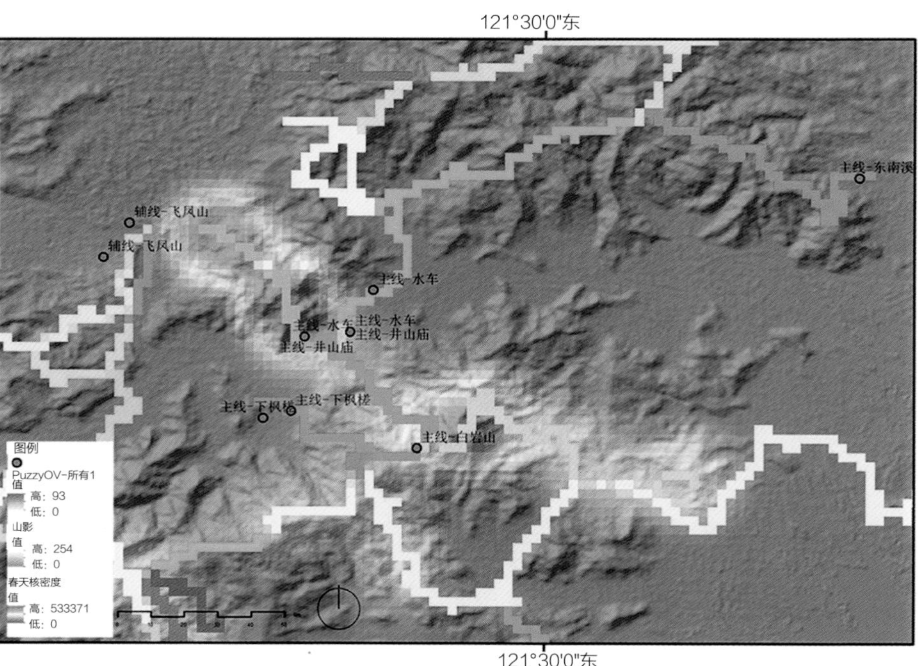

图5-20　夏季服务村庄匹配

4. 登山者端——路线推荐、周边服务、风险预警

登山者端口主要有景观体验、生活服务、安全保障三个功能。

（1）线路个性化推荐及行途三维模拟

线路推荐如图5-21所示。

平台主要通过登山者输入自己对景观方面、时间方面的偏好信息（图5-22），并判断对各类不同信息的偏好权重。系统会综合既往使用情况、登山者意愿，选取3条最满足输入的路线进行展示，包括特色景物、实景照片等。用户自行决定浏览单条线路后，系统将呈现更加详细的推荐及建议（图5-23）。并在登山者徒步行进过程中进行实时三维模拟，保证登山体验的最大化享受。

（2）周边服务

平台通过对登山者的衣食住行需求，例如露营、停车公厕等，与市场服务的耦合关系来做出动态响应，建立游客与市场的互通互联，实现了生活服务的就近推荐、市场的分流、淡旺季差别推荐等功能（图5-24）。

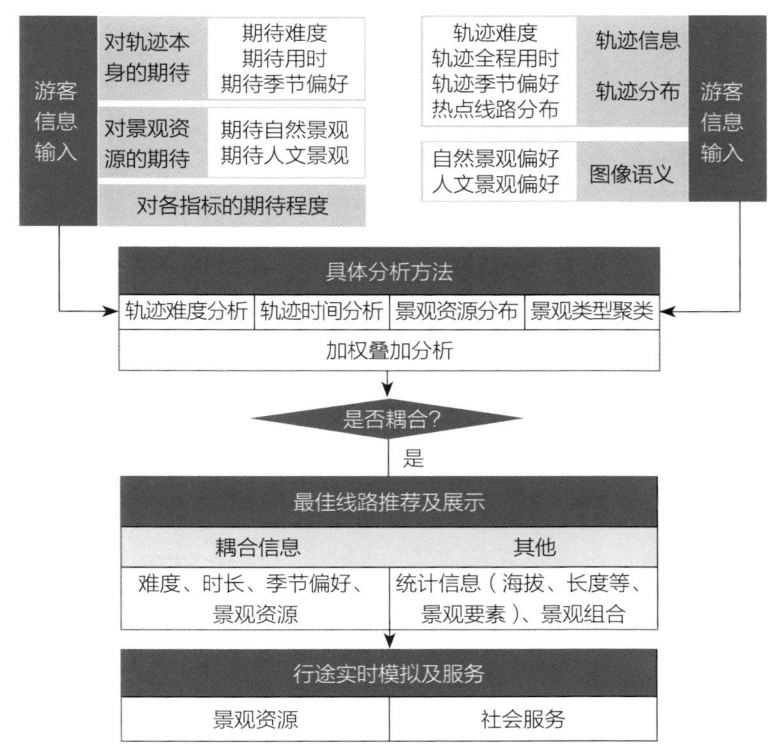

图5-21　线路推荐框图

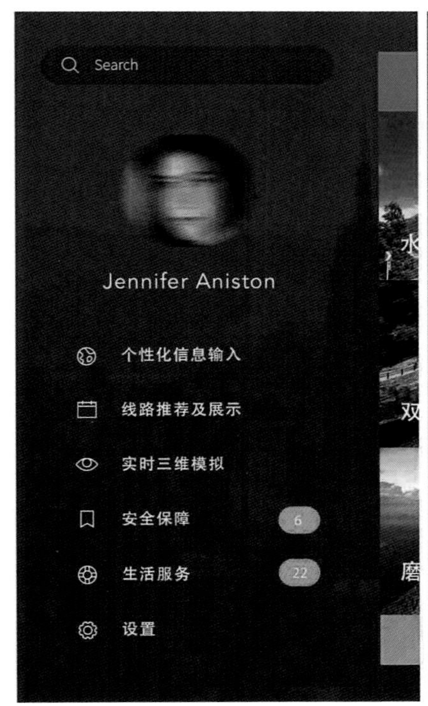

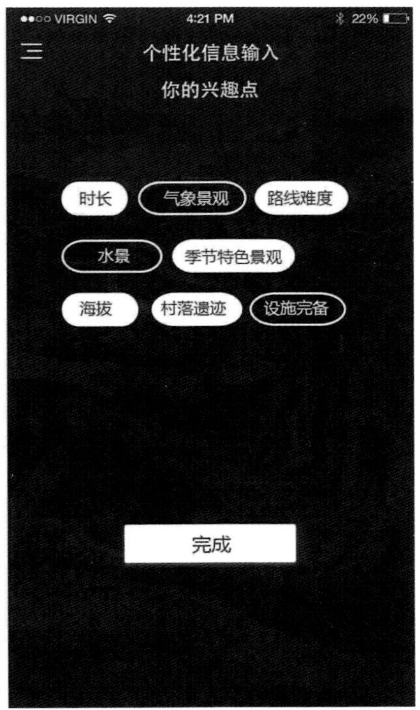

图5-22　游客个性化信息输入

图5-23 个性化推荐线路及三维模拟

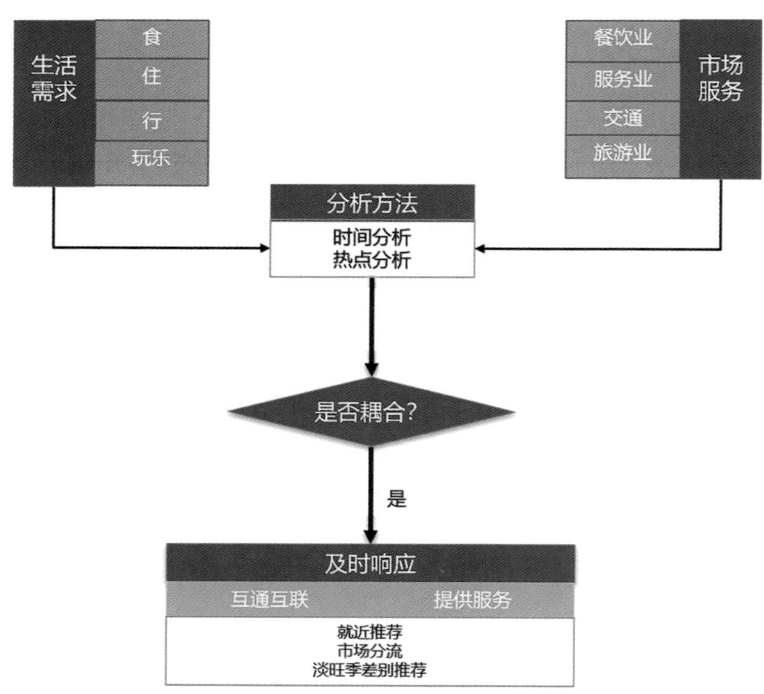

图 5-24 周边服务实证框图

（3）安全保障

登山者在徒步过程中可能遇到的危险主要包括：环境问题——诸如极端天气、复杂地形，山地自身坡度因素的影响；设施问题——长时间未维护、负荷过载、位置不合理等；自身问题——装备缺乏、经验不足等。平台对此类信息做出动态响应（图5-25、图 5-26）：极端天气给出预警如果登山者坚持出行计划，则给出以往相似天气下轨迹增加可控性，以及出行过程中的风险实时预判。

登山者若遇险时可发出救援申请，平台为登山者搜寻提供帮助：如精确推荐向导及救援、即时定位、语音畅联、与救援站点建立联系。同时也根据搜救请求数据，可以对救援站点的合理布置提供建议。

登山客端口将步道各主体的职能加以串联：各主体的服务直接导向为登山客的需求满足，最终可以推动步道更好的发展；而登山客本身又是各部门行使职能重要的数据来源，基于此才可以实现快速、动态、科学的调整响应。

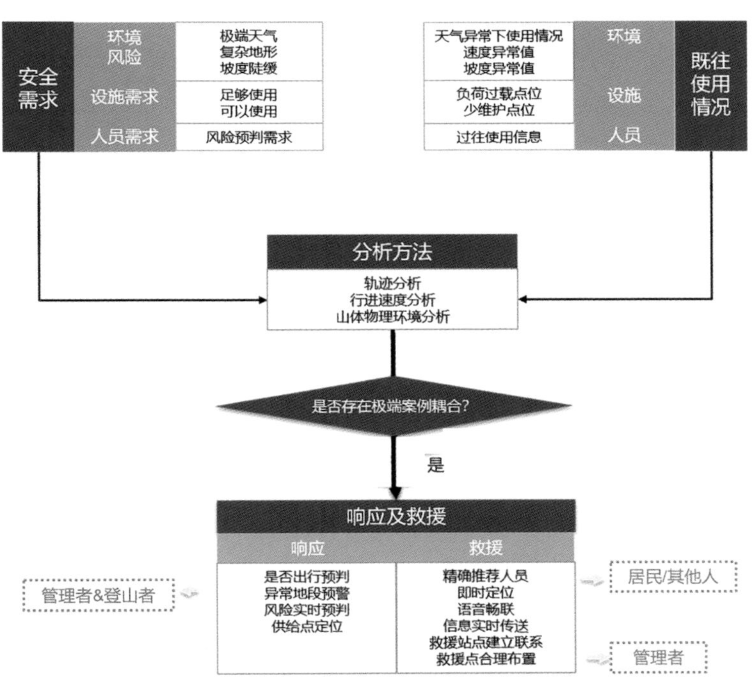

图5-25　安全保障实证框图

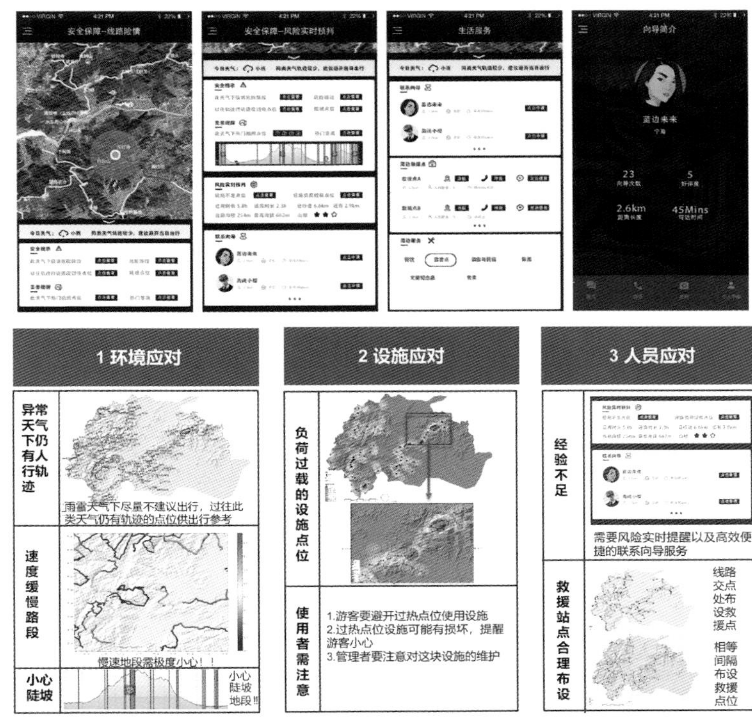

图5-26　安全保障模块

六、研究总结

1. 模型设计的特点

（1）理论创新

① 梳理了多主体对步道的资源利用需求。

② 建立了基于利用需求与资源评估耦合机制的多主体视角下的步道资源优化流程。

（2）方法创新

① 个性化路线推荐：基于轨迹和照片数据，建立了基于时长偏好、难度偏好、景观偏好的个性化路线推荐方案。

② 景观丰度的空间分布：使用泰森多边形内的熵进行景观丰度计算。

③ 主客观结合的景观资源偏好评估方法：基于轨迹的时空分析、照片的语义时空分析和空间数据的空间分析，建立了主客观结合的景观资源偏好评估方法。

④ 步道安全性评估方法：基于轨迹速度与山地高程坡度，建立了步道安全性评估方法。

⑤ 设施维护等级评估方法：基于登山者使用频率和步道设施材料特性，建立了设施维护等级评估方案。

2. 应用方向及应用前景

（1）我国广大的贫困山区可以利用本平台快速、高效、全面、动态、低耗费地建立和运营山地步道系统，通过登山客、经营、管理、居民四个主体对山地资源利用的持续性优化从而达到乡村振兴的目标。

（2）从生活服务、安全保障、景观体验方面更好地完善对登山者友好的山地步道的服务体系，尤其是要避免野外赛事相关事故的发生。

（3）旅游区在进行空间治理时可以借鉴本研究建立的基于利用需求与资源评估耦合机制的多主体视角下的资源优化流程。

参考文献

[1] 冯德显. 山地旅游资源特征及景区开发研究[J]. 人文地理，2006（6）：67-70.
[2] 穆晓雪. 浅析国家步道的概念及发展[N]. 中国旅游报，

2013-08-28（011）.

［3］沈纲，龚志恺. 乡村振兴战略视域下山地户外运动资源开发路径研究［J］. 南京体育学院学报，2021，20（3）：15-20.

［4］罗锐，许军. 西南贫困地区山地户外运动资源开发研究［J］. 体育文化导刊，2018（1）：92-96.

［5］张婧雅，魏民，张玉钧. 步道系统规划的前期调研分析［A］. 中国风景园林学会. 中国风景园林学会2013年会论文集（下册）［C］. 中国风景园林学会：中国风景园林学会，2013：3.

［6］国家登山健身步道标准. 中国登山协会官方网站. http://cmasports.sport.org.cn/fgzc/hybz/2013/0307/239001.html.

［7］梁强，张建文，胡莎，等. 国家登山健身步道发展的"宁海模式"解析［J］. 体育成人教育学刊，2020，36（3）：19-24+2.

［8］孙春艳. 背包旅游者行为特征及文化表征研究：以南京市为例［D］. 南京：南京师范大学，2013.

［9］孟春霞，何捷. 自发地理信息（VGI）数据中的宁海国家登山健身步道徒步者景观资源偏好［J］. 风景园林，2020，27（8）：103-108.

［10］赵明辉，蔡楠，徐艳超. 宁海国家登山健身步道发展现状调查及研究［J］. 体育时空，2015（6）：66.

［11］Milcu A I，Hanspach J，Abson D，et al. Cultural Ecosystem Services: A Literature Review and Prospects for Future Research［J］. ECOLOGY AND SOCIETY, 2013, 18.

［12］黄红华. 国家步道旅游体验的影响因素研究：以江西武功山登山步道为例［D］. 长沙：湖南师范大学，2018.

［13］SUN Y, FAN H, HELBICH M, et al. Analyzing Human Activities Through Volunteered Geographic Information: Using Flickr to Analyze Spatial and Temporal Pattern of Tourist Accommodation［M］// KRISP J. Progress in LocationBased Services. Berlin, Heidelberg: Springer, 2013：57-69.

［14］王亚奇. 基于网络文本分析的喀纳斯徒步旅游行为研究［J］. 旅游纵览（下半月），2013（10）：13-15.

［15］宋瑞. 生态旅游：多目标多主体的共生［D］. 北京：中国社会科学院研究生院，2003.

［16］陆艳珊，李亚明. 贵州三大战略背景下山地户外运动利益关系研究［J］. 合作经济与科技，2021（10）：6-8.

［17］谢彦君，樊友猛. 身体视角下的旅游体验：基于徒步游记与访谈的扎根理论分析［J］. 人文地理，2017，32（4）：129-137.

［18］钟晓林. 基于两步路平台的武陵源景区游客时空分布与景观偏好研究［D］. 长沙：中南林业科技大学，2019.

［19］Min Y，Wang S T. Design of the smart scenic spot service platform［C］// International Conference on Intelligent Earth Observing and Applications. International Society for Optics and Photonics, 2015.

［20］任宇杰，唐晓岚. 大数据时代风景名胜区规划思路与方法探讨［A］. 中国城市规划学会、杭州市人民政府. 共享与品质——2018中国城市规划年会论文集（13风景环境规划）［C］. 中国城市规划学会、杭州市人民政府:中国城市规划学会，2018:9.

［21］鲍梓婷. 景观作为存在的表征及管理可持续发展的新工具［D］. 广州：华南理工大学，2016.

［22］郭湧. 论风景园林信息模型的概念内涵和技术应用体系［J］. 中国园林，2020,36（9）：17-22.

［23］刘滨谊. 风景旷奥度：电子计算机、航测辅助风景规划 设计［J］. 新建筑，1988（3）：53-63.

［24］刘滨谊. 遥感辅助的景观工程［J］. 建筑学报，1989（7）：41-46.

［25］刘滨谊. 电子计算机风景景观信息系统的建立［J］. 同济大学学报：自然科学版，1991（1）：91-101.

［26］Council of Europ e. The Europ ean Landscape Conventi on［Z］. Fl orence, s. n. 2000.

［27］唐真，刘滨谊. 视觉景观评估的研究进展［J］. 风景园林，2015,（9）：113-120.

［28］AUS，BET，CUT. Predicting scenic beauty of mountain regions［J］. Landscape and Urban Planning, 2013, 111（1）：1-12.

［29］孙光华. 基于多源大数据的城市街道可步行性评价研究——以南京市中心城区为例［J］. 现代城市研究，2020（11）：34-41.

［30］李苗裔，杨忠豪，薛峰. 基于多源数据的城市街道绿化品

质测度与规划设计提升策略——以福州主城区为例［J］. 风景园林，2021，28（2）：62–68.

［31］PORZI L, ROTA BULÒ S, LEPRI B, et al. Predicting and understanding urban perception with convolutional neural networks［C］//ZHOU X F, SMEATON A F, TIAN Q, et al. MM'15: Proceedings of the 23rd ACM international conference on Multimedia. New York: Association for Computing Machinery, 2015: 139– 148.

［32］HAZELHOFF L, CREUSEN I M. Exploiting streetlevel panoramic images for large–scale automated surveying of traffic signs［J］. Machine vision and applications, 2014, 25（7）: 1893–1911.

［33］Sun Y., Fan H., Helbich M., Zipf A.（2013）Analyzing Human Activities Through Volunteered Geographic Information: Using Flickr to Analyze Spatial and Temporal Pattern of Tourist Accommodation. In: Krisp J.（eds）Progress in Location–Based Services. Lecture Notes in Geoinformation and Cartography. Springer, Berlin, Heidelberg.

［34］Richard Wagner Figueroa–Alfaro & Zhenghong Tang（2017）Evaluating the aesthetic value of cultural ecosystem services by mapping geo–tagged photographs from social media data on Panoramio and Flickr, Journal of Environmental Planning and Management, 60：2, 266–281.

［35］徐扬. 国家登山健身步道选线研究［D］. 北京：北京林业大学，2014.

［36］柴彦威，谭一洺，申悦，关美宝. 空间——行为互动理论构建的基本思路［J］. 地理研究，2017，36（10）：1959–1970.

［37］柴彦威，申悦，陈梓烽. 基于时空间行为的人本导向的智慧城市规划与管理［J］. 国际城市规划，2014，29（6）：31–37+50.

［38］高圆. 智慧治理：互联网时代政府治理方式的新选择［D］. 长春：吉林大学，2014.

［39］Jamal T , Watt E M . Climate change pedagogy and performative action: toward community–based destination governance［J］. Journal of Sustainable Tourism, 2011, 19（4–5）：571–588.

［40］黄健荣. 公共管理新论［M］. 北京：社会科学文献出版社，2005.

［41］曾峻. 公共管理新论［M］. 北京：人民出版社，2006.

［42］刘梦华，易顺. 从旅游管理到旅游治理——中国旅游管理体制改革与政府角色扮演逻辑［J］. 技术经济与管理研究，2017,（5）：97–103.

［43］罗芬. 国外旅游治理研究进展综述［J］. 热带地理，2013, 33（1）.

碳中和愿景下城市交通碳排测定与模拟
——以上海为例

工作单位：同济大学

报名主题：生态文明背景下的国土空间格局构建

研究议题：气候变化响应、生态系统服务与景观格局塑造

技术关键词：时空行为分析、出行需求分析

参 赛 人：段要民、许惠坤、李振男、吴琪、张静、王海晓

参赛人简介：参赛团队是同济大学建筑与城市规划学院城乡规划系在读研究生，团队成员的研究方向多元复合，包括大数据、智慧城市、区域和城市社区。团队成员在城市定量研究和城市交通规划领域已有一定研究积累，曾获得上海城市设计挑战赛大数据奖等奖项。

一、研究问题

1. 研究背景及目的意义

（1）研究背景

气候变化是当今全球社会经济发展面临的重大环境挑战之一，由社会经济发展产生的CO_2排放是影响气候变化的关键因子。我国作为世界上最大的发展中国家，体现出了大国担当，提出2060年实现“碳中和”的庄严承诺，碳中和已经成为我国国家治理和社会行动的重要目标之一。与此同时，我国面临着巨大的经济发展压力，能源消耗量大，碳减排压力大，实现碳中和目标挑战大，需结合我国社会、经济和生态系统状况设计出详细可操作的碳减排方案。

全球交通领域的碳排放占到了全球碳排放总量的24%以上，更为严峻的是，交通领域的碳排放量仍在不断增加。从我国来看，2020年中国道路交通碳排放将可能占到全球道路交通碳排放总量的1/4，交通减排压力和潜力巨大。

（2）问题提出

交通碳排放量不仅与交通系统本身有关，还涉及城市土地利用规划和居民出行需求等多种因素。为实现交通碳减排目标，在交通方式调整和城市用地规划布局等方面必须作出相应对策。

由此，提出本研究的研究问题：①城市交通碳排放量如何测定？对城市交通碳排放量进行科学测度是分解城市交通减碳的前提（减排任务的区域分解需要科学评价各地区的排放任务）。②为实现碳中和目标，采取何种路径能更好地达到交通碳减排目标？

（3）研究现状

关于城市交通碳排的研究已较为成熟，相关研究表明，在未来几十年内，交通领域的碳排放量还将持续增长，私人小汽车、道路货运和航空运输是交通领域碳排放的主要来源。有关不同交通方式对城市碳排放的影响研究显示，私人小汽车的交通方式是交通碳排放量增长的主要驱动因素（赵敏等，2009）。碳排放的测度方法主要有实测法、物料衡算法和排放系数法，在学术界中应用最多的是排放系数法。其中排放系数法的核心思想可描述为

碳排放量等于经济活动水平和各类排放因子的乘积。

2. 研究目标及拟解决的问题

研究旨在通过优化交通网络和关键用地（居住区、产业、商业和娱乐）布局之间的耦合关系以降低城市交通碳排放。具体研究目标如下：

（1）研究目标一：测度城市交通碳排放量

城市交通量大，交通方式多样，受到居民出行方式、城市规模以及用地布局等多重影响，给城市交通的碳排放测度带来的一定难度。本研究参考程豪（2014）指出碳排放计算的核心思路，即碳排放量等于经济活动水平和各类排放因子的乘积，将城市交通碳排放测度理解为不同交通方式（不同交通方式具有不同交通碳排因子）与交通活动水平乘积的总和。

（2）研究目标二：基于城市系统动力学的城市通勤交通碳排放推演及优化

研究借鉴系统动力学中所蕴含的系统思想和方法，构建城市通勤交通的系统动力学模型，推演目前至2060年的通勤碳排放量的变化趋势。同时，设计降低城市通勤碳排放量的路径，拟定不同的减碳措施，推算减碳效果并进行比较，方便后续的减碳路径设计。

二、研究方法

1. 研究方法及理论依据

本研究以上海外环以内作为研究范围，爬取OSM（Open Street Map）路网及城市兴趣点（Point of Interest，简称POI）数据，在数据预处理的基础上进行交通量计算及交通方式分配，再通过不同交通工具的碳排放系数进行可视化，最后基于系统动力学进行城市碳排模拟，从而优化碳排放空间格局。

（1）网络数据爬取

运用Python编程环境从OSM进行路网获取及POI数据获取，空缺或精度不够的部分进行手动修正，并根据通勤交通（上班、上学）分类提取需要的POI数据点，构建新的POI分类。

（2）交通分配

交通规划“四阶段”法对出行量预测是根据居住、办公、工业等不同属性用地计算交通产率和吸引率。本研究通过POI数据里的建筑物属性及文献参考得出的自定义出行率表，利用重力模型形成交通量分布，根据最短路径分析方法重新分配在OSM路网上，形成交通分配数据。

（3）碳排放数据

基于出行距离的计算碳排放量的方法是根据乘坐交通工具的里程与碳排放系数乘积进行估算的。根据上海交通运行年报中的经验数据和交通方式在不同出行距离下的选择比例，预测不同交通方式的出行比例，与碳排放系数相乘，从而可得到上海外环内交通碳排分布格局。

（4）系统动力学推演

构建城市碳排放系统动力学模型，从人口规模与用地规模到城市经济发展对交通运输和居民收入的影响，分配到不同交通方式的具体比例，结合相应的碳排放因子计算出2030年与2060年的城市碳排放量。调整相关因子，分析影响碳排放的可控因子，对城市交通发展提出碳减排建议。

2. 技术路线及关键技术

根据研究内容，基于碳中和目标提出以POI为出发点与OSM路网进行融合算法，根据重力模型进行交通规划“四步骤”中的交通分配。以往的交通量预测方法是采用传统的交通小区的实际吸引交通量，利用土地类型、面积、性质、建筑面积等，通过多元回归方法得到预测方程。本模型对现有研究的不足提出改进，把出行需求进一步细到建筑物（POI），根据建筑物属性及出行率表得到出行需求，进而利用重力模型生成OD矩阵。结合OSM路网形成路上交通量分布图。通过交通分担率进行交通量分配，数据融合碳排放因子并进行可视化，形成城市交通碳排放格局，利用系统动力学进行优化。

首先对现有碳中和目标与任务进行分析与分解，研究城市交通碳排放的关键组成，即路上交通的碳排放，先确定交通量再计算碳排放量最后进行模式优化。在此基础上确定本技术路线与计算模型。

导出在Open Street Map下载的上海外环以内的地图，利用Python编程获取路网信息以及POI数据，从中筛选出办公（商务、教育等）以及游憩（文化设施、娱乐设施、休闲设施等）POI。

参考相关文献［4］，自定义建筑物的出行率表（吸发率）和出行目的。对于研究范围道路边界点默认为1 000。再根据小区中心间直线距离计算交通小区间的可达性，依据重力模型计算得到交通分布，形成OD分布，分析点到点的需求。

根据上海市综合交通运行年报的经验数据和居民在出行内的交通工具选择比例，预测不同交通方式的出行量，乘以不同交通方式的碳排放系数，并叠加交通量，形成全域的交通碳排放量分布图，并进行可视化。

采用系统动力学，针对城市发展带来的人口和用地扩张，产业经济调整与城市用地布局变化对平均居民通勤距离的影响，再次分配不同交通方式，通过调整公交服务水平、新能源汽车比例等对碳排放进行量的优化，预测2030年与2060年城市交通碳排放量及其比例。

根据上述内容，检验模型的有效性，并综合考虑经济成本和人文因素提出政策建议（图2-1）。

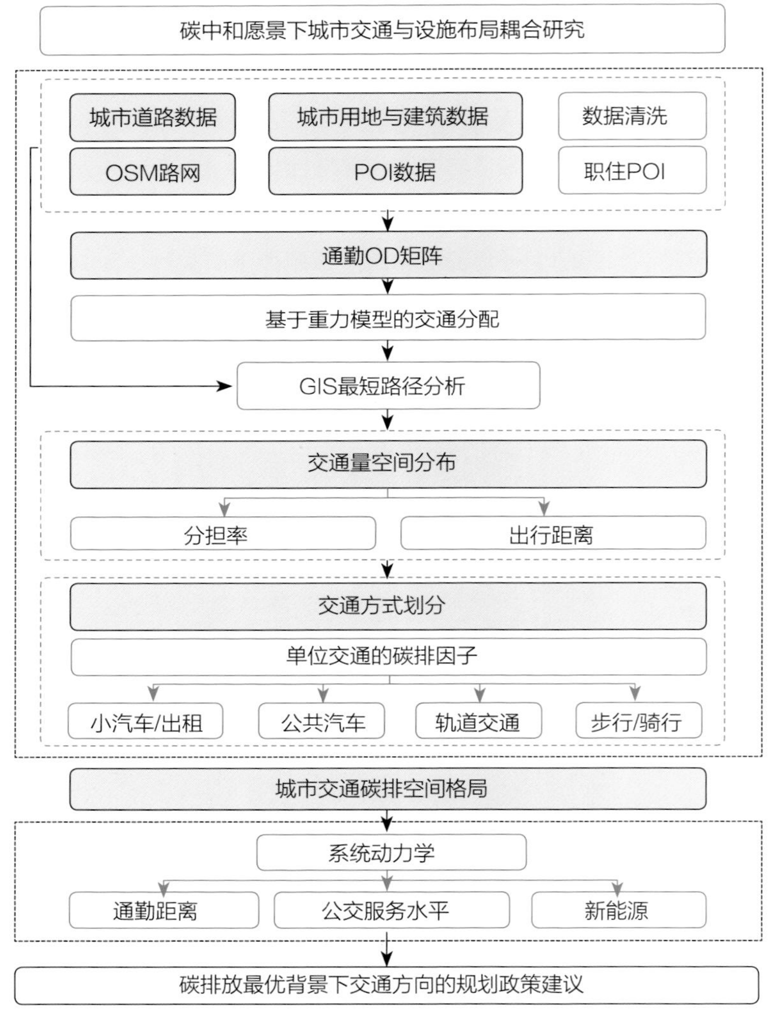

图2-1 技术路线图

三、数据说明

1. 数据内容及类型

（1）POI数据

城市兴趣点主要指的是一些与人们生活密切相关的地理实体，如学校、银行、超市等。POI描述了这些地理实体空间的某些方面的信息，如实体的名称、类别、经纬度和地址名称等。POI具有数据类型全面、覆盖功能单元齐全、数据获取不受区划限制三大优势，因此，POI的应用领域也很广泛，主要集中在网络信息查询、出行地图导航等方面。由于数据具有高度的可获取性、信息量大的特征，POI在城市规划领域能够发挥的空间在不断扩大。目前，部分学者已经基于POI数据对城市功能区识别开展了相关研究工作。

本文基于百度API开放平台，爬取上海市外环以内的POI数据，POI的数据类型包括居住类、商业和工业类三大类，具体包括餐饮类、公共设施类，公司企业类、金融保险服务类、住宅类等。

目的和作用：是模型算法中交通需求预测的基础数据。

（2）OSM数据

开放街道数据是通过OSM网站（https://www.openstreetmap.org/）向公众提供的类似于Google Maps的地图，具有交互式浏览、在线编辑、数据编辑历史记录查询、地图数据输出、GPS轨迹数据上传与查询、用户日记发表以及wiki方式的帮助说明等主要功能。OSM的路网数据比较丰富，道路数据分为不同的等级，包括一级道路、二级道路、居民地道路、高速公路、人行道等。

本文基于OSM开放平台的地图数据输出工具，获取了上海市城市道路网数据，包括建筑、土地利用、自然、POI、广场、铁路、道路、交通、水系等，主要选取道路数据进行处理并利用。

目的和作用：是最短路径分析的基础道路数据，是生成交通量地图的基础。

（3）网格状的交通小区划分

传统的交通小区通常沿铁路、河流等天然屏障划分，遵循行政区划，以便交通调查和统计资料的获取，但难以克服空间异质性，忽视了小区内实际客流吸发点的分布。

通过划分方格网，可以将小区的交通吸发量（吸引交通发生的量）与实际客流吸发点（交通吸引发生的兴趣点）很好地结合，一定程度上降低了空间异质的影响，使OD出行分布更加精准。

目的和作用：划分交通小区，测算单元小区内的吸发量。

（4）上海交通统计数据

首先是确定碳排放系数，碳排放系数法是碳排测算思路主要采取的方法，各类系数便成为研究中的又一关键部分。受研究条件的限制，本文采取了已有经验的测算值来表示各类交通方式的碳排放指数（表3-1）。

各类交通方式的碳排放指数表（kg CO_2/pkm）　　表3-1

类型	客运汽车	火车	飞机	公交车	私家车	出租车	地铁
碳排放指数	0.070	0.027	0.140	0.080	0.133	0.133	0.027

注：pkm为旅客周转量的计量单位，即人千米

其次是本文通过查阅相关资料文献，总结整理了上海市中心城区历年的交通出行结构，根据对不同交通类型分类，结合整体发展趋势，并利用相关数据进行交通量的出行需求和方式分配（图3-1）。

目的和作用：进行交通方式划分和碳排量计算。

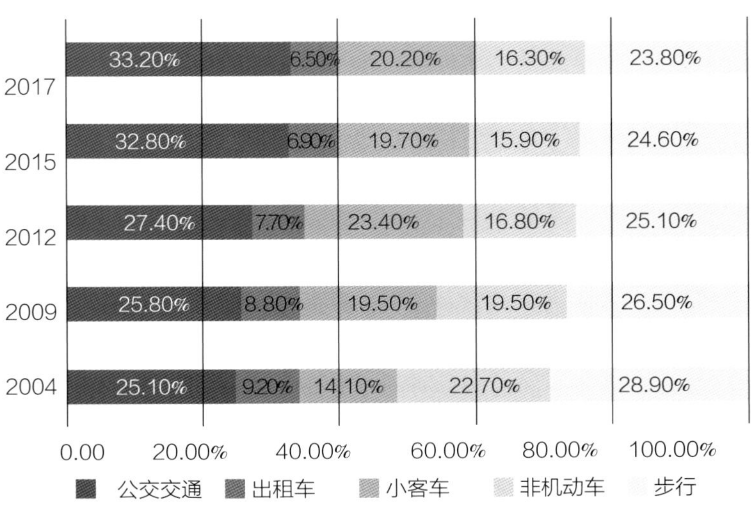

图3-1　上海市中心城区交通出行结构变化

2. 数据预处理技术与成果

（1）POI数据预处理

POI分采用二级分类体系，分为20个大类和139小类，考虑到本文的主要研究对象为城市通勤交通，将爬取的POI类型归类为居住类和工作类。

（2）OSM数据预处理

将 OSM数据导入OSM2GMNS程序中运行得出GMNS格式的网络文件。

具体的操作为利用Pycharm进行典型配置，然后使用OSM2GMNS将OSM格式的map.osm文件转换为GMNS格式的网络文件。最终可以得出link.csv、node.csv和poi.csv三种文件类型。其数据格式见表3-2～表3-4。

link文件的数据结构展示　　表3-2

name	link_id	osm_way_id	from_node_id	to_node_id	dir_flag	length	lanes	free_speed	link_type_name	link_type
居家桥路	0	8621489	1079	1078	1	286.8538	1	30	residential	6
居家桥路	1	8621489	1078	1079	1	286.8538	1	30	residential	6
居家桥路	2	8621489	1078	1077	1	14.07165	1	30	residential	6
居家桥路	3	8621489	1077	1078	1	14.07165	1	30	residential	6
居家桥路	4	8621489	1077	1139	1	322.296	1	30	residential	6
居家桥路	5	8621489	1139	1077	1	322.296	1	30	residential	6
居家桥路	6	8621489	1139	15546	1	347.4668	1	30	residential	6
居家桥路	7	8621489	15546	1139	1	347.4668	1	30	residential	6

node文件的数据结构展示　　表3-3

node_id	osm_node_id	activity_type	is_boundary	x_coord	y_coord
0	61104104	residential	0	121.5791	31.24425
1	61104668	residential	0	121.5713	31.24074
2	61104683	residential	0	121.5705	31.24196
3	61104687	residential	0	121.5722	31.23866
4	61114908	primary	0	121.565	31.23905
5	61417650	primary	0	121.5737	31.24318
6	61419236	tertiary	0	121.5778	31.23654
7	62511624	residential	0	121.5875	31.23648
8	62512458	primary	0	121.5663	31.22897
9	62516500	primary	0	121.5585	31.2059
10	62516501	primary	0	121.5553	31.20594

POI文件的数据结构展示　　表3-4

poi_id	osm_way_id	building	amenity	centroid	area	area_ft2
116	790321812		school	POINT（121.419404 31.1758207）	3 161.7	34032
117	432062762	residential		POINT（121.4263708 31.232547）	536.5	5 774.4
118	375229526	roof		POINT（121.3941169 31.2245411）	863.4	9 293.9
119	463138097		place_of_worship	POINT（121.5286748 31.2378024）	2 865.3	30 841.9
120	862888931	yes		POINT（121.4013156 31.1676548）	935.5	10 069.8
121	548496855	residential		POINT（121.4043234 31.2068846）	660.6	7 111.2
122	192204050	residential	public_building	POINT（121.4854726 31.3417516）	1 166.9	12 560.1
123	863159306	yes		POINT（121.4311029 31.1655823）	732.4	7 884
124	858724040	yes		POINT（121.5602952 31.2880675）	305.8	3 291.4
125	798047408	residential		POINT（121.4513708 31.1701191）	271	2 916.9
126	371988693	yes		POINT（121.5008055 31.3311677）	92.9	1 000.4
127	862259011	yes		POINT（121.417726 31.2678546）	836.4	9 002.9

（3）交通网格划分

将处理好的OSM网络化数据（link.csv，node.csv和poi.csv）导入grid2demand 作为gd。通过设置“number_of_x_blocks”和“number_of_y_blocks”来自定义网格单元的数量。定义“cell_width”“cell_height”和“latitude”为区域纬度下单元格的宽度和高度（以米为单位）。设置“cell_width”=400；“cell_height”=400（以米为单位）；以及“latitude”=30划分上海外环以内400m×400m的交通小区网格，最终交通网格划分结果如图3-2所示。

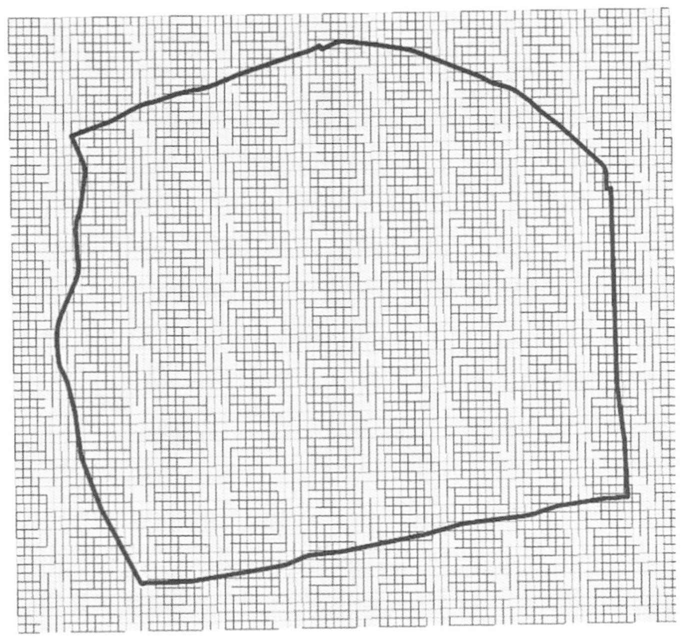

图3-2　上海市内环以外交通网格划分

四、模型算法

1. 模型算法流程及相关数学公式

（1）模型一：交通需求测算及碳排模型

1）算法流程

算法流程如图4-1所示。

2）相关公式

通过一系列前期数据处理后，最终得到accessible.csv和node.csv，将其代入重力模型（图4-2），可以得到交通总量。

$$F_1 = F_2 = G \cdot \frac{m_1 \cdot m_2}{r^2} \quad (4-1)$$

$$T_{ij} = P_i \cdot \frac{A_i \cdot F_{ij} \cdot K_{ij}}{\sum \left(A_i \cdot F_{ij} \cdot K_{ij} \right)} \quad (4-2)$$

$$F_{ij} = a\left(d_{ij}\right)^b e^{c\left(d_{ij}\right)} \quad (4-3)$$

式中：T_{ij}表示交通小区I到交通小区J之间的总交通量；

P_i表示交通小区I发生的交通总量；

A_i表示交通小区J吸引的交通总量；

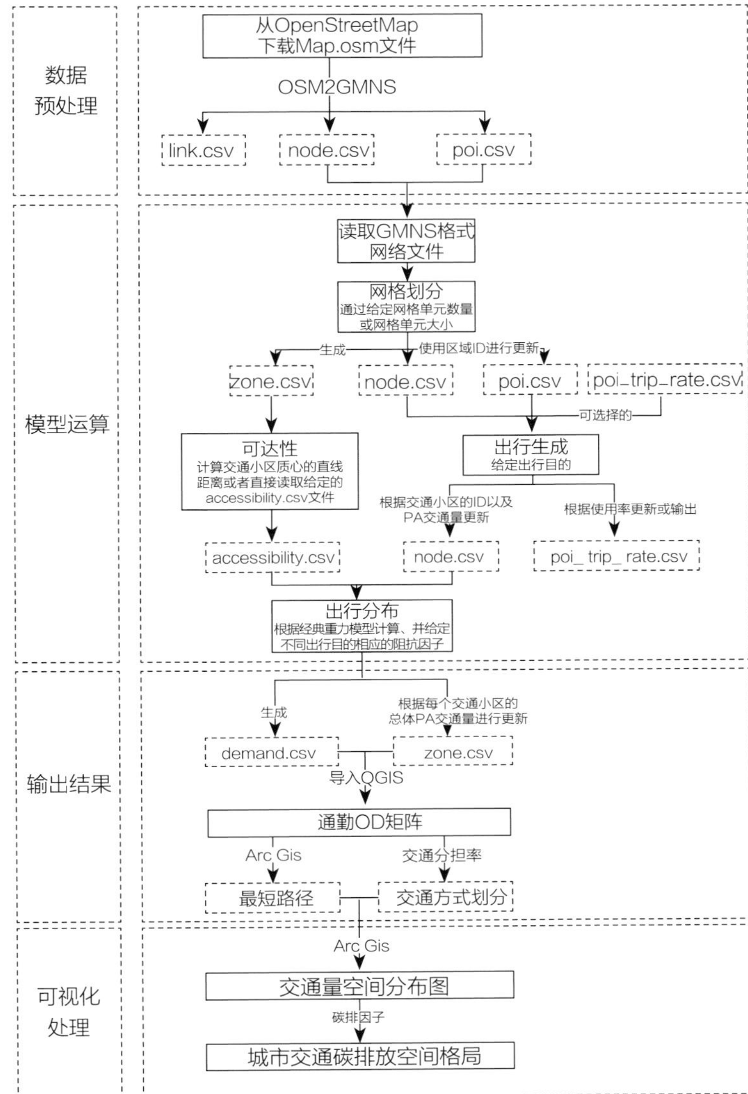

图4-1　算法流程图

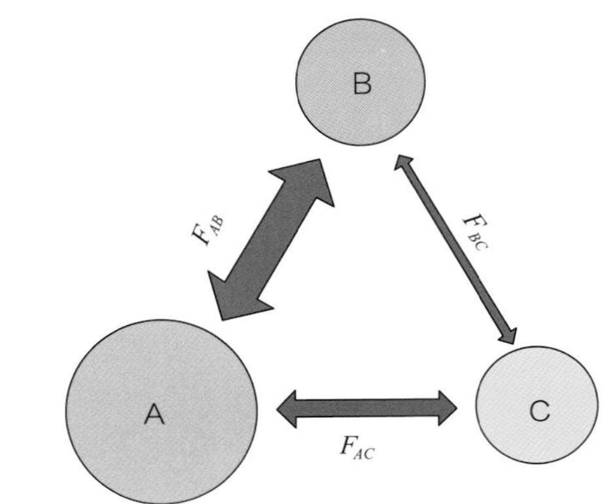

图4-2　无约束重力模型示意图

F_{ij}表示交通小区I到交通小区J的阻抗因子；

K_{ij}表示交通小区I到交通小区J的修正系数，默认等于1；

d_{ij}表示交通小区I到交通小区J的可达性；

a、b、c表示阻抗函数的系数。

（2）模型二——系统动力学碳排推演模型

1）算法流程

基于城市通勤交通的影响因素梳理其因果关系图（图4-3），建立系统动力学模型。该因果关系图主要包含以下两条回路:

①城市发展→ +城市人口→ +城市建筑开发量→ +通勤交通量→+通勤交通碳排。

②城市发展→城市用地布局→平均通勤距离→绿色交通方式分担率→通勤交通碳排。

城市发展带来城市人口增加，考虑到城市存量化发展要求，本系统模型认为城市人口的增加直接导致城市建筑开发量的增加，而建筑开发将带来各种交通方式的吸引和发生，带来城市通勤交通量的增加。故城市发展需要调整优化城市用地布局，城市居住用地和产业用地的布局调整，会影响居民平均通勤距离，进而影响交通出行方式类型。平均通勤交通距离越大，绿色交通方式的分担率越小，这也将影响最终的通勤交通碳排放。

之后，基于上述因果关系，通过相关数据的搜集与整理，或采用回归分析和数学推导等方法确定相关参数和函数关系，运用Venism 软件，对因果关系赋值，构建城市通勤交通动力学系统SD流图（图4-4）。

2）相关公式

在城市通勤交通系统动力学模型流图中用到的公式主要有以下几种，分别在流程模型中起到相互因果和推动的作用：

建筑开发量（万m^2）=–653 868.777 + 321.976 × 常住人口（万人）；

居住房屋建筑量=18 371.9 + 0.368 × 城市建筑开发量；

小汽车碳排放量=小汽车交通量 × 汽车碳排因子 × 平均通勤距离；

地铁碳排放量=地铁交通量 × 地铁碳排因子 × 平均通勤距离；

公交碳排放量=平均通勤距离 × 公交碳排因子 × 公共汽车交通量。

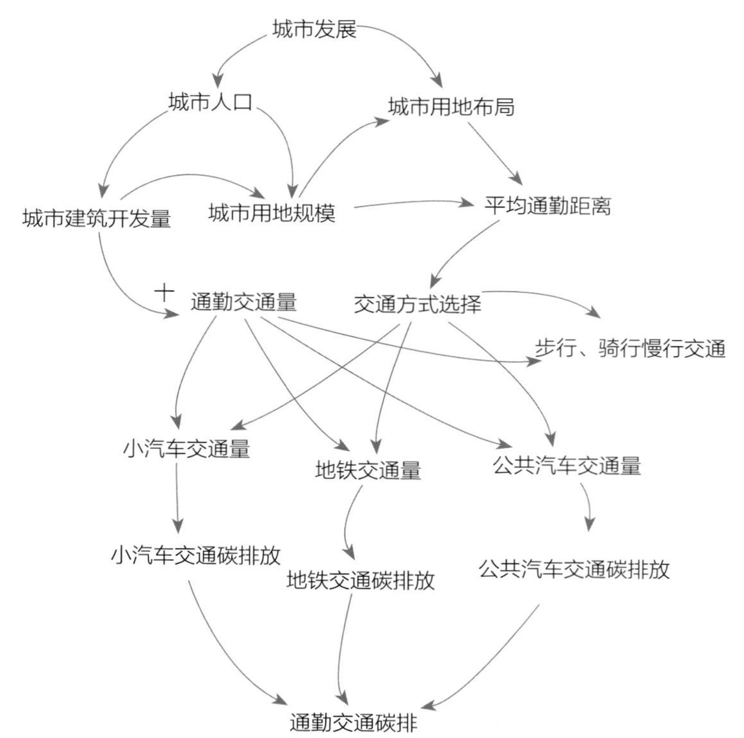

图4-3　城市通勤交通系统因果关系图

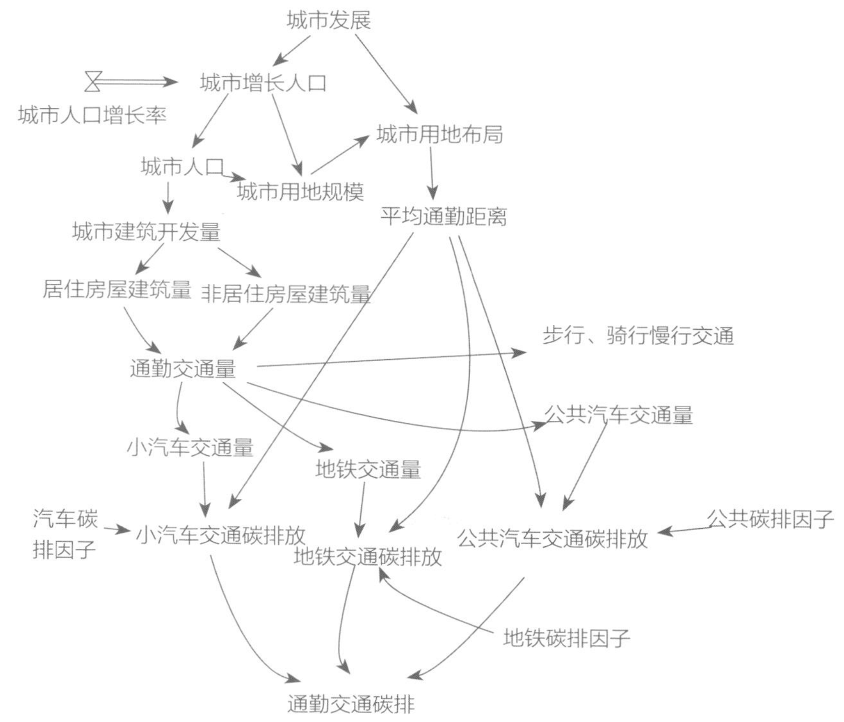

图4-4　城市通勤交通系统动力学模型流图

2. 模型算法相关支撑技术

支撑模型算法实现的相关工具如下：

（1）OSM2GMNS

Osm2Gmns是一种新的OSM开源地图数据解析工具，由美国亚利桑那州立大学ASU Trans + AI La团队开发。OSM2GMNS使用Pycharm进行初始参数配置后，可将OSM格式的*map.osm*文件转换为*GMNS*格式的网络文件。

（2）Grid2Demand

Grid2Demand由美国亚利桑那州立大学ASU Trans + AI Lab团队开发，是一种基于交通需求预测四阶段法的Python开源程序包，可快速生成出行需求模型。主要思路是利用 Grid2Demand 工具从 Open Street Map 获取交通网络，并利用Osm2Gmns生成poi.csv，即可根据建筑物属性和出行率表（可自定义）得到出行需求，进而利用经典重力模型生成OD矩阵。

（3）QGIS

QGIS（原称Quantum GIS）是一个自由软件的桌面GIS软件。它提供数据的显示、编辑和分析功能，在本次研究中主要运用于可视化这一步骤。

（4）ArcGIS

ArcGIS由美国环境系统研究所公司开发，可以对地图数据进行编辑、管理、配置。本次研究中主要运用于生成各交通小区之间的最短路径，从而获得各交通方式的实际行驶里程。

（5）系统动力学模型

系统动力学是用以研究动态复杂性的学科，采取定性与定量结合、系统综合推理的方法，从系统内各变量的因果关系出发，分析各种因素之间构成的因果反馈环，从复杂的现象中分析出这些现象的内在原因及形成机制。

五、实践案例

1. 模型应用实证及结果解读

解析研究范围OSM地图数据，获得POI 11万余个，其中职住POI 5万余个。以400m为尺度，将研究范围切分成6 000多个交通栅格小区，生成交通分配。剔除交通量较低的OD点对，最终得到交通量多的OD点对30多万对，出行总计334.23万次，交通量合计2 741.96万人km，碳排放量210.07万t。出行平均距离8.2km，平均碳排量0.63kg，相当于汽车行驶约4.74km（图5-1）。

2. 模型应用案例可视化表达

对OD交通量进行汇总和可视化，可以发现，研究范围内的交通吸引量主要分布在内环以内，内环交通吸引量的空间分布呈现明显的向心化、圈层化、偏心化特征。外滩—陆家嘴中心吸引了大量交通，此外，在距离中心8～10km的范围之间，依附内环形成了另一个交通量吸引密集的圈层，其余部分交通吸引量较小，与浦西相比，浦东交通吸引量较少，仅形成陆家嘴、后滩两个较明显的吸引力中心。在外环与内环之间的部分地区的交通吸引量相对较少，而外环以外的地区，其总体的交通量占比微乎其微（图5-2）。

进一步按照出行距离和不同交通方式的分担率将各交通小区的吸引交通量转化为碳排放量，发现碳排放量与交通吸引量具有相似的空间分布模式，分布更加均衡。总体而言，上海市外环以内的交通碳排放集中在内环以内，形成圈层分布的模式。上海市外环以内的高碳排放地区分布在陆家嘴地区、金桥产业园区、张江产业园区、世博园区以及静安区和徐汇区内环高架路的一定范围内。就浦西地区而言，中环路以内的范围均是城市碳排较高的地区。对于浦东地区来说，碳排放的空间分布特点呈现点状分布，主要分布在几个产业园区。金桥产业园区、张江产业园区、后滩等地以相对较少的交通吸引量产生了更多的交通碳排放，将是交通碳减排的主要优化对象（图5-3）。

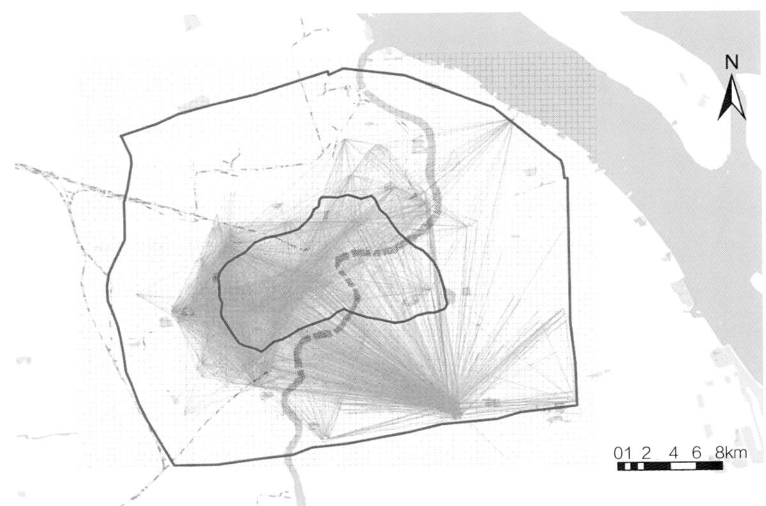

图5-1 上海外环内OD交通量分布图

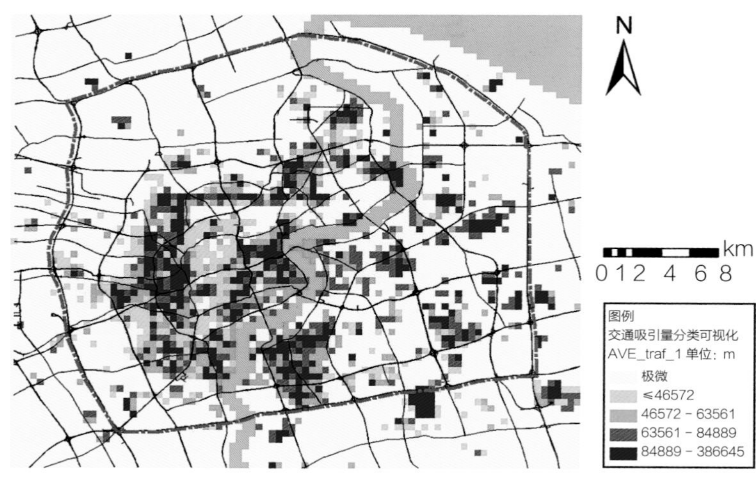

图5-2　上海外环内交通吸引量地图

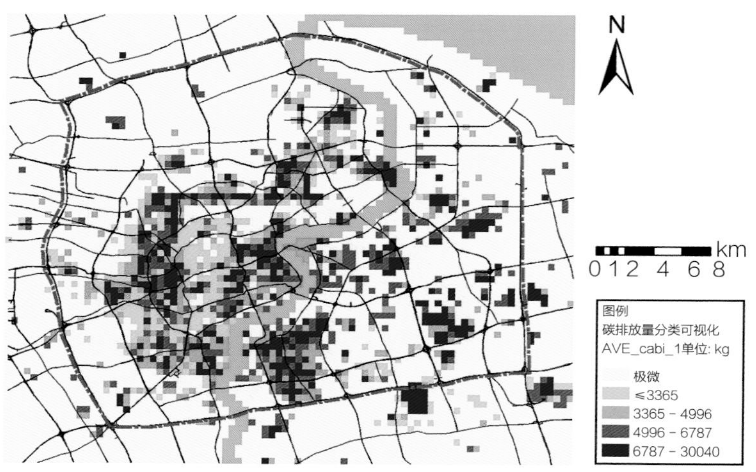

图5-3　上海外环内碳排空间分布格局

由出行距离分布格局发现，上海市外环以内居民出行距离分布具有"东强西弱"的特征。进行长距离出行（8.98～20.25km）的居民工作地点主要分布在陆家嘴、金桥产业园区、罗山路立交桥、世博园区、张江产业园区等地区。除此之外，由延安东路、南浦大桥和黄浦江所包围的范围，其出行距离也较长。浦西绝大多数地区通勤距离小于6.7km，五角场、真如、长宁和徐家汇虽然吸引了大量交通，但平均出行距离较短，职住布局关系较合理；浦东的金桥产业园区、张江产业园区、后滩等主要就业中心的通勤距离普遍高于8km，结合内环平均出行距离8.2km以及交通量空间分布偏向浦西的特征，可以推测浦东实际的平均出行距离更高。因此，从职住平衡的角度来看，浦东和浦西削减交通碳排放的思路将有较大区别：浦西应当疏解城市人口和功能，削减交通的绝对量，而浦东应当通过城市结构的调整优化职住空间分布，削减通勤交通距离（图5-4）。

出行距离影响着居民对交通方式的选择，一般而言，通勤距离越长，人们越倾向于使用小汽车等高碳排交通工具，但是随着距离的增长，私家车的燃油成本和路况的不确定性将极大地影响人们的出行选择。将不同交通方式在出行距离下的出行分担率与碳排因子相乘累加，可以计算出不同出行距离下每公里碳排期望值。结果发现，在内环主要的出行距离内（0～20.25km），每公里碳排期望随着出行距离在8～14km出行距离之间达到峰值，随后不断下降。结合不同出行距离下的交通方式分担率，可以看出，单位出行的碳排放期望随出行距离增加而增加并达到峰值，背后的原因是常规公交分担率的降低和小汽车分担率的上升，而之后的下降则是因为轨道交通出行分担率上升。在8～14km出行距离的范围内，小汽车具有较高的出行分担率，公交则出现了服务缺口，应当改善公交在此范围内的服务能力。6～8km的出行距离范围内，小汽车的出行分担率从不到20%快速提升到接近60%，因此，争夺这段出行距离范围内公共交通的出行分担率，对于交通碳排放的削减具有重要意义（图5-5）。

结合平均出行碳排放的空间格局，可推测金桥产业园区、张江产业园区、后滩等主要就业中心通勤距离普遍高于8km，下一阶段应当提升浦东地区公共交通对长距离交通的服务能力，同时

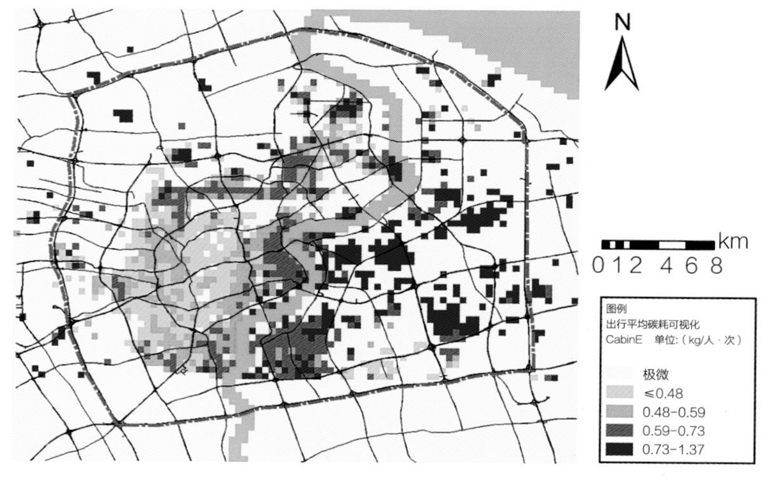

图5-4　上海外环内平均出行碳耗空间分布

控制浦东通勤交通的平均出行距离在8km内，力求能在6km的范围内实现职住平衡（图5-6、图5-7）。

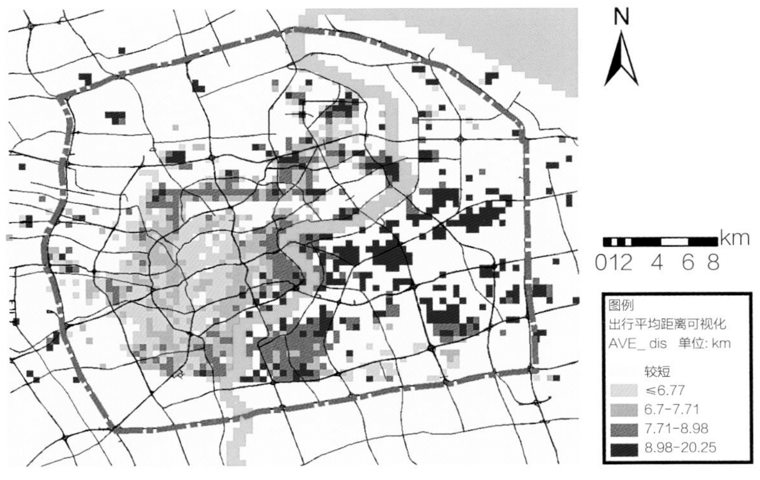

图5-5 上海外环内平均出行距离

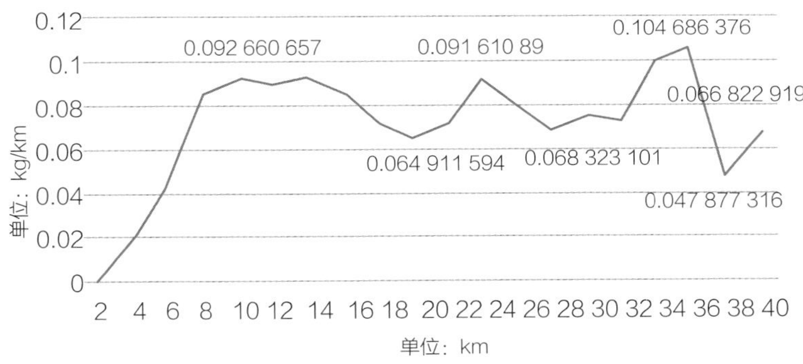

图5-6 不同出行距离下的每公里出行碳排期望

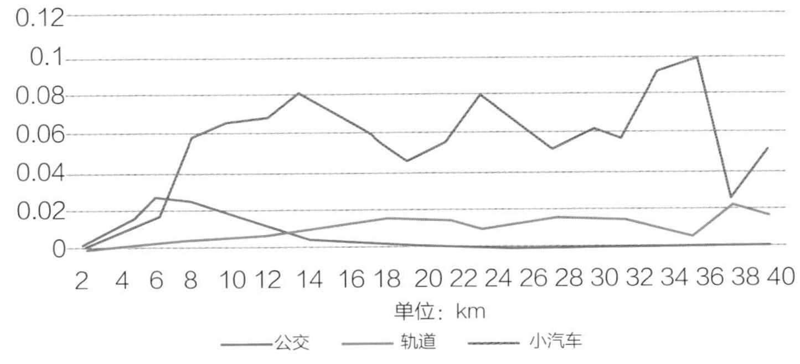

图5-7 交通方式及其分担率距离分布

六、研究总结

1. 模型设计的特点

本研究通过对开源城市地图数据的解析，结合国内外方法和数据研究成果计算交通量，进行交通方式分配，并基于系统动力学进行城市碳排放格局优化。模型设计主要具备以下特点：

（1）模型利用城市开源方法和数据，具有较大推广应用潜力。相对于传统交通规划而言，仅需确定典型POI的交通吸发系数即可，能够有效减少OD调查的工作量。此外，还可以通过多元数据融合技术对POI进行补充和修订，提高预测的全面性和准确性。

（2）模型整合了国内外相关研究，是新型交通规划方法探索的有益尝试。目前国内通过POI数据生成OD的研究较少，且OD的生成必须基于传统的交通小区划分。Grid2Demand以栅格方式计算OD，提高了交通生成和分配的效率，本研究将国际方法与国内数据相结合，最大程度上利用了现有规划技术创新成果。此外，本研究还整合比较了各种通过交通量计算交通碳排的方法，确定了基于出行距离的交通方式分担率与碳排因子相结合的思路。

（3）模型以碳中和为愿景，碳排放为标尺，创新视角评价城市交通绩效，能够为实现城市碳中和目标提供工具和思路。本研究将出行量转化为碳排放，从碳排放削减的角度评价城市布局的交通绩效和交通结构，提出了切实的规划建议。

（4）模型对平均出行距离和每公里出行的碳排放量估计较为准确，结合更准确的POI数据、路网数据以及不同类型POI的交通吸发系数，能够全面、准确地反映城市交通的基本情况，破解OD数据难以获得的困境。

（5）模型采用系统动力学方法，能够有效从复杂现象中剖析当前阶段交通减碳的主要途径。研究拟定不同的减碳设施，推演减碳效果并进行比较，辨识出了不同措施的减碳效果。

2. 应用方向或应用前景

交通碳排放是城市碳排放的主要组成部分。在碳中和愿景下，本研究能够有效研究交通碳排放在城市中的空间格局，指导城市建设和交通发展，具有一定的应用前景：

（1）本文使用开源数据和方法对交通和碳排进行预测，具有较高的灵活性、准确性和可靠性，能够有效提升城市规划和交通规划在碳中和愿景下的科学性和适应性。

（2）本文使用的预测方法，特别是交通生成与分配方法，可以与各种分析、预测、研究方法相结合，解决交通预测、交通生成的痛点，使更多规划分析技术得以落地，推动规划技术的发展。

参考文献

［1］曹小曙，杨文越，黄晓燕．基于智慧交通的可达性与交通出行碳排放——理论与实证［J］．地理科学进展，2015，34（4）：418-429.

［2］谢守红，王利霞，邵珠龙.国内外碳排放研究综述［J］．干旱区地理，2014，37（4）：720-730.

［3］程豪．碳排放怎么算——2006年IPCC国家温室气体清单指南［J］．中国统计，2014（11）：28-30.

［4］李雪琪.基于POI数据的交通生成预测研究及软件实现［D］．南京：东南大学，2019.

［5］孙晋坤，章锦河，刘泽华，等．区域旅游交通碳排放测度模型及实证分析［J］．生态学报，2015，35（21）：7161-7171.

基于AnyLogic多情景模拟的城市复杂空间疏散能力评价及规划决策检验

工作单位：深圳大学

报名主题：面向高质量发展的城市综合治理

研究议题：面向健康与韧性的安全城市

技术关键词：城市系统仿真

参 赛 人：黄伟超、梁欣媛、黄颖欢、邓琦琦、辜智慧

参赛人简介：辜智慧，深圳大学教师，美国亚利桑那州立大学访问学者，主持和参与了多项国家自然科学基金及省部级重点实验室开放基金，在国内外期刊发表论文40余篇，获发明专利及计算机软件著作权多项，主持和参与的项目曾获得国家级与省级优秀城市规划设计奖项。科研课题有：①基于复杂自适应系统理论的城市职住空间与公共交通体系耦合机制研究；②深圳绿道安全风险评估与管理策略；③基于全量数据的深圳市职住空间分布及通勤效率研究等。黄伟超、黄颖欢、梁欣媛、邓琦琦，深圳大学建筑与城市规划学院城乡规划系本科四年级在读。

一、研究问题

1. 研究背景及目的意义

（1）选题背景与意义

在全球公共紧急事件爆发日常化的背景下，城市系统中子空间的功能结构愈发复杂，其在遭遇外部风险冲击时逐渐呈现出多样及不可预测的特点。因此，城市规划管理中的疏散管控环节不应仅是以固定的建筑、城市平面为设计依据，而更应该是基于动态实时变化的数据，并施以仿真模拟城市空间运营状态，从而检验规划决策的可执行性及对规划结果进行预测，让规划从一纸蓝图走向实操演练，更具有实效性。

（2）国内外研究现状及存在问题

国内外城市有关空间疏散领域的相关研究，主要聚焦于交通枢纽、大型公共建筑以及城市道路等。研究内容主要包括人群疏散行为理论研究，以及基于疏散模型的应用研究，如分析不同类型灾种模拟下的疏散，评测场地的疏散能力以及提出合理的优化方案。

目前国内疏散研究存在以下三个问题：

①研究范围主要为宏观尺度的城市整体空间以及微观尺度的建筑疏散，中观尺度的社区安全疏散研究尚有空缺。

②研究内容主要基于理论与数据研究和管理设计措施研究，较少基于城市规划角度的疏散能力评价和规划方法研究。

③城市规划方向存在一定弊端，如方案的终极性、规划的时效性、直觉推断决策成效等。

2. 研究目标及拟解决的问题

（1）总体目标

本项目选择中观尺度的城市复杂空间为研究对象，通过结合疏散数据仿真模拟与城市规划决策，总结得出一套与城市规划中疏散管控相结合的评价体系和验证方法。该疏散能力评价和城市

决策验证的方法可以运用到其他城市复杂空间当中，通过建立多情景模型、模拟评估、结果分析、策略提出、模拟验证，最终可以检验和优化规划决策，以实现对现代城市复杂空间治理展开定量分析研究，为城市疏散安全治理工作的规划决策科学化提供新的思路，以达到科学准确与高效处理复杂空间疏散问题的预期。

（2）项目难点

由于最后的目标为构建一套完整的模拟评估与规划决策的流程，因此，模型构建、数据获取及选择、疏散仿真模拟、决策内容与效应、优化方式都应具有普适性。所以，如何在这些环节中寻找到应用于城市复杂空间的基本规律是本项目的难点所在。

其一，在模型构建层面，因模拟对象的尺度不同，模型构建的精细程度亦有差别。在建筑层面，障碍物、烟气、风向、垂直交通等细节都会对整体疏散造成较大的影响，而在城市大尺度此类细节造成的影响微乎其微。本项目研究对象为中尺度（如社区、大街区）的城市复杂空间，因此我们需要在数次的仿真模拟中比对由模型置入的数据造成的差异，筛选总结出影响最大、硬性必要的初始数据设置（数据类型如人口构成、初始速度分异等）。

其二，在仿真模拟运行逻辑层面，设置多情景（不同时段或不同情况）以更贴近实际空间现状，因此需要选择具体研究对象的实际重点情景，并探寻出情境下人群疏散的运动逻辑（如路径选择、智能体相互影响）。

其三，在针对模型运算结果导向的问题提出规划决策时，因落到实际研究对象而往往会有不同的细节修正，导致规划决策难以对系统性模拟产生结果预测。因此，本项目根据疏散管控的常规手法，基于问题类型归纳总结整理出对应的决策，形成一套toolbox。同时，决策效应的模拟也对应提出了模型上的修改模板，以便形成一套完整的使用体系。

二、研究方法

1. 研究方法及理论依据

（1）文献查阅法

通过查阅国内外相关文献资料，了解国内外研究现状，总结和梳理防灾避险规划的影响因素，为本文的研究提供理论依据；查阅建筑防火与安全疏散设计相关类文献，确定全局黄金疏散时间理论和人体疏散行为理论；查阅深圳市统计数据确定研究区域人数、男女比例、年龄比例。

（2）现场调研法

实地踏勘检验现场道路情况和记录道路通行性和截断点，修正并补充现有CAD模型；踏勘研究区域的避难场所分布、面积大小，确定疏散目的地。

分时段（工作日和非工作日的早上、下午、晚上）观察现场道路和建筑内人群数量差异情况，记录人群数量和人群类型差异大的道路和具体情况，为多情景的设定提供现实基础。

（3）问卷调查法

在现场调研初步了解研究区域的基础上制作问卷，内容包括性别、年龄、身体状况、疏散的意识、疏散路线、避难场所的选择，问卷统计结果为全局疏散模型的智能体参数设置提供依据。

（4）AnyLogic多情景多智能体模型

本项目的核心研究方法为AnyLogic多情景多智能体模型。它是一种基于社会力模型，凭借UML（Unified Modeling Language，即统一建模语言）简单、统一的建模语言，以流程图为基础，以及依据Java语言的建模方法。

仿真模拟软件AnyLogic内提供了各类仿真模拟对象，本研究主要使用行人库模块。在该模型下，行人会以设定的速度移动至目的地，行进过程中人与人、边界、障碍物之间都会具备一定的吸引力、驱动力及排斥力而保持一定距离，并可通过设置行人的肩宽胸厚、行走速度、加减速能力等实现模拟过程中的离散、连续和混合行为。智能体建模的特点是计算实体在某一环境下，能自主地发挥作用，并具有反应、思考、行动等特征，比如以人为实体对象活动的过程。多情景的设置对应多条智能体运行闭环，确保不会出现因基地不同时段的人员疏散基础情况差异大而造成的疏散能力评价片面、不准确的情况。

已有的经典模型为社会力模型，它是以牛顿第二定律为基础，在20世纪末由德国学者赫尔宾（Helbing）等人提出。该模型考虑疏散行人在运动过程中所受到的自驱动力与周围环境或障碍物产生作用力，具体包括自驱动力、行人间相互作用力、行人与限制条件间的作用力与随机力四部分。社会力模型通过简单的力学模型来表示行人疏散的过程，对人与人之间的相互作用、人与周围环境的相互作用做出了高度的还原，能够实现行人流自组织现象。

与经典的社会力模型相比，AnyLogic多情景多智能体模型延续了社会力模型中用力学模型逼真地模拟拥挤人群中的行人运动的同时，对社会力模型进行了优化。

首先，建模逻辑上，社会力模型中参数较多，都需要赋值；多情景多智能体模型采用简单性和可移植性的Java语言，比起经典的社会力模型更容易扩展，可靠性较高，支持标准化快速建模。

其次，在研究层面上，基于上述的建模逻辑，社会力模型多应用于行人流的微观仿真中，而多情景多智能体模型的研究范围可以拓展到城市中观尺度，可以对地块级的城市复杂空间进行分析。

再次，在模拟过程上，社会力模型是简单的力学模型，而多智能体模型的特点是计算实体在某一环境下，能自主地发挥作用，并具有反应、思考、行动等特征，模拟过程中的人群行为更精确。

最后，在结果判断上，AnyLogic软件可以从多个角度、多个方面分析模型的动态结果，同时可以置入检测指标，更加准确地得知疏散数据和观测拥堵位置。

2. 技术路线及关键技术

本项目研究技术流程由模型构建、预实验、运算分析、决策提出、决策检验五个程序组成（图2-1）。

（1）我们在项目实施过程中采用资料收集、现场踏勘、问卷访谈、AnyLogic技术运用构建多情景多智能体模型。

（2）在预实验中采用控制变量法置入前期采集的参数数据，通过运算结果比对由置入数据造成的差异，筛选出在中观城市尺度影响最大、硬性必要的参数数据设置，以此来淘汰非必要参数设置，简化模型运行。

（3）通过对模型运算出的结果进行疏散效率过程的对比分析和情景对比分析。

（4）科学准确地梳理城市复杂空间疏散问题，提出多维度空间规划的决策部署。

（5）经过再次构建模型运算分析，检验决策实施效果，为决策优化和决策执行提供参考依据。

三、数据说明

1. 数据筛选与预处理

（1）数据筛选

本项目中智能体所要完成的疏散模拟任务为：从建筑内疏散到街道上、从街道上疏散至基础环境模型中设定的三个疏散场所中的任意一个。在仿真模拟人员疏散时，定义当人员疏散至目标

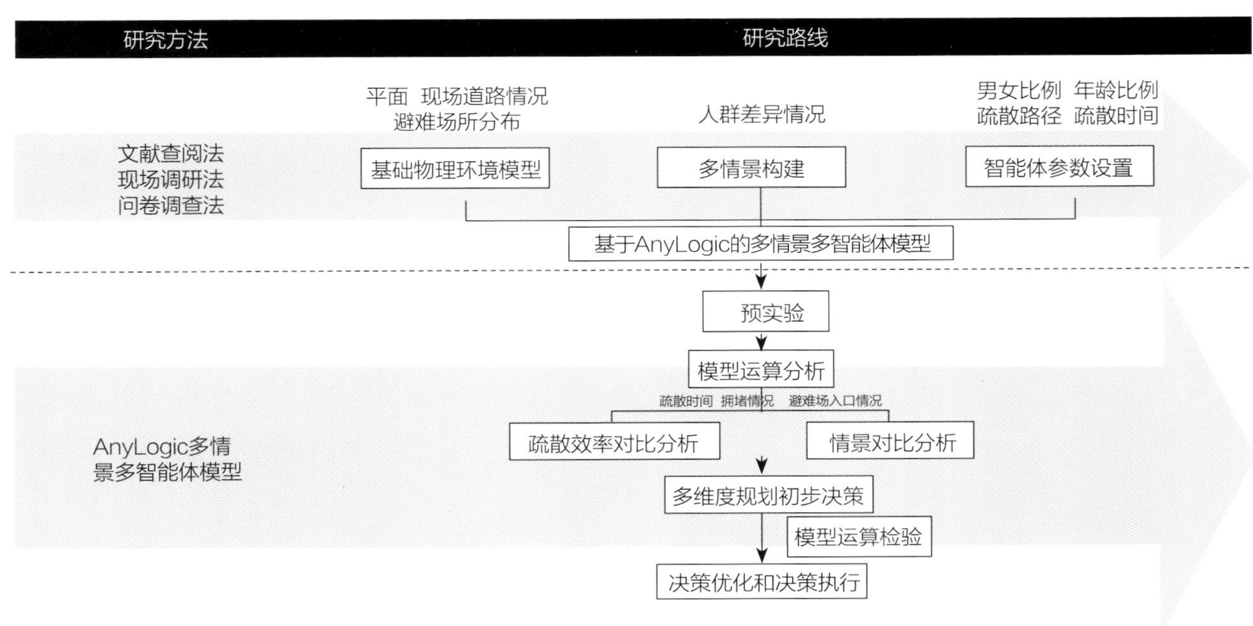

图2-1 研究方法与研究路线

线，即表示已经到达安全区域。

为了创建城中村人群安全疏散模型，得到人群安全疏散信息，需要限定该尺度的空间形式和研究范围，并制定人群行为规则，因此在本次实验中对智能体设置的参数有：释放智能体时间间隔参数、智能体属性参数、行为传导参数，具体设置如图3-1所示：

（2）预处理

1）问卷处理

在预实验中采用控制变量法置入前期采集的参数数据，通过运算结果比对，筛除运算结果差异小的参数数据，选出在中观城市尺度影响最大、硬性必要的参数数据设置，以此来淘汰非必要参数设置，简化模型运行。

2）视频处理

需要对视频进行一系列的处理才能获得人群疏散的基本数据。本研究主要对人群密度的量化方法进行研究。

①图像处理

摄像机拍摄的视频资料一般为 AVI 格式,处理过程中利用软件的截屏、暂停和计时等多项功能来满足获取不同数据的需要。

②人群密度的采集

人群密度反映一个空间内人员的稠密程度, 可用单位面积上人员的数量来表示, 确定人群密度的关键在于人群数量的确定, 由于不同时间段人流量的变化较大, 往往不以单个密度值来反映人流特性, 而是以密度随时间的变化规律来表征人流的变化特性。因此, 需要明确在某一连续时间段内特定时间点的人员密度值。每隔一小段时间计算一次观测区域中的人数即可获得一系列随时间变化的人群密度数据。

2. 数据内容及类型

数据内容及类型如图3-2所示：

（1）释放智能体时间间隔

南头古城为地块级的城市复杂空间。区别于建筑内部疏散的微观仿真，本次仿真模拟属于城市中观空间尺度研究范畴；因此，本项目将微观疏散行为（建筑内部疏散至街道的疏散行为）简化为建筑出入口处释放智能体时间间隔的参数设定。根据建筑高度、建筑内人数而定，具体表示为每秒建筑跑出1人。

（2）智能体属性

1）行人数量

本文研究城中村多种情景下的安全疏散，所以对于不同情景的人数与构成分别进行调研收集，得到每栋建筑楼的居民人数，职住比例以及古村内主要道路上行人流量。制定疏散场景中人群行为规则，设立疏散模拟方案，建构安全疏散信息模型。

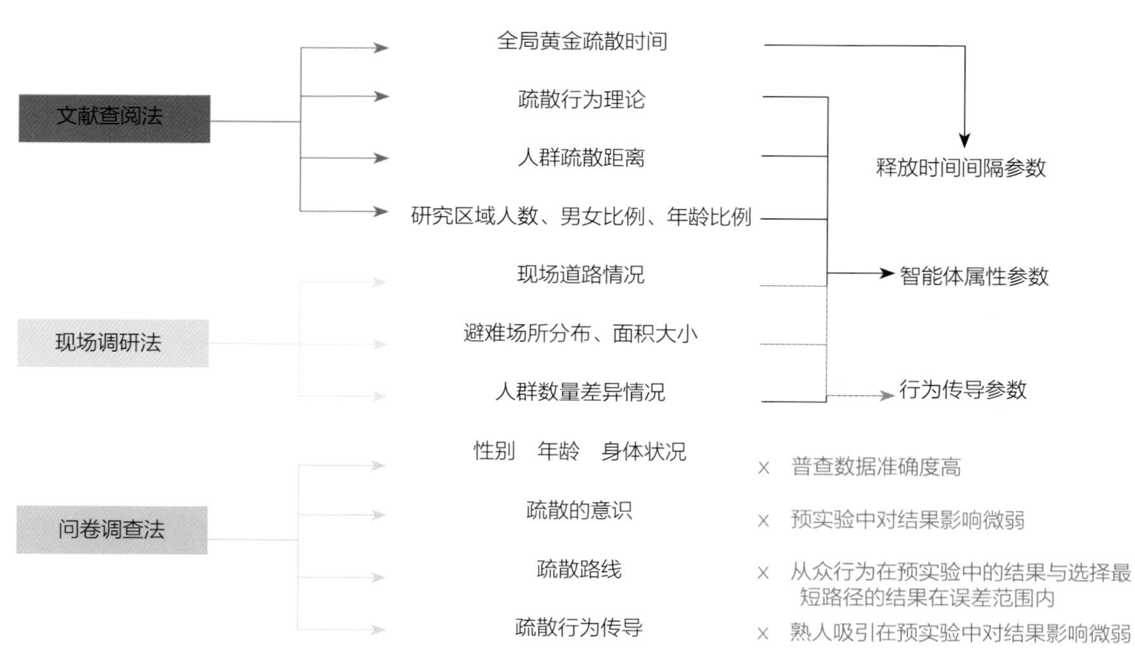

图3-1　数据收集和模型参数设置关联图

图3-2　数据内容及类型

①数据内容

建筑楼的居民：即每栋楼的人员总数。

职住关系：基于深圳市职住关系，假设居民楼的低峰期为建筑居民楼剩下40%的人。

主要道路的行人流量：基于实地调研与无人机拍摄，统计主要道路不同时间段的行人流量。

②获取方法

实地观测所选择的观测地点、观测时间、观测角度的选取方式和在不同时间段获取基础数据应涵盖的人群特性指标。针对所获取的视频资料，提出了观察单位时间内道路行人运动情况的方法，在此基础上进一步规范了人流密度的数据处理方法。

实地观测所选择的观测地点、观测时间、观测角度等因素对数据处理以及数据精度有较大的影响。

观测地点的选择：观测选取地点应具有开阔的视野，能进行无干扰拍摄，能保证观测时具有良好的视角。

观测时间段的选取：观测时间段选取的恰当与否是保证获取数据是否全面的重要环节。选取的时间段应保证在所需模拟的情景时间段的人流变化特性，以保证观测数据具有代表性和准确性。一般来说，时间段的选取应涵盖工作日和非工作日的人流高峰期及非高峰期。

观测点和观测角度的选取：最佳观测点一般是在观测区域的正上方，以便在观测区域形成一种俯视观测，有利于行人运动轨迹路径的观测和数据的获取。

③数据来源

建筑普查数据为深圳市规划和国土资源委员会的年度专项调查数据（截至2015年底）；居住人口数据为深圳市出租屋管理办获取的约1 900万人口管理普查数据（截至2015年底）。

2）行人尺寸

参考《成年人人体尺寸》及《未成年人人体尺寸》，统计得出行人空间属性肩宽范围为350～450mm，因此，将pedSouce属性的直径参数设为在350～450mm中随机产生。

3）疏散速度

由于性别和年龄对疏散速度有决定性作用，所以速度参数的设置为不同比例的不同人群采用对应的速度，根据深圳市统计年鉴统计数据，男女性别比例接近1：1；年龄比例为儿童：青年：老人=2：88：10，因此主要设置6种速度，1.8m/s、1.44m/s、1.26m/s、1.0m/s、0.936m/s、0.8m/s。

（3）行为传导

1）城中村肌理

城中村的肌理形态是灾害时民居疏散行为的载体，针对深圳城中村进行空间数据采集和形式归纳，选取典型的城中村形式，为城中村安全疏散信息模型提供空间信息。

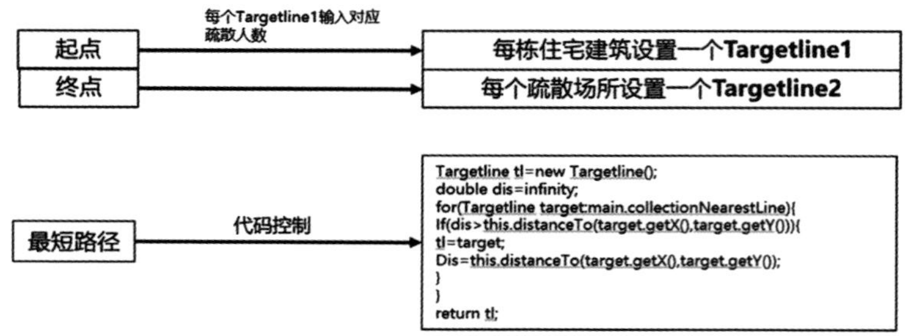

图3-3　最短路径代码

根据卫星图像和地理信息数据对城中村空间肌理形态进行抽样调研，应用抽样调查法研究深圳城中村在城市尺度和街坊尺度的规划肌理及形态构成，选取有典型代表性的城中村为研究对象，最终以dwg/png/shp格式形式呈现。

2）疏散路径

以居民起始分布点、人群可通过路径及疏散终点为动线，确定制约人群疏散行为的城中村疏散空间信息,为城中村安全疏散信息模型提供空间信息。

通过调研结合可视化城市图像获得，利用 Google Earth 卫星图像及借助 Google Earth pro 获取相关地理信息数据，得到城中村路网结构、街坊形态、出入口设置、建筑布局的规划形式等空间信息。

疏散路径采用最短路径的程序语言，如图3-3所示，利用迭代循环，首先找到一条路径，然后用这段路径的距离和其他路径依次比较，如果有优于这段路径的，替代之；如果没有，选择这条路径作为疏散路径，结束循环最终到达疏散场所，即从建筑楼出入口疏散至上文提及的3个疏散场所。

四、模型算法

1. 研究区域空间模型建构

（1）起点与终点设置

①导入研究区域dwg文件，沿建筑绘制墙体。

②每一栋建筑前放置Targeline1作为建筑出口。

③在避难场所放置Targeline2作为避难场所的入口。

④将建筑出口作为疏散起点，避难场所入口作为疏散终点。

具体情况如图4-1所示：

（2）道路容量确定

已有大量学者对人群密度与行进速度之间的关系进行研究，其中 Togawa 和 Ando 等人的研究表明当人流密度 ρ =2.0p/m^2 时，人流开始呈现停滞状态，因此取 ρ =2.0p/m^2 作为人群拥堵的临界值，达到该值即认为该处发生拥堵或存在极大拥堵的可能性。

2. Agent智能体赋值

路径选择原则如下：

当道路畅通时，Agent智能体通过比较智能体当前可以选择避难场所的实际距离，选取距离最近的避难场所作为疏散终点，以此形成最短疏散路径。

当道路发生拥堵，即 ρ =2.0p/m^{2}时，Agent智能体通过比较等待时间与绕路时间，决定是否调整疏散路径。

使用getNearestExit函数，定义最短疏散路径选择原则。getNearestExit函数定义如图4-2所示：

```
TargetLine tl=new TargetLine（）;
double dis=infinity;
for（TargetLine target:main.collection）{
if（dis>this.distanceTo（target.getX（）, target.getY（）)）{
tl=target;
```

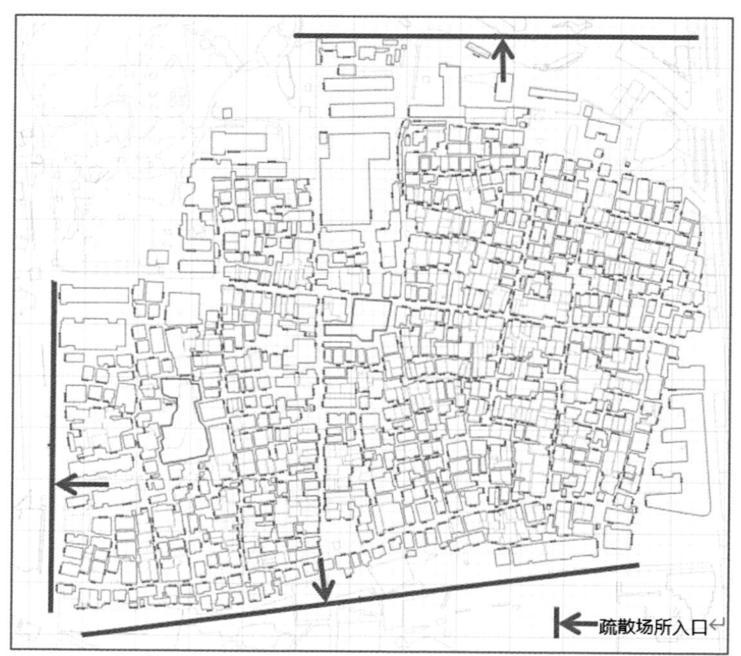

图4-1　研究区域空间模型

```
dis=this.distanceTo ( target.getX ( ) , target.getY ( ) ) ;
}
    }
return tl;
```

getNearestExit - 函数

名称: getNearestExit ☑展示名称 ☐忽略

可见: 是

○只有行动（无返回）

◉返回值

类型: 其他…… TargetLine

参数

名称	类型

函数体

```
TargetLine tl=new TargetLine();
double dis=infinity;
for(TargetLine target:main.collection){
if(dis>this.distanceTo(target.getX(), target.getY())){
tl=target;
dis=this.distanceTo(target.getX(), target.getY());

}
}
return tl;
```

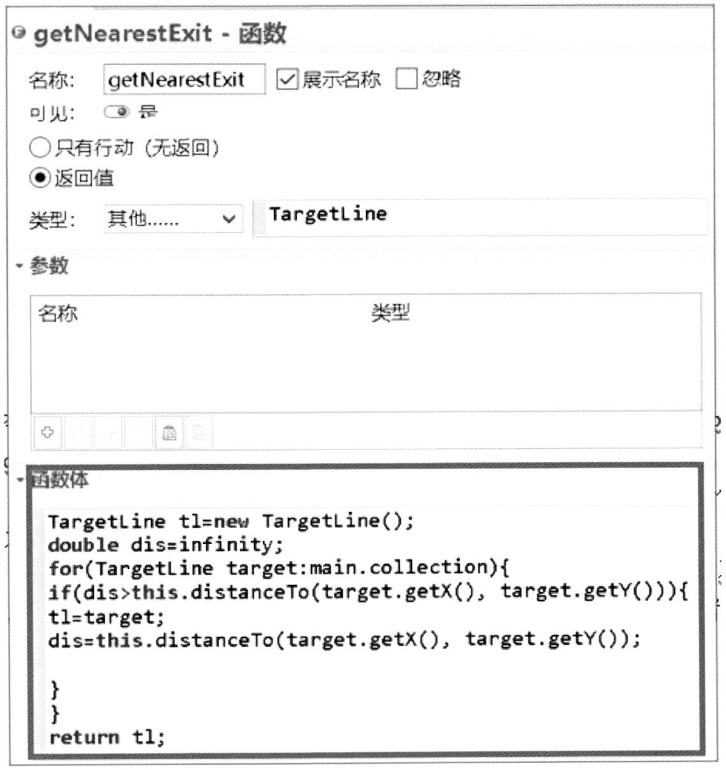

图4-2　函数设置

3. 疏散流程搭建

本项目所涉及的疏散模块主要有以下4种：pedSource、pedGoTo、pedSink、pedSettings（图4-3）。

pedSource：智能体特性赋值模块，决定了智能体起始速度、起始位置以及行为规则。

pedGoTo：目标指向模块，可按两种方式设定，一种为设定目标但不设定路径，另一种为设定目标且设定路径。前者智能体可以根据当前道路拥堵情况，自动调整疏散路径，可以减轻拥堵

图4-3　疏散模块

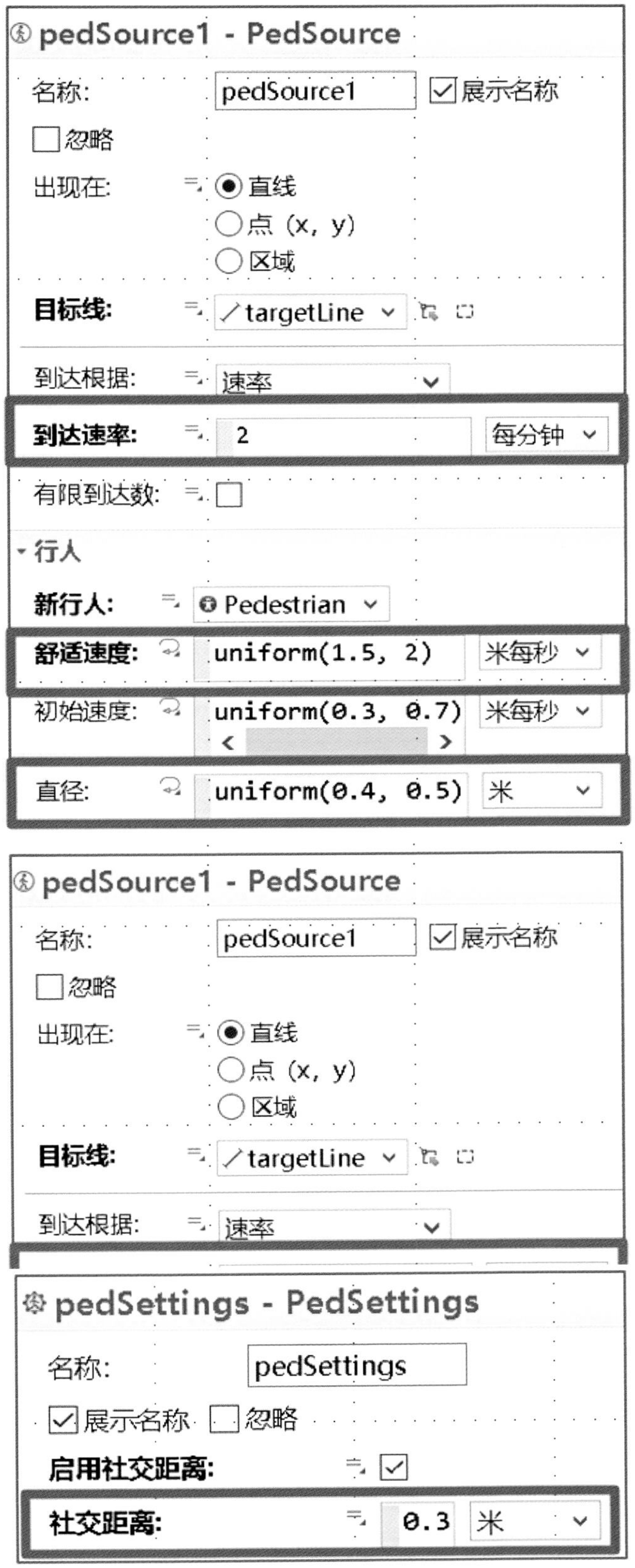

pedSource1 - PedSource

名称: pedSource1 ☑展示名称

☐忽略

出现在: ◉直线 ○点（x, y） ○区域

目标线: targetLine

到达根据: 速率

到达速率: 2 每分钟

有限到达数: ☐

行人

新行人: Pedestrian

舒适速度: uniform(1.5, 2) 米每秒

初始速度: uniform(0.3, 0.7) 米每秒

直径: uniform(0.4, 0.5) 米

pedSource1 - PedSource

名称: pedSource1 ☑展示名称

☐忽略

出现在: ◉直线 ○点（x, y） ○区域

目标线: targetLine

到达根据: 速率

pedSettings - PedSettings

名称: pedSettings

☑展示名称 ☐忽略

启用社交距离: ☑

社交距离: 0.3 米

图4-4　参数设置

提高疏散效率；后者可以严格按规划路径疏散。本项目采用第一种设定方式。

pedSink：智能体处理模块，可以处理进入的智能体的行为。

pedSettings：智能体参数设定模块，可以用于定义社交距离（图4-4）。

4. 观测运行结果

（1）行人密度

根据 ρ =2.0p/m² 作为人群拥堵的临界值，关键密度设置为2（图4-5）。

（2）行人流统计

统计进入疏散场所人数,使用时间折线图，“值”中输入函数pedFlowStatistics .countPeds（ ），将行人流量数据可视化（图4-6）。

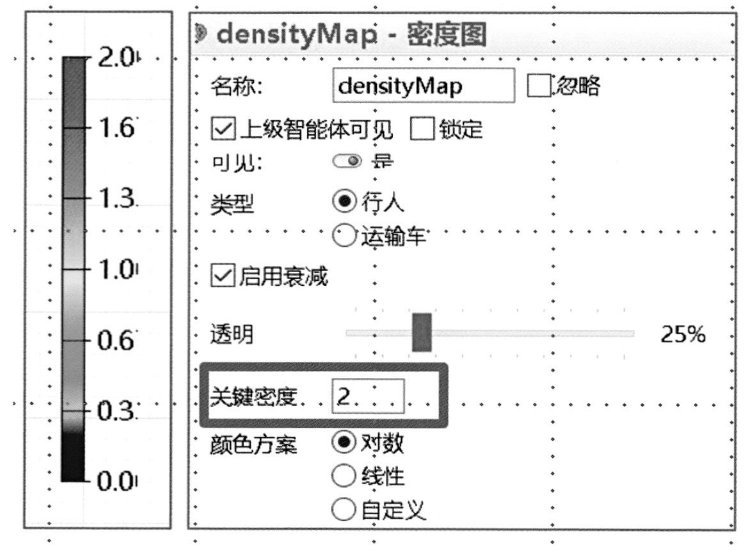

图4-5 行人密度监测

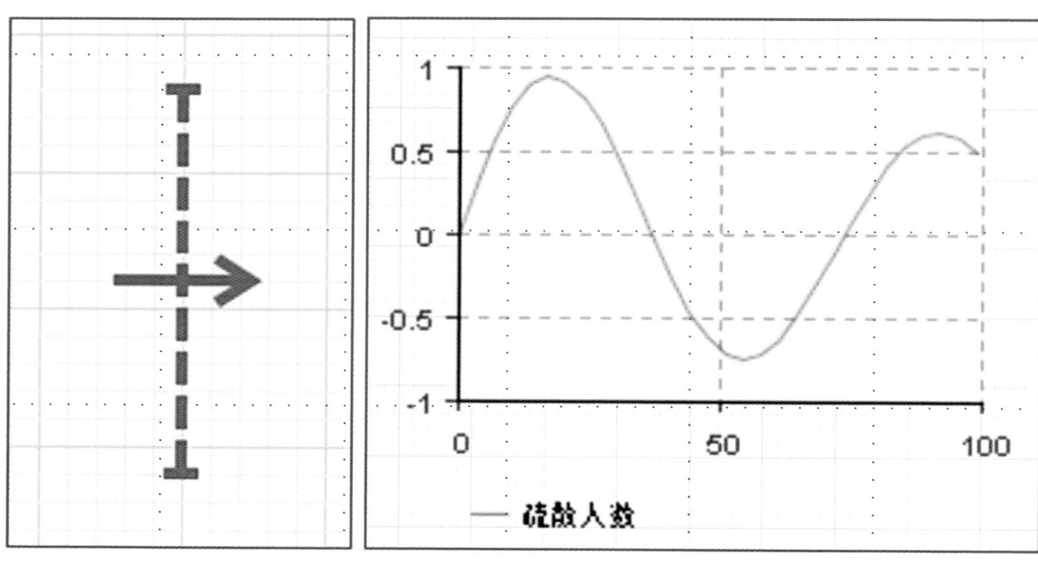

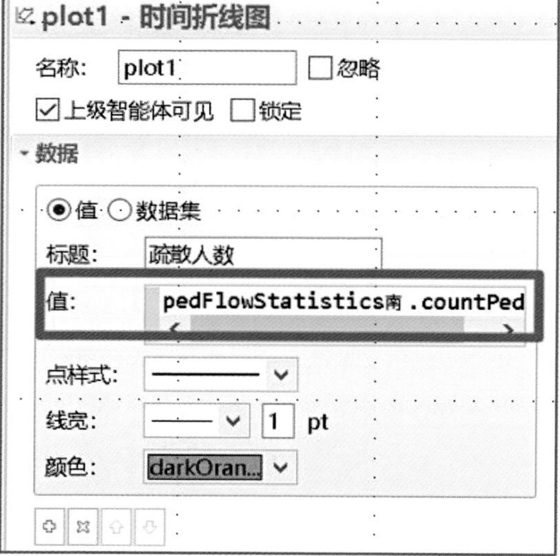

图4-6 行人流量监测

五、实践案例

1. 模型应用实证及结果解读

（1）实践区域选择

选择位于广东省深圳市南山区南头天桥北南头社区的南头古城全域为实践对象。占地面积约38.5万m²，建筑面积约51.7万m²。北至中山公园，西至南头中学，南至南头社区公园，东至南海大道，特征如下：

历史：典型的城中村，承载着丰厚的深圳历史，被打造成旅游打卡点。

肌理：既有历史建筑，又有典型高密度城中村，是历史古城与当代城中村的异质同体与共生。

道路：研究区域内不允许机动车驶入，南北大街只允许行人通行，其余道路行人和非机动车可通行；南头古城内常住人口约为2万多人，人口密度约为77 922人/km^2，远高于全市平均水平6 730人/km^2。

人口：人口密度大、游客与居民混杂，人口流动性高，安全风险不确定性高。

总体而言，南头古城具有复杂高密城市空间特质，聚集与高频率的人口流动使得该区域风险不确定性比一般城中村高，因此选取南头古城作为实践对象（图5-1～图5-5）。

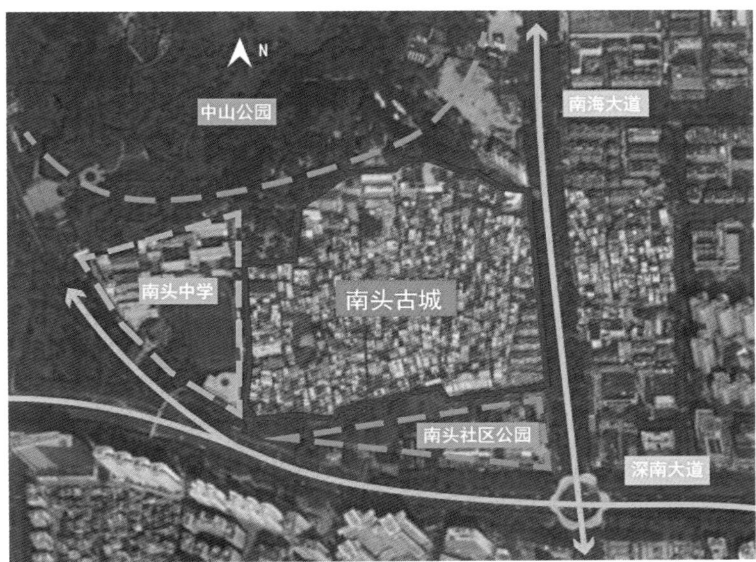

图5-1　南头古城地理位置

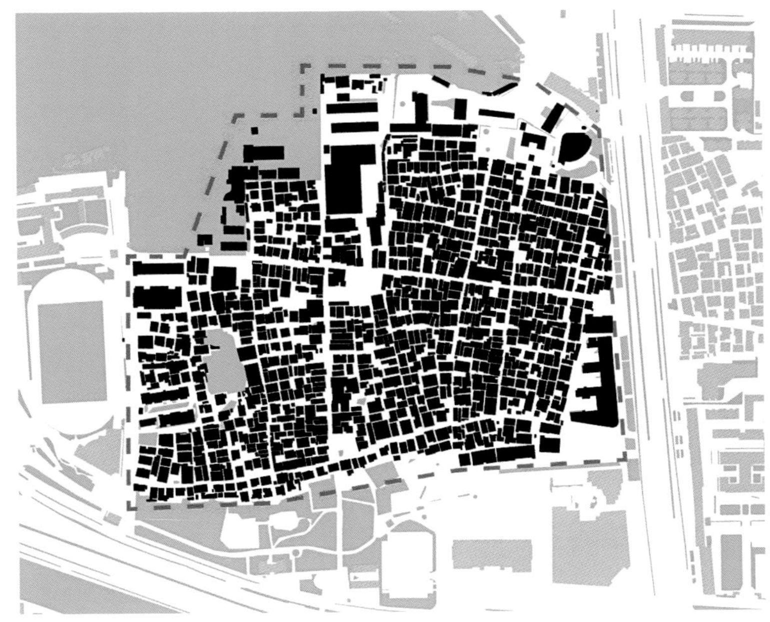

图5-2　肌理分布图

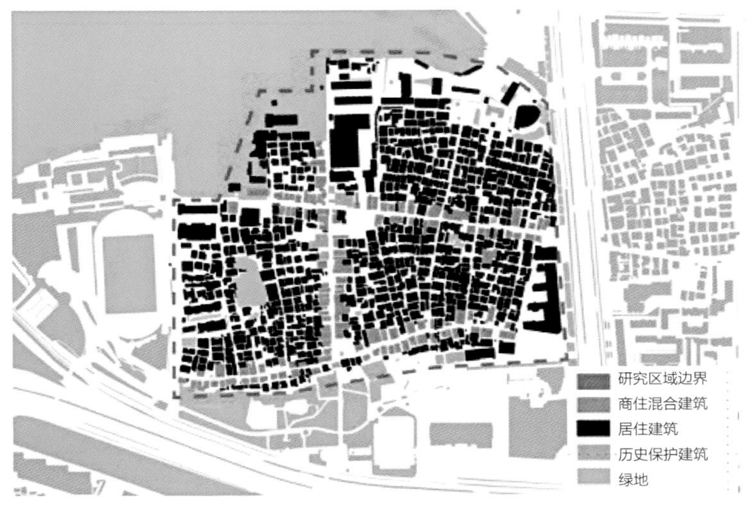

图5-3　业态分布图

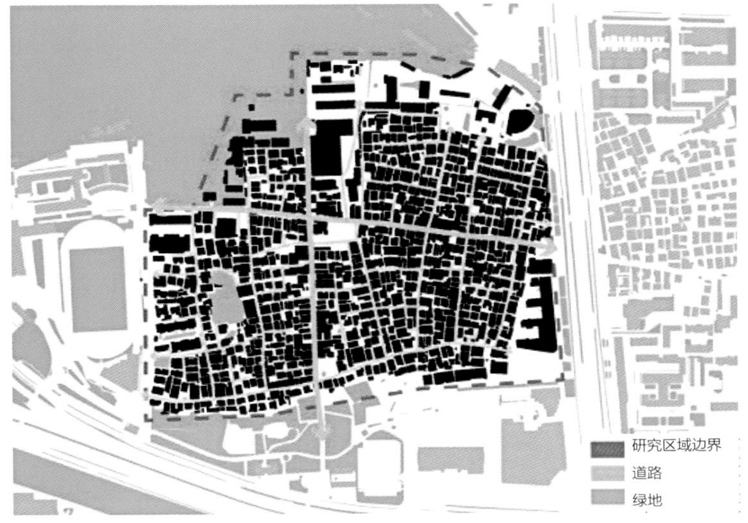

图5-4　路网分布图

图5-5　古城内停放的非机动车

（2）实践模型创建

1）基础环境模型绘制

通过实地调研数据和CAD图纸收集，建立模型。模型平面示意图如图5-6所示，模型构建比例为1m=5像素，有居民区与游客区，由800多栋建筑构成；疏散场所主要为周边三大空旷空间，如图5-7所示，分别是北面中山公园，西面南头中学以及南面社区公园。在仿真模拟疏散时，定义当人员疏散至目标线时，即表示已到达安全区域。

2）多情景设定

本文的研究对象——南头古城为城中村居住与旅游景点的结合体，聚集了大量的居民和游客，不同时间段的人员构成存在很大的差别。对于居民而言，晚上大多是居家，白天大部分外出上班；对于游客而言，一天中存在着游客量的高峰期和低峰时段。

因此，本次研究将以工作日和节假日为情景设定的划分基础，设定三种可覆盖南头古村日常情况的情景（表5-1），分别为：

情景一：居民、游客低峰；即居民楼的40%居民居家；疏散总人数为整个南头古城空间结构中每栋建筑40%的居民数的总和。

情景二：居民高峰、游客低峰；即居民楼的所有居民居家；疏散总人数为整个南头古城空间结构中每栋建筑的居民数的总和。

情景三：居民、游客高峰；即居民楼的所有居民居家；疏散总人数为整个南头古城空间结构中每栋建筑的居民数的总和，以及游客高峰时期的人数。

情景设定一览表　表5-1

情景	划分	描述	疏散人数
情景一	工作日（游客低峰）	白天60%外出工作、学习，40%居民留在家中	40%居民数
情景二		夜晚所有居民留在家中	100%居民数
情景三	节假日（游客高峰）	所有居民留在家中，且大量游客进入南头古城	100%居民数+游客量的高峰平均值

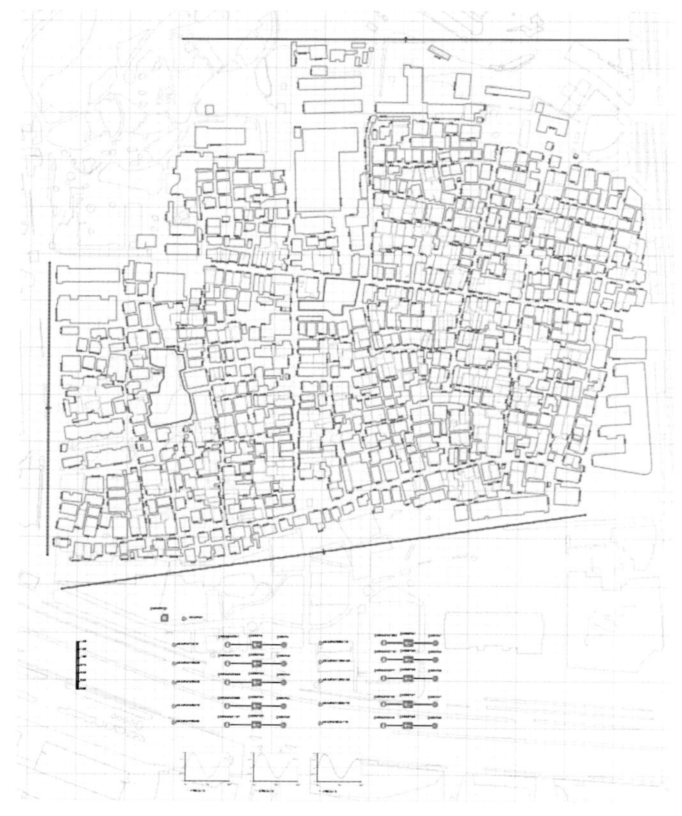

图5-6　模型平面示意图

图5-7　疏散避难场所分布图

3）智能体属性参数

①行人人数

研究多种情景的安全疏散，对不同情景的人数与组成分别进行调研收集，得到每栋建筑楼的居民人数，职住比例以及古村内主要道路上行人流量。总结得到以下数据：

· 建筑楼居民：即所有建筑总人数为22 152人；表5-2为统计的每种情景需要疏散的平均行人数。

· 职住关系：基于深圳市职住关系，设居民楼低峰期为居民楼剩下40%的人；

· 主要道路行人流量：基于实地调研与无人机拍摄，统计主要道路不同时间段的行人流量，表5-3为统计的道路高峰期的平均行人数。

各情景疏散人数表　　表5-2

情景	疏散总人数/人	居民人数/人	游客人数/人
情景一	8 860	8 860	0
情景二	22 152	22 152	0
情景三	24 190	22 152	2 038

道路高峰期的平均行人数　　表5-3

主要道路	南北主街	东西主街	居民主街
行人人数	500人	400人	200人

②疏散速度

主要设置如表5-4所示的6种速度：1.8m/s、1.44m/s、1.26m/s、1.0m/s、0.936m/s、0.8m/s。

不同人群的疏散速度参数　　表5-4

特性	男青	女青	男儿	女儿	男老	女老
速度（m/s）	1.80	1.44	1.26	1.00	0.94	0.8
bi/%	44	44	1	1	5	5

③行人尺寸

将pedSouce属性的直径参数设为在350～450mm中随机产生。

（3）模型结果解读

1）疏散时间

三种情景疏散时间对比　　表5-5

情景	疏散总人数/人	疏散完成时间/s	4min完成疏散人数/人	4min疏散完成度/%
情景一	8 860	920	3 663	41.34
情景二	22 152	1 305	5 838	26.35
情景三	24 190	1 318	5 764	23.83

仿真开始时，行人从建筑开始往出口移动；记录不同情景的总疏散时间及4min时的疏散情况（表5-5）。

①当情景疏散仿真模拟至4min时，每种情景的疏散完成率仍较低。

②完成率从情景一的40%多下降到情景二、情景三的20%多，人越多越难疏散，可见作为旅游景点的南头古城将面临着较大的疏散压力。

③三种情景所需要的总时间都较长，不满足4min的安全疏散的要求。

2）拥堵位置

三种情景疏散拥堵位置对比　　表5-6

情景	情景一	情景二	情景三
4min时疏散密度分析图			

多次模拟进行观察分析，标记每次模拟过程中出现的拥堵位置——即疏散场景图中的红色区域，得到多次模拟中出现拥堵的位置多位于人流交汇处、通道转弯处和巷道狭窄处。表5-6为三种情景的4min时的人流密度图，可以看出巷道已呈现部分路段性拥堵的状况，导致人群拥挤行进缓慢，拥堵时间较长，发生事故的可能性较大，是重点提升的地段。

3）不同疏散方向疏散人数

三个疏散方向疏散人数对比 表5-7

情景	疏散4min时各疏散口人数/人			疏散完成时各疏散口疏散人数/人		
	北侧	南侧	西侧	北侧	南侧	西侧
情景一	998（27%）	1 532（42%）	1 133（31%）	2 878（32%）	3 260（37%）	2 722（31%）
情景二	1 631（28%）	2 351（40%）	1 856（32%）	7 572（33%）	8 969（39%）	6 369（28%）
情景三	1 659（29%）	2 319（40%）	1 786（31%）	7 906（33%）	9 412（39%）	6 872（28%）

疏散结合实地调研，确定北侧、南侧以及西侧三个疏散场所，分析疏散4min时以及完成疏散时每个疏散场所疏散人数占比（表5-7），可知：

①不同情景下均为南侧疏散场所疏散人数占比最大，为40%左右。

②随着疏散的进行，北侧疏散的人数占比逐渐上升，南侧、西侧疏散的人数逐渐下降。

通过对比三个情景下疏散开始30s的人流密度分析图（图5-8～图5-10），可以发现存在5条道路均出现较为严重且相似的拥堵状况。由于模型尺度较大，所以仿真模拟尚未考虑路面障碍物堆放的情况，因此需要对该5条道路进行深入实地踏勘调研，对道路实际宽度、路面杂物堆放等微观现状进行测量，得到详细的道路实况，从而完善模型细节，可以对道路空间进行进一步模拟。

图5-9 情景二

图5-8 情景一

图5-10 情景三

4）聚焦到疏散引导

南头古村大部分居民居住在南部，游客多分布于南北和东西主街，但是南头古城南城墙的阻隔导致南部的外界渗透性较弱，且疏散时，人群以南向疏散为主，导致南出口疏散压力较大（图5-11～图5-13）。

5）聚焦到道路改造

根据全局疏散模型模拟结果，从南头古城所有道路中，将满足疏散效率较低具备改造可能性的主要/次要道路作为重点道路。对筛选出的重点道路进行更微观的现场调研，发现道路存在的问题，并对周边居民进行访谈，了解其改造意愿。

结果如图5-14所示：

对道路问题归纳分类，提出相对应的优化手段，如图5-15所示：

基于上述的总结，我们分类出了工程量不同的时候可以使用的tool box，分别为：当工程只局限在道路时、工程可以改变首层时、工程可以改变楼房时的工具运用模式、当道路为商业街时、当道路为通勤街时、道路为生活街时的工具运用模式。

对重点道路进行实地奔跑和行走记录，得出道路的冲突点，提出相应优化方案，对重点道路进行改造前后的仿真模拟实验，验证优化方案的有效性。结果如图5-16～图5-18所示：

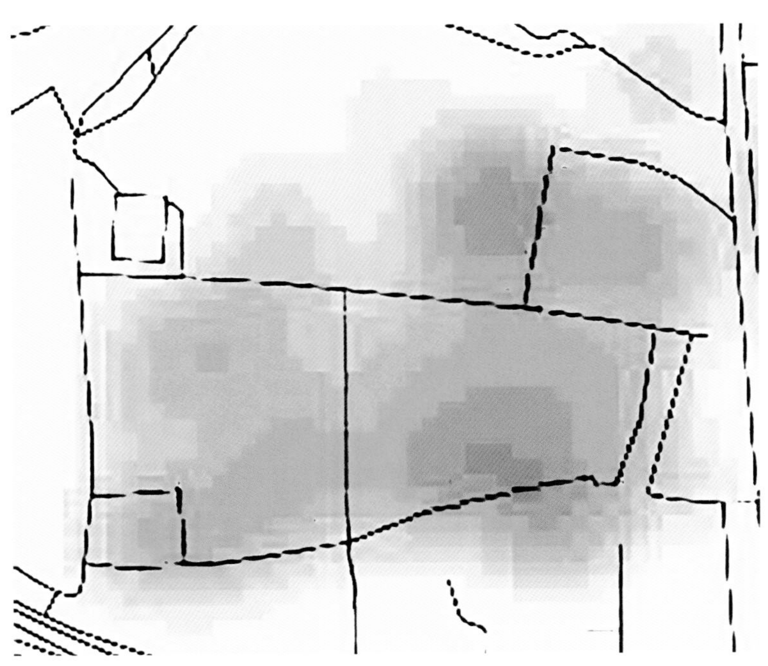
图5-11　人口核密度

图5-12　商业分布与封闭界面

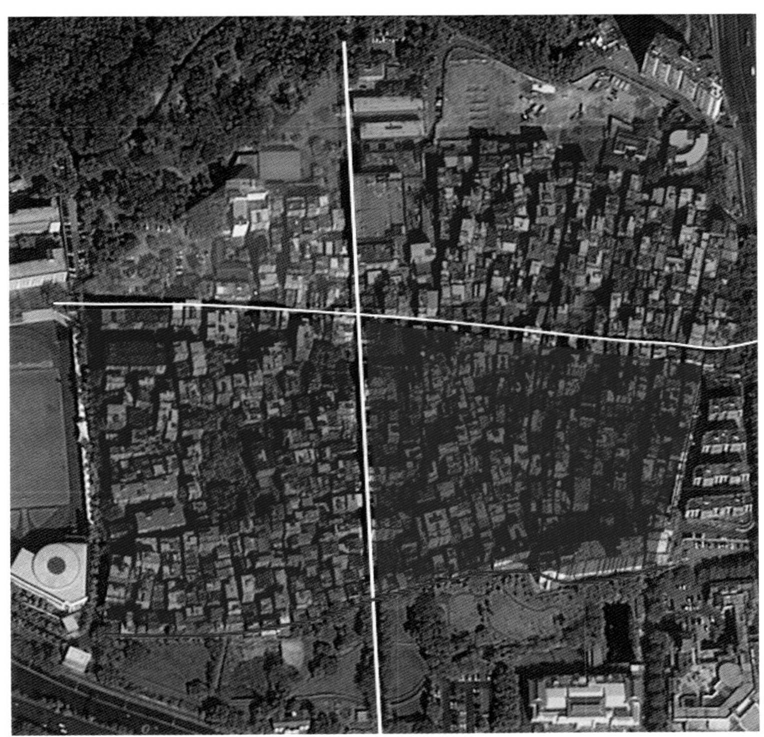
图5-13　疏散压力

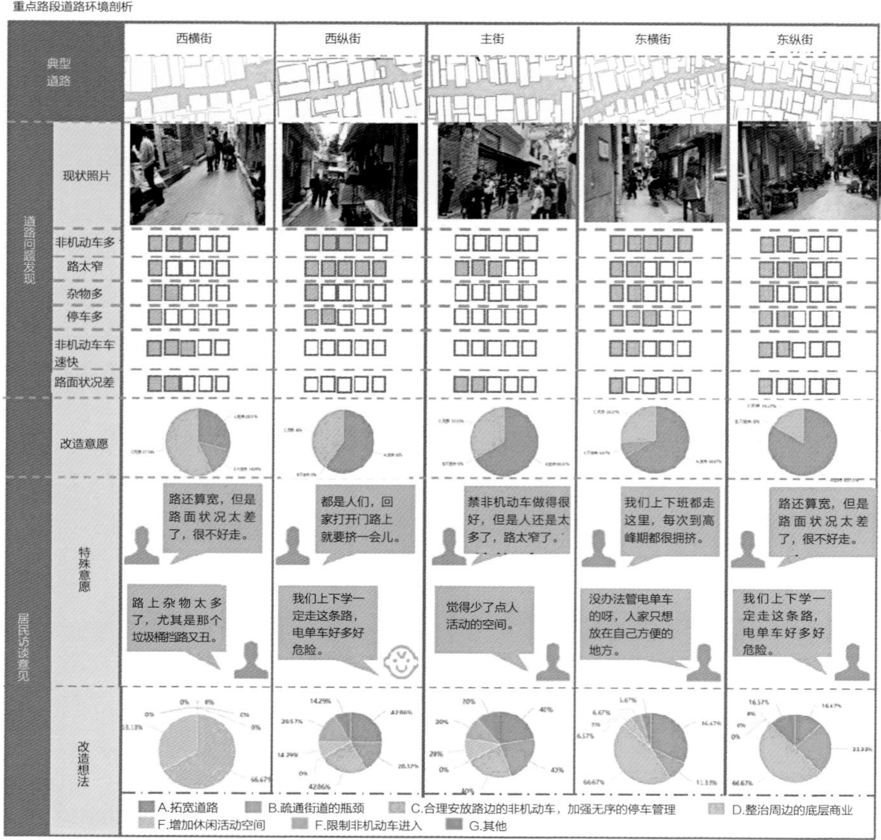

图5-14 重点道路调研结果

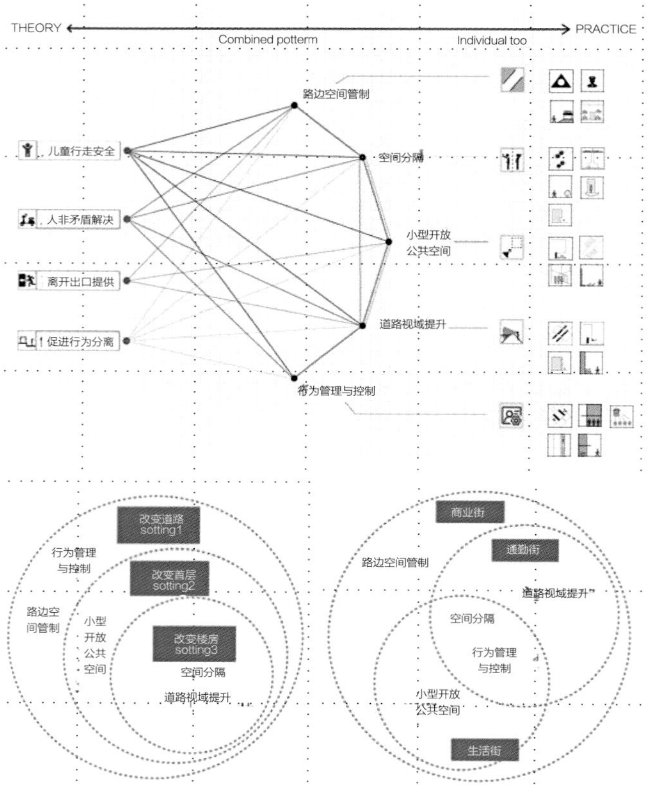

THEORY
PRACTICE
Combined potterm
Individual too
路边空间管制
儿童行走安全
空间分隔
人非矛盾解决
小型开放公共空间
离开出口提供
道路视域提升
促进行为分离
行为管理与控制
改变道路 sotting1
改变首层 sotting2
改变楼房 sotting3
行为管理与控制
路边空间管制
小型开放公共空间
空间分隔
道路视域提升
商业街
通勤街
生活街

图5-15 道路优化手段

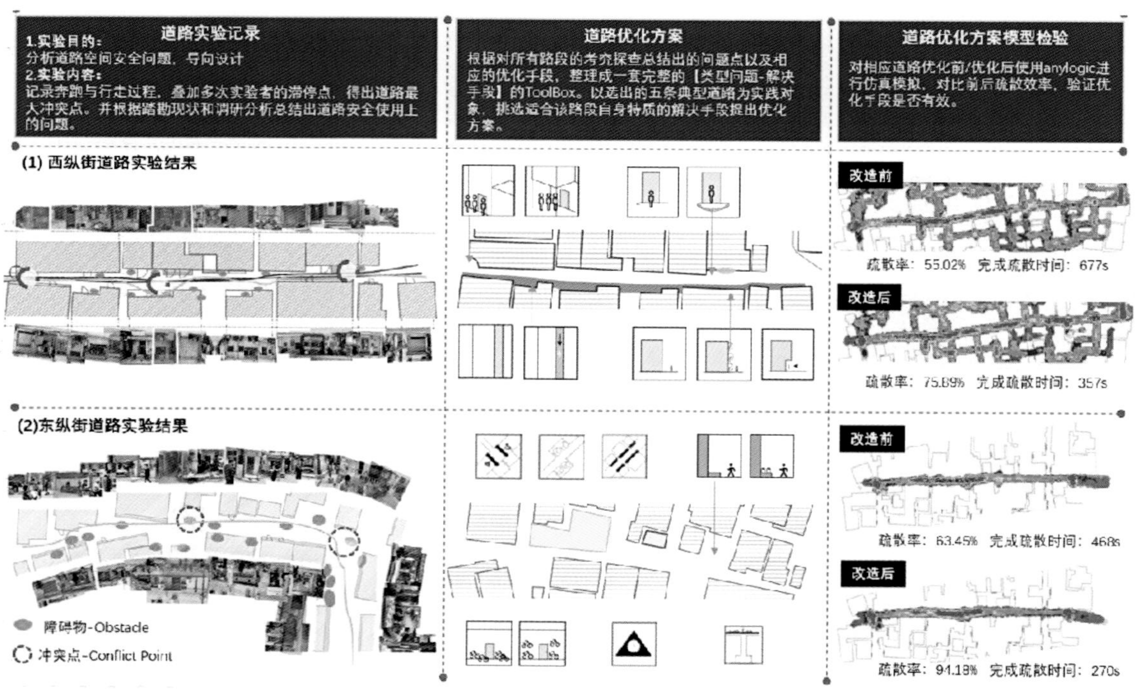

图5-16 重点道路仿真模拟

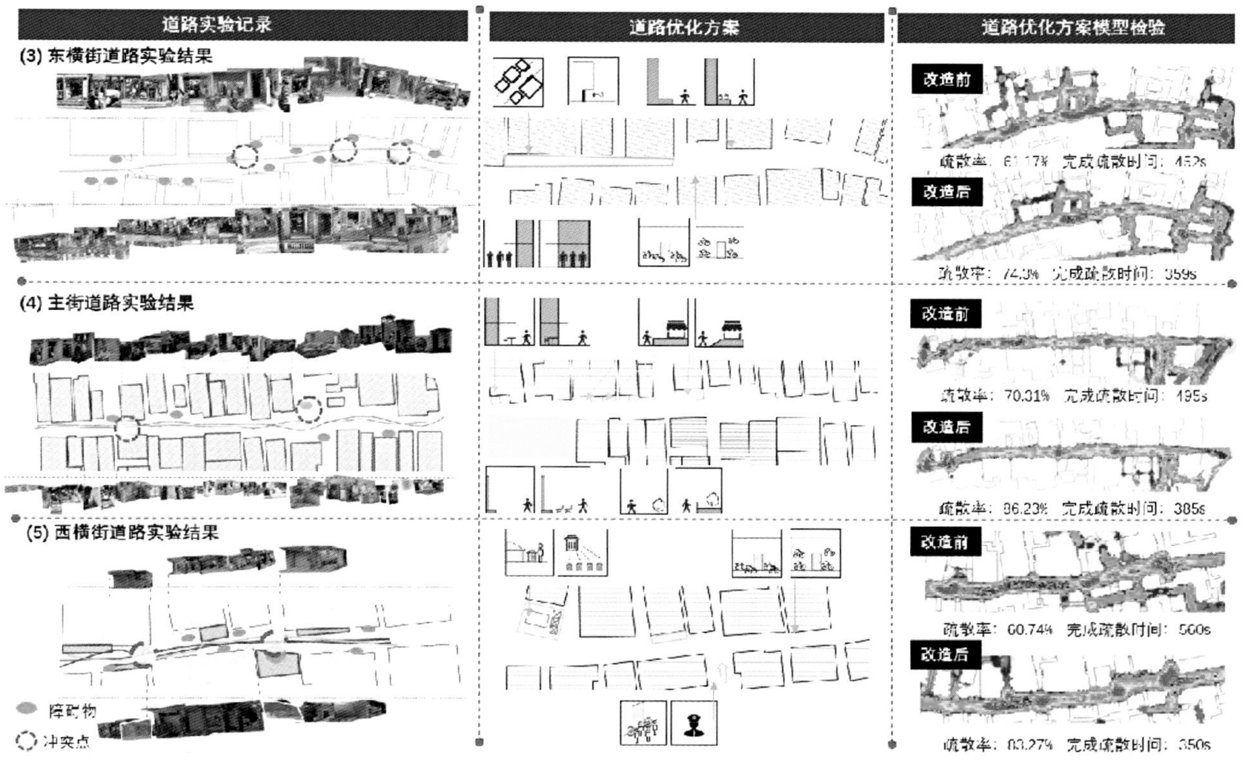

图5-17　重点道路仿真模拟

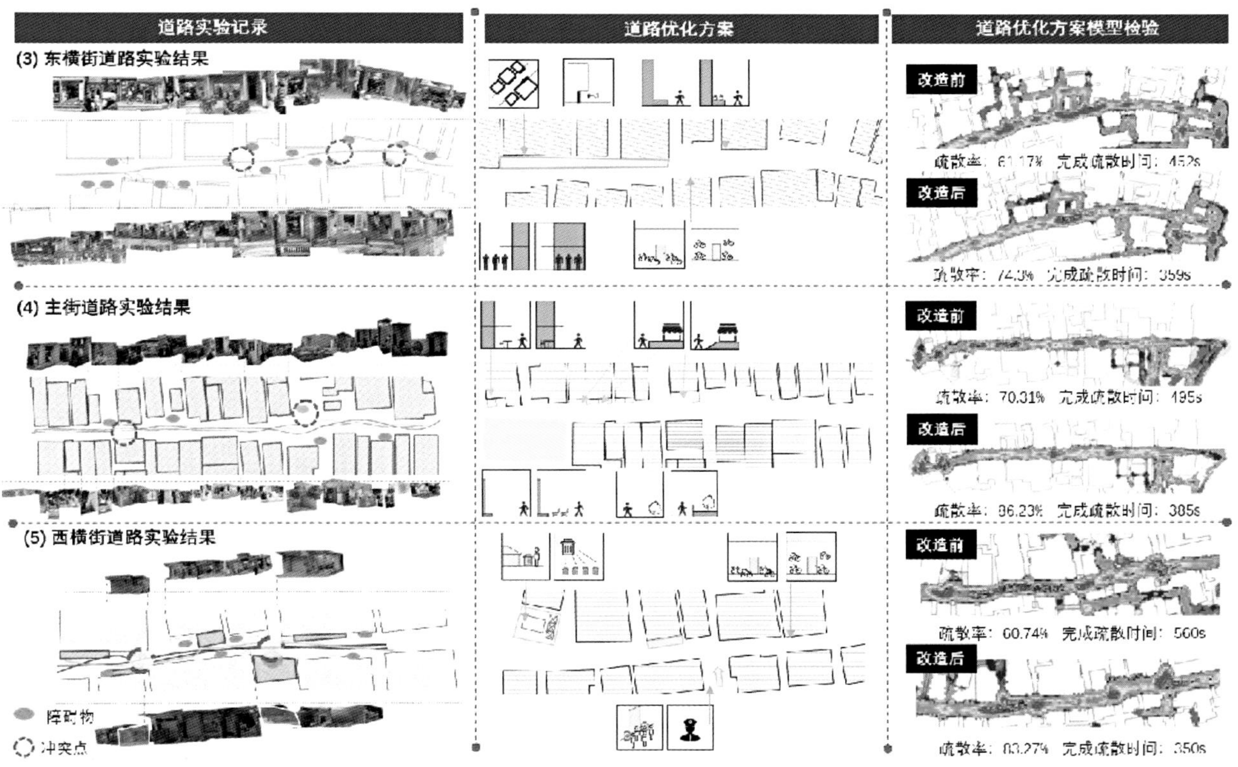

图5-18　重点道路仿真模拟结果

六、研究总结

1. 模型设计的特点

（1）引进消化吸收再创新

在引进国内外先进技术的基础上，学习、分析、借鉴，形成具有自主知识产权的新技术。

（2）对象

以往的研究侧重于大型公共场所等灾难应对问题，对于城市中观尺度空间的研究较少，本项目研究高密度城中村面对不同紧急情况下的应急能力并对设计进行优化指导。

（3）数据获取

以实地调研的形式对实地物理环境进行测量并结合网络信息数据进行三维仿真模拟；同时以问卷调研和访谈的形式评价当地居民和管理者应急能力和应急知识储备情况。

（4）切入角度

本项目从中观角度入手，对实际空间进行仿真模拟，将综合防灾及应急管理与建成环境的空间优化相结合，具有一定的创新性。

（5）技术手段

极少有研究用AnyLogic进行高密度城中村的应灾分析评价，本次研究运用国内外先进的技术基础，通过AnyLogic智能体技术仿真模拟，赋予了人群的各方面特征，模拟在地震、火灾以及疫情情况下应对的全过程。将问题抽象为数学问题进行空间建模，将实验结果直观表达出来，通过设置不同的变量参数，模拟不同紧急情况，从而评价不同紧急情况下城中村应急能力的差异性及构建多样化的应对方案。

2. 应用方向或应用前景

阐明研究问题的探索性内容，围绕城市经济建设和社会发展的重要科技问题，论述其可能的应用方向或应用前景。

（1）应用方向：城市规划疏散管控，以仿真模拟作为手段将疏散过程和疏散结果可视化，具备评价、检测、验证等多种作用，解决前人在疏散方面制定城市决策时无法实际观测决策实施效果的短板，一定程度上弥补了当代城市规划方案的终极性、规划的时效性、论经验推断决策成效等缺陷。

（2）应用前景：这套疏散能力评价和城市决策验证的方法可以应用到其他复杂城市空间当中，通过建立多情景模型、模拟评估、结果分析、策略提出、模拟验证，最终可以检验和优化规划决策，以实现对现代城市复杂空间治理展开定量分析研究，为城市疏散安全治理工作的规划决策科学化提供了新的思路，从而达到科学准确与高效处理复杂空间疏散问题的预期。在城市规划向智慧化智能化方向发展的背景下，预期未来可与其他尺度研究的疏散模型设计形成一套城市领域涵盖各尺度复杂空间的疏散仿真模拟系统，让疏散规划进入数字化模拟与实际空间实践并行的时代，促进规划决策在智慧城市中充分发挥作用。

参考文献

[1] 左进,史吉康.基于AnyLogic仿真模拟的高密度传统街区应急疏散研究.[J]. 2019（3）.

[2] 徐子祺. 昆明凤凰村地震疏散仿真研究[D]. 昆明：云南大学，2019.

[3] HELBING D,MOLNÁR P. Social force model for pedestrian dynamics[J]. Phys.rev.e,1995,（51）：4282.

[4] 中国成年人人体尺寸：GB 10000—1998[S]. 北京：中国标准出版社，1989.

[5] 中国未成年人人体尺寸：GB/T 26158—2010[S].北京：中国标准出版社，2011.

[6] 深圳市统计局，国家统计局深圳调查队. 深圳统计年鉴2019[M]. 北京：中国统计出版社，2019，1（29）：54-57.

[7] 焦宇阳. 基于社会力模型改进的火灾疏散建模与仿真[D]. 北京：北京建筑大学，2019.

基于民生性和经济性评价的老旧小区改造项目生成算法

工作单位：清华大学建筑学院

报名主题：面向高质量发展的城市综合治理

研究议题：数字化城市设计、城市更新与场所营造

技术关键词：居民意愿调查系统（PC+APP）、时间序列模拟预测、两阶段空间搜寻组合算法

参 赛 人：刘晨、梁印龙、刘锦轩、田莉

参赛人简介：参赛人全部来自清华大学建筑学院土地利用与住房政策研究中心，其中田莉教授为中心主任，梁印龙、刘晨为博士生，刘锦轩为硕士生。本中心主要关注城市更新、城乡土地利用和住房保障等议题，开展城乡规划的理论与实践研究，承担北京高校卓越青年科学家计划“转型减量背景下北京城乡土地利用优化的理论、规划方法和技术体系研究”等多项课题，在相关领域具有一定研究基础。

一、研究问题

1. 研究背景及目的意义

城镇老旧小区改造是满足人民群众美好生活需要的重大民生工程和发展工程。2019年，住房和城乡建设部办公厅等部门联合发布《关于做好2019年老旧小区改造工作的通知》，提出要“大力进行老旧小区改造提升，进一步改善群众居住条件”。“十四五”规划提出要继续全面推进城镇老旧小区改造工作。通过扩大相关领域的有效投资，有助于普惠民生，带动内需，促进高质量人居环境发展。

随着时间的推移，20世纪建设的一些老旧小区大多出现了市政基础设施不完善、环境破败、房屋老化等问题，严重影响到居民的生活质量甚至威胁到生命安全。另外，国内经济面临下行压力大、消费市场疲软、投资增幅下滑等问题，亟须寻找新的经济增长点。据不完全估算，我国城市有近200亿m^2的既有建筑必须进行修补改造，包括修补缺陷、适老化改造等，大约能够产生15万亿元的新投资需求，并带动相关行业的消费和供给，形成新经济增长点。但由于多数老旧小区改造存在利润薄、效益低、周期长的问题，难以吸引市场投资，资金筹集方式单一，目前多以政府公共财政的形式推行，给政府带来巨大的财政负担。近年来，在北京劲松社区等老旧小区的更新改造中，则创新性地引入了市场投资模式。一方面，挖掘老旧小区中存量低效空间的市场价值，另一方面，通过将具有不同改造价值的老旧小区进行“肥瘦搭配”，吸引市场资金进入，探索了一条市场介入老旧小区改造的新路径，减轻了政府公共财政的压力。

就近几年的实践而言，部分省市出台了相关政策以平衡老旧小区改造的民生需要与经济可行性，例如，山东省出台了“大片区统筹平衡、跨片区组合、小区内自求平衡”的项目组合方式，湖南、安徽、陕西、四川等地鼓励距离相近或相连的老旧小区打破空间分割，整合共享公共资源，进行集中连片整体改造，对经济效益不好的小区，通过以强带弱的方式统一整合管理。

总体而言，传统老旧小区改造项目主要以政府决策和财政投入为主，对居民多元化改造需求意愿掌握不足，项目投资回报率

低，很难吸引市场参与其中，导致量大面广的老旧小区改造全面铺开时，给政府财政带来巨大压力，难以为继。因此，改造项目生成创新成为破解难题的重要路径，通过优化组合来提高改造项目的经济效益，充分吸引市场力量参与到改造中来，实现可操作、可持续的老旧小区更新改造，从而为政策提供辅助支持，这正是本研究的核心目的。

综上，探究老旧小区改造项目组合的最优方案，为地方政府提供决策参考依据，具有重要的实践与理论价值。

2. 研究目标及拟解决的问题

（1）从自下而上的视角，通过线上APP，全面而精准地了解居民对老旧小区现状各类设施与空间使用的满意度及改造意愿、改造需求等。

（2）从自上而下的视角，对量大面广的老旧小区改造的迫切程度、民生需求、改造的成本和收益进行评价，综合评估各老旧小区改造的民生性和经济性。

（3）为政府提供老旧小区项目打包和改造时序的决策参考：借助研究团队自主开发的“老旧小区改造多主体协商系统平台”（下文简称系统平台）（PC+APP端）及其他模型工具等，在一定的行政单元内统筹各老旧小区的改造时序与改造内容，从民生性与经济性两个维度，得到改造项目的时空组合方案，为地方政府提供方案优选参考，引导企业资本充分介入，实现可持续的老旧小区改造和运营模式。

二、研究方法

1. 研究方法及理论依据

民生公平和经济高效是当前城镇老旧小区改造中的核心矛盾，政府导向下的财政投入和市场导向下的纯营利模式都难以兼顾两者。本研究认为老旧小区改造可视作一种存量空间资源改造发展权的再分配。按照福利经济学的核心观点“分配越均等，社会福利就越大”，尤其是在当前我国“人民城市为人民”的城建理念影响下，老旧小区改造实质上是全体城市居民享有的一项城市福利，是城市政府需要提供的一种特殊的基本公共服务。

因此，本研究提出了“先民生性、后经济性”的改造项目组合基本思路，并形成以下主要原则：①民生优先，即优先改造物质条件恶劣、民生诉求迫切的社区；②优劣互补，即打包组合改造过程中效益良好的社区和效益不佳的社区，实现经济上的平衡；③空间邻近，即对打包组合的空间范围做出限定（行政区划限定/空间距离限定），更贴近实际情况的需求；④周期合理，试图在相对适宜的时间周期内回收改造成本，遵循市场经济规律，保障方案切实可行，能够实现资金平衡。

2. 技术路线及关键技术

本研究技术路线包括三大阶段（图2-1）：

（1）基础数据准备阶段：通过居民意愿调查系统获取老旧小区居民改造意愿信息数据集，通过政府数据和公开大数据构建老旧小区基础信息数据集，然后将上述两个数据集进行属性信息合并，形成老旧小区改造综合数据库。

（2）成本收益测算阶段：主要通过从老旧小区改造综合数据库中调取关键数据和信息，分别进行成本和收益测算，然后按照收益减成本并考虑贴现率的方式计算各老旧小区分年度的改造利润。

（3）空间组合搜寻阶段：首先将第二阶段测算的老旧小区利润数据导入老旧小区改造综合数据库中，形成空间组合算法的基础操作平台；然后按照“先民生、后经济”的思路展开老旧小区改造项目生成的两阶段空间组合搜寻，只有民生优先搜寻组合结束后才能进入经济优先搜寻组合，直至最终完成所有项目的组合搜寻，形成老旧小区改造项目的建议清单。

上述三大阶段分别对应了三项关键技术，即居民意愿调查系统（PC+APP）、基于时间序列的老旧小区改造利润测算以及两阶段空间搜寻组合算法。

三、数据说明

1. 数据内容及类型

（1）老旧小区地理空间信息数据

信息来源于综合政府部门公布的改造计划、网络爬取相关判别数据和街道尺度的现场调研等多种渠道。改造的老旧小区数据包括地理空间属性、民生性维度信息、经济性维度信息以及相关的其他维度信息，对应的获取方式包括利用百度AOI数据、现状用地矢量数据、遥感影像数据等进行识别，通过互联网平台爬取，基于居民意愿调查系统计算以及结合线下调研辅助和验证等

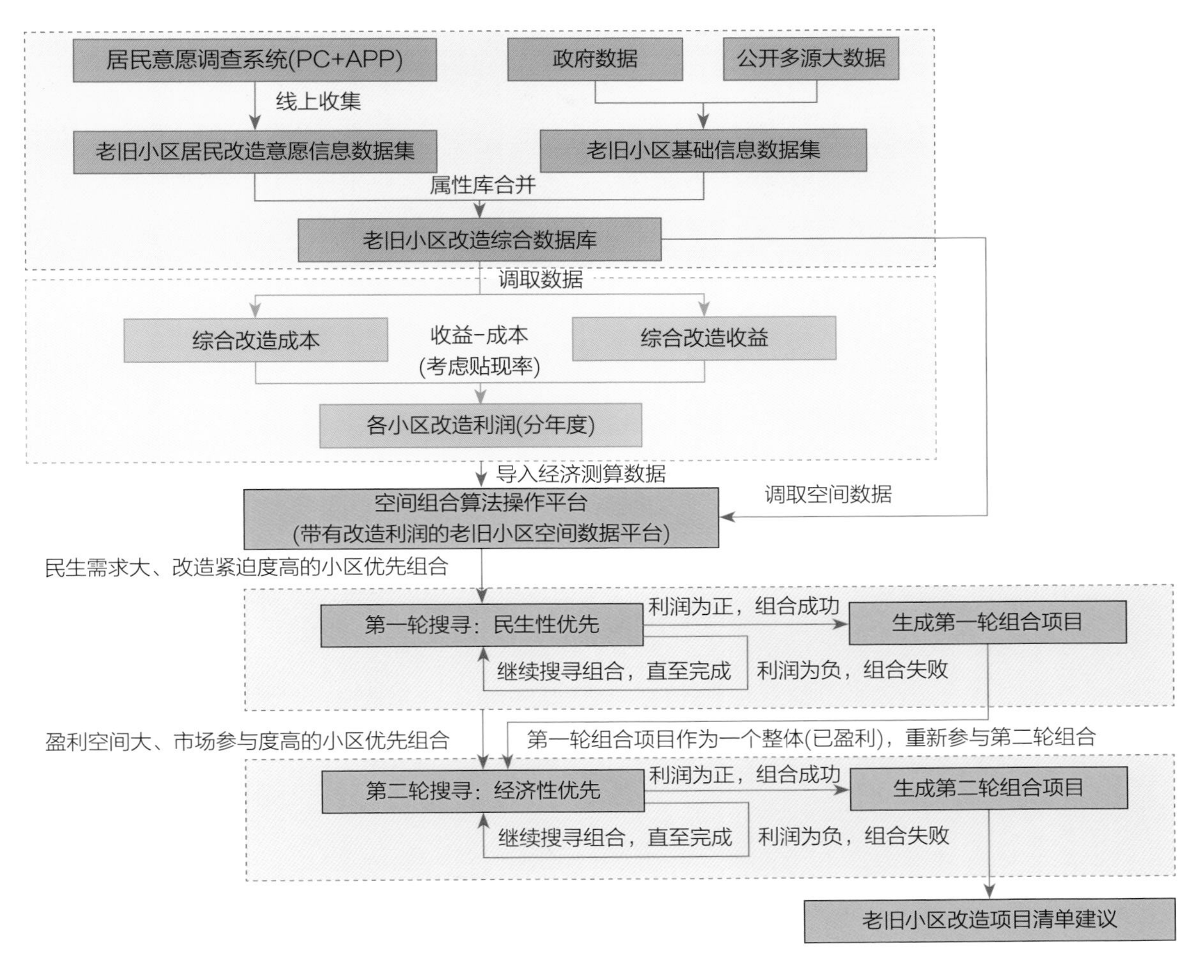

图2-1　技术路线图

（表3-1）。其中，研究区域的街道乡镇行政边界、小区的经纬坐标和空间四至范围等基础地理信息以shapefile格式文件储存，其余信息以小区为单位储存在数据库表格中。

老旧小区基础地理信息数据库内容　　表3-1

信息数据类型	信息数据内容	获取方式
地理空间属性	研究区域的街道乡镇行政边界；小区的经纬坐标和空间四至范围等	百度AOI数据、现状用地矢量数据、遥感影像数据，结合调研验证
民生性维度信息	小区建成年代	通过链家等地产中介网站爬取
经济性维度信息	小区平均房价、停车费、物业费等； 预期改造成本、收益、利润	通过链家等地产中介网站爬取；基于居民意愿调查系统计算得到
其他维度信息	小区在土地、住房、设施、人口等方面的属性和数据	通过线上爬取和线下调研等方式获取

（2）居民改造意愿数据

通过“系统平台”APP端收集居民改造意愿等数据（针对基础类、完善类、提升类所包含的多种改造项目和不同的运营项目），还可能涉及居民的个人信息、家庭信息以及小区整体的统计信息等，该数据仍在进一步扩展中。

2. 数据预处理技术

本研究的数据预处理技术主要分为：①数据清洗，具体包括检查数据的一致性，处理无效值和缺失值等。②分类汇总，即统计和分析居民反馈的信息，便于后续对模型算法的程序化运行。③脱敏处理，即在运算前对涉及公民隐私的数据进行脱敏处理，保障信息安全，符合行业规范。

四、模型算法

1. 模型算法流程及相关数学公式

改造项目生成模型的建构和运算分为三大步骤：①构建老旧小区基础地理信息数据库；②应用居民意愿调查系统进行改造“成本—收益—利润”测算；③两阶段空间搜寻组合算法。每一步骤的实现流程说明如下。

（1）构建基础地理信息数据库，见数据说明部分。

（2）在确定研究范围后，选取一定数量的典型老旧小区作为研究对象，应用系统平台APP进行居民意愿调查，并在此基础上进行“成本—收益—利润”测算。

该步骤的核心技术平台为居民意愿调查系统（PC端+手机APP），该系统作为“系统平台”的重要组成部分（图4-1），能够通过线上问卷对居民开展现状调研和需求调查，以“菜单式”形式收集居民意愿，从而确定改造项目和运营内容，并计算出实施改造的预期成本、收益和利润。

通常而言，老旧小区改造项目由基础类、完善类和提升类三部分组成，对应包含的各项改造内容构成了老旧小区改造的总成本。对于参与企业来说，老旧小区改造的收益来源主要为闲置空间出租收入、物业管理收入、停车管理收入以及不确定的政府补贴和其他收入。据此，整理得到测算成本、收益、利润的数学表达式。

$$G=A+B+C \tag{4-1}$$

$$H=h_1+h_2+h_3+h_4+h_5 \tag{4-2}$$

$$F=H-G \tag{4-3}$$

式中，G为改造成本，H为改造收益，F为改造利润，A为基础类项目改造成本，B为完善类项目改造成本，C为提升类项目改造成本，h_1为闲置空间出租收入，h_2为物业管理收入，h_3为停车管

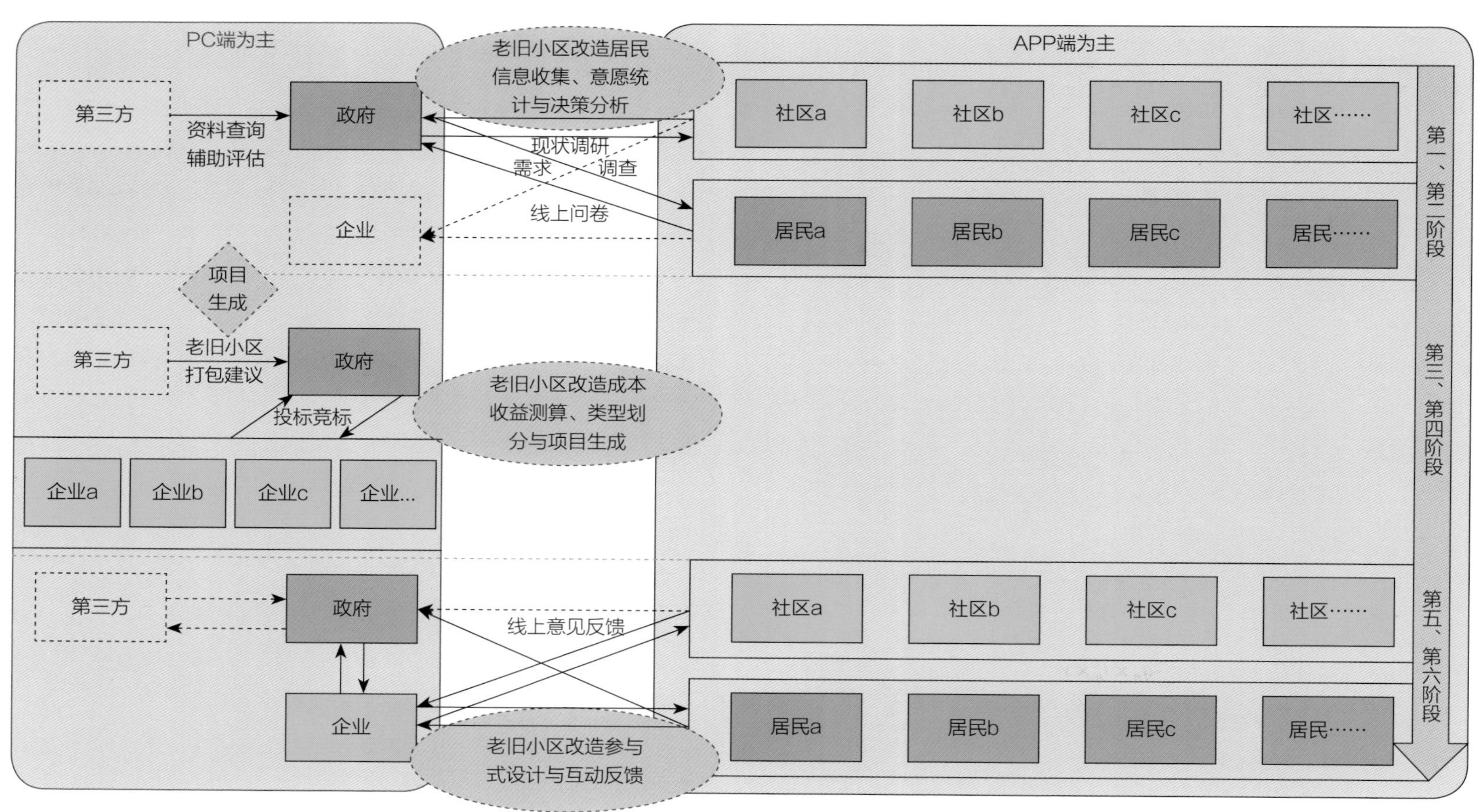

图4-1 基于多主体协商平台的老旧小区改造流程框架

（第一、第二阶段的“居民信息收集、意愿统计与决策分析”为本算法提供支撑）

理收入，h_4为政府补贴，h_5为其他收入。

对于基础类、完善类和提升类改造项目，研究团队在设计系统平台时整理了具有代表性的40项改造内容。开展调研时，居民通过勾选项目反映个体意愿，系统平台通过整理居民全体的调研结果得到每个项目的赞同率，结合政府部分和规划师等对项目数量和项目单价的实地测算和标准规定，可以得到每个小区每个具体项目的改造成本。综上整理得到计算改造成本和改造收益的相关变量和参数（表4–1、表4–2）。

改造成本的相关变量和参数　　表4–1

收益类型	项目成本	项目数量	项目单价	赞同率u
基础类	$a_1 \sim a_{15}$	$o_1 \sim o_{15}$	$r_1 \sim r_{15}$	$u_1 \sim u_{15}$
完善类	$b_1 \sim b_{15}$	$p_1 \sim p_{15}$	$s_1 \sim s_{15}$	$v_1 \sim v_{15}$
提升类	$c_1 \sim c_{12}$	$q_1 \sim q_{12}$	$t_1 \sim t_{12}$	$w_1 \sim w_{12}$

改造收益的相关变量和参数　　表4–2

收益类型h_n	数量d_n	价格e_n	时间f_n	贴现率i
h_1（闲置空间出租收入）	闲置空间面积d_1	e_1	运营时间f_1	i
h_2（物业管理收入）	总建筑面积d_2	e_2	运营时间f_2	
h_3（停车管理收入）	停车位数量d_3	e_3	运营时间f_3	
h_4（政府补贴）	d_4	e_4	政府补贴年限f_4	
h_5（其他收入）	d_5	e_5	时间f_5	

在具体实践中，为保障居民权益，充分体现基层意愿和诉求，一般只考虑居民赞同率超过k的项目进行改造（k为某一常数，根据改造区域的实际需要选取，如66.7%）。结合上述对相关变量和参数的解释，可以得到下列计算公式：

对于具体某一项目的改造成本，

$$a_n = o_n \times r_n \times u_n \tag{4–4}$$

$$b_n = p_n \times s_n \times v_n \tag{4–5}$$

$$c_n = q_n \times t_n \times w_n \tag{4–6}$$

对于某一小区（或一定范围内的小区整体）的总成本和总收益，

$$\mathrm{G} = \sum a_n + \sum b_n + \sum c_n = \sum o_n \cdot r_n + \sum p_n \cdot INT\left(\frac{v_n}{k}\right) \cdot s_n + \sum q_n \cdot INT\left(\frac{w_n}{k}\right) \cdot t_n \tag{4–7}$$

$$\mathrm{H} = \sum_{n=1}^{f_1} \frac{d_1 e_1}{(1+i)^n} + \sum_{n=1}^{f_2} \frac{d_2 e_2}{(1+i)^n} + \sum_{n=1}^{f_3} \frac{d_3 e_3}{(1+i)^n} + \sum_{n=1}^{f_4} \frac{d_4 e_4}{(1+i)^n} + \sum_{n=1}^{f_5} \frac{d_5 e_5}{(1+i)^n} \tag{4–8}$$

由于预期利润$F = H - G$，据此得到研究区域内每个老旧小区N在每一年度X的预期改造收益，以表格、地图和曲线三种形式呈现。其中，以愿景集团对劲松北社区的改造预算为例解释说明预期利润曲线的意义（图4–2）。

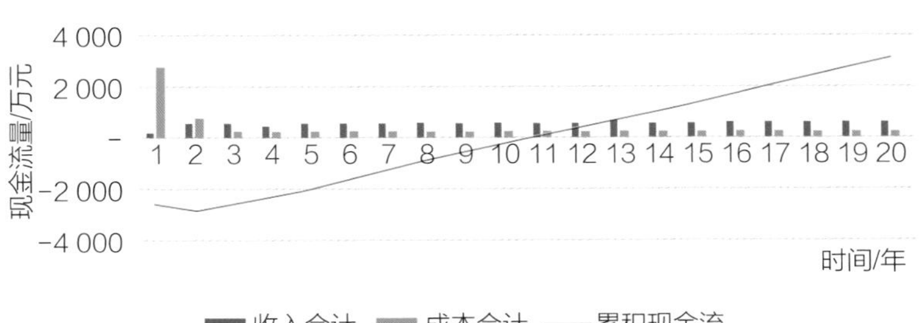

图4–2　预期改造利润曲线示意图

如图所示，“累计现金流”即预期利润F，在项目实施两年后，每一年度的成本G和收益H趋于稳定，F随年份X的变化近似线性地单调递增，体现出相应的市场规律。在$X \approx 11$时，$F(X) = 0$，说明此时后续的持续运营收入能够弥补前期的改造项目投资，该小区达到静态回收期。

同理，将研究区域内所有老旧小区的预期利润值F相加，得到$F_{总}(X)$的函数曲线，当$F_{总}(X)=0$时，研究对象整体达到平均静态回收周期。本模型认为，即将达到回收周期的年份是运用项目生成算法进行实证研究的典型年份。若选取的年份过早，则$F_{总}(X) < 0$，大部分小区处于显著亏损状态，将小区组合生成项目时难以实现经济上的均衡；若选取的年份过晚，则$F_{总}(X) > 0$，大部分小区处于较好盈利状态，较易实现经济均衡，项目生成算法没有意义。

（3）两阶段空间搜寻组合算法

在选定参数并确定计算年份X的值后，模型中的相关变量取值明确，可以进入模型的第三步运算，即两阶段空间搜寻组合算法。需要说明的是，此步骤将所有老旧小区视为理想化质点，在ArcGIS中取内部中心点的坐标代表小区位置，生成点图层进行搜寻计算，使模型更加简明直观。由于单个小区自身面积远小于研究区域整体面积，故对于距离判定的影响可以忽略。

顾名思义，“两阶段空间搜寻算法”将运算分成两个阶段。第一阶段的核心原则是“民生性优先”，目标在于着力保障亟待更新改造的老旧小区的民生需求，从而使尽可能多的“搜寻中心”进入改造项目。在民生公平维度得到一定保障后，开始考虑经济效益问题，由此产生了第二阶段，以“经济性优先”作为核心原则，目标在于挖掘潜在的盈利空间，鼓励企业资本积极介入，尽可能多地改造更多有潜力的老旧小区。每个阶段根据不同轮次搜寻方法的差异，还可以划分为两部分，具体步骤内容说明如下：

第一阶段第一轮搜寻方法（图4-3）

根据研究区域实际情况和政府预期改造目标输入年份*X*，则按照本算法第（1）步的分类，将“搜寻中心”按照预期利润由小到大的顺序标记为α1，α2，α3，…，利润分别为$F\alpha_1$，$F\alpha_2$，$F\alpha_3$，…，同时将“被搜寻点”按照预期利润由大到小的顺序标记为β1，β2，β3，…，利润分别为$F_{\beta 1}$，$F_{\beta 2}$，$F_{\beta 3}$，…。值得说明的是，本研究认为，经济效益越差的α小区，打包组合进行改造的需求越迫切，越应当优先进入改造项目，因此“α1，α2，α3，…”按照利润递增的顺序确定。

首先，以α1小区为中心，搜寻距离最近的β点，计算两者的利润总和$F\alpha_{1\text{-}1}$。若$F\alpha_{1\text{-}1}>0$，则说明两个小区组合在一起可以在第*X*年回收成本，参与企业具备一定的盈利空间，因此“配对成功”；若$F\alpha_{1\text{-}1}<0$，则说明两个小区组合在一起难以在第*X*年回收成本，参与企业缺乏足够的盈利空间，因此“配对失败”。

若“配对成功”，则结束以α1为中心的搜寻，将两者记录为一个“group”（需包含每个小区的名称、经纬度坐标、预期利润、搜寻距离和总利润等信息），并从“被搜寻点”中剔除该β点，开始以下一个α点为中心进行搜寻；若“配对失败”，则针对目标点α1，剔除当前计算的β点，搜寻其余距离最近的β点，计算两者的利润总和$F\alpha_{1\text{-}2}$，直至“配对成功”，或者搜寻距离D（D根据研究区域状况设置为固定值）范围内的所有β点都显示“配对失败”。

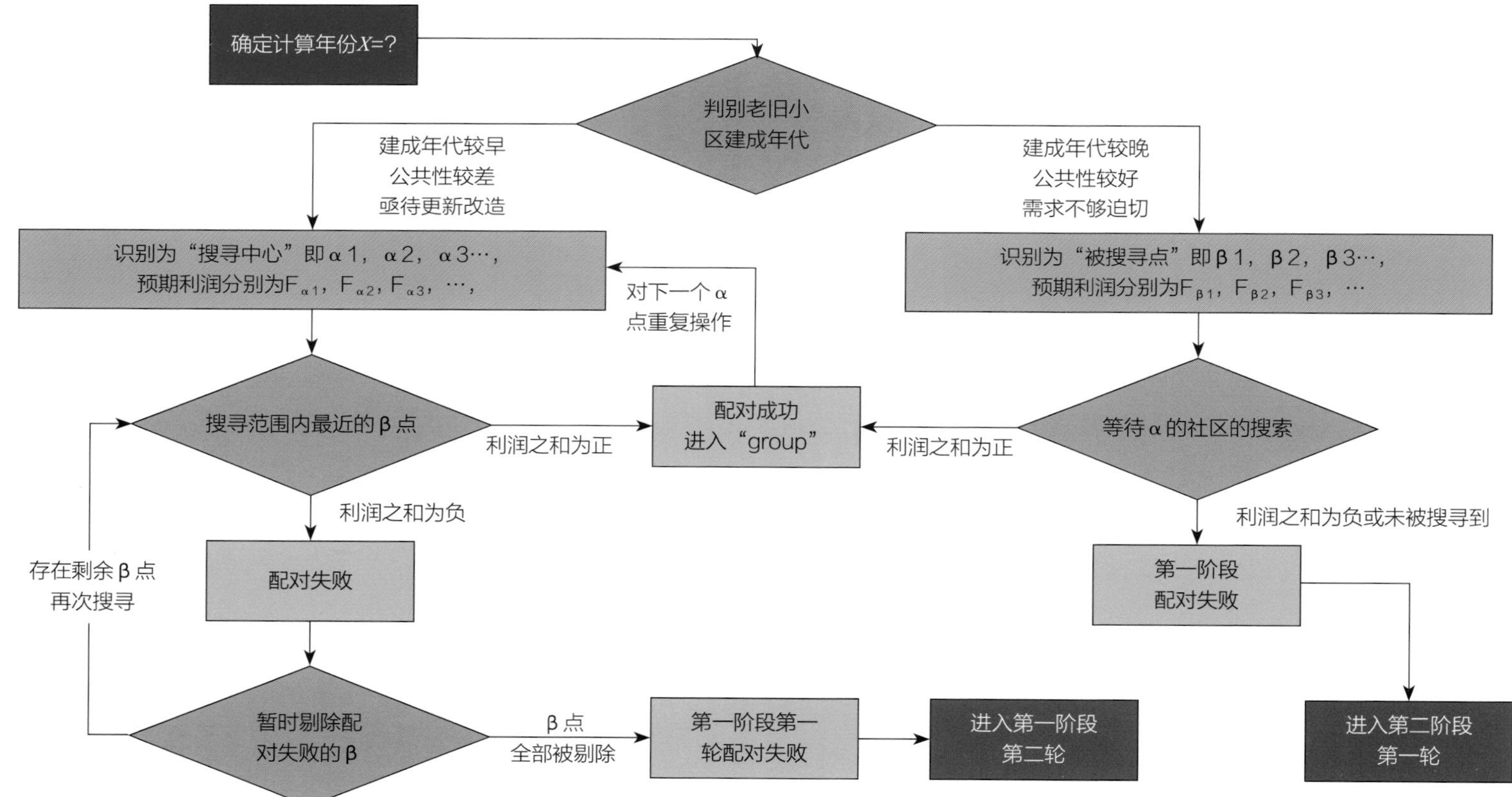

图4-3 第一阶段第一轮搜寻算法流程

重复上述流程，以此类推，直至所有α都完成搜寻过程，第一轮搜寻结束。

第一阶段第二轮至第N轮搜寻方法（图4-4）

上一轮搜寻结束后，若存在尚未进入“group”的α小区，说明搜寻范围内所有的β社区都无法与之“配对成功”。因此，选择α点作为“搜寻中心”时，不能考虑上一轮的“被搜寻点”，而应将新生成的“group”作为“被搜寻点”（“group”的经纬度坐标通过取其内部所有小区经纬度坐标的平均值计算得到）。

搜寻方式与第一轮相同，在限定距离D的范围，按照距离从小到大顺序依次尝试组合α小区和“group”，并计算总利润。“配对成功/失败”的标记方法及循环计算模式与第一轮相同。

直至所有α都完成搜寻过程，结束该轮次搜寻，并采用同样的方式开始下一轮次搜寻。

直至“group”的组合不再发生更新，结束第一阶段搜寻结束。若此时仍存在尚未进入“group”的α小区，则单独列出，建议针对性地通过政府补贴等方式提供改造资金支持。

第二阶段第一轮搜寻方法（图4-5）

第一阶段结束后，若存在尚未进入“group”的β小区，说明这些β小区未能被改造项目覆盖。但它们仍可能存在盈利空间，故可尝试与第一阶段生成的“group”组合，从而使得更多老旧小区得到企业资本的支持。因此，将尚未进入“group”的β小区作为第二阶段的“搜寻中心”，相应的，已生成的“group”的几何中心作为“被搜寻点”。与第一阶段方法类似，将“搜寻中心”按照预期利润由大到小的顺序标记为γ1，γ2，γ3，…，利润分别为$F_{\gamma 1}$，$F_{\gamma 2}$，$F_{\gamma 3}$，…，将“被搜寻点”按照预期利润由小到大的顺序标记为δ1，δ2，δ3，…，总利润分别为$F_{\delta 1}$，$F_{\delta 2}$，$F_{\delta 3}$，…。值得说明的是，本研究认为，经济效益越好的γ小区，给予参与企业的潜在盈利空间越大，越应当优先进入改造项目，因此“γ1，γ2，γ3，…”，按照利润递减的顺序确定。

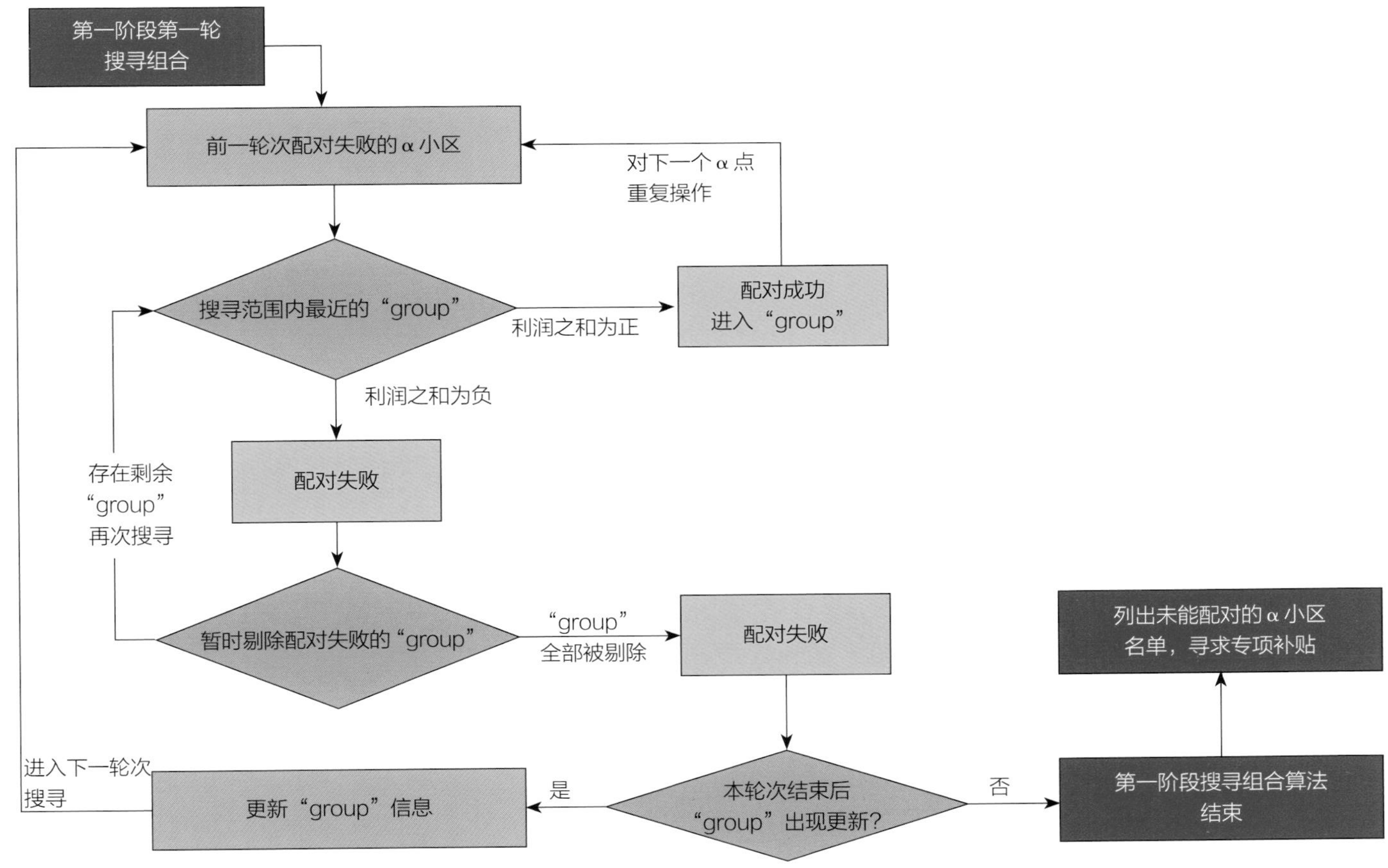

图4-4　第一阶段第二轮至第N轮搜寻算法流程

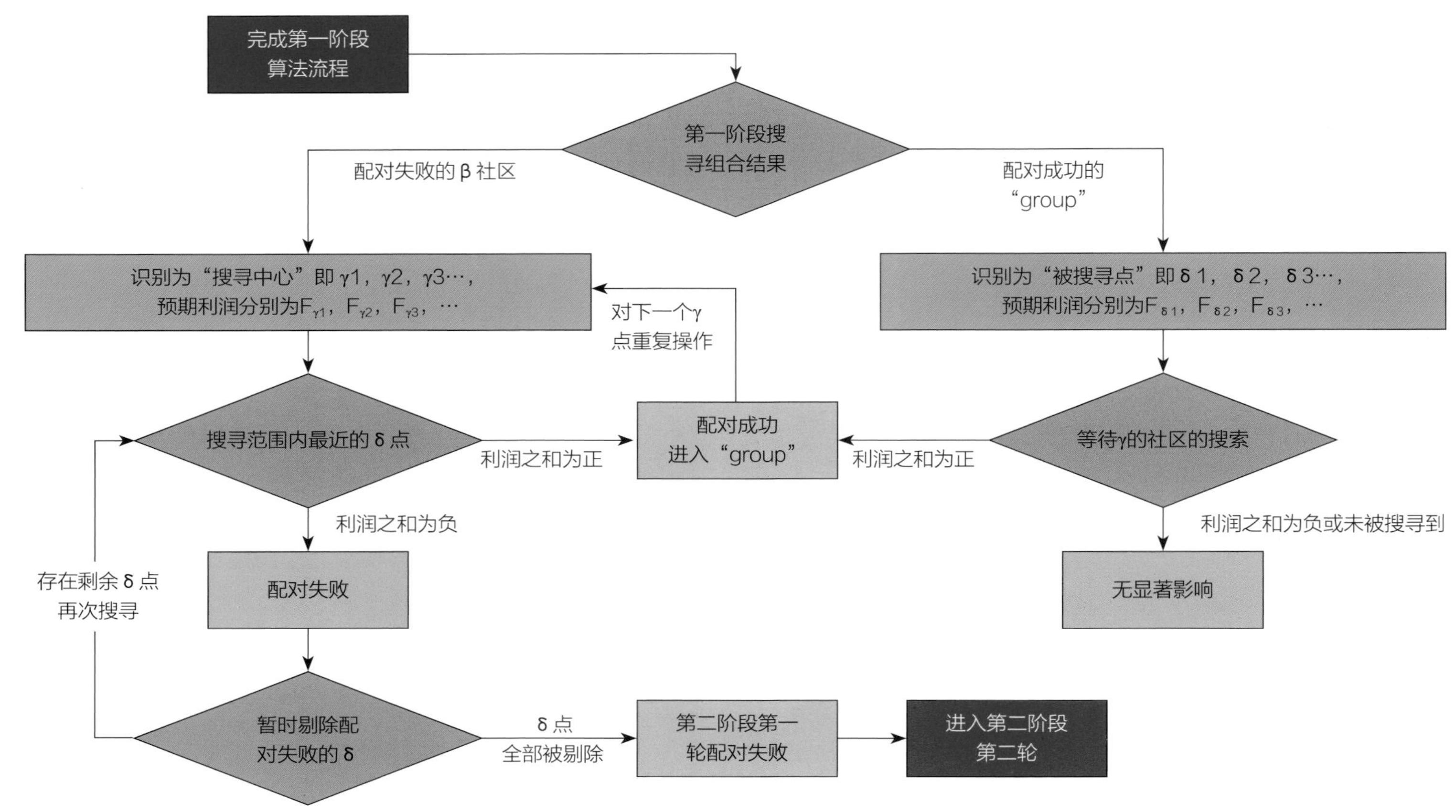

图4-5　第二阶段第一轮搜寻算法流程

首先，以γ1小区为中心，搜寻距离最近的δ点，计算两者的利润总和$F\gamma_{1-1}$，若$F\gamma_{1-1}>0$，则说明二者组合在一起可以在第*X*年回收成本，参与企业具备一定的盈利空间，因此“配对成功”；若$F\gamma_{1-1}<0$，则说明二者组合在一起难以在第*X*年回收成本，参与企业缺乏足够的盈利空间，因此“配对失败”。

若“配对成功”，则结束以γ1为中心的搜寻，将其记录至原有的“group”中，继续更新“group”信息（需包含其内部每个小区的名称、经纬度坐标、预期利润、搜寻距离和总利润等信息），并从“被搜寻点”中剔除该δ点，开始以下一个γ点为中心进行搜寻；若“配对失败”，则针对目标点γ1，剔除当前计算的δ点，搜寻其余距离最近的δ点，计算两者的利润总和Fγ1–2，直至“配对成功”，或者搜寻距离D（D根据研究区域实际情况设定）范围内的所有δ点都显示“配对失败”。

重复上述流程，以此类推，直至所有γ都完成搜寻过程，第一轮搜寻结束。

第二阶段第二轮至第N轮搜寻方法（图4-6）

上一轮搜寻结束后，若存在尚未进入“group”的γ小区，说明在上一轮开始时搜寻范围内所有“group”都无法与之“配对成功”，但不能排除经过上一轮搜寻过程更新后的“group”与之“配对成功”的可能性。

因此，需要重复与第一轮类似的操作方式，仍将尚未进入“group”的β小区作为“搜寻中心”，将经过上一轮搜寻过程更新后的“group”的几何中心作为“被搜寻点”。搜寻方式与第一轮相同，在限定距离D的范围，按照距离从小到大顺序依次尝试组合γ小区和“group”，并计算总利润。“配对成功/失败”的标记方法及循环计算模式与第一轮相同。

直至所有γ都完成搜寻过程，结束该轮次搜寻，并采用同样的方式开始下一轮次搜寻。

直至“group”的组合不再发生更新，第二阶段搜寻结束。若此时仍存在尚未进入“group”的γ小区，则单独列出，建议

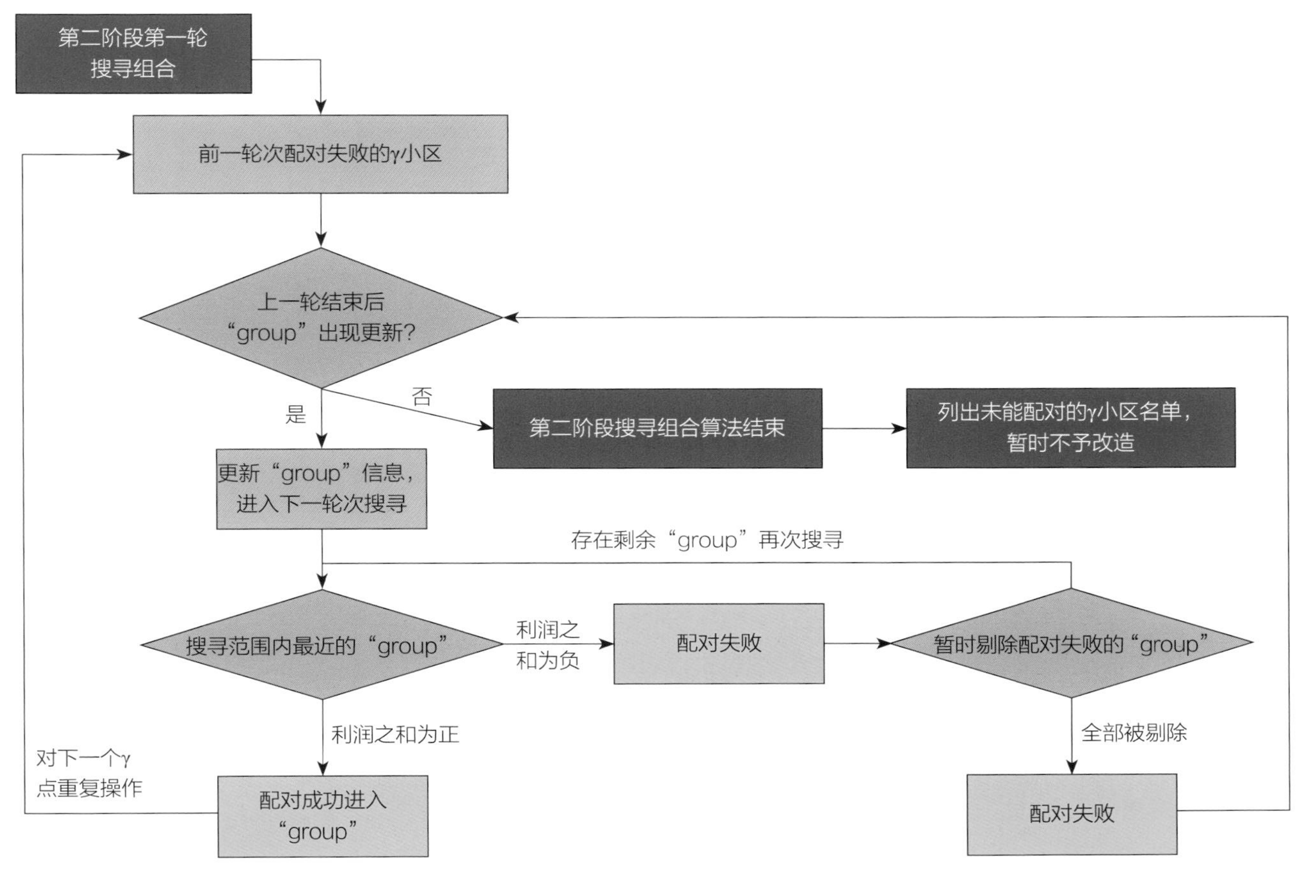

图4-6　第二阶段第二轮至第N轮搜寻算法流程

暂不将其列入改造计划，而在后续方案中予以考虑。

2. 模型算法相关支撑技术

模型算法的支撑技术主要为地理信息系统、居民意愿调查系统（PC端+手机APP）和计算机编程语言，其中地理信息系统为基础地理信息数据库的构建和空间搜寻组合算法中的“点距离”计算提供技术支撑，居民意愿调查系统能够在数据方面收集一手资料并进行简单的统计处理，计算机编程语言可以将两阶段空间搜寻组合算法转化为程序化的运算流程，提高处理效率。

五、实践案例

1. 模型应用实证及结果解读

本研究试图以北京市海淀区为例，选取部分老旧小区进行模型的实证应用，生成兼顾民生性、经济性的可行性改造项目，为研究区域内开展老旧小区改造时的打包组合方案提供决策参考。

研究对象见表5-1。按表中序号排列，1～12号基本依据北京市住建委2020年4月提出的老旧小区改造计划选取（仅剔除了空间范围不明确且数据无法获取的样本），13～20号则是由研究团队根据在海淀区学院路街道的调研经验选取的典型小区。通过国内发展较为成熟的房地产中介公司“链家”的网络平台爬取得到这些小区的参考均价、建成年代（含起始年份和终止年份）、停车位数量、停车费、容积率、绿化率和物业费等。样本小区中建成年代最早的为学院南路32号院（1956年），建成年代最晚的为圆明园花园小区（2004年），平均建成年代为1985～1995年，结合现场考察发现这些老旧小区确实存在管线老化、楼梯破败、缺少电梯、管理松散、设施环境较差、配套服务不足等问题，符合实施老旧小区改造的目标范围。

研究对象小区基本信息　表5-1

序号	小区名称	参考均价（元/m²）	建成年代		停车位数量	停车费（元/月）	容积率	绿化率	物业费（元/m²·月）
			最早	最晚					
1	翠微路4号院	101 536	1976	1991	60	150	2.8	5.0%	1.8
2	龙翔路社区	88 933	1990	2000	50	150	4	5.0%	0.5～2.58
3	万泉庄南社区	110 720	1980	1998	280	150	3	35.0%	0.66～2.5
4	希格玛社区	74 096	1997	1998	180	250～300	4.1	10.0%	1.98
5	双清路14号院	68 216	1988	1998	150	100	3	11.2%	0.51
6	圆明园花园小区	71 529	1997	2004	660	150	1.7	40.0%	2.1～2.6
7	复兴路30号	107 946	1985	1989	0	0	1.33	0.0%	2.1
8	志强北园	87 486	1979	1996	300	150	1.2	40.0%	0.2～1
9	学院南路32号院	81 080	1956	1993	30	200	1.29	30.0%	0.5～1.5
10	成府路35号	65 166	1990	1995	50	120	2.6	20.0%	数据缺失
11	宝盛西里	64 048	1996	2003	431	80～150	1.2	35.0%	0.54～1.2
12	勘测处宿舍楼	96 219	1960	1978	0	0	0.4	25.0%	数据缺失
13	中国矿业大学家属区	91 311	1990	2000	180	150	2	30.0%	0.9
14	清华东路27号院	86 311	1990	1997	60	120	2.13	18.0%	0.72～1.25
15	王庄路15号院	85 487	1993	1998	234	0	1.1	20.0%	1.2
16	王庄路27号院	84 805	1981	1992	150	150	3	15.0%	0.5～0.9
17	东王庄	86 237	1993	1998	500	数据缺失	2	30.0%	0.75～1.75
18	西王庄	99 134	1987	1988	50	150	2.83	35.0%	1.51～2.85
19	展春园	88 523	1982	1996	720	30	2.1	31.0%	0.5～0.6
20	暂安处	77 839	1998	2000	300	100	3.2	12.0%	0.8

由于现阶段“老旧小区改造多主体协商系统平台”仍处于试点阶段，暂未大规模大范围推广，因此本文在实证部分拟采用模拟预测结合线性趋势外推的方式得到经济维度的相关数据。尽管该数据不能准确反映各研究小区的真实状况，但数据的分异格局和变化规律与现实情景基本相同，故不影响应用第（3）步“两阶段空间搜寻组合算法”进行实证的科学性和可行性。在北京市老旧小区改造典型案例——劲松北社区的改造预算中，闲置空间出租收入、物业管理收入、停车管理收入的占比大约为5：3：2，基于相关数据和实践经验对各老旧小区的改造成本和收益进行时间序列模拟测算，得到研究对象在不同年份的预期利润（图5-1）。可以发现研究对象的整体静态回收周期在第17～第18年，因此根据模型算法第（2）步的建议，取X=17。

在确定计算年份X=17的基础上，进入两阶段空间搜寻组合算法。第一阶段的搜寻中根据民生性维度选取，综合样本数据，确定以1985年为分界线，始建于1984年及之前的老旧小区被识别为α小区，即“搜寻中心”，始建于1985年及之后的老旧小区被识别为β小区，即“被搜寻点”。通过算法迭代，得到第一阶段第一轮搜寻组合进程（表5-2）、项目生成结果（表5-3）和未进入改造项目的小区（表5-4）等信息[1]。可以发现，经过第一轮搜寻，共有12个小区以“α+β”的形式组成六对“grou。p”，剩余8个小区中，有1个“搜寻中心”和7个“被搜寻点”，因此针对该“搜寻中心”（α5志强北园）进行第二轮次的搜寻组合。

1　对于每一阶段的每一轮次搜寻组合，都可计算得到类似的一组表格。

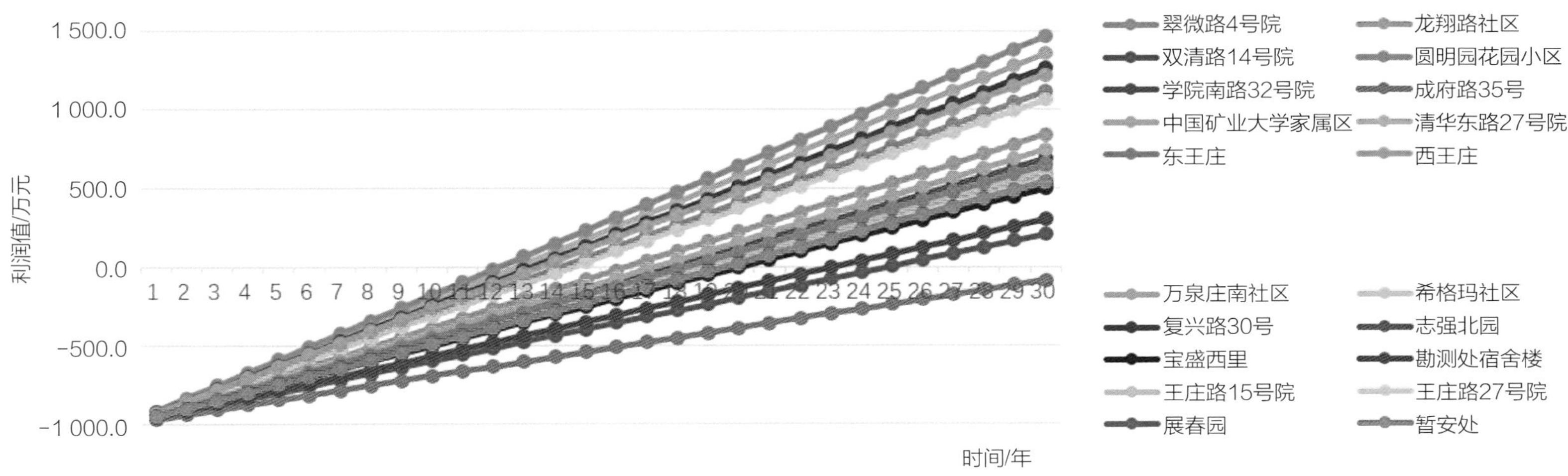

图5-1 各老旧小区在不同年份的预期利润

第一阶段第一轮搜寻组合进程 表5-2

序号	搜寻中心	预期利润（万元）	被搜寻点	预期利润（万元）	两点距离（km）	总利润（万元）	组合结果
1	α 1勘测社区	-261.33	复兴路30号	284.45	4.72	23.12	配对成功
2	α 2学院南路32号院	-139.92	龙翔路社区	42.71	2.97	-97.21	配对失败
			希格玛社区	168.54	3.00	28.62	配对成功
3	α 3展春园	-126.86	暂安处	-125.78	0.36	-252.64	配对失败
			成府路35号	-479.11	0.81	-605.98	配对失败
			中国矿业大学家属区	-10.96	0.97	-137.82	配对失败
			王庄路15号院	-83.29	0.94	-210.15	配对失败
			西王庄	259.92	1.01	133.05	配对成功
4	α 4王庄路27号院	-119.76	王庄路15号院	-83.29	0.11	-203.05	配对失败
			成府路35号	-479.11	0.29	-598.88	配对失败
			中国矿业大学家属区	-10.96	0.54	-130.72	配对失败
			东王庄	-66.68	0.59	-186.44	配对失败
			暂安处	-125.78	0.69	-245.54	配对失败
			清华东路27号院	-99.98	1.22	-219.74	配对失败
			双清路14号院	-314.11	1.68	-433.87	配对失败
			龙翔路社区	42.71	3.79	-77.05	配对失败
			宝盛西里	-149.27	4.64	-269.03	配对失败
			圆明园花园小区	399.13	5.37	279.37	配对成功
5	α 5志强北园	-43.61	龙翔路社区	42.71	2.91	-0.90	配对失败

续表

序号	搜寻中心	预期利润（万元）	被搜寻点	预期利润（万元）	两点距离（km）	总利润（万元）	组合结果
			暂安处	-125.78	4.40	-169.39	配对失败
			中国矿业大学家属区	-10.96	4.81	-54.57	配对失败
			成府路35号	-479.11	4.94	-522.72	配对失败
			东王庄	-66.68	5.00	-110.29	配对失败
			清华东路27号院	-99.98	5.03	-143.59	配对失败
			王庄路15号院	-83.29	5.06	-126.90	配对失败
			双清路14号院	-314.11	6.19	-357.72	配对失败
			宝盛西里	-149.27	8.03	-192.88	配对失败
6	α6翠微路4号院	201.04	暂安处	-125.78	8.24	75.26	配对成功
7	α7万泉庄南社区	337.14	成府路35号	-479.11	4.33	-141.98	配对失败
			王庄路15号院	-83.29	4.72	253.85	配对成功

第一阶段第一轮搜寻组合的项目生成结果　　表5-3

分组结果	α小区名称	α预期利润（万元）	β小区名称	β预期利润（万元）	α与β总利润（万元）	两点距离（km）
group1	勘测社区	-261.32	复兴路30号	284.45	23.12	4.72
group2	学院南路32号院	-139.92	希格玛社区	168.54	28.62	3.00
group3	展春园	-126.86	西王庄	259.92	133.05	1.01
group4	王庄路27号院	-119.76	圆明园花园小区	399.13	279.37	5.37
group5	翠微路4号院	201.04	暂安处	-125.78	75.26	8.24
group6	万泉庄南社区	337.14	王庄路15号院	-83.29	253.85	4.72

第一阶段第一轮搜寻组合后未进入改造项目的小区　　表5-4

小区名称	预期利润（万元）	第一轮属性	第一轮编号	中心点经度坐标（°）	中心点纬度坐标（°）
志强北园	-43.61	搜寻中心	α5	116.3590	39.9522
龙翔路社区	42.71	被搜寻点	β5	116.3680	39.9798
中国矿业大学家属区	-10.96	被搜寻点	β6	116.3380	39.9958
东王庄	-66.68	被搜寻点	β7	116.3380	39.9978
清华东路27号院	-99.98	被搜寻点	β9	116.3440	40.0004
宝盛西里	-149.27	被搜寻点	β11	116.3600	40.0325
双清路14号院	-314.11	被搜寻点	β12	116.3390	40.0107
成府路35号	-479.11	被搜寻点	β13	116.3310	39.9930

第二轮次搜寻组合算法的“搜寻中心”是尚未进入改造项目的α小区，“被搜寻点”则是经过第一轮搜寻组合生成的“group”的几何中心。通过循环迭代搜寻，α5“志强北园”社区与group5（“翠微路4号院”和“暂安处”的组合）配对成功。至此，全部α小区都已进入生成的改造项目，说明搜寻组合算法优先满足了城市更新中民生性的需要，已完成第一阶段的算法流程。

第一阶段的搜寻组合流程运算完毕后，进入第二阶段的实证部分。第二阶段以“经济性优先”为原则，因此在设置γ1至γ7对应的小区名称顺序时，预期利润呈现为递减排列。在第一轮搜寻中，γ1至γ4与相应的δ点配对成功，而γ5和γ6由于与最近δ点的距离已经超过了限定距离（D=10km），因此显示“搜索失败”，γ7与限定范围内所有δ点的预期总利润都无法达到正值，同样显示“打包失败”。进而开始第二轮次的搜寻组合算法，发现γ5“打包成功”进入了改造项目，而γ6和γ7仍然“打包失败”。根据算法步骤，原则是应当进行第三轮次的搜寻组合，但通过观察数据可以发现，γ6和γ7由于亏损过多，无论与哪个已生成的“group”进行组合都不能实现盈利，因此γ6双清路14号院和γ7成府路35号院无法进入改造项目，算法结束运行。

最终得到完整的搜寻组合结果，见表5-5，可见作为研究对象的20个老旧小区共有18个进入生成的改造项目，覆盖率达到90%。改造项目共分为6个group，其中group1包含2个小区，group4包含4个小区，其余group均包含3个小区。在预期总利润方面group1、group2、group4和group5介于0～100万元之间，group3和group6则介于100万～200万之间，总体来看各改造项目的盈利空间控制在合理的范围内，既能从民生性维度保障不同小区“应改尽改”，也能从经济性维度引导企业积极参与，从而扩大这项民生工程的覆盖面。方案具备一定的科学性和可行性，可以作为城市规划和管理领域的决策参考。

海淀区部分老旧小区改造项目生成结果　　表5-5

项目分组	小区1	小区2	小区3	小区4	预期总利润（万元）
group1	勘测社区	复兴路30号			23.12
group2	学院南路32号院	希格玛社区	龙翔路社区		71.33
group3	展春园	西王庄	中国矿业大学家属区		122.1
group4	王庄路27号院	圆明园花园小区	清华东路27号院	宝盛西里	30.12
group5	翠微路4号院	暂安处	志强北园		31.65
group6	万泉庄南社区	王庄路15号院	东王庄		187.17

2. 模型应用案例可视化表达

模型应用案例的可视化表达主要包括研究对象的空间分布（图5-2）、老旧小区的“民生性—经济性”特征分异（图5-3）、项目生成算法结果（图5-4）。其中，图5-2突出展现了不同建成年代的两类老旧小区相对于所属行政区域的具体位置，图5-3按照民生性维度的“改造迫切程度”和经济性维度的“预期利润高低”将研究对象划分为四种类型，便于更加直观地认知本研究所强调的两个视角。图5-4将同一“group”内部的小区用特定的线段连接，既体现出类似于聚类分析的空间搜寻组合方法及其轮次顺序，也清晰呈现了项目生成结果，有利于具象化理解本研究提出的模型算法。

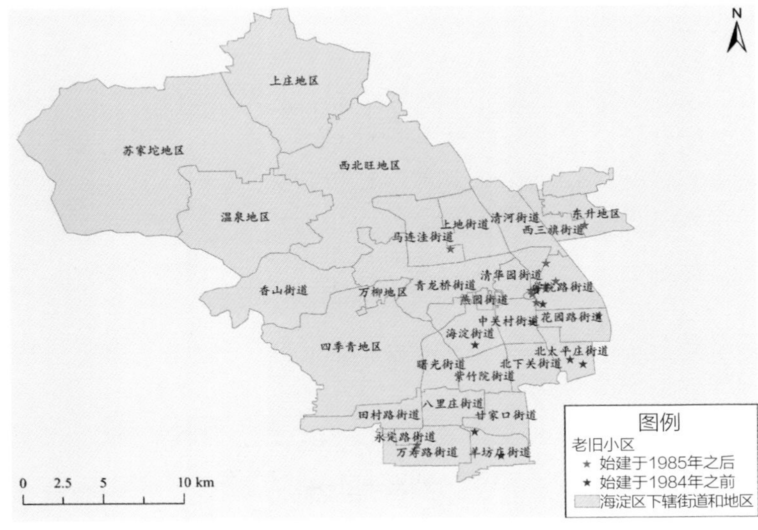

图5-2　研究对象的空间分布

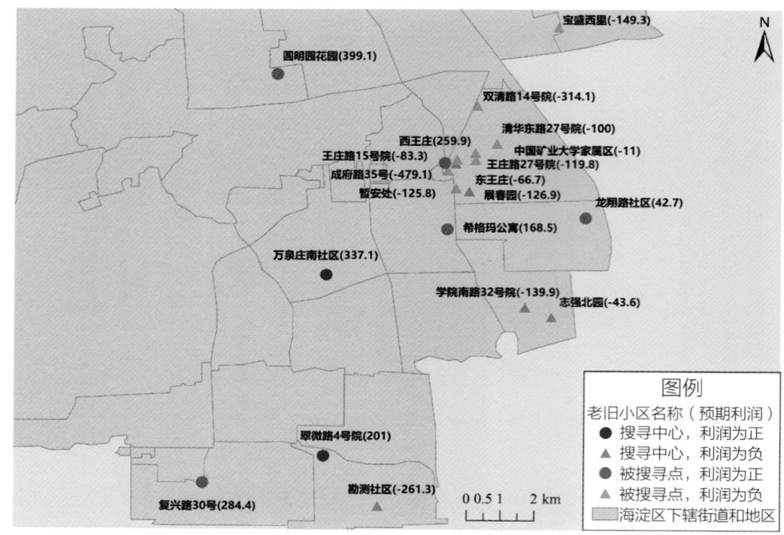

图5-3　老旧小区的“民生性—经济性”特征分异

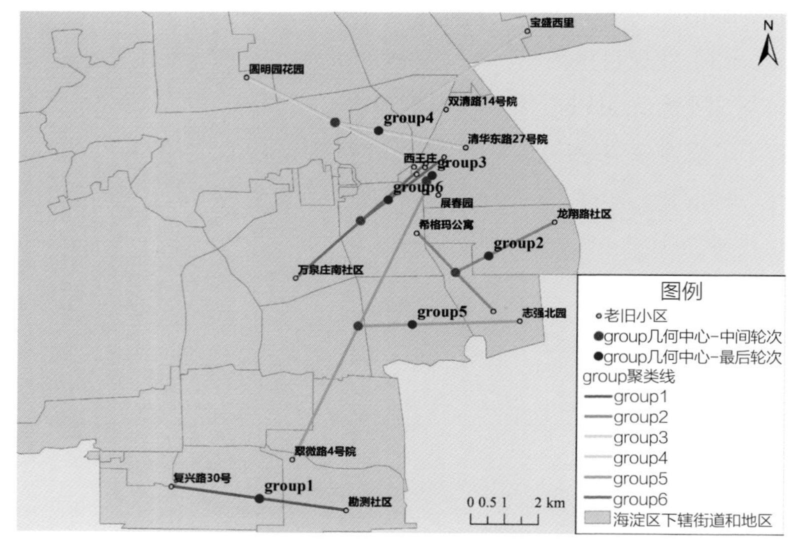

图5-4　项目生成算法结果

六、研究总结

1. 模型设计的特点

（1）在理论设计上，本模型将社会—经济维度的成本收益理论应用于老旧小区改造语境下的居民意愿收集、成本收益测算与项目方案生成，充分运用“实质利益谈判法”深入展开，能够贴近现实需求，且在已有研究中并不多见。

（2）在研究方法与技术的应用上，本研究通过开发老旧小区改造多主体协商系统平台，构建老旧小区基础地理信息数据库，原创性地提出两阶段空间搜寻组合算法，并可进行相应的程序开发，丰富了住区规划与基层治理的实践内涵。

（3）在数据收集上，本研究通过“居民/居委会移动终端填报+政府调研”相结合的方式获取一手数据，结合网络爬取数据等方式进行补充和验证，能够弥补传统参与式规划的不足，随着老旧小区改造系统平台的进一步推广应用，将会收集到更为广泛的数据与信息。

（4）在研究视角上，模型整合了“自上而下”的政府/第三方视角与“自下而上”的居民改造意愿视角，据此生成老旧小区改造项目的优化打包组合，具有较强的创新性。

2. 应用方向或应用前景

技术手段的进步推动着信息化时代的来临，也为城乡规划方法和空间治理实践带来了变革性的发展，特别是为城市更新领域中复杂的老旧小区改造问题的解决提供了新的思路和工具。基于民生性与经济性两个维度的考量，并结合参与式规划的老旧小区改造系统平台，能将多源数据与APP收集的一手数据相结合，为公平、高效、科学、可视地开展老旧小区改造提供了良好的数据基础与决策参考依据。具体而言，本研究的成果转化方向可概括为“一图”+“一表”+“一本账”，即老旧小区改造项目组合地图、老旧小区改造项目组合列表和老旧小区改造多主体协商平台数据库，能够直观展现搜寻组合过程、精准表达组合方案明细和小区属性信息，并有利于全面了解老旧小区改造的居民意愿、成本收益测算等信息，从而为规划管理部门提供辅助决策参考（包括老旧小区改造的打包组合和引进民间资本参与等方面）。

未来的应用前景包括：

（1）在老旧小区改造项目的遴选与时序确定中，可以较好地摸清区划内老旧小区的“底图底数”，在财政方面做出预算支持，同时有助于协调平衡需求，合理控制增量空间，积极挖潜存量空间，为政府提供多重时空维度的模拟方案，提升了决策的智能化和现代化水平。

（2）通过评估测算差异化的民生需求和经济效益，进行时间上的科学统筹与空间上的组合布局，有利于更好地引入企业等社会资本参与更新改造，也便于培育居民的支付意愿，促进多主体参与城市更新，最终推动我国的城镇老旧小区改造进程实现“共建、共治、共享”。

（3）在项目生成后，基于“PC+APP”端的老旧小区改造系统博弈平台，可以连接不同主体和改造不同阶段，共同构成居民、开发企业与政府全流程动态博弈情景，有助于协商流程可视化、标准化的实现，对推动我国老旧小区改造中的参与式规划提供支持。

参考文献

[1] 仇保兴. 城市老旧小区绿色化改造——增加我国有效投资的新途径[J]. 城市发展研究，2016，23（6）：1-6，150-152.

[2] 李志，张若竹. 老旧小区微改造市场介入方式探索[J]. 城市发展研究，2019，26（10）：36-41.

[3] 对于每一阶段的每一轮次搜寻组合，都可计算得到类似的一组表格。

廊道视角下职住关系“梯度平衡”监测与优化
——兼论功能疏解影响下北京典型通勤廊道变化

工作单位：北京市城市规划设计研究院、中国科学院地理科学与资源研究所、中国中元国际工程有限公司

报名主题：面向高质量发展的城市综合治理

研究议题：人本视角下TOD发展策略

技术关键词：时空行为分析、流模式、职住平衡

参 赛 人：王吉力、董照诚、吴明柏、陈一山

参赛人简介：一个由建筑、规划、地理信息、计算机等不同专业背景的队员组成的交叉团队，将类型学、形态学、空间模式等方法研究与体检评估、公共安全、城市活力、职住平衡等城市议题相联系，获得深入的思考。团队曾参加北京市经济和信息化局、中国计算机学会大数据专家委员会联合主办的“2020北京数据开放创新应用大赛—科技战疫·大数据公益挑战赛”，获“重大突发公共卫生事件处理解决方案”赛题三等奖。

一、研究问题

1. 研究背景及目的意义

城市的职住关系反映了城市生产生活的协调性，是有效确保城市高效运转的重要方面。解决“职住失衡”问题、促进“职住平衡”状态，也是国家政策和城市规划重点关注的领域。例如，国家“十四五”规划纲要即提出了“让全体人民住有所居、职住平衡”的要求；《北京城市总体规划（2016年—2035年）》提出“协调就业和居住的关系，推进职住平衡发展”，并做出了优化城市就业、居住用地比的要求；北京“十四五”规划纲要再次强调“打造职住平衡的宜居空间……城乡职住用地比例调整至1：1.5 左右”和“坚持职住平衡导向，推进居住用地优先在轨道交通、大容量公共交通廊道节点周边布局”的具体要求，对北京未来一段时期优化职住关系提供了指引。

（1）通常来说，0.5的职住人口比可认为相对均衡，但由于集聚效应的存在，对超大、特大城市来说，职住失衡的问题靠城市自身在内部解决是不可能的。

0.5的职住人口比大致相当于1个就业岗位对应2个常住人口，或者在充分就业城市，劳动年龄人口在一半左右。具体来说，不同类型、规模的城市职住比范围有所不同。从几个在类型和规模相当的城市实际职住比看，北京市为0.53（2013年），上海市为0.47（2013年），巴黎大区为0.48（2012年），东京都市圈（一都三县）为0.51（2014年），均在0.45～0.55之间。同时，这些城市中心地区就业集聚更加明显，职住数量失衡更加突出（图1-1）。

（2）面对功能疏解，北京的职住比不断上升，需避免职住时空分离进一步加剧。

《京津冀协同发展规划纲要》和《北京城市总体规划（2016年—2035年）》提出了北京开展非首都功能疏解的任务目标。《中华人民共和国国民经济和社会发展第十四个五年规划和2035年远景目标纲要》则进一步对超大、特大城市提出“有序疏解中心城

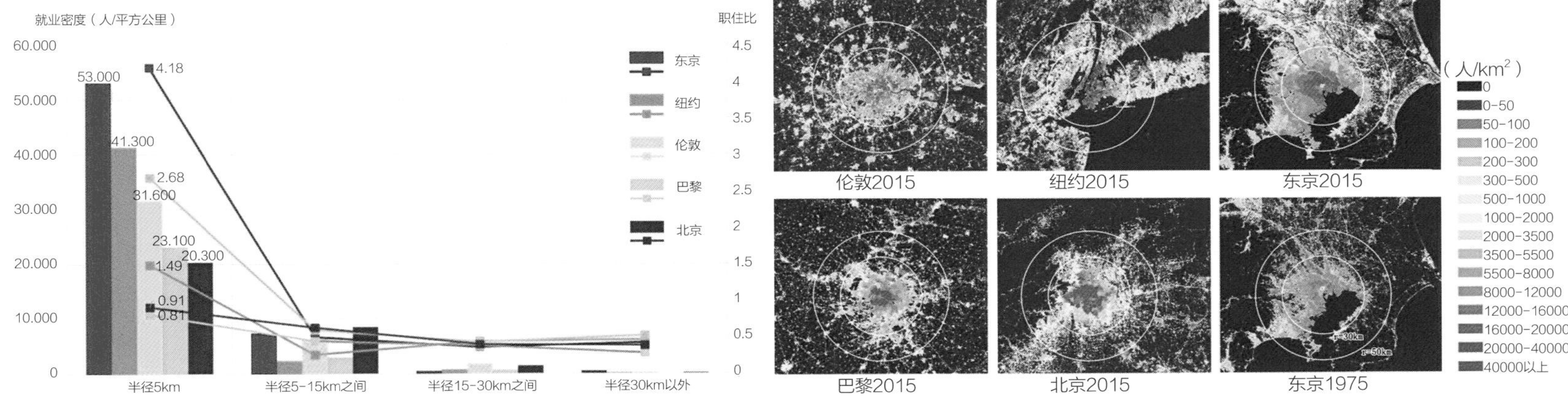

图1-1　北京与国际大都市职住分布对比

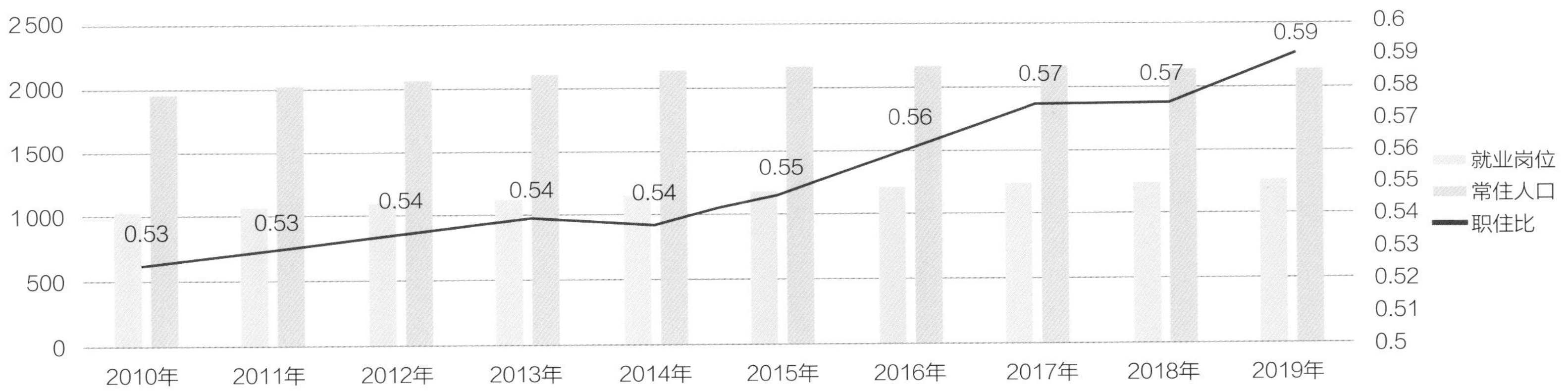

图1-2　2010—2019年北京职住比变化趋势

区一般性制造业、区域性物流基地、专业市场等功能和设施，以及过度集中的医疗和高等教育等公共服务资源”、对大中城市提出“主动承接超大、特大城市产业转移和功能疏解”，将“中心城区功能疏解”的要求从北京扩展至全国。

在这个过程中，城市原有的职住格局受到改变。北京城市职住比从2010年的0.53增加至2019年的0.59（图1–2）。伴随着产业功能的调整升级，中心城区原有就业、居住向外围的新城、边缘城镇转移，一定的时间内，就业居住分布的空间格局被进一步拉开。如果对职住分布规律研究和认识不足或措施保障不到位，将可能形成新的就业和居住分离现象，进一步加重“大城市病”。

2. 研究目标及拟解决的问题

（1）以长距离、长时间通勤为代表的职住失衡问题，在主要廊道中是否逐渐好转？拟聚焦城市中的大型廊道，分析“中心地区—边缘集团—近郊新城—跨界组团”之间的职住联系；结合大数据和交通调查数据、统计数据，从总体格局、时空分布、通勤流三个维度开展持续监测；通过监测模型，动态反映职住关系的改善情况。

（2）为更好地实现“梯度平衡”，还需要对廊道施加怎样的规划策略？基于廊道现有结构的通勤分配测算，拟通过动态调整参数（组团就业、居住规模），开展不同情境的“梯度平衡”情况的预测；进而通过北京城市体检工作，反馈优化城市职住关系的改善，来支撑问题的解决。

二、研究方法

1. 研究方法及理论依据

（1）职住关系的研究深化

就业和居住空间是城市空间结构的核心组成部分。就业—居住空间的协调，既是城市运行效率的重要保障，也是城市宜居性的重要体现。从规划的视角，对职住平衡的研究涉及城市就业居住空间错配问题，以及由此带来的居民职住分离现象。因此，其衡量的方式，包括了职住平衡情况（具体包括数量平衡、质量平衡）、就业—居住地及通勤流呈现的时空关系，以及最小通勤成本原则下的过度通勤。

近年来，沿城市廊道组织职住关系的思路得到研究者的重视。一方面是围绕城市空间重组影响职住分布的研究，加深了对大城市职住空间错位的客观特征理解。如姚永玲（2011）考察了城市郊区化过程中，不同人群的职住迁移特征差异；王宏等（2013）以济南为例分析了行政中心、高校外迁和城郊大型住宅区开发随之产生的双向通勤问题；张学波等（2019）则聚焦产业差异，识别了对职住空间错位影响显著的行业，指出北京都市区产业分布具有高度显著的梯度性和圈层结构特征。另一方面，通过研究交通廊道与城市职住关系的相互影响，逐渐形成了依托交通廊道组织、优化城市职住关系的规划思路。如赵晖等（2011）、刘竹韵等（2018）、黎洋佟（2018）从不同角度实证研究了轨道交通对就业居住空间布局及通勤组织的互动。从规划角度，陈彩媛（2016）总结了重庆两江新区通过交通复合走廊，打破空间距离限制，改善新区职住平衡的策略；刘李红（2019）基于轨道交通供需特征的职住时空平衡，提出了连续轨道通勤系统的概念；杨明等（2019）基于大都市区整体发展的视角，总结北京经验，提出依托向外辐射的多层次轨道交通串联“中心地区—边缘集团—新城—跨界城镇组团”，间隔布置就业中心和居住中心，实现职住沿廊道的梯度平衡（图2–1）。

总的来说，新的思路强调正视大城市中心地区的就业集聚带来职住空间错位的客观规律，改变了追求中心地区和外围组团各自内部的职住“自平衡”的方式，而是从城市整体出发，提出边缘城镇不具备职住组织的“独立性”，需与中心地区及新城联动互补，在廊道上平衡职住关系。

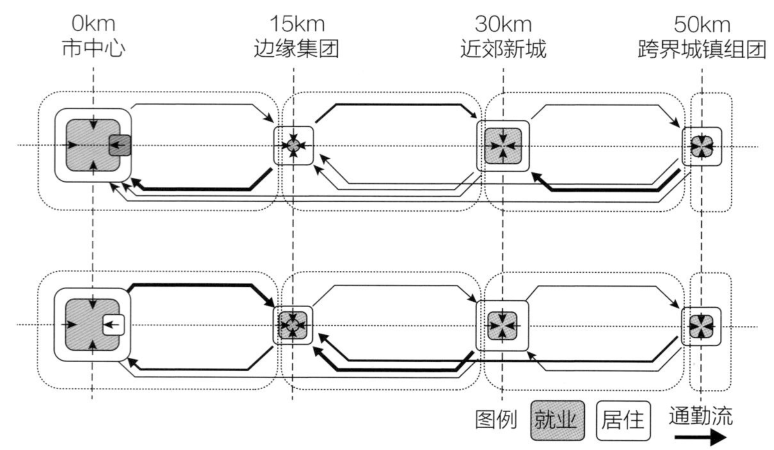

图2–1 职住梯度平衡模式图（杨明等）

（上：中心地区局部区域为超大就业中心，下：中心地区局部区域为大型居住区）

（2）不同的职住关系优化组织模式

按空间尺度由小到大，对职住关系的优化组织模式，有从关注重点区域的局部平衡，例如在较独立的新城组团加强承接地住房、学校、医院等功能配套，促进职住平衡；到营造临近组团双向平衡，例如统筹回龙观、天通苑地区与未来科学城建设发展，形成双向职住平衡；到中心城区尺度沿主要道路的时间平衡；再到2016年版北京总规提出的跨区域视角的职住梯度平衡，围绕城市主要交通廊道，推进居住用地优先在轨道交通、大容量公共交通廊道节点周边布局。

依托大容量轨道、公交形成的交通廊道组织就业—居住空间已有长期的探索，但就业—居住空间与廊道的空间关系则各有不同（图2–2）。马塔的带形城市、丹下健三的都市轴理论中，就业—居住空间布局更多垂直于廊道的主导方向；TOD理念突出组团内的职住近接，形成围绕站点的圈层布局。近年来的一些实践，则显现出沿廊道主导方向布局各类功能组团的思路。

北京已经初步建立基于大都市区整体的职住梯度平衡策略，其实效如何？持续优化的重点领域何在？值得进一步探索。

在多中心城市视角下，梯度分布的概念与城市圈层结构密切相关。沿向外辐射的轨道交通廊道，串联起城市中心地区、边缘集团、新城以至外围的跨界城镇组团，构成了廊道上复合的功能组团。其中，一方面要加强各组团内部职住数量均衡、空间匹配性，另一方面，通过间隔布局就业主导、居住主导的组团，为中

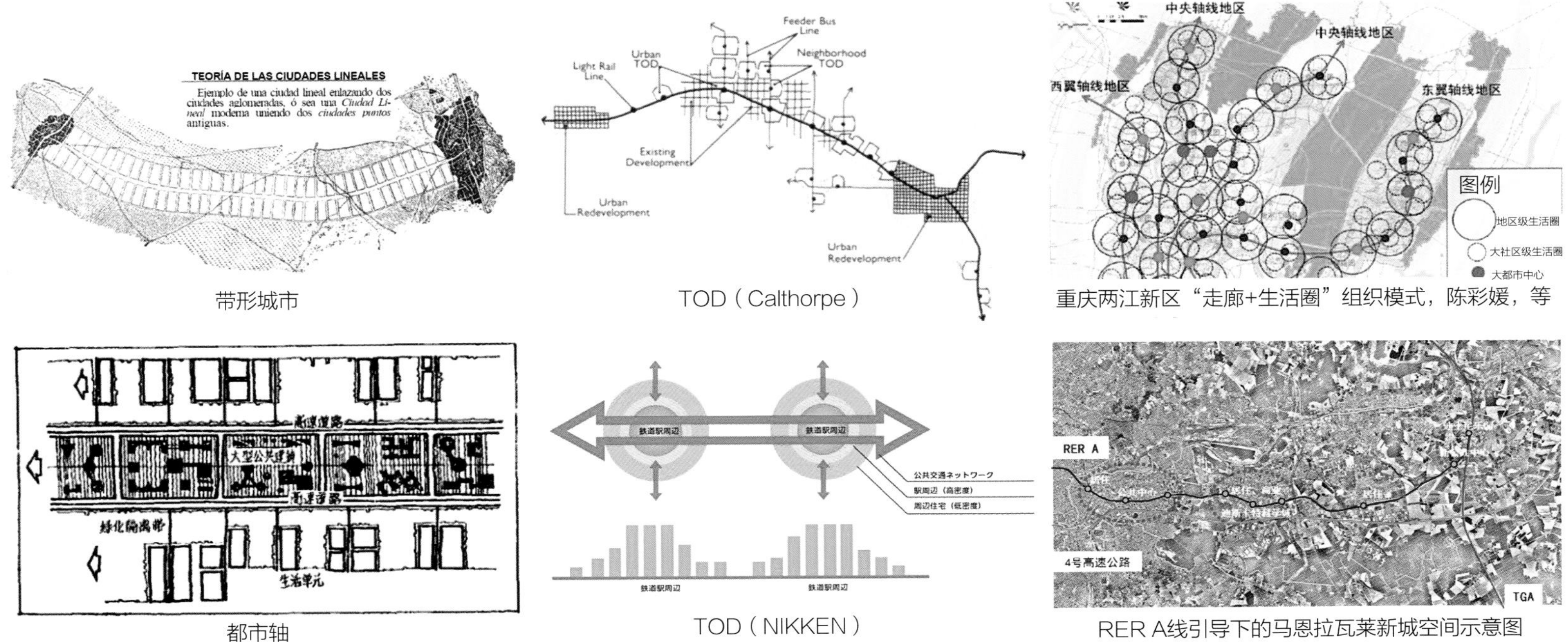

图2-2　廊道与“就业—居住”的不同空间关系

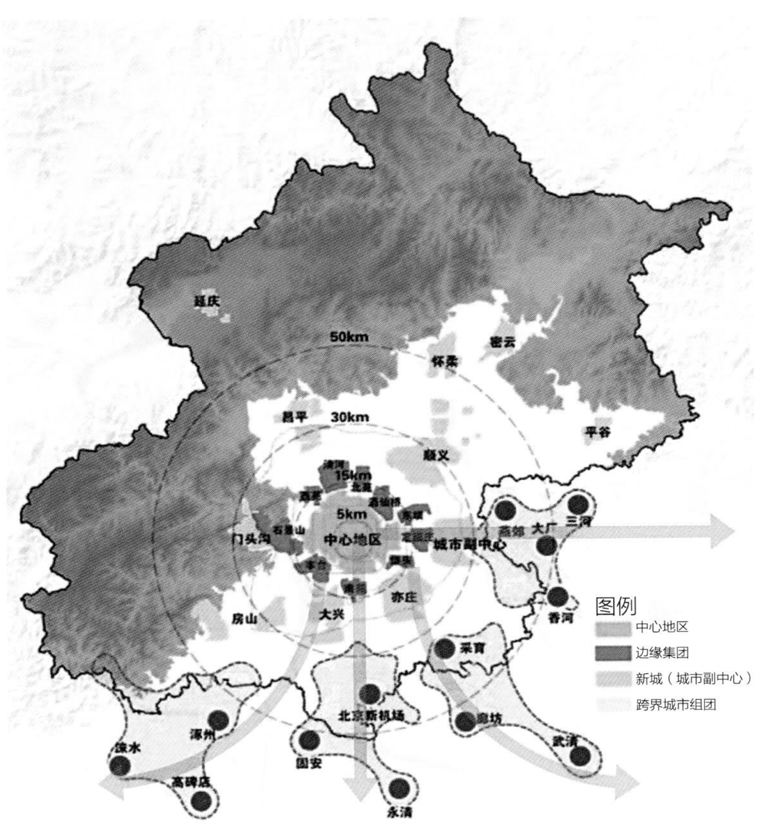

图2-3　北京城市圈层“分散集团式”布局与跨界联系

心地区的就业中心提供就近的居住空间为大型居住区提供就近的就业配套，最终引导廊道中通勤流形成“向心、梯度、圈层”的分布模式。

北京城市总体规划通过市域空间结构的调整、与东部南部跨界城镇组团建立联系，已经初步形成了从中心地区到边缘集团、近郊新城至跨界组团的几条主要廊道（图2-3）。如何在此基础上做适当改进，使之更好地反映线性交通廊道上的职住关系，是一个值得进一步探索讨论的议题。

2. 技术路线及关键技术

对应前述研究问题，研究包含两个阶段模型：一是对廊道职住关系的监测模型，以线性为主，包括总体格局测量、时空分布监测和实际通勤流监测；二是预测模型，结合实际通勤流等数据形成初始的OD矩阵，结合用地规模、建设强度、人口结构建立职住规模判定的方法，进而采用增长系数法进行通勤分布测算。同时，通过修改就业者、就业岗位数量，可以对通勤分布情况进行情境模拟，并将调整后的就业者、就业岗位反推各组团的居住和就业用地规模，为优化职住关系提供规划上的策略建议（图2-4）。

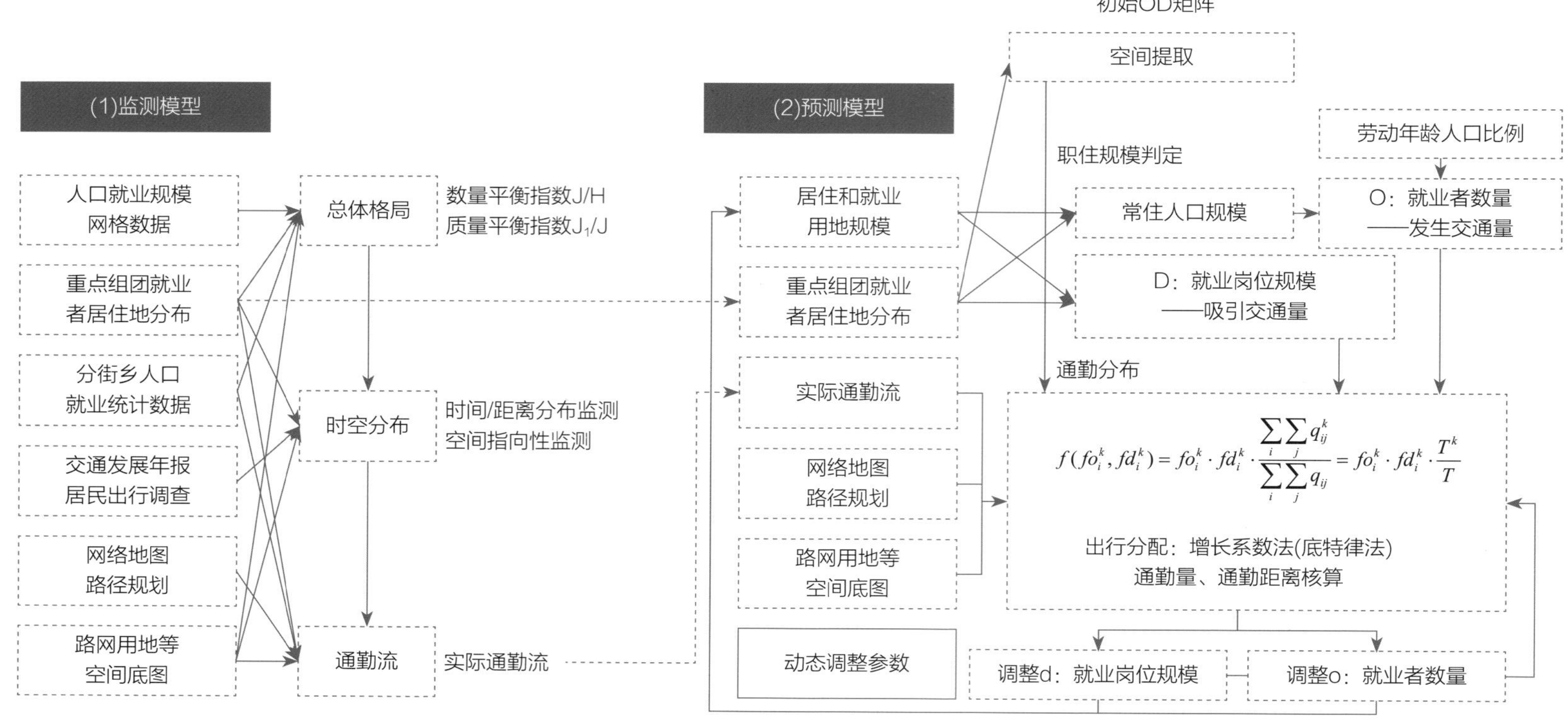

图2-4　技术路线图

三、数据说明

1. 数据内容及类型

（1）大数据类

采用百度地图慧眼“常住分析”模块的北京全市居住和就业人口数据，数据为网格形式，选取人口数量作为分析维度。其用途在于从全市整体的职住数量、比例变化角度为典型廊道分析提供对照组。从数据看，2021年标记为“home”即居住的人口规模识别为2 721万人，标记为“work”即工作的人口规模为1 331万人，与统计数据相比较，“home”类型应是实有人口口径，“work”类型则与统计数据从业人员规模相近。采用百度地图慧眼“职住分析”的典型廊道内各组团就业人口及其居住的数量及分布数据，数据为网格形式，选取数量作为分析维度，组团边界选取以同尺度同形状为原则，具体方式在下文详述。依托此数据，分析组团及廊道的整体职住情况，判断廊道职住类型，衡量职住质量平衡变化、时空分布，计算实际通勤流、最小通勤，这是本研究开展分析的主要数据。

（2）统计数据类

利用人口普查数据获取分街乡的人口、就业数据，与大数据进行对照。利用城市统计年鉴和区域统计年鉴获取劳动年龄人口占比数据，用以从常住人口规模中推算就业者的规模，与就业岗位规模一同，分别形成通勤的生成量与吸引量；并对照交通发展年报、居民出行调查反映的城市、分区出行时空数据，与数据计算结果进行检验。

（3）时空转换类

结合高德地图API路径规划，采用抽样方式对数据计算结果进行检验，主要用于衡量通勤距离、时间的计算准确性。

（4）空间底图类

采用Open Street Map提供的公开数据中北京市的基础路网、地块，作为空间分析、可视化表达的统一空间底图。数据均采用WGS-84坐标系。

2. 数据预处理技术与成果

（1）标准化组团范围的生成

结合前述讨论，廊道的边界有三种选择模式（图3-1）。

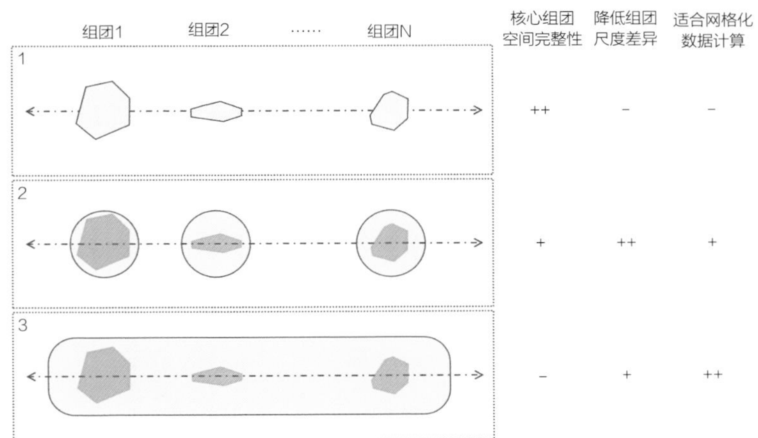

图3-1　三种廊道边界选择模式对照

第一种，聚焦廊道内的核心就业中心、活动中心等功能组团以及大型居住组团。该方式保证了组团本身的空间完整性，可有效筛选有关的职住通勤流。但各组团空间尺度差异大，网格化数据在不同尺度、不同边界形态的组团中可能带来较大误差。

第二种，围绕核心组团建立统一的标准研究范围。该方式虽然损失了部分组团空间完整性，但降低了各个组团之间的尺度差异，且较规则的空间边界可以有效控制嵌套网格数据时产生的误差。这也是本研究采用的选择模式。

第三种，沿线性廊道成面。该方式基本不保留廊道内部各组团的独立性，但突出了廊道作为一个整体的职住特征。较大、较规则的线性面域也适合网格化数据计算。本研究在工作初期将此种方式与第二种做了对照，从数据反映情况来看，整体判断大致相等，但刻画通勤流等的细节较第二种要少，因此暂未采用。

考虑到不同组团的几何形状、空间范围、尺度不一，建立统一的边界标准化生成工具。结合各组团的几何属性，分别计算几何中心坐标，以及以内切圆、外接圆半径，形成各组团的圆心坐标、推荐半径。综合所有组团的推荐半径，可设定统一的研究半径，而后可为各组团自行生成统一半径的研究范围（图3–2）。

（2）地理流数据空间属性的自动生成与分类统计

考虑到获取的数据仅包含起点x、y坐标、终点x、y坐标（即流的方向）及人数（即流的强度）（图3–3），建立运算工具，计算各条流的方位角、长度，并按设定的截距进行分类（图3–4）；之后，建立统计绘图工具，可按照需进行求统计和绘图（绘图实例见实践案例部分）。

图3–2　组团空间范围标准化示意图

日期	居住地名	网格ID	居住地网	居住地网	工作地名	人数
202104	allframe	HYID8112	116.2725	39.95243	E1cbd	13
202104	allframe	HYID8167	116.4118	39.67538	E1cbd	2
202104	allframe	HYID8127	116.6453	40.13191	E1cbd	8

图3–3　原始数据表头信息示意

日期	居住地名	网格ID	居住地网	居住地网	工作地名	人数	center_x	center_y	length	len_x	len_y	angle	距离分类	角度分类
202104	allframe	HYID811	116.2725	39.9524	E1cbd	13	116.4725	39.91705	17535.91	-17052.3	3017.787	280.04	4	13
202104	allframe	HYID816	116.4118	39.6754	E1cbd	2	116.4725	39.91705	27332.44	-5177.4	-20611.6	194.1	6	9
202104	allframe	HYID812	116.6453	40.1319	E1cbd	8	116.4725	39.91705	28052.36	14742.38	18325.71	38.815	6	2

图3–4　计算补充表头信息示意

四、模型算法

1. 模型算法流程及相关数学公式

（1）监测模型

监测模型主要包括三个子方面，呈线性关系。

1）廊道总体职住格局的监测情况，参照经典的职住平衡相关指数，包括：

职住数量平衡=*廊道内的就业规模/廊道内的居住规模*……（*i*）

职住质量平衡（组团内）=就业者在就业组团内居住规模/（就业者规模）……（*ii*）

职住质量平衡（廊道内）=就业者在就业廊道内居住规模/（就业者规模）……（*iii*）　（4–1）

在此基础上，综合就业、居住数量关系，可对廊道的不同特征进行识别、区分和变化监测（图4–1）。就业和居住均在市中心集聚、沿廊道向外递减的“强中心、弱边缘”型，其职住曲线呈现自右上向左下的走向。就业在市中心集聚、居住则内部少、外部集聚的“中心就业强、边缘居住强”型，其职住曲线走向与前一类型左右镜像，自左上向右下。若就业、居住主导交错布置，如“就业两端集聚、居住中段集聚”的模式，则曲线呈现横向的“C”或“反C”形。

2）廊道中的时空分布，考察时间/距离分布情况，并统计各组团通勤流的空间指向性，并与所在廊道的主导通勤方向相对

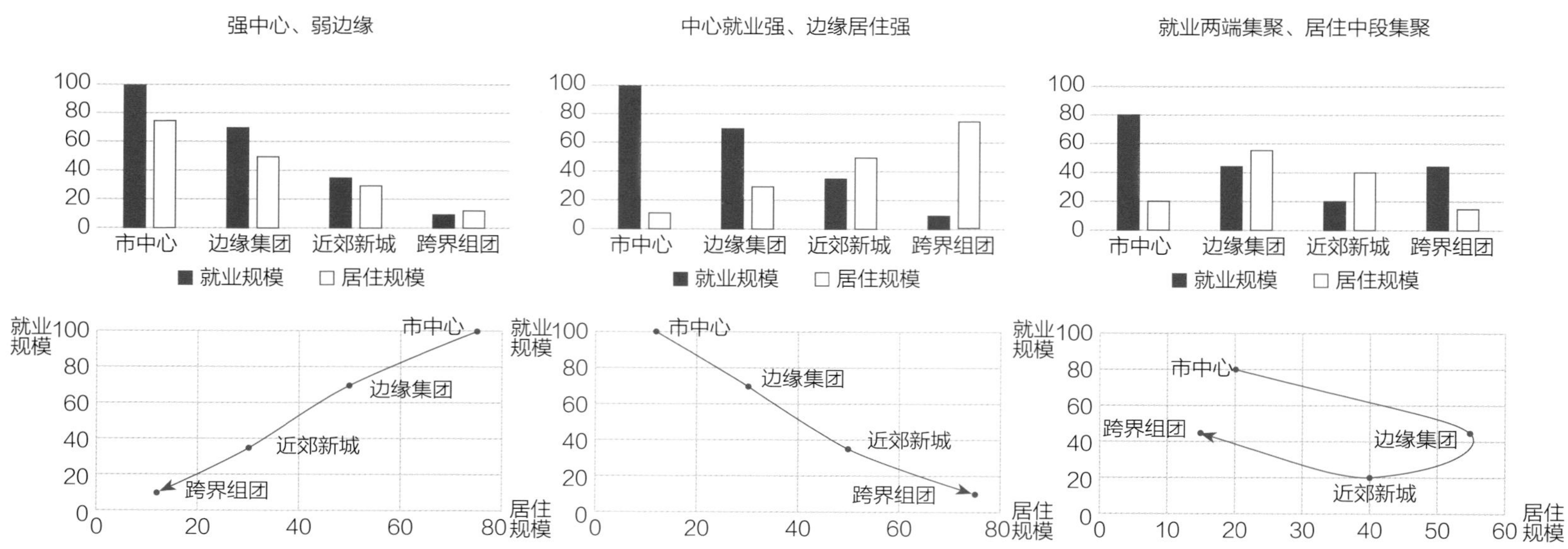

图4-1　三种廊道的职住特征曲线

照，可以检验组团的相关通勤分布是否与廊道相契合。采用区分方位角的玫瑰图的方式进行直观呈现。

3）实际通勤流。此项数据既开展历年纵向对比，也与预测模型相联系，作为计算基础（图4-2）。

（2）预测模型

预测模型主要包括4个子方面，其中包含相互反馈，用以支撑情境分析（图4-3）。

1）与实际通勤流相联系，建立初始OD矩阵。

2）职住规模判定。综合居住和就业用地规模、各类用地容纳常住人口、岗位数量，对各组团进行常住人口规模和就业岗位规模判定，并与大数据计算结果进行对照检验。进而结合城市人口结构中的劳动年龄人口比例，将常住人口规模转化为就业者数量。

3）通勤分布。结合增长系数法进行计算，采用其中的底特律法，考虑是组团之间的交通量增长率，与两个组团出行的发生

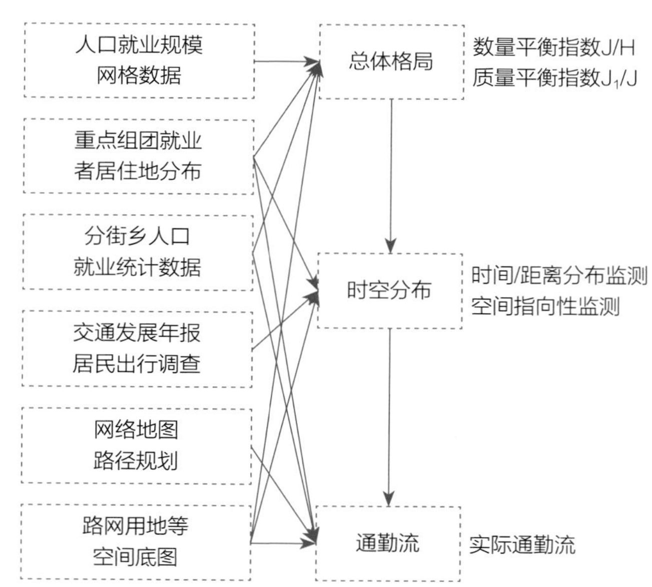

图4-2　监测模型框架

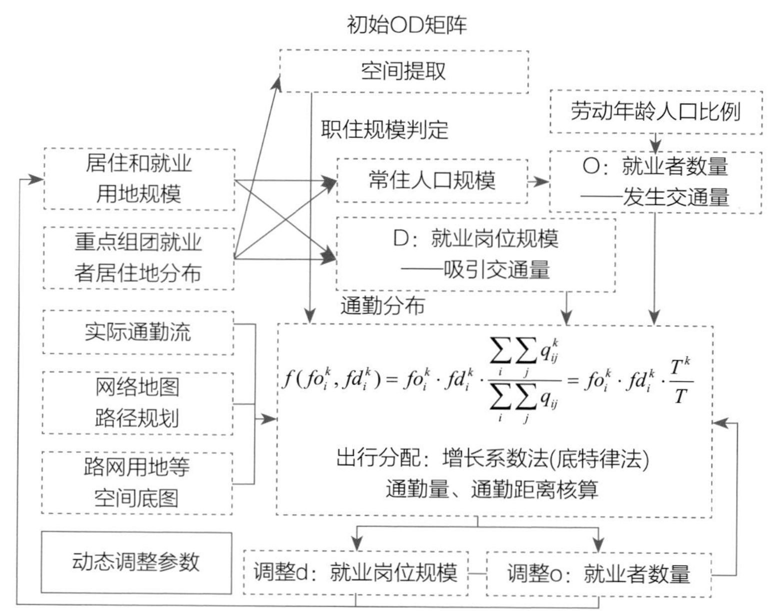

图4-3　预测模型框架

量、吸引量成正比，并与出行发生总量增长成反比。模型计算采用Python实现，误差上限设定为3%。

$$f\left(fo_i^k, fd_i^k\right) = fo_i^k \cdot fd_i^k \cdot \frac{\sum_i \sum_j q_{ij}^k}{\sum_i \sum_j q_{ij}} = fo_i^k \cdot fd_j^k \cdot \frac{T^k}{T} \quad (4\text{-}2)$$

2. 模型算法相关支撑技术

模型平台主要采用Python语言和ArcGIS软件，结合Pandas、Geopandas和Arcpy等库编写运算程序、生成结果，结合Python的Matplotlib库和Excel软件绘制表达。

五、实践案例

1. 模型应用实证及结果解读

（1）实证区域选择：北京的两条主要通勤廊道

研究选取京通燕廊道、京开固廊道（图5-1）作为实证研究对象。一方面，这是北京两条主要的通勤廊道，涵盖了从市中心、新城到跨界组团多个尺度；另一方面，两条廊道内包含了功能疏解、承接涉及的重要组团，例如京通燕廊道中的副中心行政办公区，京开固廊道中的大红门、新发地、大兴机场临空经济区，随着疏解、承接工作的深入，相关组团周边的职住关系面临较大变化。

结合组团空间范围的标准化预处理工具，参考各组团基本情况对照（表5-1），最终确定取1.5km作为研究范围统一半径。下文所称组团均指研究范围。

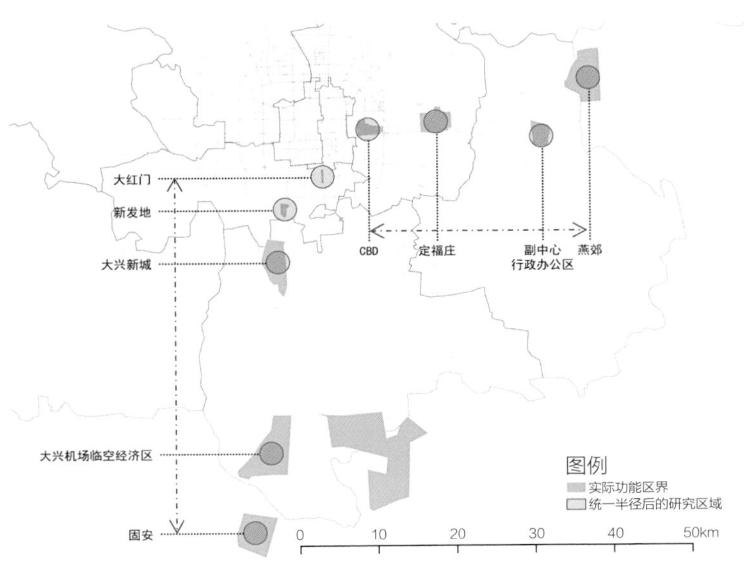

图5-1　京通燕、京开固廊道及重点研究组团选择示意

廊道主要功能区及其近似面积　　表5-1

廊道	主要功能区	大致面积（万m²）	拟合圆半径（km）
京通燕（东）	CBD	493	1.2
	定福庄	1083	1.6
	副中心行政办公区	653	1.4
	燕郊	2442	5
京开固（南）	大红门地区	50	0.6
	新发地地区	135	0.7
	大兴新城	1689	3
	新机场临空经济区	11203	6
	固安	2164	2.5

（2）职住关系优化进展监测

1）总体职住格局

从总体廊道类型看，两个廊道普遍呈现“强中心、弱边缘”特征，中心组团职、住均强，越往边缘越弱，与北京人口、就业均主要集中在中心城区的特征相一致。从年度变化来看，两个廊道中心组团职住规模普遍降低，边缘城镇逐渐崛起，体现了功能疏解对城市空间结构的调整。其中，京通燕廊道整体职住比较高，呈现就业型廊道，居住较少。京开固廊道整体职住比低于全市平均，呈现居住型廊道，但4年来，伴随大红门地区居住人口迅速减少，职住比增长较快，有转变成为就业型廊道的可能性（图5-2）。

同时，各廊道及组团的职住比明显增加，有两种类型：一是伴随职住规模降低，例如CBD、大红门等主要开展功能疏解的地区；二是伴随职住规模增加，例如副中心行政办公区、大兴机场临空经济区等以承接为主的地区（图5-3）。

随着就业规模的降低，职住质量平衡度也在逐渐下降。京通燕廊道的就业规模从2017年的30.4万降至2021年的28.8万，其中，在就业组团内居住占比从9.0%降至7.7%。京开固廊道的就业规模从22.2万降至17.1万，其中，在就业组团内居住占比从23.3%降至19.6%（图5-4）。

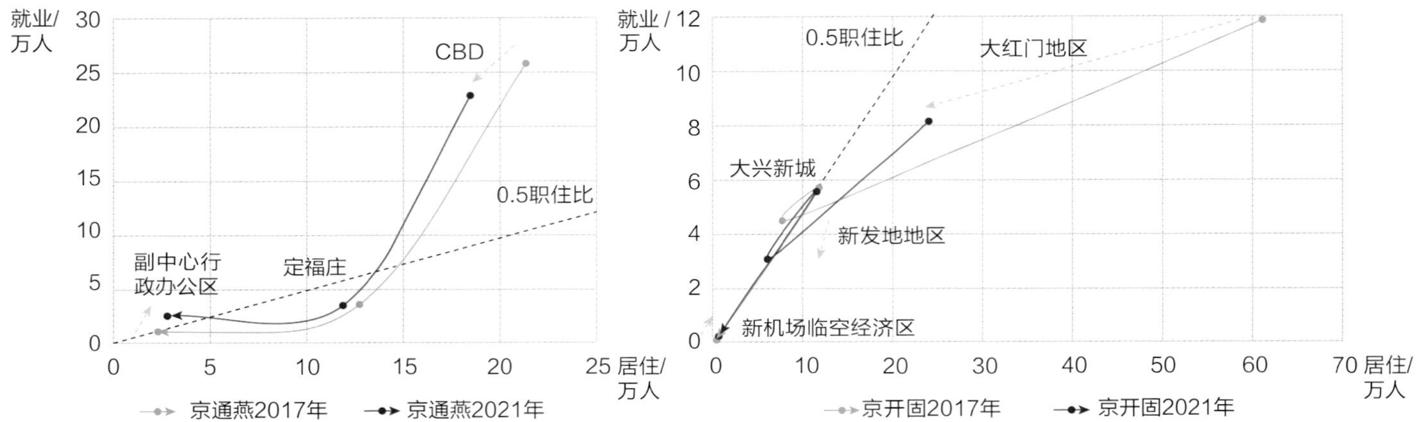

图5-2 廊道职住规模分布特征曲线

图5-3 廊道职住比情况

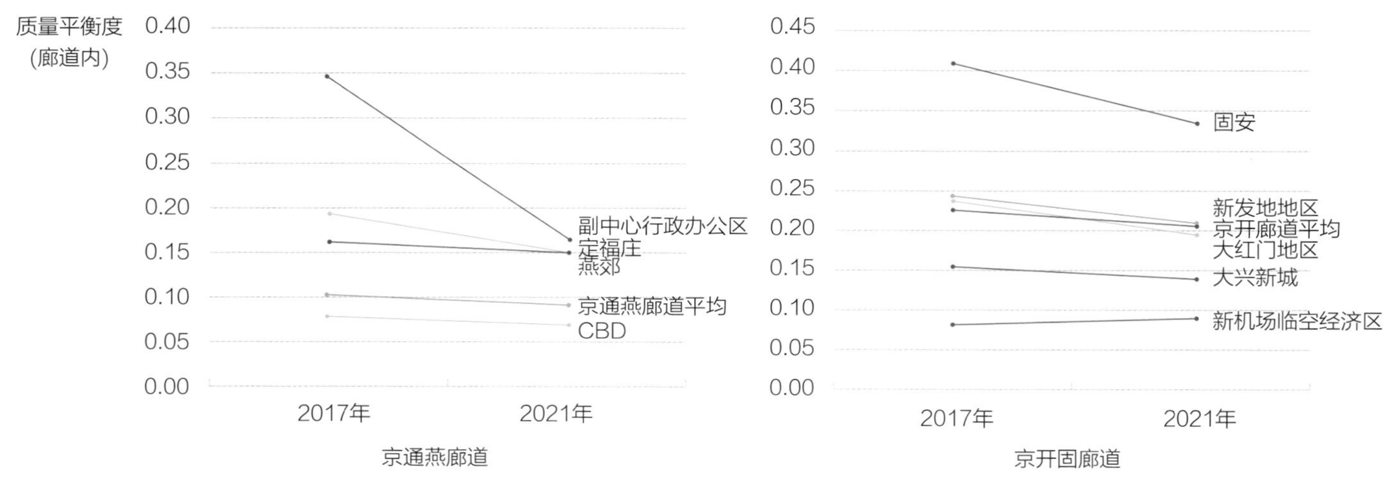

图5-4 廊道职住质量平衡情况

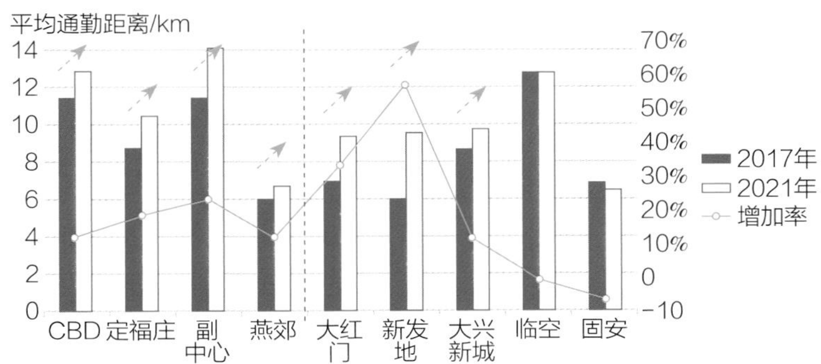

图5-5　各组团平均通勤距离变化情况

2）时空分布

2017—2021年，各组团的平均通勤距离普遍增加：京通燕廊道各组团平均单程通勤距离均增加；京开固廊道各组团除固安降低、大兴机场临空经济区基本不变外，平均单程通勤距离均增加（图5-5）。

更详细地看通勤距离分布（图5-6）及其变化（图5-7）情况，可以发现，通勤距离的普遍增加，重要影响因素不在于远距离通勤人数增多，而是就近通勤人数大幅减少。

空间分布方面，结合各组团就业者的居住地空间分布情况（图5-8、图5-9），进行地理流数据空间属性的生成与分类统计（图5-10）。与相应廊道主导方向相比照，可以发现，与廊道本身的空间朝向、组团在廊道中的位置相比，京通燕廊道的主要组团大多呈现强的沿廊道通勤的指向性，而京开固廊道的主要组团通勤指向性较弱。同时，在同一廊道内，不同组团的空间指向性也有所分化。

（3）通勤分布的测算与情境比照

1）当前就业居住规模下的趋势

随着总体规划实施，从2017—2021年两个廊道的就业规模和与之相伴的通勤流过度集聚在中心城区的功能组团（如CBD、大红门、新发地等）的问题得到缓解；城市副中心、大兴机场临空经济区的就业承载力得到有效培育；沿廊道的职住失衡问题持续向好（图5-11）。

2）参数调整，为不同规划情境做动态决策支撑

假设大兴机场临空经济区增加了大量的就业岗位，参数调整采用大红门、新发地、大兴新城、固安就业岗位均降低30%，并将这一部分岗位划入临空经济区的方式。预判主要影响是，原有的从固安、大兴新城的长距离向心通勤将有所减少，新增通勤则以短途增加为主，包括大兴新城、固安至大兴机场临空经济区，

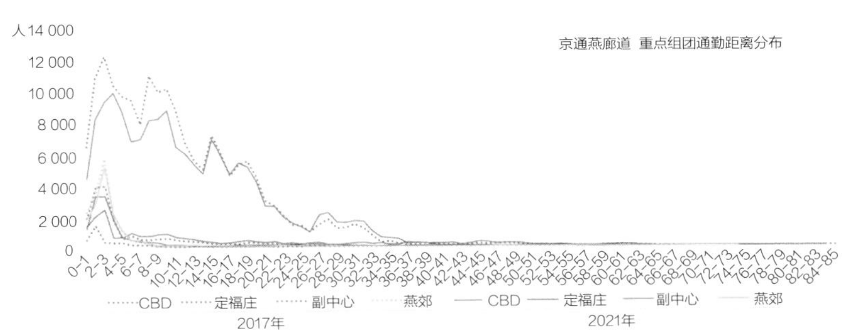

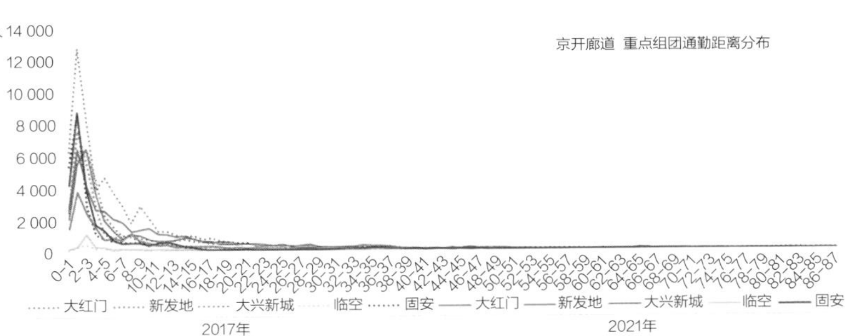

图5-6　各组团通勤距离分布情况（左：京通燕廊道，右：京开固廊道）

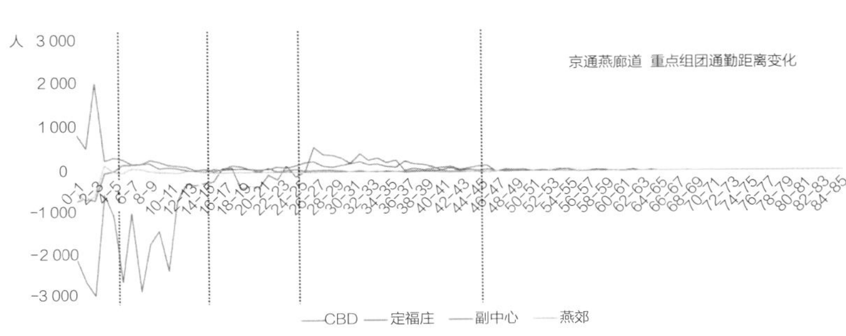

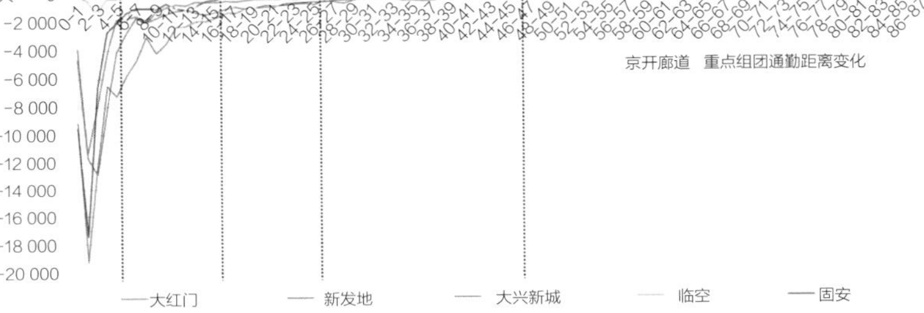

图5-7　各组团通勤距离变化情况（左：京通燕廊道，右：京开固廊道）

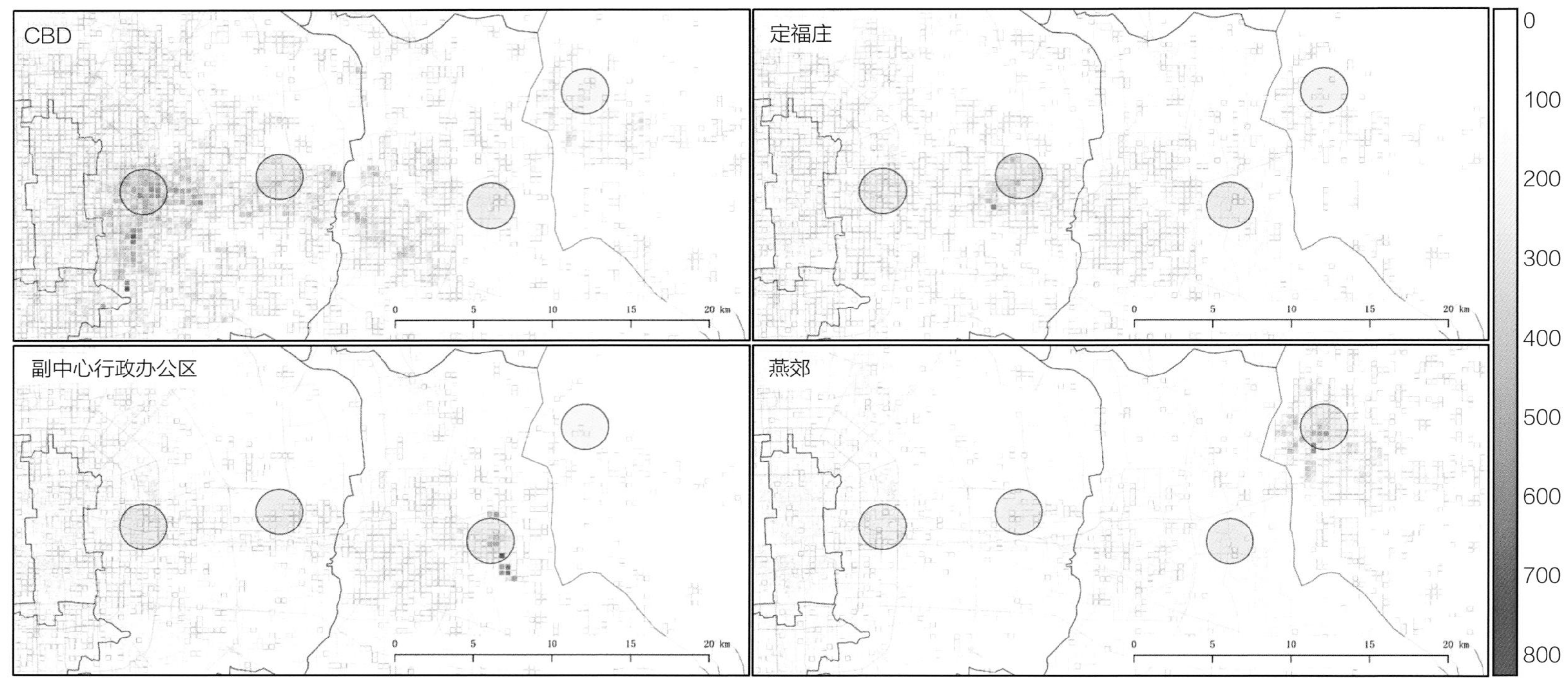

图5-8　京通燕廊道主要组团就业者居住地空间分布

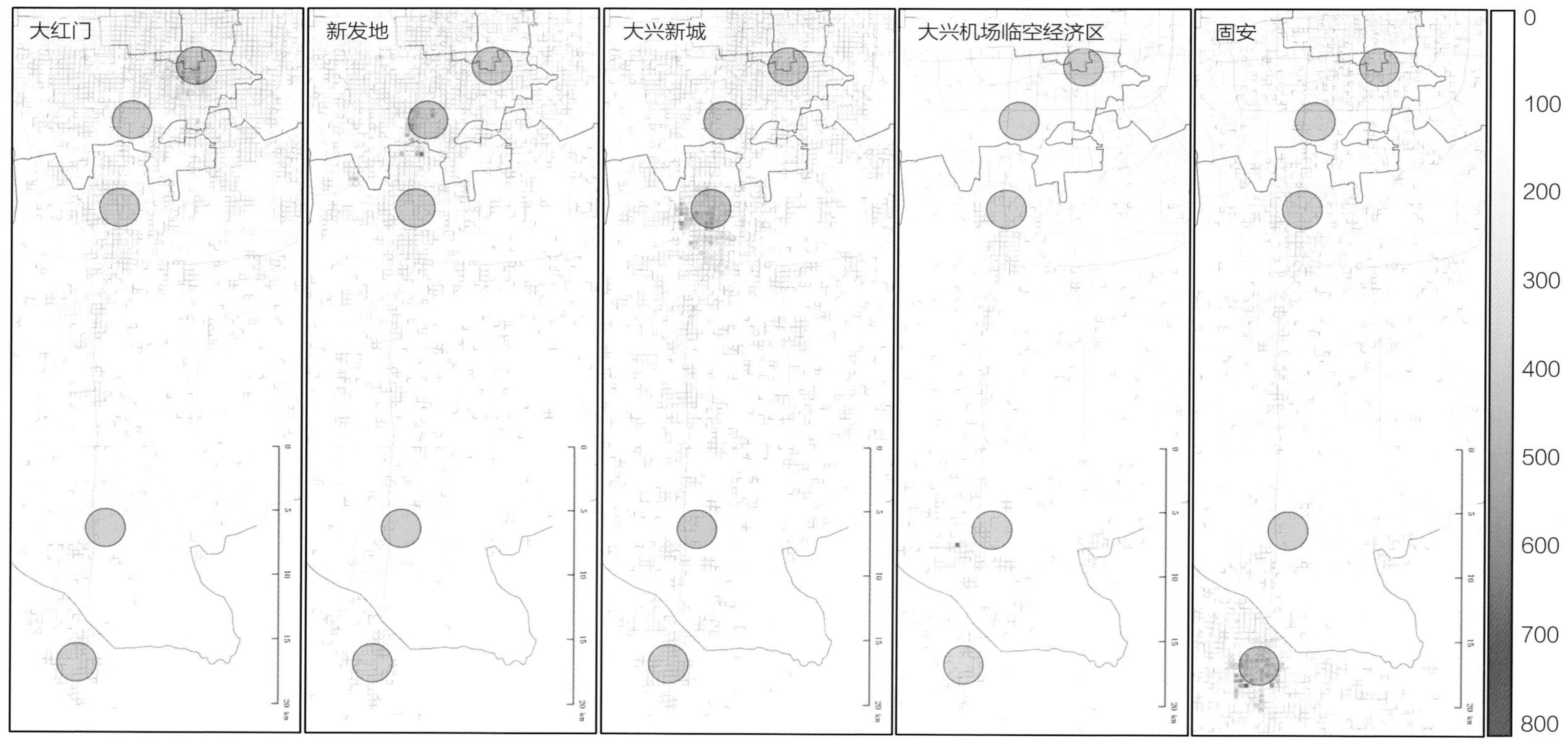

图5-9　京开燕廊道主要组团就业者居住地空间分布

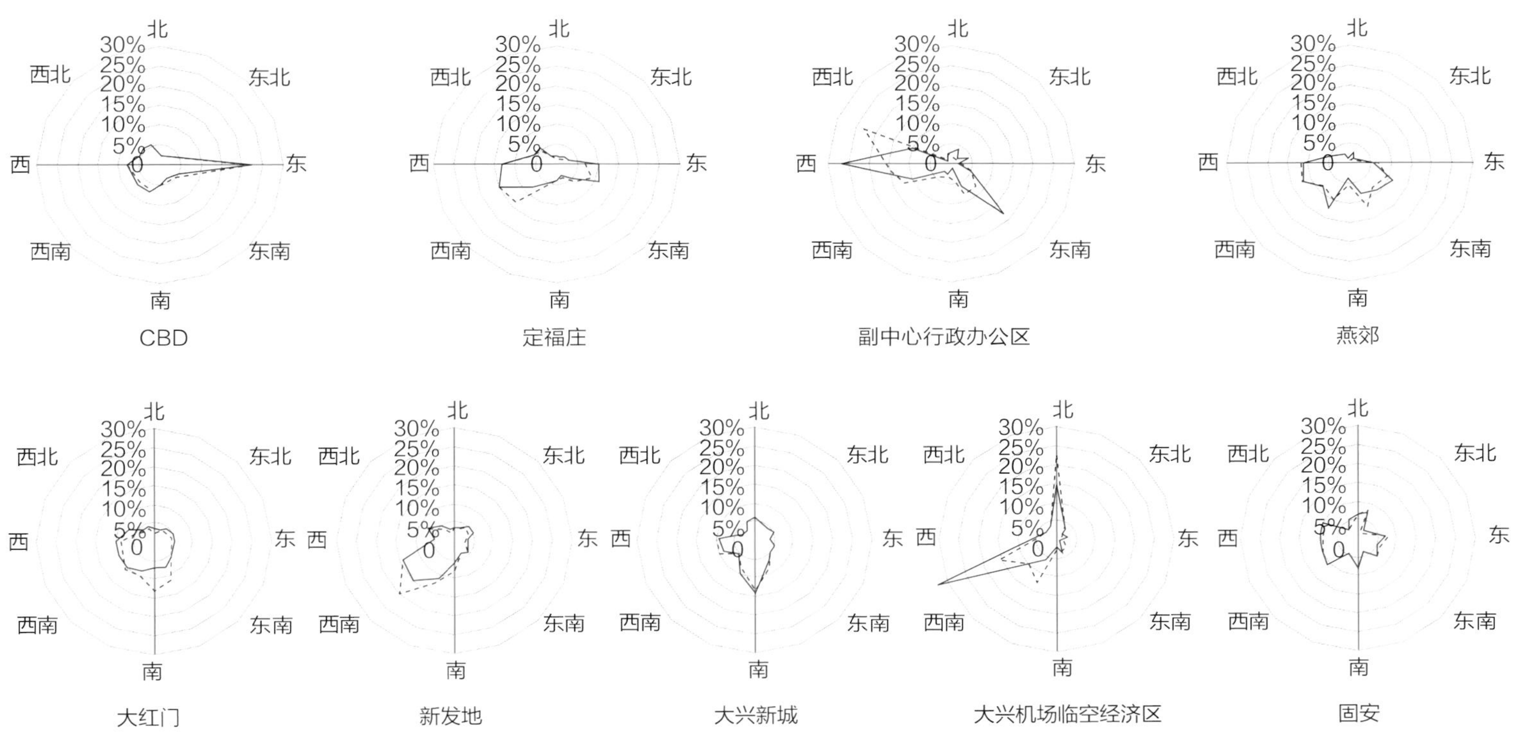

图5-10 主要组团就业者通勤流玫瑰图（分朝向统计，指向居住地）

京通燕廊道

2017年

通勤分布变化		就业地			
		CBD	定福庄	副中心	燕郊
居住地	CBD	11 957	196	20	11
	定福庄	2 604	3 977	14	11
	副中心	80	10	1 731	8
	燕郊	227	17	2	2 962

2021年

通勤分布变化		就业地			
		CBD	定福庄	副中心	燕郊
居住地	CBD	8 908	236	51	27
	定福庄	2 195	3 167	38	17
	副中心	166	41	2 420	5
	燕郊	338	34	14	2 549

变化量

通勤分布变化		就业地			
		CBD	定福庄	副中心	燕郊
居住地	CBD	−3 049	40	31	16
	定福庄	−409	−810	24	6
	副中心	86	31	689	−3
	燕郊	111	17	12	−413

京开固廊道

2017年

通勤分布变化		就业地				
		大红门	新发地	大兴新城	临空经济区	固安
居住地	大红门	14 113	150	119	3	22
	新发地	210	5 864	51	1	20
	大兴新城	222	146	5 398	24	36
	临空经济区	1	1	26	84	10
	固安	162	59	265	32	10 356

2021年

通勤分布变化		就业地				
		大红门	新发地	大兴新城	临空经济区	固安
居住地	大红门	6 947	138	143	4	21
	新发地	196	3 454	54	0	16
	大兴新城	192	162	4 572	33	33
	临空经济区	3	5	24	194	9
	固安	154	102	269	44	8 765

变化量

通勤分布变化		就业地				
		大红门	新发地	大兴新城	临空经济区	固安
居住地	大红门	−7 166	−12	24	1	−1
	新发地	−14	−2 410	3	−1	−4
	大兴新城	−30	16	−826	9	−3
	临空经济区	2	4	−2	110	−1
	固安	−8	43	4	12	−1 591

图5-11 廊道通勤分布变化

通勤分布变化	大红门	新发地	大兴新城	临空经济区	固安
2021年就业	7 492	3 861	5 062	275	8 844
调整后就业	5 244.4	2 702.7	3 543.4	7 852.7	6 190.8

产业用地结构调整

通勤分布变化		就业地				
		大红门	新发地	大兴新城	临空经济区	固安
居住地	大红门	−2 097	−97	322	1 796	63
	新发地	158	−805	400	0	150
	大兴新城	−170	−154	−2 095	2 442	−11
	临空经济区	−3	−5	−24	42	−9
	固安	−136	−97	−121	3 297	−2 846

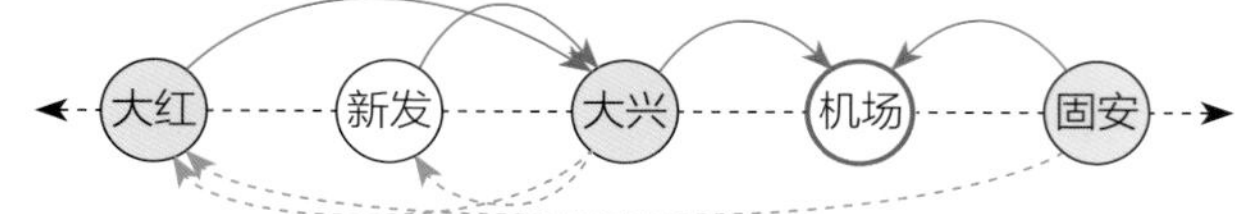

图5−12　情境1的通勤分布变化

居住用地结构调整

	CBD	定福庄	副中心	燕郊
2021年居住	9 222	5 417	2 632	2 935
调整后居住	7 841	4 606	5 264	2 495

产业用地结构调整

	CBD	定福庄	副中心	燕郊
2021年就业	11269	3 444	2 895	2 598
调整后就业	9 384	2 868	5 790	2 164

通勤分布变化		就业地			
		CBD	定福庄	副中心	燕郊
居住地	CBD	−1 519	−33	233	−3
	定福庄	−427	−517	168	−2
	副中心	−114	−28	2 656	−3
	燕郊	−72	−6	60	−387

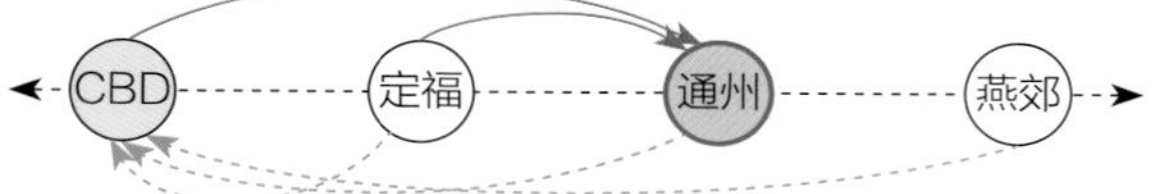

图5−13　情境2的通勤分布变化

以及大红门、新发地至大兴新城的通勤流（图5−12）。

假设如果副中心的就业、居住持续建设，参数采用副中心的就业、居住规模均翻倍，并结合相应增量消减其他组团的职住规模。预判主要影响是，原有的从副中心、燕郊的长距离向心通勤将有所减少，新增通勤的主要是CBD、定福庄至通州（图5−13）。

六、研究总结

1. 模型设计的特点

研究从实证与推演两方面探索深化了梯度平衡的量化模型。第一，建立监测模型，从职住数量与质量平衡、通勤流及其空间指向等方面形成持续监测框架，动态反映重点廊道职住关系的改善情况；第二，建立预测模型，通过动态调整职住用地参数，形成不同情境的“梯度平衡”通勤分布预测。

从监测模型反映的情况来看，北京的职住关系总体在慢慢向好。同时，模型与北京城市体检评估的需求相结合，以大兴机场和副中心两个案例，开展职住用地调整的情境假设与通勤分布推演案例，对规划的深入实施可能带来的城市职住、通勤影响进行预判，促进廊道职住关系进一步向好调整。

2. 应用方向或应用前景

对超大、特大城市立足区域整体视角解决职住问题，提供了一个相对普适的模型框架。第一，在相对实时的大数据支撑下，可对重点廊道的职住格局、通勤状态优化情况开展持续监测，及时发现问题、提出预警。第二，可通过模拟推演探索不同的规划策略、用地安排情境下，对廊道整体职住格局的影响，支撑规划策略的选取与优化；对不同城市的差异适应，可以调整目标廊道内相应用地的人口、岗位密度及人口结构等参数实现。

参考文献

［1］姚永玲．郊区化过程中职住迁移关系研究——以北京市为例［J］．城市发展研究，2011，18（4）：24−29.

［2］王宏，崔东旭，张志伟．大城市功能外迁中双向通勤现象探析［J］．城市发展研究，2013，20（4）：149−152.

［3］张学波，宋金平，陈丽娟，等．北京都市区就业空间分异与职住空间错位行业识别［J］．人文地理，2019，34（3）：83−90.

［4］赵晖，杨军，刘常平．轨道沿线居民职住分布及通勤空间组织特征研究——以北京为例［J］．经济地理，2011，31（9）：1445−1451.

［5］刘竹韵，张福勇，许增昭，等．基于手机信令数据的珠海市职住平衡研究［A］．中国城市规划学会城市交通规划学术委员会．创新驱动与智慧发展——2018年中国城市交通规划年会论文集［C］．中国城市规划学会城市交通规划学术委员会：中国城市规划设计研究院城市交通专业研究院，2018：11.

[6] 黎洋佟. 契合城市发展走廊的轨道线路适应性评价研究［D］. 厦门：华侨大学，2018.
[7] 陈彩媛，盛志前，林韬. 基于交通复合走廊的新区职住平衡改善——以重庆两江新区为例［A］. 中国城市规划学会、沈阳市人民政府. 规划60年：成就与挑战——2016中国城市规划年会论文集（05城市交通规划）［C］. 中国城市规划学会、沈阳市人民政府：中国城市规划学会，2016：13.
[8] 刘李红. 轨道通勤系统对特大城市职住时空平衡的影响研究［D］. 北京：北京交通大学，2019.
[9] 杨明，王吉力，伍毅敏，等. 边缘城镇崛起下的特大城市职住梯度平衡研究——以北京为例［J］. 城市发展研究，2019，26（10）：12-20，2，49.
[10] 王蓓，王良，刘艳华，等. 基于手机信令数据的北京市职住空间分布格局及匹配特征［J］. 地理科学进展，2020，39（12）：2028-2042.
[11] 冉江宇，付凌峰，阚长城，等. 基于通勤大数据的城市职住分离度研究——《2020年全国主要城市通勤监测报告》核心指标分析［J］. 城市交通，2020，18（5）：10-17.
[12] 滴滴媒体研究院，华北城市智能出行大数据报告［R］，2016.
[13] 吴冠秋，党安荣，田颖，等. 基于时空大数据的粤港澳大湾区城镇群结构研究［J］. 遥感学报，2021，25（2）：665-676.
[14] 孟斌，高丽萍，黄松，等. 北京市典型就业中心职住关系考察［J］. 城市问题，2017（12）：86-94.
[15] 龙瀛，张宇，崔承印. 利用公交刷卡数据分析北京职住关系和通勤出行［J］. 地理学报，2012，67（10）：1339-1352.

1 000份方案的诞生：设施用地优化方法
——以儿童友好社区为例

工作单位：天津大学建筑学院

报名主题：面向高质量发展的城市综合治理

研究议题：数字化城市设计、城市更新与场所营造

技术关键词：儿童友好、配套设施、智能体模型

参 赛 人：牟彤、肖天意、温雯、张舒、邵彤

参赛人简介：本团队的研究课题主要包括社区生活圈和多智能体模拟两个方向。①社区生活圈研究：从“空间—行为”关联视角出发，基于人群行为、空间类型分析各类空间中行为与空间要素的关系，进而提出街道空间的微更新原则；②多智能体模拟研究：团队主持高密度人居环境生态与节能教育部重点实验室开放课题“社交隔离下的学生行为仿真与路径规划”，结合行人动力学和疾病传播模型的多智能体仿真技术对社交隔离下的行人运动进行模拟实验。

一、研究问题

1. 研究背景及目的意义

自联合国于1996年发起儿童友好型城市倡议（CFCI）以来，全球已有400余个城市开展了儿童友好城市规划建设实践。儿童友好城市是我国新型城市建设的重要内容之一，“建设儿童友好型城市和社区”已被我国正式纳入“十四五”规划。《儿童友好社区建设规范》T/ZSX 3—2020提出全力打造以儿童需求为导向的15分钟社区生活圈，对于实现配套设施的均等、精准化配置，促进儿童步行出行，提高儿童生活质量与满意度具有重大意义。其中，确保配套设施均衡性是儿童友好社区规划的关键。

已有研究多采用一种标准或构建一个模型对设施类型多样性、可达性等进行综合评分，以此评估配套设施布局现状并提出相应的优化策略。其中，“步行指数”是目前较为广泛运用的量化测度可步行性的方法。然而，面对高密度城区中土地资源紧缺、拆建成本高昂等现实约束以及城市规划从“增量扩张”向“存量优化”转变的背景，已有研究缺少可操作、易推广、能实施的社区设施布局更新与优化的应用框架。同时，基于儿童步行特征与需求的社区生活圈配套设施系统研究和评价指标较少。

另外，在社区更新实践中通常需要反复推敲方案及规划策略，这种由规划师主导的时间密集型工作存在大量重复性劳动。但是，在一块场地上进行多方案对比可以提高设计效率，有助于管理部门的筛选和审批。随着信息技术的发展，使用计算机完成方案的生成并执行重复性操作成为很多设计师的选择，例如在建筑设计领域涌现生成式设计和参数化设计浪潮，但是在城市尺度的应用较少。

本研究的目标是开发一个“现状评估—方案生成—智能筛选”自动循环设计模型。以儿童行为特征为基础，结合设计意图与规划目标，通过Netlogo平台模拟日常步行场景下儿童与目标设施的互动行为。用步行指数对现状设施布局的可步行性进行评

价，以步行距离为判断标准，确定新建设施选址与配置优化方案。通过计算机循环操作上述步骤，利用并行计算提高方案产出效率，批量产出设计方案，实现全流程自动化设计。该模型可以解决当前规划实践中的重复劳动和多方案对比的局限，快速高效地得到相同逻辑下社区生活圈配套设施优化的多个可行解，形成可推广、易操作的方案生成工具，有效提高设计效率，降低时间和经济成本，为城市更新设计中儿童友好社区建设和智能管理提供精准决策。

2. 研究目标及拟解决的问题

在实际的城市建设中，由于过往设计较少考虑儿童的需求，造成了很多步行使用的问题，例如较低的土地利用混合度增加出行距离，过宽的道路和过大的街区尺度不利于儿童的出行。如何通过设施布局更新来缓解儿童出行障碍，是本研究拟解决的问题。

本研究的目标是通过综合考虑儿童的出行特征与需求，基于儿童步行性与设施供给视角，探究满足儿童日常需求的社区设施规划的内在机理，探索布局优化方案的实施路径，解决资源空间配置与儿童步行性相协调的空间优化方法实施的难点。第一，设计儿童步行指数评价标准，用于现状评估和方案测评，同时为新建设施选址提供依据。第二，利用NetLogo平台开发，实现数据导入、现状评估、方案生成与智能筛选的全流程自动化设计，构建一个儿童友好型社区配套设施空间优化与设计的多智能体模型。第三，利用模型生成1 000份解决方案，助力设计师规划决策。

二、研究方法

1. 研究方法及理论依据

（1）儿童行为心理学

儿童因受到生理、心理等发展限制，在视觉范围、步行速度、交往距离和环境认知等方面与成年人有明显差异，因此他们对设施配置的需求也有所不同。7～12岁的儿童已基本具有一定的心理组织与逻辑思考能力，其日常独立活动和步行需求也明显增加。根据儿童行为活动特征，这一年龄段的儿童平均步伐为67cm，平均步行速度0.65～0.85m/s，在同等时间内的步行距离仅为成人的70%～80%。其日常活动范围一般在800～1000m范围内，多在家庭、学校和社区周边活动。

（2）可步行性评价

步行性作为一种空间属性，描述了空间对于人们步行出行的引导能力。可步行性水平直接影响居民的日常出行和生活质量。近年来，已有大量研究开展对建成环境的步行性评价方法和调查工具的探索（表2–1）。

步行性评级方法对比　　表2–1

类别	实证评价		网络评价	
评价方法	行人服务水平评价（PLOS）	步行环境审计工具（Audit Tools）	步行指数（Walk Score）	步行性评价（Walkability）
主要内容	行人流量、容量及行人对道路交通条件及环境的评价	利用专业训练的审计员对街道行人环境进行详细记录与数据统计，对数据进行分析与街道评价	以日常设施类型和空间布局为对象，引入步行距离衰减、交叉口密度、街区长度等因素，定量分析街区/城市的步行性	从道路安全、易穿越、人行道质量高、道路坡度、导向性、犯罪安全、智慧与美丽、趣味与休闲8个方面对每条街道评价
研究方法/工具	SD语义差异法、PSPL调研等	比较常用的审计工具有MAPS、PERS、NEWS、WI、SPACES等	基于开放的空间及属性数据进行步行性计算	根据开放的数据及大众评分进行空间分析
主要范围	街区、街道	街区、街道	街区、城市	街道
优点	侧重行人对步行环境的主观感受与需求	侧重街道空间环境要素对行人的影响	方法直观、可复制、客观性强、利于对比	利用网络平台结合客观评价和公众参与
问题	难以保证打分主体采用统一标准衡量不同的对象，评估结果的可信度受到影响		对步行者主观考虑不足，国情差异巨大，推广难度大	需要建立开放平台收集大量主观数据，可推广性差

资料来源：本表根据参考文献［9］～［12］进行整理。

通过对上述实证和网络评价下四种步行性评级方法的综合对比，本研究选取步行指数（Walk Score）作为主要评价方法。步行指数（Walk Score）已被验证用于度量邻里步行性的合理及有效性，其算法主要考虑日常便利设施的需求种类和空间布局，通过交叉口密度、街区长度、步行距离衰减等因素作为修正。步行指数运算包含单点步行指数和面域步行指数。其中单点步行指数主要按照如下的方法进行计算：①准备设施分类表；②通过设施类别及权重，结合步行距离进行初步计算；③根据交叉口密度和街区长度，计算步行环境的衰减；④将得分扩大到0到100范围，得到最终的步行指数。对单点步行指数进行插值计算，可以得出面域步行指数。步行指数得分越高代表场地的设施配置和空间组织越宜于步行。

（3）多智能体

多智能体系统（Multi-Agent System，简称MAS）是指可以相互协作的多个简单智能体为完成某些全局或者局部目标使用相关技术组成的分布式智能系统。智能体模型（Agent-based Modelling，简称ABM）能够模拟人类行为，具有自治性、社会性、适应性、智能性等特征，因此可通过智能体之间、智能体与环境之间的相互作用，来展现复杂的时空动态变化的城市现象。目前应用较为广泛的基于多智能体的仿真平台有NetLogo、Pathfinder、AnyLogic等。

2. 技术路线及关键技术

本研究通过将多智能体模拟和步行指数评价整合到时空数据挖掘中，以描述儿童动态和设计更优的社区配套设施解决方案，从而为儿童友好型社区的发展做出贡献。本研究主要分为4个步骤，包括城市时空数据和儿童行为特征采集、针对儿童友好的步行指数评价、基于多智能体的程序化生成设计、模型实践与应用，具体介绍如下（图2-1）：

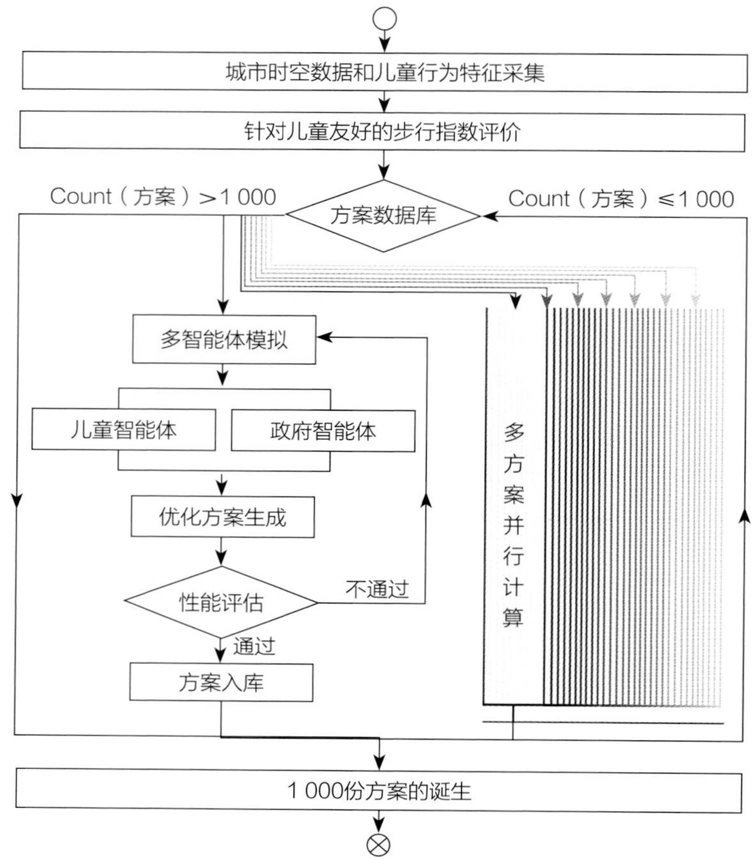

图2-1 技术路线

（1）城市时空数据和儿童行为特征采集

主要采集两类数据，包括城市空间属性数据和儿童出行特征数据。其中，城市空间属性数据主要来源为百度地图的在线数据、开放街道地图（Open Street Map，简称OSM）路网数据和实地调研，包括用地、路网、兴趣点（Point of Interest，简称POI）分布和人口数据；儿童出行特征数据主要来源于相关文献研究，包括步行速度和出行偏好等。数据采集后作为计算基底，导入多智能体模型。

（2）针对儿童友好的步行指数评价

考虑到儿童群体的特殊性以及中国国情，参考Walk Score的计算方法，制定更适合儿童的设施评价指标和相对权重，对距离衰减函数也进行了相应的修改。利用该指数对现状社区进行评价，筛选出低分地块。

（3）基于多智能体的程序化生成设计

基于多智能仿真行为，对地块可步行性进行评价与优化，通过大量模拟结果的统计获得多个优化方案。具体步骤如下：

第一，读取社区地块、路网和POI的地理信息及属性初始数据。

第二，在儿童行为数据的基础上，结合规划目标和设计愿景，标定全局参数。通过儿童智能体自下而上的出行和上报，以及政府智能体自上而下的审批和建设，对用地布局并行模拟，得到同一逻辑下的多个可行方案。

第三，选取步行距离、意愿满足度、实施成本三个层面作为评判标准，对优化方案进行性能评估。将通过评估的方案纳入方案数据库，否则重新迭代计算。

第四，统计方案数量，达到阈值后完成整个模拟过程。

（4）模型实践与应用

通过获取实际地块数据或选择虚拟地块，根据具体场地需求对“现状步行指数评估”“多智能体模拟”和“性能评估”中的各项参数及权重进行调整，最终既可以对真实社区在儿童友好的标准下进行地块优化，又可以实现1 000份儿童友好型社区配套设施用地方案的自动生成。

三、数据说明

1. 数据内容及类型

本文所需研究数据可分为空间数据和属性数据。

（1）空间数据

路网数据：本文所用数据来源于OSM地图（https：//www.openstreetmap.org/）；

用地数据：首先根据路网数据划分基础用地单元，再使用开源计算机视觉库（Open Source Computer Vision Library，OpenCV）对图纸进行轮廓识别，更进一步提取用地边界（https：//opencv.org/）。

（2）属性数据

POI数据：通过百度地图API爬虫获取，包括教育、公园、商业、医院、文化、娱乐等各类配套设施。

儿童人口数据：本文采用第七次全国人口普查数据。

儿童行为数据：本文通过文献梳理与实地考察，分析儿童行为特征与空间需求，确定儿童步行速度、前往目的地意愿等数据，为儿童智能体提供参数信息。

2. 数据预处理技术与成果

（1）数据清洗：利用开源库OSMnx对OSM路网数据进行拓扑优化，删除多余节点和重复路段，为建立出行点步行覆盖范围、计算交叉口密度、街道长度提供依据。基于儿童对设施的需求建立设施类别及权重表，对POI数据进行筛选与清洗，选取符合要求、有效的数据集。根据资料查询和调研获取用地性质，根据第七次全国人口普查数据，将信息录入地块属性表。最后，基于ArcGIS平台和GeoPandas库将原始地理信息数据进行坐标重映射，得到统一的坐标系。

（2）数据导入：利用NetLogo中GIS与Network扩展模块实现用地、POI与路网空间数据的导入。定义GIS坐标和NetLogo坐标之间的映射，将GIS空间映射到NetLogo世界空间当中，最后记录映射比例，用于后续的步行距离转换。

（3）数据可视化：在NetLogo中，根据用地性质设置嵌块的颜色和用地性质等属性，进行可视化表达。

四、模型算法

1. 模型算法流程及相关数学公式

1.1　步行指数计算方法

参考国际上步行指数（Walk Score）的计算方式，以社区内的街道中心点为出发点，评价其周边功能设施的丰富性和道路通达性。在指标选取上考虑了儿童会使用的服务设施。根据不同设施对儿童出行的影响差异设定权重，考虑步行至该设施的距离对儿童出行体验的影响设定衰减。最后为每一条街道计算出一个0～100的步行指数得分。

首先，本研究在步行指数计算的原始指标基础上，根据国情与儿童特征分析进行了本土化处理，将地块内的公共服务设施分为8类，基于儿童多样性需求和使用频率特征计算权重，获得地块步行初始得分Q_n（n为设施类型），并进行标准化处理（表4–1）。

设施分类及权重　　表4–1

类别	指标	权重
社区公共服务设施		
教育	幼儿园、小学、中学	1
文化	书店、图书馆	0.75
体育	运动场、健身场馆	0.5
公园	公园绿地、广场、附属绿地及所有城市建设用地外的绿地	0.75
餐饮	餐厅、快餐、面包房、茶馆、咖啡店、水果店	0.75
医疗	医院、诊所、卫生服务中心、药店	0.5
娱乐	游乐设施、电影院	0.75
购物	商场百货、超市、便利店、沿街服装店、专卖店	0.5

续表

类别	指标	权重
儿童步行友好特征		
交叉口密度	交叉口个数/平方公里	>77：不衰减
		58~77：衰减1%
		46~58：衰减2%
		35~46：衰减3%
		23~35：衰减4%
		<23：衰减5%
街区长度	米	<120：不衰减
		120~150：衰减1%
		150~165：衰减2%
		165~180：衰减3%
		180~195：衰减4%
		>195：衰减5%

其次，考虑街道结构对儿童步行意愿的影响，将街区长度和交叉口密度纳入计算公式，街道越短，交叉口数量越多，则可步行性越好，反之可步行性越差。最终的步行指数计算公式如下：

$$WS=\left(1-D_c-D_l\right)\times\sum_{i=1,j=1}^{m,n}W_i\times D_{i,j} \tag{4-1}$$

式中，i代表不同类型的设施，j代表到达设施所需的步行距离，W_i代表设施的影响权重，$D_{i,j}$表示设施距离的衰减系数，本研究中用高斯函数计算衰减率（式4-2），其中a是曲线尖峰的高度，b是尖峰中心的坐标，c为标准方差。D_c和D_l分别代表街区交叉口衰减和街区长度衰减，其衰减值是一个分段函数。

$$D_{i,j}=ae^{(j-b)^2/2c^2} \tag{4-2}$$

最后将计算出的儿童步行指数归一化到0~100的区间，即得到了最终的儿童可步行性评价得分。得分越接近100，代表可步行性越好，越接近0，代表可步行性越差。利用反距离权重法对道路中心点进行插值分析，即可得到每一个空间单元的步行指数评价得分。

1.2 多智能体模型构建

基于智能体的儿童友好型社区配套设施用地优化模型的主要构成包括土地利用空间单元和多智能体。环境和多智能体之间的相互作用和依赖关系是本研究的重点之一。图4-1展示了智能体的功能、属性和交互关系，以及土地利用空间单元的组成要素，这些共同组成了本研究的多智能体模型框架。

土地利用空间单元（简称空间单元）是儿童智能体和政府智能体的作用对象。在NetLogo中，可利用嵌块（patch）代表空间单元智能体，其具备用地类型（landuse）和容量（volume）两个主要属性（图4-2）。空间单元智能体在模型中是一个$i\times j$的二维空间网格，是用地类型在模型中的表达，不同颜色的空间单元智能体代表不同的用地类型。空间单元的变化表征了智能体之间的相互作用关系和博弈结果。以儿童智能体的日常出行和体验为动力，并利用各种评估手段实现对新建设施的选址和改造，多种因素共同作用促进用地类型和数量的转化。

多智能体是由社区服务设施的使用者和管理者两类土地利用行为主体构成的有限集合，两类智能体的作用是相辅相成的。具

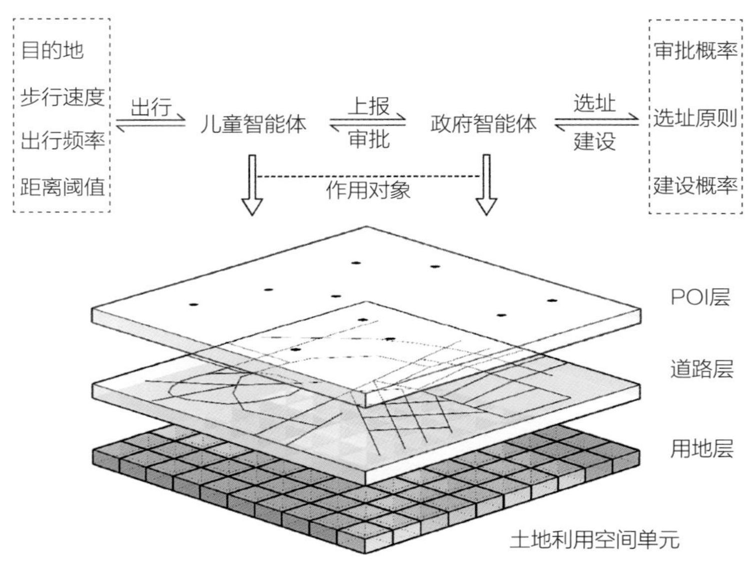

图4-1 多智能体模型框架

图4-2 空间单元特性

体到本研究中，社区设施的服务对象是儿童智能体，对申请进行审批和对新建设施的选址和建设进行决策的是政府智能体，他们具有差异化的属性和行为规则，通过儿童智能体自下而上的活动和反馈，以及政府智能体自上而下的决策与指引，动态生成空间实体的优化方案（图4-3）。

（1）儿童智能体

儿童智能体作为主要的设施使用者，具有目的地、步行速度、出行频率、距离阈值四个属性，以及出行和将自身意愿上报给政府智能体两种行为。儿童智能体在空间单元智能体中按照各自的出行目的和行为特征产生多样的目标选择行为（图4-4），在出行的同时根据自身需求评估运动轨迹周边的设施布置情况，在发现设施问题后，将问题上报给政府智能体。

1）儿童智能体的生成

根据儿童出行频率，在居住区空间单元上每隔一定的时间步（ticks），根据居住区面积按比例生成儿童智能体。

2）目的地选择行为

儿童智能体生成后，会根据被赋予的目的出行。由于实际操作中并非所有儿童智能体都能到达意图前往的目的地，存在目的地后容量不足，或者居住区内目标功能全被占满等问题。因此，儿童的目的地选择是一个递归函数，该函数的规则如下（图4-5）：

①根据被赋予的出行目的，儿童智能体选择与所处位置距离最近的，具有相应用地类型的空间单元作为目的地。如果找到了目的地，则选择出行，否则意味着社区中没有该类设施，放弃出行。

②以儿童智能体所在地为起点，目的地空间单元坐标为终点，进行最短路径规划。根据规划的路径，以一定的步行速度向

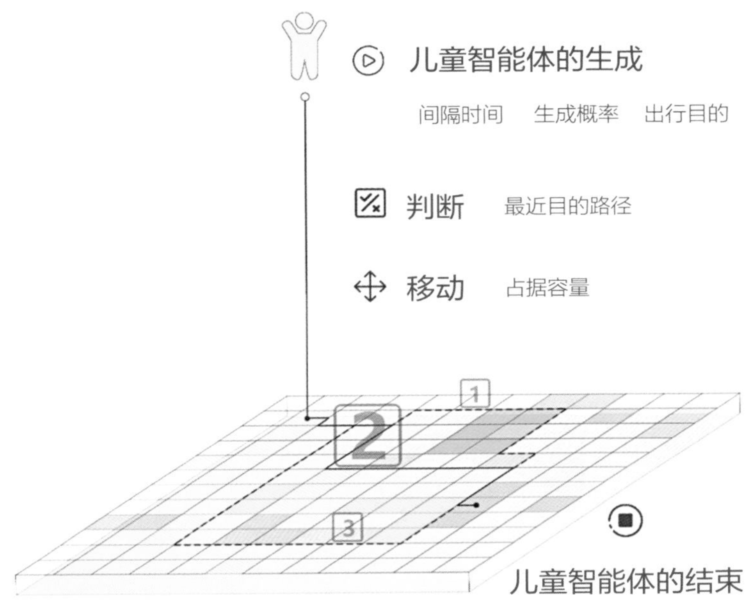

图4-4　儿童智能体的生成与出行

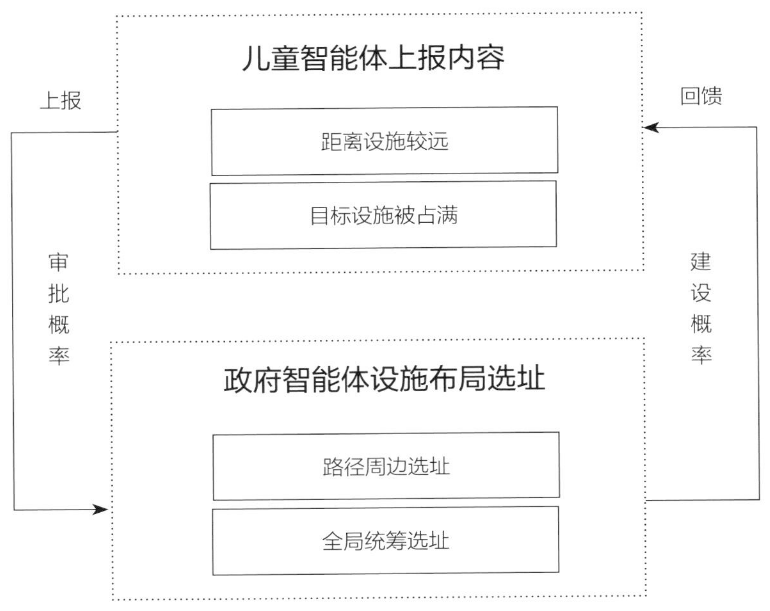

图4-3　儿童智能体与政府智能体的交互关系

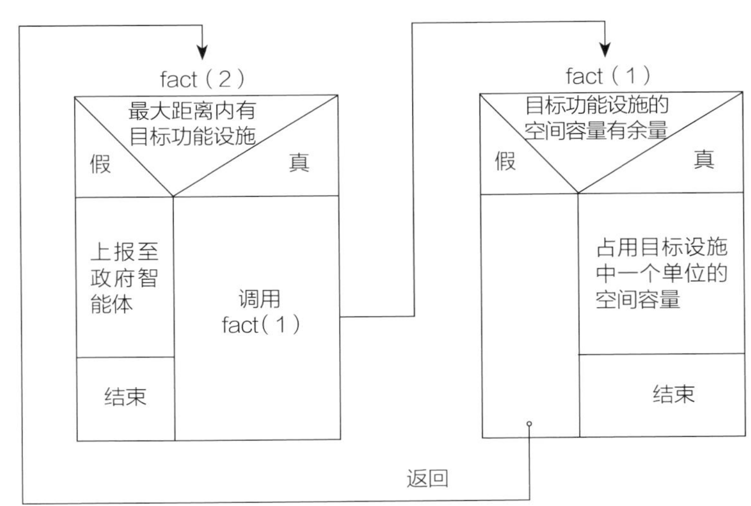

图4-5　儿童智能体目的地选择递归流程图

着目的地移动。

③抵达目的地后，检查目的地容量，如果容量有空余，则占据目的地的一个容量后消失。如果容量已满，则重复a、b两步，直到成功抵达容量有空余的目的地，或者放弃出行。

3）上报行为

根据儿童智能体的路径选择行为，可得两种结果：一是儿童成功抵达目的地，二是儿童放弃出行。对于前一种情况，儿童抵达目的地后会判断自身所走路程。如果路程小于可接受的步行阈值，则儿童顺利到达目的地，无上报行为。否则，儿童会将所走路径与出行目的上报给政府智能体，请求在路径周边新建相应功能的设施。对于后一种情况，意味着整个社区该类设施数量不足，儿童直接将出行目的上报政府智能体，请求政府在社区内新建设施。

（2）政府智能体

政府智能体不具备空间属性，主要起到规划目标制定、申请审批、确定新建设施选址和建设的作用，对社区发展进行宏观调控。它通过综合考虑社会经济因素、建成环境现状和未来发展目标，制定用地审批标准，确定新建设施规模。在本研究中，政府智能体按照提升社区的儿童可步行性的准则来制定设计目标，把握申请审批的通过率和新建设施规模，约束和引导儿童智能体对设施的使用行为。其主要功能表现为审批儿童智能体的上报和制定设施优化方案。

1）审批行为

儿童智能体上报后经政府智能体处理，儿童上报问题包括设施距离较远与目标设施都被占满两种情况，政府智能体会根据一定的规则决定是否通过审批。本研究中，政府智能体对设施优化方案的审批因素可以表示为在前提限制的条件下，根据民意因子以一定的建设概率进行调整。

$F_{(i,j)}^{lim}$表示空间单元（i，j）的前提限制因子，它与用地性质、政策和步行指数得分有关。当用地性质为文物古迹、宗教设施、军事用地、水域和绿地时，将其设置为禁建区。除此之外，设计师也可以根据自身需要，手动指定禁建区。$F_{(i,j)}^{lim}$的取值还应与步行指数的评价结果有关，只有当步行指数低于某一阈值时，才可以被化为可建设区域，否则为禁建区。上述禁建区的$F_{(i,j)}^{lim}$为0，可建设区为1。

在上述前提限制的基础上，政府会根据居民的意愿适当调整申请通过的概率。参考艾东等的研究，当某空间单元的申请次数增多时，代表儿童智能体对该空间单元具有较大的提升意愿，因此会增加申请通过的概率。$F_{(i,j)}^{will}$表示空间单元（i，j）的民意因子，则公式如下：

$$F_{(i,j)}^{will} = \lambda \Delta F_1 \qquad (4-3)$$

式中，λ代表该空间单元被申请的次数，ΔF_1代表每次申请的民意提升值。

综上，政府智能体的审批通过率可表示为：

$$P_{通过率} = F_{(i,j)}^{lim} \times F_{(i,j)}^{will} \qquad (4-4)$$

2）决策行为

审批通过后，政府分别以上报路径周边选址和全局统筹选址两种方式进行回应，有一定的概率建设新的设施（图4-6）。

上报路径周边选址流程如下：第一，政府智能体派出考察队，沿着儿童智能体上报的有问题路径，进行勘探和测评。第二，在路径周边发现步行指数较低的地块后，决定是否新建设施。第三，如果决定新建设施，则决定新建设施的大小和分布方式。如果不新建设施，则继续沿路考察，直到发现下一处步行指数较低的区域。重复此步骤，直到抵达路径的终点。

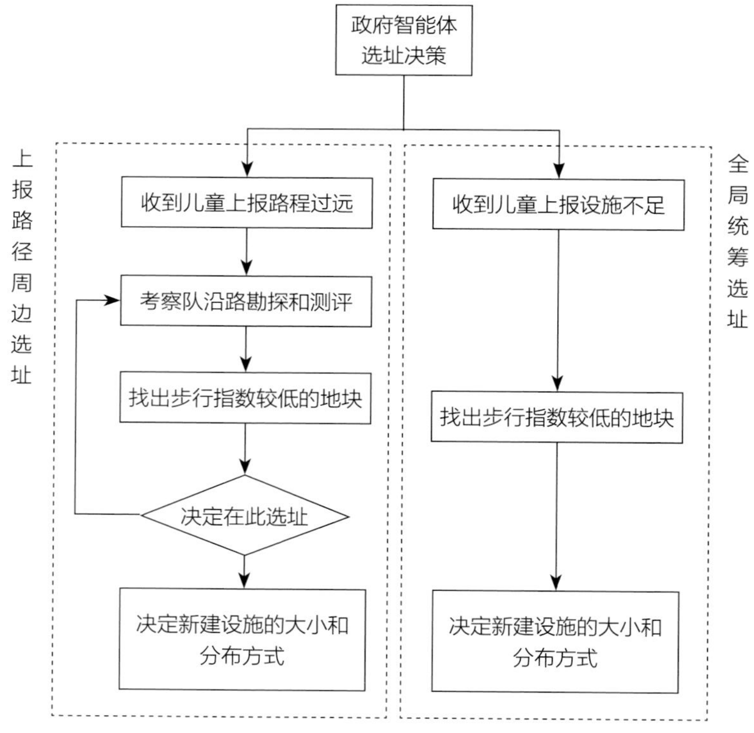

图4-6 政府决策行为示意图

全局统筹选址流程相对简单，政府收到儿童智能体关于某类设施不足的申请后，会根据现状步行指数，对场地进行综合评估，选择场地中步行指数较低的地块进行选址和建设。

1.3 平滑算法

经过上述多智能体模型模拟生成的方案中，各类型用地在多智能体博弈下会出现较为混杂的情况。因此需要对新建设设施用地进行平滑处理。平滑算法分为方形和十字形两种，平滑的力度为大、中、小三类。

对于方形平滑而言，以中心栅格周边3×3范围内的8个栅格作为判断依据，检测这8个栅格的用地类型，如果周边同一用地类型超过阈值，则对中心栅格的用地类型进行更改，与周边保持一致。十字形平滑方式与方形类似，不同的是判断标准变为中心栅格上下左右的4个栅格（图4–7）。

1.4 社区配套设施优化方案性能评估

在上述多智能体的交互规则下进行多轮迭代，即可得到社区配套设施的用地优化方案，接下来需对方案进行综合评估。在本研究中，评估选取了步行距离、意愿满足度、实施成本三个指标作为评判标准。步行距离取值于儿童从出发到目标设施的平均出行距离$\overline{D}$；意愿满意度S取决于儿童上报情况总量和审批通过量；实施成本C取决于所有需要政府改建的用地类型与数量值的叠加，其改建成本为用地类型的土地价值，可表示为：

$$\overline{D}=\frac{\sum_{x}^{N}\sum_{i,j}^{M_x}\sqrt{\left(B_i-A_i\right)^2+\left(B_j-A_j\right)^2}}{N} \quad (4\text{–}5)$$

$$S=\left(1-\frac{n_{上报次数}}{n_{总出行次数}}\right)\times 100\% \quad (4\text{–}6)$$

$$C=\sum_{i,j,(i\neq j)}M_{i,j}\times N_{i,j} \quad (4\text{–}7)$$

式（4–5）中，N代表儿童总数，x代表其中一个儿童。M_x代表该儿童经过的道路节点个数。$A_{(i,j)}$与$B_{(i,j)}$为道路节点的起止坐标。计算所有道路节点之间的距离之和即为儿童x所走路径的总长度。

式（4–7）中，i，j分别代表原始用地类型和新建用地类型，当原始用地类型与新建类型不一致时，代表这块地经过了改造。$M_{i,j}$代表从i改造为j的单位成本，$N_{i,j}$代表改造地块的数量。

基于最大效用理论，政府智能体会将优化方案的综合得分作为决策的依据。则某申请方案k的综合得分U_k可表示为：

$$U_k=a_1\overline{D}+a_2S+a_3C+\varepsilon \quad (4\text{–}8)$$

式(4–8)中，a_1、a_2为权重系数，且$a_1+a_2=1$。ε为随机扰动项。

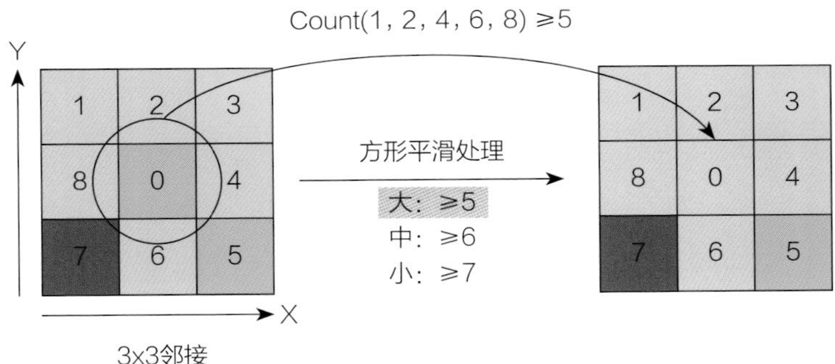

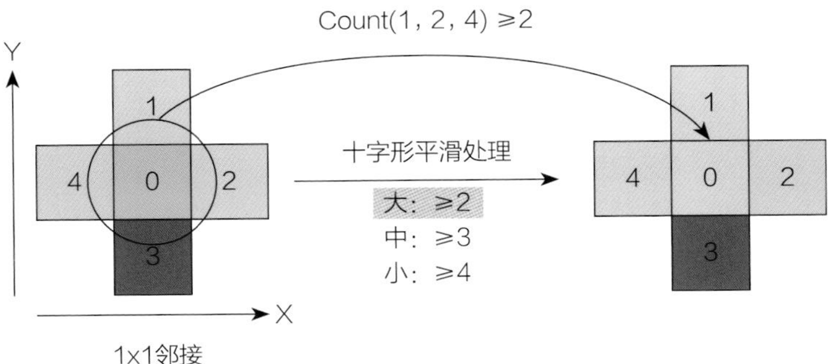

图4–7 平滑算法示意图

2. 模型算法相关支撑技术

NetLogo是一款可视化的复杂系统仿真工具，它可对大量的自然、社会现象进行编程模拟，模型中包含四种要素，即瓦片（patches）、海龟（turtles）、链（links）、观察者（observer）。NetLogo模型中，在观察者的监控下，个体与环境以及其他个体在运行中产生交互变化，根据不同变化执行相应指令，共同构成了整个复杂系统的模拟仿真。

本研究基于多智能体仿真技术，通过对NetLogo开源平台所提供的编程环境进行二次开发，实现儿童友好型社区配套设施用地优化方案的自动生成。其中空间单元由patches构成，儿童智能体和政府智能体由turtles构成，道路由links构成。在设定了各类种群的属性后，从GIS数据的导入，到步行指数的计算，到可视化表达，再到参数设定与方案的生成，均在NetLogo中完成，同时设计了用户交互界面，可以由用户手工调整相关指标，保存生成结果，实时查看和导出相关分析数据。

五、实践案例

1. 模型应用实证及结果解读

本模型选取位于天津市中心城区的一处待改造社区，地块总面积为1.22km^2，社区常住人口2.73万，总户数1.08万户，其中14岁以下的青少年及儿童占比27.3%，具有较强的研究典型性。在配套设施方面上，该社区内的各项服务设施呈现要素类型多样但空间分配不均的现状特征，各类型设施用地占比如下：商业设施（7.9%）、教育设施（2.6%）、公园绿地（4.7%）、医疗设施（2.6%）、文化设施（2.4%）、娱乐设施（0.3%），剩余均为居住用地。在道路交通方面，地块内的现状道路体系建设较为成熟，包括主干路44条、次干路86条和支路58条，如图5-1所示。

根据儿童友好型社区相关指标，以道路中心点为圆心计算步行指数，然后插值分析，得到面域步行指数，可视化结果如图5-2所示。现状用地的平均步行得分为87分，中位数得分为89分，地块最低得分为47分，地块最高得分为97分，且东、西两侧地块的步行得分相差较大，具有明显的空间布局不均衡的问题。

在NetLogo中初始化各项参数，内容包括设置迭代次数为3000次，设定政府新建设施概率为100，新建设施尺度为6，儿童出行频率为30。根据现状调研结果，结合规划师设计意图与政府的规划方向，综合设定儿童出行目的占比。设商业（15%）、教育（30%）、公园（20%）医疗（10%）文化（15%）和娱乐（10%）。

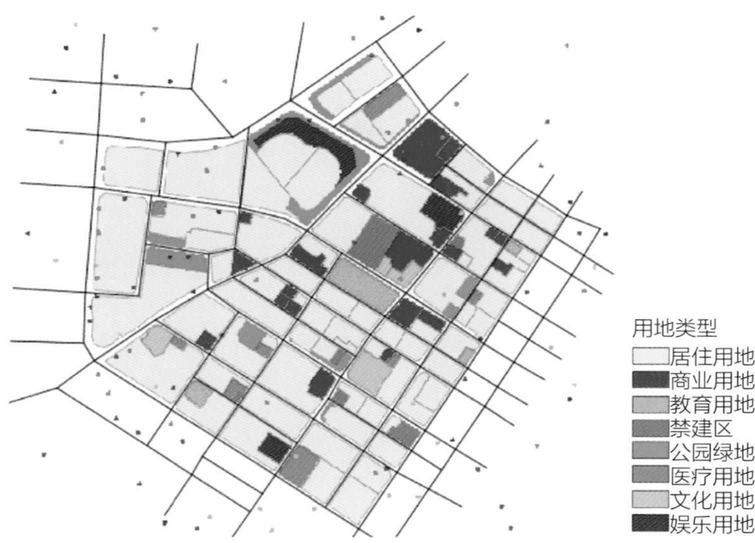

图5-1 研究社区土地利用现状

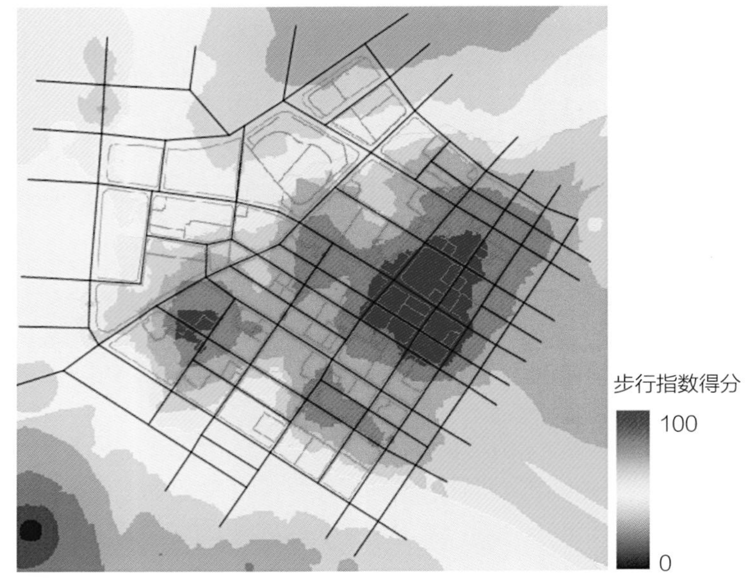

图5-2 现状步行指数插值分析

开始迭代后，会生成蓝色的儿童智能体，当用地容量被占满后，会呈现出灰色的可视化效果，方便用户查看迭代的情况。在右侧会展示目前各类用地的占比，以及新建设施数量的折线图和儿童平均步行距离的柱状图。在右下方会输出新建设施的具体类型，方便设施查看。迭代的中间状态如图5-3所示。

经过3 000次迭代计算后，对方案进行平滑处理，最终得到的新方案其可视化效果已大大提高（图5-4）。

优化后的新方案在儿童到达各目的地的平均步行距离上明显缩短，从原始的350m下降至200m。优化方案的生成与儿童出行目的地的比例，政府新建设施概率、尺度及儿童出行频率等指标的设定均有关系。由于本次设定的新建概率、设施尺度和出行比例均很大，且出行目的以教育为主。反映在优化方案上，表现为新建各种类型的设施占比在不同程度上有所增加，其中商业设施占比11.4%、教育设施占比15%、公园绿地占比8.7%、医疗设施占比7.8%、文化设施占比12%、娱乐设施占比1.2%。就选取的该次方案模拟结果对比来看，教育设施增加最多（12.4%），其次为文化设施（9.6%）和医疗设施（5.2%）。说明儿童智能体在社区生活圈的可步行性模拟中，对该地块内的学校、医疗和文化设施的需求较为突出，未来规划设计者应予以参考。

对模拟优化得到的新方案再次进行步行指数的计算，平均步行得分为89分，中位数得分为91分，地块最低得分为49分，地块

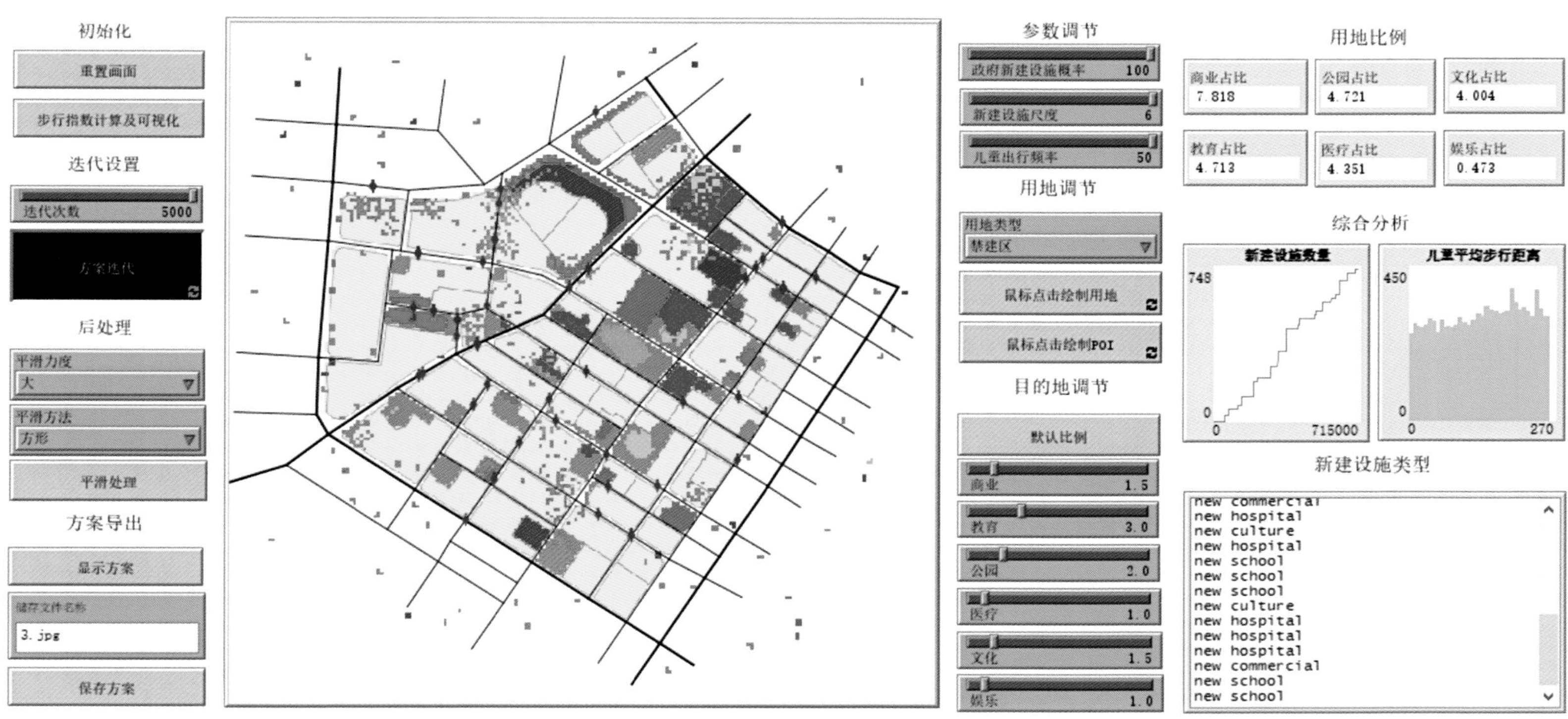

图5-3　迭代模拟的可视化效果

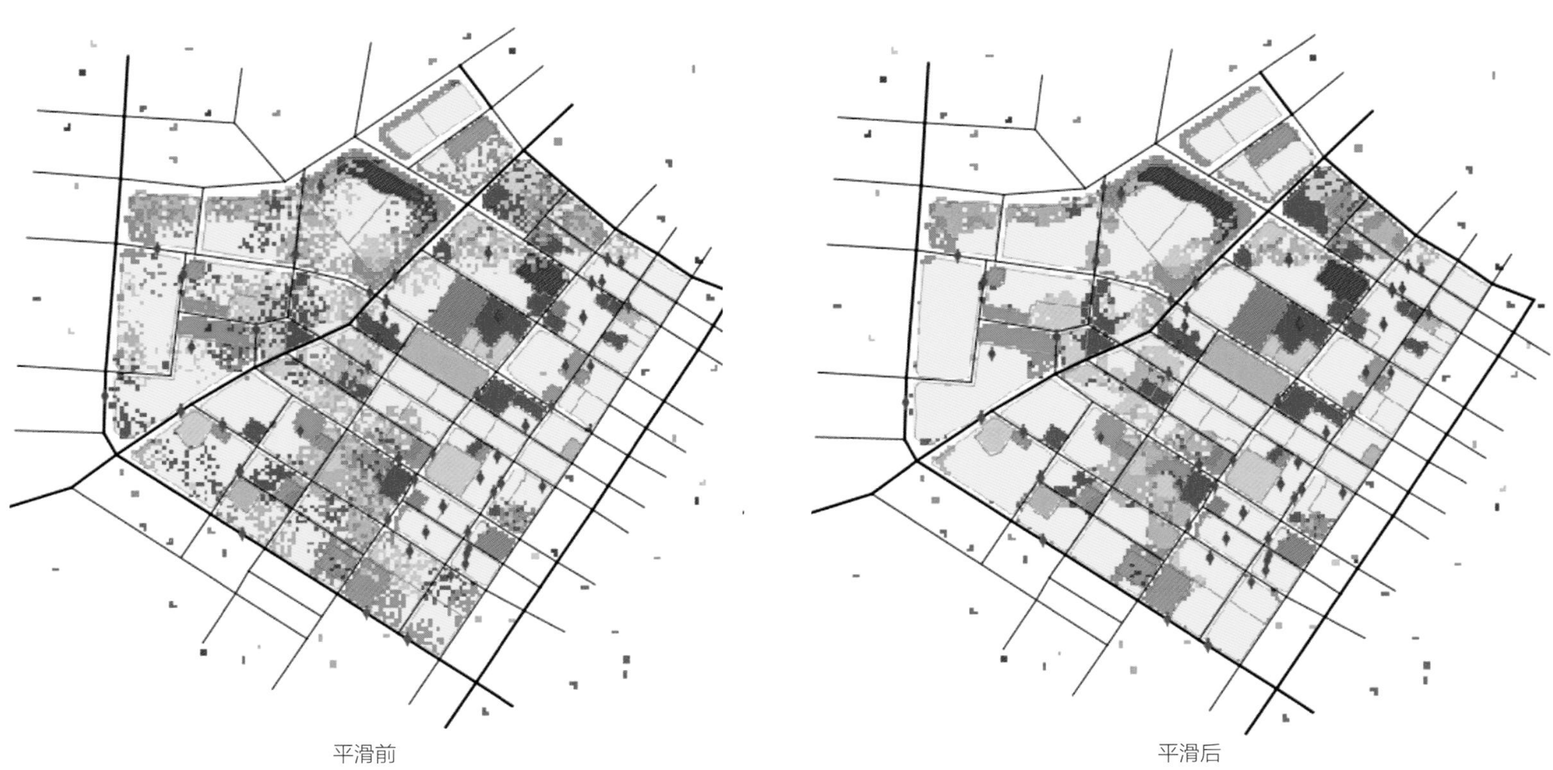

图5-4　对生成方案进行平滑处理的前后对比图

最高得分为99分，各项得分均有所增加，且其步行指数整体分布较为均衡（图5-5），说明模型在儿童可步行性指标上的优化效果明显。

此外，可以通过NetLogo自带的实验设计窗口，设定多组参数组合，针对每一个组合结果，利用并行计算技术，同时生成多组可行解。

最后，可在方案数据库中储存不同参数配比下的1 000种新的方案，使用者可根据自身需要进一步评估和筛选，最终容易地获得理想的设计方案（图5-6）。

2. 模型应用案例可视化表达

NetLogo模型界面设计（图5-7）主要包含三部分，分别是侧

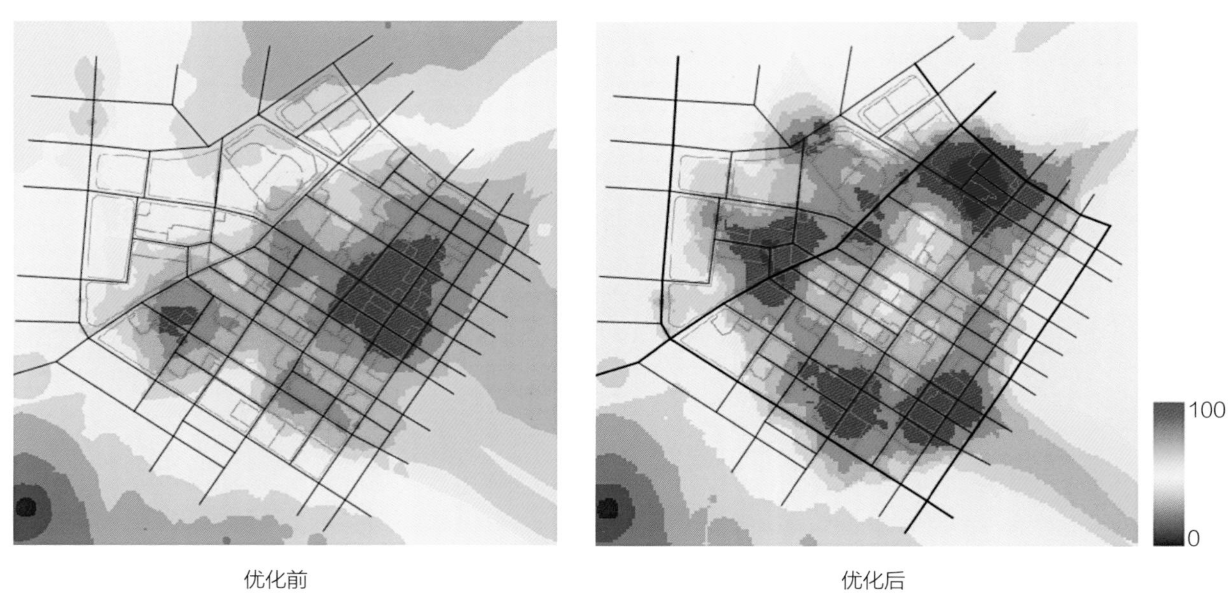

图5-5 步行指数的前后对比图

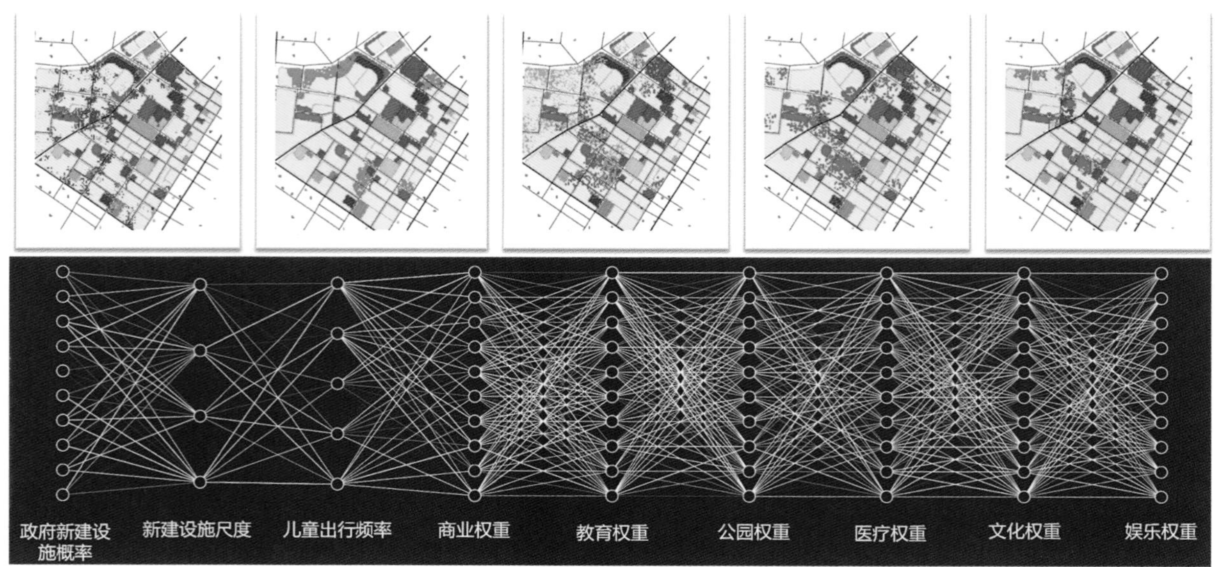

图5-6 参数调节与多方案对比

图5-7　NetLogo交互界面设计

边菜单、模拟世界窗口和实时数据窗口，用户可使用侧边菜单的滑动按钮来改变输入条件并运行各项操作，模拟世界窗口可查看方案的基础数据和评估结果，而实时数据窗口则用于辅助展现模拟过程中的数据变化。

（1）左侧边菜单：分为4大板块，初始化板块包括“重置画面”“步行指数计算及可视化”两个按钮；迭代设置板块可以通过拉杆调节“迭代次数”，点击“方案迭代”按钮开始迭代；后处理板块用于方案生成后的优化，通过“平滑力度”和“平滑方法”两个下拉菜单，选择“平滑算法”，点击“平滑处理”按钮进行平滑操作；最后可以在方案导出模块对新生成的方案进行保存。

①重置画面：用于导入地理信息数据，包括用地类型、POI兴趣点、道路数据。其中用地类型主要有8类，黄色代表居住用地，红色代表商业设施用地，橙色代表教育用地，蓝色代表禁建区，绿色代表公园绿地，粉色代表医疗用地，浅粉色代表文化设施用地，暗红色代表娱乐用地。POI的分类和颜色与地块一致。道路分为主干道、次干路和支路三个等级，在画面上由粗细不同的链接表示。在导入地理信息后，会进行步行指数和插值计算，确保每一个空间单元都有相应的步行指数得分（图5-8）。

②步行指数计算及可视化：用于以道路中心点为圆心进行步行指数计算，插值分析后及进行可视化表达，其中越红色的区域表示步行指数越高，越蓝的区域代表步行指数越低（图5-9）。

（2）右侧边菜单：参数调节板块有“政府新建设施概率”“新建设施尺度”“儿童出行频率”三个按钮；用地调节板块可以与用户交互，通过下拉菜单选择用地类型，通过鼠标点击更改用地类型和颜色；目的地调节板块有“默认比例”按钮和6类各设施类型权重拉杆。“默认比例”用于衡量儿童智能体模拟中前往各目的地的分配占比，目前设定为商业（1.5）、教育（3）、公园（2）、医疗（1）、文化（1.5）、娱乐（1）。

（3）实时数据窗口：用于实时显示模拟过程中的可视化图表。“用地比例”会随着方案的生成实时改变；综合分析中的“儿童平均步行距离”“设施数量变化”可以用矩形图和折线图动态显示模拟状态；新建设施类型用文字输出新建设施的具体类型（图5-10）。

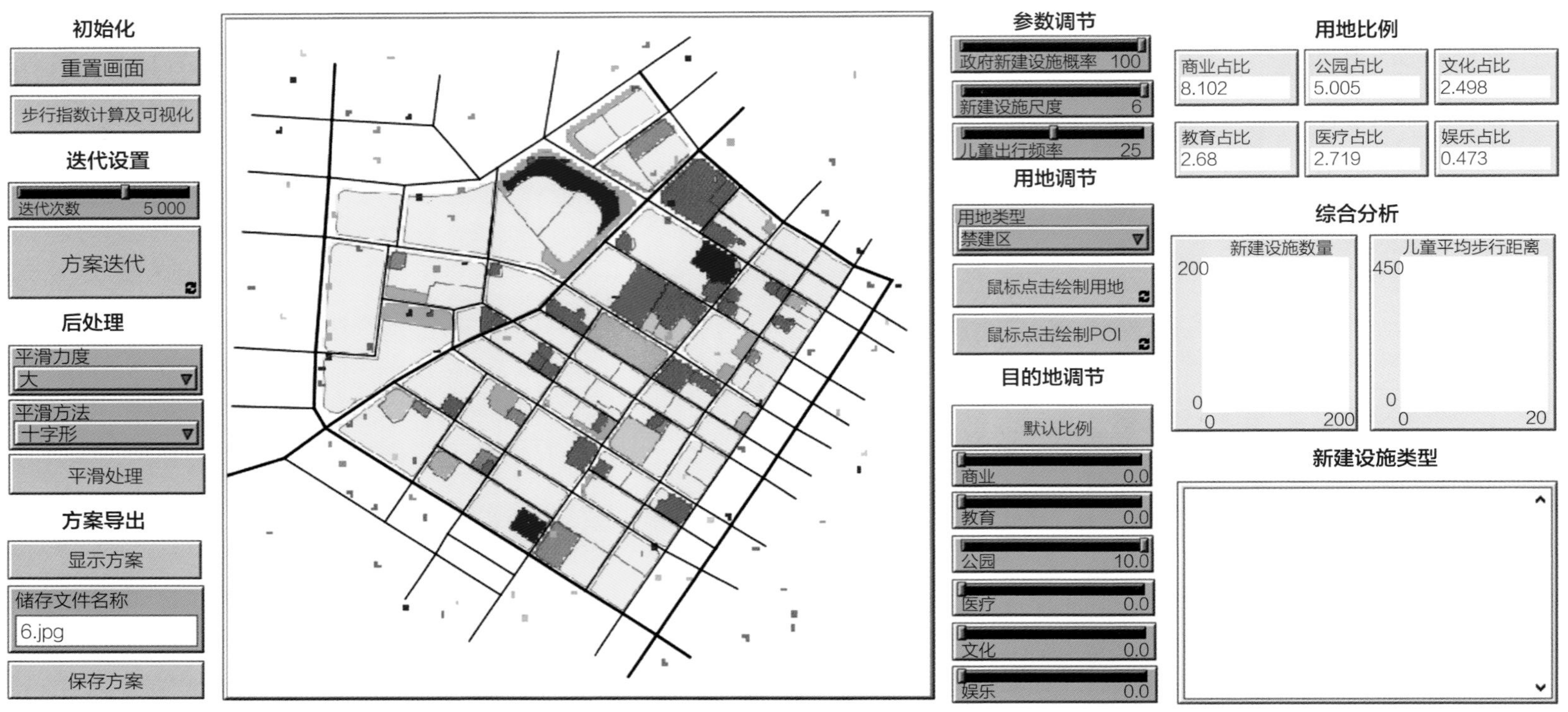

图5-8 “重置画面”效果

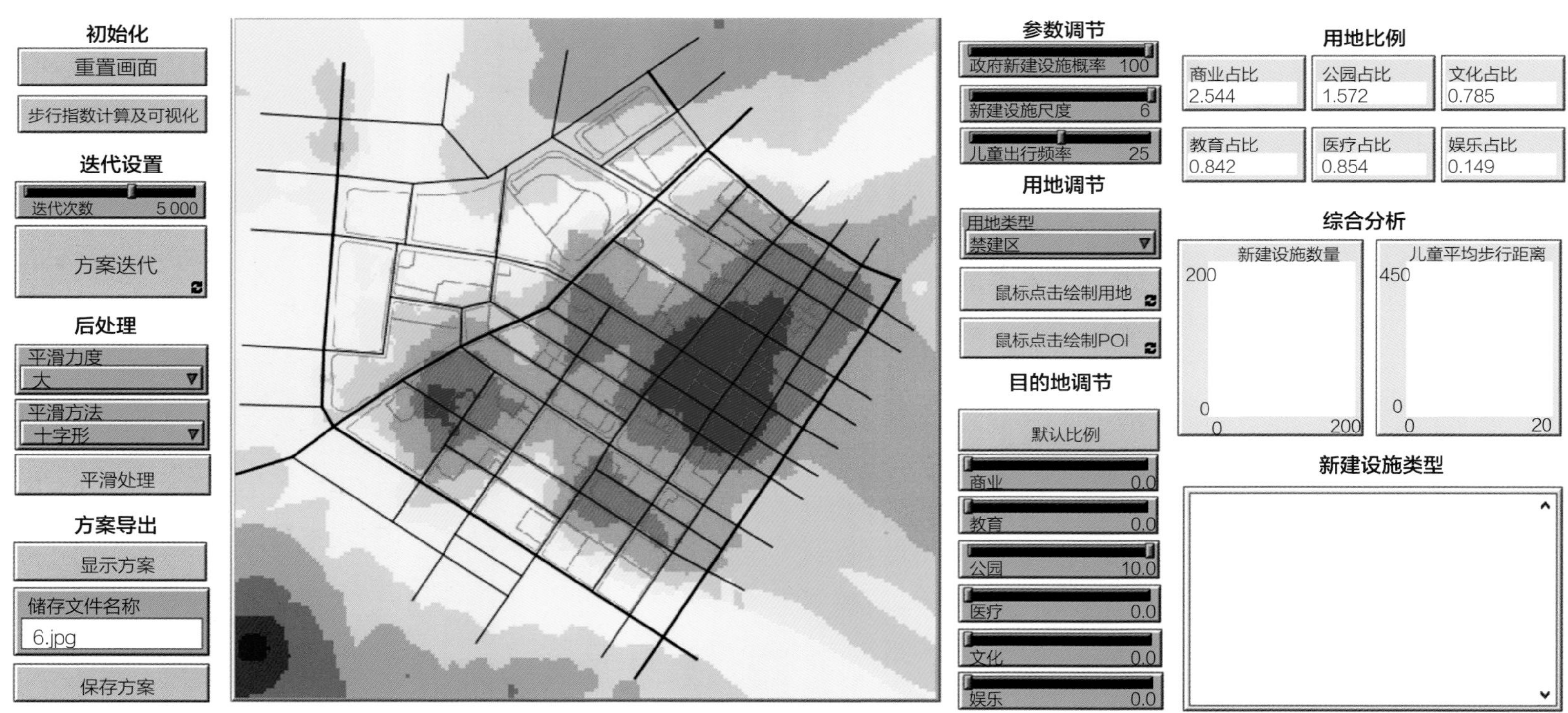

图5-9 “步行指数计算及可视化”效果

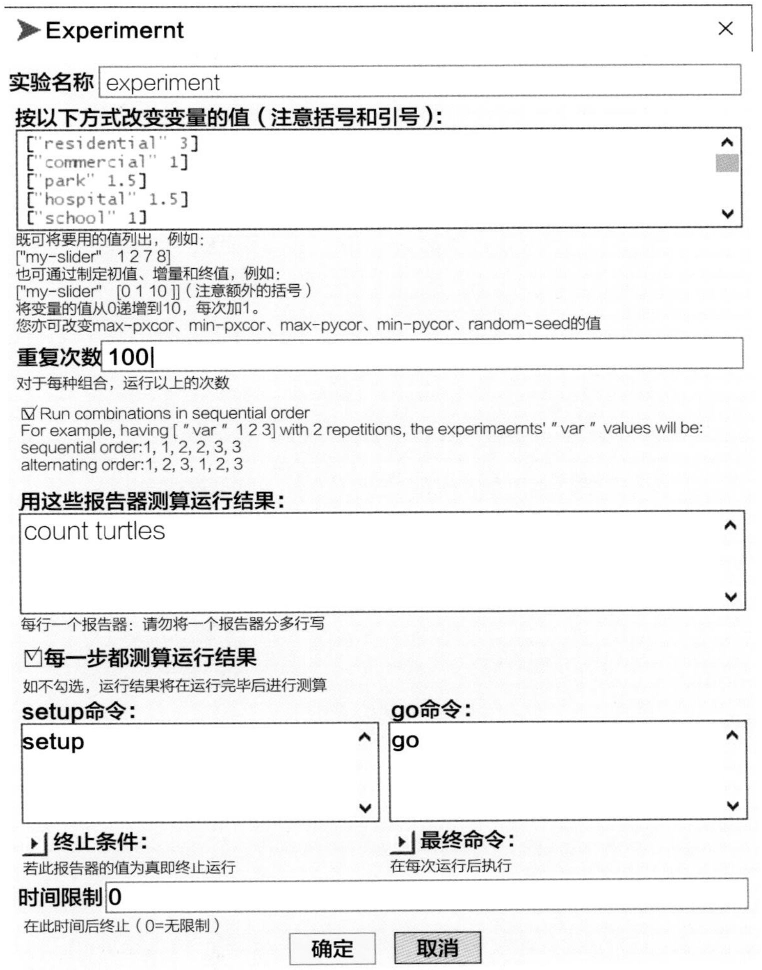

Experimernt

实验名称 experiment

按以下方式改变变量的值（注意括号和引号）：

["residential" 3]
["commercial" 1]
["park" 1.5]
["hospital" 1.5]
["school" 1]

既可将要用的值列出，例如：
["my-slider" 1 2 7 8]
也可通过制定初值、增量和终值，例如：
["my-slider" [0 1 10]]（注意额外的括号）
将变量的值从0递增到10，每次加1。
您亦可改变max-pxcor、min-pxcor、max-pycor、min-pycor、random-seed的值

重复次数 100

对于每种组合，运行以上的次数

☑ Run combinations in sequential order
For example, having [" var " 1 2 3] with 2 repetitions, the experimaernts' " var " values will be:
sequential order:1, 1, 2, 2, 3, 3
alternating order:1, 2, 3, 1, 2, 3

用这些报告器测算运行结果：

count turtles

每行一个报告器：请勿将一个报告器分多行写

☑每一步都测算运行结果

如不勾选，运行结果将在运行完毕后进行测算

setup命令：

setup

go命令：

go

终止条件：

若此报告器的值为真即终止运行

最终命令：

在每次运行后执行

时间限制 0

在此时间后终止（0=无限制）

确定 取消

图5-10 实验设计窗口

六、研究总结

1. 模型设计的特点

（1）计算型城市设计方法

本模型实现的多智能体社区模拟系统，通过微观层面的动态模拟进行分析和对比，对所模拟的社区配套设施布局进行了评价和优化，为社区更新和管理提供理论支持。模型对行人agent的属性和个性化定义，通过模拟儿童前往不同目的地的情况优化社区配套设施的布局。其中建成环境属性也可以个性化定义，可以提供多情景结合情况下的模拟结果。

（2）可推广、易操作的方案生成模型

针对现有设施布局研究难以实证、设施更新实践工作量大的局限，本研究构建了可推广、易操作的儿童友好社区配套设施配置方案生成模型，开发了“现状评估—方案生成—智能筛选”的自动循环过程，不仅可以为规划人员提供优化的方向，还可以提供优化方案的定量化结果，显著减少规划人员的重复性劳动。以步行指数作为评估设施布局的重要参考依据，面向未来社区更新做出决策，并能够对优化方案不断迭代，增强了模型的实用性和可靠性。

2. 应用方向或应用前景

将儿童的行为及需求上报政府是自下而上的看待问题，站在决策的角度上，研究视角的转换是解决问题的新方法。首先提出的儿童步行生活圈仿真模拟涉及原始地块的土地利用、地块POI分布、步行指数的计算，不同用地的布局及优化，方案迭代优化打分等多个模块，分析流程完备可靠，具有极强的可复制性，对于不同地域、不同城市、不同类别的社区都可以进行儿童友好型社区配套设施用地优化。

研究成果在服务于儿童友好型社区配套设施用地优化设计的同时，也能有效地推广至不同人群的社区配套设施用地优化，如老年社区配套设施用地优化、康养社区配套设施用地优化等，可拓展性强。

参考文献

[1] 陈晗哲，罗伟嶂．深圳市大新片区日常服务设施的可步行性评价［A］．中国城市规划学会、重庆市人民政府．活力城乡 美好人居——2019中国城市规划年会论文集（07城市设计）［C］．中国城市规划学会、重庆市人民政府：中国城市规划学会，2019：11．

[2] 李萌．基于居民行为需求特征的“15分钟社区生活圈”规划对策研究［J］．城市规划学刊，2017（1）：111-11．

[3] 周垠，龙瀛．街道步行指数的大规模评价——方法改进及其成都应用［J］．上海城市规划，2017（1）：88-93．

[4] 左进，孟蕾，曾韵．面向智慧化建设的社区生活圈配套设施布局优化［M］．北京：中国建筑工业出版社，2020．

[5] 靳珂．儿童友好型城市街道步行空间评价体系及策略研究［D］．福州：福建农林大学，2019．

［6］王卫平．儿科学（第八版）［M］．北京：人民卫生出版社，2013．

［7］Guy R．Lefrancois．儿童心理发展［M］．北京：北京大学出版社，2004．

［8］中国青少年研究中心“亚太地区儿童参与权”课题组，陈晨，陈卫东．中国城市儿童参与状况调查报告［J］．中国青年研究，2006（7）：55-60．

［9］卢银桃，王德．美国步行性测度研究进展及其启示［J］．国际城市规划，2012，27（1），10-15．

［10］刘涟涟，尉闻．步行性评价方法与工具的国际经验［J］．国际城市规划，2018，33（4）：103-110．

［11］黄建中，胡刚钰．城市建成环境的步行性测度方法比较与思考［J］．西部人居环境学刊，2016，31（1）：67-74．

［12］熊文，刘丙乾．国内外街道空间环境评价理论与指标体系研究［A］．中国城市规划学会、重庆市人民政府．活力城乡 美好人居——2019中国城市规划年会论文集（06城市交通规划）［C］．中国城市规划学会、重庆市人民政府：中国城市规划学会，2019：12．

［13］Carr LJ，Dunsiger SI and Marcus BH（2010），Walk ScoreTM As a Global Estimate of Neighborhood Walkability，American Journal of Preventative Medicine 39（5）：460 - 463．

［14］Carr，LJ，Dunsiger，SI，and Marcus，BH.（2011），V alidation of Walk ScoreTM for Estimating Access to Walkable Amenities. British Journal of Sports Medicine，45：1144 - 1148．

［15］Walk Score Methodology．（2015）．Walk Score．Retrieved May 14，2015，from https://www.walkscore.com/Walk Score Methodology.

［16］孙子文，刘灿，孔维婧．步行指数（Walk Score）的相关研究及应用启示——基于国外的研究进展［C］．中国城市规划学会、贵阳市人民政府．新常态：传承与变革——2015中国城市规划年会论文集（04城市规划新技术应用）．中国城市规划学会、贵阳市人民政府：中国城市规划学会，2015：654-665．

［17］FRANK L D，SALLIS J F，CONWAY T L，et al. Many pathways from landuse to health：associations between neighborhood walkability and active transportation，body mass index，and air quality［J］．JAPA，2006（72）：75-87．

［18］谢光强，章云．多智能体系统协调控制一致性问题研究综述［J］．计算机应用研究，2011，28（6）：2035-2039．

［19］Wilson L，Danforth J，Davila C C，et al. How to generate a thousand master plans：a framework for computational urban design. 2019．

［20］单玉红，朱欣焰．城市居住空间扩张的多主体模拟模型研究［J］．地理科学进展，2011，30（8）：956-966．

［21］王嘉城，郭翰宸．基于多智能体的城市地块更新划分方式——以南京金川门—神策门段城市更新设计为例［A］．全国高等学校建筑学专业教育指导委员会建筑数字技术教学工作委员会：全国高校建筑学学科专业指导委员会建筑数字技术教学工作委员会，2018：6．

［22］艾东，王朔，张荣群，王大海．基于多智能体模型的银川平原土地利用情景模拟［J］．农业机械学报，2017，48（S1）：262-270．

基于空间句法的步行者视野潜力模拟和界面视觉机会分析

工 作 单 位：伦敦大学学院
报 名 主 题：基于空间句法的步行者动态视野潜力模拟和界面视觉机会分析
研 究 议 题：智慧城市感知
技术关键词：空间句法、智能体模型、图论算法
参　赛　人：范子澄
参赛人简介：范子澄，伦敦大学学院巴特莱特建筑学院空间句法专业在读研究生。研究兴趣包括：空间句法高级分析方法、环境感知模拟、环境设计预防犯罪等。希望探索空间句法研究方法在三维环境和新数据环境下的创新应用。

一、研究问题

1. 研究背景及目的意义

对行人在街道环境中视觉能力的精确模拟，对提升城市公共空间品质和深化各类环境行为模式研究具有重要意义。然而，既有的可视性分析方法还存在许多不足。

（1）分析场景的局限性

常用的可视性分析模型根据其适用场景大致分为两类。第一类以ArcGIS 软件中的视线和视域分析功能为代表，主要基于几何关系，分析观察者在二维或三维空间中视线受遮挡的情况，侧重于观察者在固定位置和角度上的视觉可能。第二类以空间句法研究中的可视图模型（Visibility Graph Analysis，简称VGA）为代表，主要以环境组构特征为研究对象，将空间分割、抽象为网格单元构成的图（graph）进行分析。网格单元在图结构中所占据的位置对应其在实体空间中的可见性和受访问概率。与第一类模型不同，VGA分析局限于二维平面，且侧重于环境组构特征塑造的视觉可能——各类环境要素只作为限定分析边界的背景，而无法直接被“看到”。由于行人在对街道环境的感知中可能具有可变的观察位置和动态的观察视角，单独采用上述任意一种模型，都难以实现对行人可视性的精确模拟。

（2）分析精度的局限性

在新数据环境下，开源的街景图片数据和自采集的城市影像在各类城市研究中获得了广泛应用，而这进一步凸显了传统可视性分析方法的局限性。街景图片数据通常包含大量的街道视觉要素特征和精确的位置信息，极大丰富了城市街道研究资源。与之相对的是，传统的可视性分析局限于空间的物理轮廓，反映的街道细节有限，分析精度不足。而最重要的是，传统可视性分析模型与新数据环境间缺乏技术与研究方法上的衔接窗口。

基于上述局限性，尝试探索一种新的行人街道可视性分析方法，以整合传统可视性分析模型的优点以及新数据环境下的街道信息资源，实现可视性研究的精度提升。

2. 研究目标及拟解决的问题

本研究的总体目标是整合既有的可视性分析模型和新数据环

境，建构一种以步行者为核心的可视性分析框架。为了实现这一目标，尝试解决以下问题：

（1）如何在可视性分析中恰当反映行人在环境中的潜在位置和观察视角的变化。

（2）如何在传统的可视性分析框架中构建新数据环境的接口，建立模型视觉与街道真实视觉信息间的映射，以提升分析精度。

围绕上述问题，空间句法研究社群中的一种经典的智能体模型——体外视觉建筑系统（Exosomatic Visual Architecture System，简称EVAS），为整合不同的可视性分析方法提供了思路借鉴。以EVAS模型的基本原理为基础，借助可视化编程工具Grasshopper，项目尝试建构了一种模拟行人在环境中的视觉潜力以及街道界面视觉机会的新方法。而在此基础上，以步行者在街道环境中所拥有的水平视场角（Field of View，简称FOV）作为媒介，借助机器学习算法，项目进一步搭建了该方法与城市街景图片间的联系桥梁。以下对研究方法做进一步说明。

二、研究方法

1. 研究方法及理论依据

项目首先参考了EVAS模型的设计思路，尝试在模拟智能体寻路行为的过程中，提升智能体对周围环境的感知能力。在此基础上，项目进一步尝试将EVAS模型的输出结果与街景数据结合，拓展智能体的空间感知维度。

（1）基于体外视觉建筑系统（EVAS）的空间感知模拟

EVAS模型是空间句法研究中一种经典的智能体模型，由伦敦大学学院阿兰·佩恩（Alan Penn）和阿拉斯代尔·特纳（Alasdair Turner）提出，主要以二维平面中的凸空间作为分析对象，对智能体在其中的寻路行为进行模拟。EVAS模型的框架中同时整合了基于图的VGA分析和基于几何关系的视线分析方法，模型流程如图2-1所示。 简要来说，在EVAS模型中连续的空间被网格划分为空间单元，代表智能体的潜在位置；基于VGA分析生成的聚类系数（Clustering Coefficient），或视线整合度（Visual Integration）作为空间权重存储在每个空间单元中；每个智能体拥有一个初始方向以及该方向上170° 的水平可见角度，以模拟行人在真实空间中面向前方的视野特征，如图2-2所示；在视野

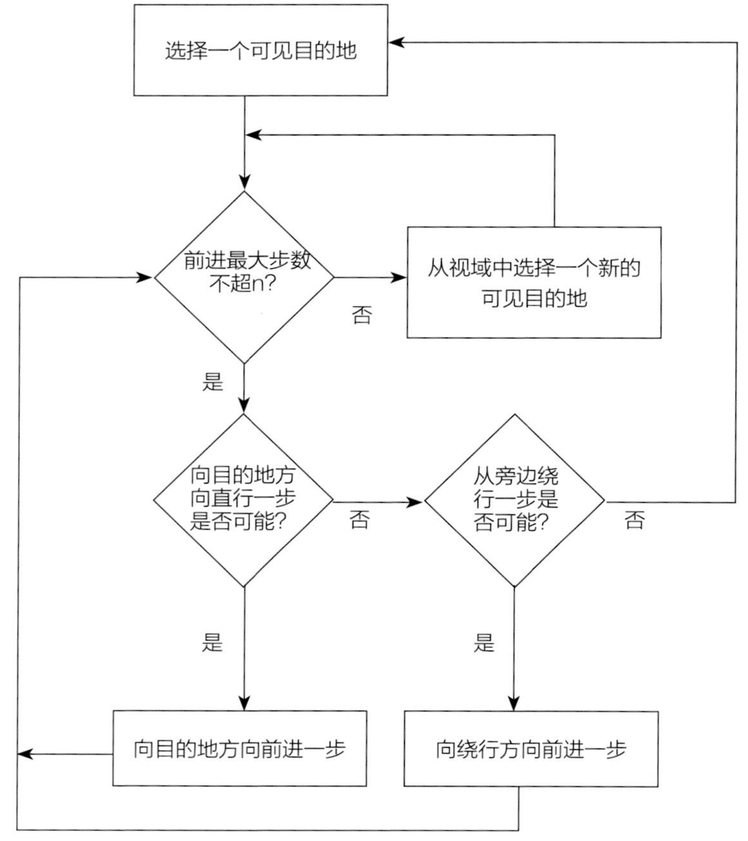

图2-1　EVAS模型寻路流程

内，智能体通过向周边环境投射等间距和等长度的视线形成对环境的感知与检索；视线长度代表预设的前进步数，与视线重合的网格代表潜在的通行方向；如果视野内未检索到满足前进步数的网格，智能体则调头重新进行检索；如果视野内检索到足够数量的网格，则智能体基于空间权重比较并选取下一步前进方向，并重复寻路过程。

在上述流程中，基于几何关系的视线分析用于搜索和获取潜在的前进方向，并防止智能体与环境发生碰撞；而基于图的VGA分析衡量了各个潜在方向上连通更多空间和路径的可能性，以决定智能体下一步的位置。两种可视性分析方法以智能体的视野方向为纽带紧密结合，共同揭示了环境组构特征对步行者运动模式的限制和驱动作用。在EVAS模型的基础上，一些学者还尝试引入了交通起止点分析（Origin-Destination Analysis，简称OD分析），生成额外的权重矩阵，为这一模型拓展了使用场景。

值得注意的是，传统EVAS模型中视线分析的主要对象是空

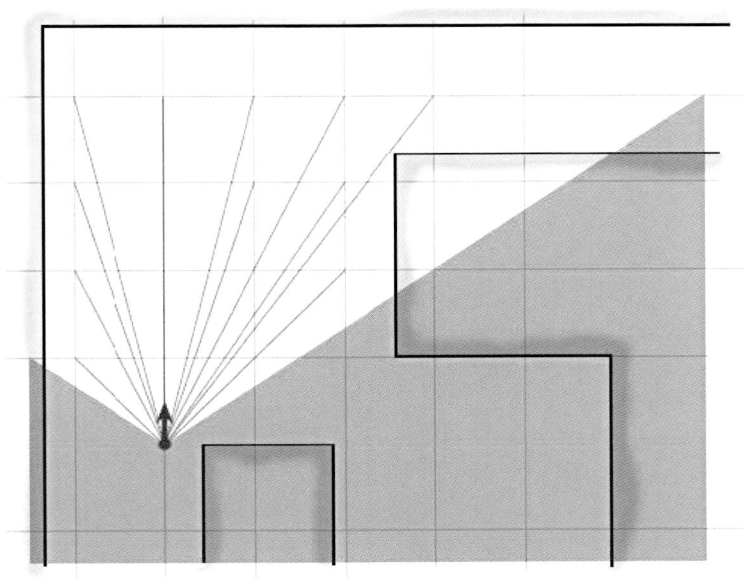

图2-2　智能体在建成环境中的视野

间网格，而非空间中的实体对象。这意味着尽管智能体能对周边环境特征做出反应，却无法“看到”具体的环境内容。考虑到EVAS模型中智能体的位置变化与视野方向变化一一对应，如果将智能体每一步所对应的视线延伸至环境界面，并随着智能体运动进行累加，可以较为精细地衡量环境界面各个局部区域的可见概率——一种智能体视角下的环境感知模拟。而通过调整循环机制和优化空间权重等，可以尝试进一步探索不同情景下智能体在空间中的视觉“兴趣”。以上构成了本研究的基本思路。

（2）基于EVAS模型与街景图片数据的综合感知模拟

在整合不同可视性分析方法的基础上，尝试进一步建立起可视性分析与新兴城市数据在空间以及内容上的映射。在这方面，城市街景图像在数据形式上与EVAS模型表现出了良好的契合性。以国内广泛使用的百度全景静态图为例，定义智能体在EVAS模型中运动特征的要素，如位置、视野方向与可见角度，同时也是全景静态图采集时区分图片特征的主要参数，对应坐标（location）、水平视角（heading）、水平视场角（FOV）。以此为基础，项目提出可以在运行EVAS模型的同时记录下智能体每步对应的相关参数，以获取其在真实空间中“可见”的街景图像。通过这种方式，智能体对环境的感知由二维空间进一步拓展至包含了色彩、明暗、语义等多种信息和要素的实体空间，大大拓展了其分析潜力。

而在街景信息的提取方面，基于机器学习的对象识别（Object Detection）与语义分割（Semantic Segmentation）算法已经较为普及。对象识别可用于精确统计街景图片中特定研究对象的数目，如街道家具、行人、店铺特征等；而语义分隔则可用于计算典型街景要素如天空、道路、数目等在街景图像和人视野中的占比。本研究借助这两种算法，搭建了EVAS模型与街景信息的关联分析框架，并尝试比较了智能体感知中的街景图像与一般街景图像间视觉信息构成的差异。

综上所述，项目尝试在EVAS模型的基础上建构一种新的可视性分析模型，模拟智能体在寻路过程中对应的空间感知能力，并尝试将街景图像引入模型分析，拓展智能体的空间感知潜能。

2. 技术路线及关键技术

项目的技术路线整体分为基础模型搭建、应用场景划分和街景数据整合三部分，如图2-3所示。

（1）基础模型搭建

根据EVAS模型的基本原理，本研究借助可视化编程工具Grasshopper重建了智能体在空间中的寻路模型。与传统EVAS模型不同的是，新模型将智能体在环境中的视线进一步拓展至环境界面；智能体在运动中每一步所对应的位置、方向、方向上的平均权重以及视线与环境界面的交点被记录下来，并在完成循环后集中输出。除此之外，项目还尝试利用空间中潜在的目的地与智能体的距离生成额外的空间权重。

（2）应用场景拓展

对于不同的城市应用场景，模型所面临的分析尺度和分析精度要求可能存在较大差异。尝试对模型机制进行优化，以提升其与实际规划应用场景的契合度。其中，通过对少量智能体进行多次迭代，模型可用于探索不同人群在空间感知上的差异。可以通过设置不同起点和权重对人群进行区分，观察他们在运动中各自对应的视线焦点。从相反的思路，通过提升智能体数量和起始方向数量，减少迭代次数，可以通过较小的运行成本了解街道各个界面在一般条件下的可见机会。这种机会性可以视作界面在平面组构特征约束下形成的固有属性，在古建筑保护或商业

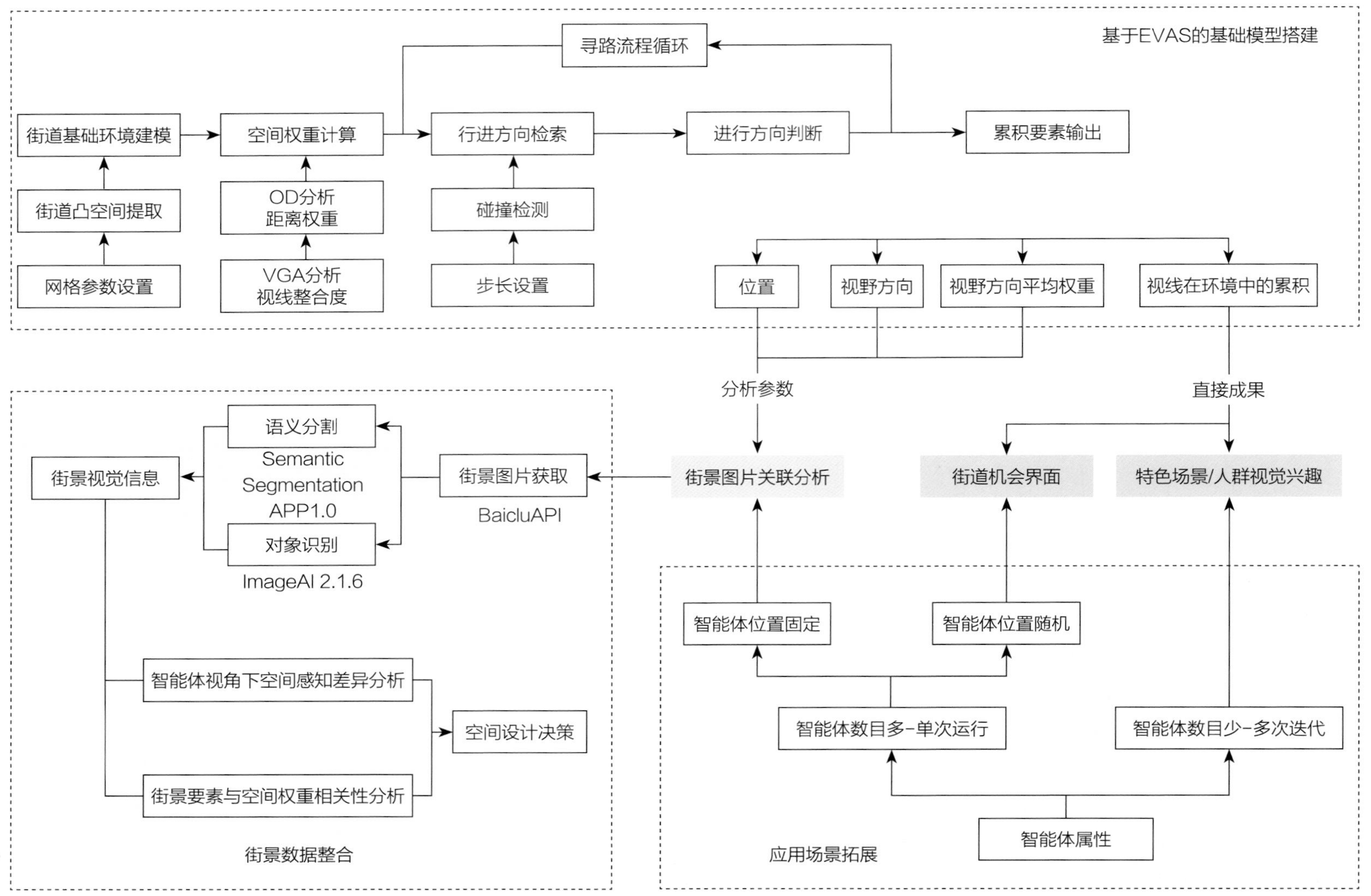

图2-3　技术路线

选址研究中，可用于精确评估街道局部空间的保护效率或开发潜力。

（3）街景数据整合

在整合街景信息方面，基于数量较多但位置固定的智能体，可以通过在每个位置输入多个起始方向，识别智能体在特定环境中的高频视野方向，以及方向变化趋势。配合街景图片，可以了解智能体感知到的城市街景要素与原始街景要素在构成和空间分布上的差异。

本研究采用轻量化的计算机视觉分析工具ImageAI进行街景图片中的对象识别。该工具基于Python开发，支持采用多种网络模型进行图片对象检测、视频检测和对象跟踪。研究采用了ImageAI官网提供的RetinaNet预训练模型，以确保较高的精度和准确性。在图像分割方面，本研究采用了中国地质大学关庆锋教授团队开发的全卷积网络视觉影像语义分割软件（GPU-CUDA-enabled Semantic Segmentation App. v1.0）。软件基于ADE_20K数据集训练，支持识别150种环境要素。

三、数据说明

1. 数据内容及类型

现阶段研究主要采用了城市建筑轮廓数据和街景数据支持模型搭建和应用场景探索。

（1）城市建筑轮廓数据

项目基础模型的搭建以及后续的界面视觉机会分析主要基于矢量建筑轮廓数据。后文中用于模型流程展示的伦敦曼彻斯特广场（Manchester Square）区域建筑轮廓数据，来自英国地图平台Digimap集成的OS Open Map Local数据集。而实践案例采用的上海城隍庙区域建筑轮廓数据主要在参考Open Street Map的开源建筑数据的基础上自行绘制。

（2）街景图片数据

项目以上海城隍庙区域为对象，综合街景图片数据与基础模型进行了实践分析。街景图片数据来源于百度地图静态全景图。图片借助百度地图API和预设的间隔为20m的采样点获取。图片参数包括尺寸400×300像素，水平方向范围90°，垂直视角15°。图片水平视角对应智能体在空间中的朝向，通过模型分析生成。

2. 数据预处理技术与成果

在获取建筑轮廓数据的基础上，需要将街道轮廓转化为可分析的空间网格。在以下示例中，借助Grasshopper的网格生成（square）组件可以将空间分割为3m×3m或其他精度的正方形网格，如图3–1所示。在此基础上，通过碰撞检测（collision one | more）等组件可以提取形心不与周边建筑重合的网格，作为后续权重计算和模型分析的基本单元，如图3–2所示。除此之外，采集到的街景图片数据根据采集位置、水平视角和采集顺序重新编号（图3–3）。后续分析中主要基于街景图片的位置和方向进行数据统计和特征归纳。

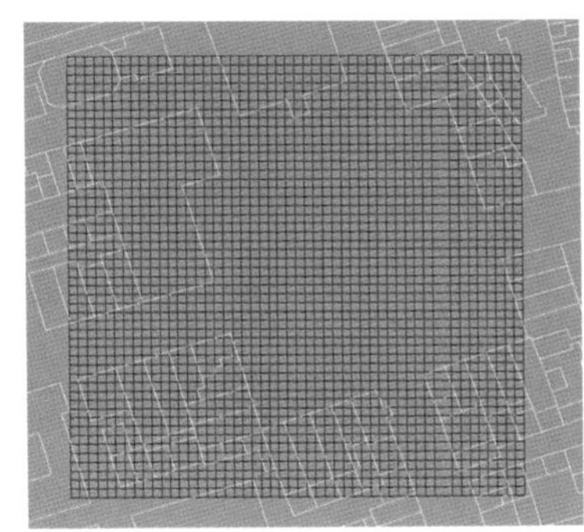
图3–1　网格生成

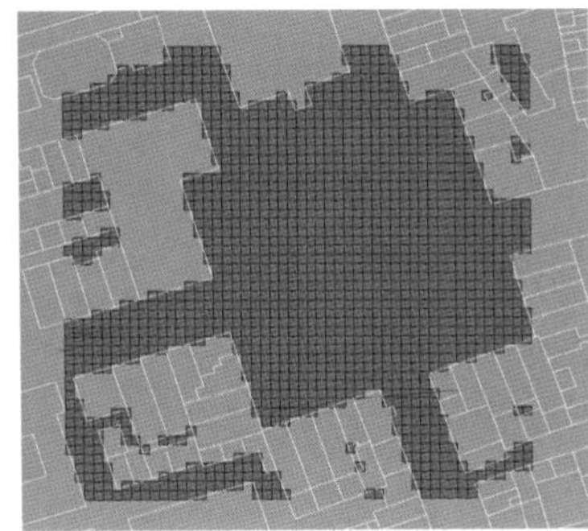
图3–2　可用网格提取

图像5.300.304

图像5.330.244

图像6.90.5

图像6.120.665

图像6.240.425

图像6.270.365

图3–3　街景数据示例

四、模型算法

1. 空间权重计算公式

本模型采用的空间权重以视线整合度为主，体现空间的可达性潜力。根据潜在的应用场景，还探索了围绕特定吸引点生成空间权重的可能。

（1）视线整合度权重

整合度（Integration），即图算法中的接近度中心性（Closeness Centrality，C），同时也是图平均深度（Mean Depth，MD）的倒数，其基本计算公式如下：

$$C_i = \frac{1}{MD_i} = \frac{n-1}{\sum_j d_{ij}} \tag{4–1}$$

式中，C_i表示图中任意节点i的接近度中心性，MD_i表示节点i的平均深度，d_{ij}代表图中任意节点i和j间最短路径的深度，n表示图中节点总数。

在空间句法的轴线图分析中，整合度表示空间系统中的一个空间单元与其他空间单元间联系的紧密程度。考虑到空间系统间存在的对称性差异和规模差异，希利尔（Hillier）和汉森（Hanson）提出了相对非对称值（Relativized Asymmetry，RA）和钻石形图的相对非对称值（RA of Diamond，D），对空间系统进行标准化转换。其中，相对非对称值运算替换了原有的平均深度运算，D值则用于对相对非对称值的进一步修正，见公式4-2，4-3。

$$RA_i = \frac{MD_i - 1}{\frac{n}{2} - 1} \quad (4\text{-}2)$$

式中，RA_i表示图中任意节点i的相对非对称值，MD_i表示节点i的平均深度，n表示图中节点总数。

$$D = \frac{n\left(\log_2\left(\frac{n}{3} - 1\right)\right) + 1}{\frac{(n-1)(n-2)}{2}} \quad (4\text{-}3)$$

式中，D表示与图节点总数所对应的钻石形图的相对非对称值，n表示图中节点总数。

以此为基础，对图中的任意节点i，轴线整合度计算公式表示为：

$$I_i = \frac{D}{RA_i} \quad (4\text{-}4)$$

在VGA分析中，视线整合度采取的运算公式与轴线整合度相同，但其对应的图的构建还需要考虑各个空间单元之间可能存在的视线遮挡。由于涉及的分析流程相对复杂，以往的VGA分析主要基于Depthmap软件实现。伦敦大学学院的瓦鲁迪斯（Tasos Varoudis）开发了一套Grasshopper组件，实现了对VGA分析中视线遮挡检测和整合度计算等功能的完整移植。本研究的视线整合度计算主要依靠该组件实现。

（2）吸引点权重

除了视线整合度外，在特定场景中空间的一些特殊节点同样对行人运动方向有着显著的吸引作用，例如景区中的著名景点、门禁住区的主要出入口等。在这种情况下，智能体在某一潜在位置上相对所有吸引点的平均距离也可以作为一种空间权重，距离越近，行人受到的吸引力越强。由于这一引力的机制较为复杂，本研究仅做了粗浅尝试，计算公式表示为：

$$A_e = \frac{m}{\sum_f d_{ef}} \quad (4\text{-}5)$$

式中，A_e表示所有吸引点对处于空间单元e的智能体的综合吸引力，m表示空间中吸引点的数量，d_{ef}表示吸引点f与空间单元e之间的距离。

（3）综合权重

根据实际需要，在模型分析中可以考虑将视线整合度权重与吸引点权重的加权平均数作为综合权重。具体权值分配需根据场地特征和研究问题决定，参考公式4-6。

$$W_e = qI_e + (1-q)A_e \quad (4\text{-}6)$$

式中，W_e表示模型的综合权重，I_e表示空间单元在对应图中的视域整合度，A_e表示空间单元e对应的吸引点权重，q表示分配给视域整合度的权值，$0<q<1$。

2. 模型基本流程实现

研究所采用的初始模型主要基于可视化编程工具Grasshopper搭建，组件结构如图4-1所示。主要分为基础环境建模、VGA分析、综合权重计算、行进方向检索、行进方向判断、循环控制和输出结果分析七部分。其中前三部分涉及的内容前文已有介绍，以下重点介绍剩余部分流程。

（1）综合权重计算

在示例中，分别计算伦敦曼彻斯特广场区域的全局视线整合度以及基于自定义点的吸引点权重。两种权重经标准化转化后，经1：1求和获得综合权重。如图4-2所示，借助Grasshopper组件可以实现权重分布的可视化和进一步调整。

（2）行进方向检索

以32条长度相等，角度间距相同的直线代表智能体向四周搜索潜在路径的视野方向。直线长度等同于智能体的移动步长和搜索半径，设置为4个单元格，约12m。在此基础上，以智能体的当前朝向为中心，提取两侧共170° 范围内的15条直线作为正面视野，其余190° 范围内的直线作为背面视野。分别提取两组视野所对应的空间单元格，作为潜在的行进方向，如图4-3所示。

（3）行进方向判断

智能体的方向判断主要基于预设的步长要求、空间权重以及随机数来实现。在获取正面与背面视野内的潜在行进方向的基础上，首先检索正面视野内是否存在长度满足步长要求的视线，判断当前方向整体的通行可能，如果不存在满足步长要求的视线，则智能体调头转至背面视野重复判断。这一步骤用于避免智能体与环境发生碰撞。在此基础上，选取长度符合步长要求的视线，计算对应方向上搜索到的网格的平均空间权重，选取权重最高的三个方向。通过生成随机数，在三个方向中随机选取一个作为最

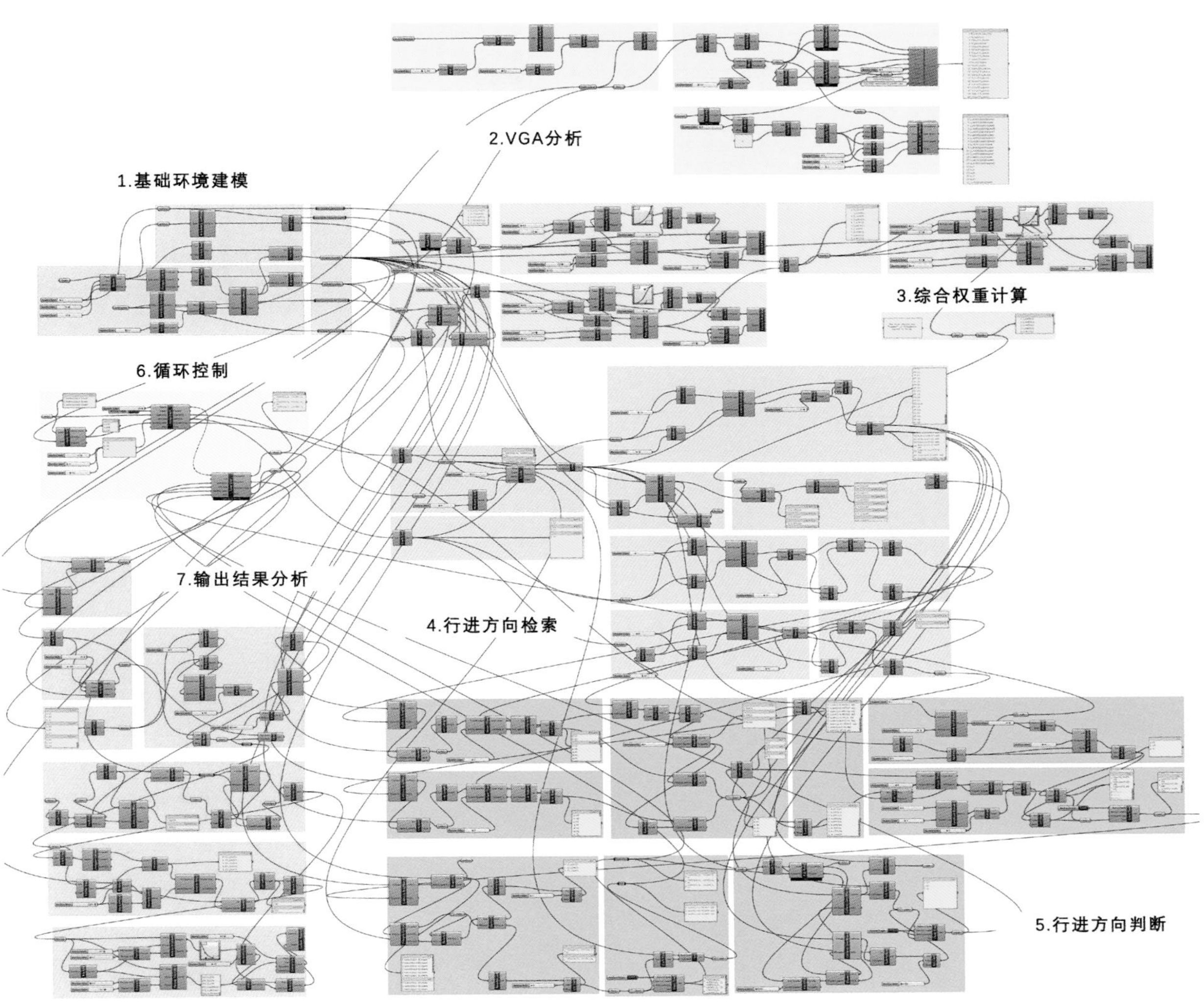

图4-1　模型在Grasshopper中的组件结构

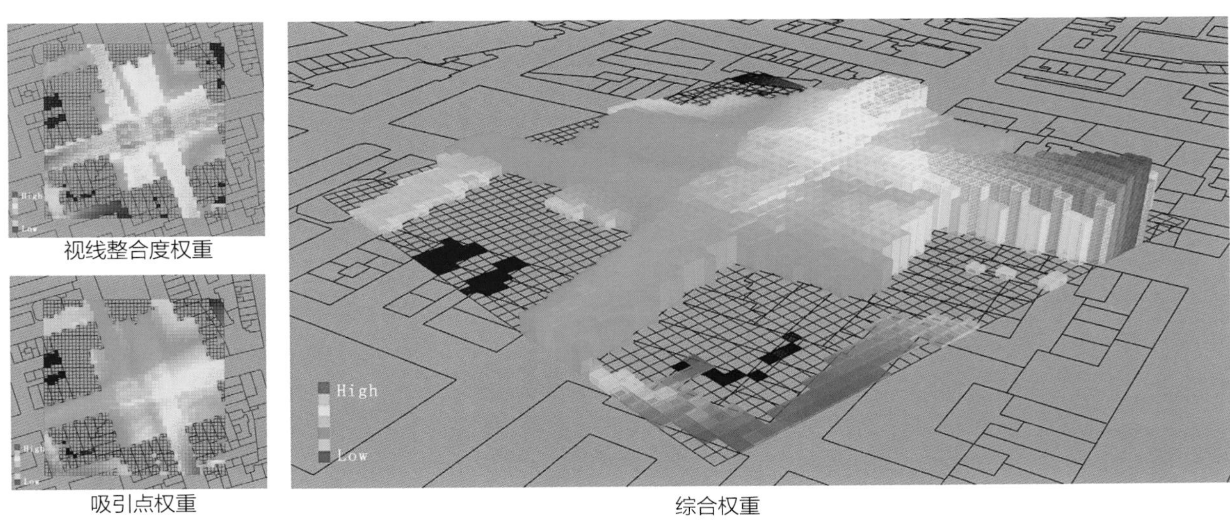

图4-2　智能体在正面与背面视野下对应的潜在行进方向

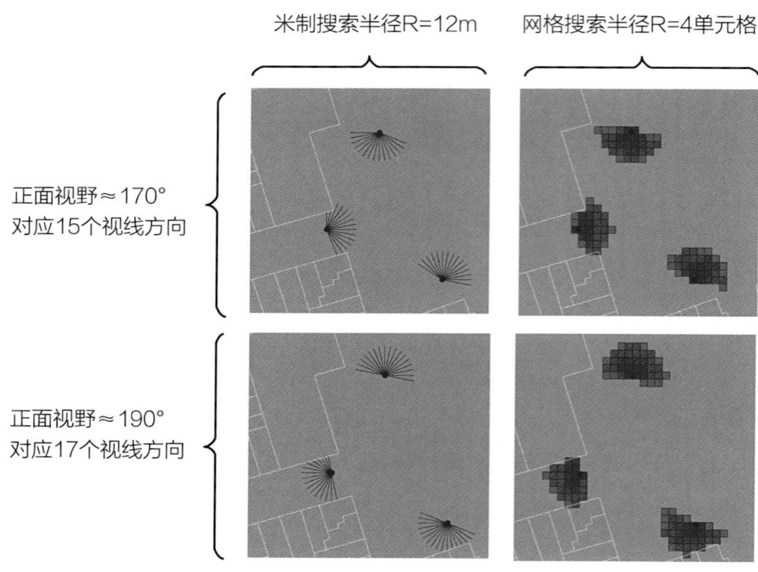

图4-3　智能体在正面与背面视野下对应的潜在行进方向

终方向。如果符合步长要求的视线不足三条，则直接从中随机选取一条作为最终方向。具体的方向判断流程参见图4-4。

当前的寻路机制中弱化了空间权重对智能体空间行为的约束力，以模拟行人在小尺度空间运动中的不确定性。这也使得本模型更适用于对多智能体的模拟，而在要求较高精度的个体行为模拟中作用有限。模型的方向搜寻和判断机制还有进一步优化的空间。

（4）循环控制

基于上述寻路规则，模型中引入了循环机制使智能体的方向和位置不断迭代，并不断更新用于最终方向判断的随机数。参与循环的参数与主要分析步骤的关系如图4-5所示。经过一系列调试，模型实现了多智能体输入和多轮循环，并能输出智能体的历史位置、视野方向、对应方向权重值等各类参数。

（5）输出结果分析

基于智能体在路径中每一步的位置和视野方向，可以将其视线增密并拓展至周边建筑的界面上。在此基础上，可以选择利用建筑界面对应的空间网格单元对视线交点进行汇总和可视化，如图4-6所示。智能体的观察点距离界面越远，对应生成的视线交点越稀疏，对应实际条件下的观察效果越弱；观察点越近，对应的视线交点越密集，观察者对环境细节的认知越深入。以此形成对行人在环境中视觉惯性的模拟。通过调整权重设置，该方法可以用于进一步探究特定场景下不同人群基于其路径差异形成的视觉兴趣和空间感知差异。

3. 模型在大尺度城市地块的应用拓展

（1）模型运算机制的简化

在尝试将模型应用至伦敦曼彻斯顿广场周边较大尺度的城市街区时，发现对智能体的多次迭代较为耗时。作为对模型运算机制的简化，尝试一次性输入较多的智能体并采用较少的迭代次

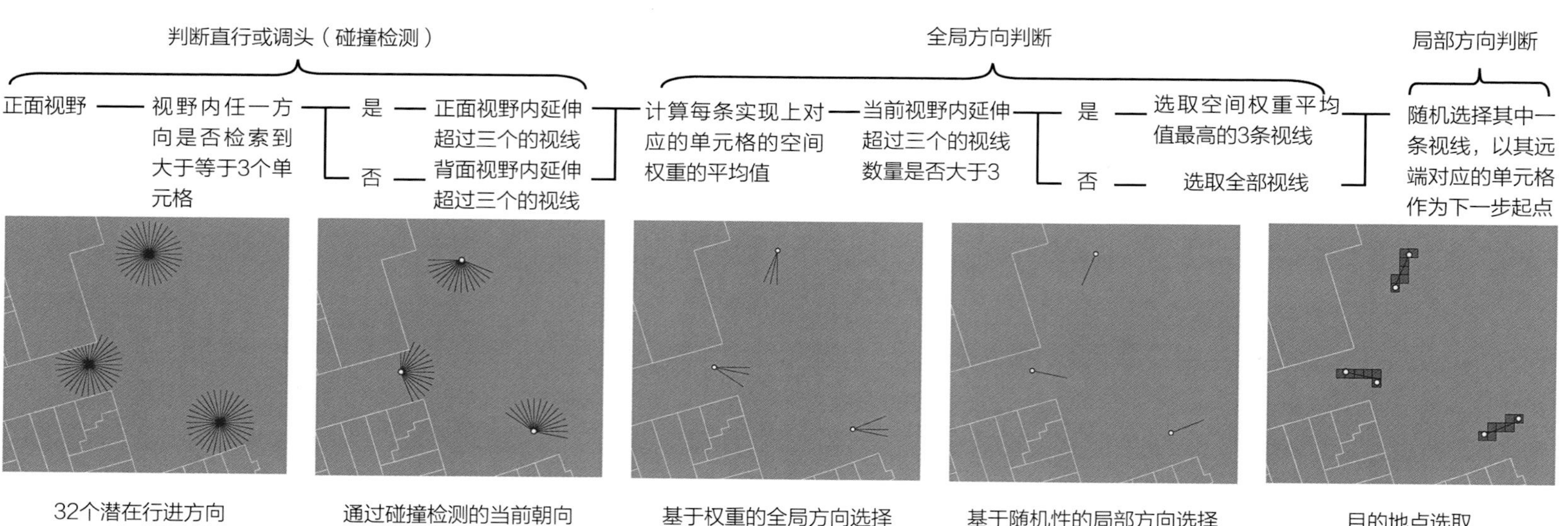

图4-4　智能体行进方向判断流程

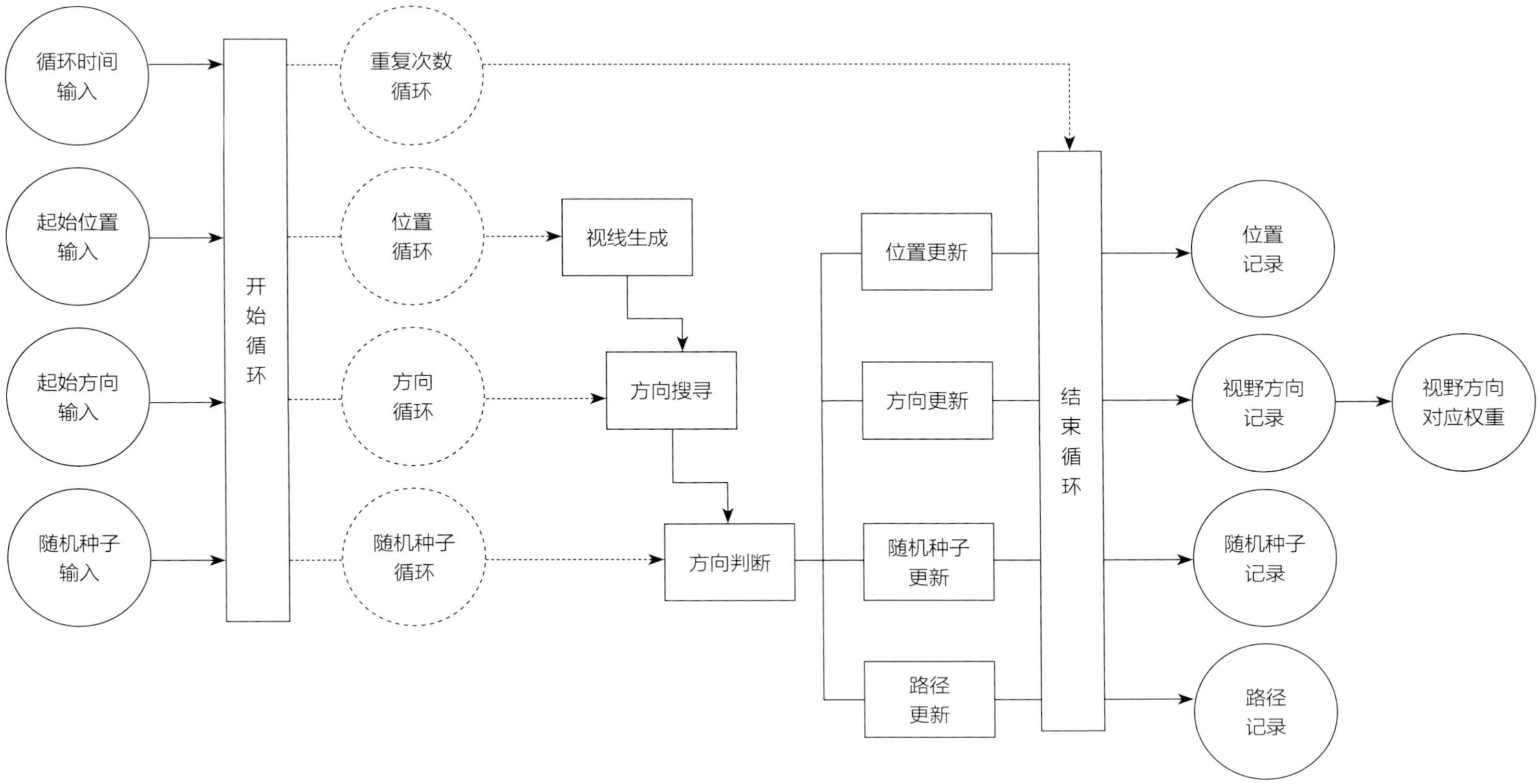

循环时间输入
起始位置输入
起始方向输入
随机种子输入
开始循环
重复次数循环
位置循环
方向循环
随机种子循环
视线生成
方向搜寻
方向判断
位置更新
方向更新
随机种子更新
路径更新
结束循环
位置记录
视野方向记录
视野方向对应权重
随机种子记录
路径记录

图4-5　模型循环机制

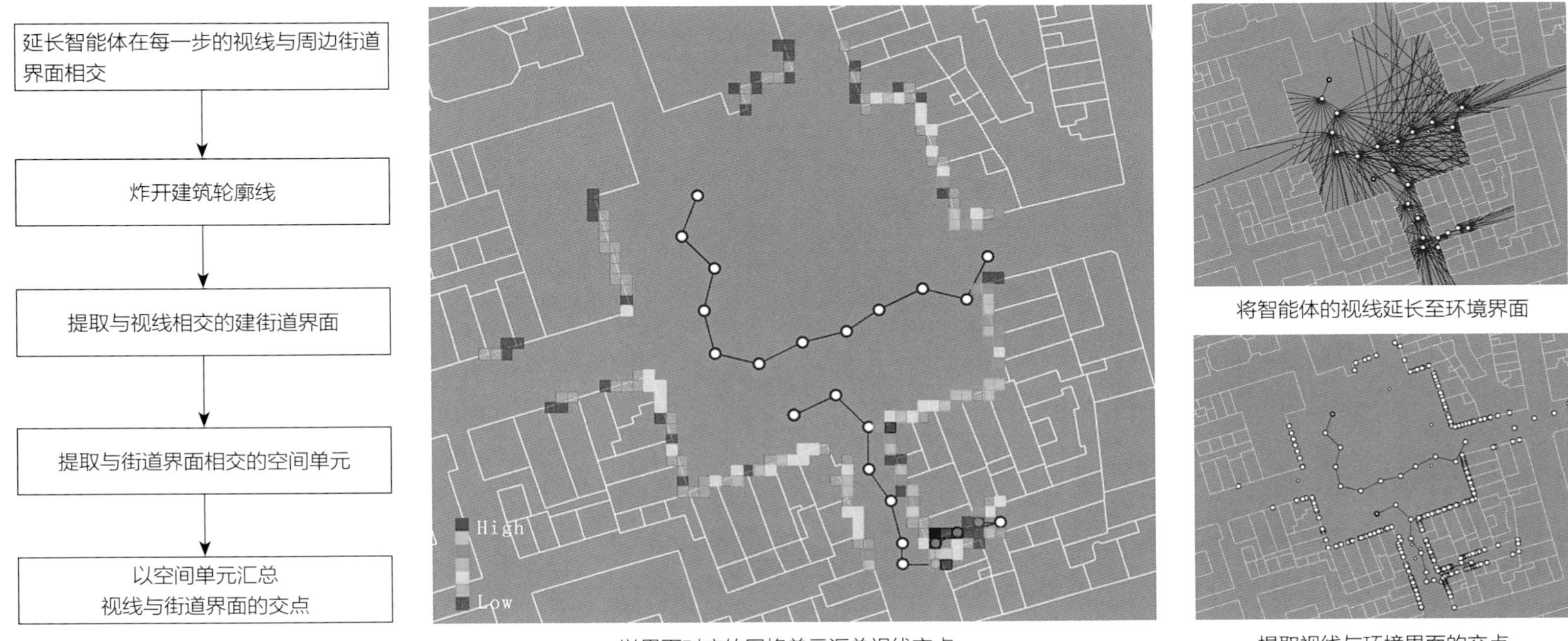

以界面对应的网格单元汇总视线交点

将智能体的视线延长至环境界面

提取视线与环境界面的交点

图4-6　模型输出结果分析流程

数，以减少模型运行的时间成本。基于298个起始位置，每个位置智能体拥有90° 间隔的4个起始方向，模型分析迭代一次后输出结果如图4–7所示。试验表明，这种简化分析与相同迭代人次的原始模型相比消耗时间显著减少。

（2）街道视觉机会分析

在模型意义方面，这种简化构成了对街道界面所具备的一般视觉机会的有益探索。具体来说，在简化分析中，多个智能体被均匀分布在街道网格中，代表对街道空间的均等占用。每个智能体在同一位置被赋予多个起始方向，形成对周边均等的观察机会。由于智能体在每个空间单元中的数量相同，而空间单元的数量又受平面布局约束，因此运行一次模型后，模型分析主要揭示了街道界面的各部分基于其临近空间的平面组构特征而被看到的可能。这一分析结果可以看作是空间固有的整合度属性在立体的街道界面上的映射。而如果能结合实地调查了解区域的人流分布特征，并据此调整智能体的输入位置和数量，还可以形成对街道一般视觉机会的更准确的模拟。

（3）不同粒度的视觉机会可视化表达

除此之外，围绕曼彻斯特广场区域，项目还探索了不同粒度的视觉机会汇总和可视化方法。图4–8分别展示了利用空间网格单元、建筑界面以及建筑或建筑组团对智能体视线与环境界面交点进行汇总的三维可视化成果。通过这种方式，可以更为直观有效地形成对城市街道和建筑的空间状况的评价和管控，

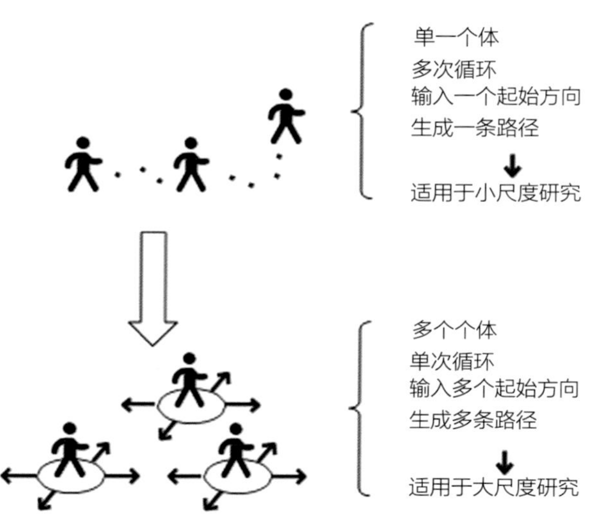

增密的起始点

视域整合度权重

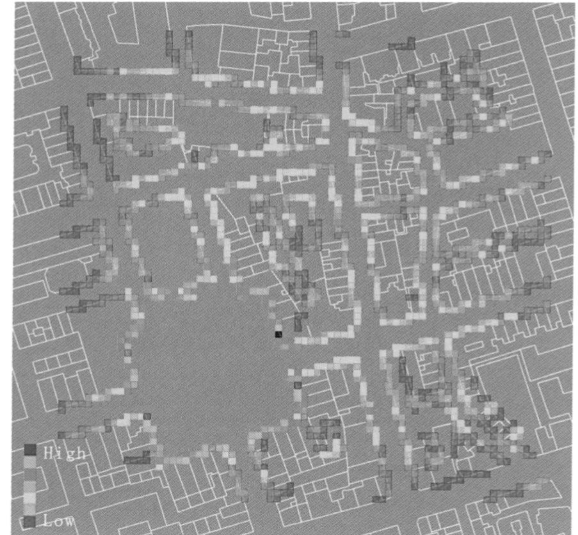

以网格单元汇总的街道一般视觉机会

图4–7　大尺度城市地块中模型的简化分析实践

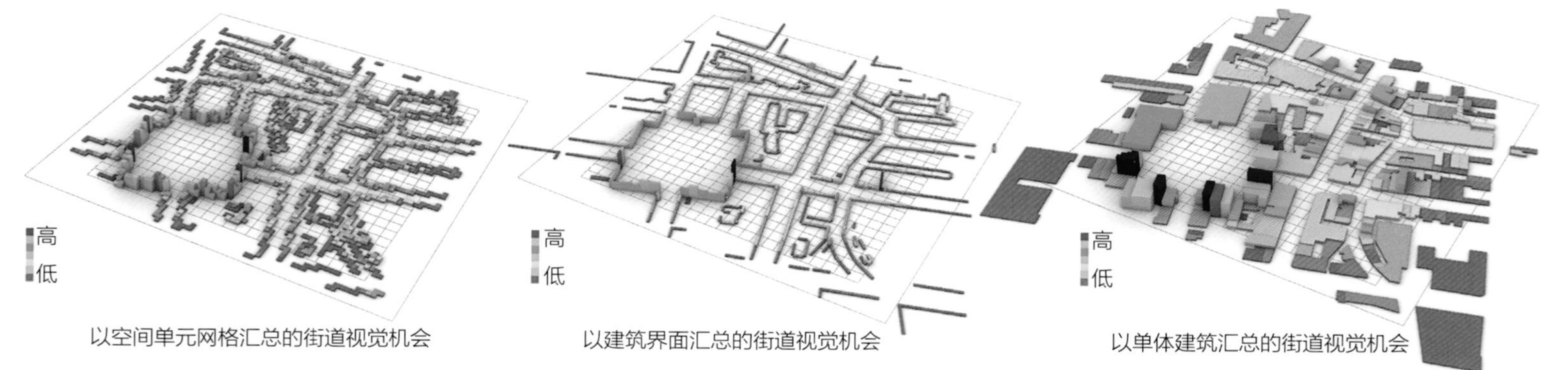

以空间单元网格汇总的街道视觉机会　以建筑界面汇总的街道视觉机会　以单体建筑汇总的街道视觉机会

图4–8　不同粒度的视觉机会汇总方法

服务于古建筑保护、商业区开发、设施选址等具体的城市应用场景。

上述对模型简化分析的尝试以及对不同可视化方法的探索证明了模型在较大尺度的城市场景中具有良好的开发和应用潜力。

五、实践案例

1. 基于上海城隍庙区域的模型—街景数据整合研究

以上海城隍庙—豫园商城区域作为研究对象，尝试检验模型在整合街景图片数据时的应用潜力，研究范围如图5-1所示。城隍庙—豫园商城区域以拥挤的街道、庞大的人流和高密度的商业活动闻名。初次到访的游人在进入街区后常会因为环境的复杂性而迷失方向。以下尝试结合模型与街景图片，模拟和解析游人在进入街区过程中的街景感知特征。

（1）街景图片与模型的整合思路

街景图片提供了对于环境全景360° 的观察视角，并可以根据需求自由裁切。街景图片观察角度的可变性提供了一种感知层面的动势，这为展开关联分析提供了契机。受前文机会界面分析思路的启发，尝试向模型中输入位置固定，但拥有均匀分布的多个起始视野方向的智能体，观察一次迭代后输出方向的变化趋势。输出方向相比输入方向的变化，代表智能体对平面空间组构特征做出的反馈。而伴随着方向改变，对应街景图片中的视觉信息也在发生改变。

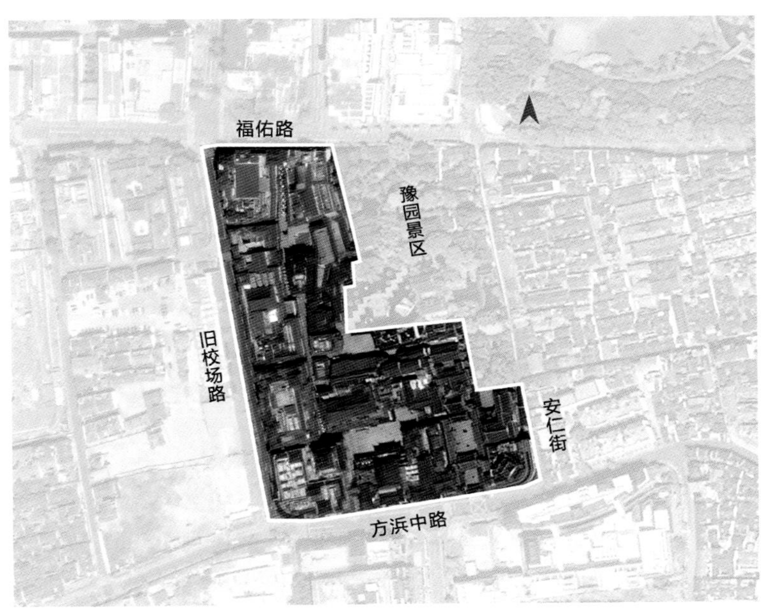

图5-1 研究范围

基于这种对应关系可以尝试探索：常态下的街道视觉信息分布与智能体视野下的街景信息分布可能存在哪些差异？智能体视野下感知到的立体街景信息与平面分析结果间可能存在哪些联系？

在场地街道中设置60个街景图片采样点。以30° 为间隔，为智能体在每个采样点赋予12个初始视野方向。基于60个采样点，共计720个起始方向，输出智能体经历寻路决策后选定的720个目标方向。输入方向、输出方向以及基于输出方向生成的界面视觉机会特征如图5-2所示。

在此基础上，借助百度地图API，共采集714张有效的起始方向百度静态街景图，图片水平方向范围90° 。经过数据筛选，711个输出方向具有对应有效的街景图片。以下主要基于这711对输入和输出方向结合街景信息做进一步探索。

（2）初始视野下的街景特征分析

基于语义分割和对象识别算法，研究首先统计了各个采样点由初始方向构成的环形视野内，街景图像中建筑、天空、树木、道路、行人、墙体和广告牌要素所占的比例，以及可识别的行人数量。

街景要素信息汇总后的结果如图5-3所示，建筑、行人、墙体等街景要素构成了街景图片中的主要内容，而天空、树木和道路的可见比例较低，区域空间整体显得较为拥挤。通过将识别出的行人数量汇总至各个采样点，发现区域西侧旧校场路沿线识别出的行人数量最多，而街区内部识别出的人数明显减少，如图5-4所示。通过K-means方法对语义分割获取的街景要素进行聚类分析，发现街区内部和外部的街景要素在分布上各自形成一个

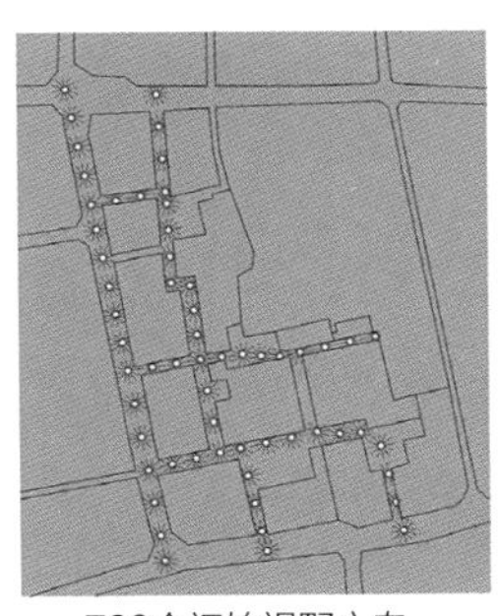

720个初始视野方向

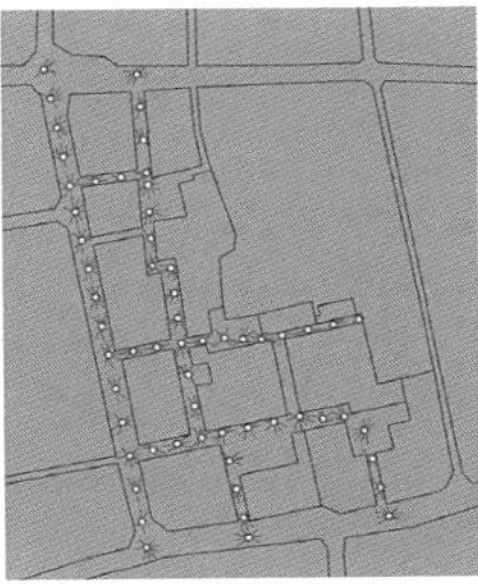

720个输出视野方向

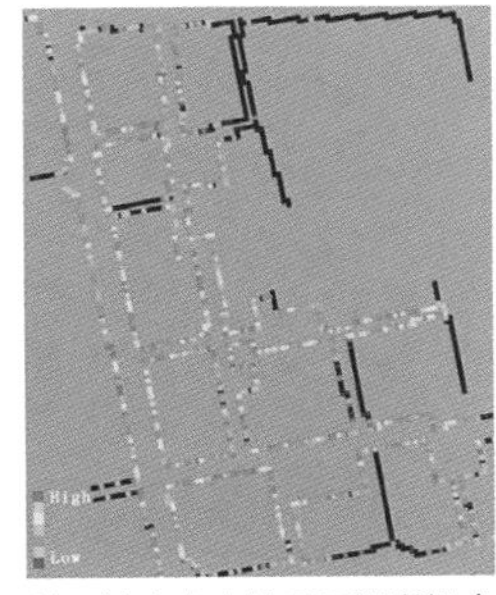

基于输出方向的界面视觉机会

图5-2 对智能体在环境中视野方向变化倾向的模拟

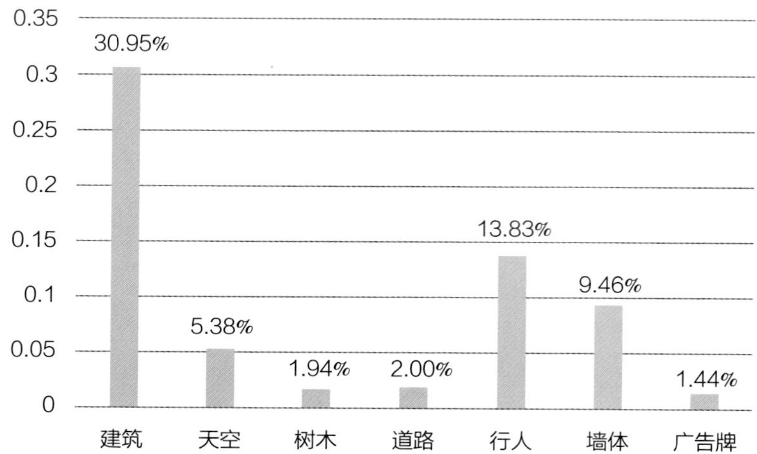

图5-3　基于初始视野方向提取街景图片中各类街景要素占比

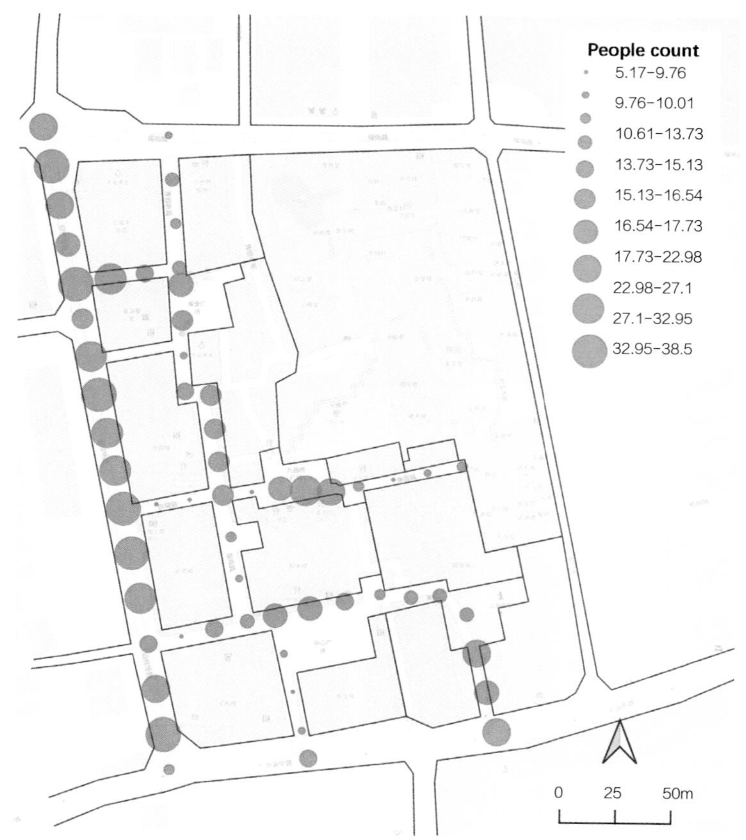

图5-4　不同采样点所识别出的行人数量

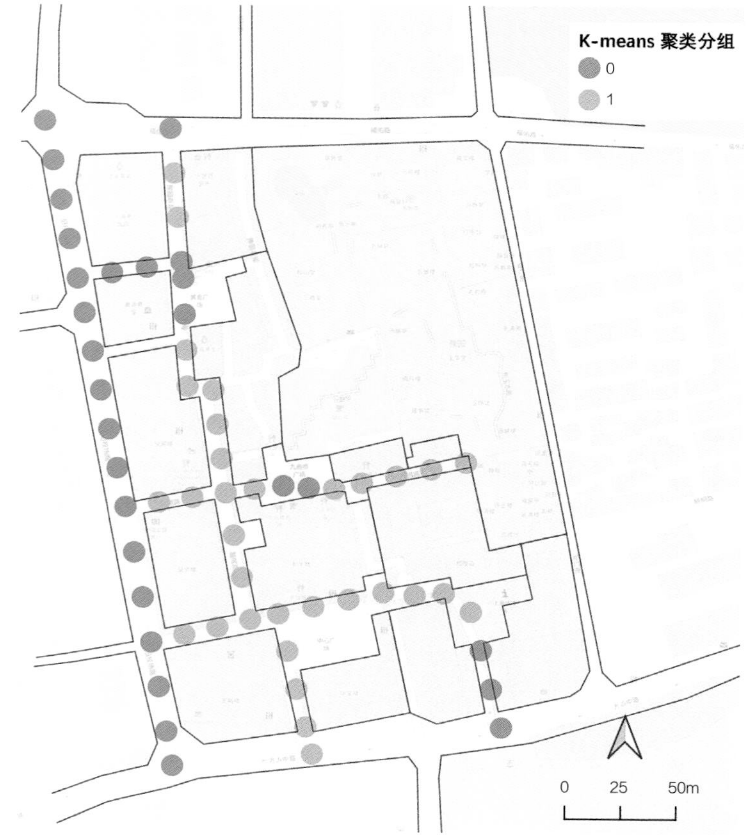

图5-5　基于K-means 方法的街景聚类分组

较为明显的自然组别，如图5-5所示。上述分析表明，街区内外的街景要素分布有很大不同，这可能进一步带来游人在街区内外的空间体验的差异。

（3）两种视野下的街景信息分布对比

分别对比了初始视野和智能体寻路视野下，两组街景图像中天空（图5-6、图5-7）和道路要素的空间分布（图5-8、图5-9）。

在初始视野中，西侧旧校场路街道上天空和道路的可见比例较高，在街区内部较少。然而在智能体的寻路视野下，旧校场路可感知到的天空和道路的比例均有所减少。与之相对的是，天空要素在街区内部的九曲桥广场和中心广场上有所提升，道路要素则在新豫园路沿线提升。街景要素分布的变化反映出，在旅游场景，游客在运动中形成的空间感知可能与空间固有的视觉要素的分布存在错位。

如比较街区内部和街区外部，智能体视角下识别到的街景要素相对原始街景要素的精确变化（图5-10）。发现对于空间较为局促的街区内部，智能体视角下识别到的天空、树木、道路等要素都有显著增长；而对于空间较为宽阔的街区外部，各类街景要素的变化并不明显。进一步分析由初始视野转换为智能体视野时

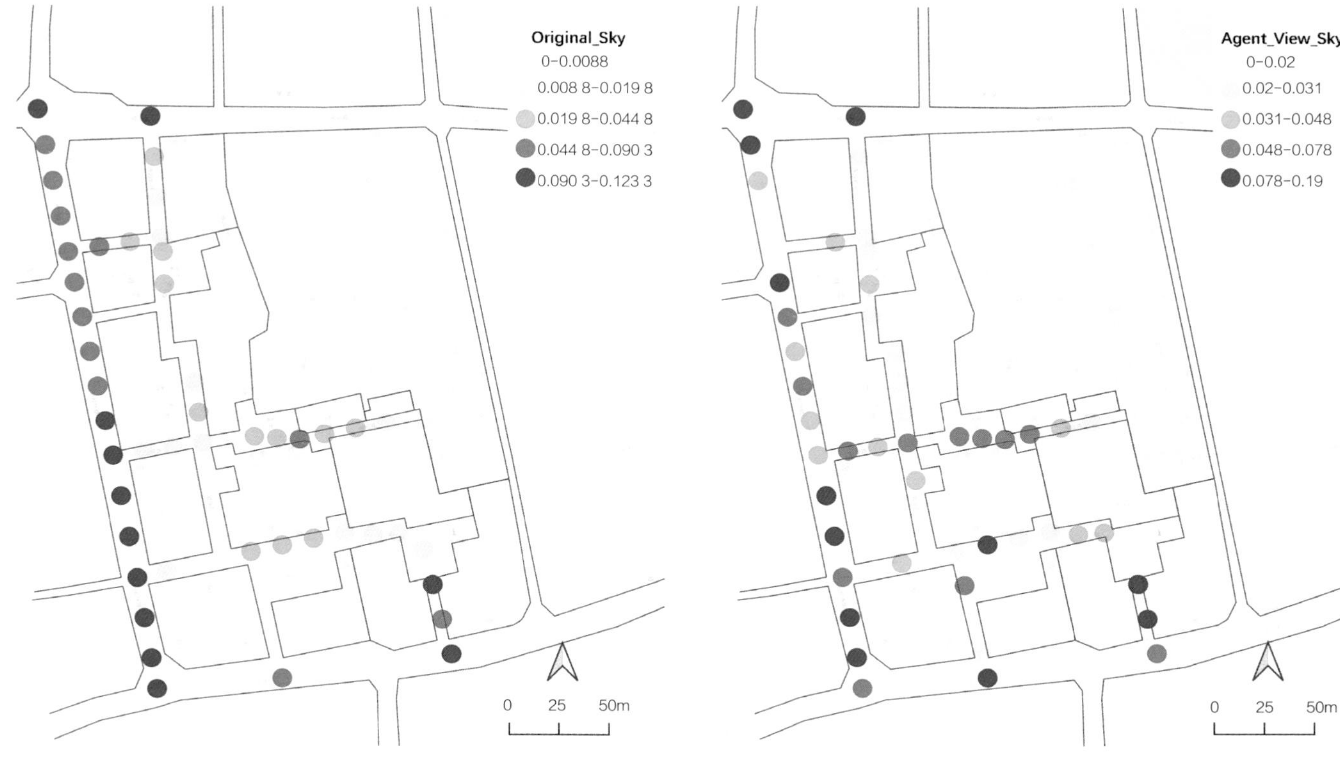

图5-6　天空要素的初始分布

图5-7　智能体视野下的天空要素分布

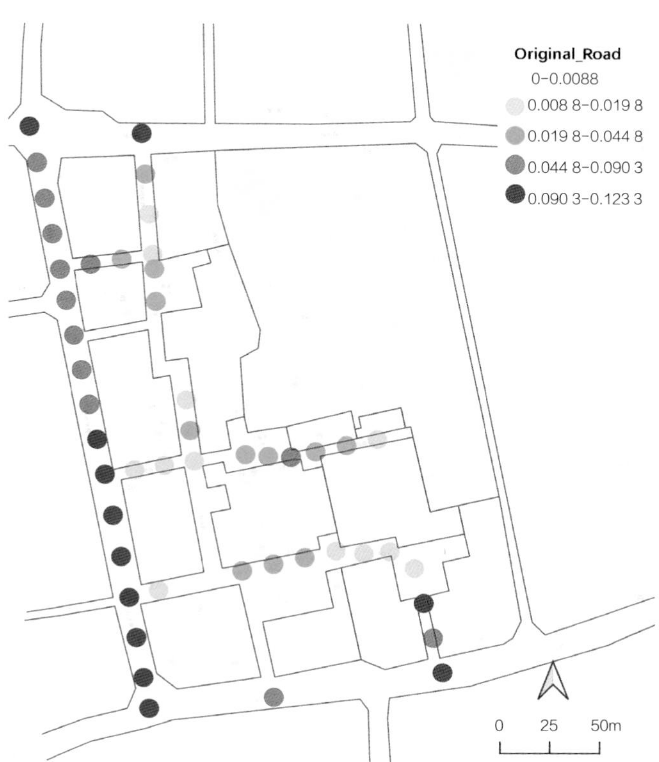

图5-8　道路要素的初始分布

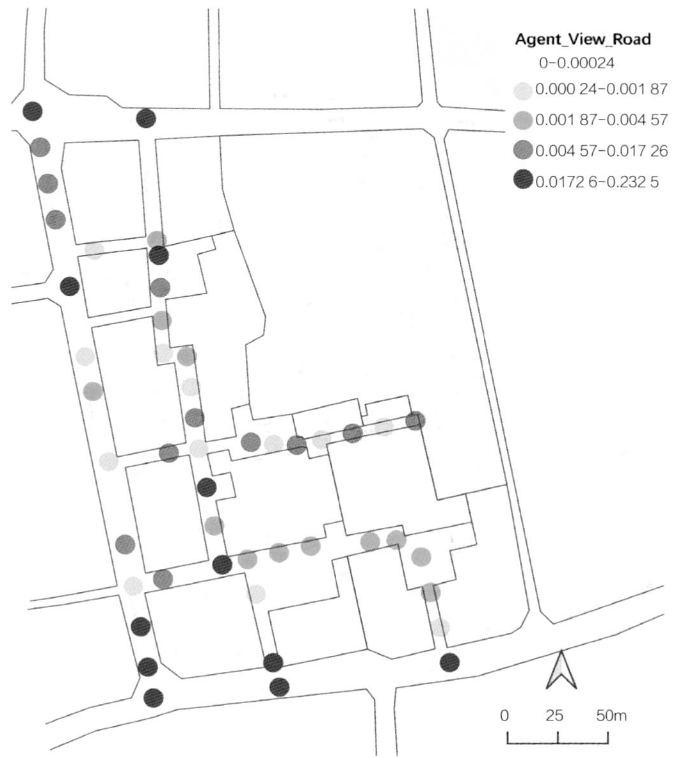

图5-9　智能体视野下的道路要素分布

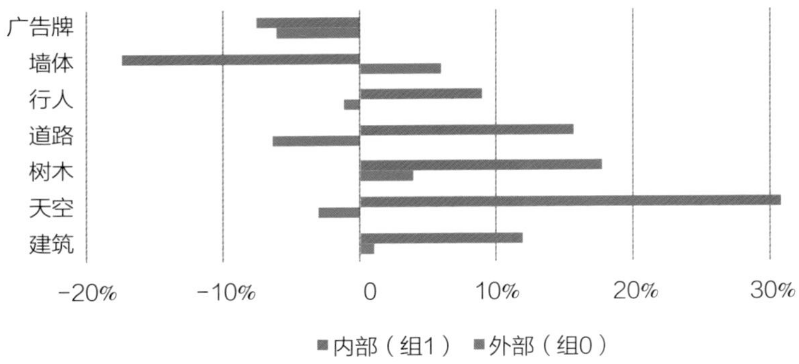

图5-10 智能体视野下识别到的街景要素均值相比原始分布的变化（比例）

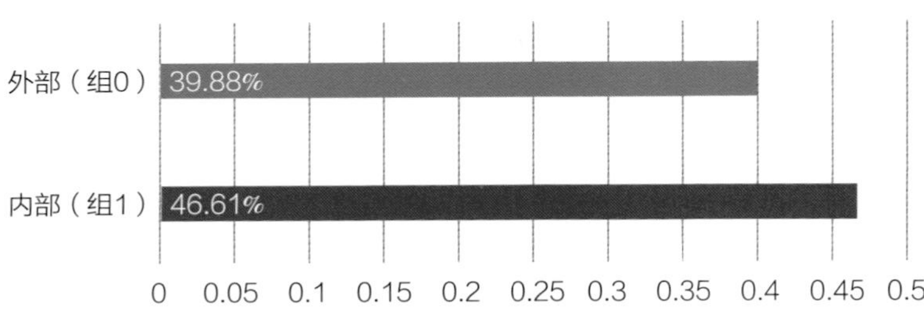

图5-11 由初始视野转换为智能体视野时经合并减少的方向（比例）

各个采样点方向的损失比例，可以发现街区内部的采样点损失的方向更多，换言之，智能体在街区内部的行进方向和视线更为集中和收束（图5-11）。

从上述分析可以进一步推知，在相对促狭的环境中，智能体的空间感知活动可能更易受到其运动模式制约，其结果可能造成环境信息的损失或形成特定的空间感知模式。

（4）街景信息与模型空间权重的关系

由于智能体视野方向的生成是基于对不同方向空间权重的比较，尝试分析这一权重与对应方向上的街景要素间的关系。本文分析了均匀分布的711个起始方向权重与7类街景要素的相关性，发现道路、天空、树木和建筑与空间权重呈显著正相关，而墙体、招贴、广告牌则与空间权重呈负相关。其中，道路与空间权重的相关程度最高。对智能体方向的空间权重的相关性分析整体上延续了这一特征，空间权重与道路和墙体要素的相关性进一步提升，与天空和广告牌要素的相关性则有所下降。总体上，当前的权重设置在引领智能体前往特定目的地的基础上，驱动其前往较为宽阔的空间，并与指示空间形态与潜在路径的要素都存在相关性（表5-1、表5-2）。

初始视野方向对应空间权重与街景要素的相关性 表5-1

街景要素		建筑	天空	树木	道路	行人	墙体	广告牌
初始视野方向对应的空间权重	相关性	.289**	.179**	.176**	.323**	-.071	-.224**	-.190**
	显著性	.000	.000	.000	.000	.057	.000	.000
	数量	711	711	711	711	711	711	711

智能体视野方向对应空间权重与街景要素的相关性 表5-2

街景要素		建筑	天空	树木	道路	行人	墙体	广告牌
智能体视野方向对应的空间权重	相关性	.284**	.137**	.160**	.341**	-.137**	-.279**	-.136**
	显著性	.000	.000	.000	.000	.000	.000	.000
	数量	711	711	711	711	711	711	711

（5）街景信息与模型视觉机会的关系

将采样点获取的街景图片进行叠合，可以直观了解智能体在观察周边环境时视野的侧重方向，并检验在预设目的地的前提下，模型对智能体运动和空间感知模拟的有效性。图5-12首先展示了智能体在即将进入街区时的视线倾向，智能体的视线焦点集中于较为逼仄昏暗的街区入口，以及与入口紧邻的北侧商铺，而两侧宽阔的旧校场路对智能体的影响较为有限。随着智能体进入九曲桥广场，其视线焦点主要被引导于开敞的水景空间，与通常游客行为相符。

通过对输出街景图片的叠合，模型还识别出了街区中与广场位置和形态关系紧密的主力店界面。如图5-13所示，位于九狮楼广场处的智能体，由于紧邻高通过性道路和开敞空间，视线主要受东侧和北侧空间吸引。而处于广场和道路转角处的哈根达斯冰激凌店在此获得了良好的界面展示。除此之外，中心广场北侧的城隍庙小吃广场，同样处于道路与广场的交界点，其较长的商业界面也获得了充分展示。模型与街景图片的关联分析从空间感知层面证明了上述商业布局的合理性。

（6）案例研究总结

以上海城隍庙—豫园商城区域为例的实践研究，检验了模型整合城市街景图片数据的应用潜力。研究获得如下发现：

首先，智能体视角下感知到的街景信息与一般街景信息分布存在差异。且环境对智能体运动的限制越大，智能体感知到的街景信息与一般街景信息分布间的差异越明显。这点可以从智能体视角下，街区外部和内部街景要素的分布特征变化反映出来。

由西侧旧校场路进入街区内部时智能体的视野方向侧重

由新豫园路进入九曲桥广场时智能体的视野方向侧重

图5-12　智能体高频视野方向与运动目的的对应性

智能体在九狮楼广场入口时的视野方向侧重

智能体在中心广场处的视野方向侧重

图5-13　智能体高频视野方向与商业活动布局的对应性

其次，智能体视野下感知到的立体街景信息与模型平面分析的关联性获得进一步确认。对智能体视角下街景图像的叠合分析直观反映了环境组构特征对个体空间感知以及商业界面布局的影响，并有效回应了模型权重的设计意图。以上研究为拓展空间句法的城市应用场景和空间认知维度提供了新思路。

六、研究总结

1. 模型设计的特点

（1）研究视角创新

不同于以往研究中的静态视觉分析，项目关注行人在环境中的动态视觉潜力。通过整合基于几何关系的视线分析以及基于图的VGA分析，项目探索了一种兼顾位置与视角变化的可视性分析方法。该方法保持了行人与环境间的有序互动，为精确研究行人的环境认知和行为模式提供了有力帮助。

此外，项目提出了一种界面视觉机会的分析方法，用于度量环境界面基于其临近空间的平面组构特征而获得的可视潜力。这一方法将传统空间句法中基于平面的整合度属性转换至代表三维空间的街道或建筑界面，提升了空间句法在面向复杂环境和针对性场景时的空间分析潜力。

（2）技术方法创新

项目拓展了空间句法中经典智能体模型——EVAS模型的应用边界。在其既有寻路机制的基础上，赋予了智能体对环境的感知能力，并可以记录下智能体在运动中每步的位置、方向、与方向选择对应的空间权重和视线落点。相关参数可以作为整合可视性分析与其他城市数据的接口，在拓展可视性分析的应用场景中发挥巨大作用。除此之外，项目还探索了EVAS模型在较大城市尺度的简化应用，以及基于不同粒度对分析结果的汇总和三维可视化方法。

（3）数据应用创新

项目探索了在二维可视性分析和智能体模型框架中整合三维街景信息的潜力。通过构建智能体位置和视野朝向与街景图片的空间匹配机制，项目探索了一种智能体视角下的街道图像感知，丰富了智能体对环境信息的感知维度。未来还可以进一步尝试采用街景图片对智能体进行训练，提升其对行人真实环境决策的模拟能力。

2. 模型应用方向

（1）与环境界面相关联的城市设计与规划场景应用

模型的可视性分析主要以环境界面为对象，并表达一种可见机会的累积。这一特征使得模型适用于各类建成环境的界面研究，并评估界面的价值与重要性。例如，在历史街区保护研究中，本模型可用于精确评估公共空间或历史建筑某一界面在视觉关系上的重要性，据此提出相应的改造和修复方案。在商业街区设计中，配合兴趣点、用地等功能属性数据，可用于分析界面价值，评估不同业态的界面分配的合理性。

（2）环境行为研究应用

本模型在视觉分析框架中整合了智能体模型，智能体的视觉潜力与其在环境中的运动模式紧密结合，体现了与环境的深入互动。这一特性使得模型适用于各类环境行为研究。例如，在环境设计预防犯罪研究中，可以通过对居民在街道或住宅环境中日常行为的模拟，识别环境中缺乏自然监视的界面或是对生成自然监视产生不利影响的环境要素。

除此之外，模型建构了与城市街景图片的关联分析框架。考虑到街景图片主要采集自固定位置和时间，对环境特征的反映还有不足，可以尝试借助穿戴式相机提取更灵活和更具针对性的环境影像数据，研究环境视觉信息与空间平面特征以及步行者空间行为的相关性，构建多维度的环境感知分析框架。

参考文献

[1] Esri. An overview of the Visibility toolset [Z]. Environmental Systems Research Institute，Inc，2020. https：//desktop.arcgis.com/en/arcmap/latest/tools/3d-analyst-toolbox/an-overview-of-the-visibility-toolset.htm.

[2] Turner，Alasdair，Doxa，et al. From isovists to visibility graphs：a methodology for the analysis of architectural space [J]. Environment & Planning B：Planning & Design，2001，28（1）：103.

[3] 唐婧娴，龙瀛，翟炜，等．街道空间品质的测度、变化评价与影响因素识别——基于大规模多时相街景图片的分析［J］．新建筑，2016（5）.

[4] 龙瀛，周垠．图片城市主义：人本尺度城市形态研究的新思路［J］．规划师，2017，33（2）：54-60.

[5] 张昭希，龙瀛，张健，et al. 穿戴式相机在研究个体行为与建成环境关系中的应用［J］．景观设计学（英文），2019，

7（2）：22–37.

［6］Penn A，Turner A. Space syntax–based agent simulation［M］. Springer–Verlag，2002

［7］Hillier，B. Space is the Machine：A Configurational Theory of Architecture［M］. Space Syntax：London，UK，2007，pp.268.

［8］Ferguson P，Friedrich E，Karimi K. Origin–destination weighting in agent modelling for pedestrian movement forecasting［C］. 8th International Space Syntax Symposium，Santiago de Chile，2012.

［9］Olafenwa M，Olafenwa J. Official English Documentation for ImageAI［Z］. 2021. https://imageai.readthedocs.io/en/latest/.

［10］Yao Y，Liang Z，Yuan Z，et al. A human–machine adversarial scoring framework for urban perception assessment using street–view images［J］. International Journal of Geographical Information Science，2019，33（12），2363–2384.

［11］Hillier B，Hanson J. The Social Logic of Space［M］. Cambridge University Press，1984.

大规模街景信令数据下的老城区更新单元出行模式识别与预测研究

工 作 单 位：长沙市规划信息服务中心

报 名 主 题：面向高质量发展的城市综合治理

研 究 议 题：老城区更新活化

技术关键词：机器学习、随机森林、时空行为、多输出回归预测

参　赛　人：吴海平、胡兵、石珊、陈伟、欧景雯、申慧晴、周健、孙曦亮、刘昭、陈炉

参赛人简介：本团队来自长沙市规划信息服务中心，长期致力于国土空间规划背景下的规划信息化管控、大数据分析与数据挖掘研究。团队成员具备多学科背景，主导了“长沙市新湘雅健康城城市更新咨询”“长沙市‘城市设计’管理平台”“湖南省国土空间规划智能监测、评估、预警工作技术指南”“城市土地覆盖自动化分类及非法土地利用监测”等多个规划项目与课题研究，自主研发“长沙市城市景观和建筑管控系统平台系统”“规迹调研App”等信息化产品。

一、研究问题

1. 研究背景及目的意义

（1）研究背景

街景数据作为新兴数据源，近年来在城市建成环境的评估与分析中成为热点。街景数据以街道影像为主，是指沿城市道路，从人的视角拍摄的城市街道景观的高分辨率侧面图，由沿街建筑立面构成，可全面描述城市物理环境。随着网络地图服务的快速发展和驾驶记录仪、车辆摄像头的普及，街道影像数据可以快速生成，并能够密集覆盖整个城市。与遥感影像、社交媒体数据、手机信令数据等相比，街景影像以人的视角从街道尺度描述城市景观，不仅在物理环境的精细观测方面具有优势，也为观察、感知和理解城市环境提供了新的研究思路。

（2）研究进展

街道作为社会交往的公共场所，也是人们感知城市的基本要素。目前街景数据在城市研究中聚焦于要素提取、场景感知和场景预测方向。

场景预测方面，Gebru等通过深度学习从谷歌街景影像中检测出车辆来推断收入、种族、教育和投票等社会经济属性，并建立一套估计美国人口的预测模型。Law等通过使用深度神经网络模型从街道图像中自动提取视觉特征，以预测英国伦敦的房价。Zhang以社会感知的物质空间视角，对街景图片进行训练，通过深度神经网络模型预测每天不同时刻的车流量。刘颖等选取百度街景图片基于深度神经网络对街景要素进行语义分割，选取建筑围合感、植被围合感、天空开阔感和道路开阔感4个街景主因子构建回归模型预测社区贫困。Jean N 通过训练卷积神经网络模型识别图像特征，估算多个地区的消费支出和资产，以此来解释地方经济变化的结果。詹瑞等通过深度学习网络模型MDFNet提

街景数据与遥感数据、社交媒体数据、信令数据的比较表　　表1-1

数据类型/特点	遥感数据	社交媒体数据	手机信令数据	街景数据
采样方式	空中拍摄	网络用户发布	通信运营商接口	地面拍摄
优点	①从宏观和高空鸟瞰的视角记录城市；②覆盖范围广；③数据在空间分布均匀	①用户交互的内容包括文本信息、地理位置、时间、图像、视频、情感等信息；②具有动态性、时效性和交互性	①覆盖范围广；②数据精度高；③实时动态性；④信息关联性	①从微观和人的视角精细化记录城市街道层级的立体剖面景象；②覆盖范围广、更新速度快、数据量大；③有较统一的数据格式和较高的数据质量，数据偏差较小；④获取的方式和途径较为便捷且成本较低
缺点	①成本高；②分辨率较低等	①数据稀疏；②数据存在质量不高，存在口语化、错误拼写和缩写、使用特殊符号等问题	①运算量庞大；②海量数据；③存储冗余性	数据空间采样不均匀
代表研究	①地表变化分析；②农作物识别；③城市热环境变化；④灾情评价等	①空气质量；②台风灾害；③旅游景点评价；④城市风貌感知等	①人流动态实时分布；②个体活动规律分析；③路径选择分析等	①社区环境；②城市安全感；③收入预测；④建筑特色等

街景研究主要关注领域与应用梳理表　　表1-2

序号	关注领域	针对问题	技术方法	应用方向	改进策略
1	要素提取	提取街景数据中各类环境要素	①计算机视觉法；②场景语义分割（SegNet、DeepLab V3等）；③目标检测方法（CNN、FCN、YOLOv2/v3等）	①识别与分类建筑风貌；②城市意象评价模型；③精确识别城市要素（植被、机动车、行人、建筑、自行车等）	①提升街景图片要素分割技术；②融合社交媒体数据提高识别精度
2	场景感知	分析个体对于场景的偏好	①基于阈值判别的方法；②基于概率的方法；③机器学习算法	①出行模式识别；②城市流动模式识别；③街道的视觉可步性；④情感地图	①应考虑不同城市景观视觉差异引起的偏差，收集更多样本实验评价；②与多源数据相融合模拟人对历史文化、POI、活动的感知
3	场景预测	根据街景图片和场景进行分类，进而实现对某领域的定量预测	①机器学习算法；②多元回归模型	①车流量预测；②人类活动预测；③社区贫困预测	①考虑不同天气、季节、视角的街景数据进行实验提升预测精度；②不局限于街道，扩大城市空间范围分析人类活动

取多重差异特征，由金字塔池化模块结合全局和局部信息生成街景变化预测图，进而精准地预测变化细节。于明学针对生成模型难以分析模型中每一层作用的问题，设计了基于条件可预测参数的街景生成模型，探究了对街景图片进行功能生成的可能性。Nikhil Naik设计了一种场景理解算法Streetstore，通过训练图像特征来预测街景的感知安全性。Kita K和U Kidziński利用谷歌Google街景收集相对应的房屋图像，通过标释房屋的特征，并与目前最先进的保险风险模型相比，发现用谷歌街景数据建立的模型，能够有效地改进汽车事故风险预测等。

已有研究表明，街道视觉特征的解读可以在一定程度实现对社会的精细化感知，目前在城市空间秩序、城市风貌特征、区域房价差异等方面已有学者提供部分有益的尝试，通过街景数据建立模型可预测的场景越来越多，预测结果的精度也逐渐提升，但从街道尺度去识别人的出行模式，特别是将街景要素与多源数据耦合，对人类活动进行观测与定量分析的研究较少。

（3）研究目的与意义

城市更新作为增量规划转向存量规划趋势下的一种重要类型，在规划实践中如何能够更为准确、低成本地获知更新单元内的人口变化规律与出行模式，是规划决策者面临的困境之一。因此，本研究尝试提出一种耦合街景与信令数据的机器学习预测模型，研究街道尺度下更为精细化的城市人口出行模式的时空变化规律，辅助规划决策者更好地判断各条街道的活力差异并针对性地指导后续的更新改造与人居环境提升的工作方向。

2. 研究目标及拟解决的问题

本研究尝试基于街景与信令数据建立耦合预测模型，从街道的视角观察老城区更新单元中不同街道人口出行模式的时空演变规律，并且通过多种机器学习算法建立每条街道的24小时人流量变化模型，为城市精细化研究提供一种新视角。

研究拟解决以下问题：

1）以城市更新为主的存量规划大趋势下，规划实践中如何能够更为精准地获取研究范围内的人口出行模式特征，尤其是能否通过对低成本街景数据的语义分析，结合信令数据识别街景背后的人流时空变化规律，以辅助规划决策者更精细化地理解街道尺度下的城市运作方式？

2）街景是以街道为单位采集，信令是以基站为单位采集，城市更新等规划实践则是以具体用地为对象进行探索改造，能否通过街景与信令数据的耦合分析构建街景与人流变化的预测模型，并以具体改造单位展示模型的应用场景？

二、研究方法

1. 研究方法及理论依据

（1）研究方法

文献分析法：通过中国知网、谷歌学术等学术研究平台，整理国内外对街景影像语义分割、多输出回归预测、城市更新活化等方面问题的解决思路与方法。

定量分析：借助深度学习模型对街景影像进行语义识别与量化分析，并对信令数据进行特征约简处理后，构建街景与人流量的回归预测模型。

大数据分析法：利用开源数据获取研究区内所有的街景影像，并通过Power BI、FME等大数据集成及可视化工具对研究结果进行数据挖掘与可视化展示。

（2）理论依据

语义分割的理论依据实质上是像素级别的图像分类，对图像中的每个像素都划分出对应的类别，即实现像素级别的分类。语义分割不但要进行像素级别的分类，还需在具体的类别基础上区别不同的个体，通过对每个像素进行密集的预测、推断标签来实现细粒度的推理，从而使每个像素都被标记为对应的类别。

多输出回归的理论依据仍是涉及预测数值的预测建模问题，只不过是给出输入示例的情况下涉及预测两个或多个数值的回归问题。

2. 技术路线及关键技术

（1）数据预处理

原始信令人口网格为100m×100m点数据，以街景影像采集点为中心，搜索采集点1 000m半径内最邻近的4个网格点，再通过反距离权重法估算出每张街景图的分时段人口流量值，并通过数学转换方式降低异常值的影响。

（2）街景影像语义分割

通过百度地图API提取研究范围内的街景影像，经数据筛选后借助DeepLabV3深度学习框架对街景数据语义分割后得到包括道路、人行路、建筑物、交通标志、植被、天空等19类要素特征，同时输出分割后的统计量表。

（3）分单元、分街道聚合

分别按单元和街道对信令人口网格数据与街景语义分割的耦合数据进行降维，得到每张街景所属的单元与街道名称，形成聚合数据集。

分单元聚合：将老城区更新单元属性通过空间连接方式赋予街景坐标点，即可得到每张街景所属单元属性；分街道聚合：根据百度街景数据“PanosID”唯一标识码和所属街道索引，将街景数据聚合到1 829条不同街道上。由于每条街道采集到的街景数量不同，考虑到后期模型试验中的数据分割过程，本研究将少于5张街景的街道进行删减，最终获取到1 292组街道数据，共17 784张街景。

（4）构建人口流量预测模型

将聚合数据集作为人口流量预测模型的输入数据，首先按8：2的比例分割为训练和验证数据，进行多输出回归预测。经前期实验，通过PCA主成分分析法分别从每组街道的19个自变量因子中筛选出前8个高贡献度因子，研究过程中横向对比直接随机森林、链式随机森林、直接支持向量和DenseNet密集卷积4种模型训练结果，最终选取得分最高的直接随机森林回归模型。

（5）构建出行模式识别模型

基于聚合数据集，借助机器学习聚类挖掘方法，分别对更新单元的人口出行模式、分时流量变化，进行横纵向差异与特征的提取与归纳，聚合成典型出行模式并应用于各街道人气程度判断，挖掘低人气街道背后的成因并推导改善策略。

技术路线及关键技术示意图如图2-1、图2-2所示：

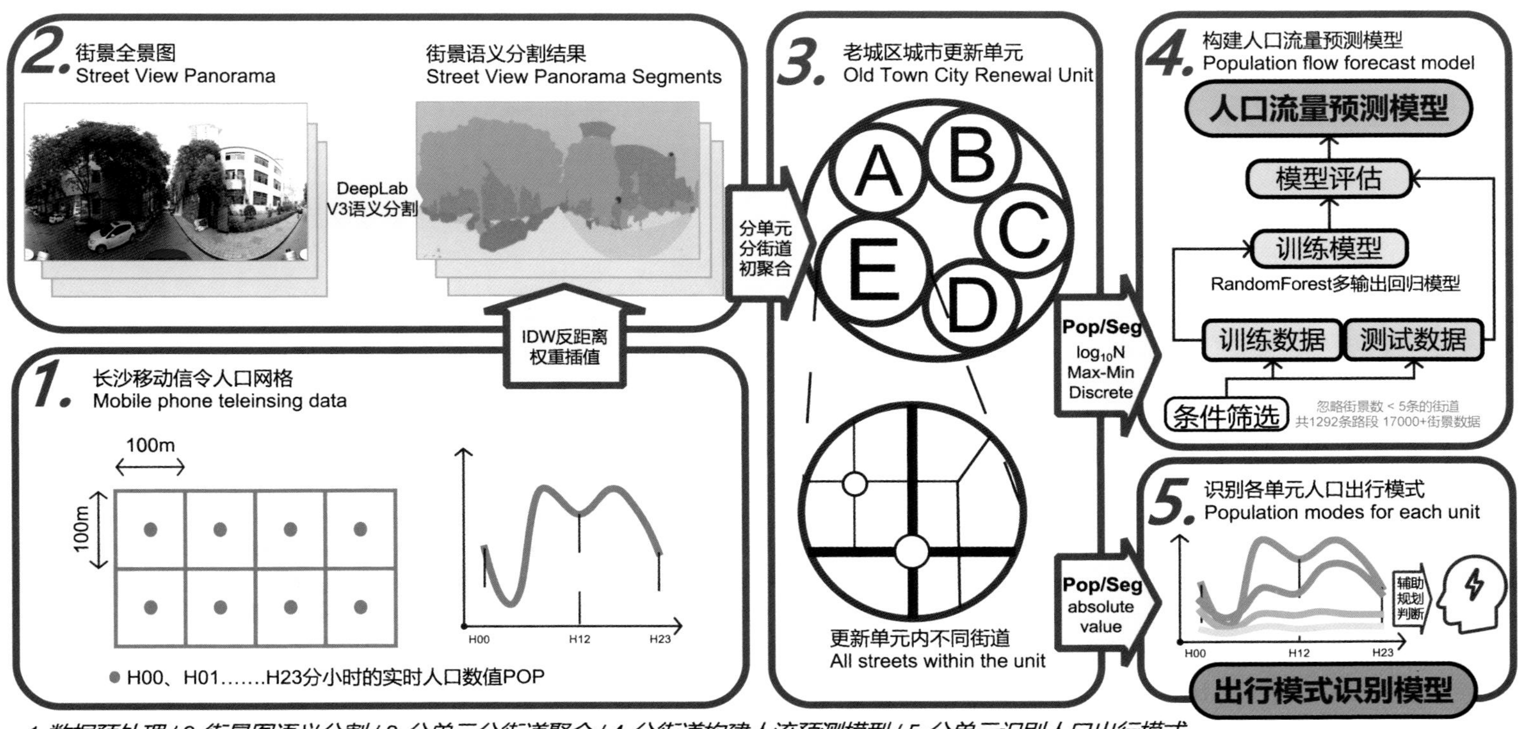

图2-1　技术路线示意图

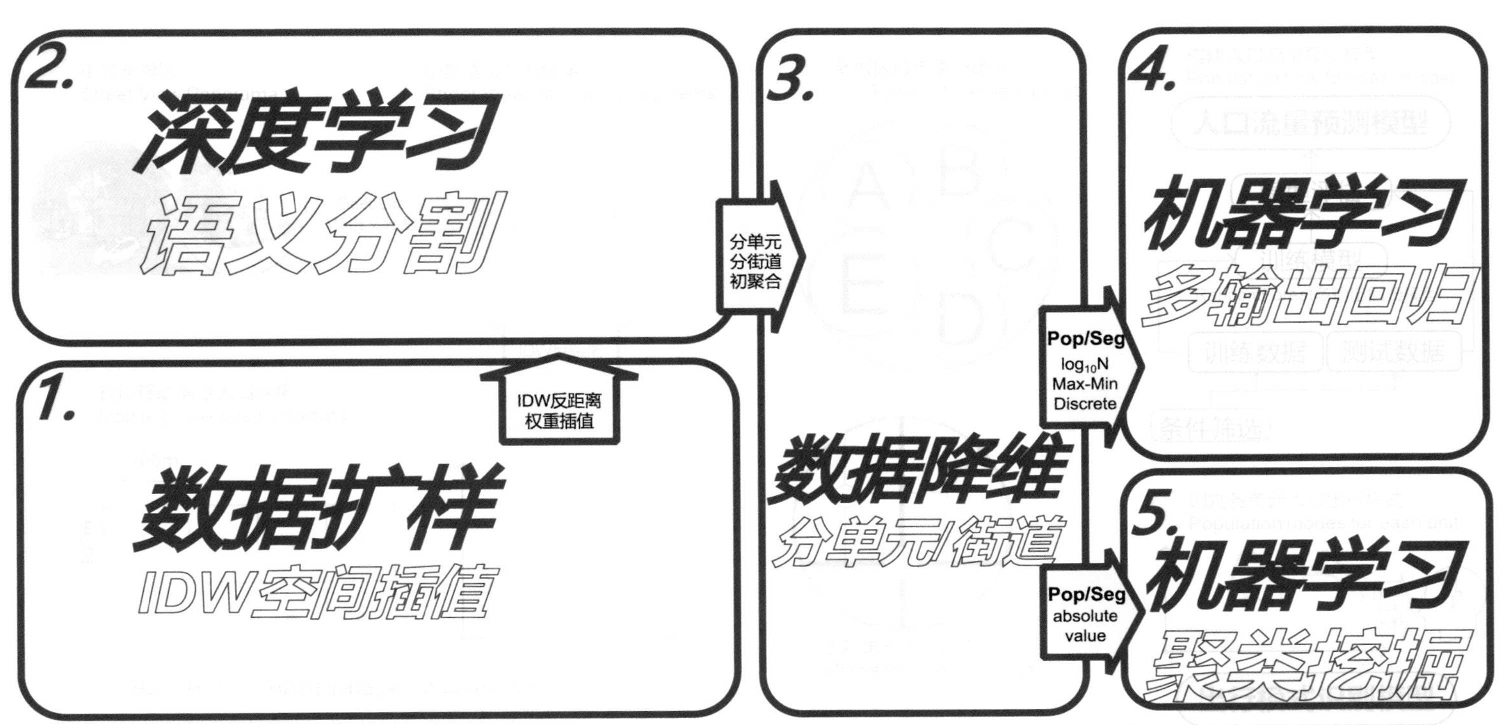

图2-2　关键技术示意图

三、数据说明

1. 数据内容及类型

研究涉及的主要数据见表3-1。

数据内容及类型一览表　　表3-1

数据内容	数据类型	数据来源与获取方式	数据使用目的和作用
街景全景图	Jpg栅格图	数据通过百度地图API接口获得，覆盖长沙市2021年八大城市更新单元范围，共19 000余张，分辨率为4 096×1 536，采样间隔约10m	反映人本主义视角下的城市意象，通过机器学习语义分割得到19类的分类结果
人口网格（分小时人口数）	Shp点数据	通过移动信令数据清洗后得到，粒度为100m×100m，跨度为2019年10月14日至18日连续一周工作日	反映工作日网格尺度下分小时人口流量变化情况
城市更新单元范围	Shp面数据	依据长沙市2021年城市更新行动计划划定的八大城市更新单元范围	作为聚合百度街景全景图与信令人口网格的单元载体

2. 数据预处理技术与成果

（1）采用IDW将人口网格插值挂接至街景图（图3-1）

以街景影像数据的采集坐标点为圆心，设置R=1 000m为最大的搜索半径，将搜索到邻近的最多4个信令人口网格点作为影响因子，依据反距离加权（IDW）法将分时段的人口规模空间插值到该街景坐标点。

$$Z(x,y)=\sum_{i=1}^{n}\left(Z(x_i,y_i)\times\frac{d_i^{-k}}{\sum_{j=1}^{n}d_j^{-k}}\right) \tag{3-1}$$

式中，d为距离街景点坐标的距离，此处最大搜索距离取1 000m；k为幂参数，此处取-2，控制已知点对内插值的影响；$Z(x_i,y_i)$为邻近各人口网格点对应各个时段的实时人口数值。

（2）分别提取各街道的街景要素与人口特征

经过IDW插值法得到每张街景数据对应的分时段人口数后，基于StreetType字段分组信息，建立每张街景数据的所属街道索引表，并将基本单元转为街道：

首先，将街景要素（seg）比值扩大10倍：街景语义分割结果为19类要素的百分比占比，本研究将各类要素比值扩大10倍，使其更接近人口网格数据预处理后1–10的等间距取值，便于比较与观察（图3-2）。

其次，对人口特征（pop）进行约简处理：对每条街道的分

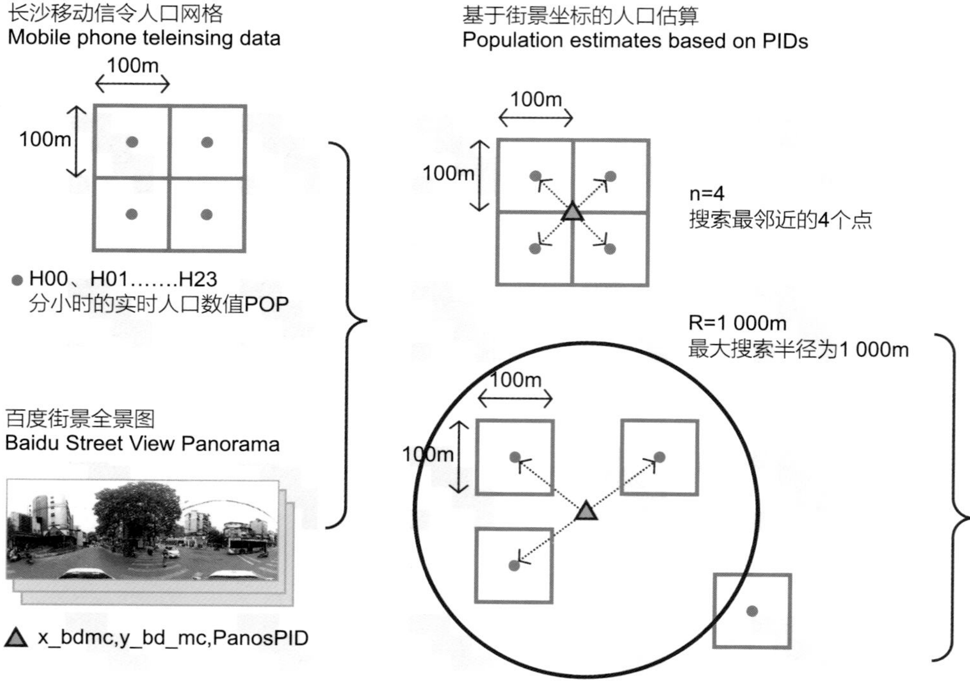

图3-1　基于IDW法将信令人口网格插值挂接至街景图

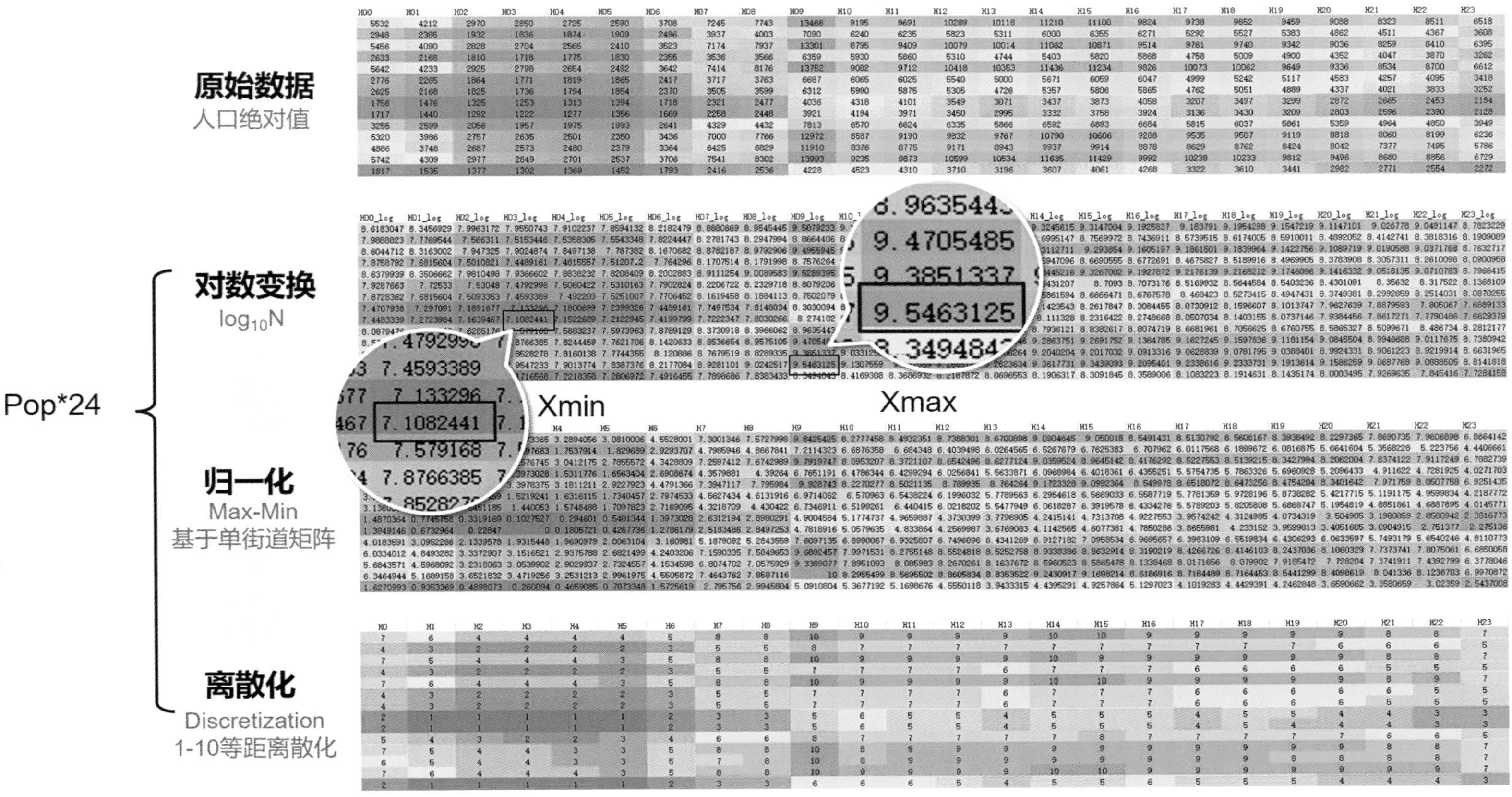

图3-2 人口网格数据处理成果示意图

时段人口插值结果（H00至H23字段）进行对数变换、最值归一化、离散化等操作，降低异常值对模型预测结果的影响，提升预测精度。

四、模型算法

1. 模型算法流程及相关数学公式

（1）DeepLab V3语义分割模型优点

DeepLab是谷歌团队自2014年持续开发的深度卷积神经网络系列模型，从应用角度看，DeepLab V3分别在开源街景数据集Cityscapes、PASCAL中达到81.3%和85.7%的精度，表现较为出色且开源性较高，本研究采用DeepLab V3作为街景影像语义分割的模型（图4-1）。

（2）街景为核心的人口出行模式识别模型

人口出行模式识别分三步：首先，将同一街道的街景与人口信令属性进行聚合，再对每条街道包含的分时段人流量与街景视觉要素重分组，按照相似性依次聚合成7组以便于后续分析；其次，通过K-means聚类方法对所有街道进行初聚类，再结合人口潮汐特征与街景视觉特征雷达图的相似性对结果进一步归并，得到四种典型的人口出行模式；最后，选取具体单元探索更新活化策略推导。

以街道为单元，对预处理数据进行重分组和聚类分析：将原始24个时间段与19类街景视觉要素重新分组，随后对全表14个变量归一化处理，经初步聚类分析后，再分别借助雷达图分析人口潮汐与街景视觉特征，便于后续根据特征相似性进一步归并出行模式结果（图4-2、图4-3）。

（3）基于街景的人流量变化曲线预测模型

运行DeepLab V3语义分割模型后得到19 000余张街景影像的19类视觉特征及各自占比情况。

1）直接与分组建模相关性对比

观察阶段，直接对所有输入数据集进行多变量相关性分析，发现街景视觉特征与人流量变化相关性极低，基本无显著相关

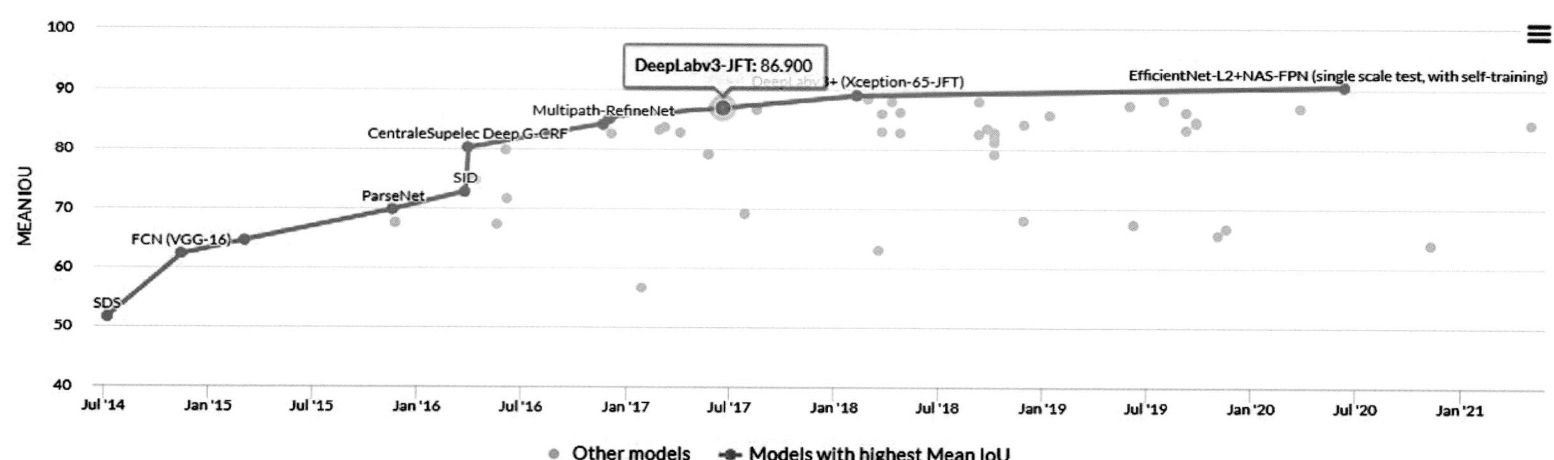

Method	mIOU
Adelaide_VeryDeep_FCN_VOC [85]	79.1
LRR_4x_ResNet-CRF [25]	79.3
DeepLabv2-CRF [11]	79.7
CentraleSupelec Deep G-CRF [8]	80.2
HikSeg_COCO [80]	81.4
SegModel [75]	81.8
Deep Layer Cascade (LC) [52]	82.7
TuSimple [84]	83.1
Large_Kernel_Matters [68]	83.6
Multipath-RefineNet [54]	84.2
ResNet-38_MS_COCO [86]	84.9
PSPNet [95]	85.4
IDW-CNN [83]	86.3
CASIA_IVA_SDN [23]	86.6
DIS [61]	86.8
DeepLabv3	85.7
DeepLabv3-JFT	86.9

Table 7. Performance on PASCAL VOC 2012 *test* set.

Cityscapes数据集得分

DeepLabv3	✓	81.3

Table 13. Perform:st set. **Coarse:** Use *train_extra* set (coar Only a few top models with known referen le.

PASCAL数据集得分

DeepLabv3	85.7
DeepLabv3-JFT	86.9

Method	Coarse	mIOU
DeepLabv2-CRF [11]		70.4
Deep Layer Cascade [52]		71.1
ML-CRNN [21]		71.2
Adelaide_context [55]		71.6
FRRN [70]		71.8
LRR-4x [25]	✓	71.8
RefineNet [54]		73.6
FoveaNet [51]		74.1
Ladder DenseNet [46]		74.3
PEARL [42]		75.4
Global-Local-Refinement [93]		77.3
SAC_multiple [94]		78.1
SegModel [75]	✓	79.2
TuSimple_Coarse [84]	✓	80.1
Netwarp [24]	✓	80.5
ResNet-38 [86]	✓	80.6
PSPNet [95]	✓	81.2
DeepLabv3	✓	81.3

Table 13. Performance on Cityscapes *test* set. **Coarse:** Use *train_extra* set (coarse annotations) as well. Only a few top models with known references are listed in this table.

图4-1　DeepLab V3模型在Cityscapes与PASCAL公开数据集得分情况

原始时间段重分组

原始时间段	分组后时间段	备注
H00、H01、H02、H03、H04、H05、H06	H00-06	睡觉
H07、H08、H09	H07-09	早高峰
H10、H11	H10-11	工作
H12、H13、H14	H12-14	午休段
H15、H16	H15-16	工作
H17、H18、H19	H17-19	晚高峰
H20、H21、H22、H23	H20-23	夜宵段

原始街景视觉要素重分组

原始街景视觉要素	分组后类别	备注
road(0)、 sidewalk(1)	flat	街道
building(2)、wall(3)、 fence(4)	construction	构筑物
pole(5)、 traffic light(6)、 traffic sign(7)	object	物体
vegetation(8)、terrain(9)	nature	绿化
sky(10)	sky	天空
person(11)、rider(12)	human	人类
car(13)、truck(14)、 bus(15)、train(16)、motorc(17)、bicycle(18)	vehicle	车辆

图4-2　原始时间段与街景要素的重分组示意图

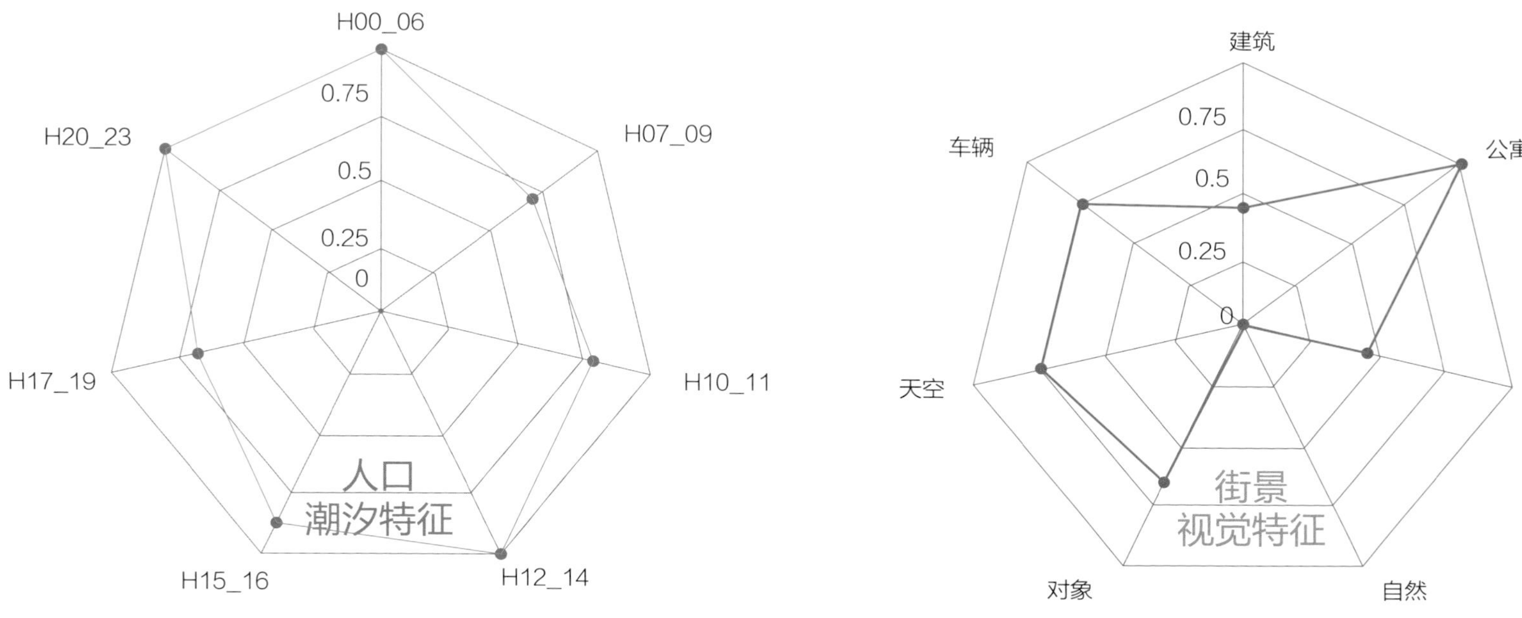

图4-3　重分组后聚类结果的人口潮汐特征、街景视觉特征雷达图

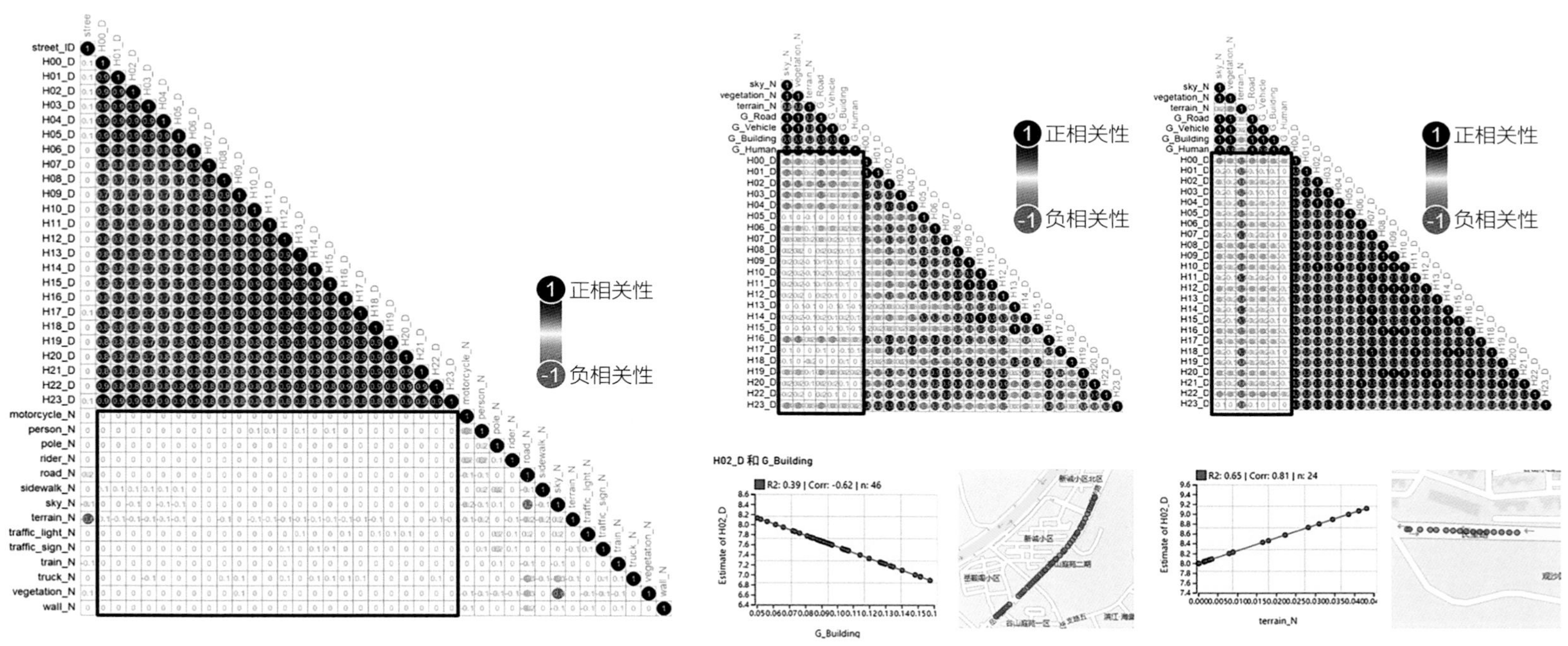

图4-4　直接/分街道测算街道数据集相关性矩阵结果示意图

性，但聚焦至具体街道时，两者相关性有了显著提升，说明不同街道下两者相关性因子存在较大差异，不能通过同一个模型预测所有类型街道的人流量变化。因此提出假定，在同一条街道上的街景影像具有相似视觉特征，并在一定程度上体现出相似的时空流动模式。下一步，将输入数据集分街道聚合成1292组，并通过PCA主成分降维筛选出每组街道前8个高贡献率因子，以降低模

型复杂度、提高因子解释度（图4-4）。

2）多输出回归问题的模型选择

事实上，通过街景要素特征构建连续人流量变化的预测模型属于机器学习的多输出回归问题范畴，可转换为：给定若干个自变量x，需要预测连续的若干个因变量y的问题。

通常来说，多输出回归模型的评价指标有决定系数（R-squared R^2,），均方根误差（Root Mean Squared Error，RMSE）、平均绝对误差（Mean Average Error，MAE）和平均绝对百分比误差（Mean Absolute Percentage Eoor，MAPE）。

$$\mathrm{MAE}=\frac{1}{n}\sum_{i=1}^{n}\left|\hat{y}_i-y_i\right| \tag{4-1}$$

$$\mathrm{RMSE}=\sqrt{\frac{1}{n}\sum_{i=1}^{n}\left|\hat{y}_i-y_i\right|} \tag{4-2}$$

$$\mathrm{MAPE}=\frac{100\%}{n}\sum_{i=1}^{n}\left|\frac{\hat{y}_i-y_i}{y_i}\right| \tag{4-3}$$

$$R^2=1-\frac{SS_{res}}{SS_{tot}}=1-\frac{\sum\left(\hat{y}_i-y_i\right)^2}{\sum\left(y_i-\bar{y}\right)^2} \tag{4-4}$$

式中，y_i表示真实值，$\hat{y}_i$表示预测值，$\bar{y}$表示样本均值。

R^2用于度量因变量的变异中可由自变量解释部分所占的比例，取值范围是0到1，当R^2越接近1，表明回归平方和占总平方和的比例越大，回归线与各观测点越接近，拟合程度就越好。

因此，研究选取四种机器学习模型分别以街道为单元建模，包括随机森林直接多输出回归模型（下称“直接随机森林”）、随机森林链式多输出回归模型（下称“链式随机森林”）、支持向量直接多输出回归模型（下称“支持向量”）及DenseNet密集卷积网络（下称“DenseNet”），具体结果见表4-1：

多种机器学习算法建模结果对比表　　表4-1

机器学习算法	R^2正值占比	R^2均值	R^2中位数	RMSE	MAE	MAPE
直接随机森林	767/1292	0.39	0.37	0.80	0.62	0.14
链式随机森林	670/1292	0.40	0.38	0.84	0.62	0.14
支持向量	484/1292	0.41	0.39	1.17	0.84	0.19
DenseNet	62/1292	0.15	0.08	3.54	3.07	0.47

注：其中R-squared、RMSE、MAE、MAPE为均值，R-squared 及 R-squared Median中位数已经筛选掉负数。

3）多模型建模结果的解读分析

从多模型建模结果看，直接随机森林整体上取得较高的表现，RMSE为0.80，MAE为0.62，MAPE为0.14，而R^2均值结果为0.39。尽管四种算法在RMSE、MAE及MAPE上都取得了较为理想的精度，但决定系数R^2普遍偏低，尤其是DensNet仅为0.15。此外，四种算法都出现了R^2为负值的情况，且获得负值占比的街道模型达到了一半以上。经讨论可归结为三方面原因。

①分街道建模后造成的样本损失

尽管有近2万条原始街景分割数据，但由于所有街景被聚合到不同街道，使得每条街道建模过程中样本数据有限，近一半街道的街景数据量小于12条，经8：2比例划分后训练数据进一步减少，导致部分结果R^2值不稳定的情况。

但是，当某条街道的样本数据量达到53条以上时，R^2均值几乎均高于0.6水平（图4-5），说明在具备足够样本的前提下，本研究所构建的分街道预测模型可在60%以上的程度上稳定预测街道对应的24小时人口流量变化。

②有限样本问题，机器学习算法优于深度学习

由于支持向量算法实现了结构风险最小化思想，随机森林算法具有抗拟合性，因此在样本较为有限的情况下，以随机森林和支持向量为代表的机器学习预测模型普遍优于DenseNet等深度学习模型。说明针对有限样本问题，机器学习算法相较深度学习算法具有更强的泛化能力。

③支持向量为平滑拟合，随机森林为分段预测，后者泛化能力强

在支持向量和随机森林对比试验结果中，R^2均值差异不大，但前者RMSE、MAE、MAPE得分稍高，这是由于具有POLY内核模型的支持向量假设最佳拟合曲线是平滑且旋转不变的，但随机森林是分段常数预测函数（不进行平滑度假设），更倾向于轴对齐的决策边界，因此后者泛化度更高，所以后续分街道建模中采用直接随机森林模型进行人流量预测。

2. 模型算法相关支撑技术

本模型运行的系统环境为在Anaconda3中配置的python 3.6虚拟环境，系统环境采用的深度学习框架为TensorFlow，并使用tensorflow-gpu加速，硬件环境为NVIDIA GeForce RTX 2070 SUPER（8G），其中RandomForest多输出回归及PCA、K-means聚

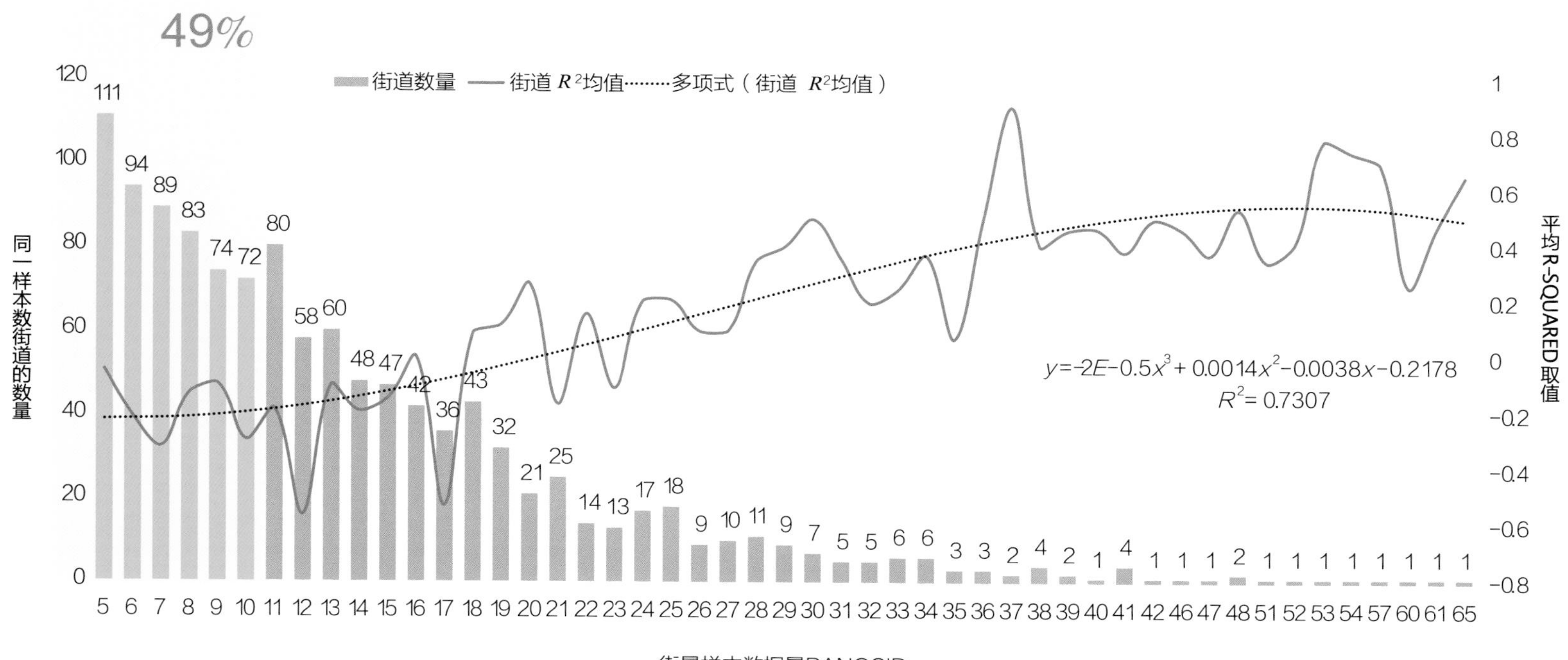

图4-5　街道的样本数据量与获得平均R^2值的分布图

类均基于Python第三方库sklearn实现。

五、实践案例

模型应用实证及结果解读、可视化展示

（1）研究范围概况

本研究以长沙市2021年提出的首批八个城市更新单元为对象，包括：①市府北片区；②湘雅附三医院；③湘雅健康医疗服务集聚区（含文昌阁）；④蔡锷中路两厢；⑤湖橡社区；⑥下碧湘街两厢；⑦湘雅附二医院；⑧火车站片区（图5-1）。

（2）人口出行模式识别与人流量变化预测模型

1）在街道尺度下，进行人口出行模式的聚类识别

通过K-means聚类法对聚合数据集进行初步聚类，得到了7种典型的人口出行模式与街景特征（表5-1、图5-2），根据人口潮汐特征与街景视觉特征相似性可进一步归并为：①全时段流量均衡型；②仅过夜流量不足型；③分时段流量偏倚型；④全天流量不足型。各类出行模式对应的人口活力与典型业态如下：

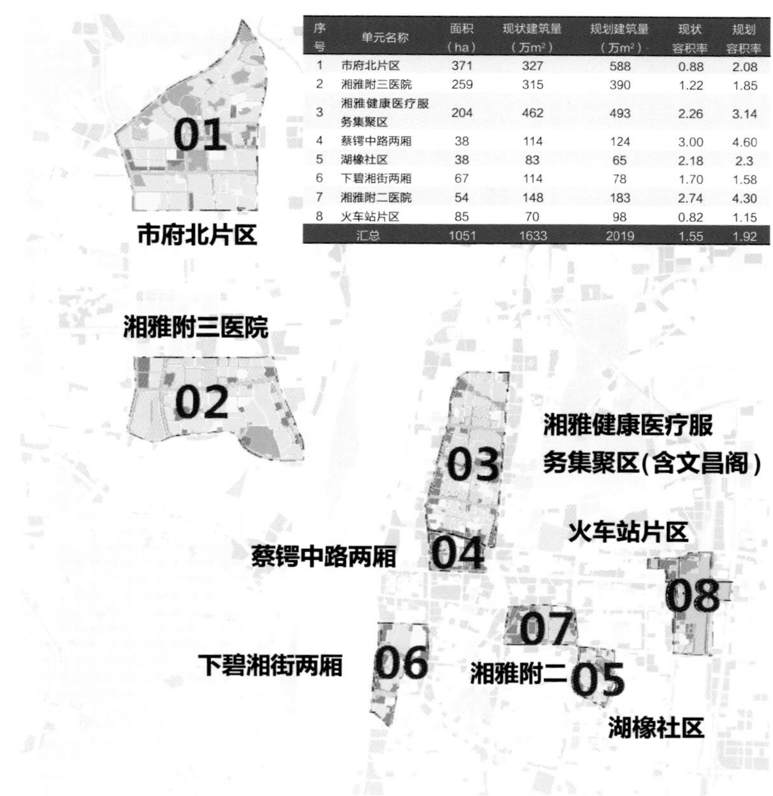

序号	单元名称	面积（ha）	现状建筑量（万m^2）	规划建筑量（万m^2）	现状容积率	规划容积率
1	市府北片区	371	327	588	0.88	2.08
2	湘雅附三医院	259	315	390	1.22	1.85
3	湘雅健康医疗服务集聚区	204	462	493	2.26	3.14
4	蔡锷中路两厢	38	114	124	3.00	4.60
5	湖橡社区	38	83	65	2.18	2.3
6	下碧湘街两厢	67	114	78	1.70	1.58
7	湘雅附二医院	54	148	183	2.74	4.30
8	火车站片区	85	70	98	0.82	1.15
汇总		1051	1633	2019	1.55	1.92

图5-1　长沙市2021年首批城市更新单元分布示意图

K-means聚类结果与特征一览表 表5-1

大类	出行模式特征	小类	人口潮汐特征	街景视觉特征	特征指向	典型业态
全时段流量均衡型	均衡凸包	1	午休与夜宵人流高	街道建成度高、天空开阔、标识与车多、绿化极少	中午晚上人气旺的商业中心且周边存在稳定的居民流量	商业中心+居住小区（高人气）
		5	全天人流较为平稳	建筑、人车均较为密集，但天空和绿化不足	以居住小区为中心，建筑密集、午后人较多、路边停车或车道行车较多	居住中心+小型商业（中人气）
仅过夜流量不足型	单一凹包	3	人流高度集中于工作与夜宵时间段，睡觉段极低	仅绿化较充足，其余极低	全天人气旺且绿化较好的就业中心、交通枢纽等，过夜流量低	纯商业中心/交通枢纽（过夜低）
		7	早晚高峰段人流高	天空极开阔、建筑少、人少、绿化少	早晚高峰人气旺的场所、视野较开阔，但过夜流量较低	邻近成熟住区的开放型公共场所（过夜较低）
分时段流量偏倚型	半翼型	2	人流集中于白天工作时间段	绿化充足、人车较为密集、天空与街道少	白天人较多的大型综合医院、高等院校、主题乐园等	大型综合医院（白天高人气）
		4	人流集中于夜宵时间段，睡觉段极低	建筑较密集、有部分人与绿化，但车与标识少	夜晚人较多的专业医院、热门景点、小型商圈等	夜间热门景点（夜晚高人气）
全天流量不足型	非均衡	6	全时段人流低，以过夜流量为主	街道建成度高、建筑极少、天空较为开阔	全天人气不旺的街道、居住小区与专职院校等，以过夜流量为主	低人气居住小区/街道（过夜为主）

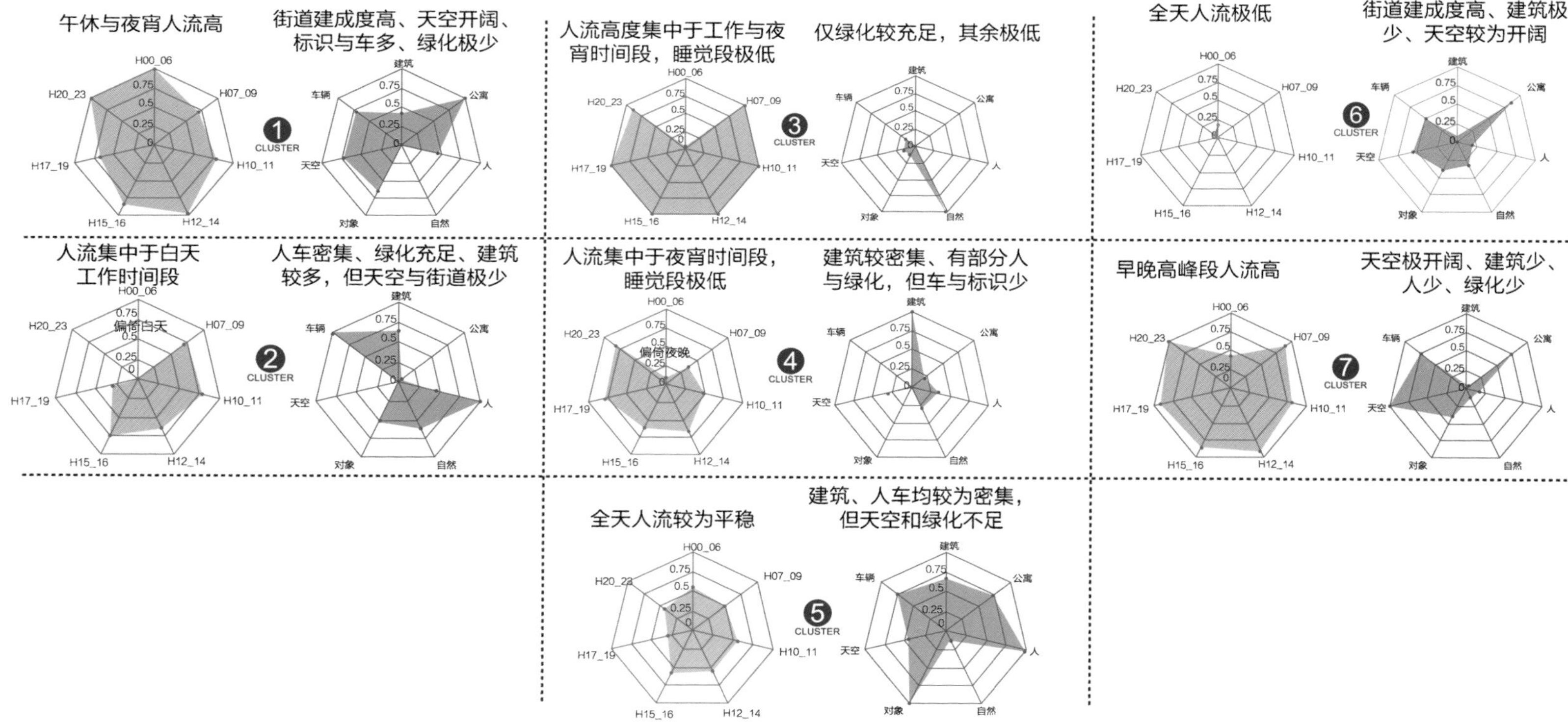

图5-2 K-means聚类结果示意图

①全时段流量均衡型

cluster1全天街道平均人流量最高，0–6点、12–14点、20–23点均处于高峰期，尤其是餐后时间段。人流量主要分布在海信广场、步行街、火车站等，多为商住混合地带，通常体现为周边具备稳定居民流量的热门商业中心或嵌入居住区的临街大排档等业态，以满足居民餐后休闲购物需求。

cluster5整体人流量较为均衡，具有夜间的人流量略低于白天人流量的特征。该类覆盖的研究单元数量较多，为居住和商业的混合地带，主要体现为邻近小型商圈/学校的居住小区，街景视觉上展示出建筑、人车密集的特征（图5–3、图5–4）。

②仅过夜流量不足型

cluster3具有白天人流量明显高于夜间人流量的特征，人口出行率高。该类存在明显的早晚高峰的通勤出行需求，通常有大型的交通枢纽或城市重要的地铁站，主要集中在繁华热闹的商业中心、生活配套成熟的产业园区等地，绿化较为充足（图5–5）。

cluster7具有晚间人流高于白天人流的特点，也存在明显的早晚高峰的出行特征，人流量趋势与Cluster–3一致，但规模相较略小。该类主要集中在邻近成熟居住区的广场、学校、综合公园

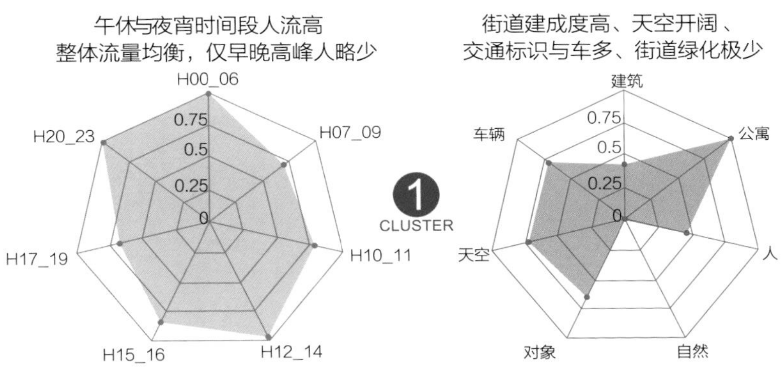

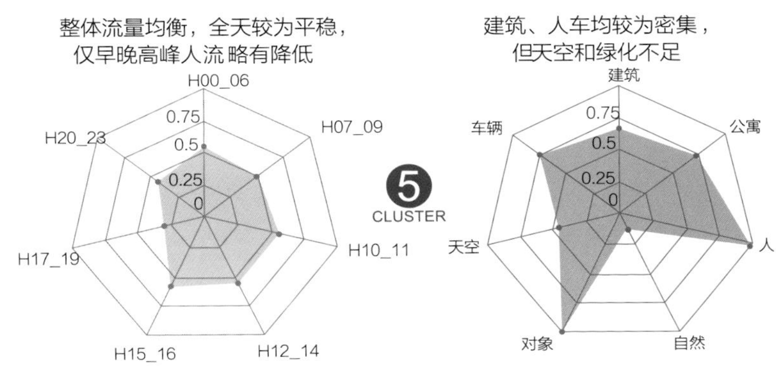

图5–3　cluster1与cluster5的人口潮汐与街景视觉特征示意图

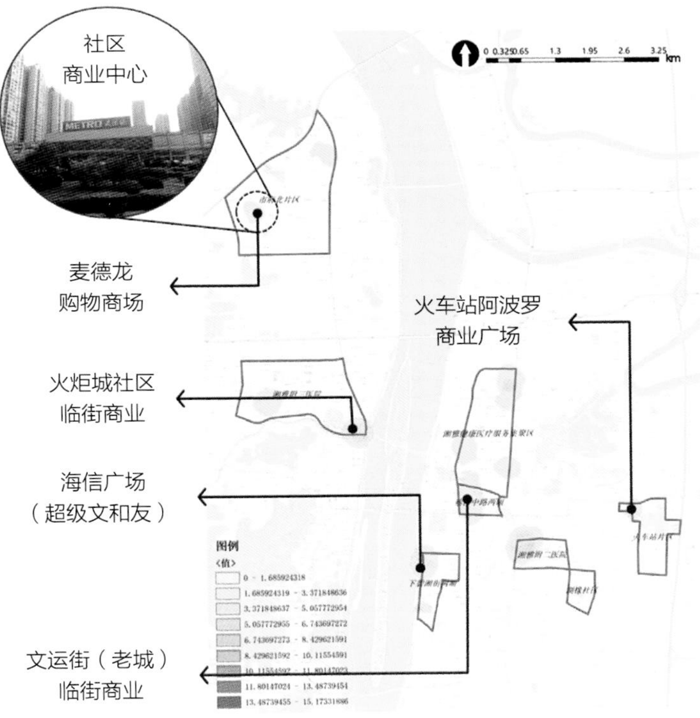

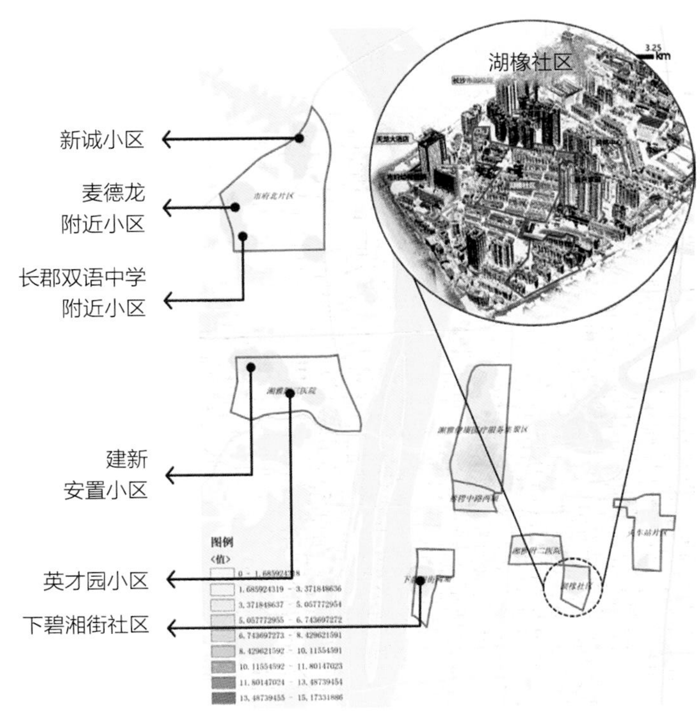

图5–4　cluster1与cluster5类别的空间分布图

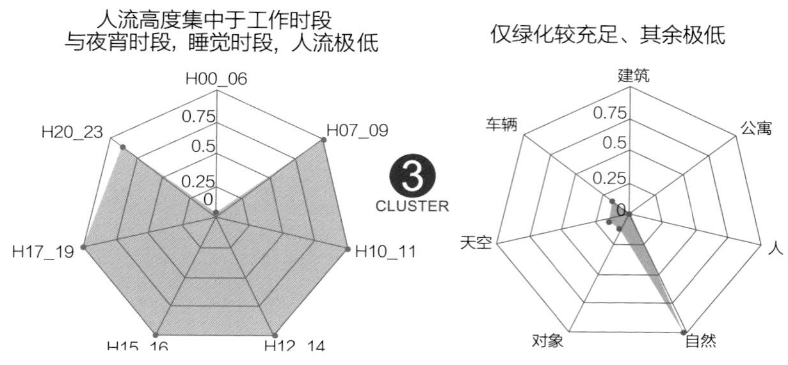

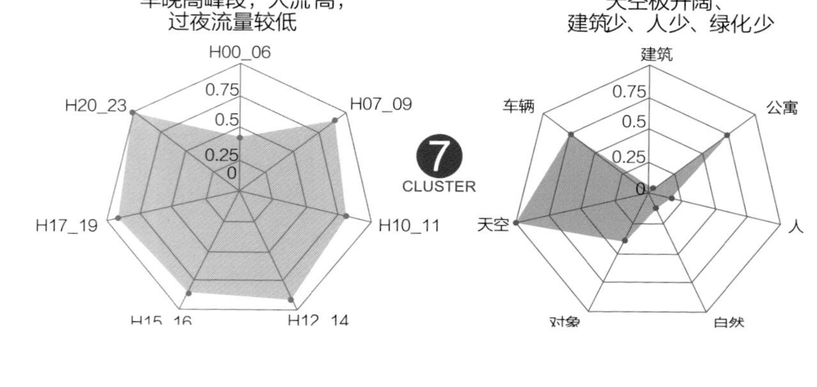

图5-5　cluster3与cluster7的人口潮汐与街景视觉特征示意图

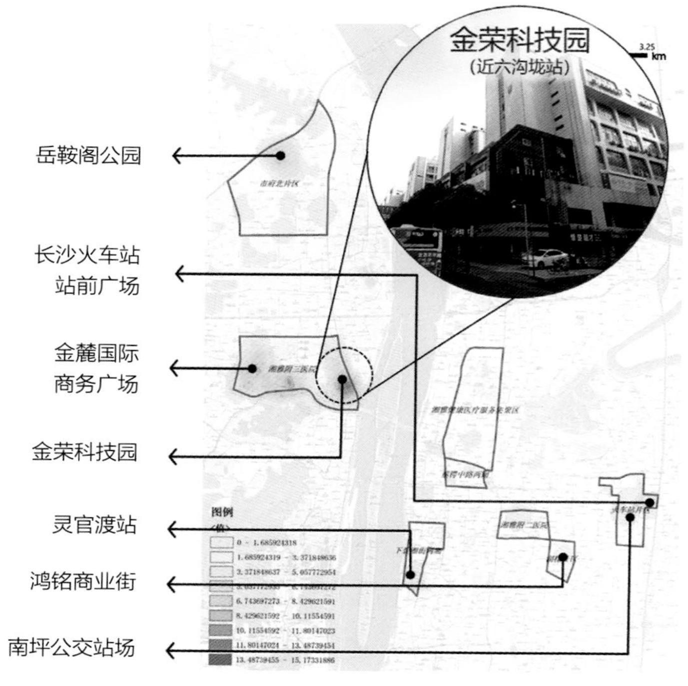

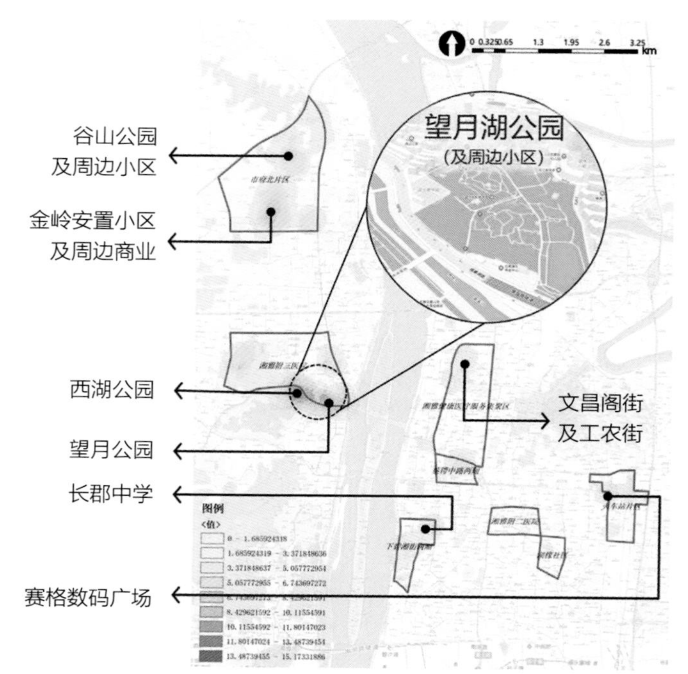

图5-6　cluster3与cluster7类别的空间分布图

等场所，视野开阔、平坦空旷，存在学生早晚上学放学、居民餐后广场散步的出行需求（图5-6）。

③分时段流量偏倚型

cluster2白天人流量明显高于晚上人流量，集中在大型综合医院、高等院校、主题乐园等区域，人车密集、绿化充足。因此，存在大量的医疗服务行业从业人员，例如医生、护士等。这类人员的工作性质跟普通通勤人员不太相同，常常夜间上班，白班、夜班交替轮换，晚上出行率较小。

cluster4晚间人流量明显高于白天人流量，其白天出行高峰与工作时间重合，应为工作地之间的事务性出行，晚间夜宵段的娱乐型出行流量较大。主要集中在建筑较密集的专科医院、夜生活丰富的小型商圈、热门旅游景点等区域（图5-7、图5-8）。

④全天流量不足型

cluster6全天各时段人流量都很低，以过夜流量为主。人流量集中在滨江海棠湾、桐梓坡小区等居住小区、专职院校等。结合街景特征，该类地区大部分为建成度较高、建筑极少、天空较为开阔的街道或居住小区等（图5-9）。

2）在街道尺度下，通过街景预测人流量连续变化

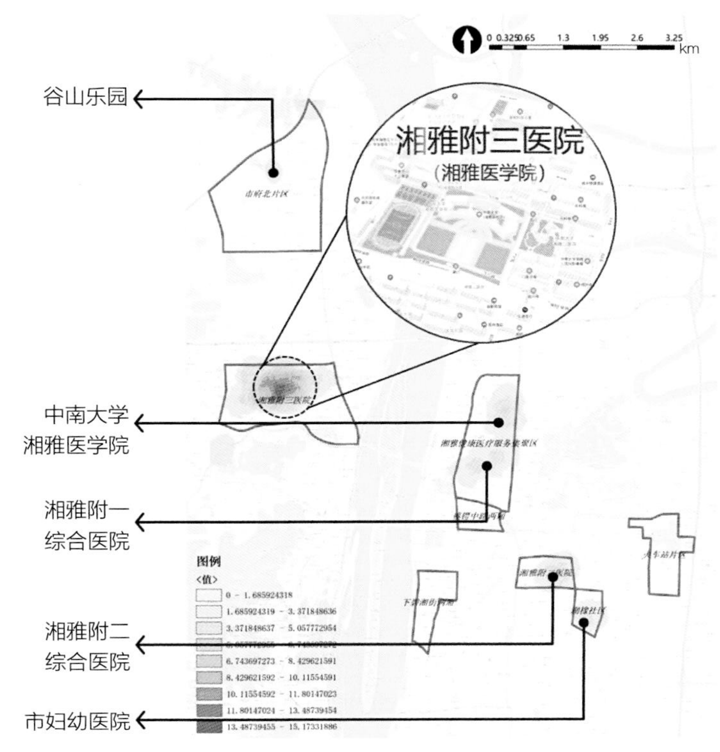

图5-7　cluster2与cluster4类别的空间分布图

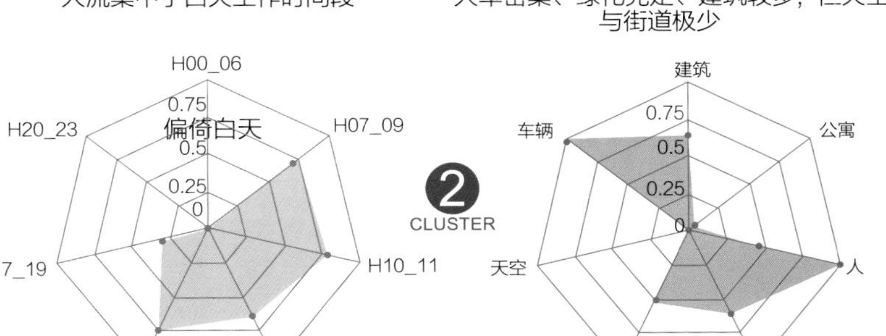

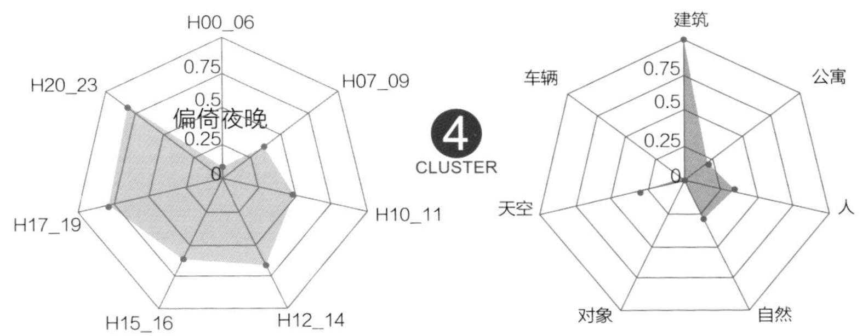

图5-8　cluster2与cluster4的人口潮汐与街景视觉特征示意图

①拟合效果好：解放中路与西湖公园北路

图5-10基于随机森林直接多输出回归模型拟合效果好的街道　展示了两个拟合程度较好的街道，分别为湘雅健康医疗服务区解放中路和湘雅三片区西湖公园北部道路。第二行是街景影像，第三行对应街景分割结果，第四行是该街道预测模型的预测值（橙线）与真实值（蓝线）的差异。

深入随机森林模型的特征重要性，发现主要影响特征多为汽车、植被、天空和道路，但并不说明人口流量与这些特征呈简单线性关系，特征重要性有助于要素的进一步降维，也是后续优化模型的依据。

②拟合效果差：文运街和文兴路

图5-11基于随机森林直接多输出回归模型拟合效果差的街道　展示了两个拟合效果差的街道，分别为蔡锷中路两厢片区文运街和湘雅健康医疗服务集聚区文星路。两街道均位于长沙老城区，街道风貌繁杂、视觉特征单一且建筑物占比极大。此外，较窄的街道宽度导致街景采集时存在较为严重的变形，对模型预测

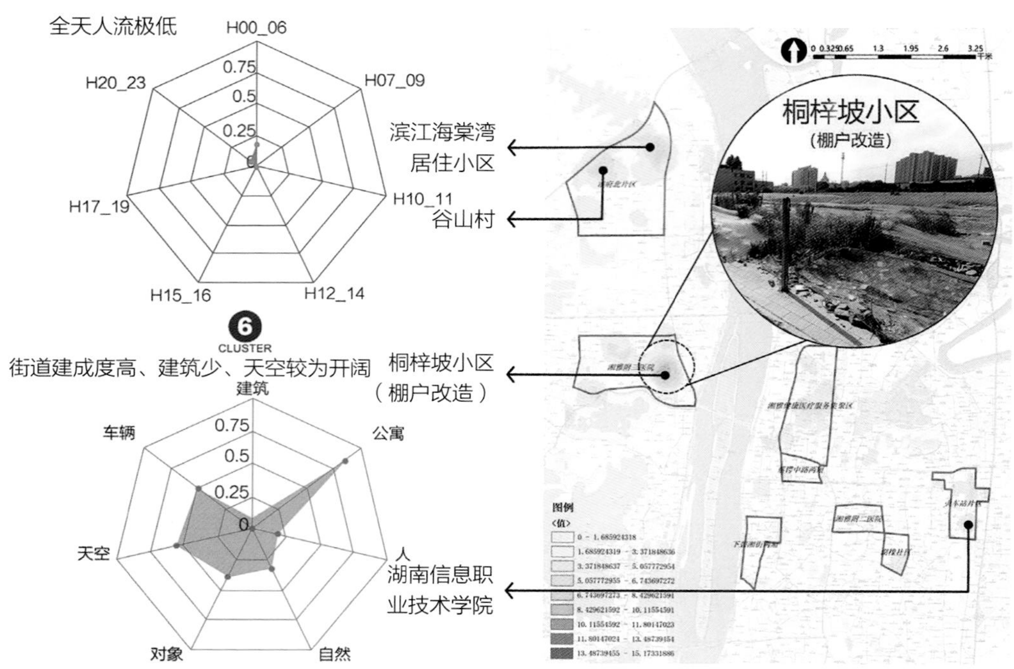

图5-9　cluster6类别的空间分布及人口潮汐与街景视觉特征示意图

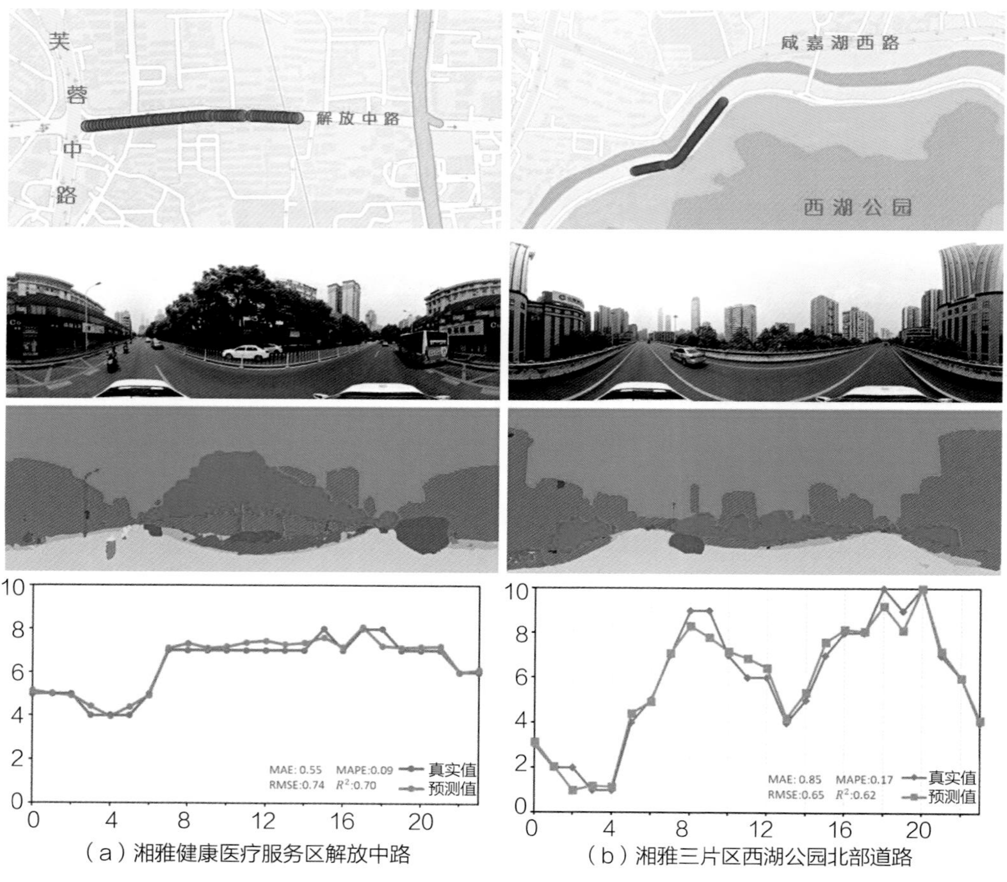

（a）湘雅健康医疗服务区解放中路

（b）湘雅三片区西湖公园北部道路

图5-10　基于随机森林直接多输出回归模型拟合效果好的街道

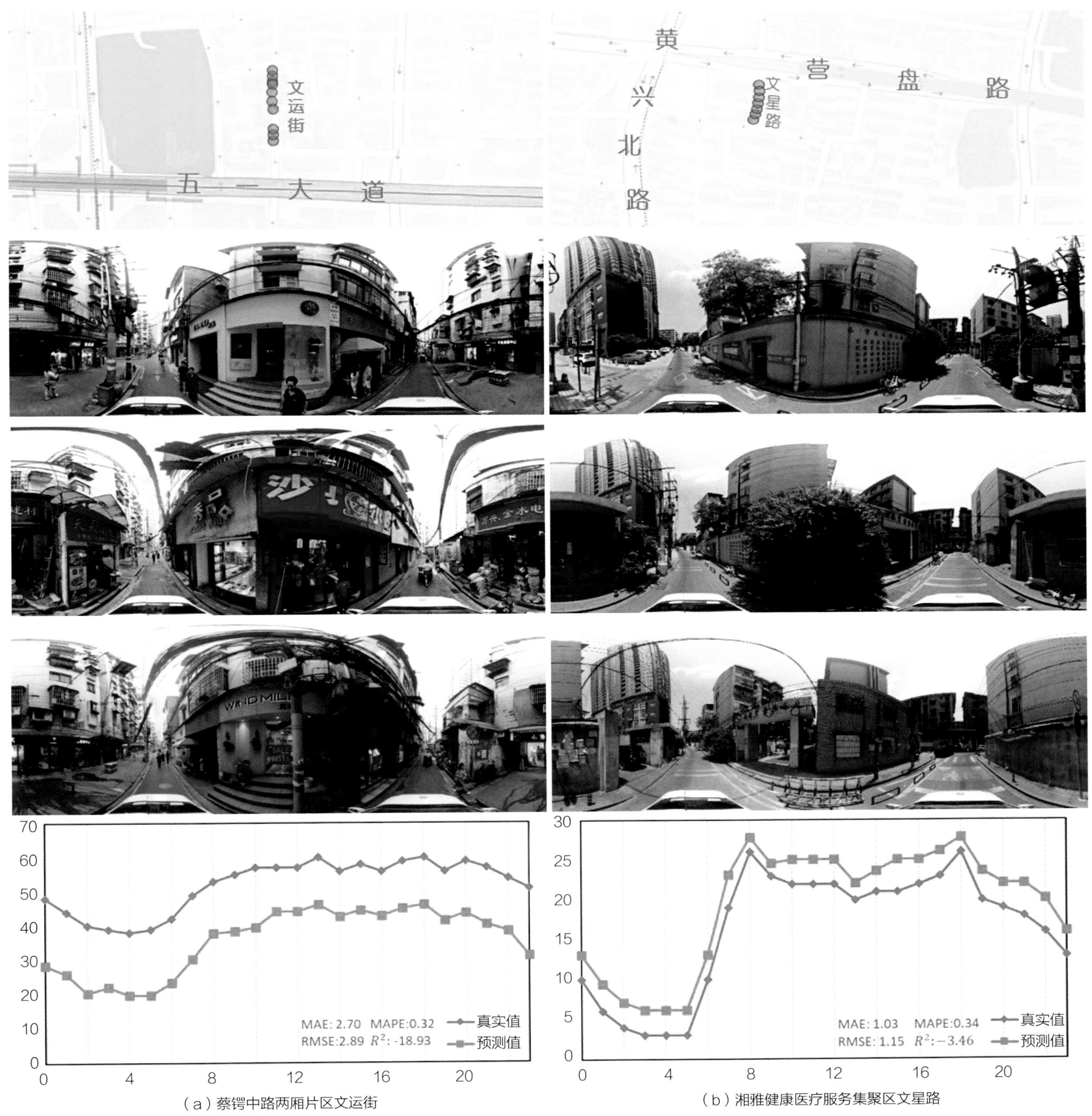

（a）蔡锷中路两厢片区文运街

（b）湘雅健康医疗服务集聚区文星路

图5-11　基于随机森林直接多输出回归模型拟合效果差的街道

产生较大的影响，根据有限的街道视觉特征并不能有效诠释该街道的人流量变化曲线，需要叠加更多的外部影响特征。

综上，在街景样本数据量充足的情况下，本研究提出的模型取得较为合理的拟合效果，说明街景影像在一定程度上能够精细化地推断城市人口活动信息。

（3）基于具体单元的更新活化策略试验

以湖橡社区更新单元为例，通过人口出行模式识别模型，可诊断出单元内现状人气较低的街道分布情况，具体分布如图5–12 湖橡社区各类型街道诊断结果分布图所示。

1）单元各街道人气诊断

从空间分布看，①全时段流量均衡型：街道集中于鸿铭商业街、市妇幼保健院附近，加上周边邻近入住率较高的居住小区，保证了此类型街道白天与夜晚较高规模的人流活力；②分时段流量偏倚型：街道多为夜晚偏倚，反映出此单元以夜间下班后回家休息的出行模式为主，老旧小区白天活力较低，建筑风貌较差且沿街各类线路混杂，存在一定消防隐患，以湖橡小区、一心花苑为典型；③仅过夜流量不足型：街道集中于单一功能的商务办公、临街商业区域，过夜流量不足导致此类型街道白天夜晚的停车需求差异极大，存在明显的人流潮汐情况；④全天流量不足型：街道高度集中在单元南侧的市政小区周边，以建筑风貌较差的多层式老旧小区为主，结合单张街景发现此区域存在部分施工工地，沿路散布建筑垃圾（图5–13）。

图5–12 湖橡社区各类型街道诊断结果分布图

2）典型低人气街道成因

从各类型街道分布情况看，低人气街道多集中在单元南侧的老旧小区，其中以湖橡社区与市政小区为典型。结合图5–12可提取四条全天流量不足型街道（深红色），其中（a）为市妇幼保健院门诊楼东侧地下车库出口处，属于功能性道路，并未设置门诊出入口所以人流量较低，（b）（c）（d）均为老旧小区宅间路，小区内多为4～5层高密度的板式建筑，存在沿路电线杂乱、停车位不足、人车混行、采光不足、建筑外墙脱落、生活服务类设施不足等问题（图5–14）。

结合街景特征看，低人气街道存在一定的共性，空间区位上大多邻近高密度低容积率的板式老旧小区，注定其居住人口强度不会太高；道路形式上以小区宅间路为主，路宽较窄难以会车，多存在人车混行的情况，通常未配建地下车库或地面集中式停车场；建筑风貌上多存在外墙脱落、电线杂乱、绿化茂盛导致低层采光不足等问题；临街业态上由于小区内缺乏满足居民日常需求的生活服务类设施，小区多存在底层“居改商”、沿路摆摊等情况，进一步加剧了人流与车流对道路的争夺。

因此，本研究提出的出行模式识别模型可在一定程度上解释街景视觉特征与人流量变化的关系，可应用于城市更新单元内不同街道的人气判断，帮助规划决策者了解改造范围内低人气街道的分布情况，若分布较为集聚，则建议结合周边老旧小区改造协同推进，实现单元内的人居环境品质提升。

3）更新活化策略的建议

针对湖橡社区更新单元，基于模型可识别单元内低人气街道分布情况，但具体如何确定改造范围、采取何种改造方式，还需要结合单元的控规用地规划、用地年限、建筑层数质量、小区年龄结构、土地权属等信息予以判别，量化模型仅能提供基于一定逻辑规则的参考结论。方向上，建议通过拆改区域协同的方

人口出行模式类型		街景视觉问题	人口潮汐问题	典型区域	实例
全时段流量均衡型	Cluster1	巷道过于狭窄，且存在大量机动车、非机动车违停	全天街道平均人流量最高，高度集中于用餐之后的时间段	邻近市妇幼保健院的小天鹅宿舍区域	
	Cluster5	停车位需求较大	全天街道流量较均衡，夜间流量略低于白天	鸿铭商业街中段、东段	
分时段流量偏倚型	Cluster4 夜晚偏倚	街道窄且绿化较少，沿街，各类线路杂乱，存在一定消防隐患	夜间人流高于白天人流，以老旧小区为典型代表，人流多局限于晚上回家睡觉	中铁五局西侧、湖橡小区、一心花苑等小区	
仅过夜流量不足型	Cluster7	人流与车流量较大，停车需求旺盛，商业氛围较浓厚	过夜流量较低，其余时段人气高，以商业街为典型	鸿铭商业街西段、一心花苑南侧	
	Cluster3	停车位极其不足，存在私设地锁现象，未配建地下车库	过夜流量极低，以老旧型商务办公楼为典型	鸿铭中心	
全天流量不足型	Cluster 6	建筑外墙脱落，部分工地正施工，街道散布建筑垃圾	全天流量不足，仅存部分过夜流量，局部改造中	市政小区西侧	

图5-13　湖橡社区各类型街道评估结果统计图

（a）市妇幼保健院门诊楼东侧车库出口

（b）市政小区内部宅间路

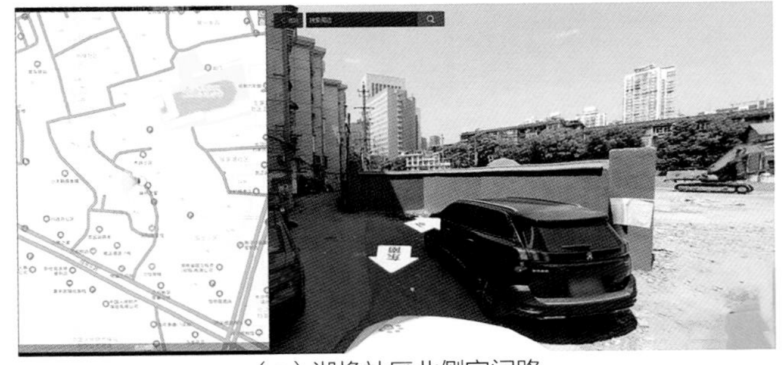

（c）湖橡社区北侧宅间路

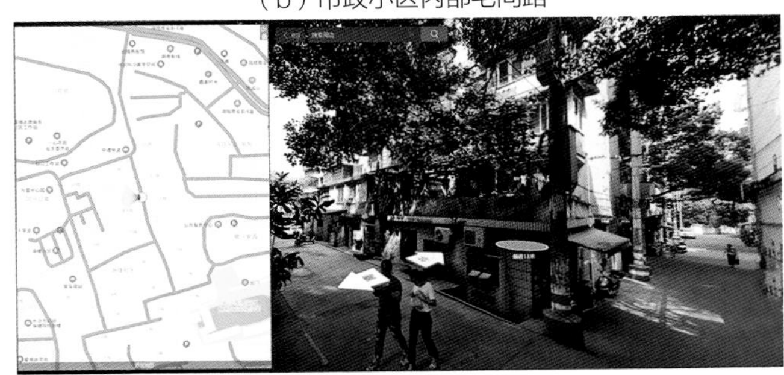

（d）市政小区南侧宅间路

图5-14　湖橡社区更新单元内低人气街道街景实景

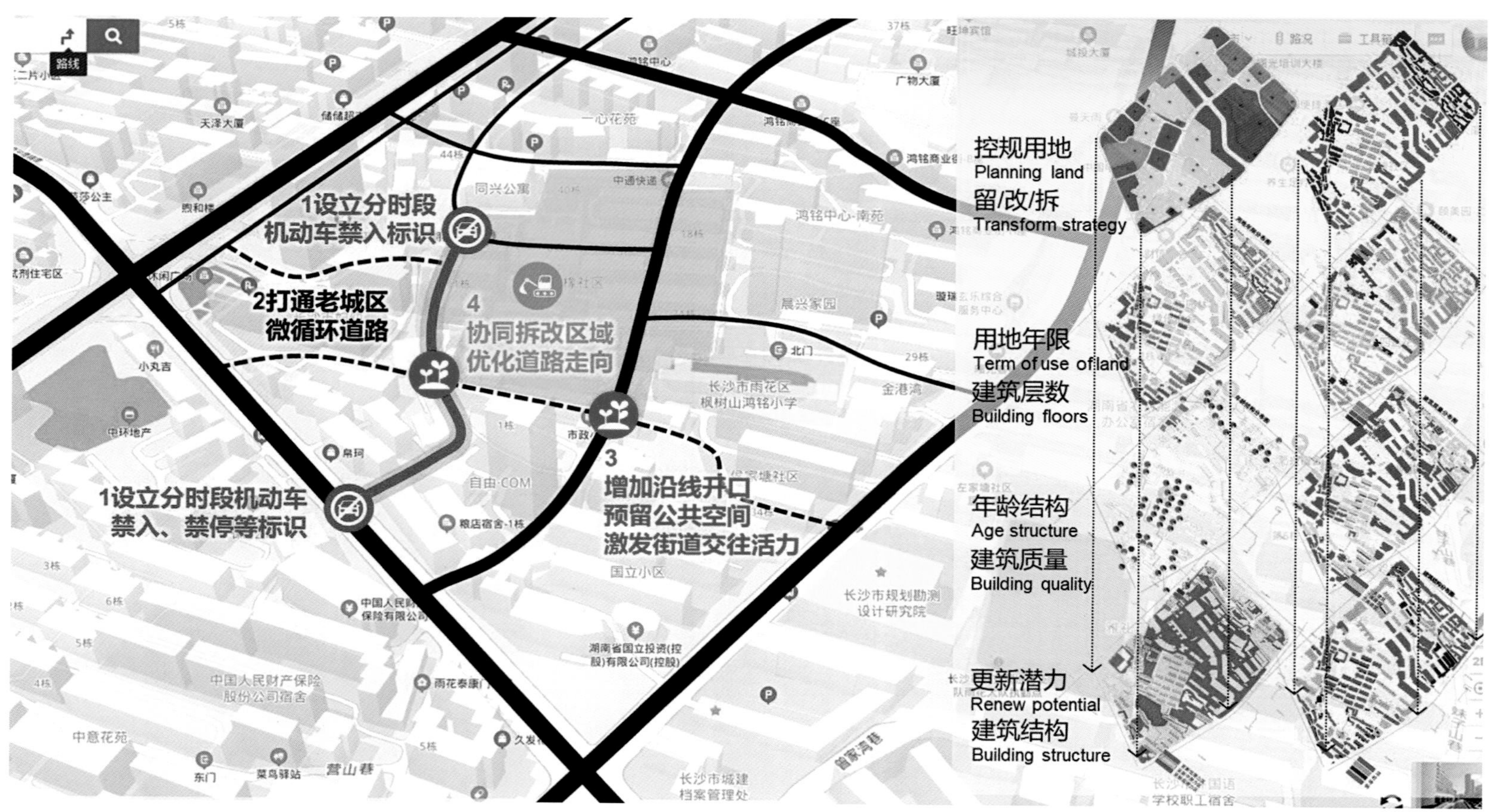

图5-15 湖橡社区微更新改造策略示意图

式统筹打包，为道路优化预留改造空间；路网上，建议打通微循环道路，设立分时段机动车禁入禁停、人车分流等方式改善违停现象；功能上，建议增加沿线开口，重要节点预留公共空间、商业空间，激发街道社会交往活力，解决居改商、沿路摆摊等问题（图5-15）。

六、研究总结

1. 模型设计的特点

（1）探索了利用街景数据识别人口出行模式的研究方法

本研究立足大规模街景与信令数据，以街道为基本单元，分别从人口潮汐变化与街景视觉特征两方面对人口出行特征进行聚类总结，提出了街道出行模式的四种基本模式，并反推了各类模式对应的典型业态。

（2）基于街景与信令数据的耦合，提出了人口出行流量的预测模型

本研究提出了一种基于大规模街景与信令数据的耦合分析的人口出行流量模型。以街道为基本单元，在综合对比多种机器学习算法评估效果后，选取随机森林直接多输出回归法建立了每条街道的流量时谱曲线预测模型，在满足一定前提条件下，能够对任意输入的单张街景图片，预测对应时段的人流量变化曲线。

2. 应用方向或应用前景

本研究以街景图片和信令数据为基础，结合语义分割和空间分析等技术，提出了一种耦合街景与信令数据的出行流量预测模型，在满足样本数据量的街道上，可有效、快速地通过预测模型判断街道背后的隐含的人流量时谱曲线变化规律，拓宽了获取人流时谱数据的数据渠道，同时也能够辅助规划决策者更好地了解老城区街道活力特征，便于制定差异化、精细化的更新活化策略，是对传统城市更新规划手段的有力补充。

本研究提出的人口出行模式识别模型可应用于城市更新等规划实践过程中对范围内各街道人气的判断，通过低人气街道在空间上的集聚程度，辅助具体改造范围的确定，并结合其他信息帮助规划决策者制定差异化的更新活化策略。此外，该出行模型可进一步应用于城市规划设计、城市运行监测、城市模拟等场景，更为直观地展示人流量变化特征与街景视觉特征的空间分布情况，指导更大尺度下的规划实践探索工作方向。

参考文献

[1] 司睿，林姚宇，肖作鹏．国外基于街景影像的城市研究进展与热点分析［A］．中国城市规划学会城市规划新技术应用学术委员会、广州市规划和自然资源自动化中心．共享与韧性：数字技术支撑空间治理：2020年中国城市规划信息化年会论文集［C］．中国城市规划学会城市规划新技术应用学术委员会、广州市规划和自然资源自动化中心：《规划师》杂志社，2020：11.

[2] Gebru T, Krause J, Wang Y, et al. Using deep learning and Google Street View to estimate the demographic makeup of neighborhoods across the United States［J］. Proceedings of the National Academy of Sciences, 2017：201700035.

[3] Law S, Paige B, Russell C. Take a Look Around：Using Street View and Satellite Images to Estimate House Prices［J］. ACM Transactions on Intelligent Systems and Technology，2019，10（5）：1-19.

[4] Zhang F, Wu L, Zhu D, et al. Social sensing from street-level imagery：A case study in learning spatio-temporal urban mobility patterns［J］. ISPRS journal of photogrammetry and remote sensing，2019，153（JUL.）：48-58.

[5] 刘颖，袁媛，邢汉发，孟媛，等．街景图片识别城市贫困的适用性——基于广州市中心城区的验证［J］．热带地理，2020，40（5）：919-929.

[6] Jean N, Burke M, Xie M, et al. Combining satellite imagery and machine learning to predict poverty［J］. Science，2016，353（6301）：790-794.

[7] 詹瑞，雷印杰，陈训敏，等．基于多重差异特征网络的街景变化检测［J］．计算机科学，2021，48（2）：142-147.

[8] 于明学．语义标签引导下的高清图像生成［D］．西安：西安电子科技大学，2020.

[9] Naik N, Philipoom J, Raskar R, et al. Streetscore—Predicting the Perceived Safety of One Million Streetscapes［C］// IEEE Conference on Computer Vision & Pattern Recognition Workshops. IEEE，2014.

[10] Kita K, U Kidzi ń ski. Google Street View image of a house predicts car accident risk of its resident. 2019.

新城新区商业设施人流网络预测
——基于VGAE神经网络模型

工作单位：南京大学建筑与城市规划学院

报名主题：生态文明背景下的国土空间格局构建

研究议题：特大、超大城市新城新区建设及活力提升

技术关键词：VGAE变分图自编码器、GCN图卷积神经网络、社会网络分析方法

参 赛 人：刘梦雨、张书宇、仲昭成、刘笑千、李悦、黄劲

参赛人简介：6位参赛者所在的南京大学智城至慧团队是国内大数据和智慧城市领域的先行者，在甄峰、沈丽珍等老师的带领下取得了诸多成果。刘梦雨为2019级硕士，研究方向为大数据与经济地理，已有相关论文收录于核心期刊。张书宇为2019级硕士，研究方向为流动空间与城乡融合，已有两篇相关论文收录于2020年中国城市规划年会论文集。仲昭成为2019级硕士，研究方向为流动空间下的智慧产业研究。刘笑千为2020级硕士，研究方向为大数据与区域交通。李悦为2020级硕士，研究方向为区域产业研究与规划。黄劲为2020级硕士，研究方向为流动空间下的城市与区域资源配置。

一、研究问题

1. 研究背景及目的意义

目前副城中心、开发区等新城新区的建设正如火如荼，为满足人民日益增长的美好生活需求，实现有效的空间引导与人口吸引，需要商业等服务设施的合理支撑。以上海为例，作为发展阶段较高的城市，“十一五”期间就开始了大规模的新城商业建设，商业设施郊区化的趋势也非常明显。如何通过商业规划引导、预判来优化、保障综合服务功能，提升吸引力与辐射能力，成为新城建设的重要议题。

因带有服务、保障的性质，商业设施规划多从政策调控与资源配置上探索量的控制与引导，而单纯的计划导向缺乏规划基础与依据支撑，对于市场需求与规律把握不足。需求适应失度，体现在许多新城新区盲目建设综合体等大型商业设施、引进高端市场，部分地区商业设施建设高度饱和，供应量远超居民现状需求量，商业设施长期处于“空置”状态。规律研判失理，体现在新城新区商业的所谓“超前布局”，根本上缺少合理的规划建设时序引导，缺少对于现有人群与增量人群使用需求、时空规律的研究，也容易导致商业设施配给的不均衡，故出现了城市中心“热门”商业设施前交通拥堵难以纾解，而“冷门”商业设施亏本空置的问题。当前，设施总量过剩与局部紧缺并存、网络对实体商业办公冲击等挑战接踵而至，要求我们重新思考商业服务业设施的规划管理方式。

基于零售地理学等理论，国内学者完成了较多实证研究，多是针对“过去”与“现在”的识别、分析与诊断，而有关未来预测还缺少一定的科学方法。早期进行的零售空间结构研究、形成

演化机制研究奠定了大量的基础，随着大数据与空间分析技术的应用，商业研究得以将现状分布的精准识别作为依据支撑。以周素红（2014）、胡庆武（2014）、陈蔚珊（2016）为代表的学者分别通过浮动车（FCD）GPS数据、位置签到数据、商业网点POI数据等研究了商业的分布特征与影响因素。然而，随着城市经济发展、主导产业变化、空间布局扩张、居民活动规律的形成以及人流交换增长，城市在不同发展阶段所需要的商业设施规模和特征也各不相同，仅仅通过现状的分布特征识别难以满足新城新区商业适应人流动态、适度超前布局的需求，亟须展开对新城新区建设时序、城市发展阶段、商业发展规律及人流活动规律的耦合分析研究。相较于老城区或主城区的有机渐进更新，新城区为满足城市远景高质量发展的需求，作为服务人民的商业服务业设施，在增量预测、供给调整等方面有着特殊性与重要性。只有科学合理地结合当地活动特征、按照城市发展时序与需求进行商业设施规划和建设，才能达到供需平衡，打造具有活力的商业生活空间。

2. 研究目标及拟解决的问题

目前的城市增量预测多集中于城市交通流量预测，人流预测则多应用于各类交通工具的客流预测。亟须从城市区域的尺度进行单纯的人流网络预测，以期对城市未来规划和功能布点提出参考，特别是为新城新区开发建设决策的某一个方面提供支撑。

本项目作为新城新区建设决策支撑的一部分，从商业设施布局变化与居民实时活动的耦合分析出发，深入研究城市空间活力与城市商业服务设施集聚的空间匹配性，并利用海量的人员流动数据，通过VGAE变分图自编码器和图卷积神经网络（GCN）等机器学习技术建立人流OD网络的预测模型，实现人工智能辅助规划方案，以期为优化城市商业设施建设及空间活力引导提供较为科学合理的分析评价和决策方式。

二、研究方法

1. 技术路线

本项目主要内容分三部分进行（图2-1）：

①商业设施空间格局演变分析：通过对2017—2020年商业设施POI数据和旅游景点、交通设施等与商业发展相关性较大的设施POI数据进行密度分析，并对不同属性的商业设施进行分类，探究新城新区建设过程中商业设施布局空间结构的演变以及旅游

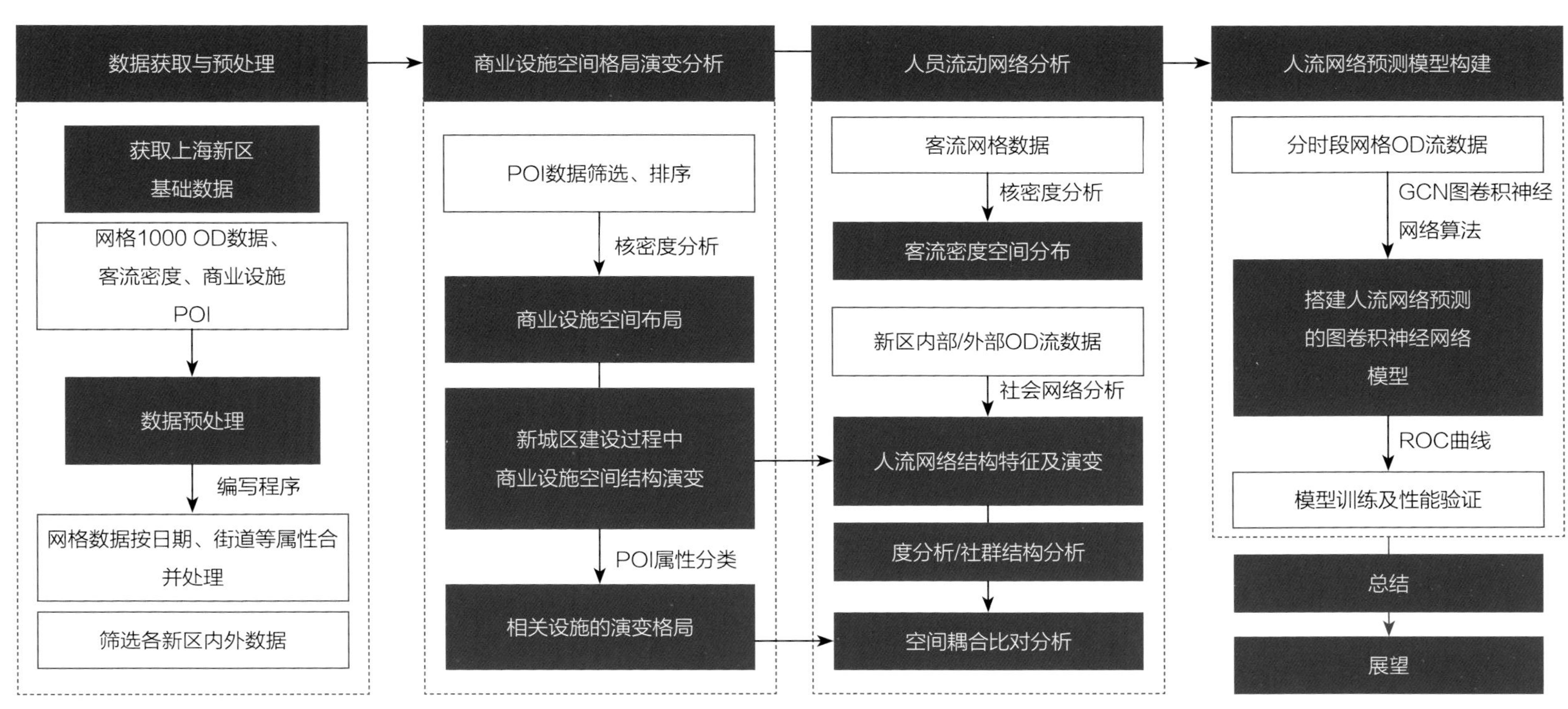

图2-1　技术路线示意图

景点、交通设施等演变格局。

②人员流动网络分析：通过对OD数据、客流数据的挖掘，分析2018—2020年时间段内，随着城市新区的建设和发展，其间人员流动变化情况和人流网络的结构特征。包括人流量分析、OD分析、人流网络中心度分析、社群分析等。以期探讨在城区的不同发展阶段，不同类型的商业街区其吸引人流情况的变化及居民消费需求、热点空间的变化情况；以及随城市的发展，城市商业设施的服务范围变化方向、腹地的扩张情况，可体现城市及商业在建设发展中的能级变化。并与第一部分的设施空间结构进行比对分析，评价人流与设施的空间交互、耦合程度。

③人流网络预测模型搭建：利用不同时间断面的人流OD数据，通过图卷积神经网络算法（GCN）对人流OD网络特征数据进行学习和训练，构建新城新区的人流OD网络预测模型。

2. 研究方法及关键技术

（1）图、复杂网络与社会网络分析方法

在图论中，将生活中的社交网络、互联网、已连接的IoT设备、铁路网络或电信等网络称为图。图是数据的重要表示形式。网络或图（graph）是互连节点的集合。节点表示实体（node），它们之间的连接（edge）是某种关系。图又分为无向图与有向图。无向图的边是没有方向的，即两个相连的顶点可以互相抵达；有向图的边是有方向的，即两个相连的顶点，根据边的方向，只能由一个顶点通向另一个顶点。相较于传统的数据表格形式，图可以轻松捕获节点之间的关系，分析不同节点的作用和连接度。

复杂网络是呈现高度复杂性的网络，是复杂系统的抽象，具有自组织、自相似、吸引子、小世界、无标度等特征。网络数据在许多方面都有较强的应用。在本研究中，以新城街道和网格为节点（node），人员流动为边（edge），构建人员流动的有向网络。社会网络分析（Social Network Analysis，简称SNA）是从关系的角度来研究省会现象和社会结构的方法，当前被大量应用于城市流动空间研究。用于描述分析城市间人流、物流、信息流所搭建起的网络结构。SNA系列研究方法发展较为成熟。项目基于的主要方法包括密度分析、凝聚子群分析、度分析等。

（2）VGAE（变分图自编码器）与GCN（图卷积神经网络）

自编码器（AE）是无监督学习领域的重要工具，通过神经网络对数据进行逐层降维，达到编码（encoder）与解码（decoder）的过程。其功能是先将输入的数据压缩成为潜在的空间表征，并通过这种表征进行重构输出。而图自编码器（GAE）则是在编码的过程中使用一个卷积核，并且在解码过程中由图解码代替了数字解码，实现前后邻接矩阵的变化，可以用作链路预测和推荐任务。同样的，变分图自编码器（VGAE）在变分自编码器的基础上将编码过程中使用GCN进行卷积，解码过程则为图解码；不同的是，图自编码器（GAE）在输入给定的特征和邻接矩阵之后，输出结果是固定的。而变分图自编码器（VGAE）则加入了高斯分布从而避免了结果的过拟合，测试精度会更好（图2–2）。

在深度学习领域，CNN（卷积神经网络）、RNN（循环神经网络）等算法在对规则的欧氏空间数据的学习上取得了很好的效果，但现实生活中的许多数据都存在不规则结果，如典型的图结构（拓扑结构）。GCN正是处理图结构的一种经典方式，是针对图数据的一种特征提取器，其特征提取的方法可以对图数据进行节点分类、图分类、边预测等。GCN目前已经大量应用于图数据的处理，如交通预测、推荐系统、图像识别等领域。

综上所述，VGAE工作原理的核心流程为：输入图的拓扑结构和节点自身信息之后，VGAE采用GCN进行原始图的重构，最后输出重构之后的矩阵，可以应用到各种任务中，正如前文提到的链路预测，正因此可以作为一种社会网络分析工具。

带有起讫点信息的人流OD数据正是可以抽象成为拓扑结构，产生基于人员流动的复杂网络。本研究试图根据这一网络模型，利用图卷积神经网络的特性，通过VGAE和GCN算法对人流网络进行学习，训练网络链接预测模型，尝试提前预测新城新区内人流的轨迹和趋势，为新城新区未来的商业设施建设和人流规

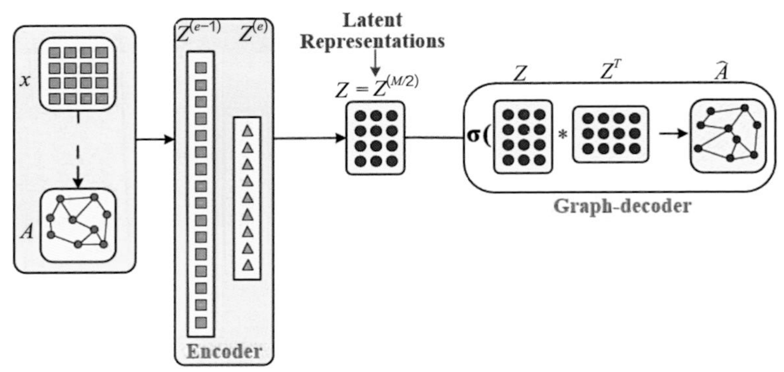

图2–2 VGAE模型原理示意图
（图来源于网络）

划引导提供一定的参考。

三、数据说明

1. 数据内容及类型

本项目中的商业设施POI数据和人流客流数据均来源于百度地图慧眼支撑，区域范围为上海5个新城新区。其中包括2017—2020年每年11月份的商业设施POI数据，空间单位为网格1 000；2019年11月1个周末和2020年11月1个周末的人流OD数据，空间单位为网格1 000；2018年11月17日、2020年5月1个周末的客流数据。

2. 数据预处理技术与成果

本研究以上海为核心案例城市，考虑到优化空间资源配置以及增强供需匹配，特选取上海五大新城为研究范围（内含52个街道、镇），从商业设施和商业设施布局、人口流动起关键作用的公共设施两大方面入手，主要选取居住社区、交通设施、行政公服、旅游景点、商务金融、零售商业、教育培训、生活服务、文化体育、休闲娱乐、医疗卫生等方面。最终，在现状五大新城范围内共筛选到设施点1 088 023个。

本研究所用的人流数据包括2020年11月14—17日4天的上海新区范围内1 000m网格的居民出行起始地点、终止地点、出行次数数据，通过数据处理得到上海新区乡镇街道之间的有向OD联系数据。通过编写程序对网格数据进行清洗和筛选，结合ArcGIS空间处理将网格数据汇总至对应的乡镇街道，统计人流的起始乡镇街道与人流量，构建上海新区乡镇街道人流网络。对2020年11月14日—17日4天的数据进行预分析，11月16日的数据存在明显异常，呈现出个别乡镇街道数据独大的情况，因此，选取11月14日、11月15日、11月17日3天的数据进行分析与预测。

四、模型算法

1. 商业设施空间格局演变分析

本模块主要利用ArcGIS中的核密度工具对商业设施的空间布局结构进行分析。核密度分析法用于计算要素在其周围领域中的密度，它可以计算点要素或线要素密度，并由此直观地表征某种社会经济活动的空间集聚程度。

$$f_n(x)=\frac{1}{nh}\sum_{i=1}^{n}k\left(\frac{x-x_i}{h}\right) \tag{4-1}$$

式中：设定x_1，…，x_n是从分布密度函数为f的总体中抽取的独立同分布样本，估计 f 在某点 x 处的值为 f_n（x）；k（ ）为核函数；h为带宽；$x-x_i$为估计点x到样本x_i处的距离。

2. 人员流动复杂网络分析

OD矩阵是描述交通网络中所有出行起点（Origin）与终点（Destination）之间在一定时间范围内出行交换数量的表格，能够反映网络中各节点之间的交通联系及其流量大小，以及单元间的流动空间联系特征。基于2020年11月14—17日4天的手机信令数据，将OD数据映射至上海新区以及新区周边72个街道、镇单元，对上海市各街镇之间的空间联系进行分析。

本研究中基于上海五大新城区间的人口有向流动数据，在UCINET6.0软件支持下，运用社会网络分析法，采用网络密度、中心度、凝聚子群等评价指标，对五大新城区的城市网络结构进行多维度的定量分析，评价流动网络结构的发育程度以及不同街道在网络化区域中的位置与角色。具体特征评价指标及计算公式如下：

（1）网络密度

网络密度指网络中节点间实际发生联系的数量与所有可能发生的联系数量的比值。网络密度可以反映城市网络的整体紧密程度，其表达式为：

$$D=\frac{2\sum_{i=1}^{k}d_i(n_i)}{k(k-1)} \tag{4-2}$$

（2）凝聚子群分析

凝聚子群采用迭代相关收敛法计算联系矩阵的相关系数，利用属性图识别出网络内部的子群网络，反映了网络中的小团体现象。

（3）节点中心度

节点中心度是衡量网络中某个节点对其他节点以及对资源流动控制能力的指标。根据数据特征，项目采用点度中心度对网络中各新区街道的中心性进行刻画。

点度中心度根据网络中的连接数衡量节点处于网络中心位置的程度。考虑到人流OD矩阵具有方向性，将其划分为出度中心度和入度中心度。出度中心度衡量某一街道对外联系的规模，入度中心度衡量某一街道吸引其他街道与之发生联系的规模程度。表达式如下：

$$C_D(n_i)=\frac{\sum_{i=1}^{1} r_{ij}}{k-1}$$

$$C_{D,out}(n_i)=\frac{\sum_{i=1}^{1} r_{ij,out}}{k-1} \quad (4\text{-}3)$$

$$C_{D,in}(n_i)=\frac{\sum_{i=1}^{1} r_{ij,in}}{k-1}$$

（4）中心势

中心势可以反映网络整体的总体凝聚力或整合度。同样可分为出度中心势与入度中心势，从出入度方向反映整体网络的凝聚力。

3. 人流网络预测模型搭建

本模块在前两个模块的空间分析和人流网络分析的基础上，使用VGAE模型和GCN算法对人流OD网络的趋势进行预测。预测模型搭建的流程共分为3个部分：数据准备、模型训练、运行并返回评测指标。

（1）数据准备

数据准备阶段包括生成邻接矩阵和数据集划分。使用第二模块中数据预处理产生的3天OD网格有向边表格数据，筛选出OD网格ID和流量信息；同时将POI数据分网格进行汇总处理，利用网格内部的POI数量生成网格属标签，共同组成模型使用的原始数据集（表4–1）。随后编写程序，通过networkx工具利用边数据生成模型训练直接使用的邻接矩阵，并转换为二进制的pkl文件方便调用。将处理后的数据通过遍历隐藏比例将数据集划分成为训练集、验证集和测试集。

OD网格有向边数据表　　表4–1

O_id	D_id	flow	labels
985300017114000	983700017122000	2	2
988200017107000	988400017117000	2	5
985500017096000	985400017097000	19	23
984300017130000	984500017124000	9	10
……	……	……	
983500017152000	983600017159000	8	13
984800017105000	985200017111000	2	6
984800017159000	984900017158000	66	20
985500017136000	987300017134000	2	1

（2）模型训练

模型训练阶段使用3天的OD矩阵数据进行同一班VGAE模型的训练，通过多轮训练和结果反馈调整模型参数，从而训练出拟合度最优的模型，并避免过拟合。本训练模型包括变分图自编码器模型搭建、GCN图卷积层搭建、获取图属性用于输入模型、重构邻接矩阵输出并查看训练损失和准确度，主要使用tensorflow进行模型建构。

（3）模型运行和评测指标

模型运行评估阶段使用的性能评测指标使用主流的ROC曲线、AUC值和AP值。ROC曲线通过计算出一系列的正阳率（预测匹配正确的数目占比）和假阳率（预测匹配错误的数目占比），以正阳率为纵坐标、假阳率为横坐标绘制成ROC曲线，AUC值即为ROC曲线下的面积，值一般在0.5到1之间。AUC值用于衡量机器学习算法模型的性能，一般AUC值越接近于1，即ROC曲线真阳率和假阳率均较高的临界点越接近左上角则模型的性能越好。而AP值代表平均精度，越接近于1算法模型性能越好，越有预测价值。

五、实践案例

1. 商业设施空间格局演变

上海五大新城设施POI数量分布表　　表5-1

新城		2017			2018			2019			2020			2020年全区域占比
		商业设施	公共服务	总计	商业设施	公共服务	总计	商业设施	公共服务	总计	商业设施	公共服务	总计	
奉贤区	奉城镇	4 982	1 251	6 233	15 395	2 252	12 665	29 525	3 482	17 612	48 271	4 750	23 496	2.16%
	奉浦街道	3 278	1 497	4 775	11 987	2 498	11 207	24 413	3 728	16 154	41 455	4 996	22 038	2.03%
	海湾镇	1 485	754	2 239	8 401	1 755	8 671	19 034	2 985	13 618	34 283	4 253	19 502	1.79%
	金汇镇	2 495	759	3 254	10 421	1 760	9 686	22 064	2 990	14 633	38 323	4 258	20 517	1.89%
	南桥镇	8 695	3 528	12 223	22 821	4 529	18 655	40 664	5 759	23 602	63 123	7 027	29 486	2.71%
	青村镇	2 838	761	3 599	11 107	1 762	10 031	23 093	2 992	14 978	39 695	4 260	20 862	1.92%
	四团镇	1 748	615	2 363	8 927	1 616	8 795	19 823	2 846	13 742	35 335	4 114	19 626	1.80%
	西渡街道	1 967	556	2 523	9 365	1 557	8 955	20 480	2 787	13 902	36 211	4 055	19 786	1.82%
	柘林镇	1 873	594	2 467	9 177	1 595	8 899	20 198	2 825	13 846	35 835	4 093	19 730	1.81%
	庄行镇	1 206	536	1 742	7 843	1 537	8 174	18 197	2 767	13 121	33 167	4 035	19 005	1.75%
嘉定区	安亭镇	7 575	1 646	9 221	20 581	2 647	15 653	37 304	3 877	20 600	58 643	5 145	26 484	2.43%
	华亭镇	849	179	1 028	7 129	1 180	7 460	17 126	2 410	12 407	31 739	3 678	18 291	1.68%
	嘉定镇街道	3 881	791	4 672	13 193	1 792	11 104	26 222	3 022	16 051	43 867	4 290	21 935	2.02%
	江桥镇	7 317	2 031	9 348	20 065	3 032	15 780	36 530	4 262	20 727	57 611	5 530	26 611	2.45%
	马陆镇	6 510	1 233	7 743	18 451	2 234	14 175	34 109	3 464	19 122	54 383	4 732	25 006	2.30%
	南翔镇	4 585	992	5 577	14 601	1 993	12 009	28 334	3 223	16 956	46 683	4 491	22 840	2.10%
	外冈镇	1 997	534	2 531	9 425	1 535	8 963	20 570	2 765	13 910	36 331	4 033	19 794	1.82%
	新成路街道	3 078	1 173	4 251	11 587	2 174	10 683	23 813	3 404	15 630	40 655	4 672	21 514	1.98%
	徐泾镇	3 382	2 079	5 461	12 195	3 080	11 893	24 725	4 310	16 840	41 871	5 578	22 724	2.09%
南汇区	大团镇	707	190	897	6 845	1 191	7 329	16 700	2 421	12 276	31 171	3 689	18 160	1.67%
	南汇城镇	1 786	1 102	2 888	9 003	2 103	9 320	19 937	3 333	14 267	35 487	4 601	20 151	1.85%
	泥城镇	1 285	801	2 086	8 001	1 802	8 518	18 434	3 032	13 465	33 483	4 300	19 349	1.78%
	书院镇	386	215	601	6 203	1 216	7 033	15 737	2 446	11 980	29 887	3 714	17 864	1.64%
	万祥镇	298	122	420	6 027	1 123	6 852	15 473	2 353	11 799	29 535	3 621	17 683	1.63%

续表

新城		2017			2018			2019			2020			2020年全区域占比
		商业设施	公共服务	总计	商业设施	公共服务	总计	商业设施	公共服务	总计	商业设施	公共服务	总计	
青浦区	白鹤镇	1 703	361	2 064	8 837	1 362	8 496	19 688	2 592	13 443	35 155	3 860	19 327	1.78%
	华新镇	5 115	700	5 815	15 661	1 701	12 247	29 924	2 931	17 194	48 803	4 199	23 078	2.12%
	金泽镇	919	499	1 418	7 269	1 500	7 850	17 336	2 730	12 797	32 019	3 998	18 681	1.72%
	练塘镇	977	458	1 435	7 385	1 459	7 867	17 510	2 689	12 814	32 251	3 957	18 698	1.72%
	夏阳街道	4 694	1 314	6 008	14 819	2 315	12 440	28 661	3 545	17 387	47 119	4 813	23 271	2.14%
	香花桥街道	2 754	682	3 436	10 939	1 683	9 868	22 841	2 913	14 815	39 359	4 181	20 699	1.90%
	徐行镇	3 304	970	4 274	12 039	1 971	10 706	24 491	3 201	15 653	41 559	4 469	21 537	1.98%
	盈浦街道	1 506	447	1 953	8 443	1 448	8 385	19 097	2 678	13 332	34 367	3 946	19 216	1.77%
	赵巷镇	2 118	635	2 753	9 667	1 636	9 185	20 933	2 866	14 132	36 815	4 134	20 016	1.84%
	重固镇	1 166	223	1 389	7 763	1 224	7 821	18 077	2 454	12 768	33 007	3 722	18 652	1.71%
	朱家角镇	2 121	1 132	3 253	9 673	2 133	9 685	20 942	3 363	14 632	36 827	4 631	20 516	1.89%
松江区	车墩镇	3 662	1 088	4 750	12 755	2 089	11 182	25 565	3 319	16 129	42 991	4 587	22 013	2.02%
	洞泾镇	3 139	471	3 610	11 709	1 472	10 042	23 996	2 702	14 989	40 899	3 970	20 873	1.92%
	方松街道	3 264	762	4 026	11 959	1 763	10 458	24 371	2 993	15 405	41 399	4 261	21 289	1.96%
	广富林街道	2 089	558	2 647	9 609	1 559	9 079	20 846	2 789	14 026	36 699	4 057	19 910	1.83%
	九里亭街道	1 404	271	1 675	8 239	1 272	8 107	18 791	2 502	13 054	33 959	3 770	18 938	1.74%
	九亭镇	5 158	936	6 094	15 747	1 937	12 526	30 053	3 167	17 473	48 975	4 435	23 357	2.15%
	泖港镇	761	521	1 282	6 953	1 522	7 714	16 862	2 752	12 661	31 387	4 020	18 545	1.70%
	佘山镇	1 779	1 246	3 025	8 989	2 247	9 457	19 916	3 477	14 404	35 459	4 745	20 288	1.86%
	石湖荡镇	880	387	1 267	7 191	1 388	7 699	17 219	2 618	12 646	31 863	3 886	18 530	1.70%
	泗泾镇	4 357	592	4 949	14 145	1 593	11 381	27 650	2 823	16 328	45 771	4 091	22 212	2.04%
	小昆山镇	1 430	498	1 928	8 291	1 499	8 360	18 869	2 729	13 307	34 063	3 997	19 191	1.76%
	新浜镇	570	339	909	6 571	1 340	7 341	16 289	2 570	12 288	30 623	3 838	18 172	1.67%
	新桥镇	3 544	1984	5 528	12 519	2 985	11 960	25 211	4 215	16 907	42 519	5 483	22 791	2.09%
	叶榭镇	1 943	770	2 713	9 317	1 771	9 145	20 408	3 001	14 092	36 115	4 269	19 976	1.84%
	永丰街道	2 278	786	3 064	9 987	1 787	9 496	21 413	3 017	14 443	37 455	4 285	20 327	1.87%
	岳阳街道	3 371	538	3 909	12 173	1 539	10 341	24 692	2 769	15 288	41 827	4 037	21 172	1.95%
	中山街道	5 879	1 152	7 031	17 189	2 153	13 463	32 216	3 383	18 410	51 859	4 651	24 294	2.23%

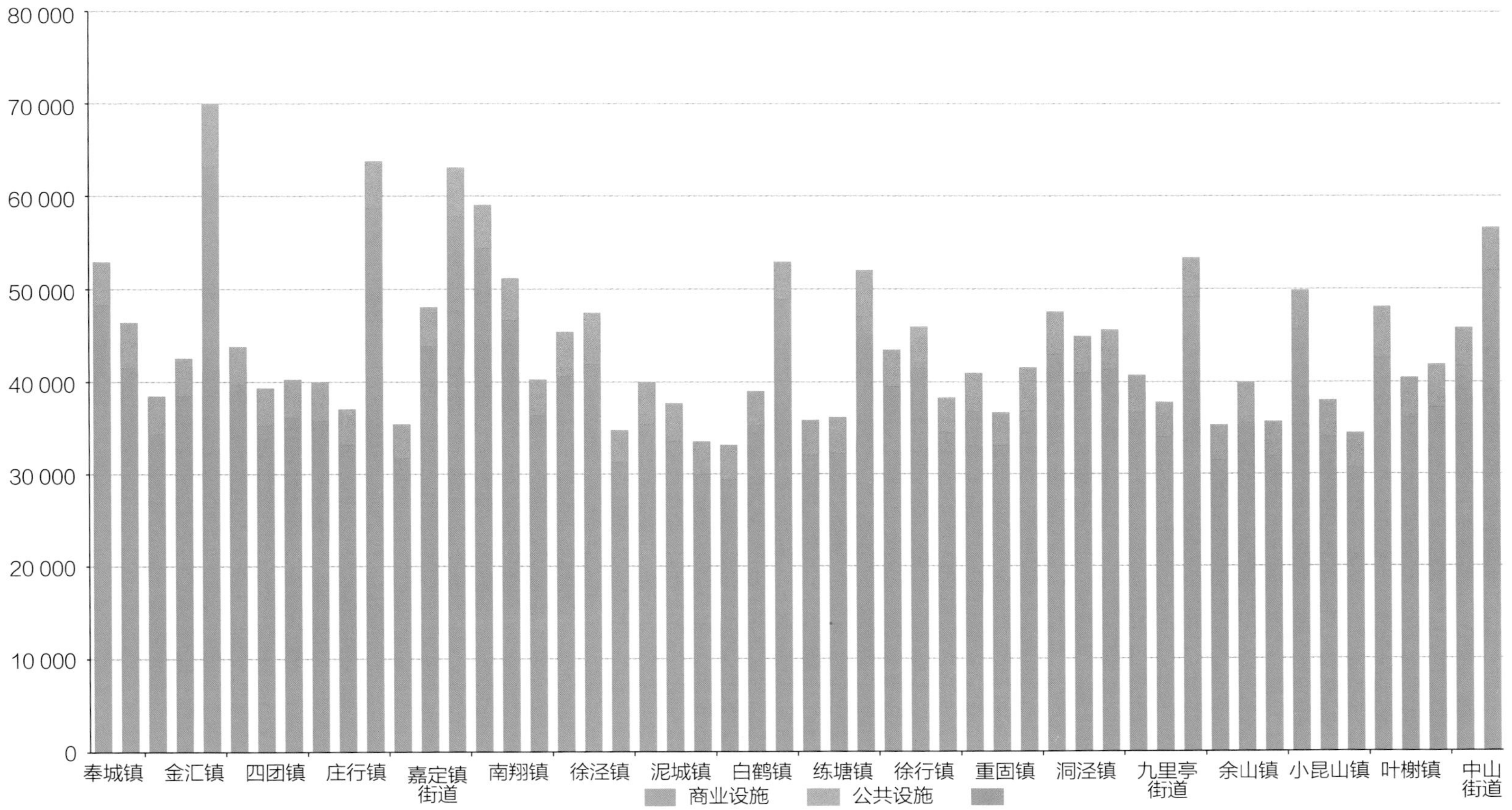

图5-1　上海五大新城各街道设施POI数量（截至2020年底）

上海五大新城内52个街道、镇范围内的公共服务设施分布数量的情况和差异见表5-1和图5-1，现状五大新城共有设施点1 088 023个（主要包括居住社区、交通设施、行政公服、旅游景点、商务金融、零售商业、教育培训、生活服务、文化体育、休闲娱乐、医疗卫生的数量），其中南桥镇、嘉定镇街道、南汇城镇、夏阳街道、中山街道分别是五大新城内设施数量占比最高街道。相较于2017年，五大新城设施POI数量平均增幅达472%（图5-2）。

（1）公共设施总体空间分布格局

公共服务设施空间分布格局可以反映城市空间生活设施配置的布局，用于衡量城市生活舒适度、发达度、居民生活满意度等。截至2020年底五大新城现有公共设施点（主要包居住社区、交通设施、行政公服、旅游景点）228 907个，其中，松江区

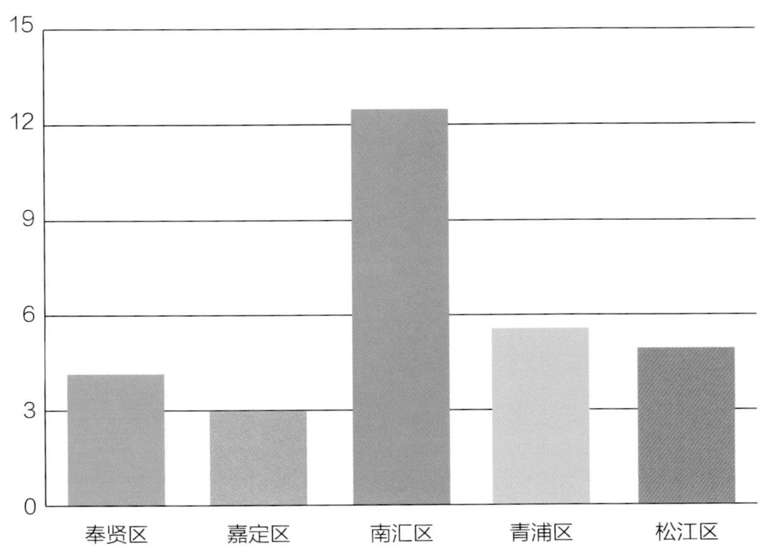

图5-2　2017—2020年上海五大新城各区设施POI增幅情况

72 382个，奉贤区48 541个，青浦区45 910个，嘉定区42 149个，南汇区19 925个。

居住社区在空间上呈现出“全域极化”的态势，集聚模式为“连片集聚”模式，方松、江桥、夏阳、南桥等核密度高值街道率先带动周边区域，整体发展较为均衡，除金泽街道周边，尚未有明显的弱化地区；从时间演变来看，从2017年到2020年，中部、北部、东南部均出现了明显的集聚发展地区，接近覆盖整个研究范围（图5-3）。

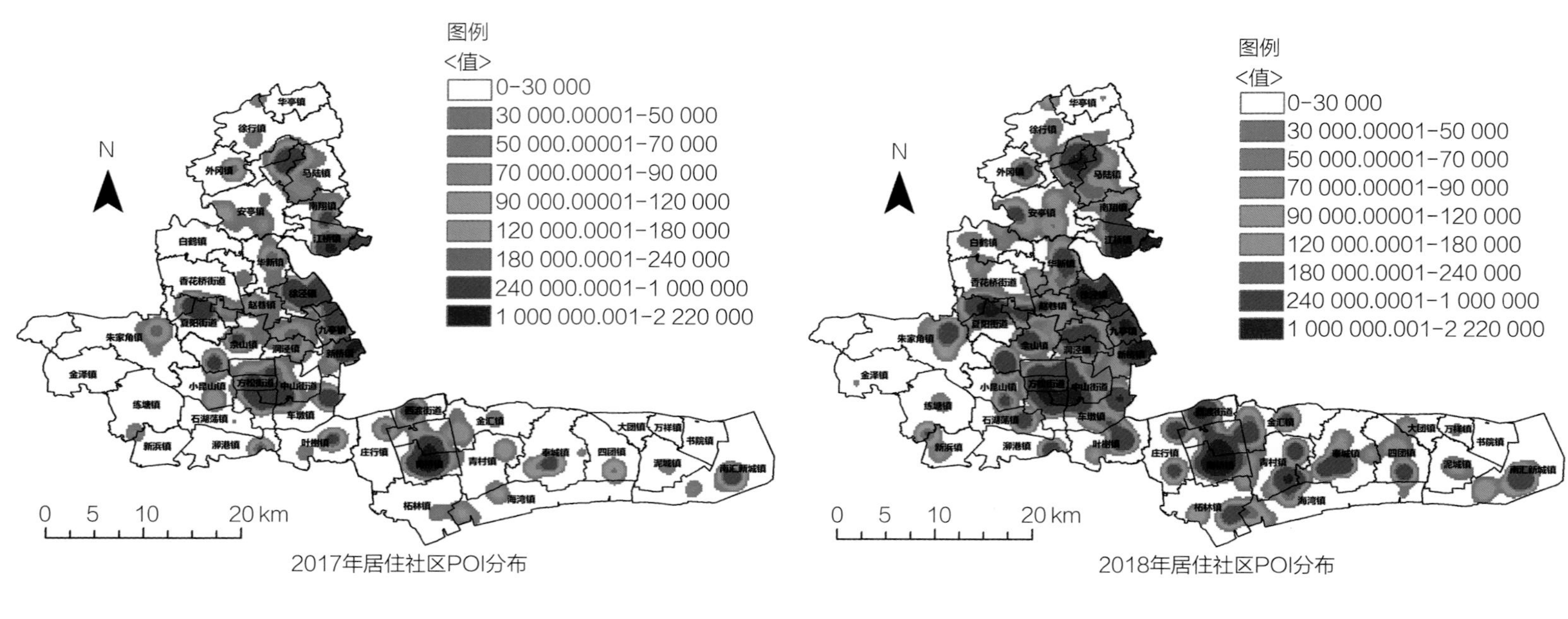

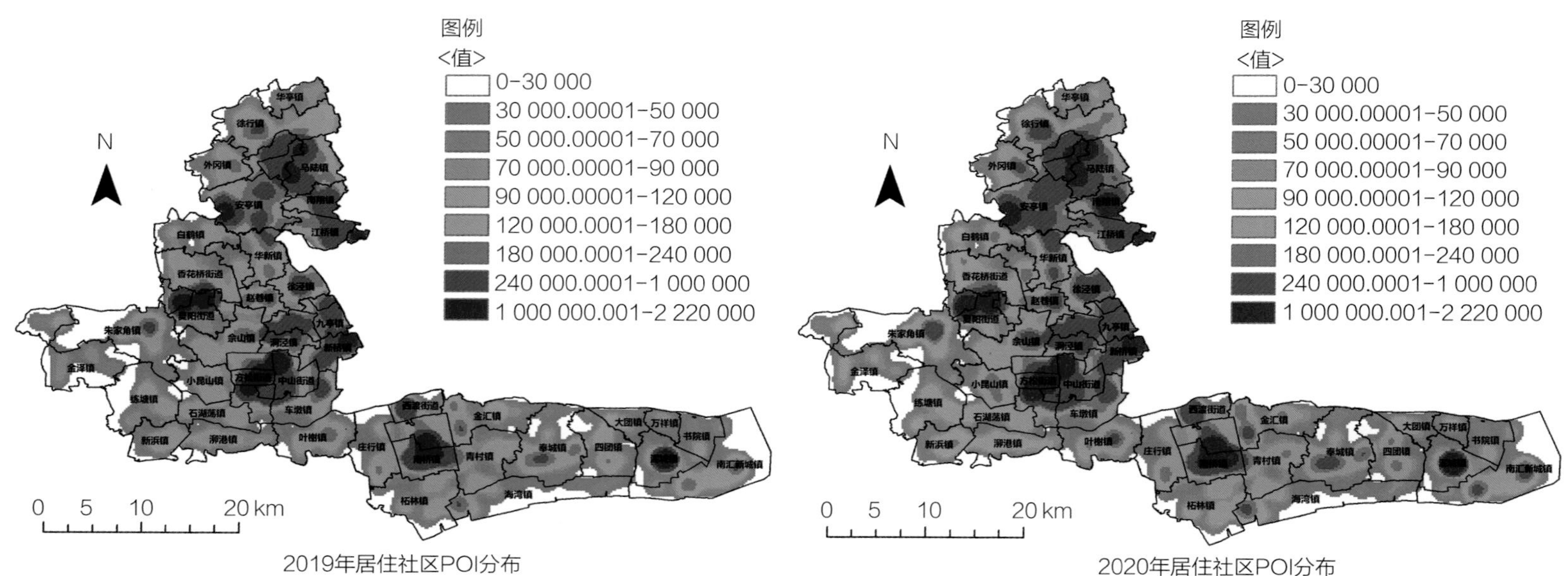

图5-3　2017—2020年上海五大新城各区居住社区增幅情况

交通设施在空间上呈现出“全域均衡”的态势，集聚模式为“连片+多核集聚”模式，设施覆盖区域范围，核密度高值区率先集聚于中、北部地区；从时间演变来看，从2017年到2020年，新区中、北部的极核连片倾向更加明显，东南部点状核心不断加强（图5-4）。

行政公共服务在空间上呈现出“局部相对集中”的态势，集聚模式为“多核集聚”模式，核密度高值区包括安亭街道、方松街道、夏阳街道、南桥街道等；从时间演变来看，从2017年到2020年，北部集聚和中部集聚呈现出串联和多点极化趋势

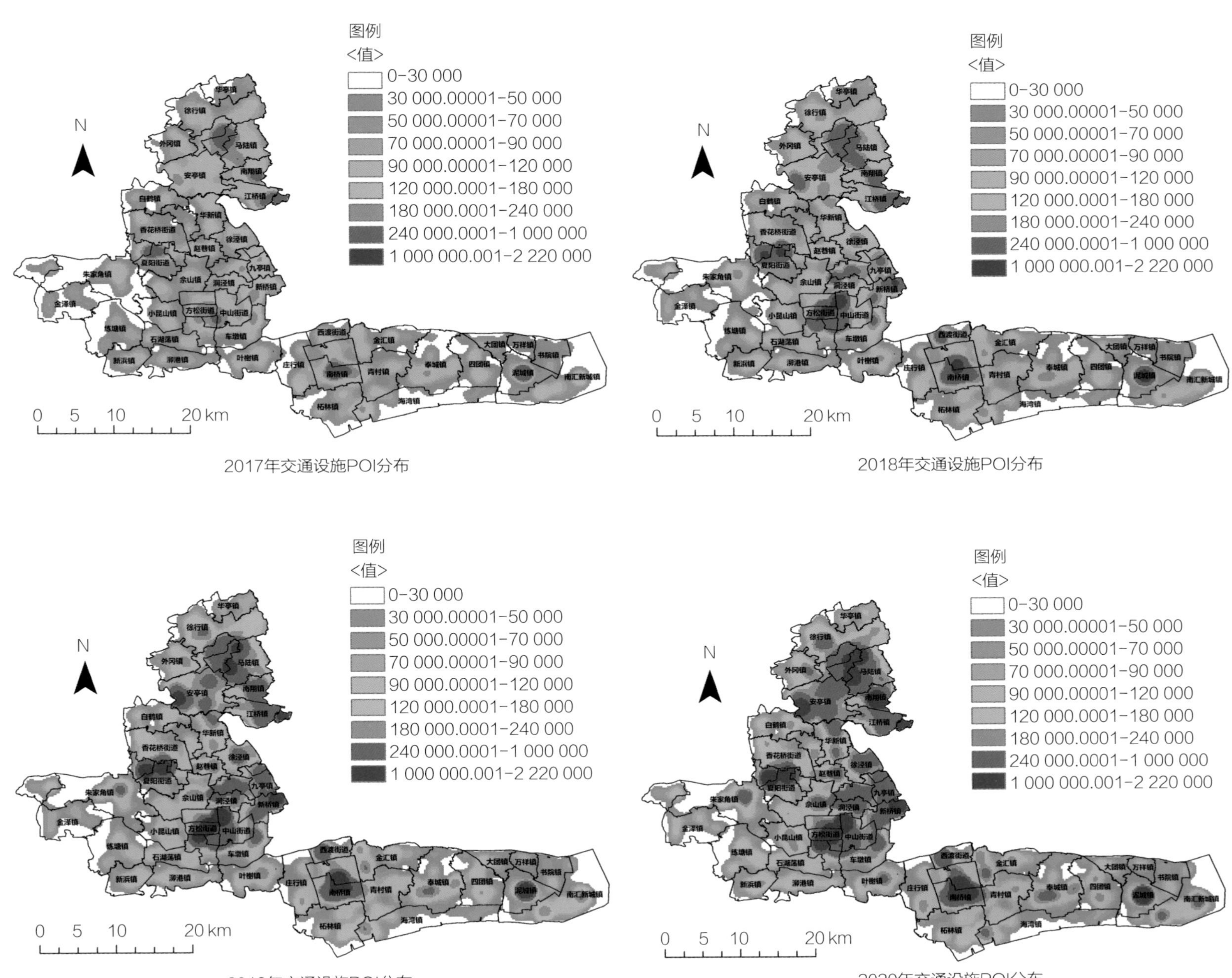

图5-4　2017—2020年上海五大新城各区交通设施增幅情况

（图5-5）。

旅游景点在空间上呈现出“全域整体较为分散”的态势，集聚模式为“多点集聚”模式，核密度高值区分布于新区北部及中部；从时间演变来看，从2017年到2020年，旅游景点分布相对固定，新区中部的极核更加明显，东南部也出现多个潜在增长极（图5-6）。

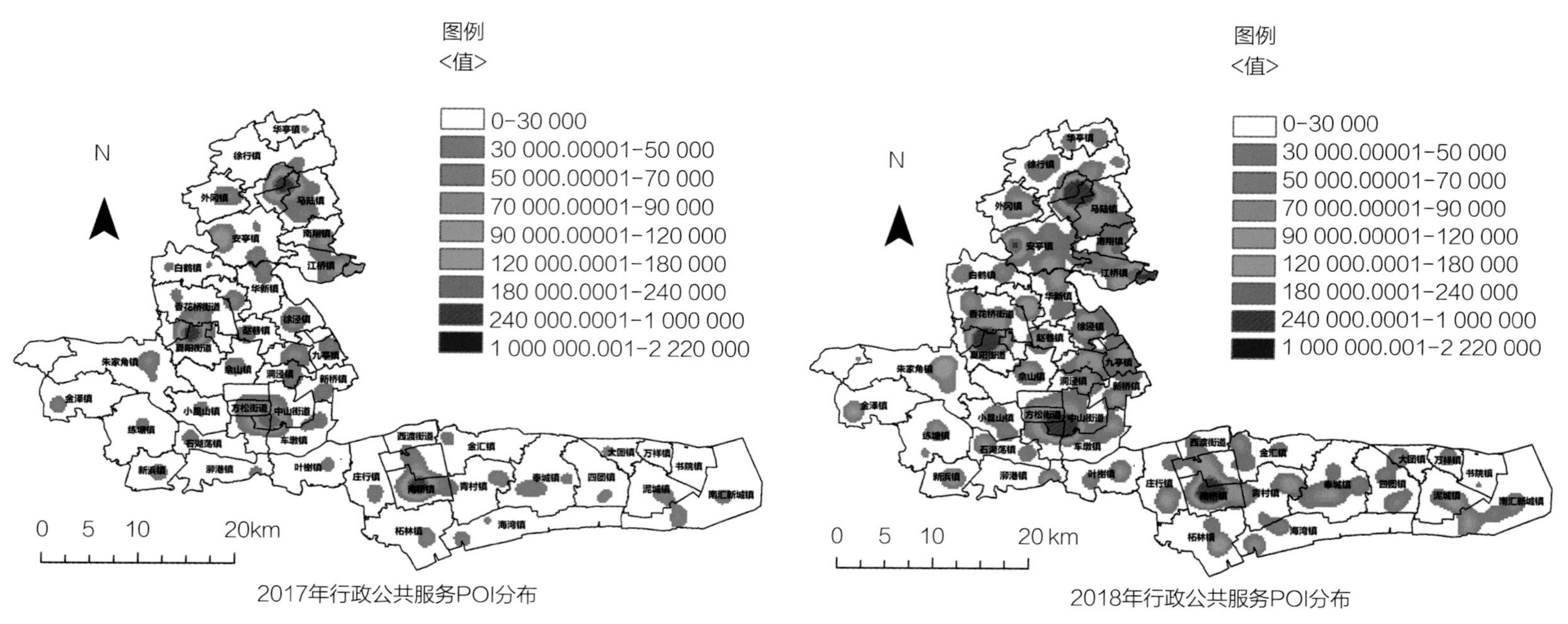

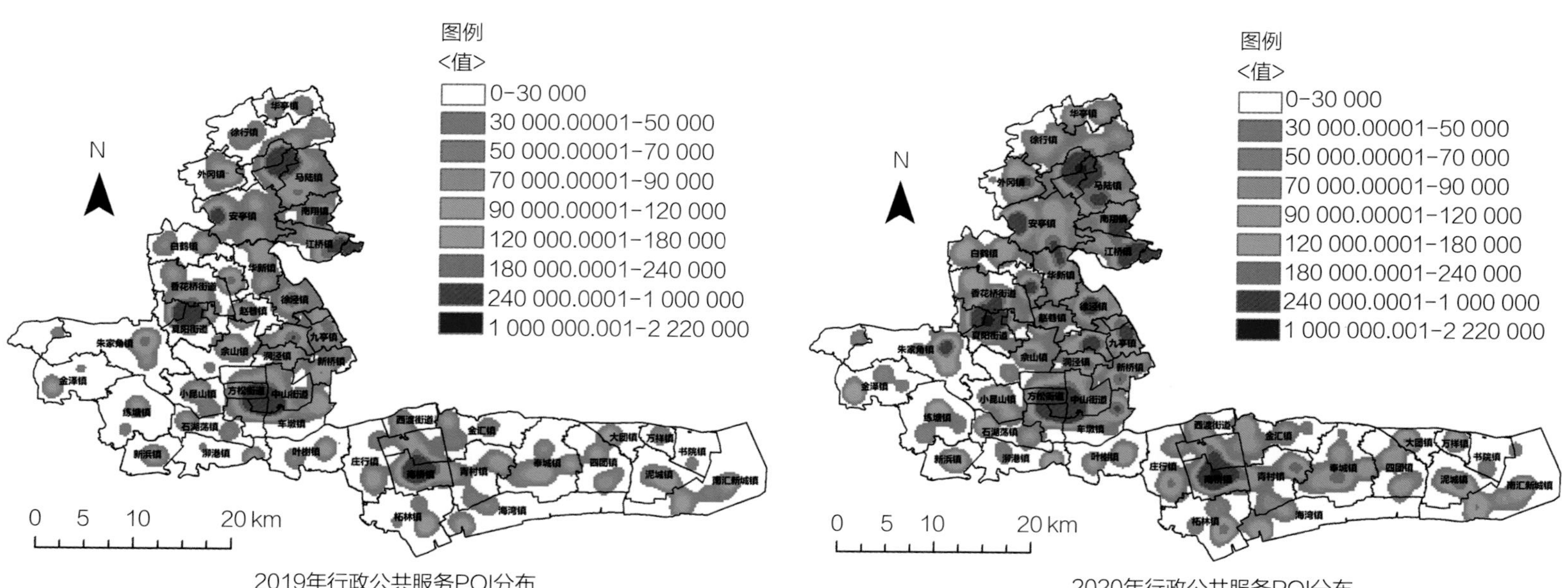

图5-5　2017—2020年上海五大新城各区行政公共服务设施增幅情况

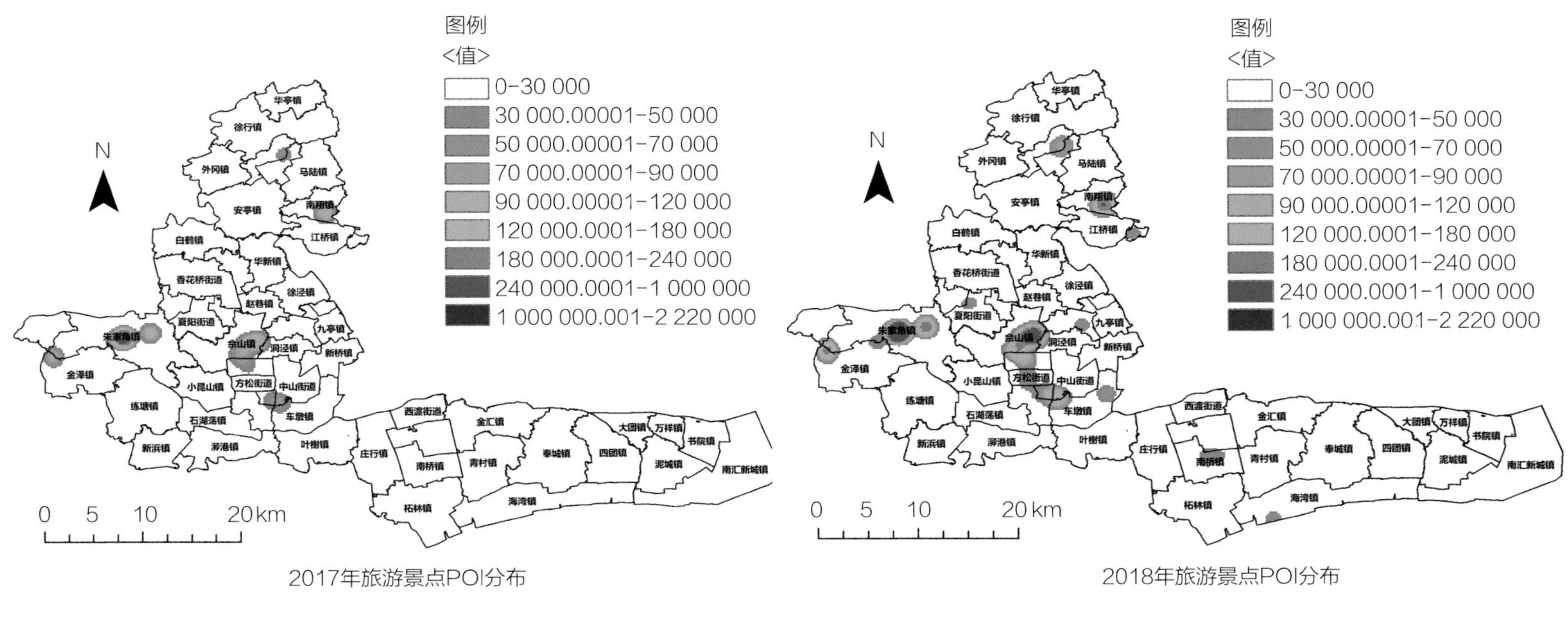

2017年旅游景点POI分布

2018年旅游景点POI分布

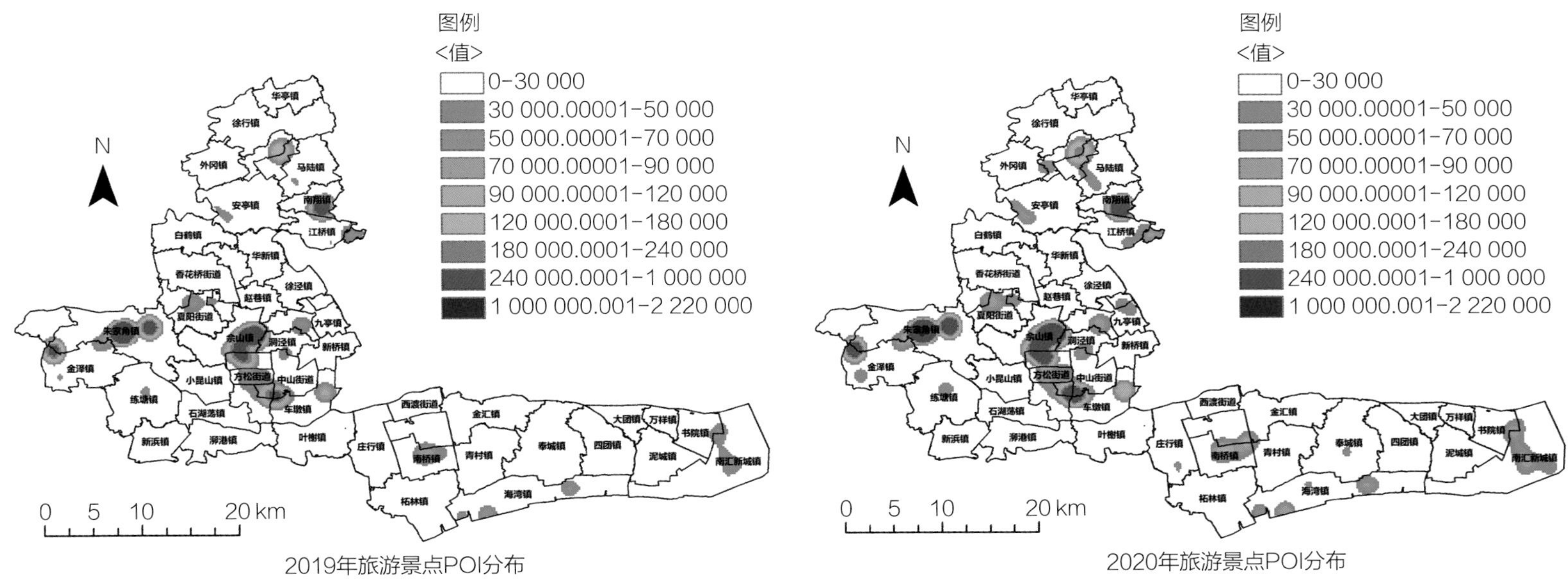

2019年旅游景点POI分布

2020年旅游景点POI分布

图5-6 2017—2020年上海五大新城各区旅游景点增幅情况

（2）商业设施总体空间分布格局

现状五大新城共有商业设施点861 817个（主要包含商务金融、零售商业、教育培训、生活服务、文化体育、休闲娱乐、医疗卫生设施的数量），其中：松江区279 496个，青浦区177 781个，奉贤区168 207个，嘉定区163 050个，南汇区73 283个。相较于2017年，五大新城商业设施平均涨幅在1 309%左右，其中南汇区、青浦区、松江区部分高出新城平均水平分别达到3 476%、1 482%、1 359%，后续发展潜力巨大，而奉贤区和嘉定区也分别有1 227%和951%增幅，较为可观。

商务金融在空间上呈现出“全域整体水平较高”的态势，集聚模式为“全域连片集聚”模式；从时间演变来看，从2017年到2020年，西部连片集聚倾向加强，东南部发展水平也较快，连片集聚特征明显（图5-7）。

零售商业在空间上呈现出“全域整体水平较高”的态势，集

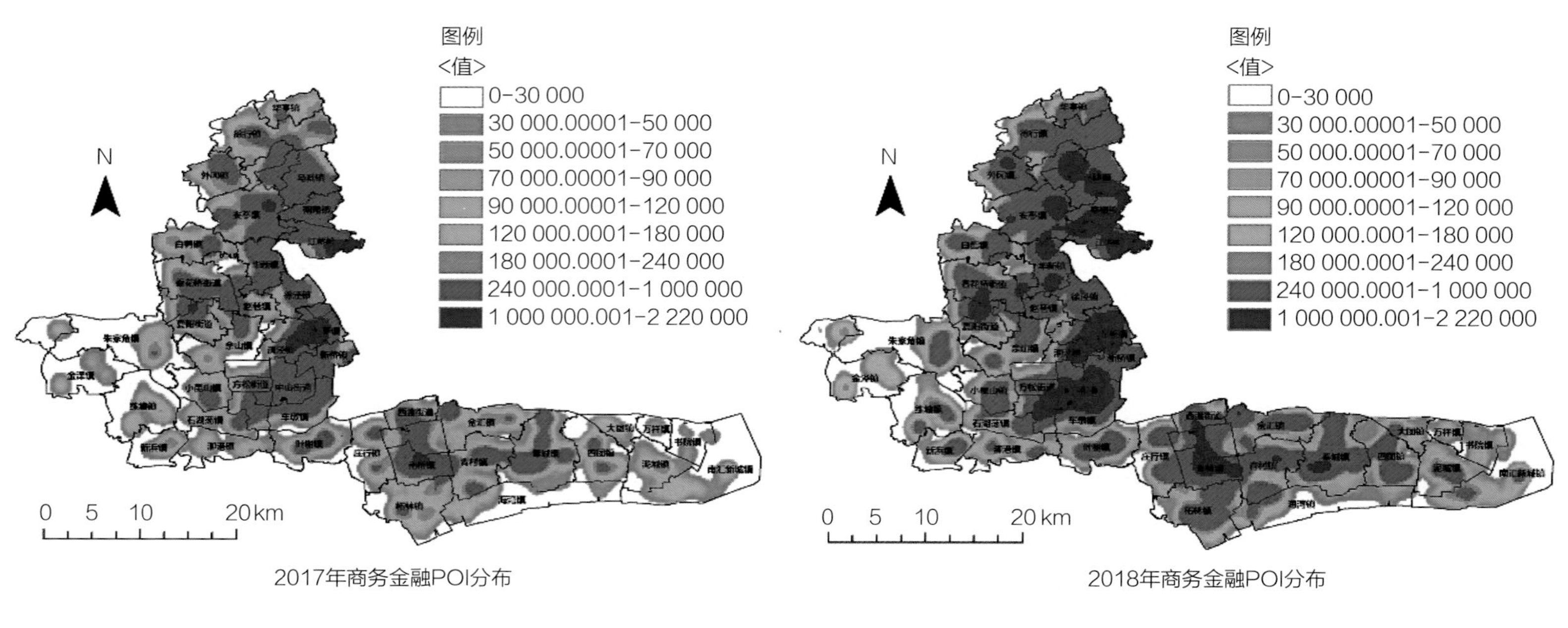

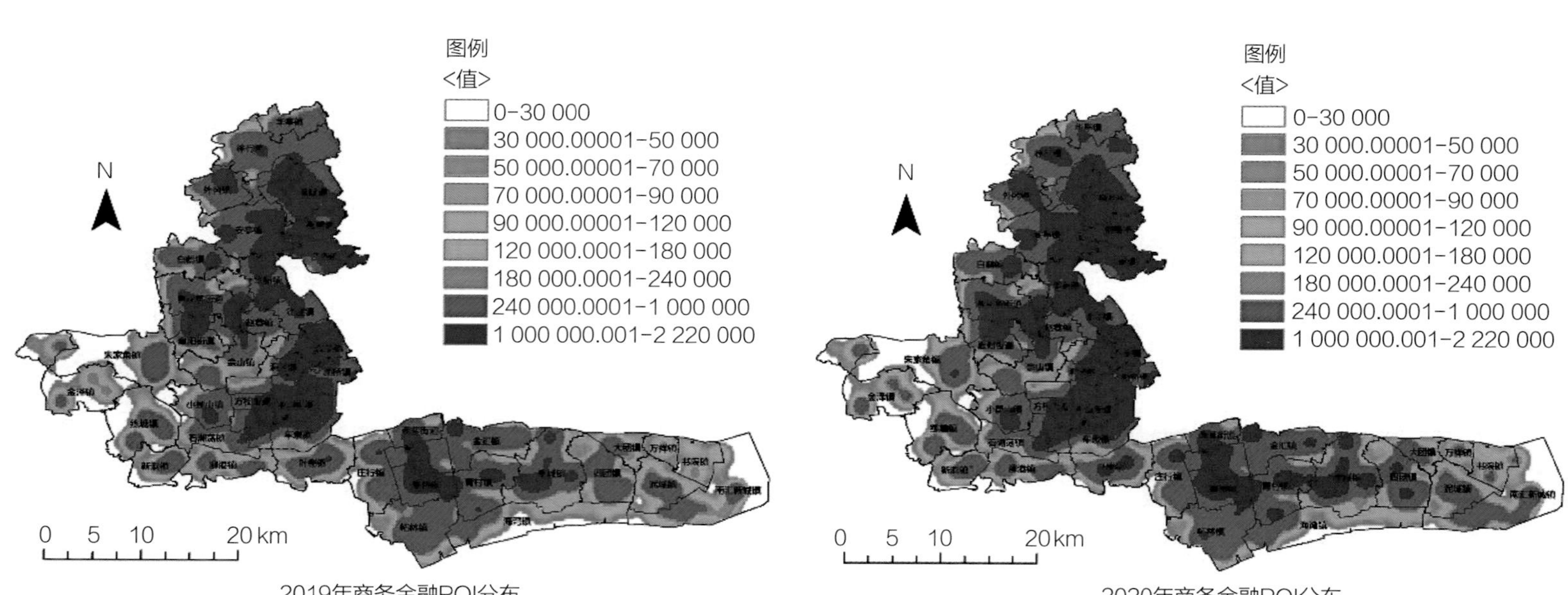

图5-7 2017—2020年上海五大新城各区商务金融设施增幅情况

聚模式为“多点向连片集聚过渡”模式，核密度高值区在区域整体均衡分布；从时间演变来看，从2017年到2020年，由全域多点集聚向全域连片集聚发展倾向明显（图5-8）。

教育科研在空间上呈现出“全域整体偏少，局部相对集中”

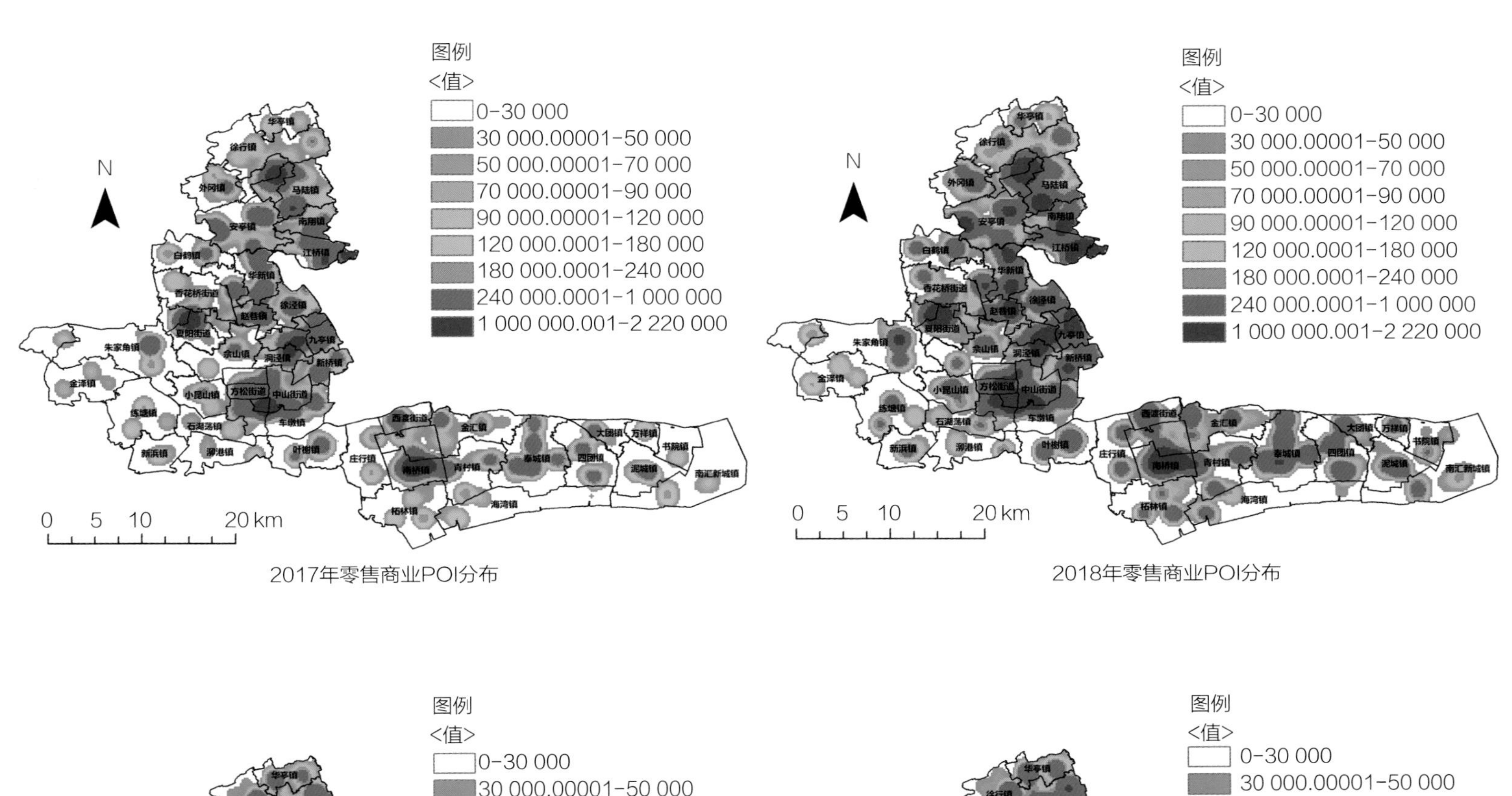

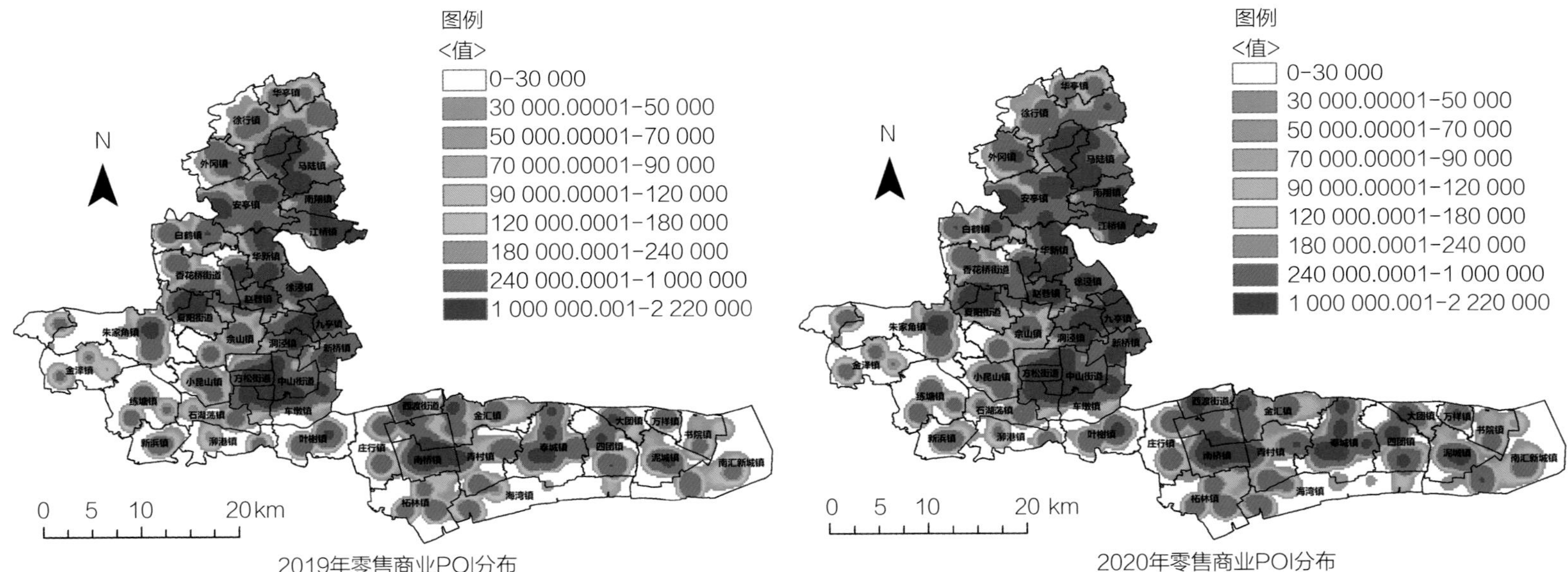

图5-8 2017—2020年上海五大新城各区零售商业设施增幅情况

的态势，集聚模式为“多核集聚”模式，核密度高值区包括松江区中山街道和嘉定区嘉定镇街道、安亭镇、新成路街道等；从时间演变来看，从2017年到2020年，北部集聚和中部集聚呈现出串联趋势（图5-9）。

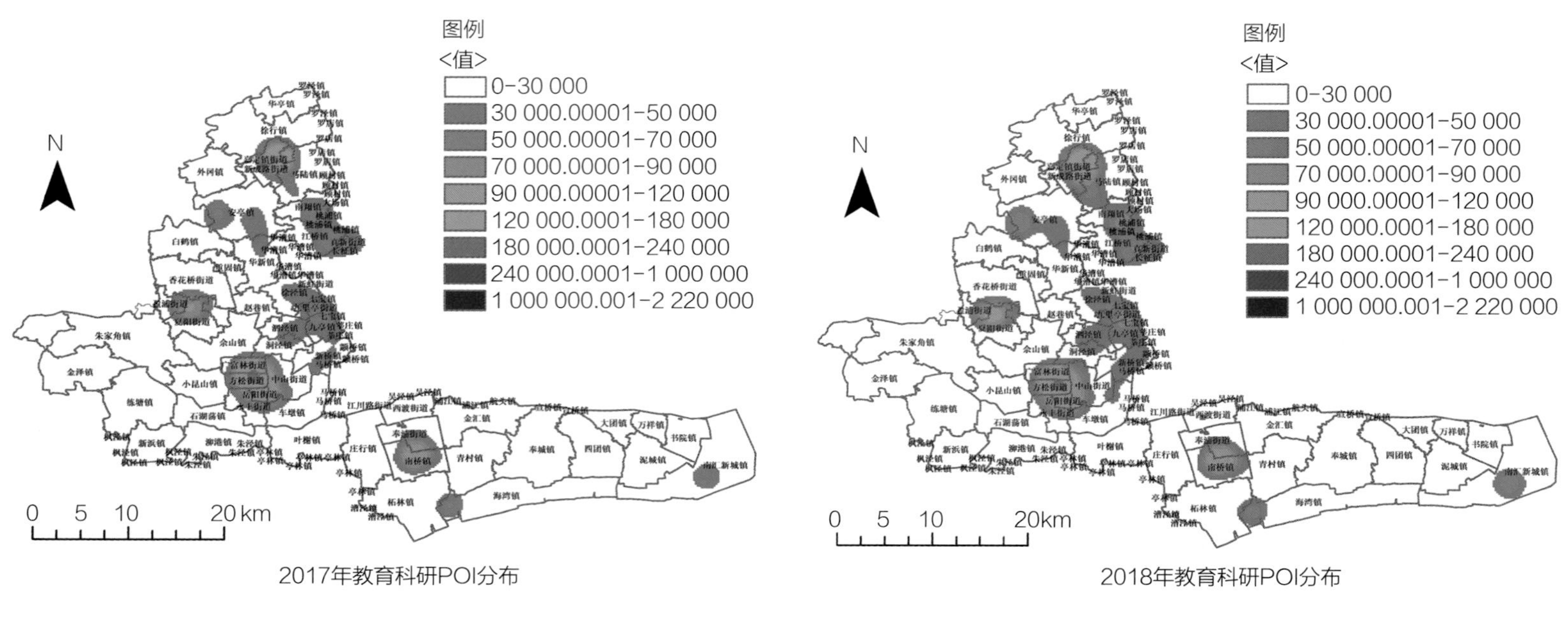

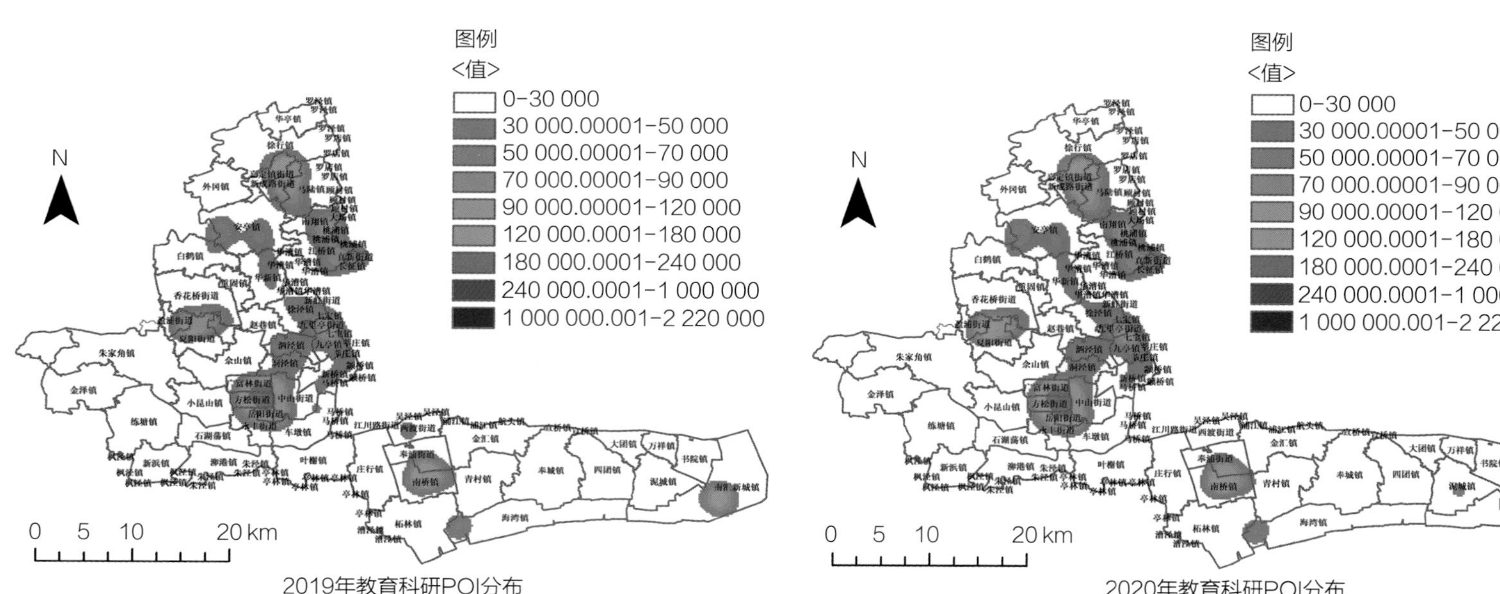

图5-9 2017—2020年上海五大新城各区教育科研设施增幅情况

社区服务在空间上呈现出“全域整体多”的态势，集聚模式为“多核集聚”模式，核密度高值区分布于新区北部及中部；从时间演变来看，从2017年到2020年，新区北部的极核更加明显，串联性更强（图5-10）。

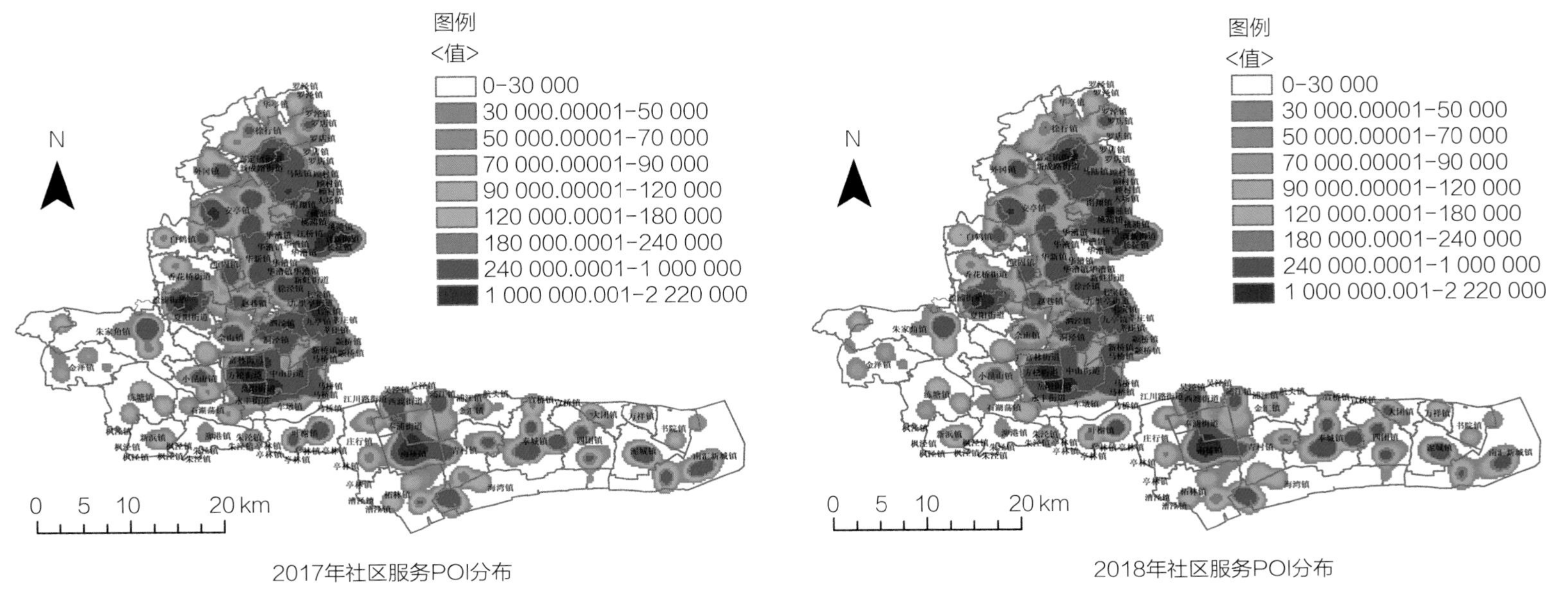

2017年社区服务POI分布　　2018年社区服务POI分布

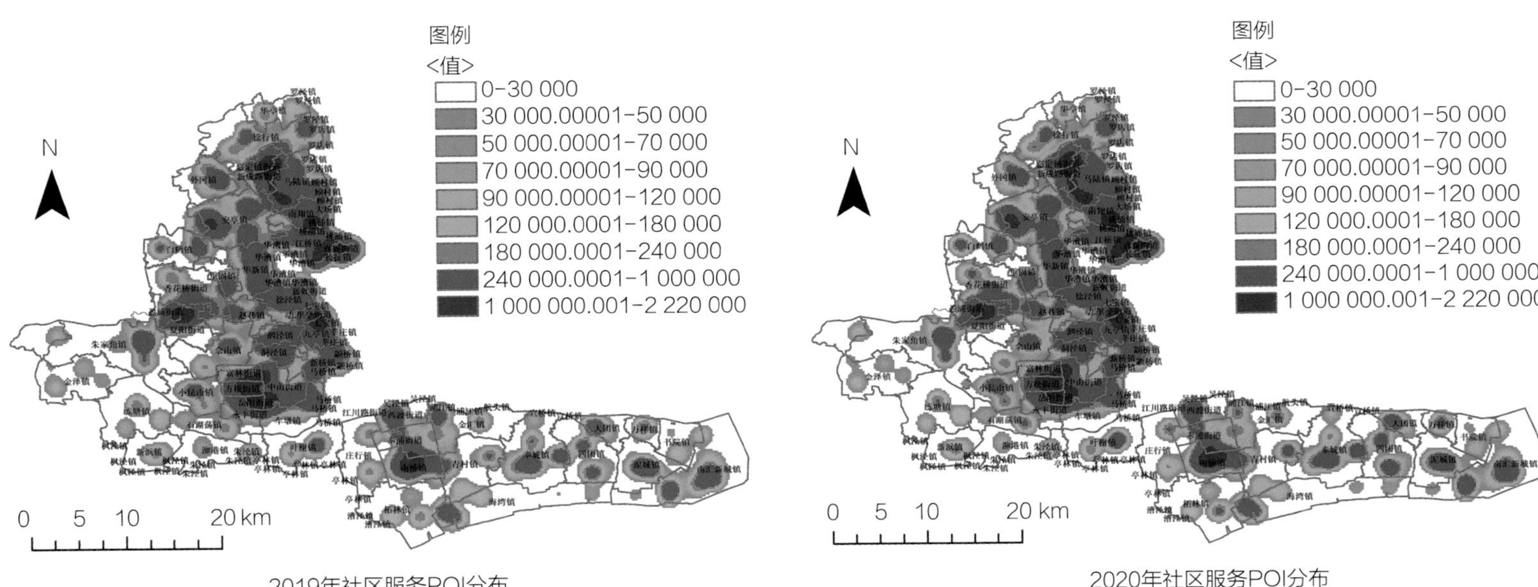

2019年社区服务POI分布　　2020年社区服务POI分布

图5-10　2017—2020年上海五大新城各区社区服务设施增幅情况

文化体育在空间上呈现出“全域整体偏少，局部相对集中”的态势，集聚模式为“多核集聚”模式，核密度高值区包括松江区岳阳街道、嘉定区新城路街道等；从2017年到2020年，新区北部极核规模增大（图5-11）。

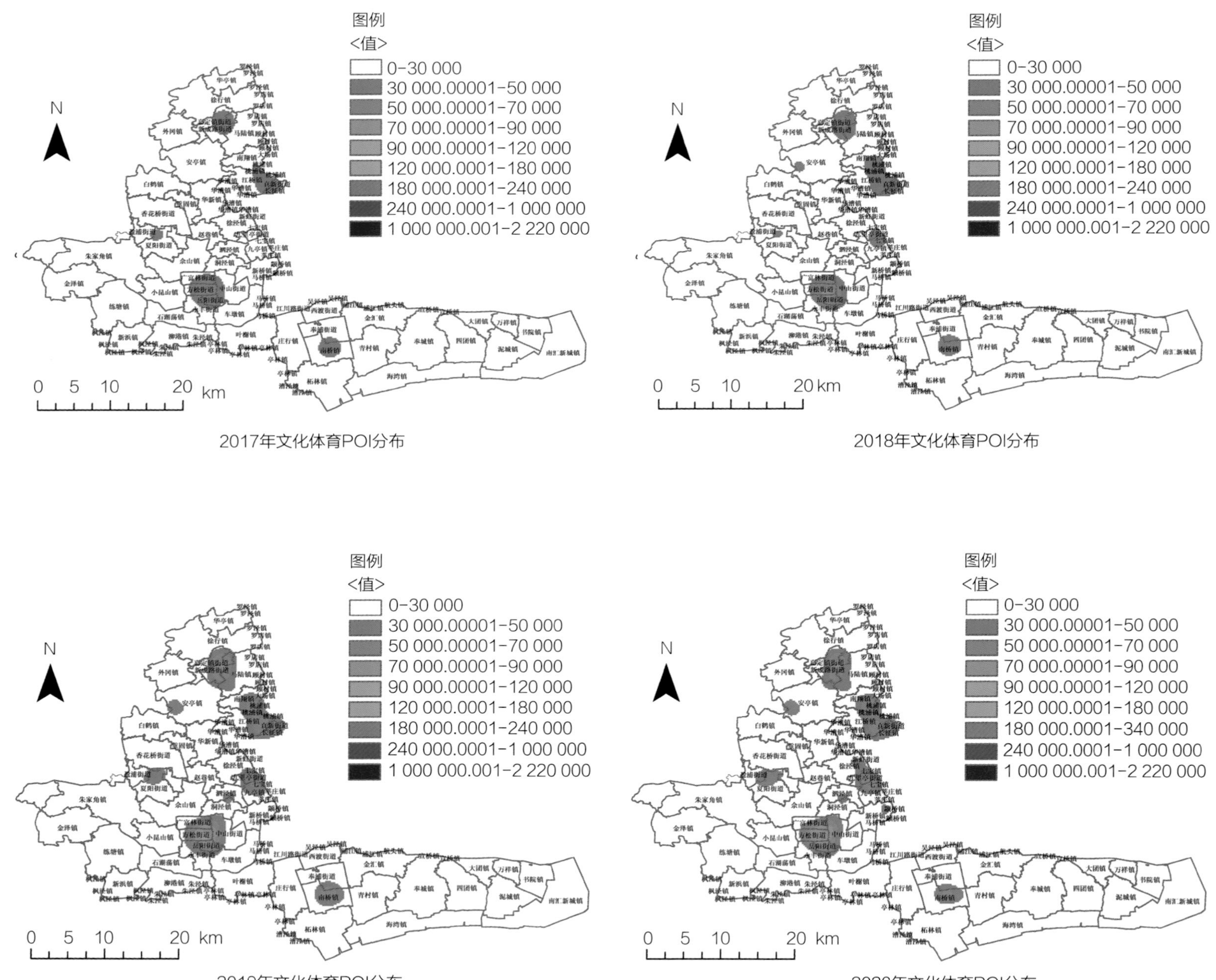

图5-11　2017—2020年上海五大新城各区文化体育设施增幅情况

休闲娱乐在空间上呈现出“全域整体偏少，局部相对集中”的态势，集聚模式为“多核集聚”模式，核密度高值区包括松江区中山街道和嘉定区江桥镇、新城路街道等；从时间演变来看，从2017年到2020年，新区北部的极核呈现出串联的趋势，北部高密度区向外辐射的趋势较为明显（图5-12）。

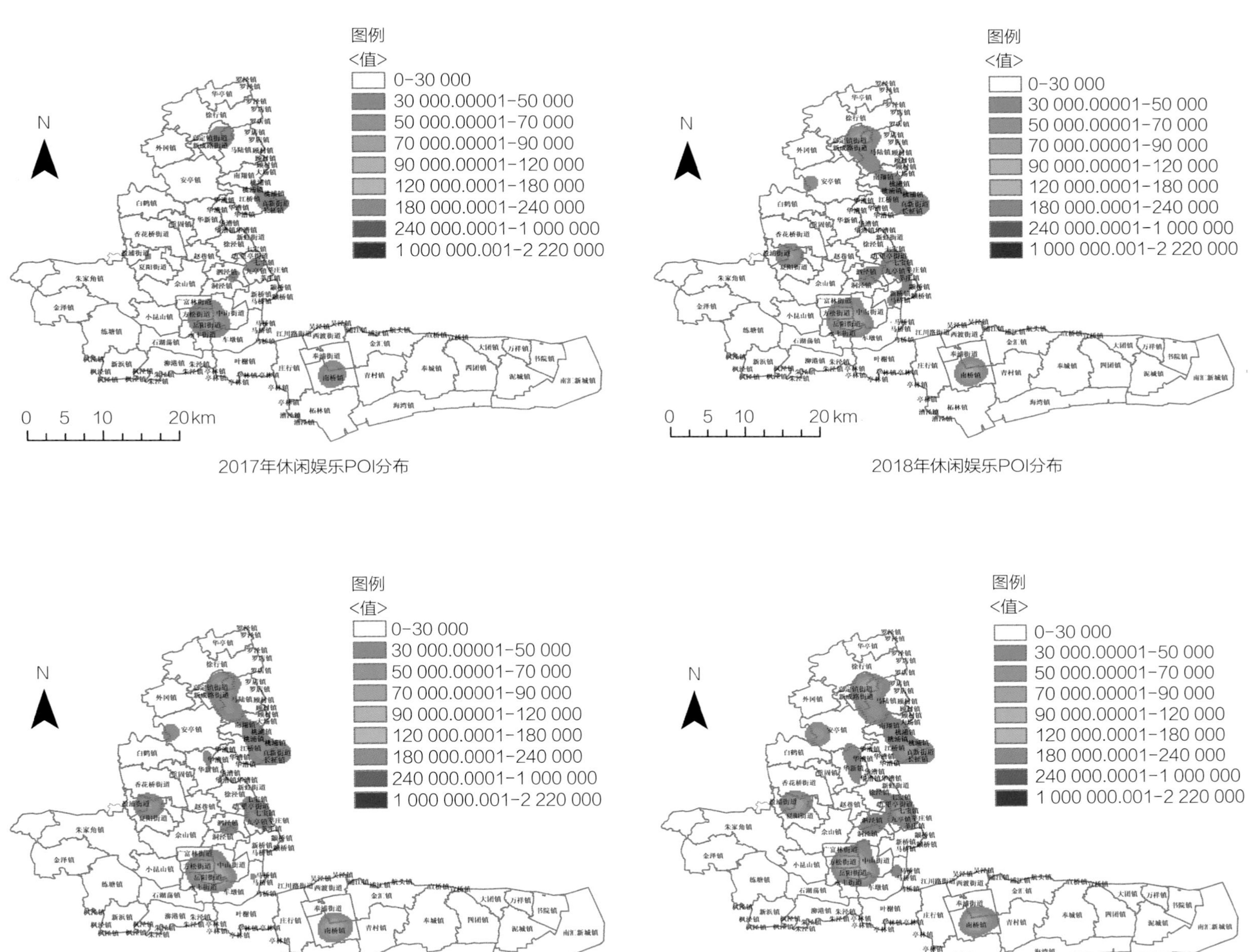

图5-12　2017—2020年上海五大新城各区休闲娱乐设施增幅情况

2. 人员流动网络

对位于上海市嘉定区、青浦区、松江区、奉贤区、南汇区五个新区范围内以及部分毗邻新区的72个乡镇街道作为研究单元进行分析，构建72 × 72的有向人流网络矩阵，通过GIS进行空间可视化。分析显示：2020年11月14—17日3天的人流网络均呈现出以下特征：①网络格局总体上呈现“四心”结构。分别为嘉定区的徐泾镇、嘉定镇街道、新成路街道、马陆镇，青浦区的盈浦街道、夏阳街道，松江区的车墩镇、中山街道，奉贤区的奉浦街道、南桥镇，初步形成了次级中心带动的发展格局。但四个次级中心规模与等级相当，仅发挥“地方中心地”角色，尚未出现具有较高区域影响力的次级节点。②明显的地理邻近性特征。主要人流联系发生在同区的毗邻单元之间，表现出明显的地理黏着性特征。③区内联系强、区际联系弱。以行政区为导向的局部人流组团显现，跨区联系多呈现为弱联系，仅有个别乡镇街道之间产生了跨区强联系，且仅发生在11月14日一天，猜测是特殊原因导致。④西部三区（嘉定区、青浦区、松江区）网络化程度更高，网络联系格局复杂多元，且已经初步显示出对于周边乡镇街道的吸引作用，初步显现出具有疏解主城人口、承接主城功能、形成新的城市活力中心的趋势；而南侧奉贤区与南汇区两区网络结构相对简单，表现出单一线性联系格局，网络稳定性较差（图5-13 ~ 图5-15）。

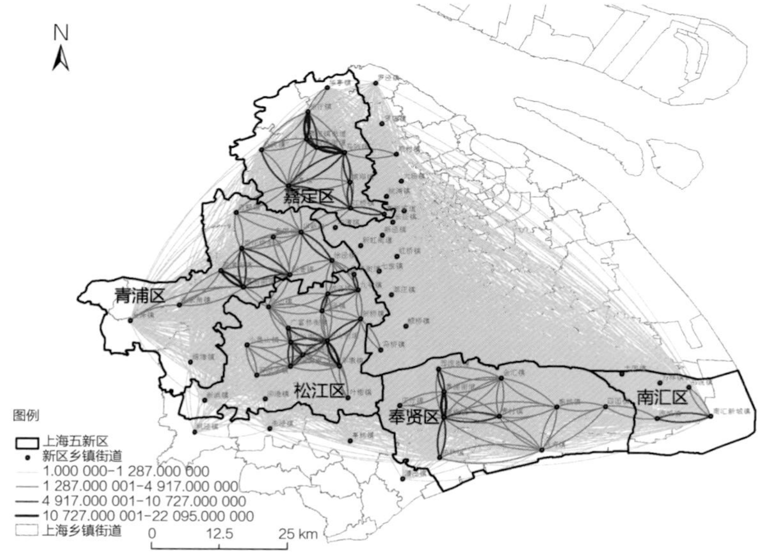

图5-13 上海新区2020年11月14日有向人流网络

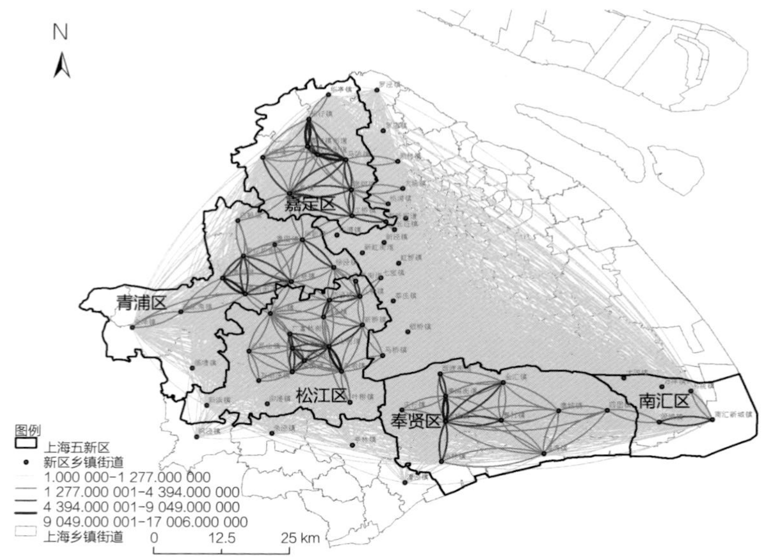

图5-14 上海新区2020年11月15日有向人流网络

图5-15 上海新区2019年11月17日有向人流网络

基于上述构建的72 × 72的有向人流网络矩阵（2019-11-17、2020-11-14、2020-11-15共3天），利用ucinet6.0软件进行社会网络分析，采用网络密度、中心度、凝聚子群指标，分析五新城区的城市网络结构。分析显示：

①2019-2020年新城网络联系增加。人流网络的整体密度从287.470 6提升至328.459 0，表明上海新城间的联系日益紧密，整体网络的发展水平提高。

②通过凝聚子群分析，新城内可分为四个子群。空间分布与上述网络格局四心结构相似。分别围绕嘉定区的嘉定镇街道、青浦区的夏阳街道、松江区的中山街道、奉贤区的奉浦街道，在周围形成小团体。其中，新城路街道虽位于嘉定镇街道附近，但并未处于第一子群，而是与奉贤区中心连接更为紧密。三天数据所表现的子群分布，仅有个别子群边界的街道划分略有不同，基本空间格局无差异（图5-16～图5-18）。

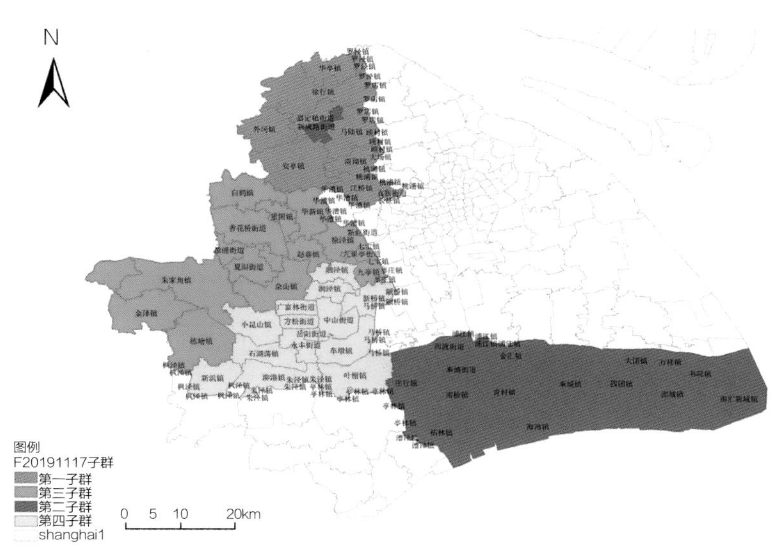

图5-16　上海新区2020年11月14日网络凝聚子群分析

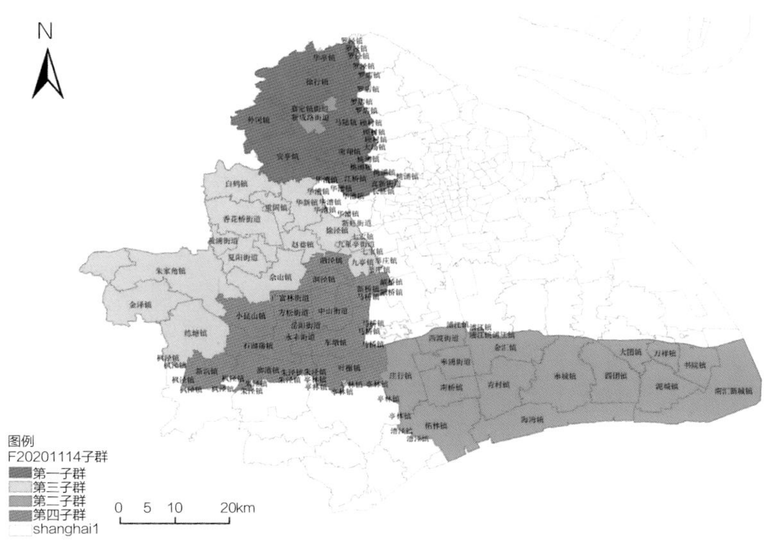

图5-17　上海新区2020年11月15日网络凝聚子群分析

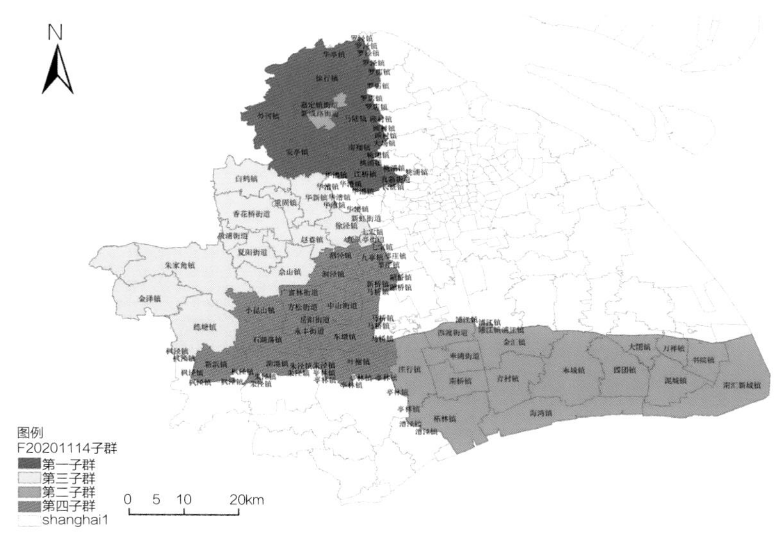

图5-18　上海新区2019年11月17日网络凝聚子群分析

③城市网络中的核心节点出现。对比三天网络数据结果，中山街道、南桥镇、马陆镇的点度中心度稳定保持前三位，且在数量上形成断层，与网络中更多的街道产生联系。前十位的其他城市也基本保持稳定，前后排序存在一定差异，但整体中心度相差不大（表5-2）。

上海新区OD网络点度中心度前十位　　表5-2

排序	2019年11月17日		2020年11月14日		2020年11月15日	
	街道名称	Degree	街道名称	Degree	街道名称	Degree
1	中山街道	56392	中山街道	73889	中山街道	65761
2	南桥镇	50347	南桥镇	63223	南桥镇	60363
3	马陆镇	45197	马陆镇	59933	马陆镇	55032
4	嘉定镇街道	40065	方松街道	51387	方松街道	46996
5	奉浦街道	39170	奉浦街道	51162	夏阳街道	46971
6	夏阳街道	38772	嘉定镇街道	48890	奉浦街道	46687
7	方松街道	37999	夏阳街道	48259	嘉定镇街道	46395
8	新成路街道	35283	新成路街道	47457	新成路街道	43876
9	安亭镇	35259	安亭镇	46125	赵巷镇	42183
10	赵巷镇	34471	香花桥街道	45026	安亭镇	41186

④新城网络的节点出入度基本相近，网络总体整合度不强。新城网络各节点的出入度基本相近。新城街道中除金泽镇、练塘镇、浦江镇出度入度相差较大，体现出明显的流出趋势外，其他

街道的出入度基本保持平衡。网络整体的出入度中心势相近且呈现递减态势，体现当前网络趋向均衡发展，尚未出现具有强吸引力的中心（表5-3）。

上海新区OD网络整体出入度中心势　　表5-3

出入度	2019年11月17日	2020年11月14日	2020年11月15日
出度中心势	3.367%	3.181%	2.985%
入度中心势	3.324%	3.096%	3.026%

3. 空间交互耦合对比分析

将五个新区与毗邻新区72个乡镇街道的OD人流网络与商业网点POI进行交互比对（图5-19），可以观察到以下特征：

①空间结构存在较高一致性。将OD人流网络与商业网点POI空间热力分布叠置，可以发现“四心”的空间结构基本一致。②连绵的商业中心具有密集的出行节点。以松江区、嘉定区、青浦区的商业核心为例，中心不仅网点聚集强度较高、蔓延面积较大，也在空间上相邻，其间分布了大量的出行节点。③与商业相关的出行具有距离敏感性。商业的邻近增强了彼此间的人员流动，而当距离商业核心较远时，大部分的出行也只与邻近的商业节点相关，即便其商业聚集强度较弱。④商业网点聚集提高了出行流量。商业网点分布热力与OD流量存在一定正相关，商业空间分布越密集的，越容易吸引人群，OD流量越大。

进一步以街道为单元进行分析。由于2018至2020年POI数量变化较小，故选取2020年研究POI数量与日人流强度的空间特征与数量关系。可以发现：街道尺度内POI与人流强度的数量关系并不完全匹配，且存在行政区内的空间偏移，这种空间偏移量随设施供给数量上升而降低。若将点位分布于散点图对角线附近定义为发展较为匹配，以POI数量衡量空间发展阶段，发现上海市五个新区内并不存在“高-高”的同步匹配关系，“中-中”的匹配关系也较少，散点主要靠近坐标轴分布，说明街道内部的POI数量与人流强度并不完全匹配，存在较多人流量较高而设施配给不足（POI数量较少）或是设施配给充足（POI数量多）而人流强度不高的状况。

结合图5-19、图5-20来看，嘉定、松江、奉贤、青浦四区设施较为丰富，强度核心的空间偏移量也较小。以自然断点法分别进行强度的五级划分，嘉定、松江、奉贤、青浦四区存在POI设施的强核心，虽然这些街道并不是人流强度最高的，但出现在人流核心的附近，如松江区的中山街道POI设施数量处于第一层级（2 346–3 727），人流强度处于第三层级（2 582–6 353），而毗邻的新桥镇、车墩镇等街道虽然POI设施并不处于第一层级，却是区域的人流强度核心（图5-21）。而南汇区的设施强度较低，人流分布也较为松散（图5-22）。

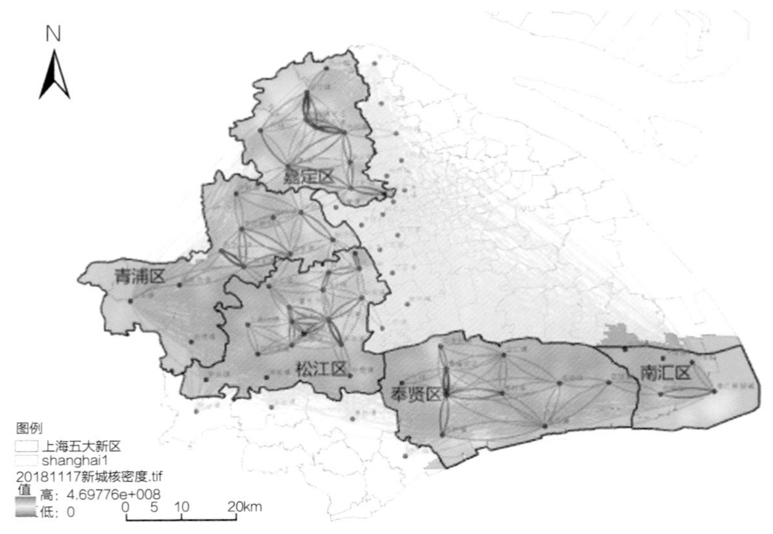

图5-19　OD人流网络与商业网点POI空间热力叠置分析

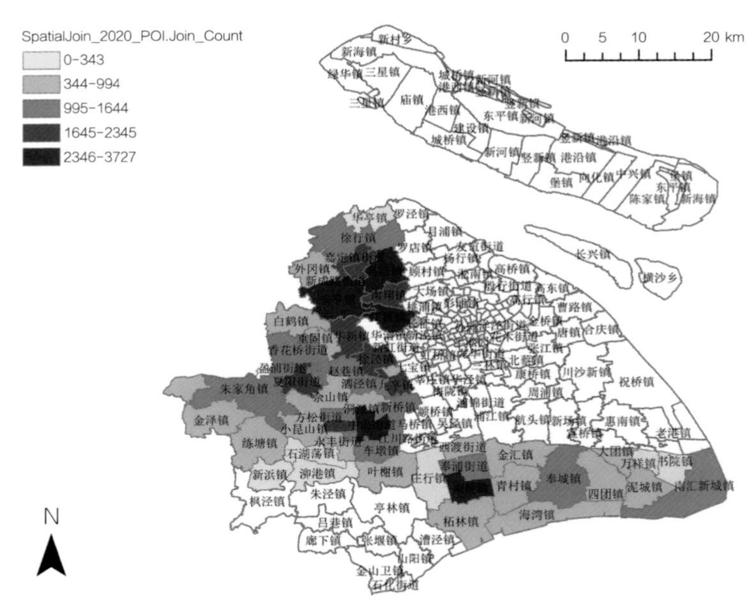

图5-20　2020年新区各街道POI数量

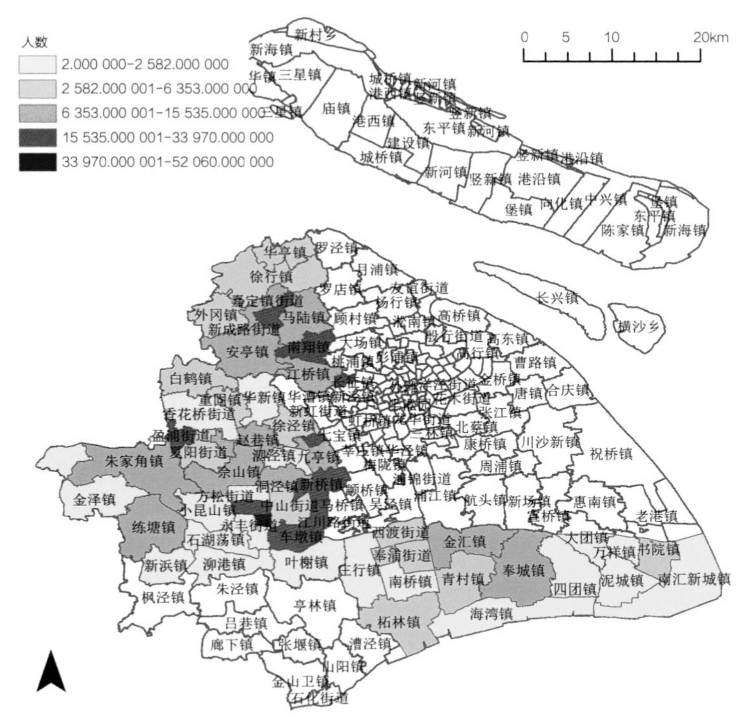

图5-21 2020年新区各街道人流强度

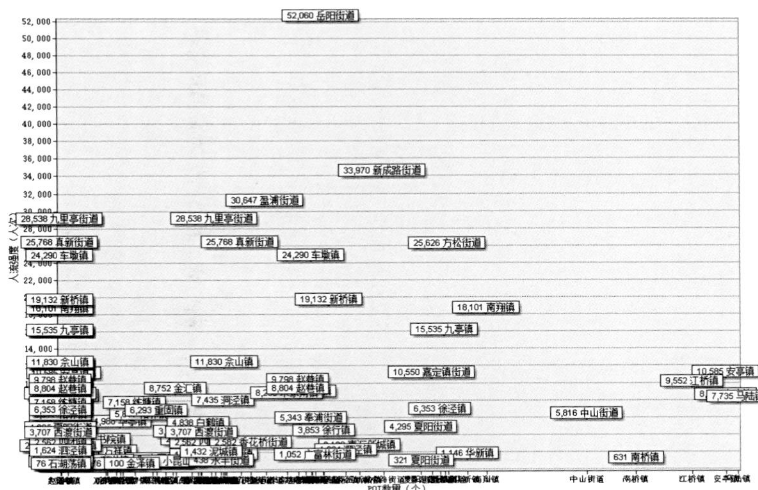

图5-22 2020年新区各街道人流强度与POI数量关系

4. 人流网络预测模型运行及评估

在PyCharm系统上运行模型，依赖的环境为python3、tensorflow1、networkx2、scipy1、sklearn、pandas、matplotlib，模型超参数调整为：learning rate=0.001，epochs=250，hidden1_size=32，hidden2_size=16，优化器optimizer=Adam，激活函数=sigmoid，其他超参数为模型默认值。模型使用3天的人流OD边数据的训练集分别进行训练，并输入测试集进行评估，评估结果如图5-23～图5-25和表5-4所示，指标表明该模型具有预测价值。

人流网络预测模型评估指标 表5-4

评估指标	20191117	20201114	20191115
AUC值	0.7735	0.8456	0.8161
AP值	0.7871	0.8475	0.8153

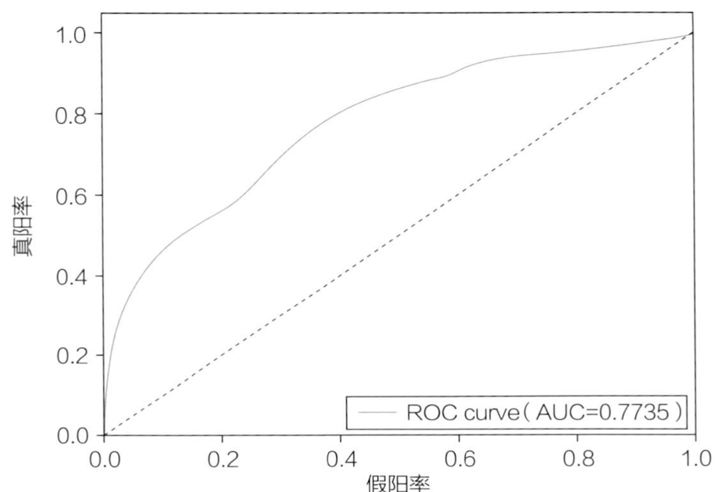

图5-23 人流网络预测模型ROC曲线1

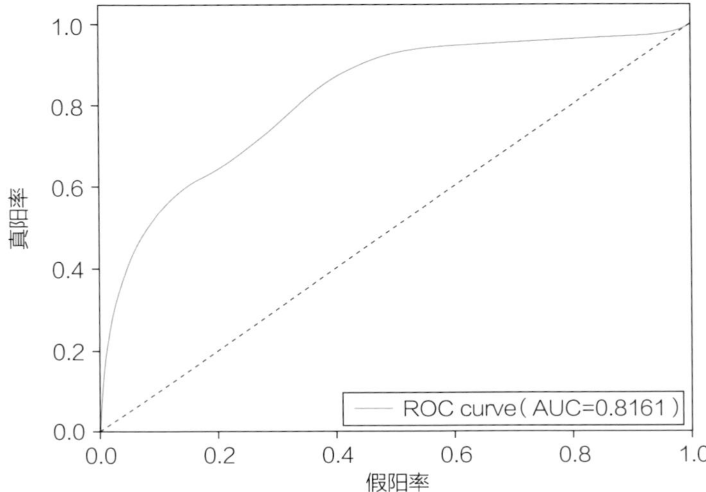

图5-24 人流网络预测模型ROC曲线2

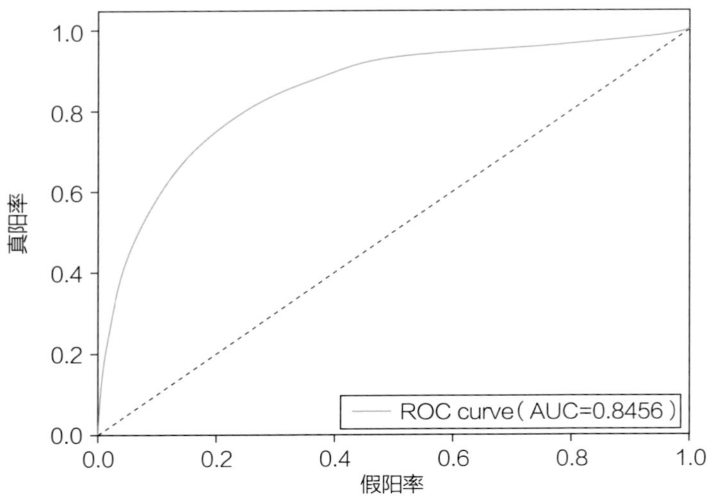

图5-25 人流网络预测模型ROC曲线3

六、研究总结

1. 模型设计的特点

本研究以城市区域内海量的人流OD数据作为基础，通过商业设施POI空间结构识别、人员流动网络分析、人流空间分布与设施空间格局的对比分析，利用VGAE模型和GCN算法构建了初步的城市新区人流网络预测模型。本模型提出了：①精确化、可复用、普适性的城市区域人流网络预测方法；②从多方面多尺度解释人地互动关系的分析方法；③为新城新区建设的增量预测和供需平衡规划决策提供一定的思路和支撑。

2. 应用与展望

本模型可为城市特别是新城新区在进行商业设施规划建设时提供一定的数据指导，规划工作者和决策者能够在对人流流动趋势的预测结果下做出更明确的方向选择。

但本模型也有许多不足之处。新城新区的规划建设需要纳入考量的要素很多，人流网络的自然变化规律只是城市建设预测框架的一小分支。除此之外，本模型包含的节点信息和边数据信息较为简单，在真正的复杂应用场景下还需进行以下提升：

（1）空间交互数据。为模型中的区域空间网格添加更多的空间属性标签，如各类商业设施、公共服务设施和居住区的密度、交通可达性等，以更好地从人地关系的角度出发进行人流预测。

（2）时间序列数据。由于数据有限，缺少密集的时序数据，通过大量的设施建设时序、人流网络变化数据，再与空间交互数据相结合，可以构建出更为科学合理且相对精确的城市设施建设时序推荐模型。

（3）基于更丰富的商业设施属性、图像识别等对小尺度的街区进行特征向量分类，将街区空间特征更多地纳入模型中，使预测更好地适用于不同类型的商业街区、居住区等不同性质街区的流量预测，以更有针对性地服务于新城新区的规划建设和人流引导疏解。

此外，将模型应用于实践案例中进行实证，并对计算结果进行分析和解读，是检验模型的科学性与实用性的重要手段。

参考文献

[1] 王德，许尊，朱玮．上海市郊区居民商业设施使用特征及规划应对——以莘庄地区为例［J］．城市规划学刊，2011，4（05）：80-86.

[2] 谢涤湘．市场经济体制下城市商业网点规划研究［J］．现代城市研究，2008，4（03）：14-18.

[3] 陈志诚，侯雷．探索有效的规划控制与引导模式——浅议城市商业网点规划新的范型［J］．城市规划，2011，35（04）：26-29，40.

[4] 林耿，阎小培．广州市商业功能区空间结构研究［J］．人文地理，2003，4（03）：37-41.

[5] 宁越敏，黄胜利．上海市区商业中心的等级体系及其变迁特征［J］．地域研究与开发，2005，4（02）：15-19.

[6] 柴彦威，翁桂兰，沈洁．基于居民购物消费行为的上海城市商业空间结构研究［J］．地理研究，2008，4（04）：897-906.

[7] 周素红，郝新华，柳林．多中心化下的城市商业中心空间吸引衰减率验证——深圳市浮动车GPS时空数据挖掘［J］．地理学报，2014，69（12）：1810-1820.

[8] 胡庆武，王明，李清泉．利用位置签到数据探索城市热点与商圈［J］．测绘学报，2014，43（03）：314-321.

[9] 陈蔚珊，柳林，梁育填．基于POI数据的广州零售商业中心热点识别与业态集聚特征分析［J］．地理研究，2016，35（04）：703-716.

融合多源异构时空大数据的共享单车骑行友好度评价研究

工作单位：荷兰特文特大学地理信息与对地观测学院、厦门城市规划设计研究院

报名主题：面向高质量发展的城市综合治理

研究议题：智慧城市感知

技术关键词：时空行为分析、可达性分析、机器学习

参　赛　人：戴劭勍、陈志东、雷璟晗、王彦文

参赛人简介：参赛团队成员由来自荷兰特文特大学地理信息与对地观测学院的两位博士研究生以及厦门城市规划设计研究院的两位规划编制人员组成，主要研究领域涵盖了健康地理学与空间流行病学、GIS在城市规划中的应用以及时空数据挖掘。团队致力于新兴时空大数据（如共享单车骑行轨迹、街景图像与手机信令）在城市规划中的应用。

一、研究问题

1. 研究背景及目的意义

近几年来，随着共享单车的兴起，自行车交通在城市交通中的地位也重新得到重视。根据北京清华同衡规划设计研究院有限公司与摩拜单车共同发布的《2017共享单车与城市发展白皮书》中统计的36个城市数据显示，共享单车出现后，自行车交通出行的比例由5.5%提升至11.6%，大众对自行车交通的需求正逐渐从旅游休闲转向通勤通学等刚性出行需求。这也对自行车道等相关设施的规划建设提出了新的要求。交通运输部2017年5月发布的《关于鼓励和规范互联网租赁自行车发展的指导意见（征求意见稿）》指出，鼓励发展自行车交通需要完善自行车交通网络，通过合理布局自行车交通网络与停车设施、推进自行车道建设和优化自行车交通组织保障自行车的通行条件。

在当前倡导绿色生活、低碳出行的背景下，城市绿色慢行交通系统是倡导城市居民绿色出行的必要基础设施，也是完善和提升城市空间功能、营造城市高质量人居环境的重要组成部分。如何建立评价慢行交通友好度的评价指标体系具有重要意义。一方面对未来城市慢行交通的规划和建立可以起到评定的作用进而使评价的慢行交通系统朝着更友好的方向发展，提高其友好度水平；另一方面，也可以引导城市居民如何更好地使用该慢行交通系统，促进城市居民的绿色出行。

本研究以国内外慢行交通发展的研究为出发点，结合相关文献，对城市慢行交通友好度进行综合评价研究。当前国内外城市慢行交通友好度研究分析方法包括以下几类：①共享单车及公共自行车使用意愿及满意度研究：这方面研究主要通过问卷调查对居民主观评价因素进行分析，缺乏从空间视角对其使用影响的客观空间因素进行分析；②共享单车骑行路径时空分布及热点提取：如杨永崇等提取了西安一日共享单车使用的热点时间及路径，并基于格网统计绘制热力图；③基于共享单车轨迹与导航地图兴趣点（Point of interest，简称POI）数据分析共享单车骑行的时空分布规律：通常结合自然环境、交通、土地利用、服务设施等的影响因子与骑行轨迹进行时空分布及影响因素研究。

2. 研究目标及拟解决的问题

已有研究表明，许多学者在慢行交通系统友好度研究上取得了

丰硕的成果，但当前研究数据来源较为单一。比如，有的研究侧重于评估居民的主观感知，因此采用调查问卷与实地调研的方式开展评价，但数据量有限；有的研究侧重于评估慢行交通基础设施的合理性，采用坡度、道路连续度等指标来评价道路对骑行者的友好度；有的研究侧重于分析骑行的时空规律，采用轨迹挖掘等大数据挖掘与人工智能技术分析共享单车的轨迹数据。单一的数据源使得道路友好度的评价变得不够全面，容易受到数据数量和质量的影响。当前对慢行交通友好度评价的研究方法也存在很大的改进空间。传统的研究方法是通过实地调研或问卷调查的方式，通过简单的统计方法获得许多不可量化的评价指标，容易受到主观因素的影响。此外，过去的研究对象也存在限制，以往研究多以公共自行车系统为主，其固定的自行车租借点限制了居民骑行活动的自由，致使研究局限于特定空间范围，难以真实还原骑行者出发地—目的地（Origin-Destination，OD）空间分布与路径特征。虽然国外已有部分研究通过智能手机全球卫星导航系统（Global Position System，GPS）方式获得研究数据，但其数据收集同样局限于App用户使用量与用户特征从而导致行为偏差。在骑行环境的研究方面，由于中微观尺度的调查需要大量的人力物力，因此骑行线路选择偏好的相关影响因素研究仍相对有限。当前面对智能共享单车作为新的研究对象时，新数据与研究方法均具有较大的探索空间。

二、研究方法

1. 研究方法及理论依据

以道路路网为研究单元，基于共享单车轨迹数据、街景数据、数字高程模型（Digital Elevation Model，DEM）、手机信令数据、POI数据、欧洲中尺度天气预报中心气象再分析资料第五版（European Centre for Medium-Range Weather Forecasts Reanalysis V5，ERA5）数据与空气质量监测数据等多源异构时空大数据，采用机器学习、深度学习、轨迹挖掘算法等前沿技术，对居民骑行活动特征的影响因素进行探析，搭建慢行系统交通友好度的评价体系，对城市骑行友好度进行评价，可为规划站点的位置和设施来提高公共自行车的使用效率，并为政府管理和制定相应政策提供参考。

2. 技术路线及关键技术

如图2-1所示，工作暨总流程主要包含4个总流程：

（1）研究案例总体设计

该步骤主要确认研究区空间范围与投影，剔除无效道路，空间范围设置为厦门岛。本研究以WGS 84 Web Mercator（auxiliary sphere）作为基准投影坐标系，将其他数据转换至基准投影坐标系。该研究也对于路网进行了进一步的处理：①将无法骑行的道路，如高架桥和BRT线路从路网中剔除。②将道路从交点处打断，以便将友好度指标表现在更精细的路段，而非完整道路上。

（2）文献调研、评价体系构建与数据收集

在广泛阅读了关于骑行友好度评估的相关文献基础上，总结骑行友好度评价体系构成指标。从骑行出行规律、城市自然环境、城市建成环境特征等方面构建共享单车骑行友好度评价体系，基于该体系的指标与因子收集原始数据。原始数据表现出多源、数据结构不匹配等问题，因此，该多源异构时空数据需要进行数据融合形成格式统一规整的时空数据库。

（3）各二级指标与影响因子数据处理

各指标的原始数据剔除了不符合实际的“脏”数据并进行投影坐标系转换。针对不同影响因子进行数据处理提取结果，影响因子提取后的数据存在不同的数据结构，如矢量数据或者栅格数据。因此，该指标数据需要再处理为格式统一规整的时空数据库与路网进行匹配。

（4）指标综合得分模型

获取匹配于路网的各指标之后，进行指标综合评估骑行友好度。指标综合包含三个部分：①影响因子指标标准化；②权重分配；③构成指标加权平均。

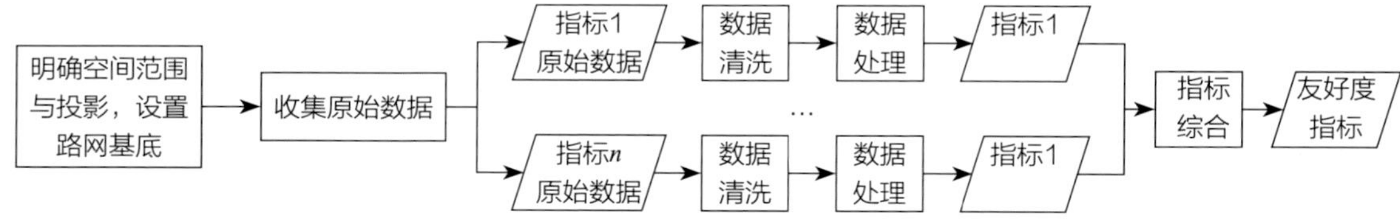

图2-1 数据分析流程图

三、数据说明

1. 数据内容及类型

本研究使用的数据包括表3-1的多源异构时空大数据。

数据清单　表3-1

序号	名称	主要字段	预估数据量	数据来源
1	30m DEM	高程值	1景	地理空间数据云
2	共享单车轨迹20201221-20201225	车辆编码，经纬度，定位时间	约970万点	数字中国创新大赛官网
3	路网	道路名称	约4万条	OpenStreetMap
4	街景图片	图片RGB值	1703张	百度地图
5	POI	名称，类型	约5万条	百度地图
6	手机信令	格网编号，人流量	约1亿条	联通
7	厦门行政区划	省份、城市	1条	网络开源大数据
8	空气质量	PM2.5，PM2.5每24小时平均浓度	100条	网络开源大数据
9	ERA5逐小时气象再分析资料	10m处风速垂直分量，10m处风速水平分量，2m处温度，总降水量		欧洲哥白尼气候数据平台

2. 数据预处理技术与成果

对多源异构时空大数据进行了清洗和预处理。

（1）路网数据（图3-1）

1）筛选数据

裁剪出本岛的路网，剔除高架桥、隧道、城市快速路、小区中内部道路，构建可骑行的道路路网。

2）拓扑检查

建立路网拓扑关系对其进行拓扑检查并修复问题。

3）打断道路

现将道路相交处打断，其次将路网中长度大于500m的路段人工打断到小于200m，最后有2854条路段作为基础评价单元。

（2）手机信令数据

手机信令数据为250m×250m逐格网中不同人群画像的分小时人流量数据。从原始数据中筛选出匹配研究时间的人流数据作为评估慢行交通系统友好度的一个影响因素。

（3）轨迹数据挖掘

轨迹数据提取了轨迹数量和轨迹速度两个指标。轨迹数量侧面表现了该路段受骑行者喜爱或选择程度，轨迹速度侧面表现了该路段骑行的通畅程度。

如图3-2所示，为得到相关指标，轨迹数据处理共有3个步骤：

1）连续轨迹识别 & 数据清洗

轨迹以点形式存储。包含单车ID、时间和空间位置。如果上下轨迹点具有相同单车ID并且相隔约15s，即可认为是连续的轨

图3-1　厦门市基础路网数据

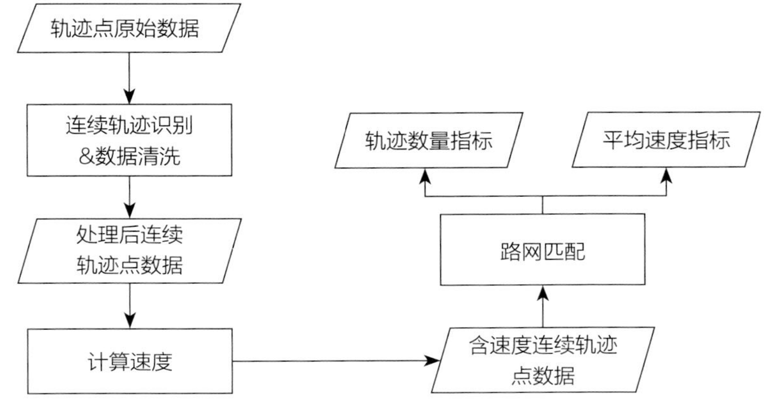

图3-2　轨迹数据处理流程

迹。此外清洗数据准则如下：第一，空间范围需要在厦门岛内；第二，轨迹连续时长需要超过1min；第三，轨迹连续路程需要超过100m。符合以上条件的为有效轨迹并生成独立ID。

2）计算轨迹点速度

速度的计算方式如下：当轨迹点位于轨迹的起点和终点时，该点的速度，是与邻近同轨迹点的距离，除以时间差；当轨迹点位于轨迹之中时，该点的速度，是前后轨迹点的位移之和，除以前后时间差的和。

3）路网匹配

路网匹配具体做法如下：

将路网打断成各个只有起点和终点的小段，每一个轨迹点计算距离最近的路网线段作为匹配。通过计算每个路段包含的轨迹点数据就可以得到轨迹数指标以及平均速度指标。

（4）空气质量和气象数据

获取研究时段内（2020年12月21日至25日）逐小时厦门岛内4个国控站点的空气质量监测数据，并将数据整理成空间插值的标准格式。

获取necdf存储的，空间分辨率为0.1°×0.1°，时间分辨率为小时的ERA-5陆地逐小时气象再分析数据。变量包含10m处风速的垂直和水平分量，2m处温度、总降水。该数据将用来进一步空间插值。

（5）街景图片

首先根据第（1）步清洗得到的路网数据生成对应的道路采样点。其次调用百度地图的全景静态图的Web Service API获取对应的街景图片。全景图的水平方向参数fov设定为360，一共获取了1703张街景图片。

四、模型算法

1. 模型算法流程及相关数学公式

本研究实现的模型相关算法包括以下几个部分：

（1）核密度估计

核密度估计利用非参数估计拟合点或线分布密度函数。可以用来识别居民出行行为的空间集聚、热点模式等，公式如下：

$$f(x)=\frac{1}{nh}\sum_{i=1}^{n}K\left(\frac{x-x_i}{h}\right) \qquad (4\text{-}1)$$

式中：$K\left(\frac{x-x_i}{h}\right)$为密度函数；$n$为点的数量；$x_i$为抽取的样本点；$h$为带宽。随着$h$的增大，核密度分析愈加平滑，但会掩盖小区域的结构差别。人流拥挤度是采用核密度估计基于手机信令数据生成的。

（2）OD成本矩阵

公共交通可达性是指出行者使用公共交通系统从出发点到目的地的便利程度，是决策者衡量公共交通系统服务能力的一项重要指标，也是出行者选择公共交通系统的一个重要指标。本研究通过计算道路路段中点到最近公共交通站点的出行距离来评估道路路段的公共交通可达性。

（3）缓冲区分析与空间连接

商业设施的分布密集程度是该地区保持城市活力的主要原因之一，POI数据能在更细粒度的层面上准确反映地区土地使用现状。商业设施便捷性是基于路网路段两侧50m范围内商业设施（美食、购物、休闲娱乐等类型的POI数据）分布密度来评估。通过缓冲区分析结合空间连接统计评估商业设施分布密度。当前研究由于道路数据进行分割，因此POI的数量差别较小。当POI数量较大时，可以考虑增加不同POI规模的限定对该指标进行改进。

（4）曲折度（Sinuosity）

曲折度（Sinuosity）是一个工程学概念，指两点之间的折线距离与直线的距离比值，反映研究对象在长度方向上的弯曲程度。本研究创造性地把共享单车轨迹作为研究对象，曲折度即行驶距离（Distance）和起止点直线距离的比值，通过这个比例关系，结合二元色彩符号系统，即可识别出特定轨迹的出行行为特征（图4-1、图4-2）。

$$Sinuosity=\frac{Distance}{\sqrt{(x_2-x_1)^2+(y_2-y_1)^2}} \qquad (4\text{-}2)$$

式中，*Sinuosity*即曲折度，它是行驶距离（*Distance*）和起止点直线距离［分母根式即起止点坐标（x_1，y_1）和（x_2，y_2）距离公式］的比值。

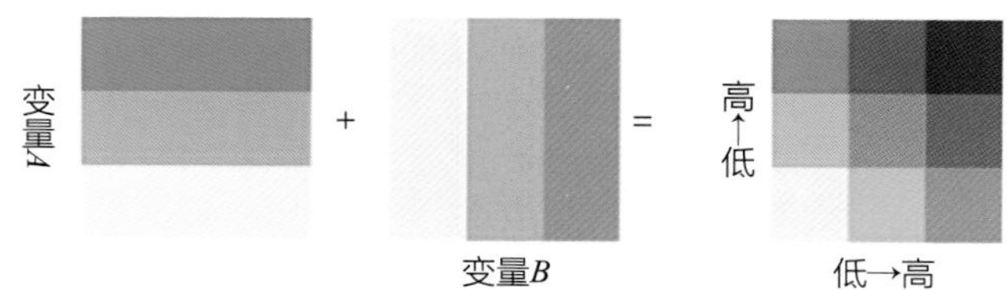

图4-1　二元色彩符号系统

一般而言，具有高曲折度值的骑行轨迹表明该共享单车用户可能进行了往返骑车行为（行驶路程较长但起止位置距离较短），如图4–3、图4–4所示。

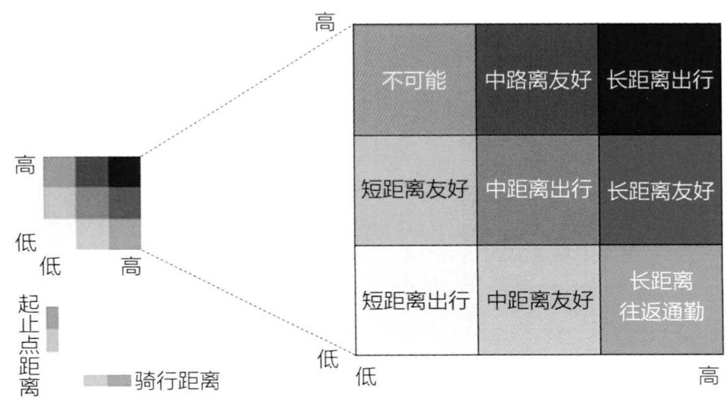

图4–2　曲折度拆解的3×3特征矩阵

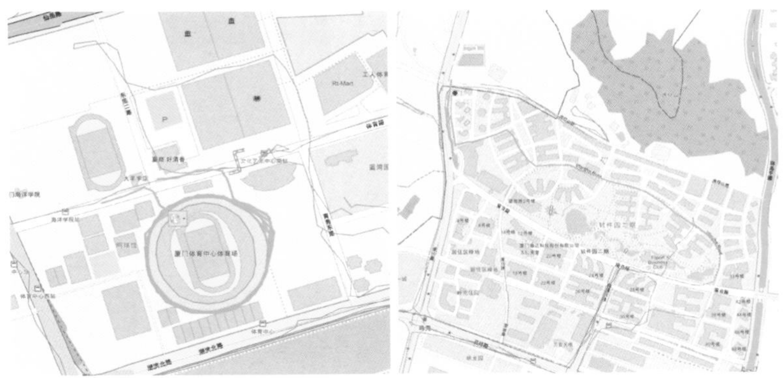

图4–3　高曲折度值轨迹路线举例

（左：围绕体育广场做绕圈行驶，可能是一种锻炼行为；右：从软件园二期西入口进入至东侧某写字楼后，又返回至西侧起点，可能是一种办事行为）

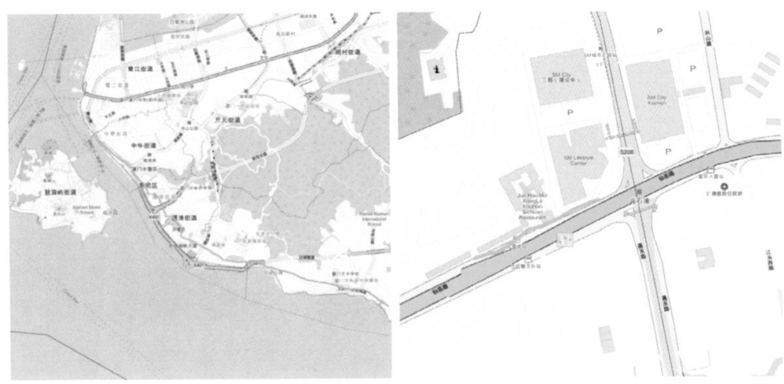

图4–4　长距离出行（高—高）和短距离出行（低—低）轨迹路线举例

（左：沿环岛路的长距离骑行；右：从武警支队至乌石浦地铁站一段的短距离骑行，可能是一种接驳骑行行为）

（5）空间插值

薄盘样条插值（Thick Plate Splines，简称TPS）是一类通用的二维插值算法，假定样本集有n个观测值包含经度$X_{long}=\{x_{1,long}, \cdots, x_{n,long}\}$与纬度$X_{lat}=\{x_{1,lat}, \cdots, x_{n,lat}\}$，以及对应的气象指标$y=\{y_1, \cdots, y_n\}$（10m处风速垂直，水平分量，2m处温度，总降水）。TPS算法的核心是基于一个非负数λ（称为松弛系数），一个整数m（$\geqslant 2$），以及一系列正值的权重$W=\{w_{i,1}, \cdots, w_{i,n}\}$，求解一个关于经纬度的多元函数使得如下的结果最小化。

$$\frac{1}{n}\sum_{j=1}^{n}\left[\frac{g(x_{j,long},x_{j,lat})-y_j}{w_{ij}}\right]^2+\lambda\left[\left(\frac{\partial^2 f}{\partial x_{long}^2}\right)^2+2\left(\frac{\partial^2 f}{\partial x_{long}\partial x_{lat}}\right)^2+\left(\frac{\partial^2 f}{\partial x_{lat}^2}\right)^2\right] \quad (4\text{–}3)$$

普通克里金插值（Ordinary Kriging，简称OK）算法是一种经典的地统计算法。这种算法把插值问题转化为通过最小化观测值方差优化求解观测点到目标要素的权重。最小化方差的公式如下：

$$\tilde{\sigma}_R^2=\tilde{\sigma}^2+\sum_{i=1}^{n}\sum_{j=1}^{n}w_i w_j(\tilde{\sigma}^2-\tilde{\gamma}_{ij})-2\sum_{i=1}^{n}w_i(\tilde{\sigma}^2-\tilde{\gamma}_{i0})+2\mu(\sum_{i=1}^{n}w_i-1) \quad (4\text{–}4)$$

其中μ为拉格朗日参数，σ^2为观测值的方差，也等于C_0与C_1之和。$\tilde{\gamma}_{ij}$是半方差函数。

本研究利用TPS算法与OK插值算法对气象数据（总降水、温度与风速）与空气质量PM2.5浓度进行插值（100m）。

（6）深度学习与语义分割

采用Deep Lab V3+与ResNet的深度学习算法对街景图片进行语义分割获取感兴趣的建成环境变量因子（如绿色空间与天空）。Deep Lab V3+ 是一种采用空洞空间金字塔池化模块（atrous spatial pyramid pooling，简称ASPP）和编码—解码结构（encoder-decoder）实现的深度网络结构。已有研究表明Deep Lab V3+在街景图像的语义分割上精度可达到82.1%（Cityscape dataset训练结果）。该算法的核心实现原理如图4–5所示。

通过Ade 20k数据集训练的Deep Lab V3+与ResNet语义分割模型对采集的街景图片进行语义分割（图4–6）。不同建成环境因子像素数在整张图片中的占比被定义为建成环境视角指数（Built environment view index，简称BEVI），将通过如下公式计算对应的建成环境视角指数。

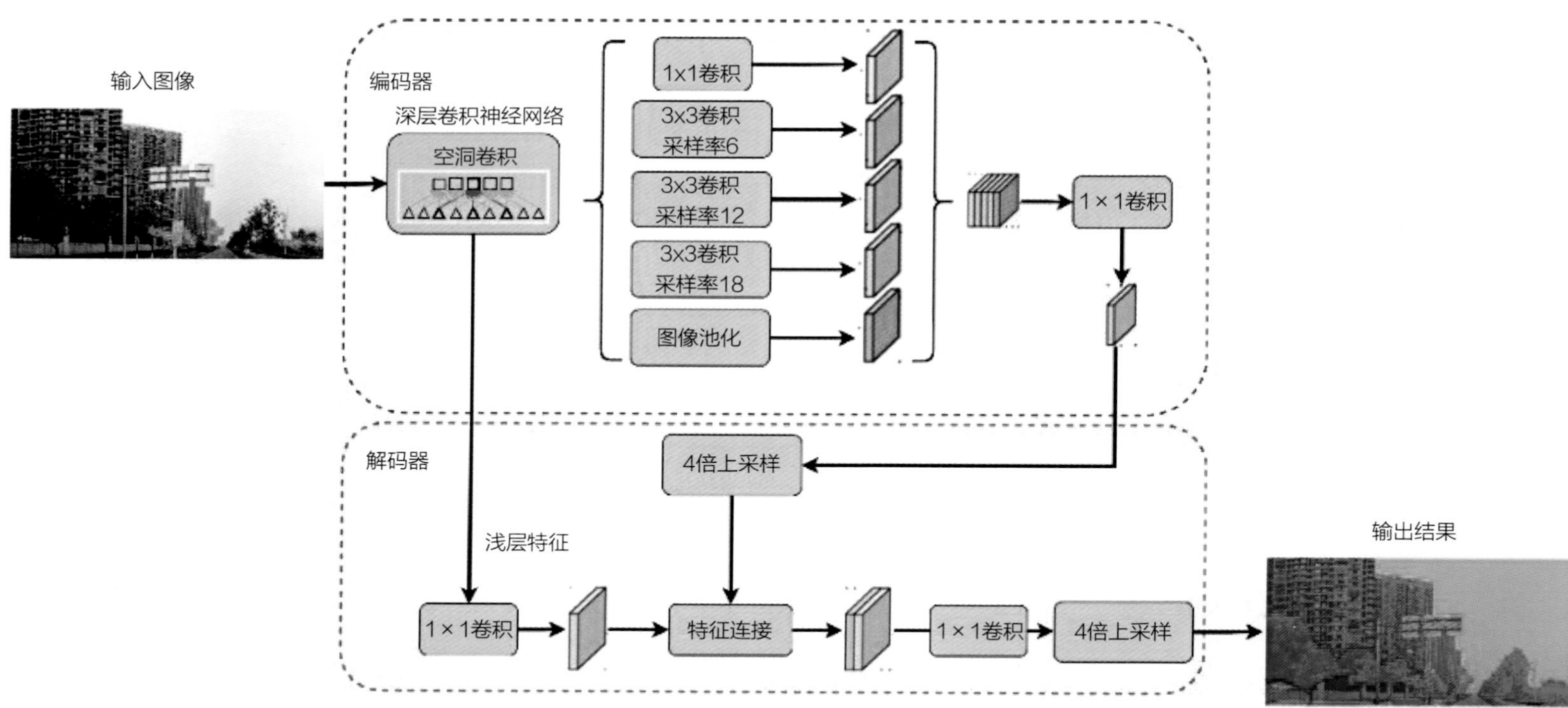

图4-5　街景图片语义分割流程

图4-6　百度街景图像语义分割结果

$$BEVI_t = \frac{Area_{t,x}}{Area_t} \times 100\% \quad (4\text{-}5)$$

式中，$BEVI_t$代表第t个采样点处（t=1，2，⋯，n）的建成环境视角指数；$Area_{t,x}$代表第t个采样点处街景图片中建成环境因子x（x可以代表绿色空间与天空等不同建成环境因子）占据的像素数量；$Area_t$代表第t个采样点处街景图片总的像素数量。

测试不同的深度学习模型在街景语义分割上的性能（表4-1，图4-7）。从结果来看，使用Ade 20k数据集与Deeplabv3+ResNet模型训练结果最好。后续均采用该模型进行分割。

不同深度学习模型性能对比　　表4-1

训练数据集	方法	pixAcc	mIoU
Cityscape datasets	Deeplabv3	96.4	79.4
Cityscape datasets	VPLR	NA	83.5
Ade 20k datasets	Deeplabv3+ResNet	82.6	47.6

（7）主成分分析法

在许多领域的研究与应用中，通常需要对含有多个变量的数据进行观测，收集大量数据后进行数据降维寻找规律。主成分分析方法（Principal Component Analysis，简称PCA），是一种使用最广泛的数据降维算法。PCA的主要思想是将n维特征映射到k维上。主成分分析法的计算步骤如下：

① 计算相关系数矩阵；

② 计算特征值与特征向量；

③ 计算主成分贡献率及累计贡献率；

④ 计算主成分载荷；

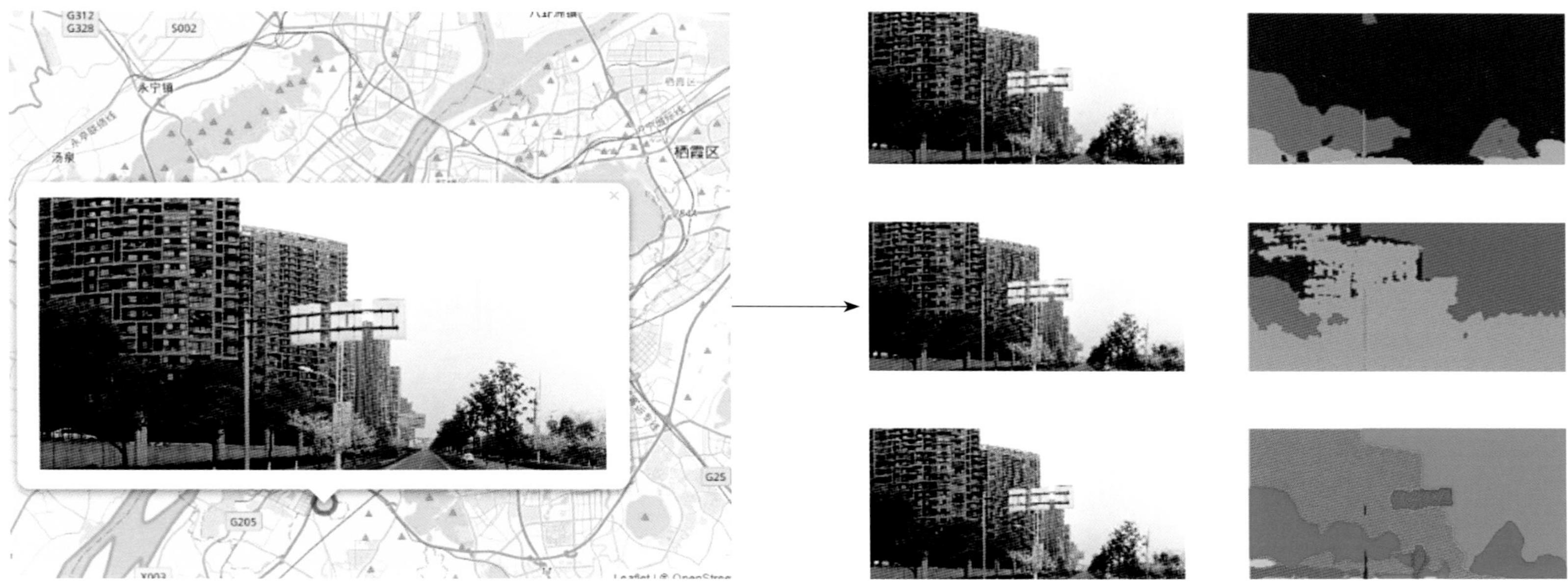

图4-7　使用不同模型的街景图像语义分割结果对比

⑤ 各主成分得分：

$$Z=\begin{bmatrix} Z_{11} & Z_{12} & \cdots & Z_{1m} \\ Z_{22} & Z_{22} & \cdots & Z_{2m} \\ \cdots & \cdots & \cdots & \cdots \\ Z_{n1} & Z_{n2} & \cdots & Z_{nm} \end{bmatrix} \tag{4-6}$$

⑥ 使用成分代替原始变量对因变量进行最小二乘法回归，再返回到原来的参数，得到因变量对原始变量的主成分回归。

2. 模型算法相关支撑技术

本研究基于Python 3.8、R 4.03、ArcGIS Pro 2.7.2和百度地图API平台获取、清洗、预处理多源异构时空大数据以及时空数据挖掘从而评估共享单车骑行友好度。

五、实践案例

1. 模型应用实证及结果解读

（1）研究区概况

厦门岛气候宜人且居民日常出行距离较短，根据《2015年厦门市居民出行调查统计分析报告》的数据显示，思明区与湖里区居民的平均出行距离分别为3.43km与3.93km，是适宜发展自行车交通的地方。

（2）共享单车骑行友好度评价体系

在文献调研的基础上，结合收集的多源异构时空大数据，构建了如下的共享单车骑行友好度评价体系（图5-1）。

该评价体系包含4个二级指标（安全性、舒适性、便捷性与活跃性）与13个影响因子（风速、道路坡度、降水量、温度、天空率、绿视率、轨迹曲折度、空气污染指数、轨迹平均速度、公共交通可达性、商业可达性、轨迹数量与人流量）。本研究定义的友好度是基于骑行出行规律，综合考虑自然环境与建成环境因素影响，涵盖骑行出行方式的安全性、舒适性、便捷性与活跃性的综合指标。

1）安全性

安全性由轨迹风速、降水量和道路坡度三个相关影响因子决定。厦门位于我国东南沿海地区，台风频发，因此风速是影响骑行安全的重要指标。当风速过大时，会影响骑行平稳，进而可能产生威胁。道路坡度会从“舒适”和“安全”两方面影响骑行。当坡度过大时，骑行上坡会非常吃力，导致骑行不舒适。此外，骑行下坡时考虑到刹车隐患，所以大坡度的下坡会导致骑行速度过快，尤其是在路口、拐弯处等地点，可能会导致危险的发生。降水量影响了骑行的舒适性和安全性。降水导致路面湿滑和影响骑行视线，增加骑行危险。所以，风速是对友好度指标产生负面影响的构成指标（图5-2），降水量和道路坡度是对友好度产生负面影响的指标（图5-3、图5-4）。

研究时段逐日的安全性指标随时间变化较为明显（图5-5），整体而言，全岛的安全性呈现由大（21日和22日均值分别为0.092和0.081）变小（23日和24日均值分别为-0.024和0.061）再变大（25日均值为0.084）的变化过程。23日到24日变化的主要原因是有降雨事件，导致当日共享单车骑行安全性较差，该指标由正转负，说明当天共享单车骑行的安全性较差。随后24日与25日降雨少，尽管风速有所变化，但与21日与22日差距不大，总体的安全性恢复到较为正常的范围。可以发现，安全性大于0.1（80%分位数）的路段占比约为20%。从空间分布特征来看，大部分路段都存在安全性超过0.1的某特定日期。

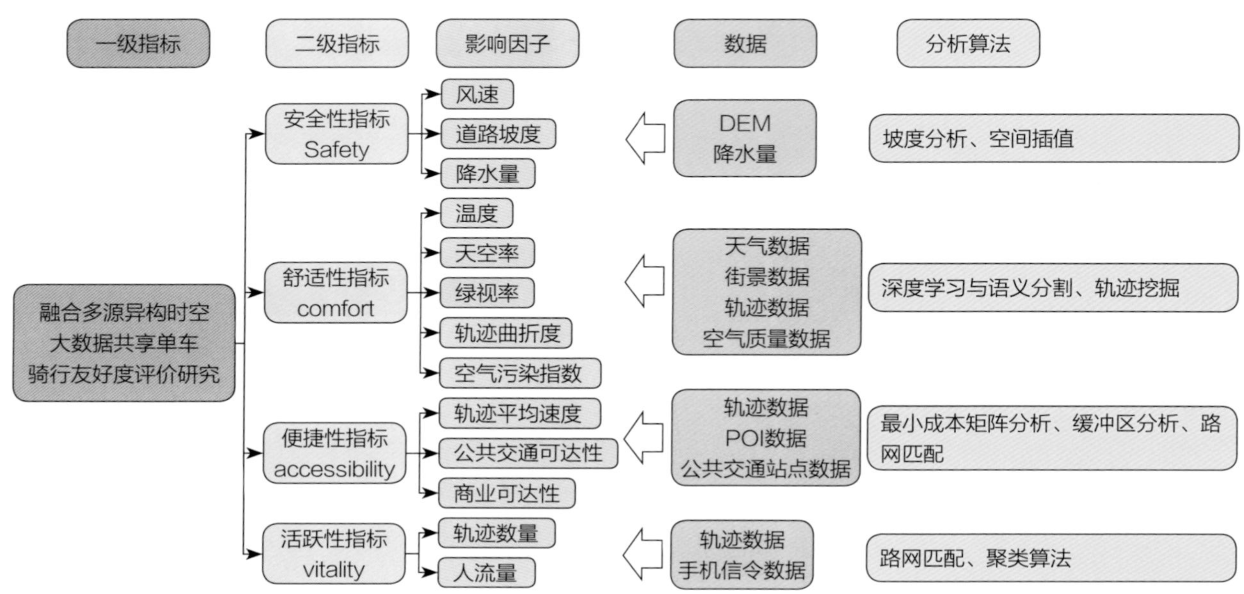

图5-1　共享单车骑行友好度评价体系

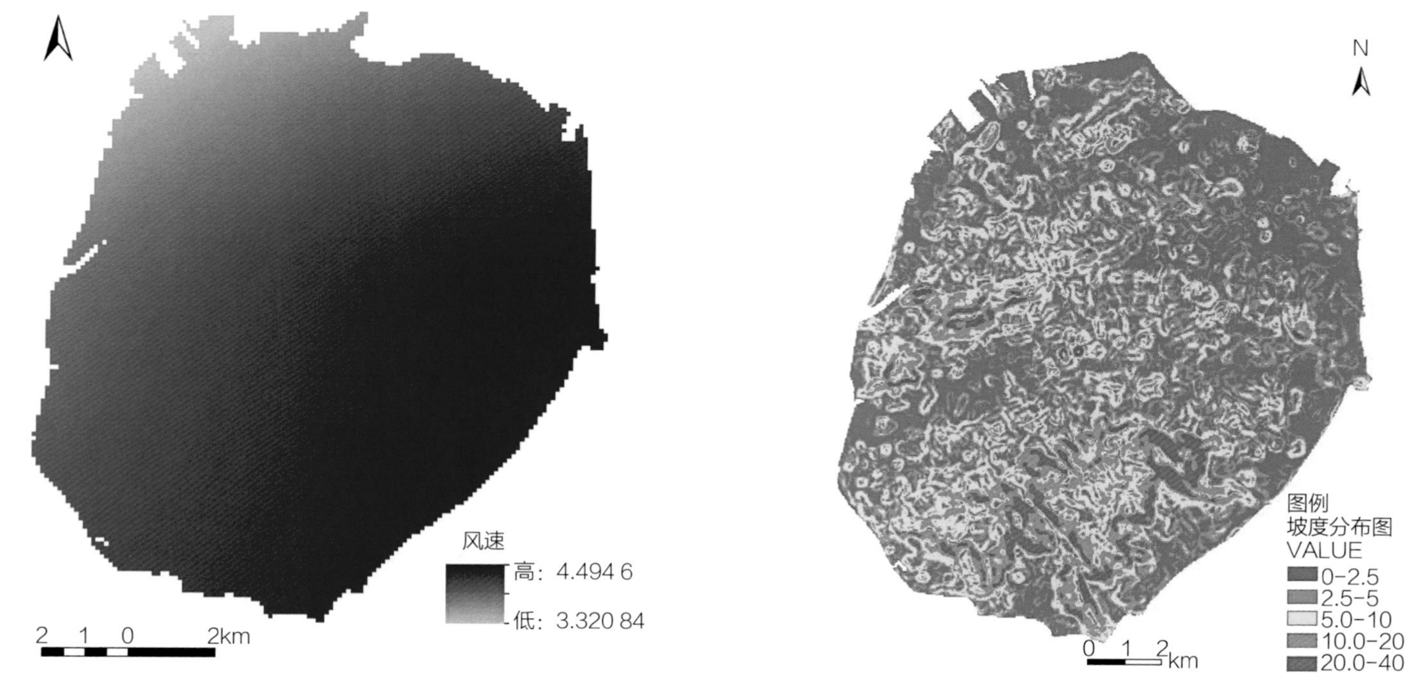

图5-2　厦门岛风速分布（示例）

图5-3　厦门岛坡度

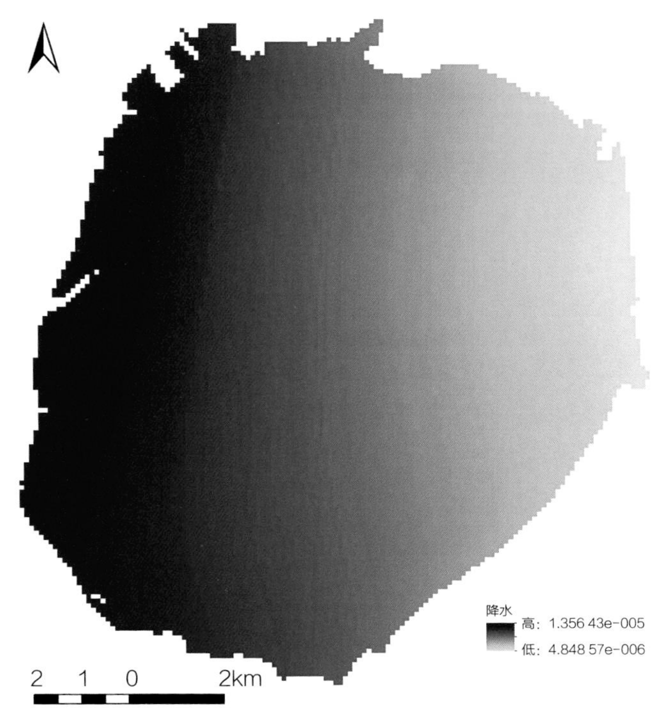

图5-4 厦门岛降水量分布（示例）

逐小时的安全性空间分布基本不随时间变化（图5-6），全路段6~9点的逐小时均值分别为0.059、0.061、0.060与0.055，主要原因是研究时间段内逐小时降雨变异较小（22.5~33.7），地形整体平坦。骑车安全性在研究时段内逐小时的变化绩效，从空间分布特征来看，大部分路段都存在安全性超过0.07（75%分位数）的某特定小时。

2）舒适性

舒适性指标由温度、天空率、绿视率、轨迹曲折度和空气污染指数5个影响因子决定。温度会显著影响骑行的舒适。在夏天的时候，过高的温度会导致骑行负担过大，甚至长时间的骑行还可能导致骑行者中暑。在冬天的时候，过低的温度也会导致骑行不舒适，可能会导致双手冻伤。研究数据处于冬季，温度是对友好度产生正向影响的指标（图5-7）。天空率代表人对周围环境天空/天际线的主观感知，天空率高可以让骑行者保持心情的舒畅，以及能够提供广阔的可视区域，方便骑行者判断路线。与天空率相同，绿视率代表了骑行者在骑行中可以观察到的植被比率的主观感知。越高的植被比率可以让骑行者心情更加地舒适，天空率、绿视率是对友好度产生正向影响的指标（图5-8）。

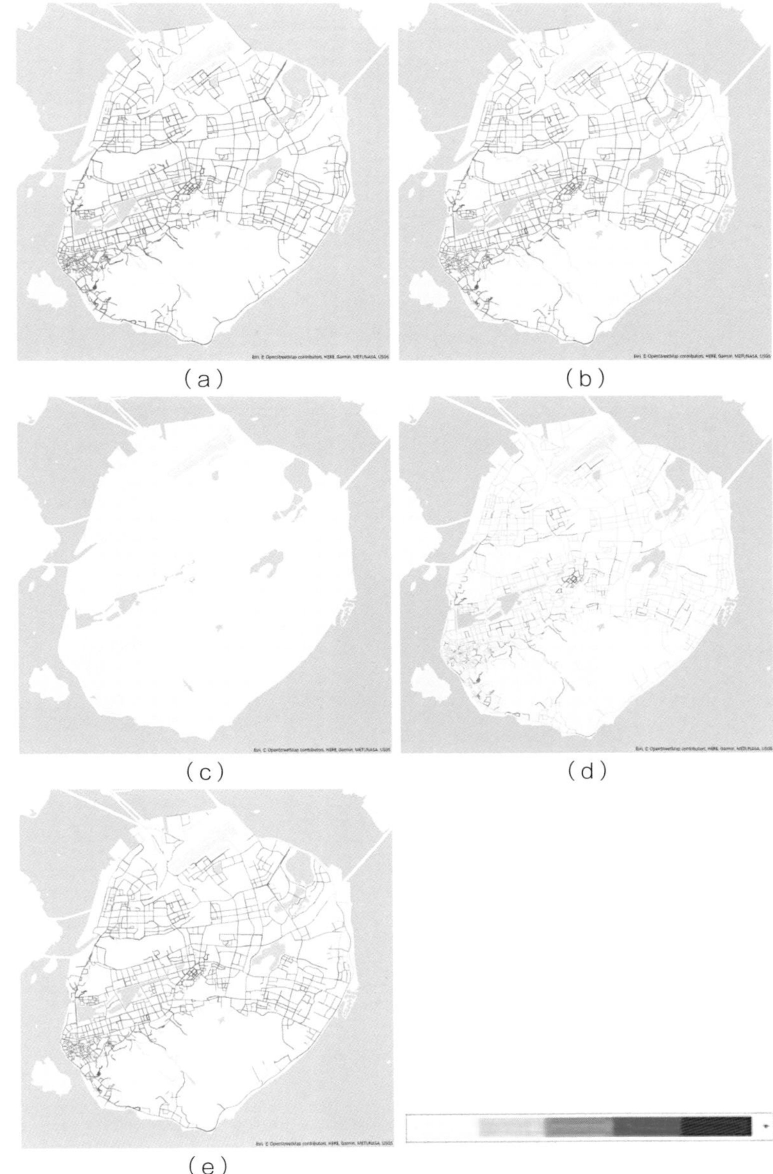

图5-5 厦门岛逐日安全性，（a）（b）（c）（d）（e）分别代表21日到25日

将曲折度在行驶距离和起止点直线距离两个方向上拆解为一个3×3的特征矩阵，分离出8类结果：低—低（LL）：短距离出行；中—中（MM）：中距离出行；高—高（HH）：长距离出行；高—低（HL）：往返通勤；中—低（ML）：中距离友好；低—中（LM）短距离友好；高—中（HM）长距离友好；中—高（MH）中距离友好（图5-9、图5-10）。

在8类骑行行为特征中有5类能够反映该类轨迹骑行不算太“曲折”，例如，往返通勤（高—低、HL）轨迹认为是适宜骑行

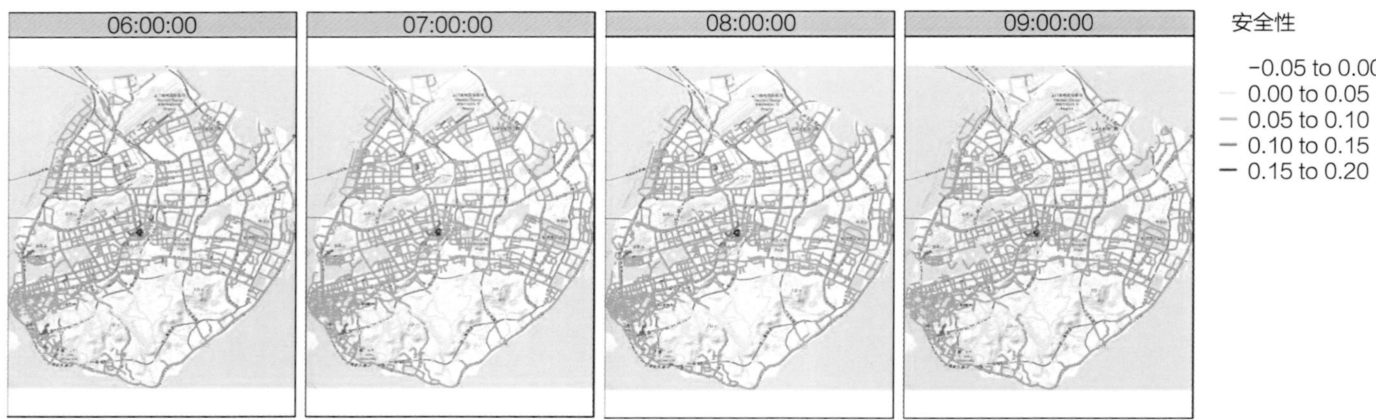

图5-6　厦门岛逐小时安全性，21日到25日间6-9点

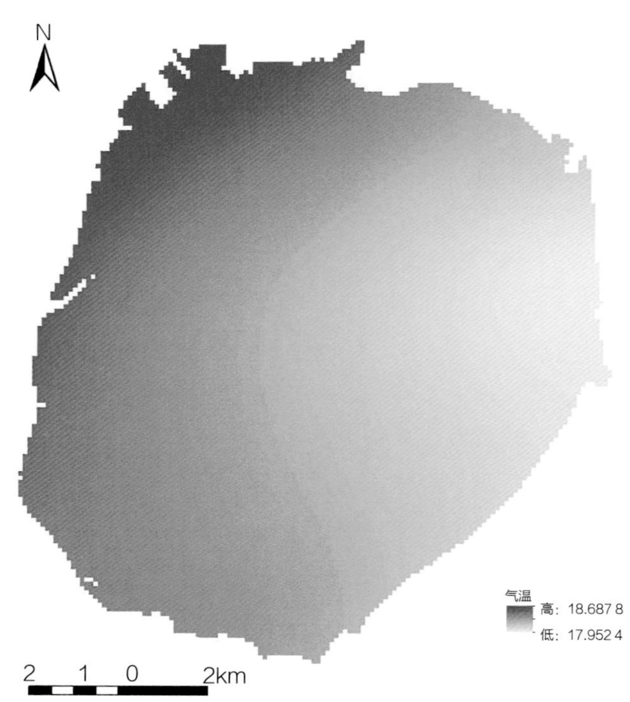

图5-7　厦门岛温度分布（示例）

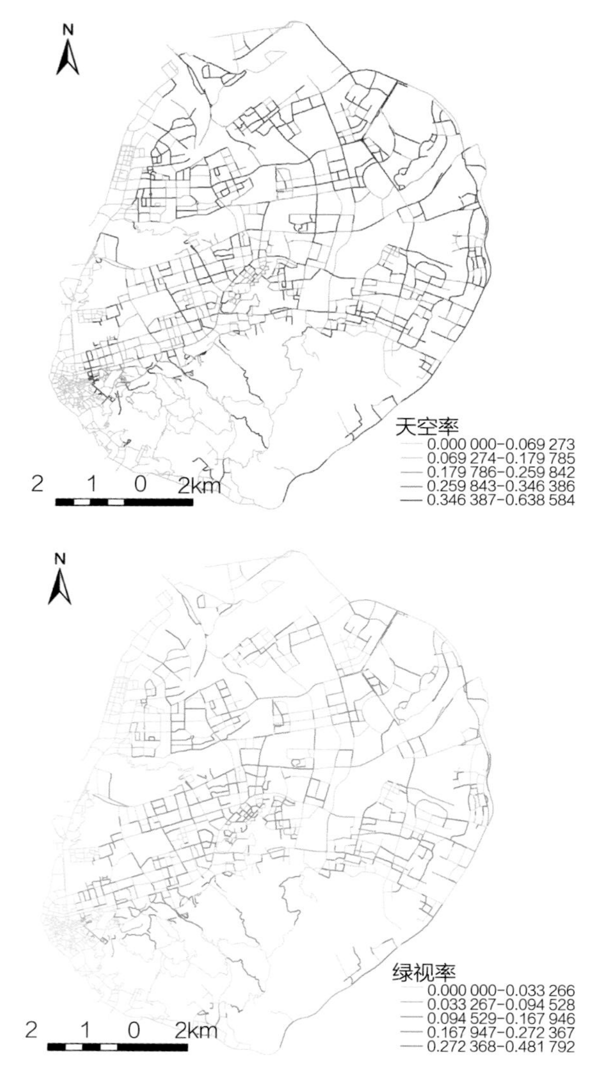

图5-8　厦门岛天空率和绿视率分布

的通道，（较）低曲折度（⑤中—低ML，⑥低—中LM，⑦高—中HM，⑧中—高MH）也是骑行“性价比”较高的轨迹。在此基础上提取性价比高的五类特征轨迹，计算“友好性”曲折度作为评价指标，它反映了一定时空范围内发生的骑行“性价比”[1]较高的出行事件强度（图5-11）。

1　骑行“性价比”的含义是从起点到终点所行驶的实际距离与直线距离相比差距不太大的情况。

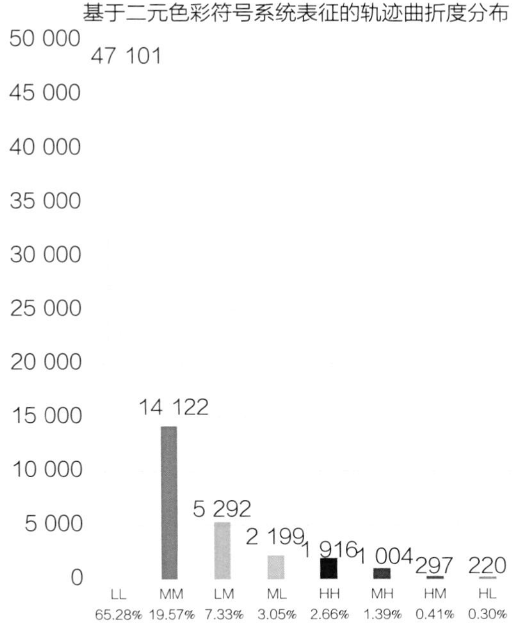

图5-9　基于轨迹曲折度的8类骑行行为特征空间量化分析

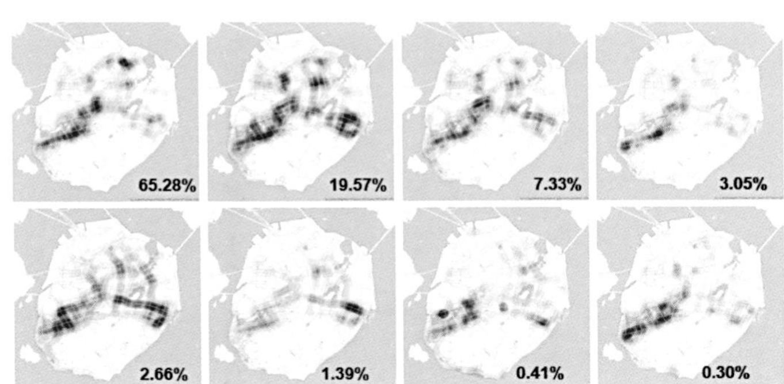

图5-10　2020年12月21日早高峰8类轨迹在空间中的发生强度

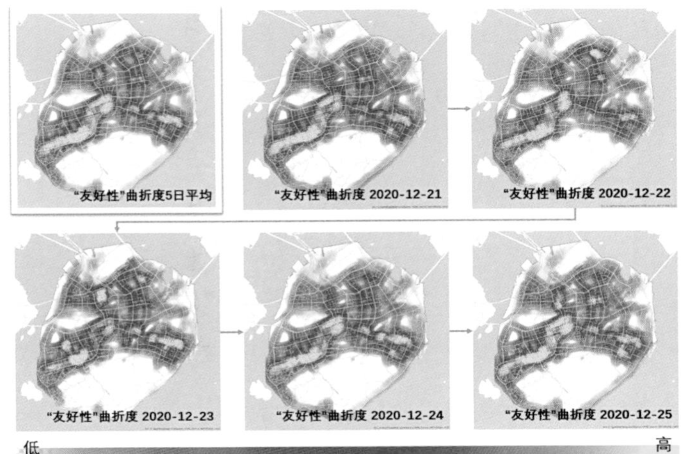

图5-11　"友好性"曲折度分布（示例）

骑行者直接与城市的大气接触，空气污染会严重影响骑行舒适度，甚至生命健康。选用PM2.5——现代城市对居民影响最大的污染物作为指标，该指标是负向影响的指标（图5-12）。

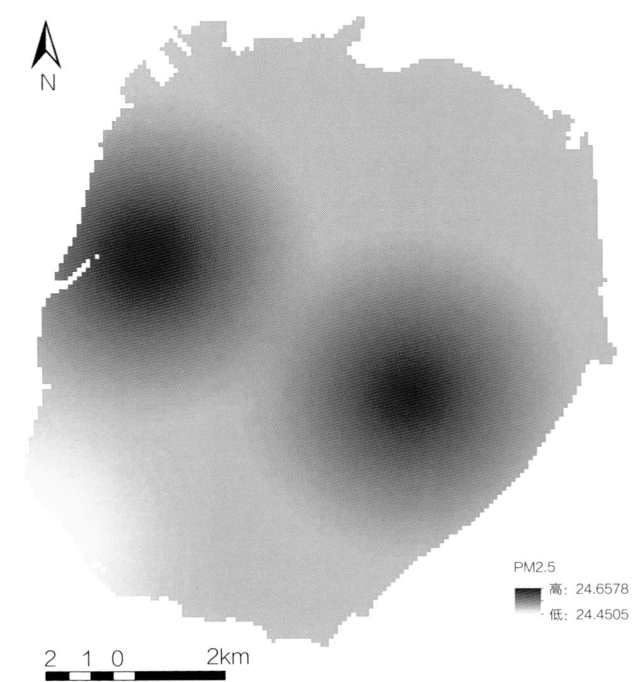

图5-12　厦门岛空气污染分布（示例）

研究时段内逐日的舒适性指标随时间变化较为明显（图5-13），整体而言，全岛的舒适性在前四天差异较小（0.103、0.111、0.086和0.085），但舒适性整体处于下降的趋势，但是25日有显著下降（0.060）。从影响因子可以发现25日的空气污染最为严重，25日PM2.5平均浓度超过30μg/m^3，其他时间除24日（23.8μg/m^3）外均小于14μg/m^3，同时25日平均温度为研究时段内最低的一天。因此，舒适性有显著的下降。

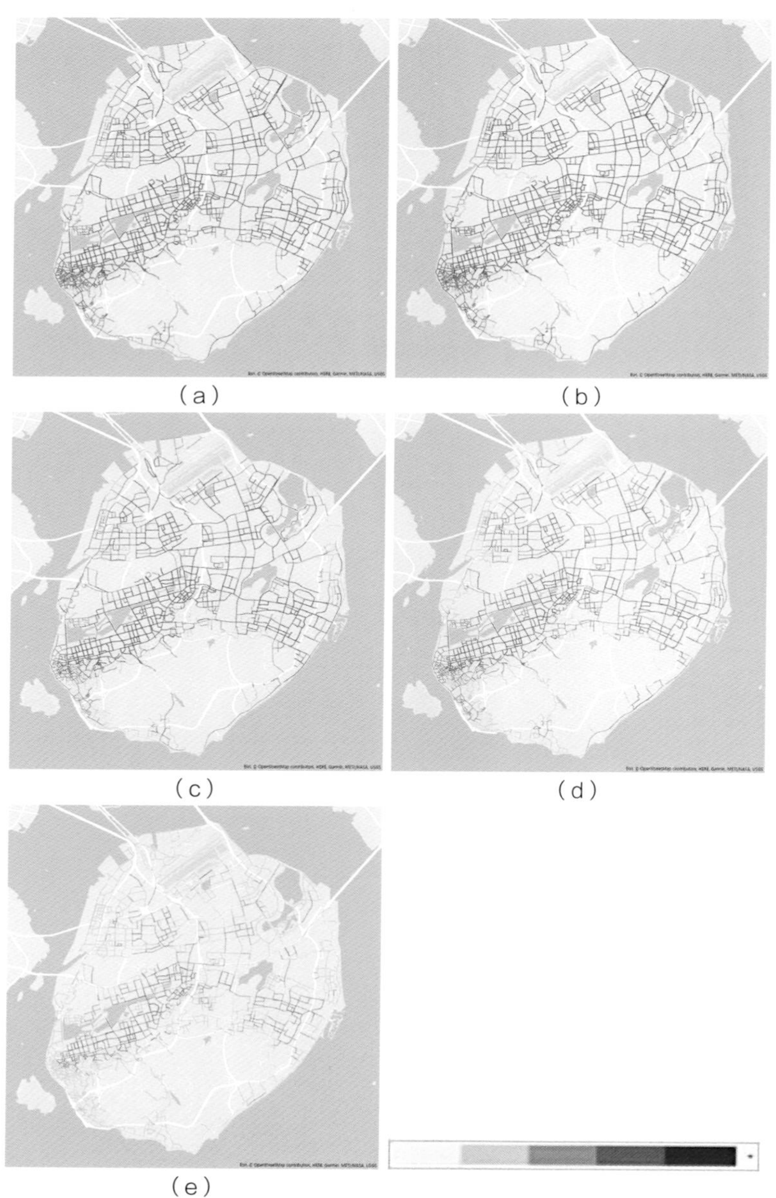

图5-13　厦门岛逐日舒适性，（a）（b）（c）（d）（e）分别代表21日到25日

逐小时舒适性的空间分布随时间变化很小或几乎不变化（图5-14），逐小时舒适性为0.083~0.095。原因是5个主要因子都是刻画道路的相关空间属性。天空率、绿视率仅与所处位置的建成环境特征相关。虽然轨迹曲折度基于轨迹计算，但是该指标通常取决于人的行为与周围环境交互程度，如在公园进行锻炼或者是骑行至附近的商圈吃饭等，该指标与城市功能区划分关系密切，不随时间变化而变化。温度与空气污染由于研究范围小，数据精度粗，时间异质性较小，差异小：全路段温度变化从17.0℃到18.6℃，PM2.5变化从17.7μg/m^{3}到18.5μg/m^3。研究时段逐小时内并没有极端天气和严重污染事件出现，舒适性较为稳定。

3）便捷性

便捷性指标由轨迹平均速度、公共交通可达性和商业可达性三个影响因子决定。与汽车通行相同，本研究可以从单车轨迹数

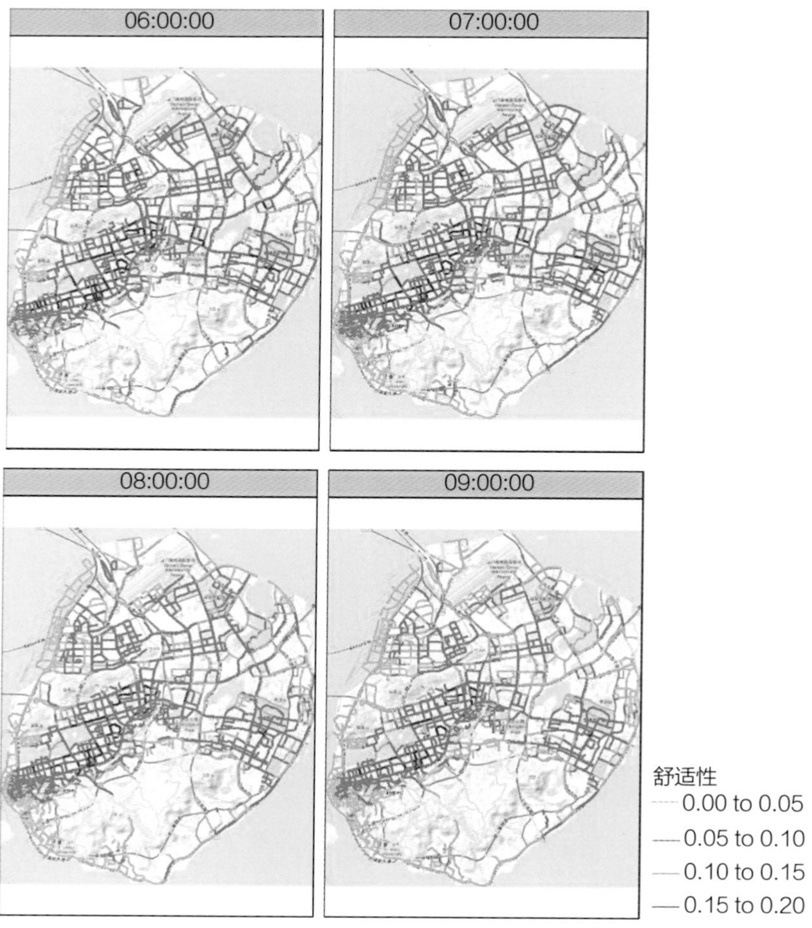

图5-14　厦门岛逐小时舒适性，12月21日到25日间6-9点

据中计算得到单车的行驶速度。如果某路段的骑行速度普遍偏慢，说明对自行车骑行者不友好，更大速度则代表着更通畅的骑行。在城市中，骑行往往解决的是“最后一公里”的交通问题，公共交通可达性对骑行便捷性存在影响。采用路段与最近公交站的距离作为指标，距离越近，代表着骑行连接的交通越方便。与公共交通类似，骑行的目的往往是商业行为，如工作、购物、娱乐等，与商业设施越近，骑行便捷性越高。选用POI数目作为商业可达性指标。因此，轨迹平均速度、公共交通可达性与商业可达性是友好度的正影响指标（图5-15~图5-17）。

便捷性在6—9点的逐日与逐小时变化很小（图5-18、图5-19），逐日与逐小时便捷性分别为0.023–0.026与0.024–0.026。逐日便捷性除23日均稳定在0.026。逐小时便捷性从6点开始随时间增大，在7—8点接近峰值，9点有大幅回落。原因是便捷性的前两个指标与路网的空间分布及其周围的基础设施相关，不随时间变化。轨迹平均速度逐日变化除下雨的23日外差异很小，基本稳定在7.5m/s左右。尽管轨迹平均速度较快，其原因可能是车上搭载GPS的性能存在一定系统误差，但综合考虑误差仍在可接受范围。由于研究时间段为工作日，每天骑行者通勤状况相似，此时骑行平均速度主要与道路类型相关，比如在平缓、车流量少的道路上，骑行的平均速度更高。而逐小时便捷性的变化与逐小时骑行速度的变化一致，可能的原因是研究时间段内共享单车骑行目的更多是为了工作通勤，因此6点的骑行者由于有充裕的时间抵达工作地，因此骑行速度较慢（7.36m/s）。而

图5-15　厦门岛轨迹平均速度分布（示例）

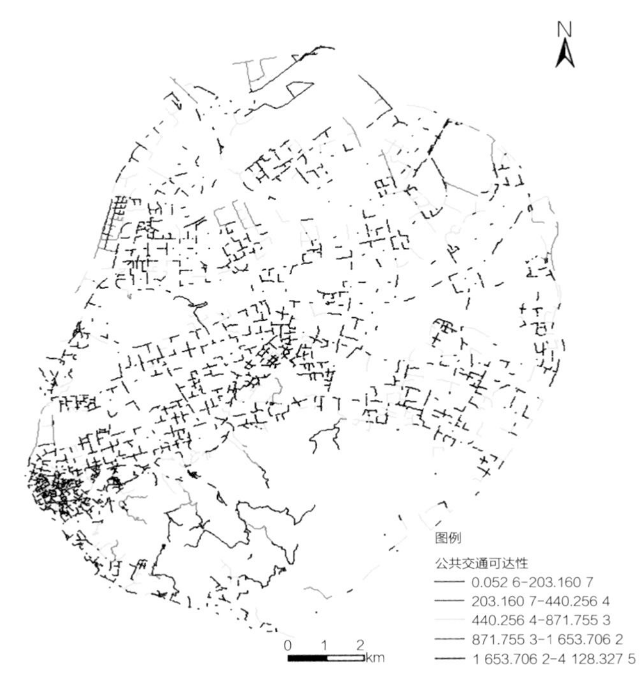

图5-16　公共交通可达性分布（示例）

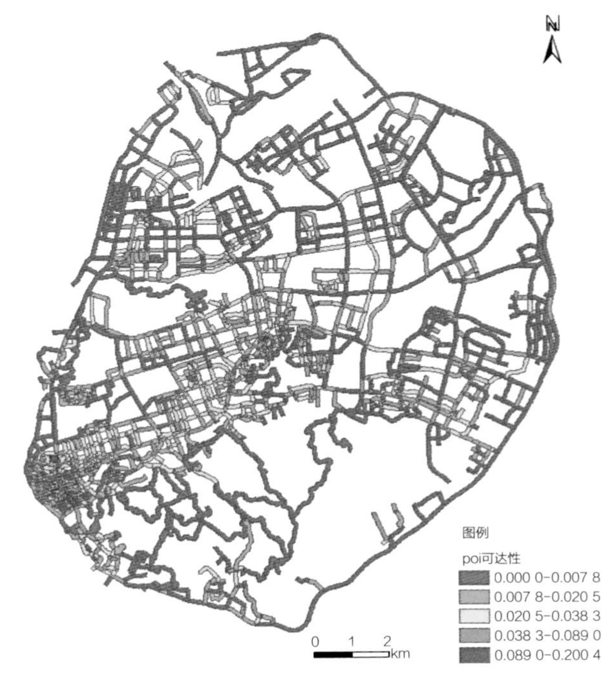

图5-17　商业可达性分布（示例）

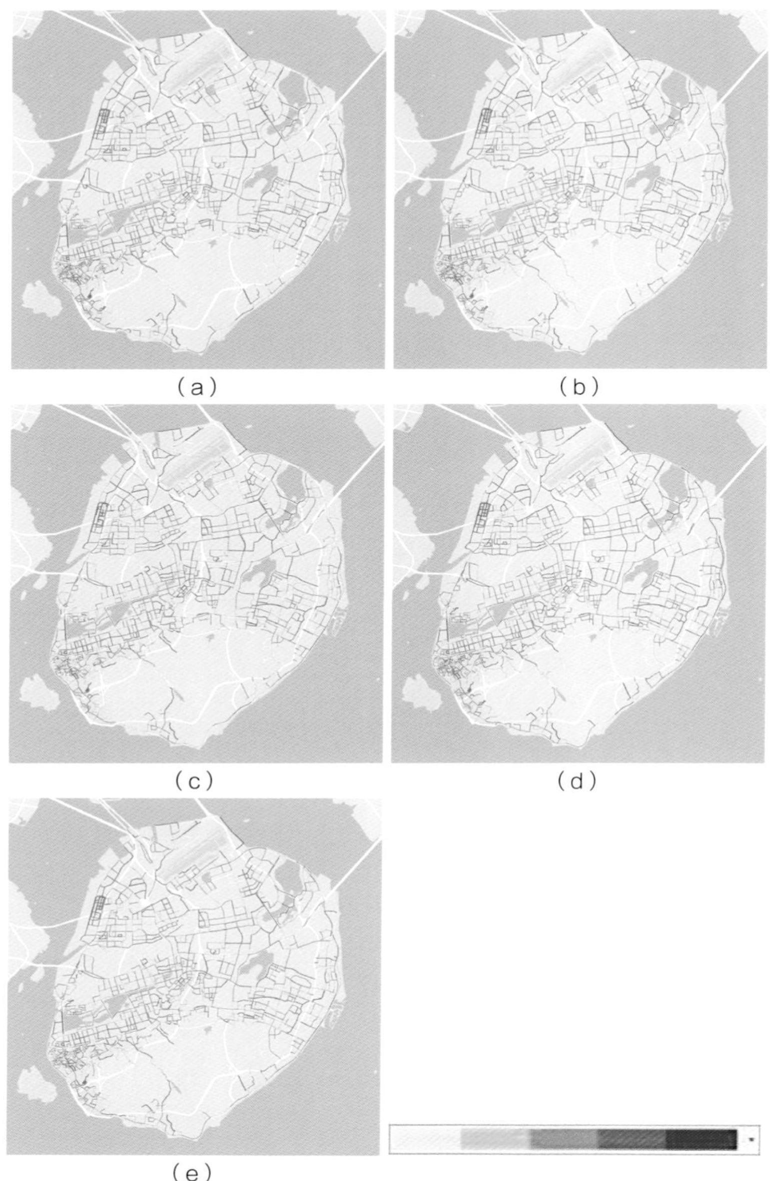

图5-18 厦门岛逐日便捷性，(a)(b)(c)(d)(e)分别代表21日到25日

图5-19 厦门岛逐小时便捷性，12月21日到25日间6-9点

7点与8点的骑行者由于邻近规定上班时间，可能一定程度上加快了骑行速度（7.70m/s和7.51m/s）。而9点的骑行者可能是属于非工作通勤或者规定上班时间较晚（如不规定上班时间，仅上班满8小时为限的工作者）的居民，因此骑行速度放缓较为明显（6.74m/s）。

4）活跃性

前三个二级指标关注骑行行为，与它们不同，活跃性指标关注的是骑行目的，将骑行友好度从狭义扩展到了广义。活跃性指标由轨迹速度和人流量决定。这两个因子反映骑行者选择骑行路线的目的。轨迹数量表征选择该路段骑行的人数。由于同一路段骑行人数较多，也不会产生拥堵现象。所以，轨迹数量与友好度成正比。因此，该指标是友好度的正向影响指标（图5-20）。

与轨迹数量相同，人流量更多说明骑行者更多，共享单车使用率更高。采用了手机信令数作为人流拥挤度的指标，是友好度的正向影响指标（图5-21）。

研究时段内逐日的活跃性指标随时间变化不是特别明显（图5-22），全路段活跃性均值除23日（0.013）均在0.015。工作日时段内逐日城市居民有着相似的通勤特征，活跃性指标变化较小。23日由于有降雨事件，导致当日居民共享单车骑行减少，轨

图5-20　厦门岛轨迹数量分布（示例）

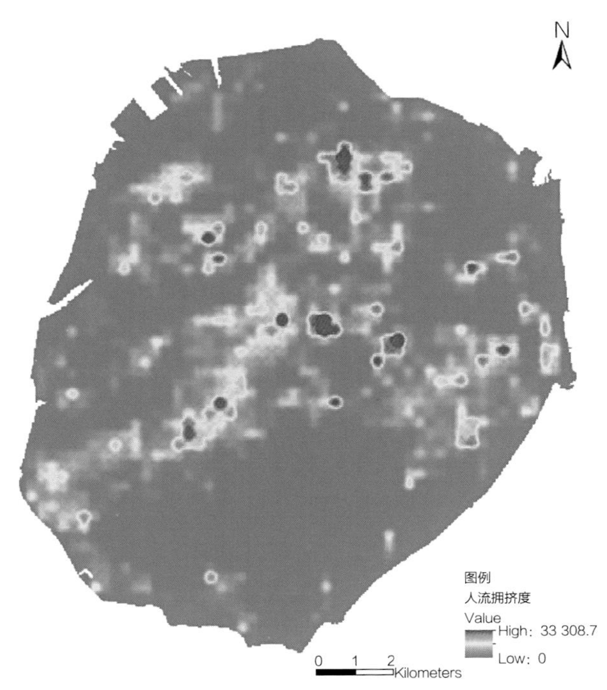

图5-21　厦门岛人流拥挤度分布

迹指标有大幅下滑：仅有12万条左右轨迹，其他日期内的轨迹均超过30万条。

逐小时结果表明早上6点的活跃性整体是较低的，全路段活跃性均值为0.013（图5-23）。因为这个时间大多数人处于各

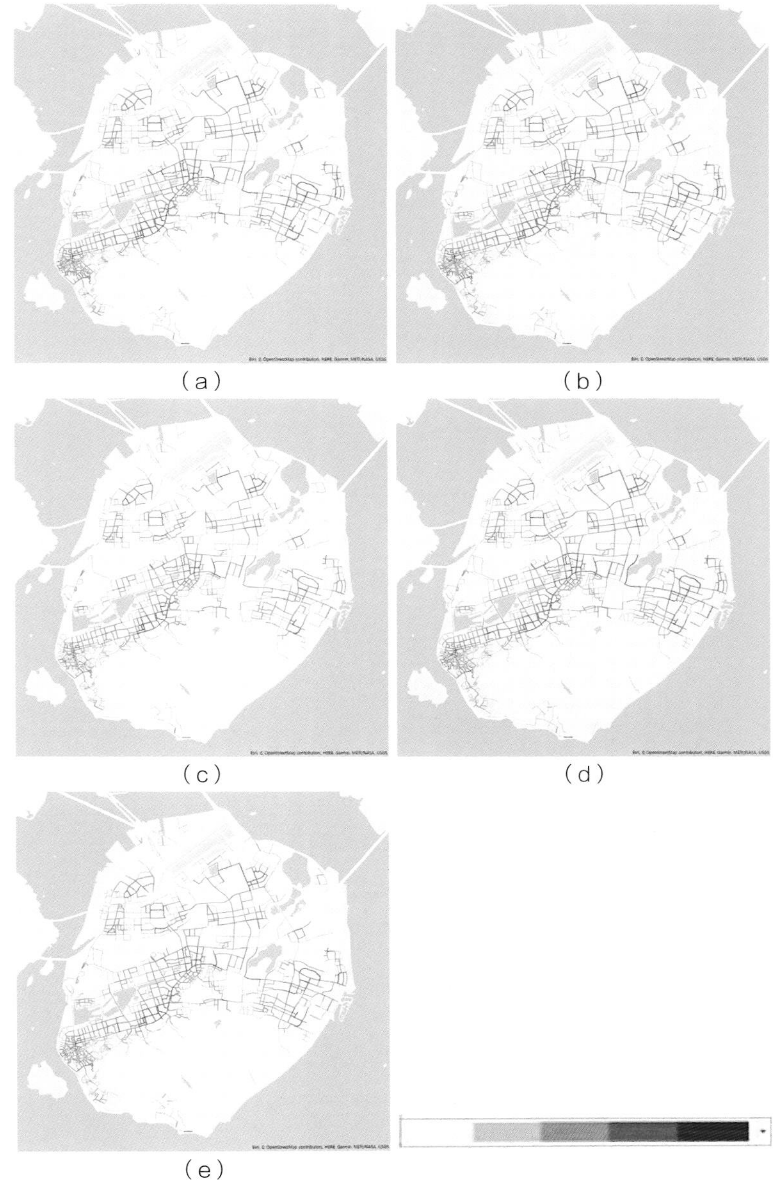

图5-22　厦门岛平逐日活跃性，（a）（b）（c）（d）（e）分别代表21日到25日

自家中，骑行共享单车的人数较少，该时刻内轨迹数约为13万条，因此道路上的活跃性指标较低，随着时间增长，活跃性逐步增强，人们开始进行上班通勤，因此7点、8点的活跃度均值分别提升到0.016、0.017，这两个时刻的轨迹数分别达到了44万条与65万条。而9点以后上班通勤的人或者以8点、9点为规定上班时间的人开始减少，该时间段内数量仅有28万条，活跃性仅为0.014。

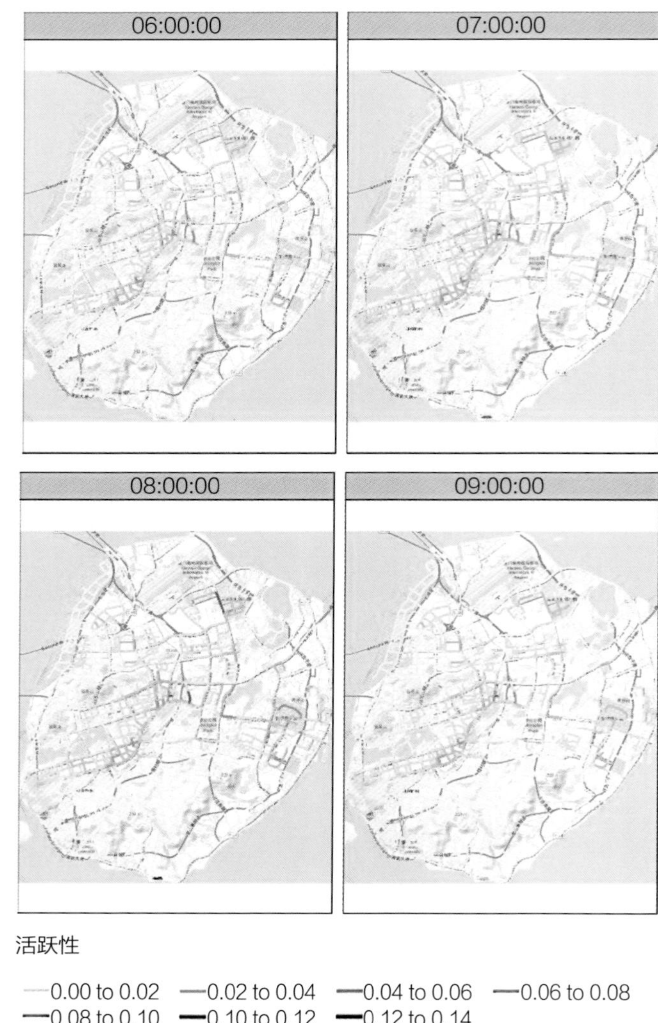

图5-23　厦门岛逐小时活跃性，12月21日到25日间6-9点

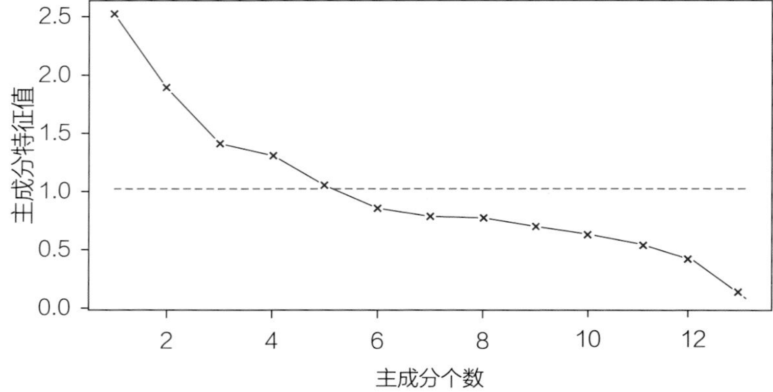

图5-24　主成分分析指标碎石图

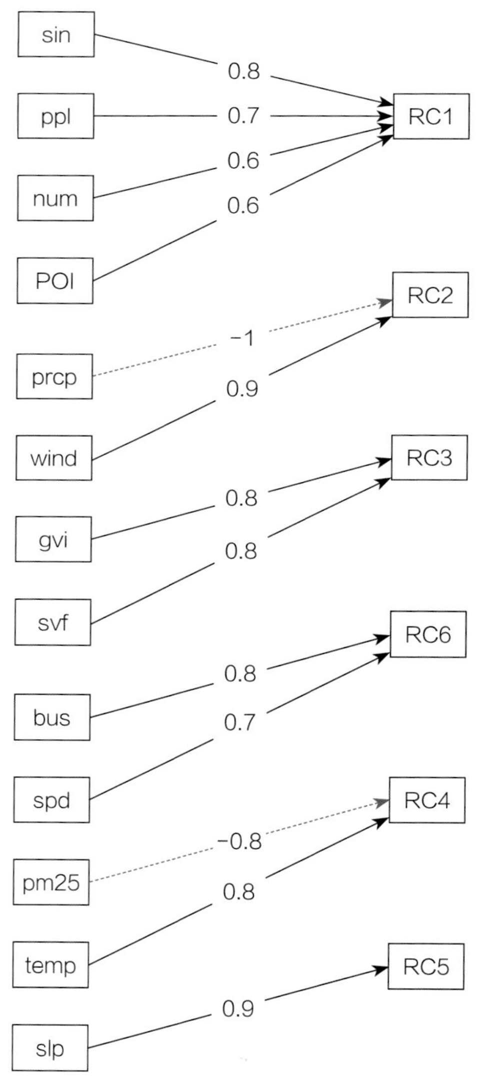

图5-25　主成分与原始指标对应关系

（3）指标权重确定与综合得分模型

本研究考虑了13个影响因子，采用主成分分析法建立共享单车骑行友好度与影响因素之间的关系与指标权重确定。

首先通过主成分分析的碎石图确定适宜的主成分个数（图5-24），主成分个数为6时，方差解释率达到69.6%，整体主成分与原始指标对应关系较为客观与真实，且便于解释（图5-25），最终得到如下的友好度评估综合得分模型：友好度=0.168×轨迹数量+0.104×平均轨迹速度+0.073×曲折度+0.124×公共交通可达性+0.075×商业可达性+0.077×人流拥挤度+0.149×坡度-0.069×空气污染指数-0.102×降水+0.128×温度+0.097×风速+0.138×绿视率+0.038×天空率。

综合得分模型的权重是基于现有数据得到的，因此存在一定的局限性。如温度指标，由于本研究轨迹数据研究时段为冬天，因此当前温度与骑行友好度是正相关，但在夏天时，可能呈现一个相反的相关关系。后续在对该模型的应用与拓展时，可以考虑替换为热舒适度指标或者将每个二级指标与友好度的关系一一分析。

2. 模型应用案例可视化表达

（1）逐日骑行友好度评价分析

研究时段内逐日的友好度指标整体变化趋势随时间变化呈现一个由大变小再变大的过程（图5-26），21日与22日骑行友好度为0.236和0.233。23日骑行友好度为最低值0.098。24日与25日骑行友好度略有回升（0.188和0.185）。

逐小时骑行友好度的差异较小（图5-27）。6点骑行友好度为0.184。随着时间变化，骑行友好度逐渐上升，在7点、8点分别达到峰值：0.198、0.195。原因是活跃度提升导致，7—8点时段有较多的人使用共享单车出行。9点骑行友好度回落至0.17，为6点到9点间的最低值，所有二级指标均在下降。

（2）案例分析

本研究结合早高峰骑行热点区域与友好度结果进行案例分析。

以21号为例，早高峰骑行冷热点分析过程如下：

以15min为间隔切分当天的共享单车出行轨迹点数据，并按照网格进行统计，采用热点分析工具，以轨迹数量作为关键变量，进行时空冷热点分析，挖掘轨迹点数据中潜在的时空模式。

21号早高峰骑行冷热点如图5-28所示。厦门岛四周为持续冷点区域，说明早高峰时期该区域一直少有骑行行为；岛北部和东部区域为振荡的冷点区域，说明在早高峰大部分时间该区域少有骑行行为，但是在早高峰交通密集时间，该区域的骑行行为大幅增加成为热点区域；岛中东部的条带状区域为振荡的热点区域，说明在早高峰大部分时间，该区域骑行行为较多，只在早6点或者早10点等较少时间段内，该区域的骑行行为较少；被振荡的热点条带状区域包围的有三个连续热点区域，整个早高峰时间内这些区域骑行行为一直较多。

选择厦门华润中心区域（中间连续热点区域）作为研究案例开展具体研究（图5-29）。

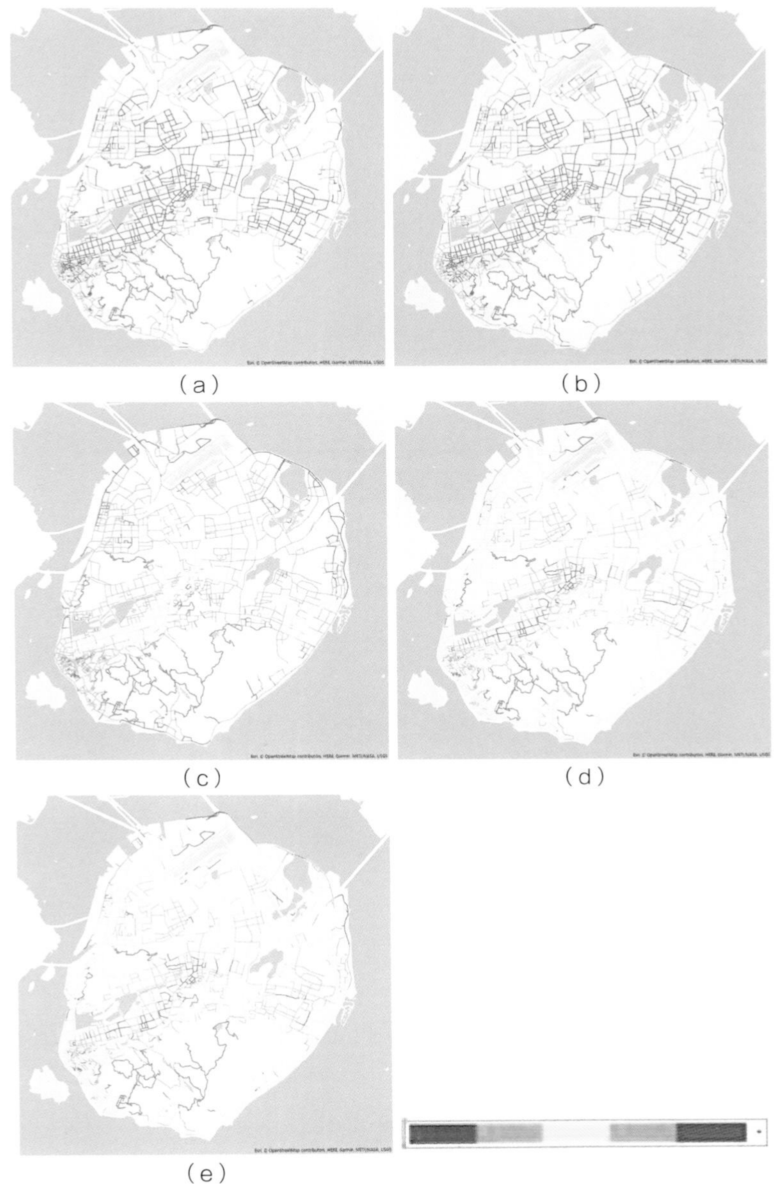

图5-26　厦门岛逐日骑行友好度，（a）（b）（c）（d）（e）分别代表21日到25日

该案例地为2020年12月21日早8—9点共享单车骑行热点区域，位于湖滨南路与湖滨东路交汇处，厦门万象城商业中心附近。

该区域以华润中心这一商业服务业设施为中心，周围分布有大量居住用地，在早高峰时段具有大量共享单车通勤行为。共享单车骑行热点区域的正向骑行友好度指标较高，这既体现了友好度指标的合理性，也体现了人们选择的骑行路线对于骑行友好度的重要影响。

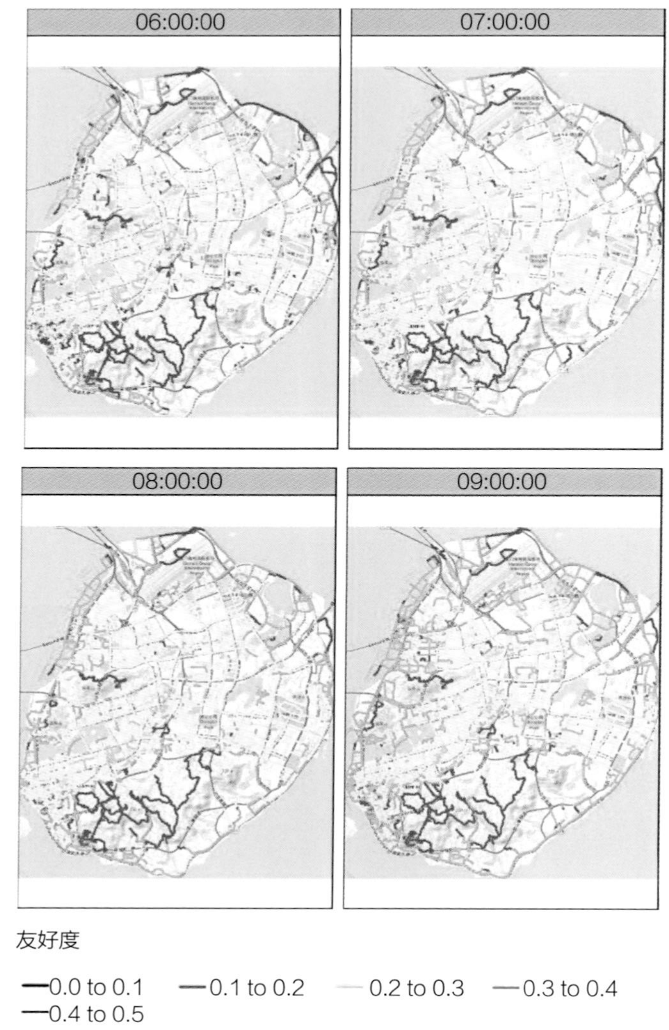

图5-27 厦门岛逐小时骑行友好度

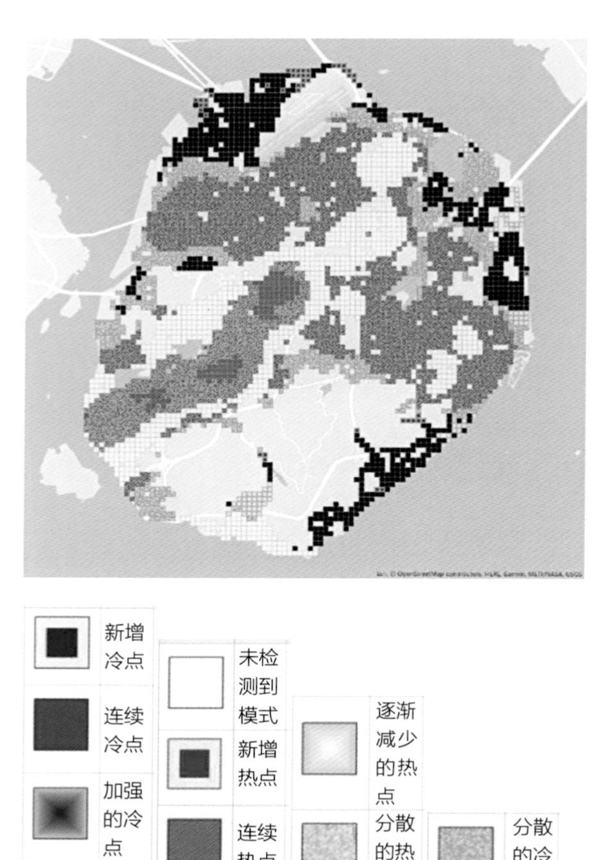

图5-28 时空热点分析

但是骑行基础设施并不一定可以完全支撑高骑行友好度路线。如湖滨中学东侧湖滨三里到湖滨南路路段，该路段属于居住用地，居民通勤的需求量较大。位于5个公交站附近，共享单车停车点分布较密集，共享单车的出现有助于解决居民早高峰通勤“最后一公里”的痛点，与骨干交通站点有良好接驳；餐饮、购物、生活服务等POI分布密集，生活便捷性高，便于解决早餐需求；自然环境适宜骑行，坡度范围为1°~ 2° ，风速为5.22m/s，降水量为7.72mm，12月21日温度为12~18℃，天气为阴转多云，空气质量为17.33μg/m^3，绿化环境好，骑行的安全性与舒适性较高。但该路段位于湖滨中学附近，早高峰期间上学与通勤的人流量与骑行轨迹数量较大，非机动车道过窄，人行道与非机动车道难以分离，轨迹平均速度不高，可能造成该路段骑行拥堵，影响正常通勤效率。骑行活跃度高的地方骑行友好度反而低。因此，可以结合骑行友好度指标，对改进当前骑行基础设施提出建议。

其次，骑行热点区域的共享单车需求量要远大于其他区域，保持该区域的单车投放量与存取方便具有重要的意义。图5-29也显示了该区域各路段的停车点密度差异，基本上在热点区域，各路段停车点密度都较高。但华润中心东侧停车点密度较低，这可能导致骑行者进一步向其他区域集中，引起其他路段拥堵，进而影响整个区域的通勤效率。

通过案例分析可以了解到，友好度指标考虑了骑行目的，反

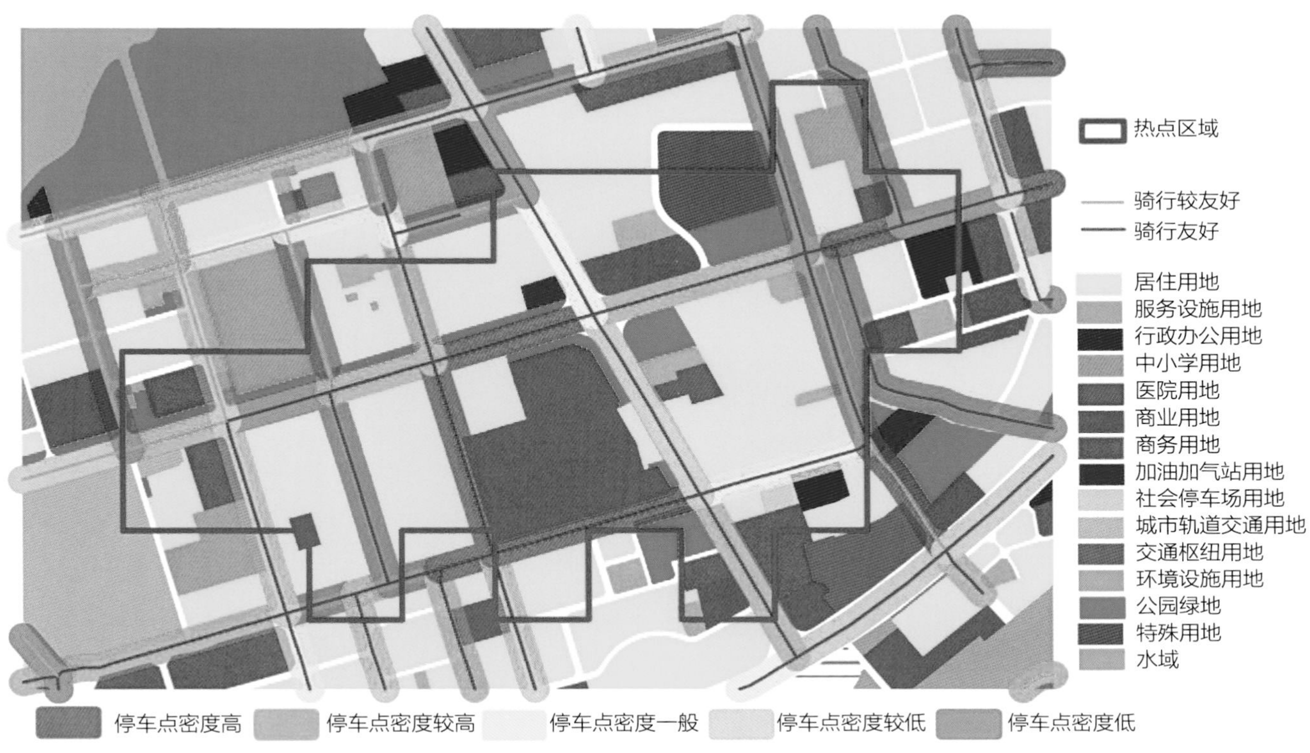

图5-29　案例分析——以华润中心附近为例

映了骑行者期望的骑行路线。但是实际骑行基础设施、骑行者期望路线与区域骑行状况仍存在一定的矛盾，结合指标体系与实时数据，可以为区域骑行状况优化提供建议。向上可以为管理部门以及共享单车机构提供设施改进建议，向下可以为骑行者提供最优路线规划，避免拥堵、取车停车难等问题的产生。通过本案例，可以证明该研究的友好度指标能够多方面、全方位地提供决策建议与基础，促进骑行友好城市的建设。

（3）研究结论

城市环境中各类因素在对骑行活动影响大小和方向在不同时段存在较大的差别。针对融合多源异构时空大数据的共享单车骑行友好度评价研究，有以下分析结论：

1）动态的骑行友好度时空评价体系

通勤场景与人的行为强相关，骑行友好度时段分布图（图28）显示工作日6—7点相对于7—10点的骑行友好度普遍偏低，通勤需求普遍出现在7点以后，有明显的冬季早高峰通勤场景特点。

骑行友好度较高的位置位于厦禾路—湖滨南路沿线、软件园二期、湖里创新园、火炬园和鹭江商务区等地。表明工作—居住地的位置对通勤场景下的骑行友好度具有正向影响。从城市空间布局上看，该区域是厦门的中心商务区、主要商圈、重要旅游区以及重要交通枢纽。

以25日从6点到10点的各时段路网友好度为例（图5-29），可以发现7点至9点，主干道附近区域路段友好度明显提升，这是骑行者路段选择的影响。轨迹数、轨迹速度对于早、晚高峰通勤具有重要的意义。早高峰骑行者更关注骑行的效率和成本，上述指标可以起到“众选”方法的作用。构建的骑行友好度时空动态评估体系生成的骑行友好度时空地图，可以辅助用户选择高效出行的通勤路线。

2）自然环境因素影响

尽管研究区范围小，导致自然环境因素对骑行友好度的影响在空间分布上差异不大，但不同日期的影响较大。骑行友好度逐日分布图表明，尽管研究时间段内没有极端天气事件，但天气仍然影响了骑行友好度。比如12月23日由于有降雨，骑行友好度平均值低于其他日期。

3）建成环境因素影响

商业可达性、公共交通可达性与职住地分布等城市建成环境因素对通勤骑行友好度也具有一定影响力。尽管环岛路道路通畅且坡度平缓，但由于商业设施分布稀疏、公共交通站点距离较远且职住地较少，在早高峰期间，居民的骑行活动少，在评价模型中被认定为较不友好。

4）理论骑行友好度与实际骑行友好度存在差异

骑行友好度是从骑行需求和目的的层面反映各路段是否对骑行者友好，突出了城市空间对人骑行活动的引导能力。在分析骑行友好度指标是否具有现实意义时，需结合其他基础设施数据对骑行友好度结果进行局部比对的案例分析，针对不同基础设施数据提出具体的可落地的解决方案。比如停车点电子围栏数据与骑行友好度融合分析，可以得到区域的骑行基础设施与骑行者的期望存在一定的矛盾，既可以给政府部门提供整改建议，也可以引导用户友好骑行。

六、研究总结

1. 模型设计的特点

本研究利用共享单车轨迹、街景图片、POI等多源异构的时空大数据开展骑行友好度评价的研究，希望通过研究开展和成果推广来促进国内在这一领域研究工作的拓展，本研究具有以下创新意义：

（1）多源数据的融合：智能共享单车的GPS定位系统使骑行轨迹能够真实反映居民的路径选择，极大改善了抽样偏差问题，并为多源数据融合研究提供了可能；街景图片与机器学习等新技术使得难以量化的绿化率、天空暴露率等指标得以量化表示；手机信令、POI、DEM和空气质量等多源时空数据的分析也让骑行友好度的评价更加全面，进而拓展骑行友好度研究体系。

（2）先进研究方法的集成：以往研究方法大多基于实地调查与问卷调查的传统方法进行定量研究。在骑行环境的研究方面，中微观尺度的调查难以进行定量分析，实地调研需要大量的人力物力，因此面向早高峰通勤慢行交通相关影响因素研究，目前相对有限。本研究集成了GIS空间分析、机器学习与深度学习方法、轨迹挖掘算法等，可有效融合其他多源数据类型，提高研究结论的丰富程度。

（3）研究尺度的精细化与多样化：以往研究由于研究数据与方法的限制，难以将不同类型的数据整合，研究的尺度大都基于片区范围，最终反映出慢行交通的友好度的影响因素也相对单一。本研究将分析结果均表示在路网上，对研究城市道路尺度下的慢行交通友好度可以有更加直观的可视化表达。

（4）指标体系的完善：我国城市在建设慢行交通友好城市环境的过程中，应当全面关注自然、社会、建成三个层面的环境对发展慢行交通的影响。在现有的自行车发展策略体系中逐步构建滚动的长效评估机制，开展慢行交通系统的研究，有助于为城市骑行环境优化与骑行基础设施改善提出优化策略，改造道路空间环境，提高居民骑行出行意愿，引导小汽车出行向公交交通+慢行出行方式转移，缓解道路交通压力。此外，可以根据研究结论，构建城市休闲绿道系统，连通城市公园绿地等休闲游憩场所，提高公共活动空间的利用率，提高城市的宜居性，提升城市竞争力，具有十分重要的现实意义。

2. 应用方向或应用前景

（1）合理分配路权，提供合理的通道空间。根据城市自然生态格局、空间结构、用地布局等因素，合理划定城市不同功能的慢行分区，并制定对应的发展策略和建设指引。通勤性自行车专用道可以考虑与主干道相结合设置，也可以结合城市绿道等慢性系统设置。

（2）加大政策支持力度，提高管理水平。与服务于机动的道路系统相比，国内城市慢行交通建设处于刚起步阶段，完善程度远不及机动车道路系统。针对这种情况，必须加大对城市慢行交通的建设投入，使其得到良好发展和完善。对慢行交通规划需要从空间、设施、环境等多个方面体现出以人为本，切实考虑慢行交通群体的出行特征与安全需要，提高人民生活品质，展现城市特色风貌，缓解城市交通压力，促进城市可持续发展。

（3）突出交通一体化设计，合理解决慢行交通与公共交通的衔接。慢行交通设施应与城市轨道交通、快速公交、常规公交站点结合设置，方便换乘，形成贯通一体的出行链。

（4）探索性分析：本研究基于WebGIS技术，对分析结果发布服务并搭建骑行友好度时空“一张图”系统（图6-1），可进一步形成完善的单车骑行评估系统。

图6-1 骑行友好度时空“一张图”系统

参考文献

[1] 梁军辉，石淼，吴纳维，李栋，王鹏. 基于多源数据融合的骑行时空行为特征及骑行环境优化策略研究［R］. 北京：清华同衡规划设计研究院，2016.

[2] 程车智，张琼. 基于共享单车定位数据的城市公共骑行空间优化研究——以南京市区为例［J］. 西部人居环境学刊，2020，35（2）：82-88.

[3] 过秀成，崔莹. 城市步行与自行车交通规划［M］. 南京：东南大学出版社，2016.

[4] 刘力豪，彭蓬. 城市慢行交通友好性发展模式研究［J］. 山西建筑，2016，42（27）：1-2.

[5] 杨永崇，柳莹，李梁. 利用共享单车大数据的城市骑行热点范围提取. 测绘通报，2018，（8）：68-73.

[6] 高枫，李少英. 广州市主城区共享单车骑行目的地时空特征与影响因素［J］. 地理研究，2019，38（12）：2859-2872.

[7] 杨嵋，张霞. 基于行为轨迹的坡度骑行交通适宜性评价［J］. 城市建筑，2019，16（336）：5-11.

[8] 中国公路学会《交通工程手册》编委会. 交通工程手册［M］. 北京：人民交通出版社，1998.

[9] 住房和城乡建设部. 城市步行和自行车交通系统规划设计导则［EB/OL］. https://wenku.baidu.com/view/09e02e8d65ce0508763213d6.html.

[10] 北京市市政工程设计研究总院. 城市道路工程设计规范（CJJ 37—2012）［S］. 北京：中国工业建筑出版社，2012.

[11] Phuong T.M. Tran，Mushu Zhao. Cyclists’ personal exposure to traffic-related air pollution and its influence on bikeability［J］. Transportation Research Part D，2020（88）：1361-9209.

[12] 苏毅，王轩，王晗. 哥本哈根单车指数对北京自行车交通的评价［J］. 北京规划建设. 2020：83-87.

[13] 张磊，鲍培培，张磊. 美国基于面域的骑行性测评体系比较研究［J］. 规划设计，2020，18（2）：92-99.

基于多源数据的城市内涝风险评估系统构建

工 作 单 位：天津大学建筑学院

报 名 主 题：生态文明背景下的国土空间格局构建

研 究 议 题：气候变化响应、生态系统服务与景观格局塑造

技术关键词：SWMM模型、SCS-CN模型、高德开放平台、内涝风险模型构建

参 赛 人：李涵璟、毛露、崔佳星、杨雯琪、闫炳彤、邵闻嘉、贺玺桦、邵彤、赵爽、许涛

参赛人简介：研究团队主要由天津大学建筑学院“景观实验室”工作室组成，人员涵盖高校教师、研究生、本科生，专业包含城市规划与风景园林。李涵璟，风景园林在读硕士研究生，主要研究方向为绿色基础设施。毛露、崔佳星、杨雯琪、闫炳彤、邵闻嘉，城乡规划在读本科生，对于城市空间量化研究有较高的研究兴趣。邵彤，风景园林在读硕士研究生，主要研究城市通风廊道。贺玺桦，风景园林在读硕士研究生，主要研究城市内涝、蓝绿空间。赵爽，风景园林硕士研究生，主要研究城市内涝。许涛，天津大学建筑学院讲师，研究方向为海绵城市。

一、研究问题

1. 研究背景及目的意义

（1）研究背景

近年来，我国很多城市面临着不同程度的内涝灾害。气候变化和城市化背景下，城市内涝这一严重威胁城市安全的现实问题受到越来越广泛的关注。建成区城市内涝严重，根据文献数据以及高德地图积水点观测，全国大型城市中心城区都有不同程度的内涝情况发生（图1-1）。

因此，对城市内涝时空特征和发生机制的研究，具有重要的理论和现实意义。本课题以天津为例，围绕城市内涝发生的时空规律、发生机制等，引入大数据技术，借助多元数据采集手段，分析城市内涝的时空分布规律，揭示城市内涝发生的机制，为缓解城市内涝提供依据。

天津市城市内涝情况严重，其特征主要是：①年均降水量小，年内分布不均。天津市历史年降水降水量在国内属于中等，夏季多雨，降雨量为本年度降雨总量的70%。②降水峰值大。同时夏季降雨又集中于几场强度较大的暴雨，这种暴雨不但难以利用，当其超过市政基础设施可承载排水量时，还会造成较强的局地洪涝灾害。

（2）理论与技术

对城市内涝、海绵城市、低影响开发、大数据在城市规划领域的应用等进行文献综述：截至目前，国内外已经发展了多种城市雨洪模拟模型，由简单的经验性模型到概念性模型再到复杂的物理模型，其中应用比较广泛的有美国环境保护署开发的SWMM模型，美国农业部水土保持局于1954年开发的SCS-CN模型，丹麦DHI水力研究所的MIKE系列模型以及英国Wallingford国家研究所开发的InfoWorks软件等（图1-2、表1-1）。

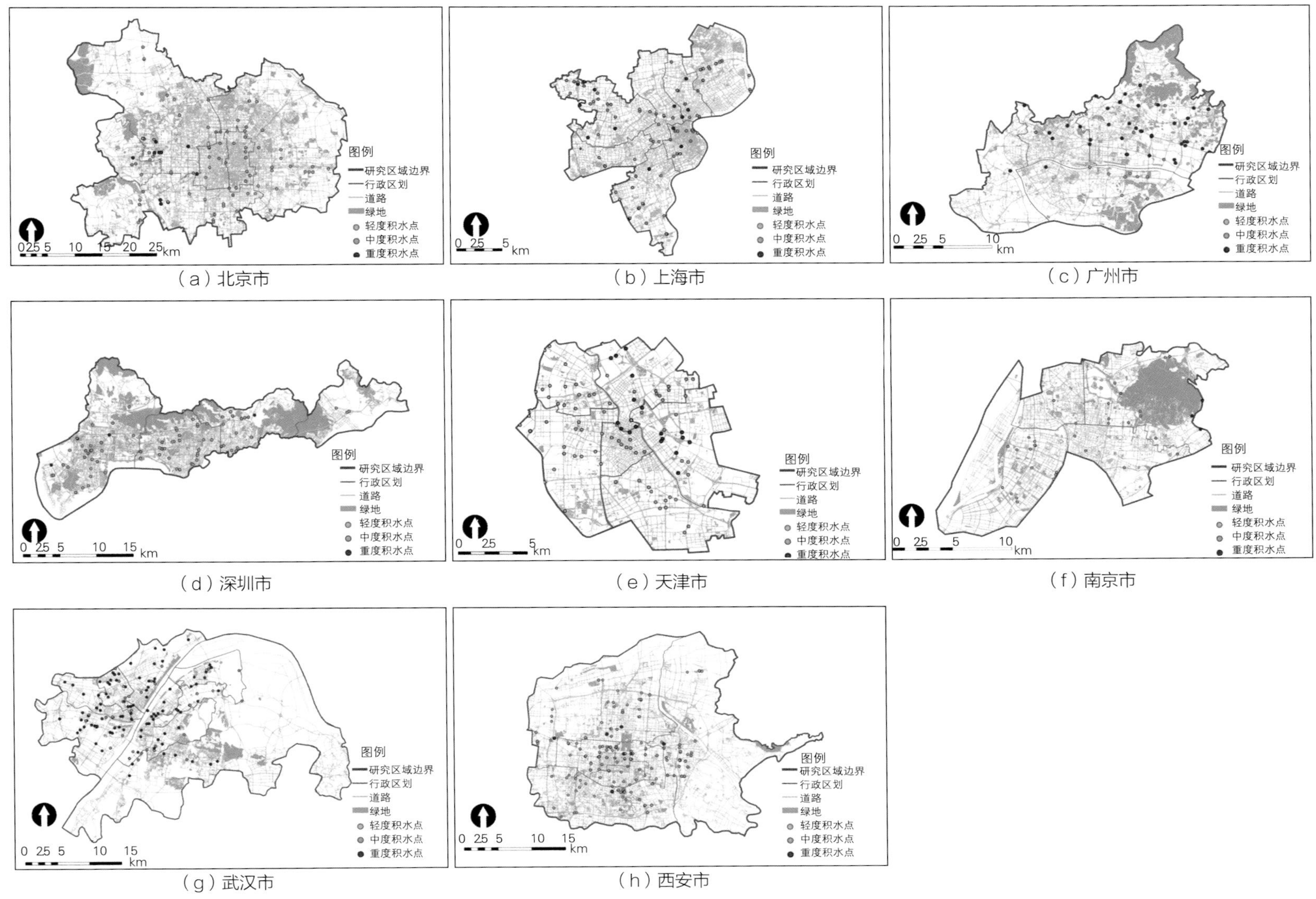

（a）北京市　（b）上海市　（c）广州市　（d）深圳市　（e）天津市　（f）南京市　（g）武汉市　（h）西安市

图1-1　全国主要城市内涝现状图

主要模型说明表　　表1-1

雨洪模型	模型说明	主要模拟过程	主要模拟变量	主要解决问题
SWMM	水文水力水质模型	径流过程、管道输送过程、储水及水处理过程	水量（水文过程线和径流量）、水质参数	连续模拟降雨径流问题
HSPF	流域水文水质模型	综合性的水文、水质过程	径流量、泥沙负荷以及用户定义的污染物浓度的时间序列	模拟流域的水量和水质化，预测暴雨产流和其中的水质问题
STORM	用于城市合流制排水区的暴雨径流模型	小排水区（尤其是城市的水文过程和污染物的迁移转化过程）	水量、BOD5、总悬浮物等水文水质参数	将透水和不透水面积分别模拟，能模拟市区的降雨、径流及水质变化过程，能绘制径流中简单的水量图
DR3M-QUAL	合流制排水区的暴雨径流模型	城市区域的降雨、径流、水质变化程	扩散式雨水径流模型水质参数	模拟单一降雨时间或者多个降雨时间

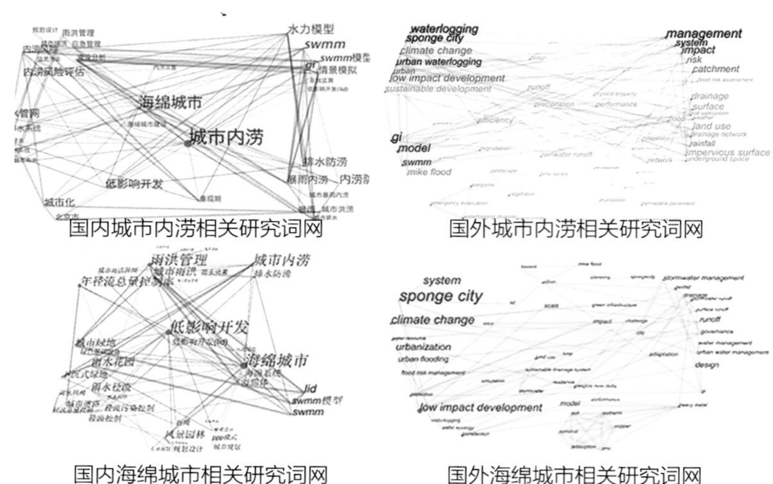

图1-2　相关研究词网分析

2. 研究目标

研究目标主要有以下两点：首先是探究大数据技术在城市暴雨内涝灾害这一涉及气象学、地理学、城市规划、信息科学、管理学等多个学科的典型多学科交叉和大数据问题中的具体运用。其次是应用大数据对天津市内涝的空间规律的表征进行可视化分析。通过分析历史内涝事件和内涝城市水文特征，分析城市中各个内涝点与相关要素之间的关联，揭示城市内涝的发生机制。

3. 研究问题

对于天津市内涝时空分布的规律研究按照图1-3所示结构进行组织。

在宏观层面上，主要探究如下问题：天津市积水点分布特征如何？宏观尺度进行基于土地高程的积水区模拟结果如何？基于DEM的积水模拟与现状积水点之间的耦合关系如何？

在中观尺度上，主要解决以下两个问题：内涝点周边绿地水体等要素特征如何？各类景观格局与雨洪径流模拟地量化关系？其中第一个问题对应的研究内容为：城市总体绿地景观格局、积水点绿地水系景观格局、随机点周边绿地水系景观格局三个方面。第二个问题主要研究的是：景观格局指数与雨洪模拟结果量化关系探究。

在微观尺度主要研究问题为模型应用和场地优化：景观格局优化视角的SWMM理论模型如何构建？不同重现期下降水模拟结果如何？景观格局优化前后对比如何？

图1-3　各阶段研究目标

二、研究方法

1. 研究方法

（1）图像监督分类法

图像监督分类法是以建立统计识别函数为理论基础、依据典型样本训练方法进行分类的技术。

（2）地理统计方法（空间统计方法）

地理统计学方法通过运用统计分析方法对地理空间要素的数量种类等进行处理，能够方便地反映区域内地理要素数量与质量在空间的分布情况。

（3）相关性分析法

相关分析是指对两个或多个具备相关性的变量元素进行分析，从而衡量两个因素的相关密切程度，相关性的元素之间需要存在一定的联系或者概率才可以进行相关性分析。

（4）模型模拟法

SWMM模型是一个降雨径流模型。区别于流域尺度的水文模型，SWMM模型的主要模拟对象为包括各种管网在内的城市区域。SWMM可同时模拟地表径流、河道和管网的水力状态。

（5）景观格局指数计算法

景观格局通常是指景观的空间结构特征，具体是指由自然或人为形成的，一系列大小、形状各异，排列不同的景观镶嵌体在景观空间的排列，它既是景观异质性的具体表现，同时又是包括干扰在内的各种生态过程在不同尺度上作用的结果。

2. 研究步骤

（1）宏观尺度研究步骤

宏观尺度研究目标主要包括以下内容：①积水空间宏观分布——主城区内积水空间分布情况；②易涝区域土地利用特征——积水点周围土地利用特征（定性、定量）积水点距离水、绿地等自然疏解要素的距离等；③土地高程与积水空间关系——基于土地高程要素得到的主城区积水区模拟积水区与实际积水点关系。

1）数据准备

通过瓦片截取、数据采集等方式从规划云网站、百度地图等数据中获取研究范围内道路、绿地、水体、建筑的数据，在将这些数据进行对比之后，从中选取精度最高的数据，经过解密、校正、格式转换在ArcGIS中形成矢量底图。

2）数据处理

以积水点和水、绿地为要素进行点到矢量面的距离计算，获得积水点距离周边水、绿地要素的最短直线距离。以积水点为中心，建立500m范围的缓冲区。经过裁切、融合、合并等地理处理后，获得缓冲区范围内土地利用情况。

3）数据分析

将缓冲区相关数据的属性表转入Excel，对照地图进行数据清洗和分析，结合内涝发生点的土地利用类型、各个类别的比例等对内涝发生点进行分类，将数据可视化处理，得到初步结论。利用土地高程进行计算得到低洼区和淹没风险较高的地区，和实际积水点进行对比。

（2）中观尺度研究步骤

研究成果包括：①典型积水点绿地水系格局特征——不同程度的积水点周边景观格局分析积水点与随机点景观格局特征比较；②绿地水系格局对于积水的影响——绿地、水系的布局方式与积水的相关性比较。

1）数据准备

基于宏观分析结果，为更好地研究绿地与水系布局对于积水点的影响，在ArcGIS中选定典型研究点，划定研究范围，裁切绿地水系数据，联合数据进入同一研究背景，将数据按照研究范围、绿地、水系、无数据范围重分类处理，进入Fragstats进行计算。

2）指标选定与数据处理

选取了四大类九个指数进行景观格局的测量，分别是斑块类型面积指数、斑块数量、平均斑块面积指数、景观形状指数、平均形状指数、斑块密度指数、聚合度指数、连接度指数、整体性指数，用Fragstats软件进行计算。

3）数据分析

将缓冲区相关数据的属性表转入Excel，对照地图进行数据清洗和分析，分别比较天津市景观格局特征、积水点与随机点景观格局特征、不同程度的积水点的景观格局特征。

（3）微观尺度研究方法

研究成果包括：①带市政要素的积水模型；②绿地空间布局对雨水径流的影响模型；③海河南部积水片区的格局优化实验。

1）田野调查

前往上一步选择的片区进行田野调查，运用无人机对所选片区进行拍摄，用Agisoft PhotoScan将照片对齐、生成点云网格纹理，导出dem和图片文件，获取详细的周边地形数据和土地利用信息。前往上一步分类的各类别中选取若干有代表性的点进行实地调查，分析不同影响条件对于内涝发生的影响程度。

2）模型构建

为了体现绿地布局的上下游关系，本次实验构建了5个连续的地块作为一个排水片区，每个地块作为一个汇水区。在研究区域内，沿着管网依次布局相同尺度的绿地，并进行绿地布局的上下游关系对研究区域雨水径流的影响分析。在验证城市绿地具有海绵效应功能的基础上，进行绿地在不同空间布局下对研究区域雨水径流的影响分析。

3）实地模拟

以和平区海河南部积水片区为例，进行绿地格局的优化实验，验证前期结论。

三、数据说明

1. 城市建设数据

主要为DSM数据、土地利用数据、市政设施数据、排水管网数据（基于市政理论绘制，无实际数据）。

通过瓦片截取、数据采集等方式从规划云网站、百度地图等数据中获取到了研究范围内道路、绿地、水体、建筑的数据，在将这些数据进行对比之后，从中选取精度最高的数据，经过解密、校正、格式转换在ArcGIS中形成矢量底图。市政设施和排水管网的实际数据未能获得，在此研究中基于市政理论绘制了一版理论数据作为替代。

2. 自然环境数据

主要为DEM数据、下垫面数据（土壤、水体、植被）、雨型、降雨时空分布、蒸发量、温度湿度、风力风速。

3. 内涝溯源信息

主要为网络在线数据（开发数据平台、积水地图产品、社交软件定位信息等）、历史文献数据（地方志、报刊资料等）。

选定了微博、中国天气网、高德地图等社交、气象机构、地图产品等不同方面的网站作为数据来源，以期获得多个维度的气息相关信息（表3-1）。

主要数据说明表　　表3-1

数据名称	数据来源	数据格式
天津市矢量数据（国家1：100万基础地理信息数据库，国家1：25万基础地理信息数据库）	全国地理信息资源目录服务系统	矢量数据
天津市人口数据	GHSL - Global Human Settlement Layer	栅格数据
天津市土地利用数据	Globallandcover	栅格数据
天津市DEM数据	地理空间数据云	栅格数据
天津市水泵水闸数据	《天津市中心城区内涝减缓策略研究》（孙忠）	图片数据
天津市积水点数据	高德地图积水地图	矢量数据

四、模型算法

1. 蓝点模型

“蓝点”是用来表示景观中洼地或汇水区域的另一术语，但它特别强调了雨洪风险：蓝点是大暴雨情况下易于积水或泛滥的区域。主要运行两个模型：①Identify Bluespots模型，可查找研究区域内的蓝点；②Identify Bluespot Fill Up Values模型，可计算填满蓝点容量所需的雨水量。

2. SCS-CN模型

SCS-CN径流模型是一种常用的径流计算方法。径流曲线数（CN）是SCS—CN模型中反映降雨前流域特征的一个综合参数。该模型基于水量平衡方程和两个基本假定：①集水区的实际地表径流量（Q）与流域可能最大径流量的比值等于实际入渗量（F）与潜在蓄水能力（S）之比；②初损（I_a）是潜在蓄水能力（S）的一部分。

用公式表示如下：

$$P = I_a + F + Q$$

$$\frac{Q}{P - I_a} = \frac{F}{S}, \quad (4\text{-}1)$$

$$I_a = \lambda \cdot S, \quad (4\text{-}2)$$

由（4-1）和（4-2）得到：

$$Q=\frac{(P-I_a)^2}{(P-I_a+S)}, \quad (4\text{-}3)$$

$$Q=\frac{(P-0.2S)^2}{P+0.8S}, \quad P>0.2S, \quad (4\text{-}4)$$

$$Q=0, \quad P\leqslant 0.2S,$$

S与CN值的经验转换关系如下：

$$S=25\,4000/CN-254, \quad (4\text{-}5)$$

美国土壤保持局（SCS）经大量降雨径流实验数据得到I_a与S的经验关系式为：$\lambda=0.2$，因此有：

式中，P为降雨量（mm）；Q为径流深（mm）；I_a为初损；S为潜在蓄水能力；λ为初损系数；CN是反映降雨前流域下垫面特征的综合参数，与土壤、土地利用等有关。

3. SWMM模型

SWMM模型主要用于处理城市区域径流产生的各种水文过程。其中管网、下垫面、降雨数据SWMM模型是通过输入参数来定义模型的水文特性和水力特性的，可分为水文参数和水力参数（熊剑智，2016），具体如下：

①面积：指的是子汇水区包围的面积。

②宽度：宽度定义为子汇水面积与地表漫流最长路径长度的比值。

③坡度：坡度的定义是径流地表的坡度。

④曼宁粗糙系数：曼宁粗糙系数反映了水流通过子汇水面积和管道表面时遇到的阻力，其数值等于糙率值，是个无量纲的常数。

⑤洼地蓄水量：洼地蓄水量反映了子汇水面积的洼地蓄水深度。

⑥没有洼地蓄水的不透水区面积百分比：没有洼地蓄水的不透水区面积百分比反映了满足洼地蓄水之前降雨开始后发生的径流，它表示了降雨通过没有地表蓄水的路面、屋顶直接排向路边的下水管道中。

⑦不渗透性：不渗透性表示不渗透地表覆盖的子汇水面积百分比，例如混凝土屋顶和路面。不渗透性的确定根据研究区域的不同土地利用特征对应取值。

⑧最大渗入速率、最小渗入速率和衰减系数：由于城市区域下垫面的特点，超渗产流是地面径流形成的主要机制，故本例将采用Horton模型，参数包括最大渗入速率、最小渗入速率和衰减系数。Horton方程如下：

$$f_p=f_\infty+(f_0-f_\infty)e^{-at}$$

式中，f_p为下渗率，f_λ为最小渗入速率，f_∞为最大渗入速率，a为衰减系数，t为降雨历时。

4. ArcGIS & WebGIS平台

（1）ArcGIS平台简介

利用地理信息系统（GIS），通过聚合和叠加将各类资源数据整合在一张地图上，辅助决策分析、监测数据统计分析。

（2）WebGIS平台简介

WebGIS（网络地理信息系统）是指工作在Web网上的GIS，是传统的GIS在 网络上的延伸和发展，WebGIS主要作用是进行空间数据发布、空间查询与检索、空间模型服务、Web资源的组织等。

五、实践案例

1. 模型应用实证及结果解读

将模型应用于实践案例中进行实证，并对计算结果进行分析和解读，以检验模型的科学性与实用性。

2. 模型应用案例可视化表达

基于上述分析，本次研究以天津市为例对模型进行检验，围绕城市内涝发生的时空规律、发生机制等，借助多元数据采集手段，宏观上分析城市内涝的空间分布规律、揭示土地层面的城市内涝发生的机制，微观上进行特征点的绿地水系景观格局分析和积水模型构建推演，进一步探索内涝规律，科学定制可视化技术方案，并提出景观和工程层面的优化解决策略。

模型整体研究结构如下图5–1所示，前期准备工作主要为基础数据收集，主体研究工作以宏观、中观、微观顺序逐级递进。

（1）宏观层面土地高程与积水的关系研究

选取以下两个模型计算地势低洼地区及降水时率先被淹没的地区，而后与实际积水点的位置比较，探究土地高程与积水的关系（图5–2）。

首先用Dentify Bluespots模型查找研究区域内的地势低洼地

区，而后用Identify Bluespot Fill Up Values模型计算每个蓝点的体积及其当地流域或集水区（可收集雨水的盆地）的面积，从而计算填满低洼点容量所需的雨水量，在一定程度上反映低洼点的洪灾风险（图5–3、图5–4）。

图5–1　研究结构图

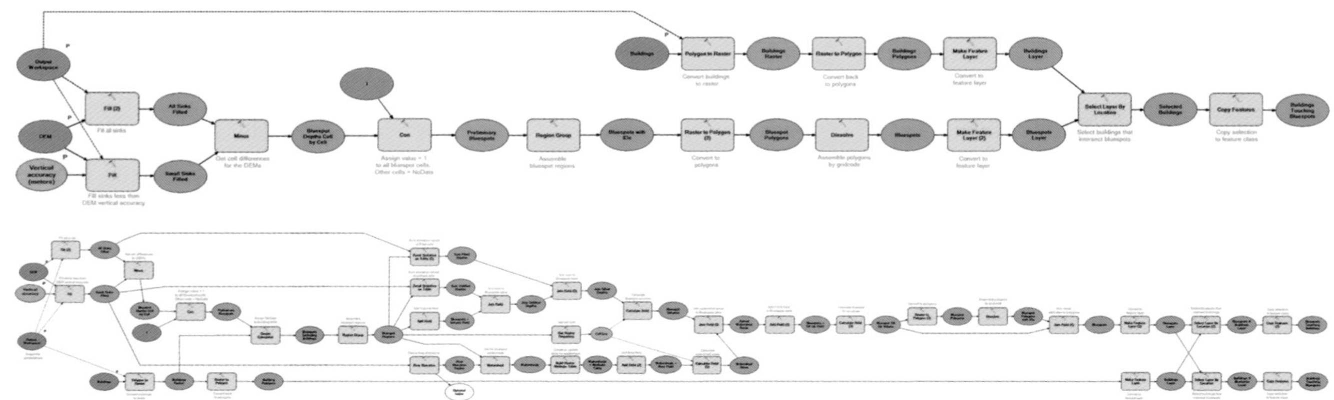

图5–2　Dentify Bluespots模型与Identify Bluespot Fill Up Values模型图

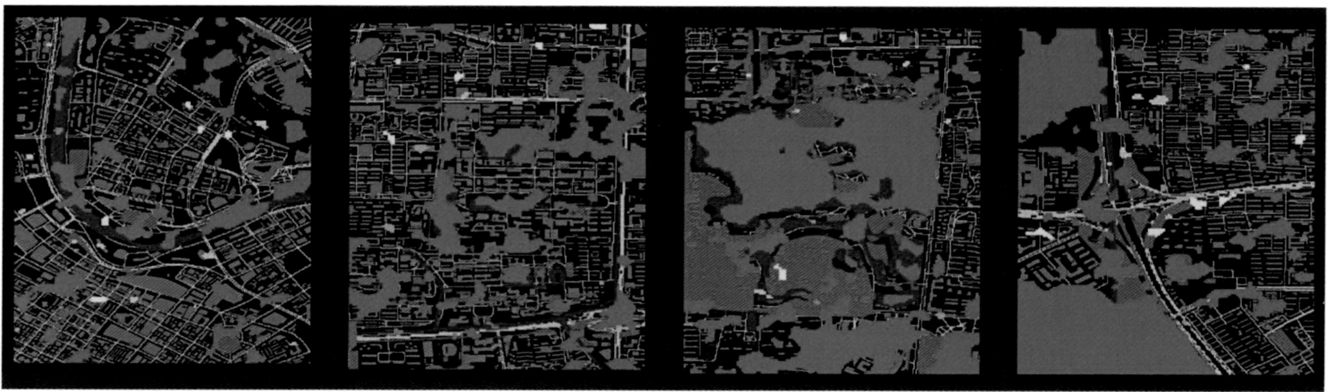

图5–3　低洼点计算结果图

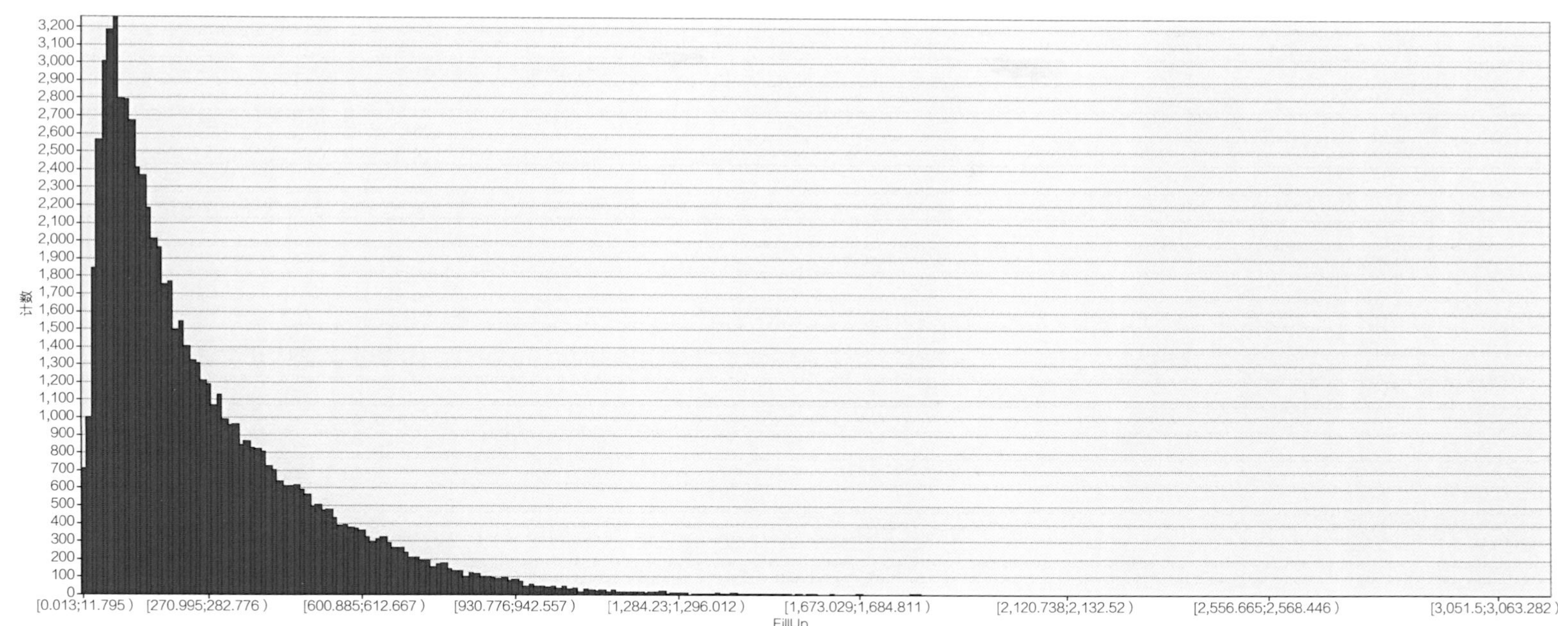

图5-4　填满低洼点所需的降水量统计结果图

计算可知，降水时最先被填满的地区既与地面高程有关，也与其开口面积、体积有关。由于天津地势相对平坦，没有十分明显的小体积低洼地带，仅从高程上来计算，降水量达到140mm时也仅能填满很小一部分低洼地带，而降水量在60mm以下时基本不会引起内涝。若通过降水填满50%以上的低洼地带，需要的降水量为300mm左右，完全不合实际。这说明，土地高程并非引起内涝的主要因素。

计算得到的低洼点的位置与实际积水点位置关联性很弱，仅有约9%的实际积水点出现在了蓝点区域（图5-5）。

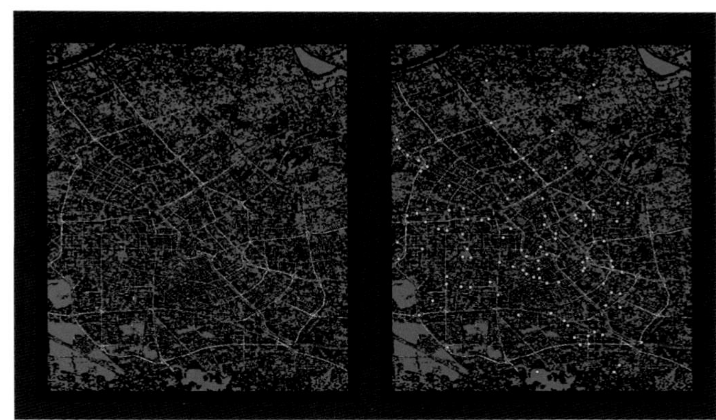
图5-5　计算得出地势低洼点与实际积水点的关系

计算得到的最先被淹没的位置与实际积水点位置关联性也很弱，几乎没有实际积水点出现在按高程计算得到的应率先被淹没的区域（图5-6）。

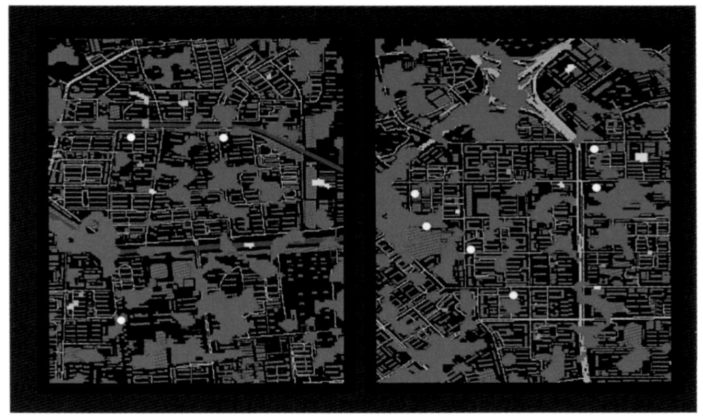
图5-6　计算得出最先被淹没区域与实际积水点的关系

（2）宏观层面土地利用与积水的关系研究

首先选取天津市四环内区域为主要研究范围，在各积水点附近建立半径为500m的缓冲区。对绿地、水系、建筑、道路要素进行批量裁剪，默认其余范围为铺装面积（图5-7）。之后利用“近邻分析”工具，分别计算各积水点距离半径500m缓冲区内最近的绿地、水系的最短直线距离（图5-8）。

为了便于后续比较研究，在研究范围内设置250个随机点，同样建立500m缓冲区，进行土地利用和绿地水系的近邻计算（图5-9）。

图5-7　批量裁剪矢量数据

图5-8　土地利用面积计算与绿地水系近邻计算

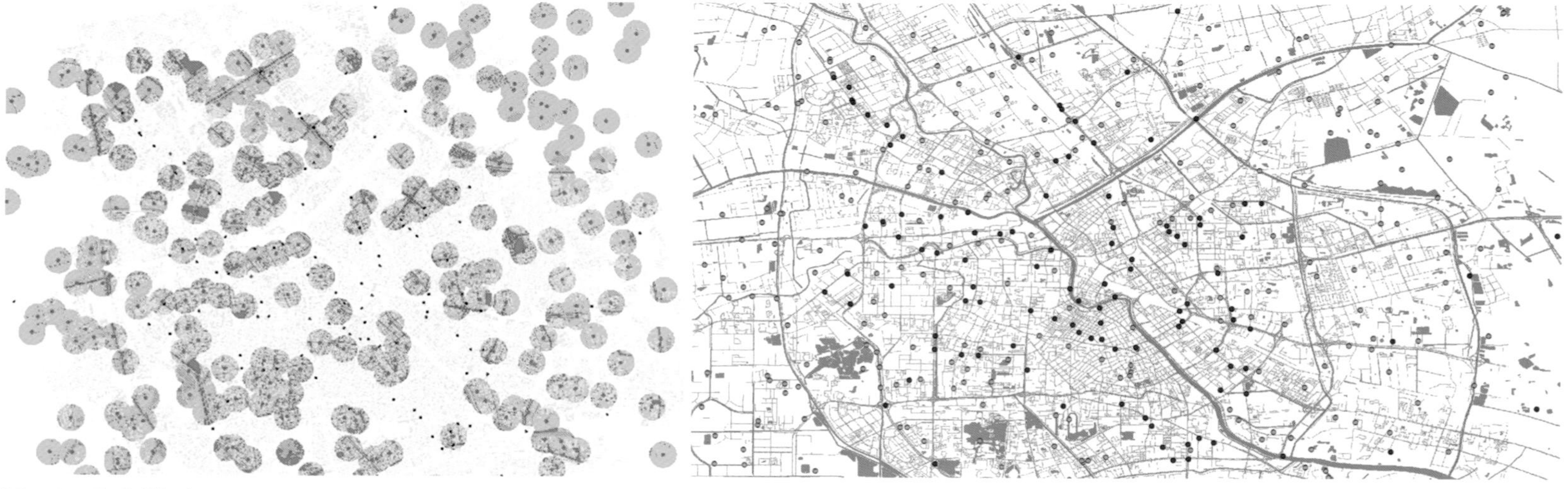
图5-9　生成随机点

全部积水点周围500m范围内积水点周边绿地占比高达97%，而拥有水体的积水点只占50%。

随机点周边土地利用类型都较为丰富，而与之相比，积水点周边不含水体的点占比更大，有50%的点周边500m范围内不含水体（图5-10）。

在周边500m半径内不含水体的积水点中，有23个点距离最近水体的距离在644~786m之间，有80%的点距离最近水体的距离在644~1 213m之间。即，这些点不仅500m半径内不含水体，距离最近水体也较远（图5-11）。

积水点周边的典型土地利用特征为：铺装为主，建筑、道路为辅，同时拥有较少的绿地。重度积水点与中度、轻度积水点相比，铺装所占的比重更大（图5-12）。

从随机点到积水点到重度积水点，建筑、道路占比增加，绿地、水系占比明显减少，而铺装面积基本不变（图5-13、图5-14）。

（3）宏观层面绿地水系布局与积水的关系研究

按照积水程度，在有效积水点和随机对照点中选取5个重度积水点、5个中度积水点、5个轻度积水点以及15个随机对照点。进行景观格局对于积水程度的影响的对比分析以及对于是否积水的影响的对比分析。

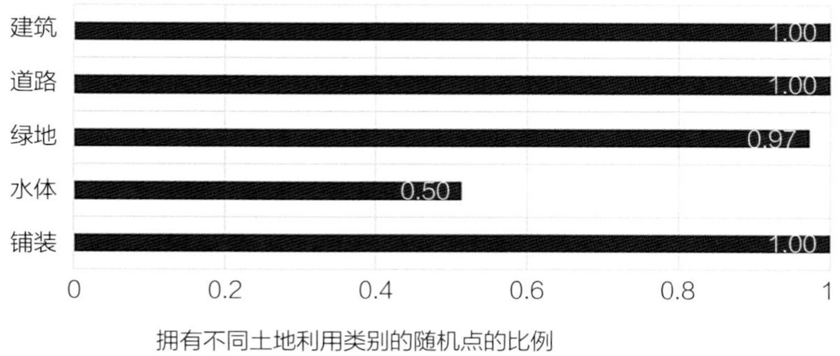

拥有不同土地利用类别的随机点的比例

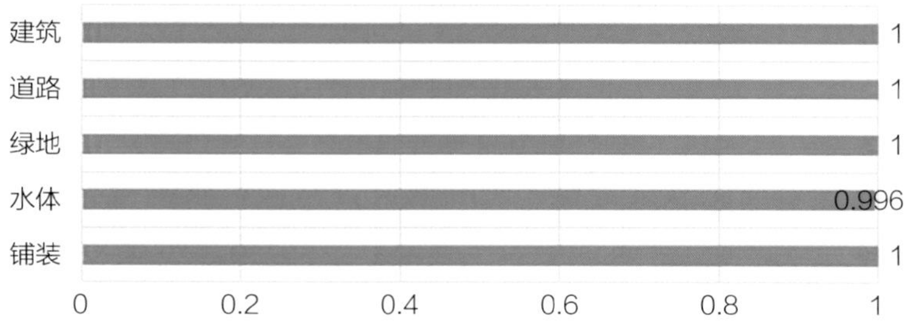

图5-10 拥有不同土地利用类别的积水点与随机点比例

拥有不同建筑占比的积水点的数量

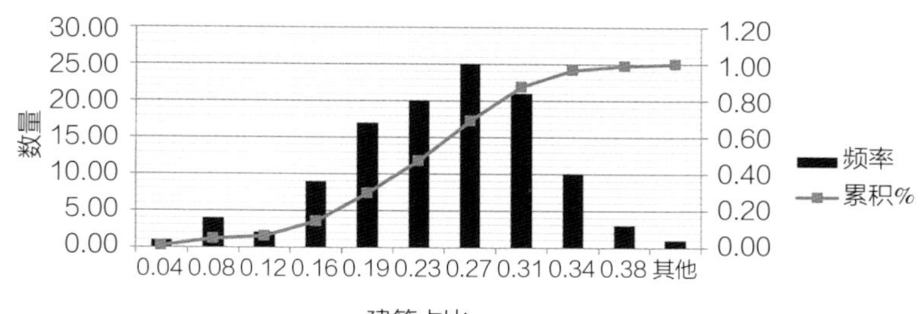

拥有不同绿地占比的积水点的数量

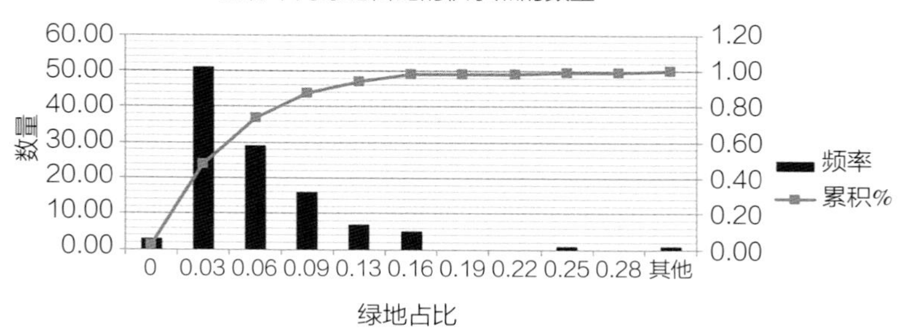

拥有不同道路占比的积水点的数量

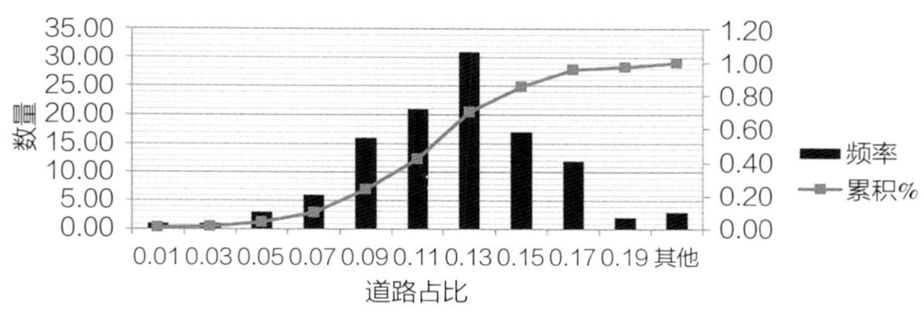

拥有不同水域占比的积水点的数量

数量

频率

累积%

0 0.02 0.04 0.06 0.08 0.1 0.12 0.14 0.16 0.17 其他

水域占比

拥有不同铺装占比的积水点的数量

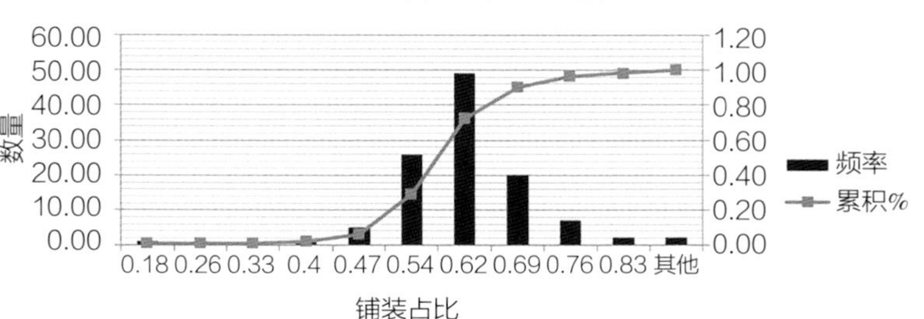

图5-11 不同土地利用特征中积水点分析图

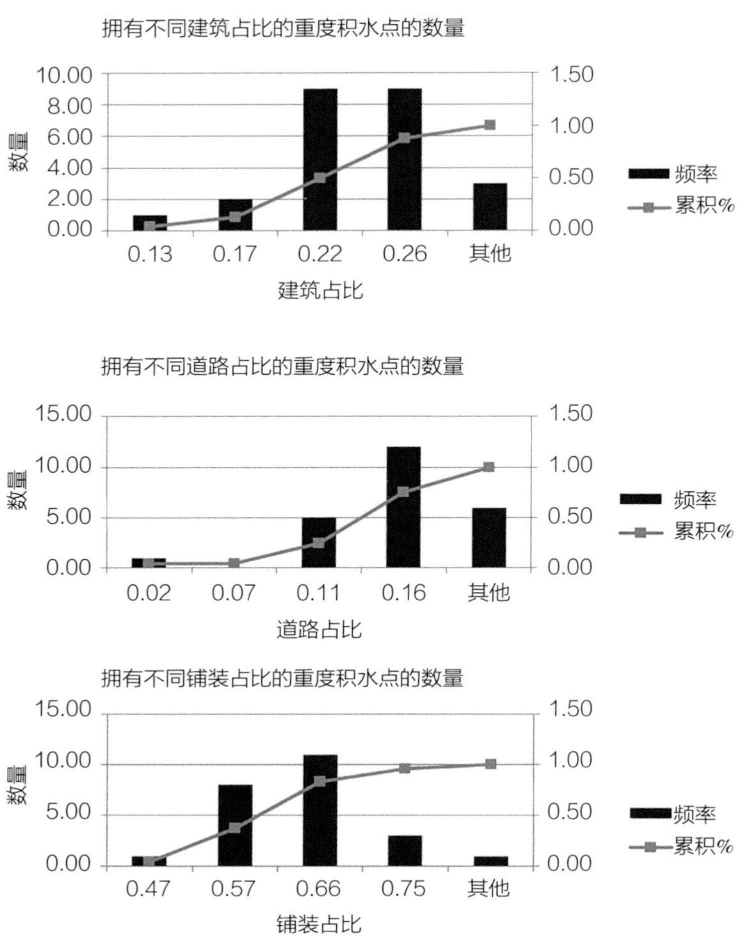

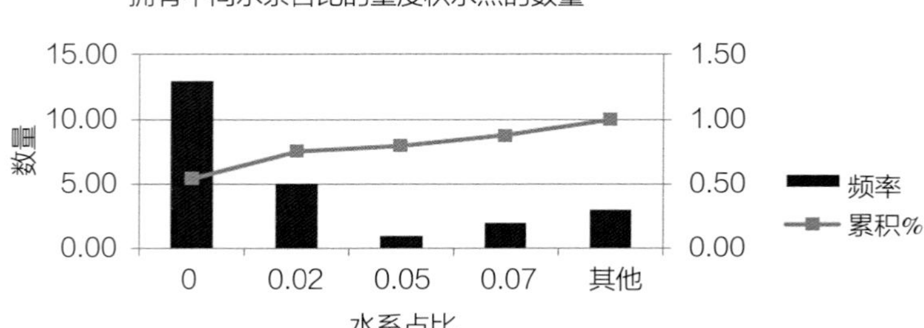

图5-12　重度积水点500m半径范围内下垫面特征分析图

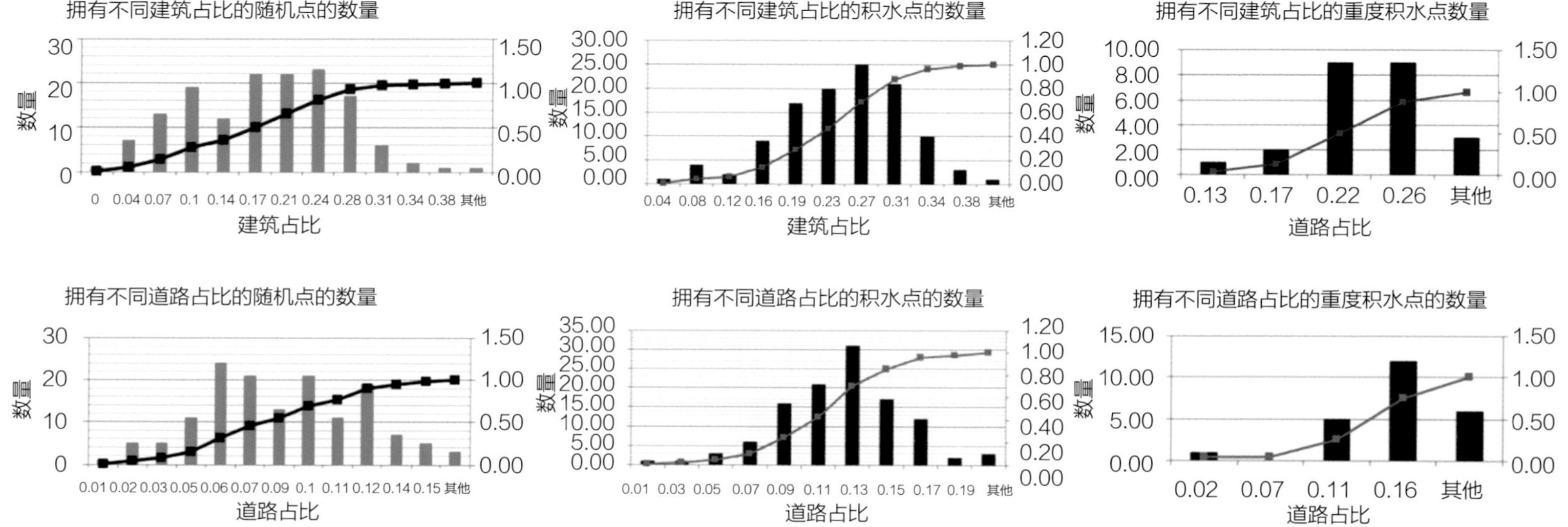

图5-13　随机点、积水点、重度积水点500m范围内建筑、道路占比横向对比

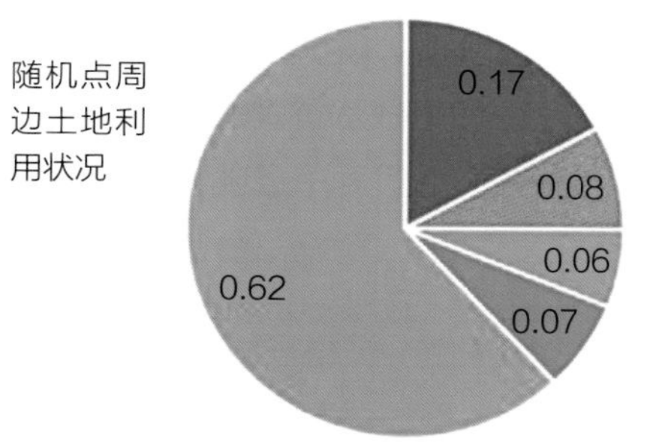

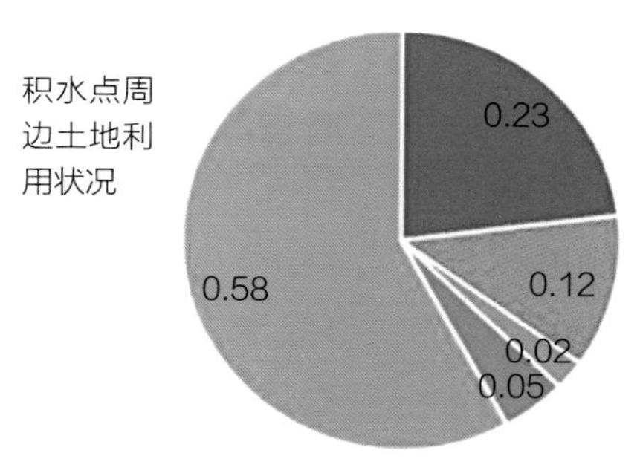

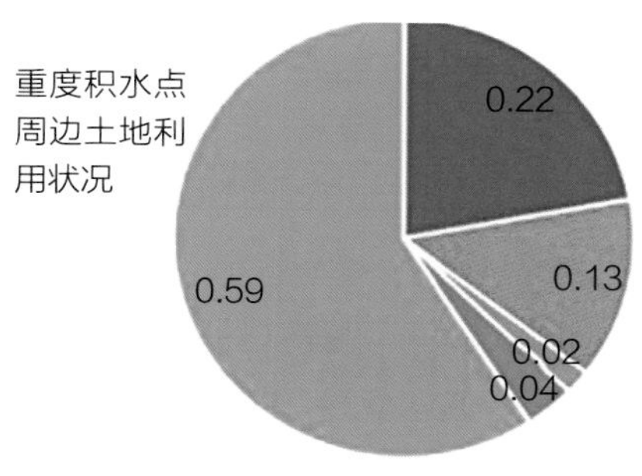

图5-14　各类研究点周边土地利用情况统计图

在Fragstats中，导入处理好的30个点周边500m范围内景观情况数据，设置分析参数并运行，得到斑块、类型和景观级别下对应的绿地和水系对应的景观格局指数（图5-15）。

计算后可发现，在绿地格局方面，虽然在中度积水点时有突变，但整体而言，随着积水程度的加深，绿地的总面积、数量均有减少。然而，绿地的平均大小变化不大，这说明绿地对积水的影响更在于绿地的布置方式，而非大小。

同时可以看到，随着积水程度的加深，绿地的斑块密度有所

类型	景观格局指数	公式	涵义	
面积和数量指标	*CA*（某斑块类型的总面积）	$CA=\sum_{j=2}^{n}a_{ij}$　a_{ij}–绿地斑块ij的面积（m^3）；n–绿地斑块数目	CA等于某一斑块类型中所有斑块的面积之和（m^2），除以10000后转化为公顷（ha）；即某斑块类型的总面积	其值越大，绿地/水系面积越大，数量越多
	AREA_MN（斑块平均大小）	$AREA_i=A_i/(n_i\times 10000)$ 式中A_i表示i类斑块总面积（hm^2），n_i表示i类斑块总数	平均斑块面积既可用来对比不同景观的聚集或破碎程度，也可以指示景观各类型之间的差异 AREA i=A i/（ni*10000） 式中：A i表示i类斑块总面积（hm^2），ni表示i类斑块总数	
	NP（斑块数量）	$NP=n$ n为斑块总数	用来描述斑块总数	
形状指标	*LSI*（景观形状指数）	$S=\frac{P}{2\sqrt{\pi A}}$　（以圆为参照几何形状） $S=\frac{0.25P}{\sqrt{A}}$　（以正方形为参照几何形状） 其中，P斑块周长，A是斑块面积 LSI越接近1，斑块形状感简单，LSI越大，斑块形状越复杂	是通过计算某一斑块形状与相同面积的圆或正方形之间的偏离程度来测量起形状复杂程度的	其值越大，绿地/水系形状越复杂，利用度越高
	SHAPE MN（形状指数）	$SHAPE=\frac{\sum_{i=1}^{m}\sum_{j=1}^{n}\left[\frac{0.25P_{ij}}{\sqrt{a_{ij}}}\right]}{N}$ 式中$i=1,\cdots,m$，为斑块类恩，$j=1,\cdots,n$，为斑块数目，P_{ij}为斑块ij的周长（m），a_{ij}为斑块ij的面积（m^2），N为景观中斑块总数	它反映景观斑块的规则程度、边缘的复杂程度。SHAPE≥1，无上限。当景观中所有斑块均为正方形时，SHAPE=1；当斑块的形状偏离正方形时，SHAPE增大	
密度及差异性指标	*PD*（斑块密度）	$PD=\frac{n_j}{A}$ 式中nj：第1类景观要成的总面积；A：所有景观的总面积	斑块密度是景观格局分析的基本的指数，其单位为斑块数/100公顷，它表达的是单位面积上的斑块数，有利于不同大小景观间的比较	
聚散性指标	*Al*（聚合度）	$Al=\left[\frac{g_{ii}}{\max\to g_{ii}}\right](100)$ 式中g_{ii}相应型双类型的相似邻按斑块数量	AI基于同类型斑块像元间公共边界长度来计算。当某类型中所有像元间不存在公共边界时，该类型的聚合程度最低；而当类型中所有像元间存在的公共边界达到最大值时，具有最大的聚合指数	其值越大，绿地/水系聚集程度越高
	CONNECT（连接度）	$Connect=\left[\frac{\sum_{j=1}^{n}e_{ij}}{\frac{n_j(n-1)}{2}}\right]\cdot 100$ n_i：具有最近距离的类型i的斑块数目	在研究范围内绿地斑块的空间连接程度，计算的值越高，绿地斑块在空间上的连接度越高	
	COHESION（整体性）	$COHESION=\left[1-\frac{\sum_{j=1}^{m}P_j^0}{\sum_{j=1}^{m}P_{ij}^0\sqrt{a_j^0}}\right]\left[1-\frac{1}{\sqrt{Z}}\right]^{-1}$ 式中P_{ij}^0，像元方式的斑块ij的周长a_j；像元方式的斑块ij的面积；Z景观的总像元数;n斑块总数。	在研究范围内绿地斑块的集中程度，计算的值越高，绿地斑块在空间上的分布越集中	

图5-15　景观格局指标的选取

下降。积水点的平均绿地斑块密度高于随机点；绿地的形状逐渐简单，边缘复杂程度基本不变。积水点的平均形状复杂程度低于积水点，但边缘复杂程度与积水点基本持平；绿地的聚合度、整体性均有下降，但整体而言变化不大，而连接度下降较为明显。积水点的绿地聚合度、连接度、整体性均与随机点相差不大（图5–16）。

在水系格局方面，随着积水程度的加深，水域的数量先降后升，总面积下降，平均大小逐渐增大。积水点的平均水域总面积、数量小于随机点，但平均面积远大于随机点。这说明，水域对积水的影响也主要在于布置方式，集中大块的水域更容易积水。水域的斑块密度同数量一样先降后升，但积水点的平均斑块密度远低于随机点。水域的形状复杂程度、边缘复杂程度先降后升，整体而言基本不变。积水点的平均形状复杂程度、边缘复杂程度与积水点基本持平。水域的聚合度、连接度、整体性有所下降，其中连接度下降较为明显。但积水点的平均聚合度、连接度、整体性与随机点相差不大（图5–17）。

（4）中观层面SCS–CN模型研究

技术路线见图5–18。

重现期降雨量计算。设计暴雨径流量，重现期分别为1年、2年、5年、10年、20年、50年、100年，降雨历时（T）为60分钟，得到相应的值（表5–1）。

单位时间面积设计暴雨重现期下的暴雨强度　　表5–1

$T1$	$T2$	$T5$	$T10$	$T20$	$T50$	$T100$
95.51	119.95	152.26	176.7	201.14	233.44	257.88

1）SCS–CN计算

首先进行水文土壤定义，具体水文土壤组定义参考表5–2，其次根据公式计算径流量。

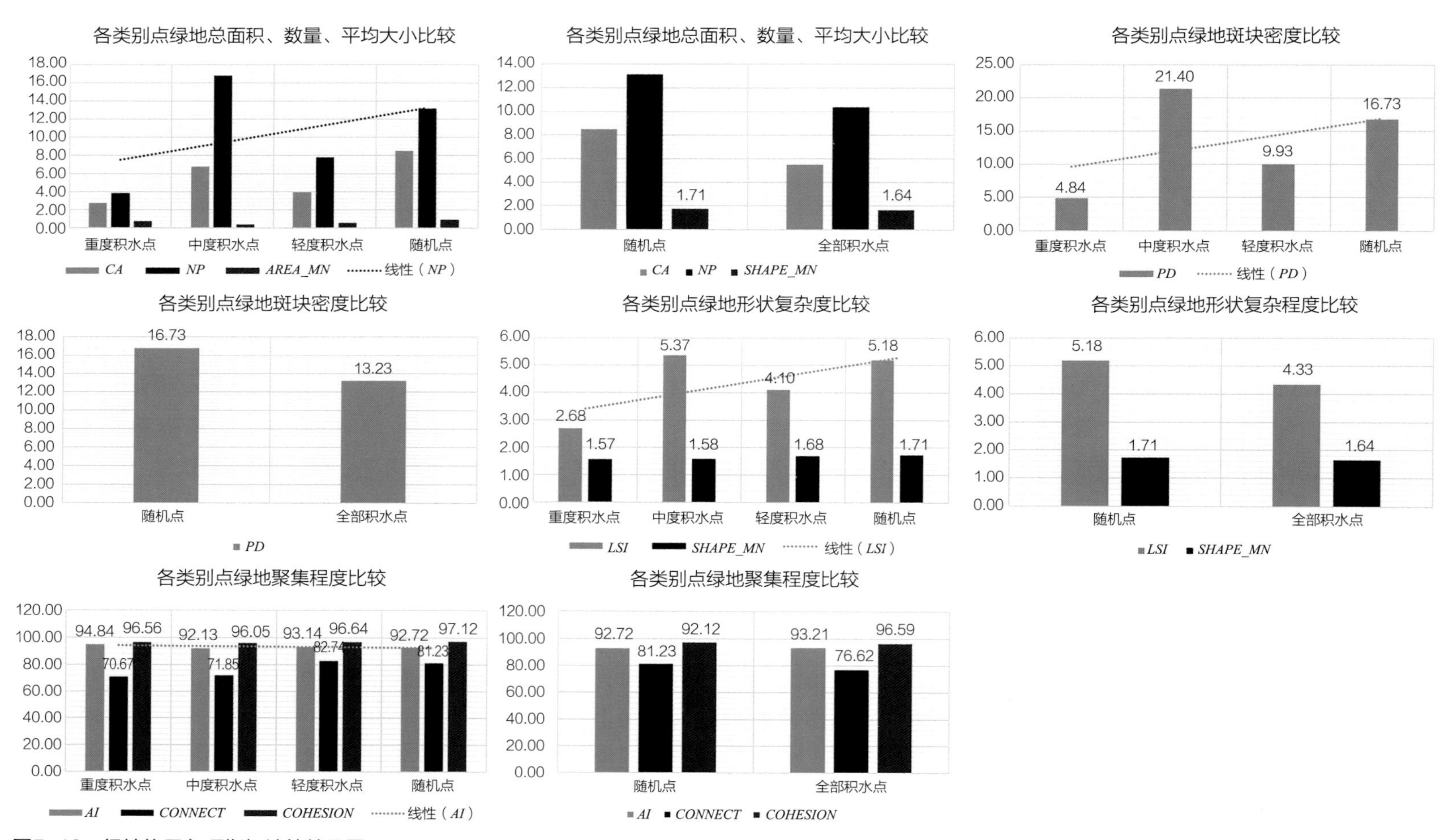

图5–16　绿地格局各项指标计算结果图

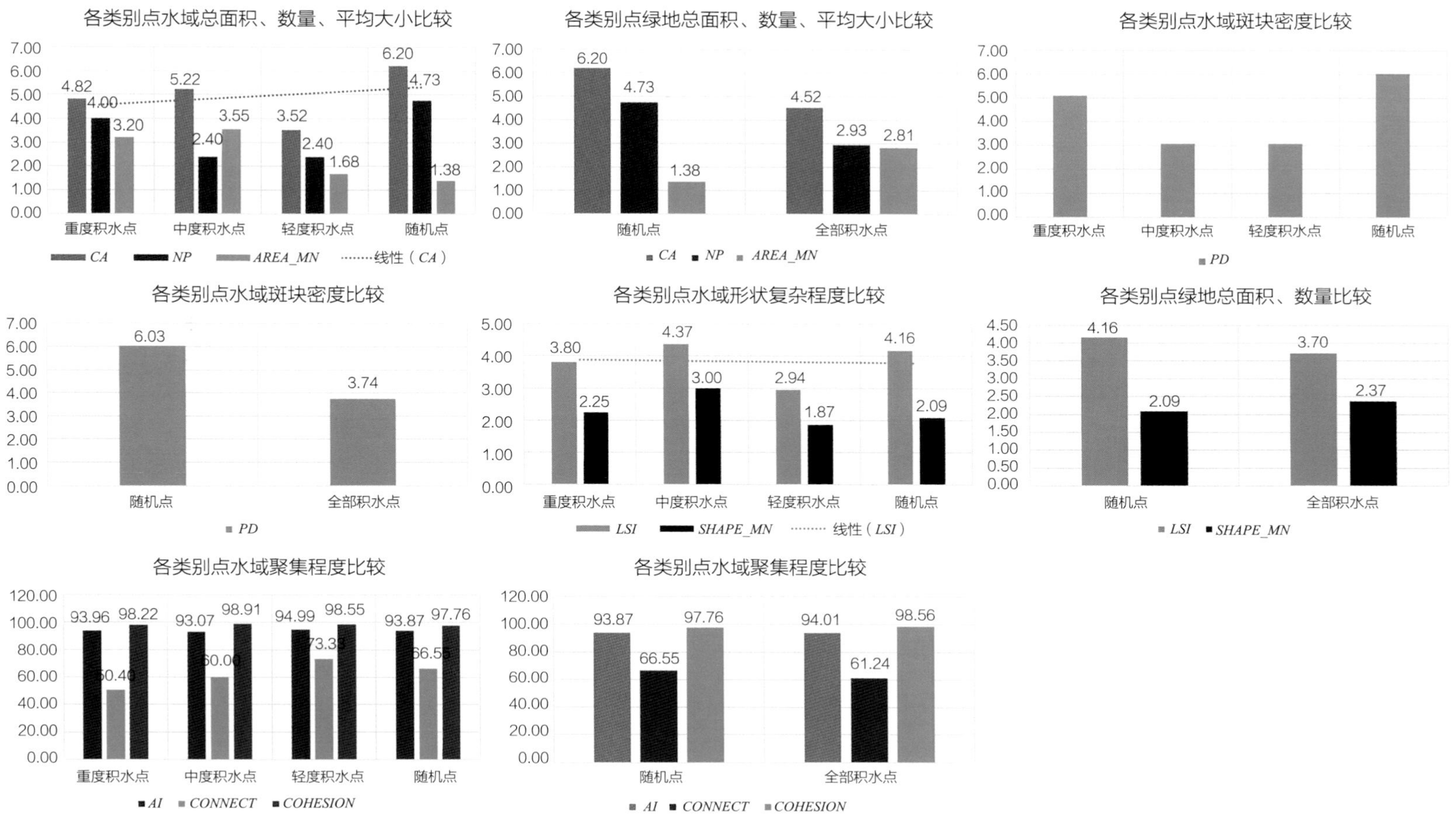

图5-17　水系格局各项指标计算结果图

$$Q=\begin{cases}\dfrac{(P-0.2S)^2}{P+0.8S} & P>0.2S\\ 0 & P\leqslant 0.2S\end{cases} \qquad (5\text{-}1)$$

$$S=\frac{25\ 400}{CN}-254 \qquad (5\text{-}2)$$

式中，S为潜在最大入渗量（mm）；Q为实际径流量（mm）；P为一次降雨过程的总量（mm）；CN（curve，number）值是径流曲线。

水文土壤组定义指标　　　　表5-2

水文类型	最小下渗率I（mm×h^{-1}）	土壤质地
A	>7.26	砂土、壤质砂土、砂质壤土
B	3.91-7.26	壤土、粉质壤土
C	1.27-3.81	砂黏壤土

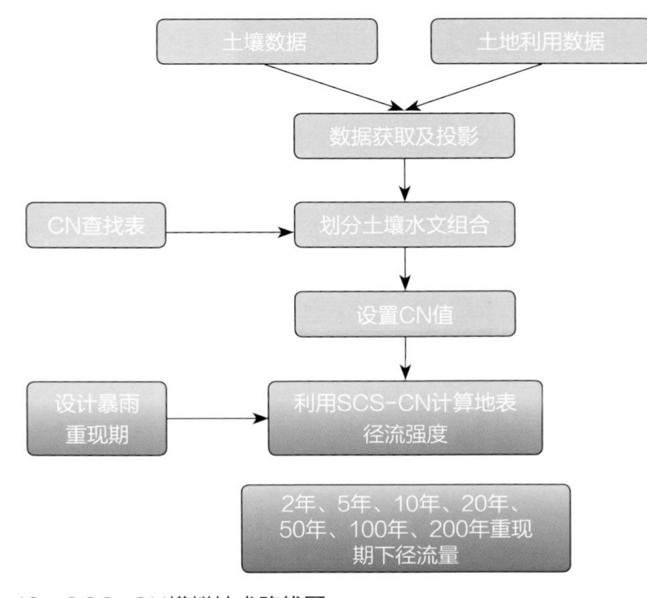

图5-18　SCS-CN模拟技术路线图

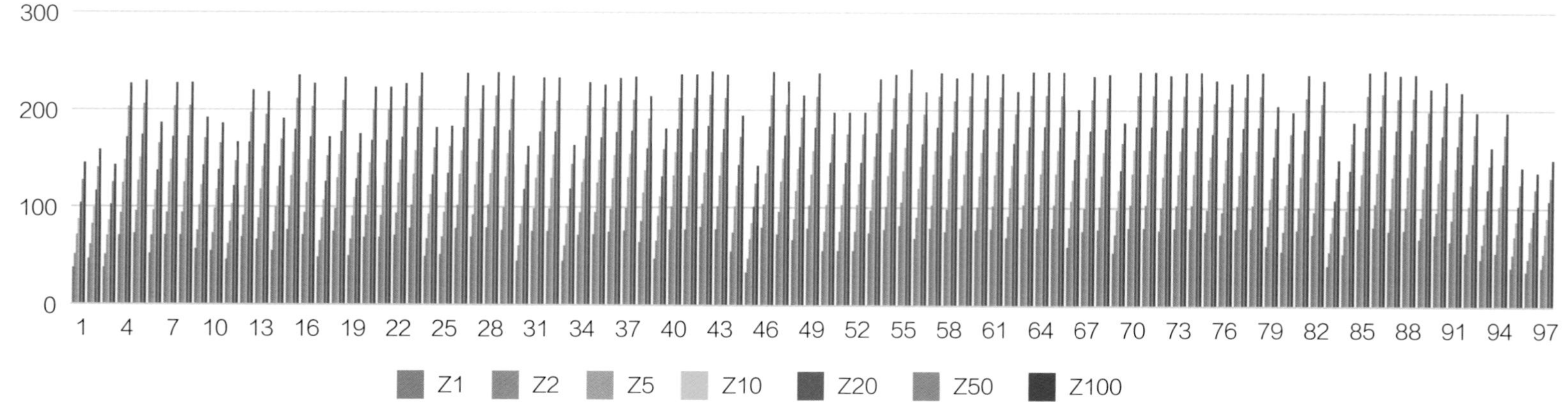

图5-19 各暴雨重现期设计下的雨洪模拟径流量

续表

水文类型	最小下渗率I（mm×h^{-1}）	土壤质地
D	0-1.27	黏壤土、粉砂黏壤土、砂黏土、粉砂黏土、黏土

正常状态下研究区CN值　　表5-3

土地利用类型	不同水文土壤的CN值		
	A	B	D
林地	30	55	77
草地	49	69	84
水域	100	100	100
建筑	77	85	92
交通用地	98	98	98
建设用地	77	85	92

2）SCS-CN雨洪模拟结果

对以上的模型进行应用，得到如下分析结果（图5-19、图5-20和表5-3）：

随着设计暴雨重现期的增加，SCS-CN模拟雨洪径流结果呈现出递增的趋势，设计暴雨1年重现期得到模拟结果分布在50~80mm区间，而设计暴雨100年重现期得到模拟结果分布在150~230mm区间，差值城下递增趋势。

3）整体景观格局与SCS-CN雨洪模拟量化关系探析

将积水点500m缓冲区的雨水径流量与设计暴雨导入SPSS进行斯皮尔森相关性分析（图5-21、图5-22）。由图5-21、图5-22可知，整体景观格局与SCS-CN雨洪径流模拟结果相关性弱，结果不显著。

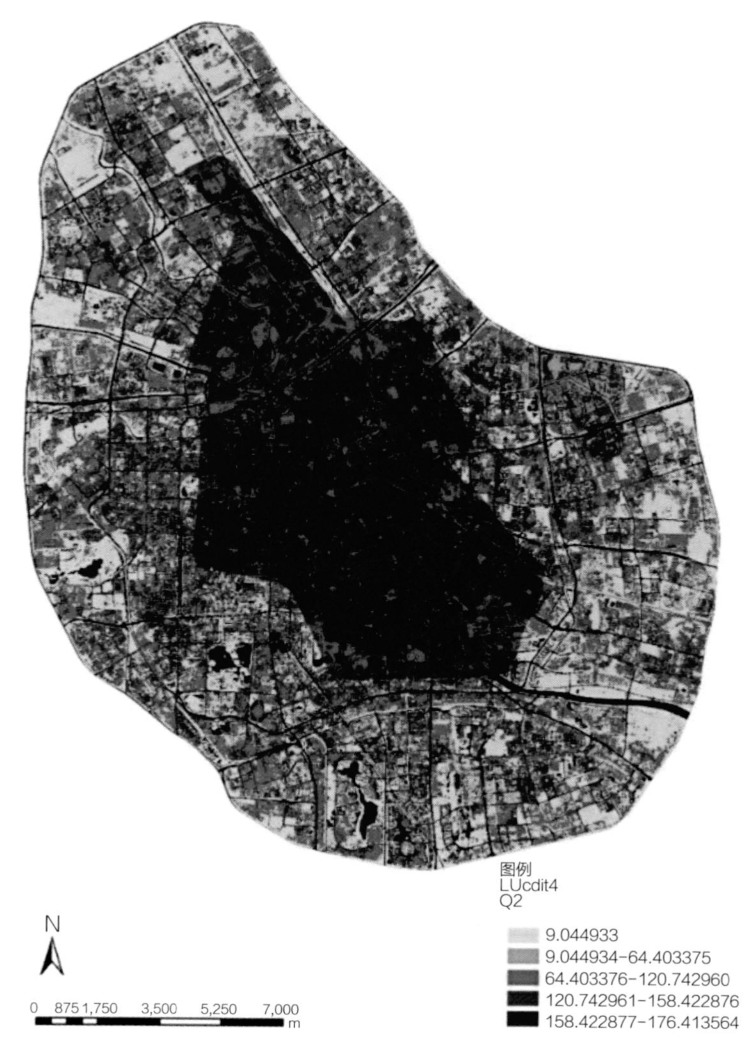

图5-20 一年暴雨重现期下缓冲区雨水径流统计

	num	TA	NP	PD	LPI	LSI	AREA_MN	SHAPE_MN	CONNECT	COHESION	AI	Z1	Z2	Z5	Z10	Z20	Z50	Z100
num	1	0.084	-0.067	-0.067	.385**	-0.099	0.102	-0.180	-0.006	.285**	0.095	0.121	0.115	0.107	0.103	0.100	0.097	0.094
TA	0.084	1	0.044	0.044	0.123	0.066	-0.069	0.117	-0.027	0.036	-0.067	-0.118	-0.120	-0.122	-0.123	-0.124	-0.125	-0.125
NP	-0.067	0.044	1	1.000**	-0.180	.942**	-.922**	-0.039	-.813**	-.468**	-.941**	0.146	0.152	0.158	0.161	0.163	0.166	0.167
PD	-0.067	0.044	1.000**	1	-0.180	.942**	-.922**	-0.039	-.813**	-.468**	-.941**	0.146	0.152	0.158	0.161	0.163	0.166	0.167
LPI	.385**	0.123	-0.180	-0.180	1	-0.111	0.070	-0.131	-0.061	.855**	0.104	.231*	.223*	.215*	.210*	.207*	.203*	.201*
LSI	-0.099	0.066	.942**	.942**	-0.111	1	-.888**	.224*	-.800**	-.370**	-1.00**	.208*	.214*	.219*	.222*	.224*	.226*	.228*
AREA_MN	0.102	-0.069	-.922**	-.922**	0.070	-.888**	1	0.104	.921**	.391**	.887**	-0.116	-0.124	-0.132	-0.137	-0.140	-0.144	-0.146
SHAPE_MN	-0.180	0.117	-0.039	-0.039	-0.131	.224*	0.104	1	0.188	-0.090	-.223*	-0.043	-0.046	-0.049	-0.051	-0.053	-0.055	-0.056
CONNECT	-0.006	-0.027	-.813**	-.813**	-0.061	-.800**	.921**	0.188	1	.241*	.801**	-0.105	-0.112	-0.119	-0.122	-0.125	-0.128	-0.130
COHESION	.285**	0.036	-.468**	-.468**	.855**	-.370**	.391**	-0.090	.241*	1	.363**	.247*	.240*	.233*	.230*	.227*	.223*	.221*
AI	0.095	-0.067	-.941**	-.941**	0.104	-1.00**	.887**	-.223*	.801**	.363**	1	-.210*	-.216*	-.222*	-.225*	-.227*	-.229*	-.230*
Z1	0.121	-0.118	0.146	0.146	.231*	.208*	-0.116	-0.043	-0.105	.247*	-.210*	1	.999**	.997**	.995**	.993**	.991**	.989**
Z2	0.115	-0.120	0.152	0.152	.223*	.214*	-0.124	-0.046	-0.112	.240*	-.216*	.999**	1	.999**	.998**	.997**	.995**	.994**
Z5	0.107	-0.122	0.158	0.158	.215*	.219*	-0.132	-0.049	-0.119	.233*	-.222*	.997**	.999**	1	1.000**	.999**	.998**	.998**
Z10	0.103	-0.123	0.161	0.161	.210*	.222*	-0.137	-0.051	-0.122	.230*	-.225*	.995**	.998**	1.000**	1	1.000**	.999**	.999**
Z20	0.100	-0.124	0.163	0.163	.207*	.224*	-0.140	-0.053	-0.125	.227*	-.227*	.993**	.997**	.999**	1.000**	1	1.000**	1.000**
Z50	0.097	-0.125	0.166	0.166	.203*	.226*	-0.144	-0.055	-0.128	.223*	-.229*	.991**	.995**	.998**	.999**	1.000**	1	1.000**
Z100	0.094	-0.125	0.167	0.167	.201*	.228*	-0.146	-0.056	-0.130	.221*	-.230*	.989**	.994**	.998**	.999**	1.000**	1.000**	1

图5-21　整体景观格局与雨洪相关性分析结果

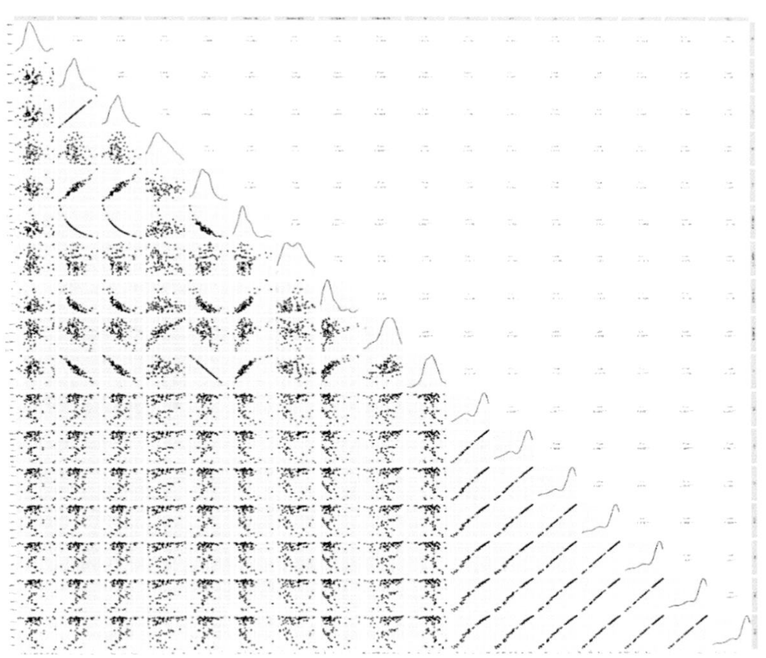

图5-22　整体景观格局与雨洪相关性分析结果图

4）各类型景观格局与SCS-CN雨洪模拟量化关系探析

建设用地类型中，CA斑块总面积与雨洪径流相关性较其他因子较高，但整体相关性一般显著。

建筑类型中，同样CA斑块总面积与雨洪径流相关性较其他因子较高，但整体相关性一般显著。

水体与雨洪径流直接相关性较弱。

交通用地类型在CA斑块总面积、最大斑块所占比例LPI、景观形状指数LSI、形状指数MN呈现弱相关性，在重现期为1年、2年时，与斑块平均大小、整体度弱相关。

林地在多方面与雨洪径流产生相关性，相关性较之前几种用地类型都更加显著。

草地景观格局也在CA、斑块数量NP、斑块密度PD、斑块占比LPI 、斑块平均大小、整体性、聚合度都呈现出一般相关性。

具体情况如图5-23所示。

绿地与城市内涝相关性显著，提高斑块面积、斑块数量、斑块密度、斑块占比、斑块平均大小、整体性、聚合度等占比都能有效降低城市内涝风险。

绿地与雨洪内涝相关性系数分布在0.3~0.6区间，斑块总体面积与雨洪分布相关性最大，系数为0.6以上；其次为面积占比，相关性在0.5左右；再其次是斑块平均大小和整体性指标，相关性系数在0.4左右；与斑块数量、斑块密度与斑块聚合度相关性系数在0.3左右。

（5）微观层面绿地布局的理论模型实验

1）概念模型构建

本实验选用SWMM5.1软件进行理论建模分析。根据前期分析的绿地景观布局与积水点关系所得结论，进一步验证绿地具有海绵效应，并在此基础上研究绿地空间布局对雨水径流的影响。

为了体现绿地布局的上下游关系，本次实验构建了5个连续的地块作为一个排水片区，每个地块作为一个汇水区。

在研究区域内，沿着管网依次布局相同尺度的绿地，并进行绿地布局的上下游关系对研究区域雨水径流的影响分析。在验证城市绿地具有海绵效应功能的基础上，进行绿地在不同空间布局下对研究区域雨水径流的影响分析。

在进行实验前，首先对汇水区参数进行设置——以子汇水区地块的用地类型中最通常的居住用地为例，按照居住区人口的合理规模3万~5万人，设置用地面积为50hm^2。居住用地的绿地率占比设为38%，其他不透水下垫面占比为62%。当子汇水区的用地性质改变为绿地时，不透水率则为0，其他属性均一致。

参考相关文献，结合天津市气候特点，本次理论建模所选的下渗模型为Horton模型，参数选取如下（表5-4）：

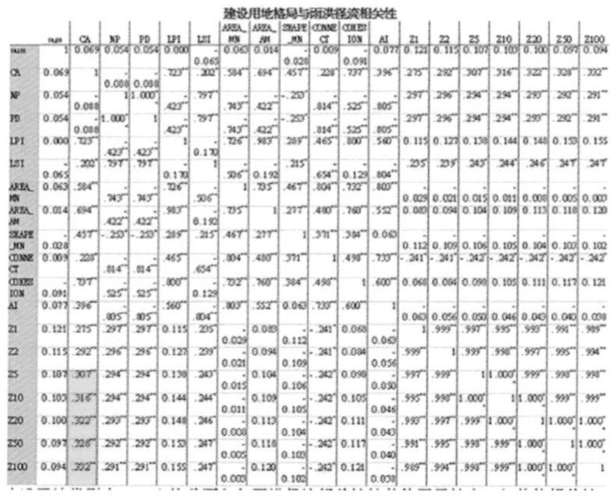

建设用地与雨洪径流相关性

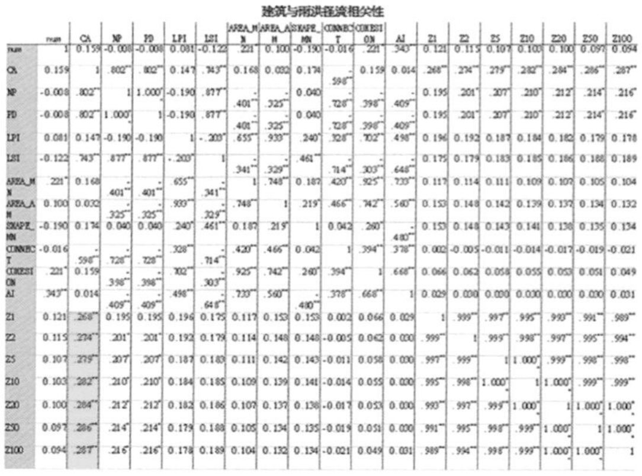

建筑与雨洪径流相关性

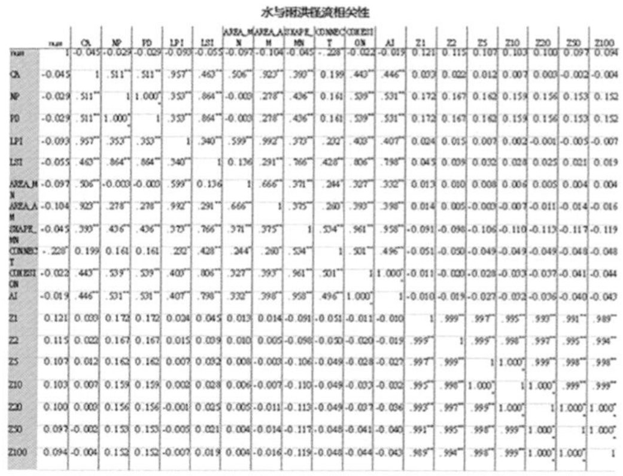

水与雨洪径流相关性

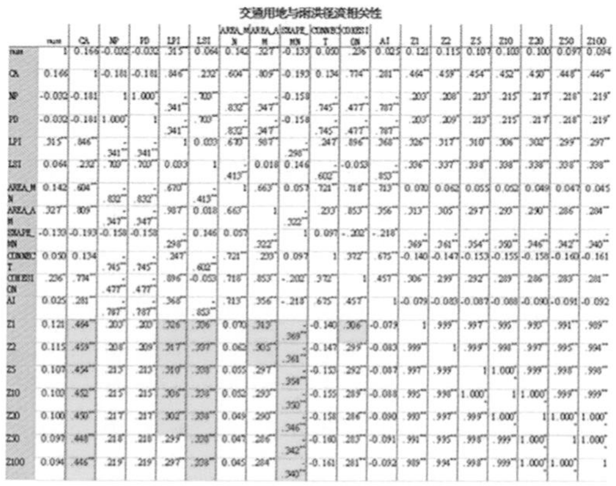

交通用地与雨洪径流相关性

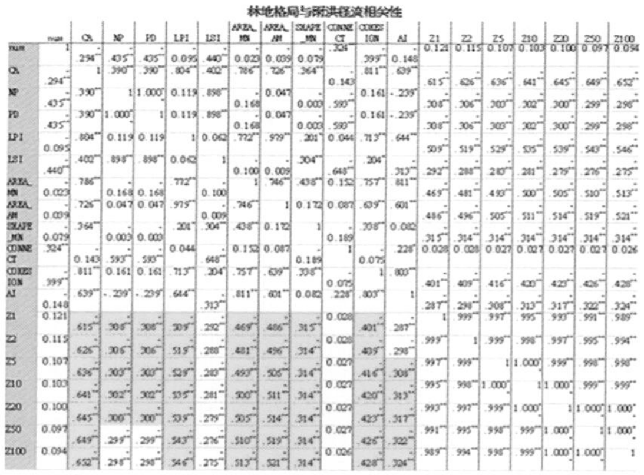

林地与雨洪径流相关性

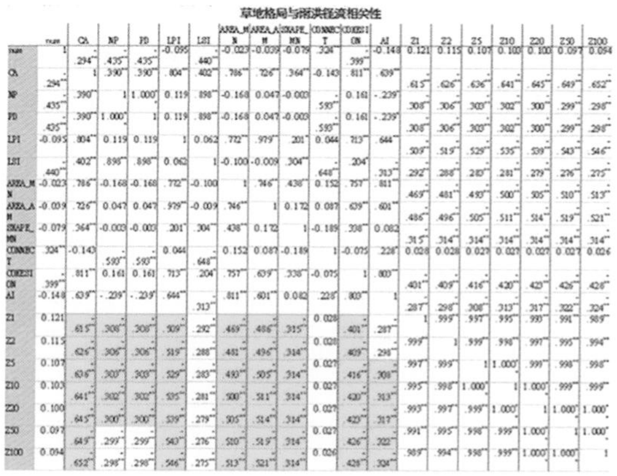

草地与雨洪径流相关性

图5-23 各类型景观格局与SCS-CN雨洪模拟量化结果图

模型参数设置 表5-4

面积（hm^2）	宽度（m）	坡度（%）	不透水率（%）	不透水区曼宁系数	透水区曼宁系数	不透水区洼蓄量（mm）	透水区洼蓄量（mm）
50	500	0.5	62	0.012	0.15	2	12

同时，采用天津市的暴雨强度公式设计降雨数据模型进行降雨强度设计

$$\frac{49.586+39.846\lg Te}{(t+25.334)^{1.012}}$$

利用芝加哥雨型生成器生成2种不同重现期下的降雨数据，分别为（图5-24）：

2a-2h（重现期2年，降雨历时120min，累积雨量48.0196mm）

50a-2h（重现期50年，降雨历时120min，累积雨量91.4302mm）

此后，利用上述数据进行海绵效应验证试验以及空间布局实

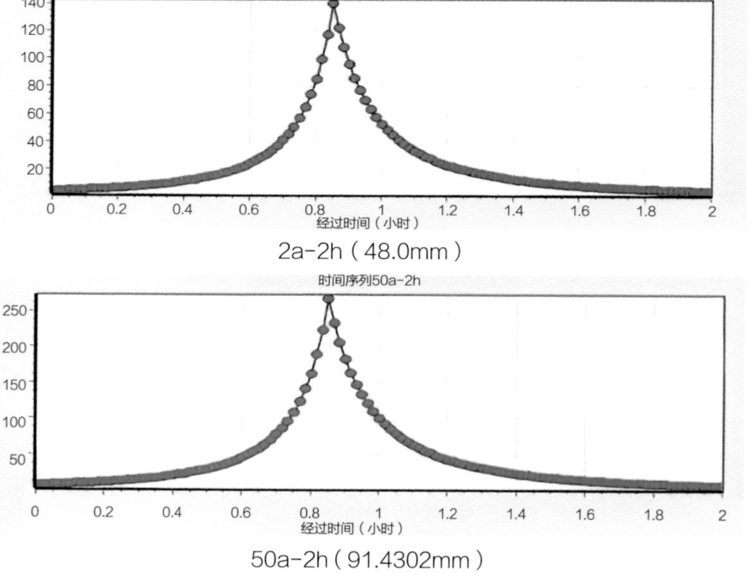

图5-24 降雨数据模拟结果

验，其中：

① 海绵效应验证

以排水片区均为居住用地作为现状布局的对照实验；从上游开始的每一个子汇水区分别设置为绿地，记作“绿地—位置1”“绿地—位置2”“绿地—位置3”“绿地—位置4”“绿地—位置5”（图5-25）。

进行汇水模拟，统计排水片区系统径流，实验数据如图5-26所示：

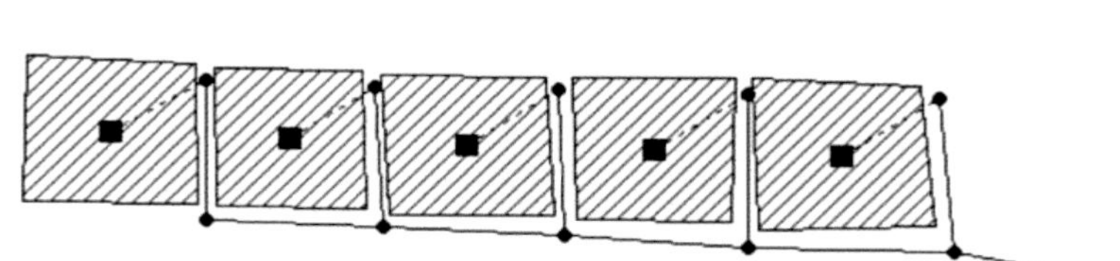

图5-25　绿地海绵效应验证模型图

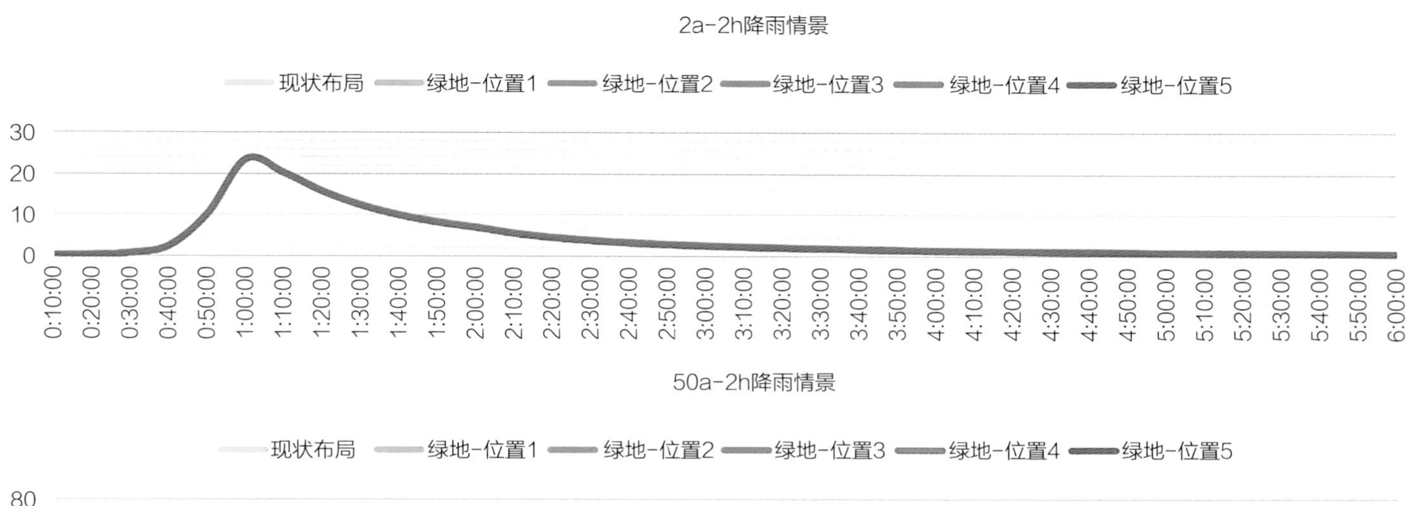

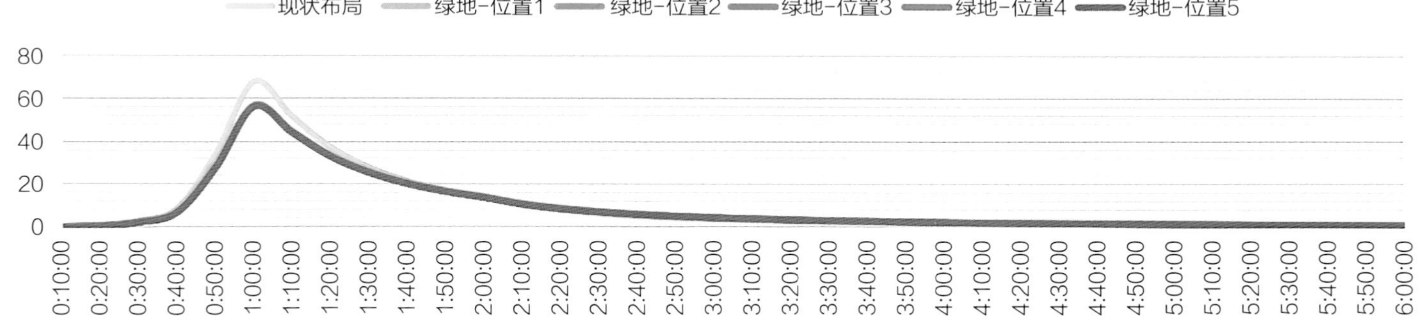

图5-26　降雨情景数据统计图

降雨重现期为2a-2h时，绿地布局的海绵效应不太明显。

由第二个实验可以看出，绿地布局对汇水片区的对外排放流量有一定的缓冲作用，不论在单一排水区的哪个位置集中绿地，都有缓冲效果。但缓冲效果受绿地空间布局带来的错峰效益影响较小。

② 空间布局实验

将位置2、4的子汇水区面积改为25hm^2，其余位置子汇水区仍为50hm^2；以排水片区均为居住用地作为现状布局的对照实验。

在位置3布局绿地，模拟集中绿地布局实验；在位置2、4布局绿地，模拟分散绿地布局实验（图5-27）。

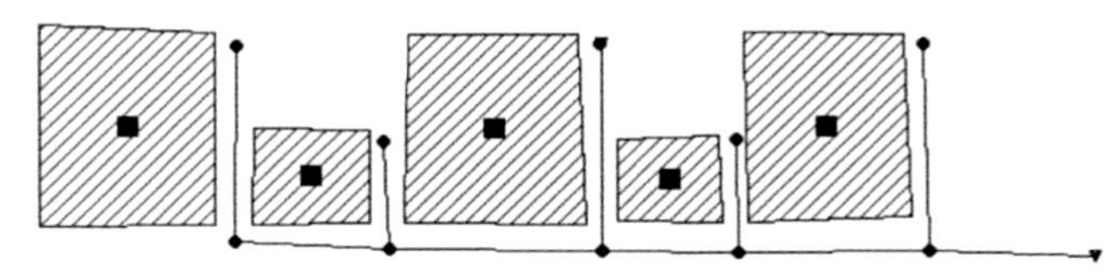

图5-27　绿地空间布局实验模型图

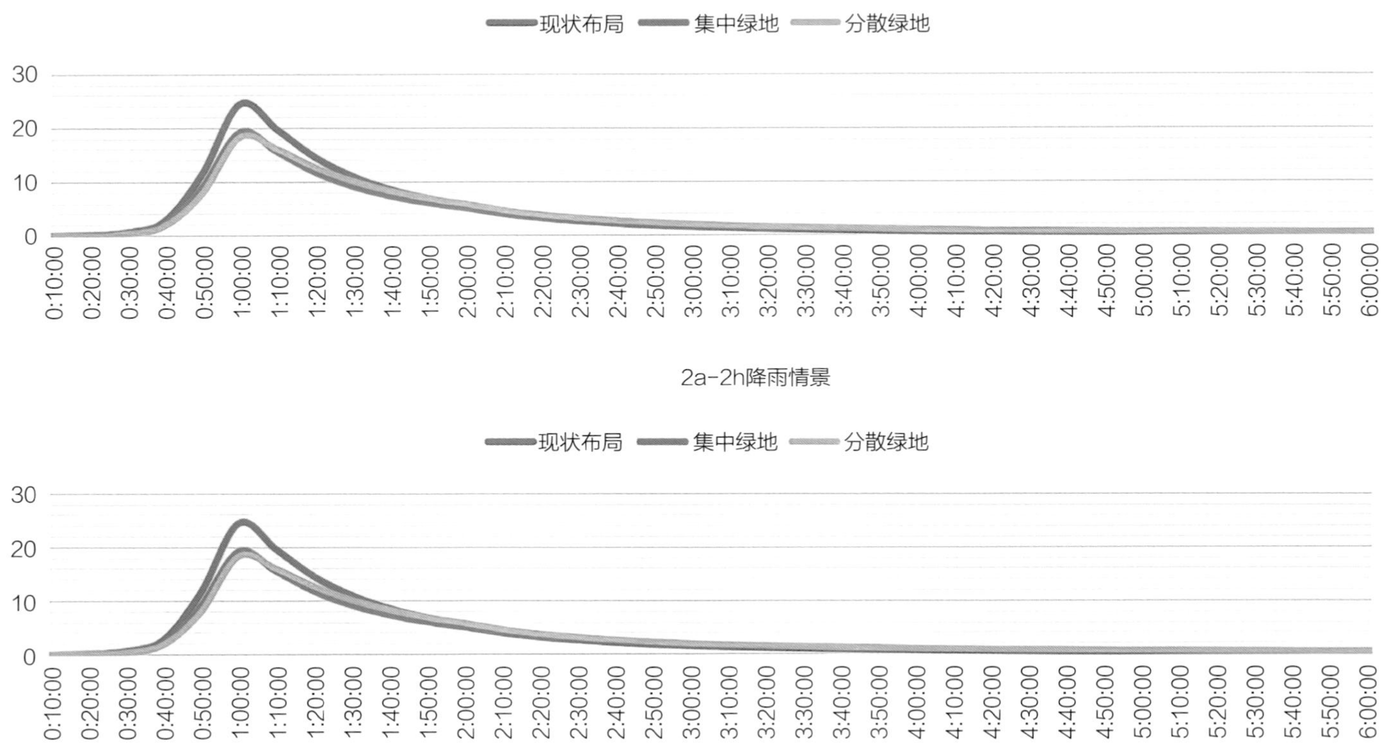

图5-28　汇水模拟图

进行汇水模拟，统计排水片区系统径流，实验数据如图5-28所示：

相较于实验1，实验2结果中绿地的海绵效应更为明显。分散布局绿地对排水区域对外排放的缓冲效果略优于大规模单一排水区集中布置的绿地。

2）案例优化应用

区域面积为20.92hm^2，地面标高约3m，平均坡度为1.41%。该区域的降水被雨水管道收集后汇入排水主管，向区域东南侧的排水口汇流，最终排至河中。该地块内建筑物类型主要是居民区、写字楼、学校和商场等，建筑层数集中在5~6层。

地块北起河北路，南至南京路，西为哈密道，东抵滨江道。该地块内存在两个轻度积水点，分别位于园林写字楼附近和河南路与哈密道交口附近（图5-29、图5-30）。

步骤为：先确定研究范围，进行现场调研收集无人机航片信息等，再进行航片处理，生成高精度DEM，同时得到正射影像（图5-31、图5-32）。

图5-29　研究地块范围图

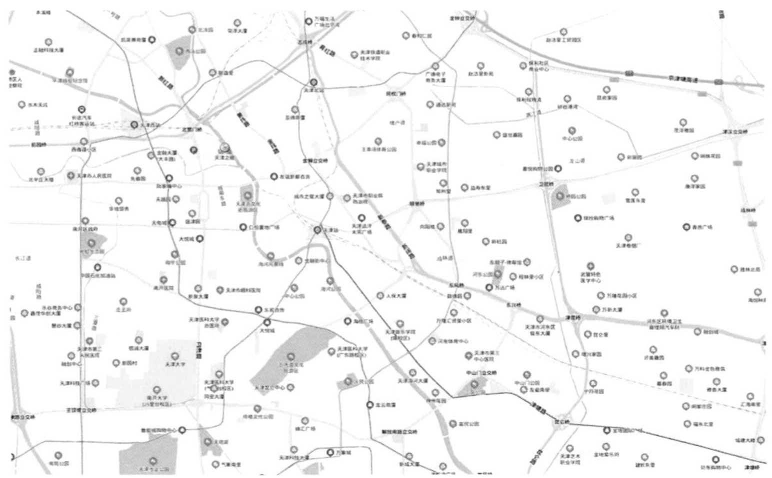

图5-30　研究地块区位图试验数据收集

确定研究范围

初次调研地块

确定高层建筑避让点

规划具体航线

无人机搜集数据

地面密切监视

确保数据完整性

数据归纳与整理

图5-31　无人机航片数据采集

由图5-33可知，研究地块建筑年代较为久远、建筑密度较大；不透水面占比高、缺少面状绿地等自然下垫面；绿地以线状分布为主、多为街旁绿地；场地整体高程西北部低于东南部，场地内路网高程最低；建筑高度较低同时密度较大。

3）实例优化模拟——SWMM模型构建

采用泰森多边形的方法，基于44个雨水井的位置进行子汇水区的划分，每个子汇水区内有一个雨水井。基于现场调研以及工程设施安排一般规律和水流情况，设定了该区域管管道的空间位置、高程、管长、管径、流向、坡度和44个雨水井以及1个出水口，形成管网系统模型（图5-34）。

基于现场调研以及工程设施安排一般规律和水流情况，设定了该区域管道的空间位置、高程、管长、管径、流向、坡度和44个雨水井以及1个出水口，形成管网系统模型（图5-35）。

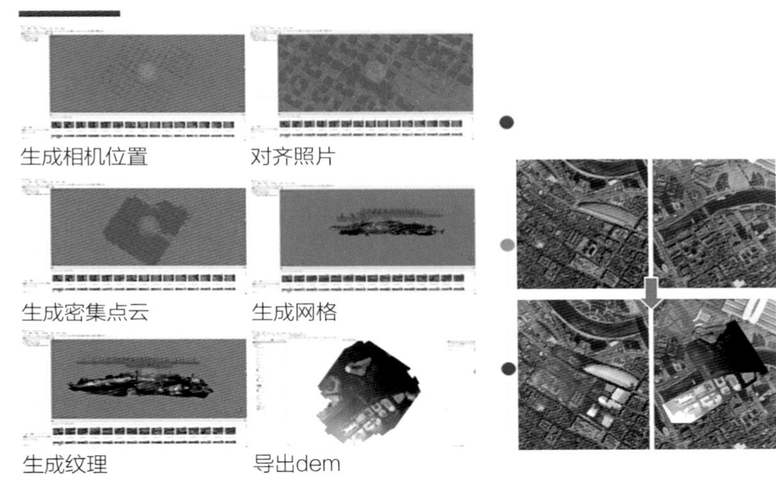

图5-32　无人机航片数据处理

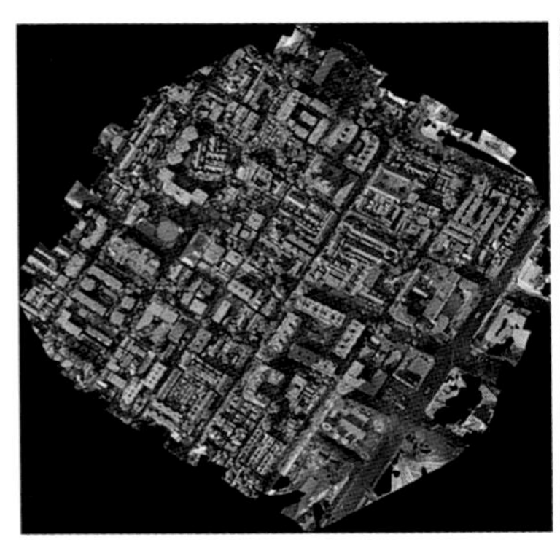

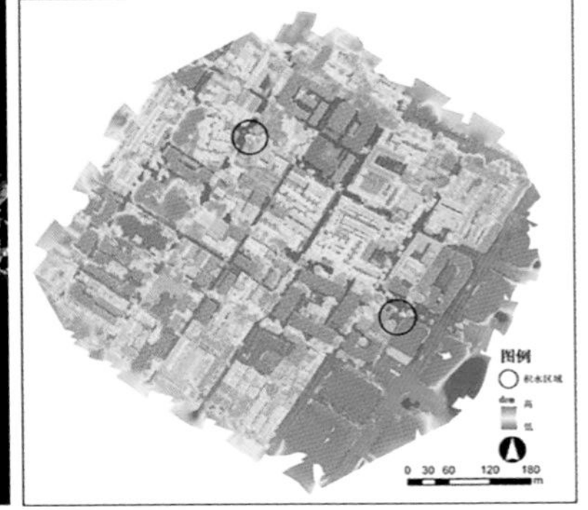

图5-33　无人机影像处理结果（左：正射投影；右：DEM）

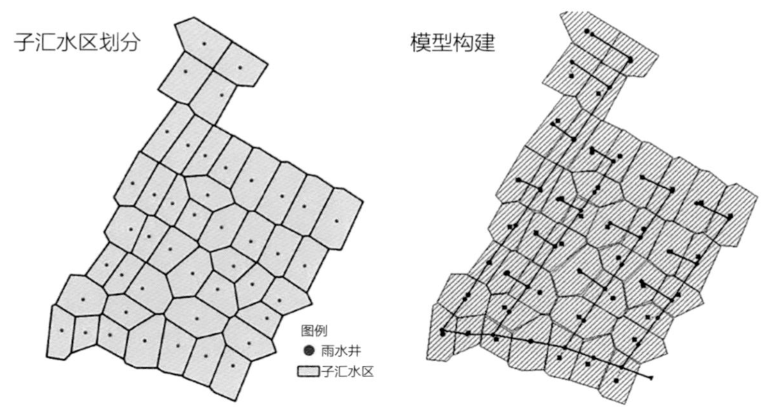

图5-34 子汇水区划分及管网绘制

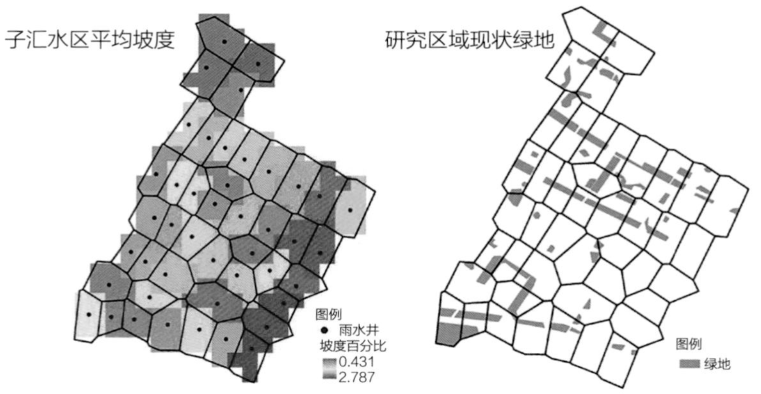

图5-35 研究区现状（左：坡度；右：绿地）

4）实例优化模拟——不同雨情模拟

不同暴雨强度下节点蓄水情况有所不同，我们选择了两组降雨情景进行模拟，并且统计发生洪流的节点以及洪流情况。在代表普通情况的2年重现期情景下，J17节点发生洪流。在代表极端情况的100年重现期情景下，发生洪流的数量增加到5个，分别为J15、J16、J17、J18、J23节点。J17节点为与排放口相连的节点，另外4个节点为支管与总管相连的节点（表5-5、图5-36）。

节点以及洪流情况　　表5-5

重现期	节点	洪流时数	最大速率（CMS）	最大积水容积（1000m^3）	最大发生时间（h：min）	平均深度（m）
2a	J17	0.15	0.208	0.044	00：19	0.76
100a	J15	1.43	0.263	0.4	00：12	1.02
	J16	0.58	0.494	0.307	00：13	0.81
	J17	2.93	3.882	10.598	00：13	1.28
	J18	1.37	2.827	3.962	00：14	1.01
	J23	0.52	1.471	0.742	00：16	0.79

J17是最易发生积水的节点，且在高重现期下积水更加严重。

100年重现期情景下，洪流时数、最大速率、最大积水容积和平均深度都有增加，最大积水出现的时间提前，溢流的节点数量增加。

该区域要注意防范，需根据暴雨强度及时做出内涝预警及易积水地区的疏浚工作，并以工程景观措施等努力改善易涝情况。

5）实例优化模拟——绿地格局优化模拟

优化原则：将绿地的布局与建设用地格局结合考虑，尽可能更好地分割建设用地，减少大面积不透水面的聚集程度，使其呈离散分布状态。

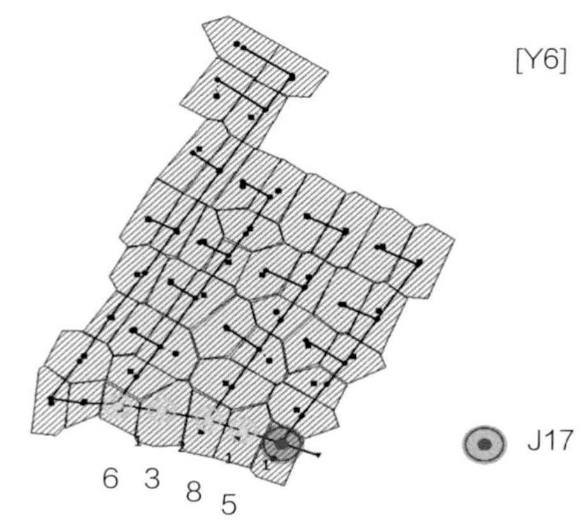

图5-36 J17节点区位

对现有绿地格局进行重组、整合，尽量使绿地在空间上呈均衡分布的状态，避免出现绿地集中聚集在某一区域而周边稀少的情况；

尽可能使绿地形态丰富多样，构成点线面结合的格局（图5-37、表5-6）。

优化前后格局对比　　表5-6

	CA	NP	PD	LSI	COHESION	AI
优化前	2.547	42	96.006	10.187	91.298	82.285
优化后	4.020	120	573.636	16.328	90.530	84.110

绿地格局优化模拟　结果对比保持其他条件不变，仅改变

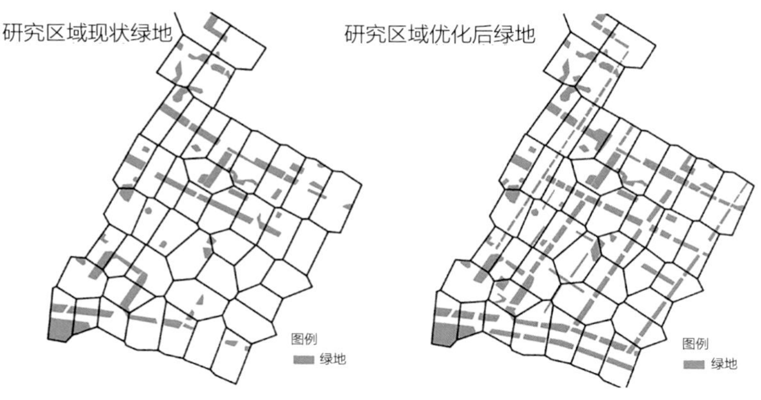

图5-37　优化前后的绿地

绿地格局，进入SWMM重新进行多种重现期下的汇水模拟，优化后的不透水面率发生了变化（表5-7）。优化前绿地总面积为25 465.156m²，优化后增加至40 197.843m²。

研究区域的绿地格局经过优化后，在同样降雨条件下，系统径流量和最终地表蓄水量均被减少，渗入量有所增加。优化后的绿地能更好地发挥调蓄雨洪的作用，分担排水系统的压力。

优化前后SWMM模拟结果对比　　表5-7

重现期		降雨量	径流量	渗入量	最终地表蓄水
2a	优化前	149.677	143.804	4.192	3.662
	优化后		141.752	6.632	3.183
100a	优化前	305.687	300.228	4.217	4.672
	优化后		298.397	6.673	3.966

存在积水点的子汇水区39和43经过优化后在各重现期下总渗入量均增加，总径流、高峰径流和径流系数均减小。优化后的绿地减少了排水系统的负荷，降低了发生内涝的风险，并且对高峰径流表现出了更强的削减程度，但是在强降雨情况下作用减弱（表5-8）。

子汇水区39与43的径流削减率　　表5-8

子汇水区	重现期	径流削减率	高峰径流削减率	径流系数削减率
39	2a	0.738%	2.463%	0.716%
	100a	0.359%	1.623%	0.402%
43	2a	1.593%	6.410%	1.658%
	100a	0.804%	5.014%	0.810%

六、研究总结

1. 模型设计的特点

（1）本次研究设计不同于其他研究只运用单一模型探究内涝与土地利用之间的关系。而是根据不同尺度的不同需求选取不同的雨洪模型，并且侧重点有所不同，基于景观格局视角对于城市内涝成因进行探析。在宏观尺度上探究内涝成因与土地高程之间的关系，在中观层面探究绿地水体布局与城市内涝之间的关系，并且进行了深入探讨，分析其具体的量化关系，得出具体的相关性系数，对于量化评价各个土地利用类型的景观造成的内涝成因有重要参考意义。

（2）本文数据来源采用多源数据，数据获取包含了高德开放平台爬取积水点信息，爬取规划云绿地水体经纬度信息，数据获取含有一定的技术含量。

（3）本文重点以城市规划视角，探究土地利用与内涝之间的关系，并且对于实际场地进行了模拟优化，对基于城市内涝考虑的旧城改造等提供了经验和方法。

（4）本文主要结论如下：

在宏观层面上，土地高程与内涝点分布的关联性很弱，城市中的土地高程不是影响内涝的主要因素。土地利用类型中，建筑、道路的占比与易涝程度呈正相关，而与水系、绿地的占比呈负相关，铺装占比呈弱相关。丰富的土地利用类型、占比较大的水体与绿地有利于防涝。

在中观层面上，水域的总面积、数量、密度通过影响水域布置方式来影响积水，而边缘复杂程度、聚合度、连接度、整体性与积水的相关关系较弱。水域对积水的影响不如绿地显著。水域对积水的影响也在于布置方式，而非大小。小块分散密布的水域更有利于防涝。

绿地与城市内涝相关性显著，提高斑块面积、斑块数量、斑块密度、斑块占比、斑块平均大小、整体性、聚合度等占比都能有效降低城市内涝风险。绿地与雨洪内涝相关性系数分布在0.3~0.6区间，斑块总体面积与雨洪分布相关性最大，系数为0.6以上；其次为面积占比，相关性在0.5左右；再其次是斑块平均大小和整体性指标，相关性系数在0.4左右；与斑块数量、斑块密度与斑块聚合度相关性系数在0.3左右。绿地对积水的影响更在于布置方式，而非大小。小块分散密布的绿地更有利于防涝。

景观系统中存在不同雨洪调蓄潜力的空间，以城市绿地为例。绿地的总面积、数量、密度、边缘复杂程度都与排水能力呈明显正相关关系。城市绿地具有显著的海绵效应，缺乏与不透水面的联系将使其功能无法发挥。减少大面积不透水面的聚集程度，均衡分布的绿地景观格局更有利于防涝（图6-1）。

2. 应用方向或应用前景

在全国城市内涝趋于严重以及国家政策发展导向海绵城市建设的研究背景之下，同时在排水管道等基础设施建设周期长、投入大的前提下，探究土地利用类型与景观格局之间的关系，利用城市规划解决城市内涝问题无疑是性价比最高的一种方法。

本次研究为海绵城市建设和城市“双修”的开展提供了技术支撑，探析了绿地、水体等在为城市内涝防治方面做出的贡献。通过模型构建分析天津市绿地系统规划在城市内涝防治方面的作用，并从本专业入手，探究规划层面上各土地利用类型在内涝防治方面发挥的作用，并且将其中的量化关系进行呈现。

其研究思路适用于同样受内涝困扰的平原城市，在高程不作为内涝主要因素时，通过优化土地利用格局，达到内涝防治的作用。其中，中观尺度对于各个土地利用格局与内涝模拟之间的量化关系可以直接作为指标评价某地区的内涝风险；也可将其搭建为数字平台，设置模型算法，自动生成城市内涝风险预警。

对于模型应用的前景，可以探究历史积水点与各个年份城市建设发展之间的联系，探究内涝产生与城市建设之间的动态过程。

土地高程与内涝点分布的关联性很弱，城市中的土地高程不是影响内涝的主要因素。

土地利用类型中，建筑、道路的占比与易涝程度呈正相关，而与水系、绿地的占比呈负相关，铺装占比呈弱相关。丰富的土地利用类型、占比较大的水体与绿地有利于防涝。

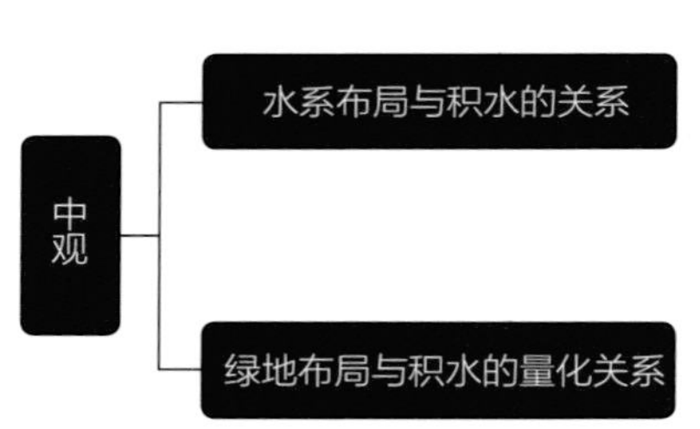

水域的总面积、数量、密度通过影响水域布置方式来影响积水，而边缘复杂程度、聚合度、连接度、整体性与积水的相关关系较弱。水域对积水的影响不如绿地显著。水域对积水的影响也在于布置方式，而非大小。小块分散密布的水域更有利于防涝。

绿地与城市内涝相关性显著，提高斑块面积、斑块数量、斑块密度、斑块占比、斑块平均大小、整体性、聚合度等占比都能有效降低城市内涝风险。绿地与雨洪内涝相关性系数分布在0.3~0.6区间，斑块总体面积与雨洪分布相关性最大，系数为0.6以上；其次为面积占比，相关性在0.5左右；再其次是斑块平均大小和整体性指标，相关性系数在0.4左右；与斑块数量、斑块密度与斑块聚合度相关性系数在0.3左右。绿地对积水的影响更在于布置方式，而非大小。小块分散密布的绿地更有利于防涝。

景观系统中存在不同雨洪调蓄潜力的空间，以城市绿地为例。绿地的总面积、数量、密度、边缘复杂程度都与排水能力呈明显正相关关系。城市绿地具有显著的海绵效应，缺乏与不透水面的联系将使其功能无法发挥。减少大面积不透水面的聚集程度，均衡分布的绿地景观格局更有利于防涝。

图6-1　研究总结

参考文献

[1] 牛帅，黄津辉，曹磊,等．基于水文循环的低影响开发效果评价［J］．建筑节能，2015，(2)：79-84.

[2] 王兆卫．基于模糊评价法的城市洪涝灾害评估研究［D］．东南大学，2017.

[3] 李光耀．基于角速度传感器的人体下肢运动识别［D］．河北工业大学，2013.

[4] 郭晨花．SWAT和SWMM模型耦合的平原河网城市水体点源污染扩散预测研究［D］．杭州师范大学.

[5] 朱光明，王士君，贾建生,等．基于生态敏感性评价的城市土地利用模式研究——以长春净月经济开发区为例［J］．人文地理，2011（5）：71-75.

[6] 李俊涛．基于RS/GIS的梁子湖流域景观格局及其动态变化研究［D］．华中师范大学.

[7] 彭越．基于SWMM模型的绿地空间布局对城市内涝影响分析［D］．天津大学.

[8] 王红艳．采用径流曲线数模型（SCs-CN）估算黄土高原流域地表径流的改进［D］．北京林业大学.

[9] 刘宁．基于SCS-CN模型的山地城市典型区域地表径流预测［D］．重庆交通大学.

[10] 韩浩．基于情景分析的城市暴雨内涝模拟研究［D］．西安理工大学.

[11] 熊剑智．城市雨洪模型参数敏感性分析与率定［D］．山东大学，2016.

[12] 肖国军，张瑞峰，杨高伟．基于GIS（地理信息系统）的SWMM模型在城市雨水管网优化改造中的应用研究［J］．四川建筑，2018，38（5）：3.

[13] 叶延磊，邢方亮．智慧地下综合管廊管理平台建设研究［J］．科学与信息化，2019，(2)：155-156.

[14] 周玉清，罗灵军，李静,等．城市应急平台中网络地图发布系统的设计与实现［J］．城市勘测，2007（6）：3.

[15] 王英，黄明斌．径流曲线法在黄土区小流域地表径流预测中的初步应用［J］．中国水土保持科学，2008，6（6）：6.

[16] 沈黎达，李瑶，李东臣,等．复杂下垫面城市暴雨内涝汇水区划分方法研究［J］．水资源与水工程学报，2019，30（6）：10.

[17] Acosta-Coll，M.，F. Ballester-Merelo，M. Martínez-Peiró. Early warning system for detection of urban pluvial flooding hazard levels in an ungauged basin［J］. Natural hazards，2018，92（2）：1237-1265.

[18] 张雯雯．复杂网络理论在航空网络中的应用研究［D］．中国民航大学，2009.

[19] 童明浩，陈加兵．海绵城市建设中城市绿地的作用探析——以福州市主城区为例［J］．台湾农业探索，2019，156（1）：70-73.

[20] 邓冬松．山地城市绿地雨水径流调蓄潜力及改善途径——以重庆两江新区建成区为例［D］．北京大学，2013.

不完备信息震害预测下的城市地震适应性规划方法研究*
——以医疗系统切入

工作单位：北京工业大学

报名主题：面向高质量发展的城市综合治理

研究议题：面向健康与韧性的安全城市

技术关键词：统计模拟方法、不确定性决策

参　赛　人：赵志成、李露霖、魏米铃、孙妍、倪乐、武佳佳、费智涛

参赛人简介：城市建筑物系统多水准地震后果与规划适应性评价模型是由北京工业大学建筑与城市规划学院、北京工业大学城市工程与安全减灾中心的研究生团队设计的。团队成员的研究方向涉及城市地震适应性、交通系统韧性、复合灾害影响下的城市避难系统、震后物资系统韧性、城乡防灾一体化等。研究成果在《地震研究》、《城乡规划》等期刊以及《中国城市规划年会论文集》均有收录。

一、研究问题

1. 研究背景

地震作为一种突发性、破坏性极大的自然灾害，对城市发展造成了极大的冲击，如美国地质勘探局（USGS）统计发生的重大地震事件：造成1 200亿美元和7万人损失的8.0级中国汶川大地震（2008年5月12日）、造成3 000亿美元和1万人损失的9.0级东日本大地震（2011年3月11日）等。地震使受灾地区承受了与其地区发展水平不相适应的严重后果，提升城市对地震灾害的适应能力势在必行。“适应性防灾”一词起源于应对气候变化的适应型城市概念范畴，是指基于灾害作用机理特征与承灾体脆弱性的防灾策略与措施，适应性规划相关内容同样被认为是行之有效的方法。

目前，学者不仅对城市各系统开展多灾种的灾害适应性研究，还将适应性纳入城乡规划并开展探讨。联合国等国际组织也针对气候、灾害的适应性开展了一系列工作，试图提升全球城市系统的适应性（Policy Guidance on Integrating Climate Change Adaptation into Development Co-operation），通过“确定过程和项目范围”“进行脆弱性评估”“定义适应框架和策略”“实施、监控、评估和调整”4个步骤来制定适应性策略和战略（UNDP's Adaptation Policy Framework for Climate Change）。

虽然适应性的概念在很多方面都有实践，但通过相关文献的查阅，发现仍存在如下问题：①研究集中于建构筑物结构设计、设防等工程层面，规划层面研究不足，工程抗震与规划适应地震也存在割裂；②缺少规划地震适应性的评价体系和设防标准。综合以上问题，本研究考虑灾害系统和城市功能系统，以地震灾害为例，构建适应性评价模型。

* 本研究基于中国地震局地震工程与工程振动重点实验室重点专项（2019EEEVL0501）资助，城市医疗系统抗震韧性评估与提升策略研究

2. 目的意义

（1）研究目的

①构建基于灾害影响的不确定性和规划措施的确定性考虑的城市地震灾害适应性评估模型。

基于多水准地震灾害影响，从工程抗震建筑破坏状态（基本完好、轻微破坏、中等破坏、严重破坏、倒塌）计算符合统计规律的极限状态（轻微破坏、中等破坏、严重破坏、倒塌），使用蒙特卡罗法模拟城市建筑结构震害区间；使用改进的震后后果模型计算人员伤亡、经济损失后果；根据现状与需求差异、规划与需求满足的关系，针对某一灾害水准提出规划策略，并计算适应度，检验策略的地震灾害适应性。

②研究工程抗震与规划适应地震影响的协同机理。

工程抗震使用建构筑物的结构抗压、抗剪的性态等级分档评价建构筑物单体或群体的震害后果，以确定满足设防烈度的抗震性态要求。而规划适应地震的影响（亦可称“规划层面的抗震设防”）不能简单地看作大量单体建构筑物工程抗震性态的集体表现，通常需对城市进行功能、规模、空间和规划条件的安排，目前工程与规划的地震适应性缺乏有效的衔接方法，需研究二者衔接的内在协同机理。

③提出适应多水准地震灾害的规划策略。

本研究意图提出适应多水准地震灾害的规划策略。其中，“适应多水准”不是指一种策略能够适应多个水准，而是指针对某一水准提出的规划策略，考察其在其他水准地震影响下的适应程度。

（2）研究意义

①打通工程设防与规划设防的壁垒。

②构建多水准适应性评价的工作流。

③进行反应机理的规划策略适应性计算与评估。

3. 研究目标

在梳理城市系统多水准地震适应性概念理论、构建适应性评价模型算法的基础上，借助Python、ArcGIS等平台，针对选定研究区域，使用相关数据并计算城市多水准地震影响与后果，在研判需求与供给差异的基础上针对特定水准提出规划策略，并计算策略的适应度水平。

4. 拟解决问题

①构建城市关键物质空间系统（本文为建筑系统）多水准地震适应性评价模型。

②构建反映适应性和工程—规划衔接机理的支撑算法。

③针对特定系统开展适应性评估，绘制适应度矩阵。

二、研究方法

1. 不确定性与确定性相结合的方法

本研究基于问题引入、模型构建、案例研究与规划支持，使用了体现灾害发生不确定性与体现规划方案决策确定性相结合的研究方法，构建了城市系统多水准地震适应性评价研究框架，如图2-1所示。

（1）不确定性方法的体现：多水准地震灾害后果生成

在体现灾害影响不确定性方面，通过借鉴地震工程、结构工程领域分系统、分环节拆解研究问题的方法，使用多水准地震灾害表示城市可能遇到的灾害情景。其中，地震灾害的多水准反映了某一地区发生地震的可能强度，对于一个城市而言，发生何种水准的地震灾害属于不确定事件，但对于既发地震灾害，灾害影响的后果可以视为一种确定性结果。基于上述认识，本研究使用历史结构震害数据，构建了多水准地震影响的后果生成模型，见4.1、4.2节的内容，研究方法可以使用图2-2直观表达。

（2）规划策略提取与分类归纳

本文通过初步分析整理城市规划定空间、定规模、定功能、定条件的规划策略，并通过梳理城乡规划体系，从规划和设计两个角度初步汇总了相关规划指标，筛选灾害适应性策略，并针对策略计算多水准的适应度（图2-3）。

2. 系统性控制研究方法

适应性的概念涉及多系统，就地震与城市而言，本研究体现在两个方面，一是现状城市系统遭遇灾害时的反应；二是规划策略加持下的城市系统遭遇灾害时的反应，即规划策略影响城市系统受灾后果的提升程度。同时本研究涉及的震害计算、后果计算、策略提出、策略筛选、适应性计算等模块，采用图2-4的控制论方法进行拆解与分析，并形成第四章的模型算法内容。

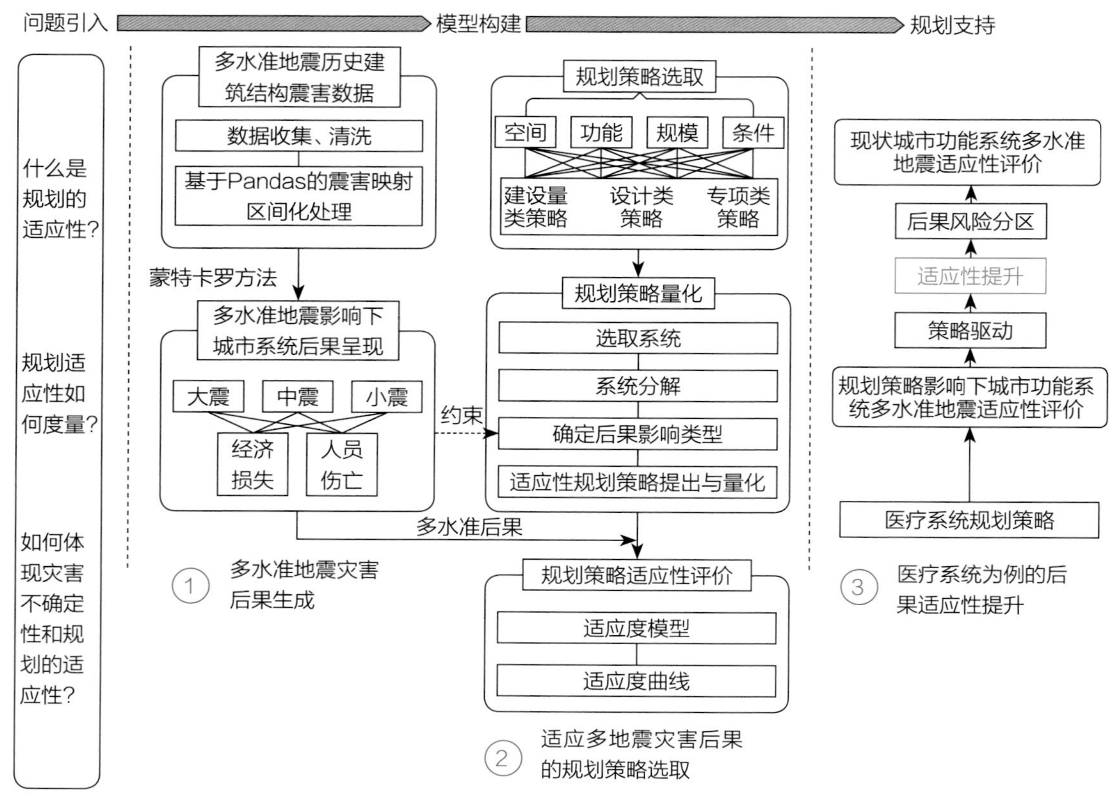

图2-1　城市功能系统多水准地震适应性评价研究框架

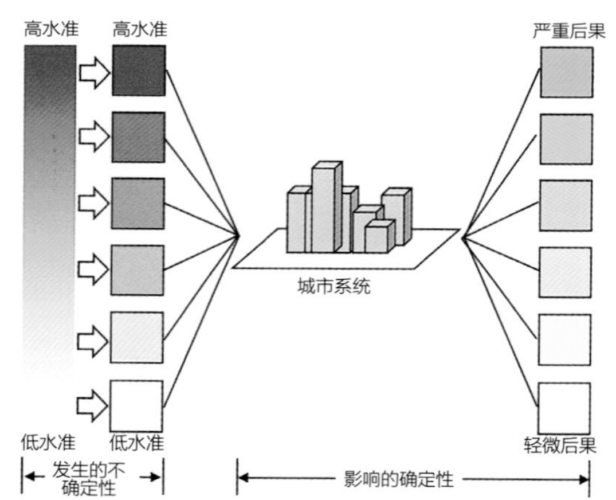

图2-2　多水准地震灾害发生的不确定性与影响的确定性

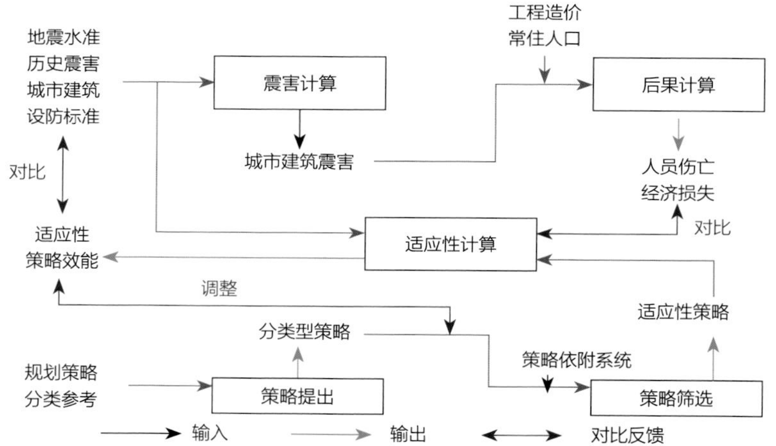

图2-4　系统性控制研究方法

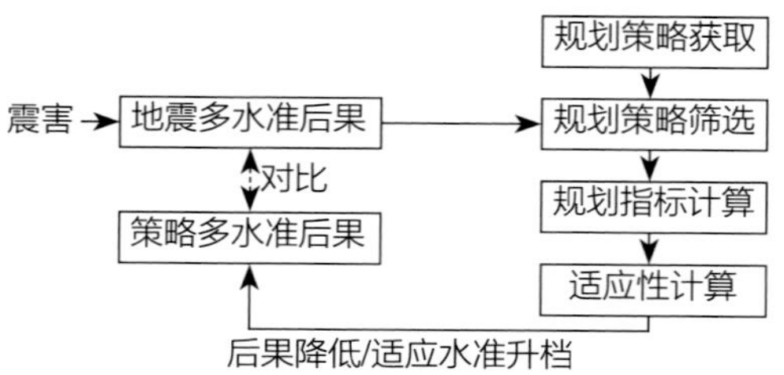

图2-3　规划策略适应性

3. 技术路线及关键技术

城市功能系统多水准地震适应性评价模型技术路线如图2-5所示，包括城市多水准地震灾害影响评价、城市多水准地震灾害后果评价、适应性规划策略库构建与单系统策略选取、适应性关联矩阵与结果分析4个部分。

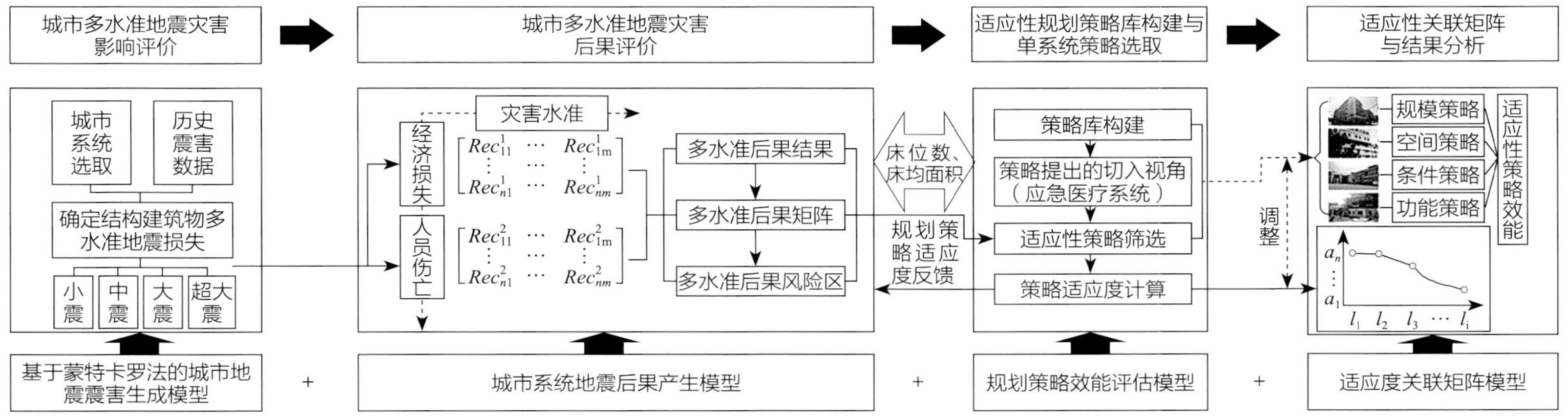

图2-5　技术路线示意图

按照操作过程来看，分为以下几个步骤：

①数据获取与清洗。

②城市多水准地震灾害影响评价：构建基于蒙特卡罗方法的城市地震灾害生成模型，并基于城市系统数据、历史震害数据计算城市建筑结构的多水准灾害地震损失。

③城市多水准地震灾害后果评价。

④适应性规划策略库构建与单系统策略选取。

⑤策略适应性评价。

⑥适应性关联矩阵绘制与分析。

三、数据说明

1. 数据内容及类型

本次研究数据主要涉及历史震害数据、建筑轮廓数据、城市用地边界，和在规划实践过程中提供的各种CAD数据以及其他相关数据。详见表3-1：

数据类型信息统计表　　表3-1

数据名称	格式、类型	信息	来源
城市交通网络矢量数据	Shapefile、线数据	长度、等级、速度、位置	Bigemap
城市建筑轮廓矢量数据	Shapefile、面数据	面积、层数、位置	Bigemap
城市用地边界数据	CAD & shapefile、面数据	位置	Bigemap
城市二级及二级以上医院数据	Shapefile、点数据	位置、床位数、医护人员数量等	99医院库网站
历史震害数据	Excel	地震烈度、破坏状态、建筑结构	文献
其他数据	Excel	其他	其他

（1）城市行政区域数据

研究中涉及的城市用地边界通过Bigemap平台和ArcGIS系统进行处理，作为空间参照。

（2）城市交通网络矢量数据

交通网络数据主要基于Bigemap平台获取，具备道路的等级、位置信息，并通过ArcGIS系统完善道路名称、宽度、长度等信息。

（3）城市建筑轮廓矢量数据

通过Bigemap平台采集现有的建筑轮廓数据，对不完整的建筑轮廓数据基于ArcGIS系统进行补充完善，同时完善建筑的面积、层数、高度、位置、建筑结构等信息。

（4）城市医疗点及以上医院数据

本研究中使用的二级及其以上的医院数据主要为应急医疗系统中的医院位置点，通过POI兴趣点数据得到，主要基于Bigemap和高德API工具采集，数据信息包括名称、类型、位置、床位数、医护数等信息。

（5）历史震害数据

历史震害数据包括可统计到的已发生地震中各类建筑结构和

在不同水准下不同结构建筑的破坏状态。

（6）其他相关设施点数据

其他设施点数据以POI数据的形式获取并使用。

2. 数据预处理技术与成果

（1）原始数据清洗筛选

将直接获取的原始数据处理为模型可用的数据。包括对书籍、文本中的表格数据进行电子化、空间矢量化，对各类型空间数据进行地理坐标转化为投影坐标等。

（2）空间数据的属性赋值

对投影后的空间数据进行初始属性的赋值。数据处理时基于ArcGIS系统、Excel工具，将数据分为两类，一类为非空间数据的空间矢量化，主要处理对象为表格数据、栅格数据、JS数据；一类为数据清理与基础属性添加，处理对象为道路网数据、建筑数据、医院点数据、供水管网数据等。

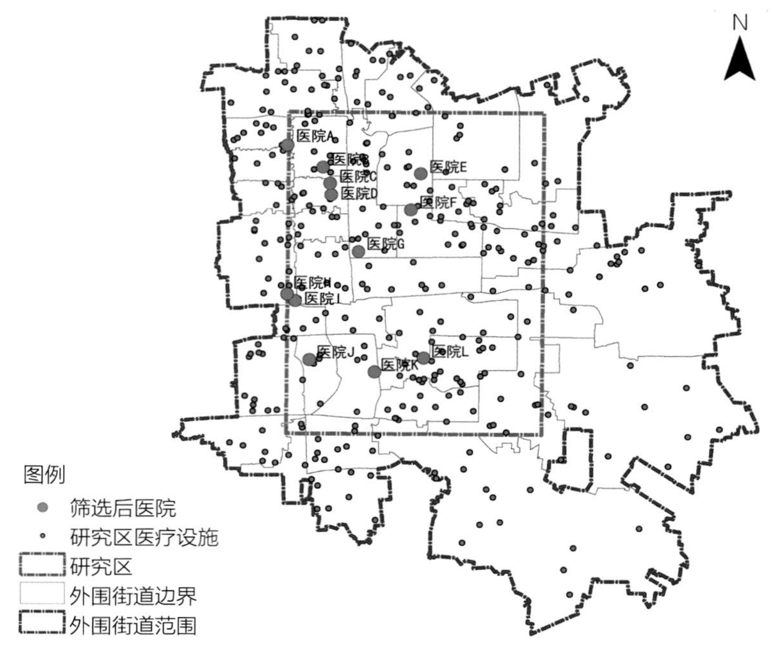

图3-1　医院数据预处理成果

（3）数据处理成果

①道路数据：获取研究区及外围街道共1712个路段，总长度602 429m，运用ArcGIS网络模型工具构建道路网络数据集，赋予道路宽度、平均时速等属性数据，计算每段道路长度（m）和总长度（m）以及正常通行时间（min）（图3-1）。

②医疗设施数据：医院设施411所，通过ArcGIS属性表赋予医院床位数、医护人员数量等数值属性数据，建立基于医院的救援服务的数据库；根据床位数、医院等级、性质筛选出12所医院作为建议应急医院。

③建筑物数据：研究区内现状建筑数据共39 662栋，通过GIS输入包括建筑形状、层数、高度、结构类型等属性数据。

④震害情景数据：统计5次历史地震数据，根据易损性函数，求得7、8、9三种烈度地震下六种建筑结构分别处于五种破坏状态下的哪一种（图3-2）。

数据初步处理成果如图3-3所示。

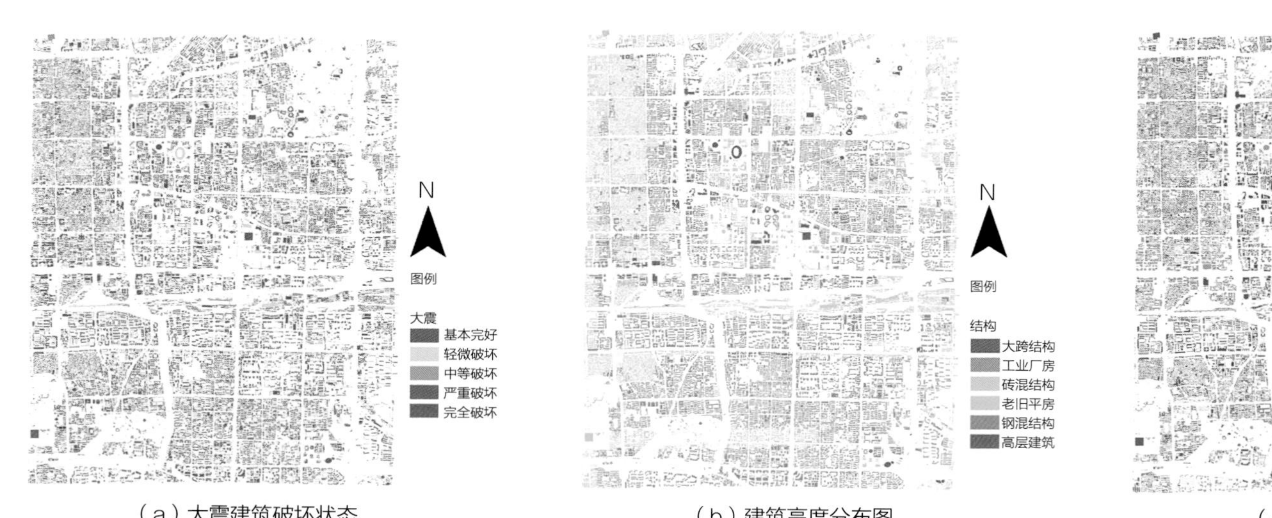

（a）大震建筑破坏状态　　（b）建筑高度分布图　　（c）建筑结构分布图

图3-2　数据预处理成果

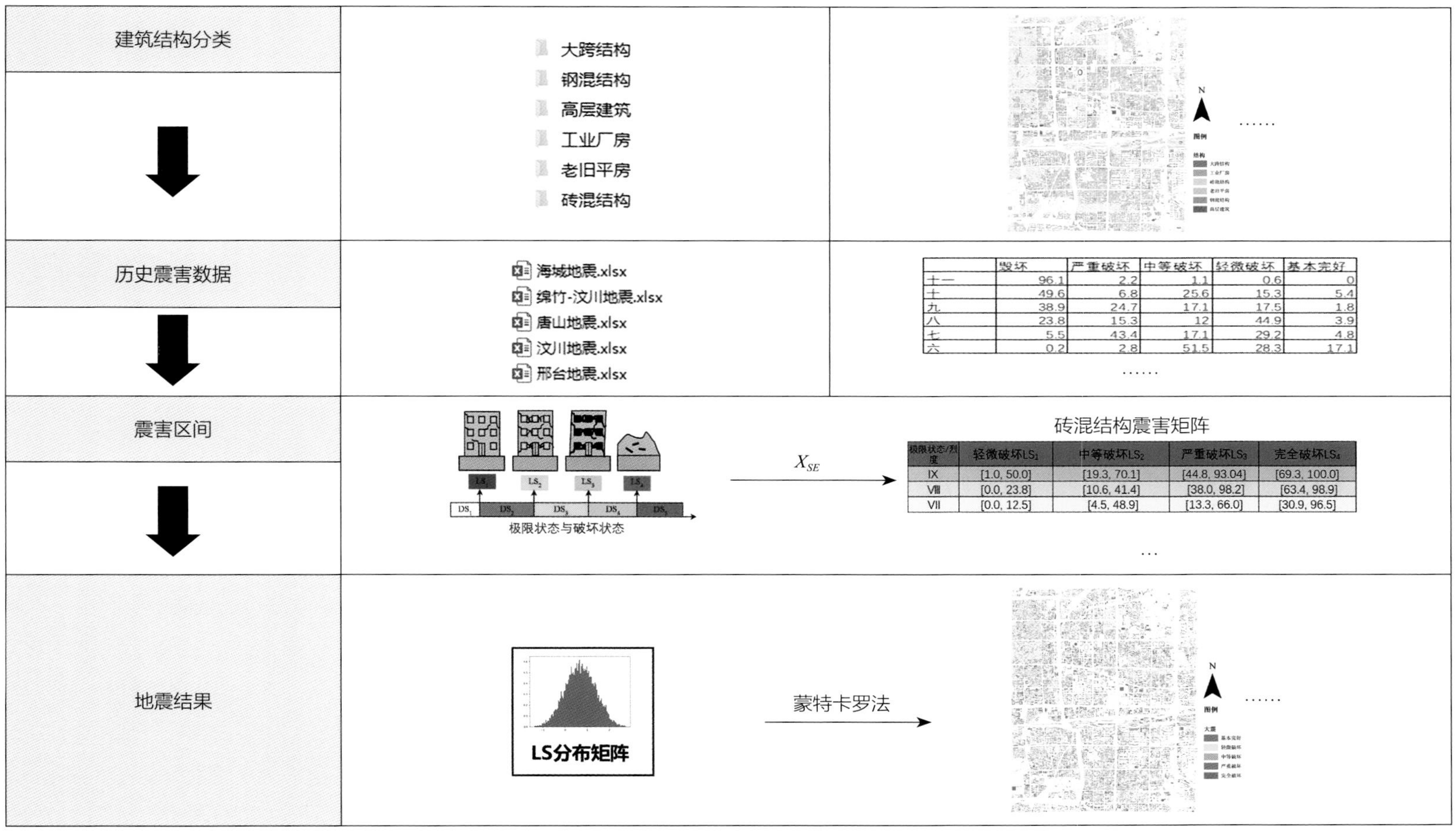

图3-3　震害矩阵

四、模型算法

1. 基于不完备信息的城市地震震害生成模型

由于震害信息获取较难，通常情况下对地震震害的分析处于一种信息不完备状态，可以采用蒙特卡罗方法进行随机性生成震害结果。同时，信息的不完备程度将带来不同程度的计算误差，在本文的计算中是不可避免的。

（1）蒙特卡罗方法

蒙特卡罗法是一种基于“随机数”的计算方法。其本质上是一种数值模拟过程，即根据已知的概率特征，通过某种方法产生大量设计变量的样本值，然后代入描述结构性能的功能函数，“计算”结构的状态，并对其计算结果进行统计分析的一种计算方法。

运用蒙特卡罗法计算的具体步骤分为三步：

①构造或描述概率过程；

②从已知概率分布进行抽样；

③建立各种估计量，对模拟实验的结果进行考察并得到问题的解。

（2）历史震害率生成模型

使用3.1、3.2中描述的震害矩阵作为震害生成模型的基础数据（图4-1），使用式4-1进行处理，将同一结构类型（STR）建筑在同一个烈度（l_i，满足式（4-2）、同一震害水平极限状态（LS）下的震害率（sd_i）进行组合形成集合X：

$$X=\{sd_i \mid sd_1,sd_2,\cdots,sd_i\}=LS\cdot L=\begin{bmatrix} sd_{LS_1,l_1} & \cdots & sd_{LS_4,l_i} \\ \vdots & \cdots & \vdots \\ sd_{LS_1,l_i} & \cdots & sd_{LS_4,l_i} \end{bmatrix} \qquad (4-1)$$

在地震工程领域，震害数据为一种统计数据，其极限状态

（*LS*）数据服从一定分布规律，如正太分布、对数正态分布等，在本研究中选取正太分布作为统计分布。同理，地震对于城市的破坏作为一种样本试验，同一结构类型、同一烈度、同一极限状态下的多次地震情景（*SE*）中服从同样的分布类型，则有三维矩阵：

$$X_{SE}=X\cdot SE=\begin{bmatrix} sd_{LS_1,l_1}^{se_1} & \cdots & sd_{LS_1,l_m}^{se_i} \\ \vdots & \cdots & \vdots \\ sd_{LS_n,l_1}^{se_1} & \cdots & sd_{LS_n,l_m}^{se_i} \end{bmatrix} \tag{4-2}$$

式中，X_{SE}为多次地震情景下，震害率矩阵模型。对于同结构类型建筑而言，在l_m水准烈度下发生LS_n极限状态（式4-1）的结果）的震害率集合写为式（4-3），且规定每一个元素服从正态分布，且有μ＝mean（D^{se}），σ＝sta（D^{se}）：

$$D^{se}=\left\{sd_{LS_n,l_m}^{se_i} \mid sd_{LS_n,l_m}^{se_1},sd_{LS_n,l_m}^{se_2},\cdots,sd_{LS_n,l_m}^{se_i}\right\}, \tag{4-3}$$

（对于每一个D^{se}，*n*、*m*是确定的）

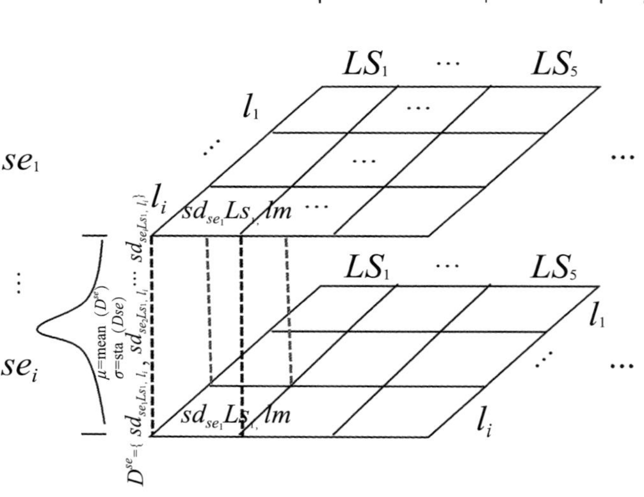

图4-1　历史震害率生成模型（式4-1~式4-3）

至此，D^{se}为生成城市地震震害找到了统计意义的数据依据，并使用Python语言的Scipy库编程，随机生成服从以上分布的模拟震害率值域D'，即：

$$D'=scipy.stats.truncnorm\left(\frac{lower-\mu}{\sigma},\frac{upper-\mu}{\sigma},loc=\mu,scale=\sigma\right) \tag{4-4}$$

$$d'=D'\cdot rvs(k) \tag{4-5}$$

程序中，d′为计算模拟震害率值，由某结构建筑服从正态分布的震害率值域D'随机产生，*k*为取样次数。至此，选取出的服从统计规律的震害率可以带入4.2后果模型中转化为地震影响城市的后果。

2. 城市系统地震后果产生模型

（1）地震破坏下的经济损失预测模型

根据刘如山的研究，地震造成的建筑经济损失可用以下公式计算。

$$L_S(i)=\sum_k\sum_j A_k\cdot M_k(i,j)\cdot R_k(j)\cdot V_k \tag{4-6}$$

式中，L_S（*i*）为评价地段在地震烈度为*i*时所有建筑物的经济损失；*k*为根据建筑结构划分的房屋种类；*j*为房屋建筑破坏等级；*i*为地震影响烈度；A_k为第*k*类房屋的建筑面积；M_k（*i*，*j*）为第*k*类房屋在地震影响烈度为*i*时发生*j*级破坏的概率；R_k（*j*）为第*k*类结构建筑发生*j*级破坏时的损失比，即破坏修复费用与建筑物造价之比；V_k为第*k*类房屋建筑每平方米单位造价。在本研究中，模型中的主要参数，*k*、*j*可根据《建（构）筑物地震破坏等级划分》GB/T 24335—2009确定；*i*＝Ⅵ—Ⅺ度；A_k需要对目标地段的单体建筑面积信息进行采集；M_k（*i*，*j*）的确定，则需要引入解析易损性模型：

$$P_f=p\left[D\geqslant C\mid IM\right] \tag{4-7}$$

式中，P_f为地震作用下结构的超越概率；*D*为地震作用下结构的需求；*C*为结构的能力；*IM*为地震动强度指标。通过建立的各类型结构解析易损性曲线，可得到相应结构在某一强度地震作用下发生破坏状态*j*时的破坏概率P_j。随后基于4.1的震害生成模型，模拟出建筑在某水准下的破坏状态。R_k（*j*）则根据《地震现场工作第4部分：灾害直接损失评估》GB/T 18208．4—2011中对钢混（砌体）结构、工业厂房、农村建筑等3类建筑在5个破坏等级下的损失比做的明确规定进行确定。本文确定的损失比采用标准规定的中值的最大值，见表4-1。

各类房屋结构各破坏等级的损失比取值（单位：%）　　表4-1

基本完好	轻微破坏	中等破坏	严重损坏	毁坏
3	11	31	73	97

V_k的确定则根据不同地区的建筑结构单位造价决定。

（2）地震破坏下的人员伤亡预测模型

根据郑山锁的研究，地震造成的人员伤亡可用以下公式计算，

死亡人数：

$$N_i = \alpha\rho A P_d \qquad (4\text{-}8)$$

重伤人数：

$$N_j = \alpha\rho A P_s \qquad (4\text{-}9)$$

轻伤人数：

$$N_k = \alpha\rho A P_m \qquad (4\text{-}10)$$

式中，N_i、N_j、N_k对应为评估区域内单栋建筑的死亡人数、重伤人数以及轻伤人数；α为建筑物分布区域调整系数，表示城市、农村和城郊结合地带的建筑物，相同地震灾害造成的人员伤亡差异较大，因此引入的调整系数，建议取值为：农村取0.6，城郊结合取0.8，城市取1.0；ρ为不同建筑的人员密度；A为建筑物的使用面积；P_d、P_s、P_m对应为地震作用下单栋建筑物的平均死亡率、重伤率以及轻伤率。在本研究中，模型中参数的确定，研究目标地段为城市区域，因此α确定为1.0；ρ通过所选地段的总建筑面积与人员数量的比值确定。P_d、P_s、P_m的确定方法通过以下公式计算：

$$P_d = \sum_{x=1}^{5} DS_x \cdot d_x \qquad (4\text{-}11)$$

$$P_s = \sum_{x=1}^{5} DS_x \cdot s_x \qquad (4\text{-}12)$$

$$P_m = \sum_{x=1}^{5} DS_x \cdot m_x \qquad (4\text{-}13)$$

式中，DS_x为建筑物处于不同破坏状态的概率（x取值为1～5，对应为基本完好、轻微破坏、中等破坏、严重破坏以及倒塌）；d_x、s_x、m_x对应为各类破坏状态下的死亡率、重伤率、轻伤率。依据国内既有研究成果，统计给出我国不同类型结构在不同破坏状态下的人员伤亡率，见表4-2。

不同类型结构在不同破坏状态下的人员伤亡率　表4-2

类别	轻微破坏			中等破坏			严重破坏			倒塌		
	轻伤	重伤	死亡	轻伤	重伤	死亡	轻伤	重伤	死亡	轻伤	重伤	死亡
土坯、石砌体	0.1	0.01	0	5	0.5	0.01	10	5	1	30	15	5
无筋砌体	0.1	0.01	0	1	0.1	0.01	15	5	1	25	15	5
配筋砌体	0.01	0	0	0.1	0.01	0.001	10	2.5	0.5	20	10	3
钢筋混凝土结构	0.01	0	0	0.1	0.01	0.001	10	2.5	0.5	20	10	3
钢结构	0.01	0	0	0.1	0.01	0.001	10	2.5	0.5	20	10	3
木结构	0.1	0.01	0	1	0.5	0.05	10	5	1	30	10	5

3. 基于多水准扰动的规划策略效能评估模型

（1）灾害—系统—策略的三维度适应性模型框架

适应性作为系统间相互影响的关系能力，不仅与城市系统有关，还与多水准的灾害影响相关。此外，城市系统作为一个自适应系统，主观能动的规划建设活动影响了城市系统面对多水准灾害的适应程度。因此，适应性模型总体框架基于多水准灾害、城市系统和规划策略三个维度构建：

$$S = \left(L, T, M, R_{LM}, R_{TM}, R_{LT}\right) \qquad (4\text{-}14)$$

式中，S为城市系统M在面临L水准灾害时的适应性表达，T为可采取的规划策略；R_{LM}为多水准灾害与城市功能系统的关系集合，一般表现为后果，R_{TM}为规划策略与城市功能系统之间的关系集合，可理解为适应性策略，R_{LT}为规划策略与多水准灾害的关系集合，即策略的适应性水平，如图4-2所示。

对于灾害而言，其不确定性主要由灾害的强度和重现期共同控制，在地震研究领域，一般采用烈度确定：

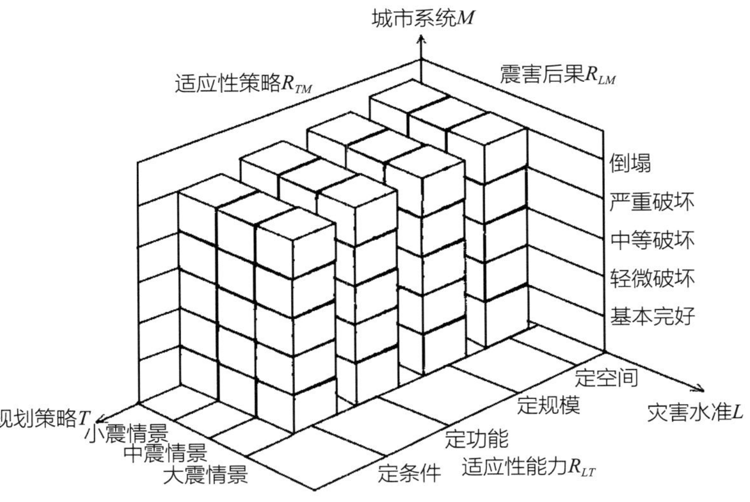

图4-2　灾害—系统—策略的三维度适应性模型框架图

$$L=\{l_i \mid l_1,l_2,\cdots,l_n\} \tag{4-15}$$

式中，l_i为烈度表达，地震工程中将城市所处的烈度分区作为设防烈度（对应中震），高一度为大震，低一度为小震。地震的发生难以预测，具有很强的不确定性。因此，对于不同的烈度，城市功能系统M有不同的反应，此处对于地震对城市的影响主要考虑城市建筑的结构，不同结构类型对同一烈度的反应都不同：

$$M=\{m_i \mid m_1,m_2,\cdots,m_n\} \tag{4-16}$$

式中，m_i为城市功能系统中的第i种结构类型建筑，地震来临时，不同结构的建筑受地震影响，发生震害的可能性为D，如式4-17所示：

$$D=R_{LM}=f(l_i,m_i,g(DS)) \tag{4-17}$$

城市系统的建筑物损伤，即发生震害的程度，使用5个水准（DS）进行描述，包括基本完好（DS_1）、轻微破坏（DS_2）、中等破坏（DS_3）、严重破坏（DS_4）和毁坏（DS_5），g（DS）为破坏极限状态（Limit State）。具体计算方法使用4.1节中的基于蒙特卡罗法的震害生成算法确定D的取值，并通过4.2节的算法转化为式4-18所示的震害后果：

$$R_{es}=\{e_i \mid e_1,e_2,\cdots,e_n\} \tag{4-18}$$

式中，R_{es}为震害造成的后果集合，e_i为后果，计算方法使用4.1节中的人员伤亡、经济损失计算模型。面对灾害对城市的影响后果，从规划的角度提出策略类型T，以降低后果带来的其他影响。本研究基于城乡规划定空间（t_1）、定功能（t_2）、定规模（t_3）、定条件（t_4）的策略制定视角出发，初步选取规划策略，并依据灾害对系统影响的后果，选取适应性的规划策略ST，上述关系使用式4-19、式4-20描述：

$$T=\{t_i \mid t_1,t_2,t_3,t_4\} \tag{4-19}$$

$$ST=f(T,M,R_{TM},Res)=\{t_i^s \mid t_1^s,t_2^s,\cdots,t_n^s\} \tag{4-20}$$

式中，R_{TM}为规划策略类型t_i对应城市功能系统m_i的关系，使用矩阵式4-21表达：

$$R_{TM}=T\cdot M=\begin{bmatrix} r_{t1m1} & \cdots & r_{t1mi} \\ \vdots & \cdots & \vdots \\ r_{tim1} & \cdots & r_{timi} \end{bmatrix} \tag{4-21}$$

对于每一类规划策略t_i，对应于城市功能系统的元素m_i形成关联r_{timi}，表征了基于功能系统的规划策略选择规则。同时，适应性策略还与地震灾害发生后造成的后果R_{es}相关，因此，适应性的策略是基于城市系统、规划策略类型和灾后后果的多维度矩阵模型。

（2）基于多水准扰动的规划策略适应度模型

为了量化表征规划策略在多水准灾害影响下的适应性程度，本模型初步构建了规划策略的适应度模型。目前，在地震、工程领域已经构建了对应地震多水准的工程措施性态，而在规划层面，仍缺乏相关的内容，难以将规划与灾害水准直接联系。因此，本研究提出一种基于后果的适应度评估模型，用以评价单一规划策略的灾害适应性。

$$P_A=L\cdot A=\begin{bmatrix} p_{l1a1} & \cdots & p_{l1ai} \\ \vdots & \cdots & \vdots \\ p_{lia1} & \cdots & p_{liai} \end{bmatrix} \tag{4-22}$$

式中，P_A为某城市系统的规划适应性性态矩阵，L为灾害水准，A为规划措施的适应度，通过式4-23进行量化：

$$A_{l,m}=\begin{cases} 1, Res_{t_1,l,m}\geqslant Res_{t_0,l,m}, \text{或} Res_{t_0,l,m}=0 \\ 1-\dfrac{Res_{t_1,l,m}-Res_{t_0,l,m}}{Res_{t_0,l,m}}, \quad Res_{t_1,l,m}<Res_{t_0,l,m}, l\in L \end{cases} \tag{4-23}$$

式中，$A_{l,m}$为l水准灾害影响下m系统的适应性策略的适应度，t_0为原始状态，t_1为适应性策略加持下的新状态，$Res_{t0,l,m}$为提出适应性策略前l水准灾害影响下m系统的后果，$Res_{t1,l,m}$为提出适应性策略后l水准灾害影响下m系统的后果，适应度表现为适应性策略影响下的灾害后果转变占原有后果的比例量化，如人员损失减少、经济损失减少等。

4. 规划策略适应度关联矩阵模型

在不同灾害水准下，城市功能系统的适应性并不一致。因此，若用集合Y表示适应度与水准所构成的空间，则可表示如下：

$$Y=\{F(l_i),F(a_i)\}=F(l_i,a_i) \tag{4-24}$$

集合Y由两类要素构成，l，a分别代表水准要素和适应度要素。当要素l，a确定时，都可以从该系列表建立出一个子空间，因此，为方便表示，采取矩阵形式表示水准与适应度的关系，采用表示方式如下：

$$Y=F(l_i,a_i)=(y_l^1,y_l^2,\cdots,y_l^m)_{\mathrm{a}} \tag{4-25}$$

其中，m表示对应于确定的（l，a）时的总数，l代表灾害水准要素，a为适应度要素，则水准与适应度的空间关系可用矩阵如图4-3所示：

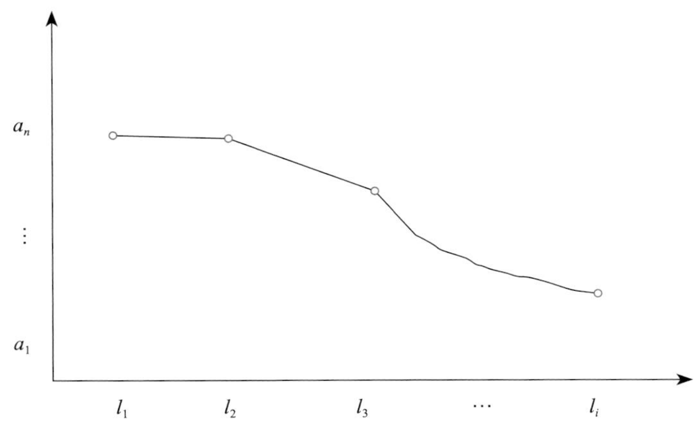

图4-3 规划策略适应度绩效关联矩阵

$$Y = Ag^{1\times i}L = \begin{bmatrix} a_1 \\ \vdots \\ a_n \end{bmatrix} [1\cdots1]^{1\times i} \begin{bmatrix} l_1 \\ \vdots \\ l_i \end{bmatrix} = \begin{bmatrix} y_1^1 & \cdots & y_1^i \\ \vdots & \cdots & \vdots \\ y_n^1 & \cdots & y_n^i \end{bmatrix} \quad (4\text{-}26)$$

5. 支撑平台

模型算法及集成平台介绍见表4-3。

模型算法及集成平台介绍表　　表4-3

算法/工具名称	软件平台	操作系统	开发语言
蒙特卡罗法	PyCharm	Windows 10	Python3.6
震害转化后果模型	PyCharm、ArcGIS10.4	Windows 10	Python3.6
效能评估模型	PyCharm	Windows 10	Python3.6

五、实践案例

1. 研究区与系统构建

（1）研究区概况

本研究选取我国某特大城市某地区（图5-1）为研究对象，研究区面积6 965.47hm²，常住人口262.49万人。研究区内共有78家社区卫生站，16家社区卫生服务中心，54家社区级以上公立医院，共有床位17 808张。由于医院的服务范围并不局限于研究区内，除指标计算限定在研究区内，额外划定外围的街道范围，使研究区更为完整。

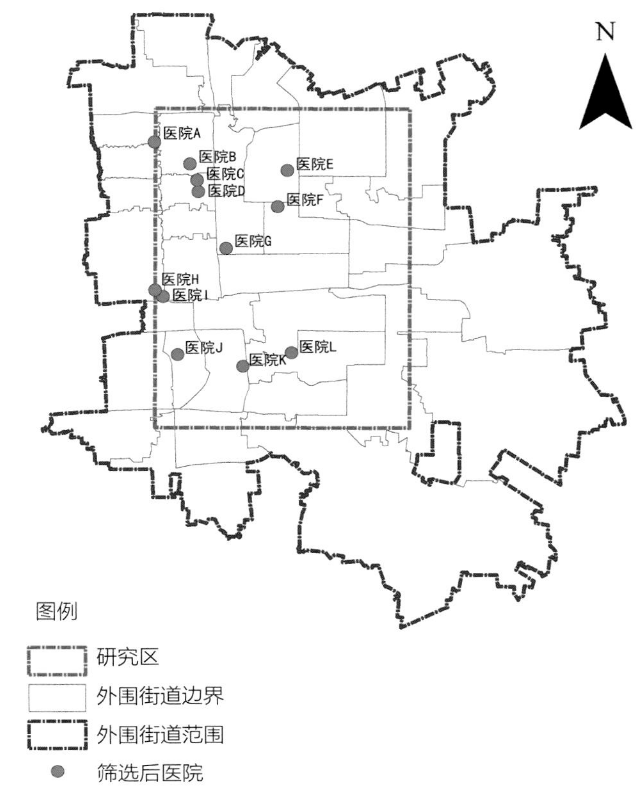

图5-1 研究区示意图

（2）策略系统选取

考虑到城市系统十分复杂，面对研究区的多水准地震损失与后果，选取区内的应急医疗系统作为规划策略选取、筛选的对象。根据前文的内容，结合文献研究，初步将研究区的应急医疗系统按图5-2进行划分。

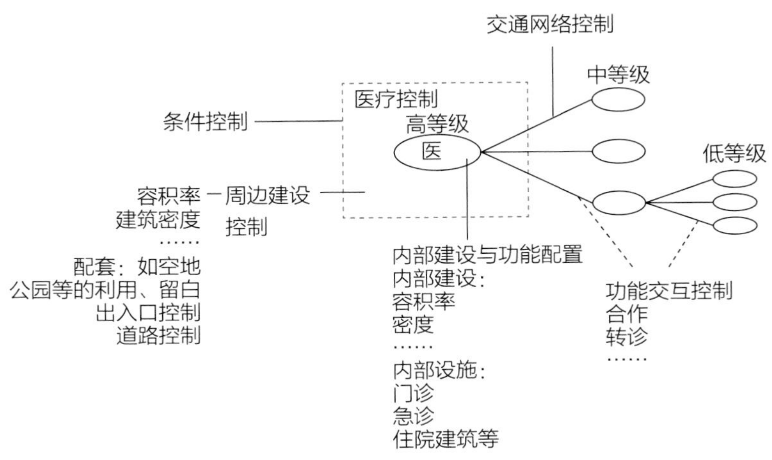

图5-2 应急医疗系统模型

2. 研究区多水准震害后果计算与分析

（1）研究区内多水准震害后果计算与分析

根据震后不同结构建筑破坏情况计算不同水准震害下研究区内的直接经济损失，同时结合表4-2不同类型结构在不同破坏状态下的人员伤亡率，计算不同水准地震下的人员伤亡。

1）小震水准下的后果计算

研究区震前总建筑面积为49 509 700m²，小震后果如图5-3和图5-4所示。基本完好的建筑面积为31 182 273m²，轻微破坏的建筑面积为12 454 674m²，中度破坏的建筑面积3 622 581m²，严重破坏的建筑面积为200 274m²，毁坏的建筑面积为247 408m²，直接经济损失为49.67万元。这些损毁建筑多为老旧小区和高层建筑。小震后研究区内轻伤人数为129人，重伤人数为38人，死亡人数为9人，伤亡总人数为176人。

小震情况下，研究区内建筑受到中等破坏以上损失的占比较小，为11.86%左右，建筑结构的抗震适应性较强，只需进一步完善优化震后规划策略。

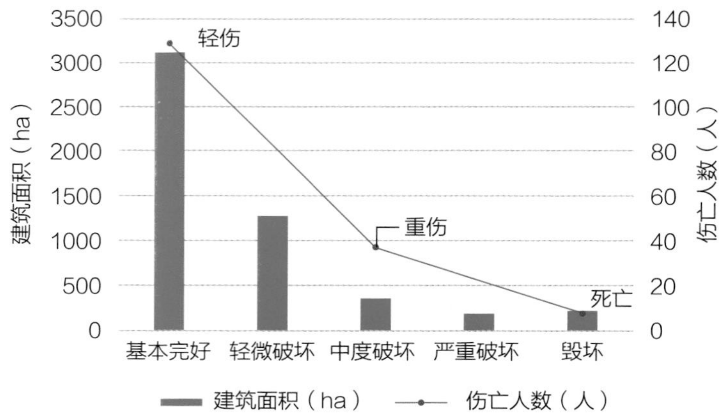

图5-3 小震水准下的后果损失图

2）中震水准下的后果计算

中震后果如图5-5和图5-6所示，基本完好的建筑面积为23 588 453m²，轻微破坏的建筑面积为15 424 936m²，中度破坏的建筑面积4 579 723m²，严重破坏的建筑面积为3 952 436m²，毁坏的建筑面积为1 964 152m²，直接经济损失为90.09万元。中震

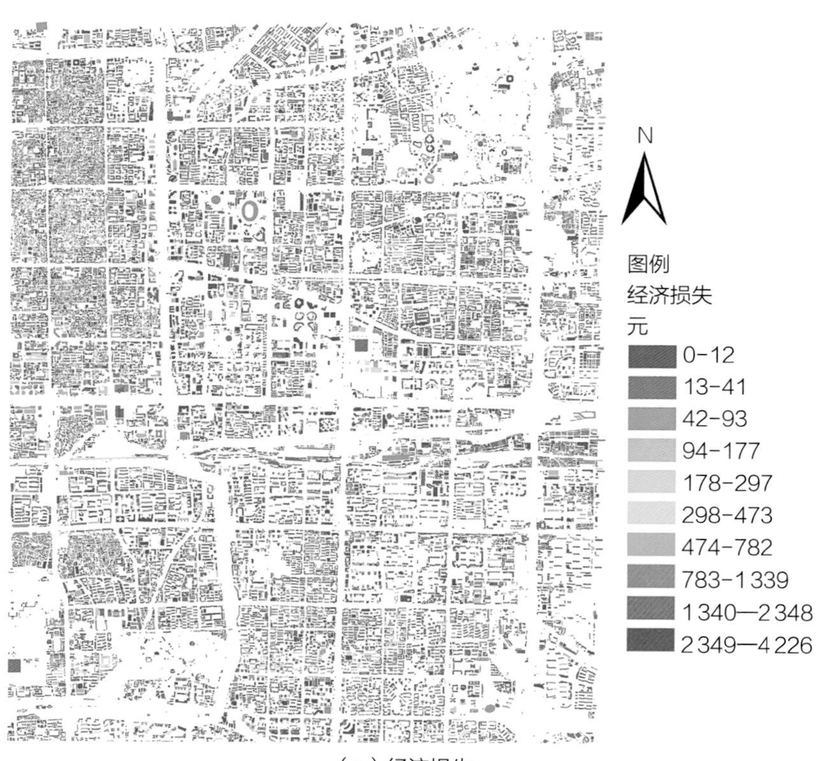

（a）经济损失

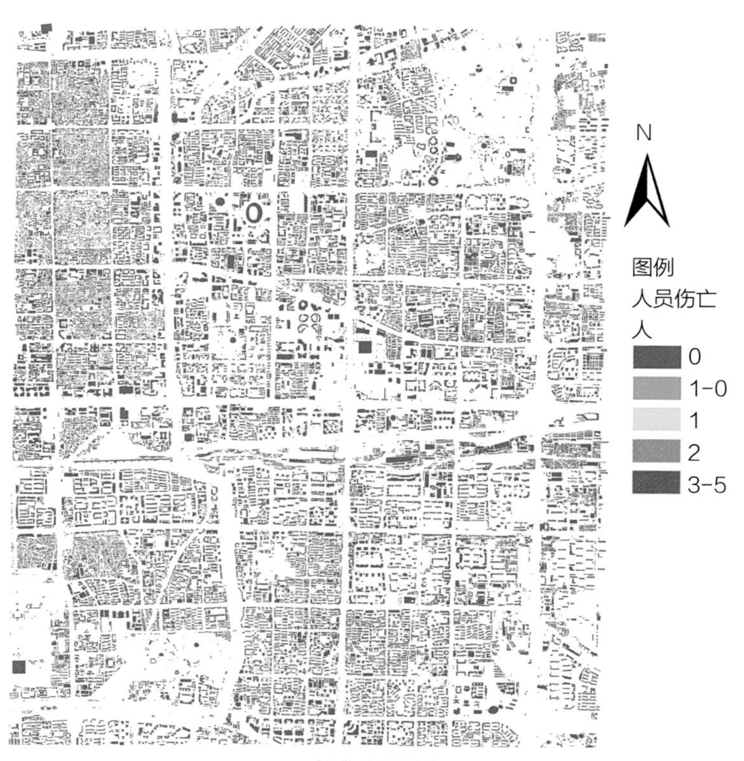

（b）人员伤亡

图5-4 小震水准下后果计算

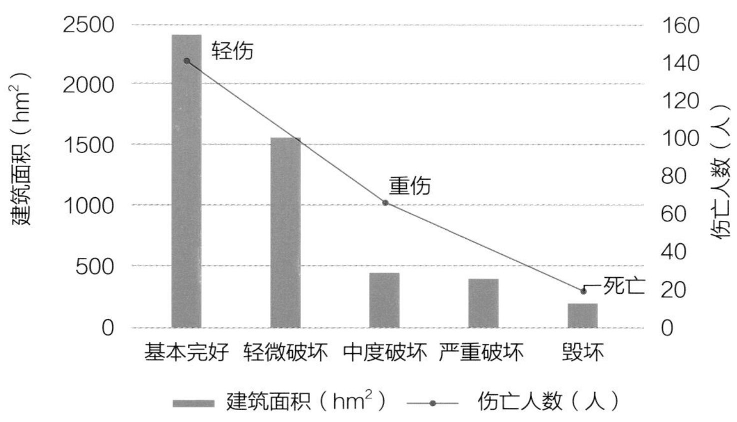

图5-5 中震水准下的后果损失图

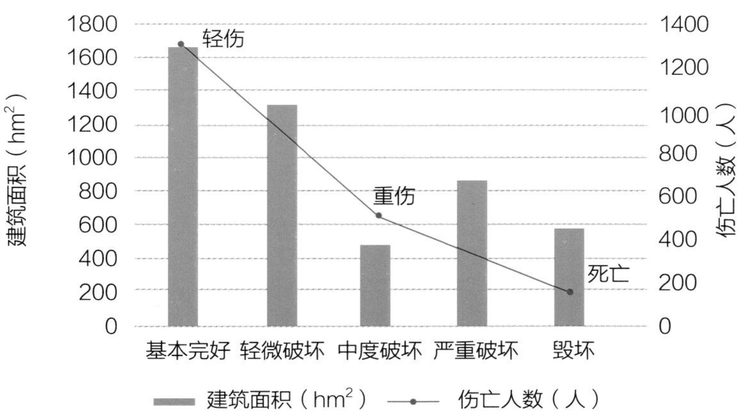

图5-7 大震水准下的后果损失图

后研究区内轻伤人数为140人，重伤人数为65人，死亡人数为19人，伤亡总人数为224人。

中震情况下，研究区内建筑受到中等破坏以上损失的占比达到21.20%以上，建筑结构的抗震适应性中等，处于可接受水平范围内，需要部分规划策略的强制要求和适当引导。

3）大震水准下的后果计算

大震后果如图5-7和图5-8所示，基本完好的建筑面积为16 738 507m²，轻微破坏的建筑面积为13 225 299m²，中度破坏的建筑面积4 831 241m²，严重破坏的建筑面积为8 728 580m²，毁坏的建筑面积为5 986 073m²，直接经济损失为155.23万元。大震后研究区内轻伤人数为1 295人，重伤人数为505人，死亡人数为147人，伤亡总人数为1 948人。

大震情况下，研究区内建筑受到中等破坏以上损失的占比较大，达到39.47%，建筑结构的抗震适应性较差，亟须制定与之适

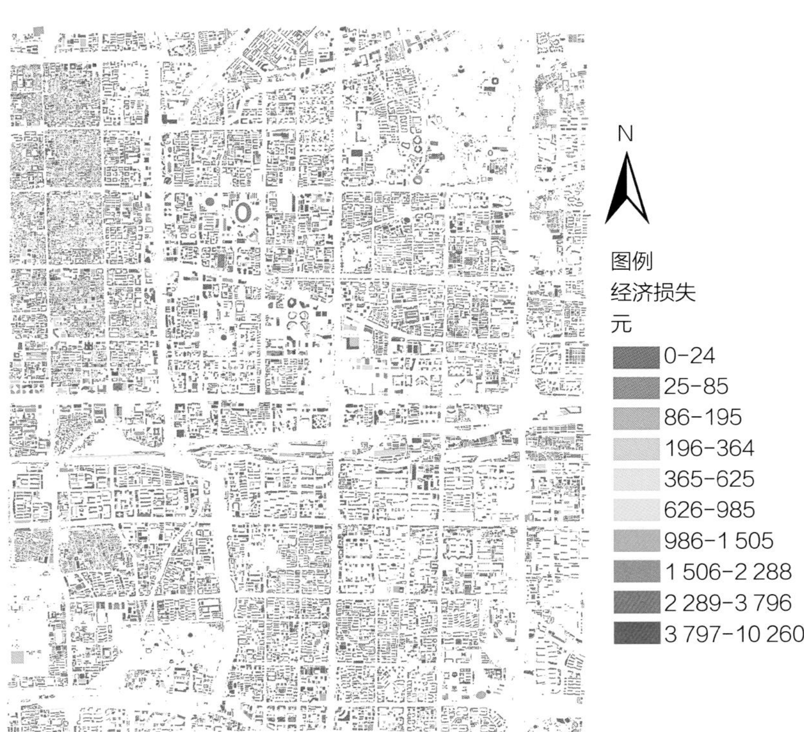

（a）经济损失

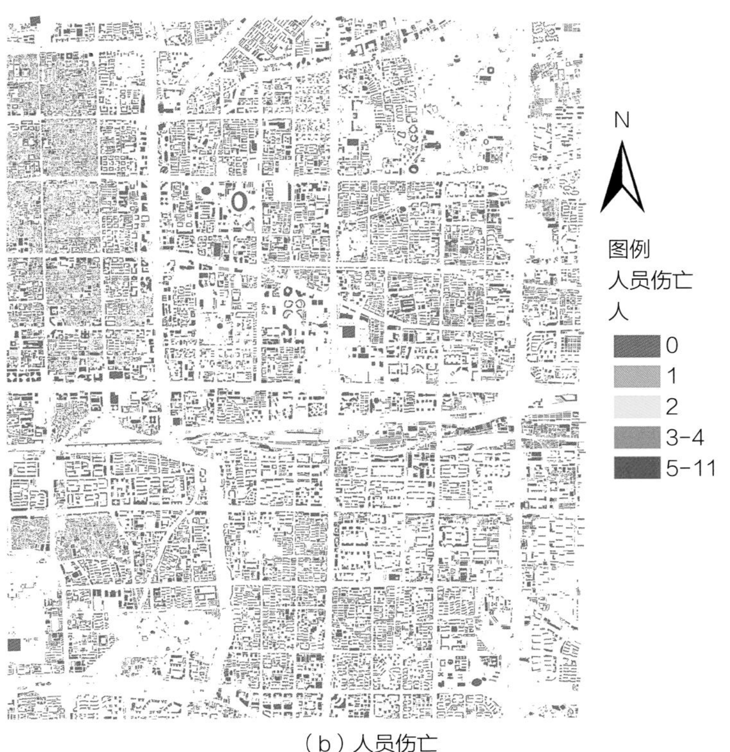

（b）人员伤亡

图5-6 中震水准下后果计算

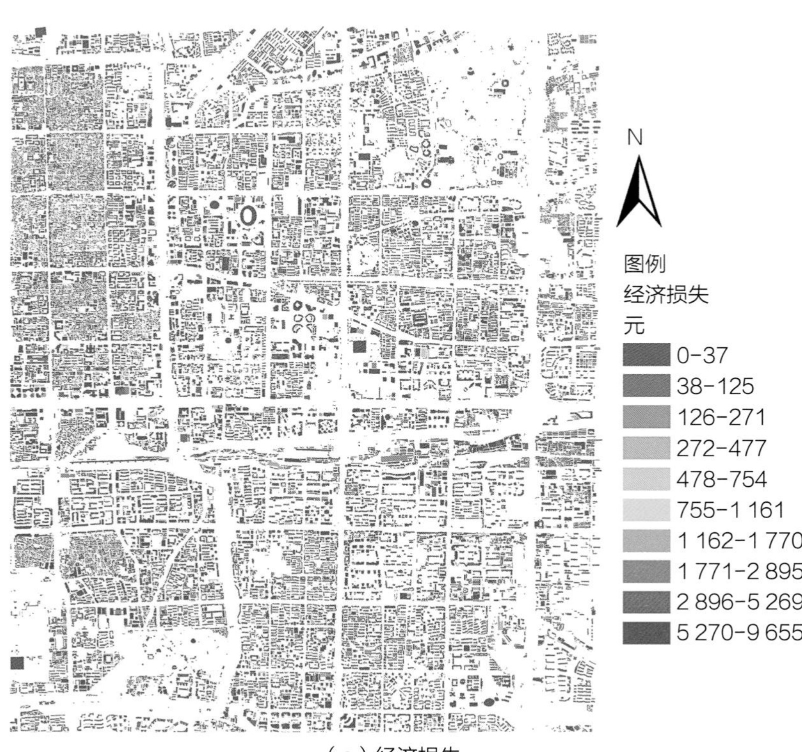

（a）经济损失

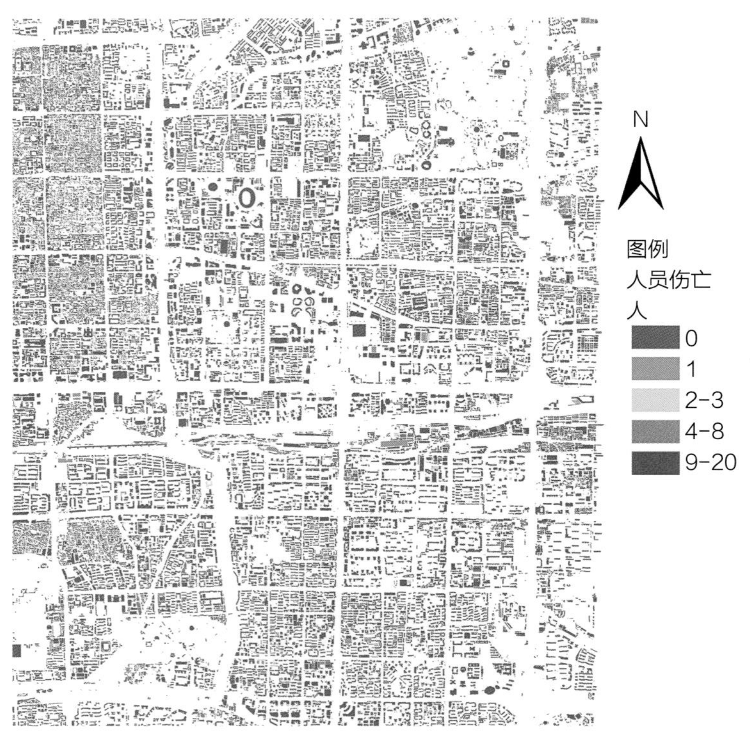

（b）人员伤亡

图5-8 大震水准下后果计算

应的震后规划策略。

（2）大震下研究区应急医疗系统震害后果计算与分析

基于大震下研究区内的损失情况以应急医疗系统为例选取适应性规划策略。根据研究区内医院的医疗服务水平和规模，选取医院A、医院B、医院C、医院D、医院E、医院F、医院G、医院H、医院I、医院J、医院K、医院L共12个医院为震后应急医院。根据ArcGIS网络分析工具得到所选应急医院8分钟车行可达范围，如图5-9所示。

根据表4-1中的各类房屋结构各破坏等级的损失比取值以及2019统计年鉴中的医院床位使用率，得到大震下各个应急医院的应急剩余床位数（表5-1）。

大震下应急医院剩余床位数统计表　　表5-1

名称	床位数（床）	大震下破坏程度	结构	破坏系数	空床数（床）	床位数损失（床）	剩余床位数（床）
医院A	508	中度破坏	老旧平房	0.28	91	26	65
医院B	1574	基本完好	钢混	0.03	283	8	275

续表

名称	床位数（床）	大震下破坏程度	结构	破坏系数	空床数（床）	床位数损失（床）	剩余床位数（床）
医院C	1600	基本完好	钢混	0.03	288	9	279
医院D	600	中度破坏	钢混	0.31	108	33	75
医院E	450	基本完好	钢混	0.03	81	2	79
医院F	1900	轻度破坏	钢混	0.11	342	38	304
医院G	970	轻度破坏	钢混	0.11	175	19	156
医院H	1328	中度破坏	钢混	0.31	239	74	165
医院I	1759	轻度破坏	钢混	0.11	317	35	282
医院J	416	基本完好	钢混	0.03	75	2	73
医院K	278	轻度破坏	钢混	0.11	50	6	44
医院L	400	中度破坏	钢混	0.31	72	22	50

3. 城市应急医疗系统适应性规划策略选取

（1）适应性规划策略库构建

阅读文献从中归纳梳理，确定从定空间、定功能、定规模、定条件四个角度和规划层面、设计层面两个方面提取不同规划设

图5-9 应急医院8分钟服务范围

计的主要内容，构建适应性规划策略库（图5-10）。

（2）城市医疗系统适应性规划策略选取

本文以城市医疗系统为例，根据详细规划、城市设计、专项规划等不同层面规划（表5-2）的主要内容，从规划指标、规划体系、空间结构以及设施建设四个方面提出相应规划策略（图5-11）以降低震后城市内各性态的损失程度，提高城市的灾害适应性。

规划指标方面主要根据控制性详细规划以及医疗卫生设施布局规划等内容，在保持城市总体各控制要素不变的情况下，根据各性态损失情况，适当调整中高风险区内的容积率、建筑密度等指标，同时提高研究区内医疗卫生服务水平，包括医院数量、床位数等医疗卫生资源总量、各项千人指标以及健康指标等。

规划体系方面，医疗系统应努力构建“城市—社区”两级医疗服务体系，夯实基层医疗卫生设施基础，促进城市公共卫生设施体系的逐步完善。

空间结构方面，在总体城市设计中，结合城市的山水骨架等合理布局城市适灾空间、避难空间等，结合城市交通输配网络和各医疗设施的辐射能力合理布局医疗卫生设施，提高城市医疗系统在震后应急救援的能力；在片区城市设计中，统筹城市性态体

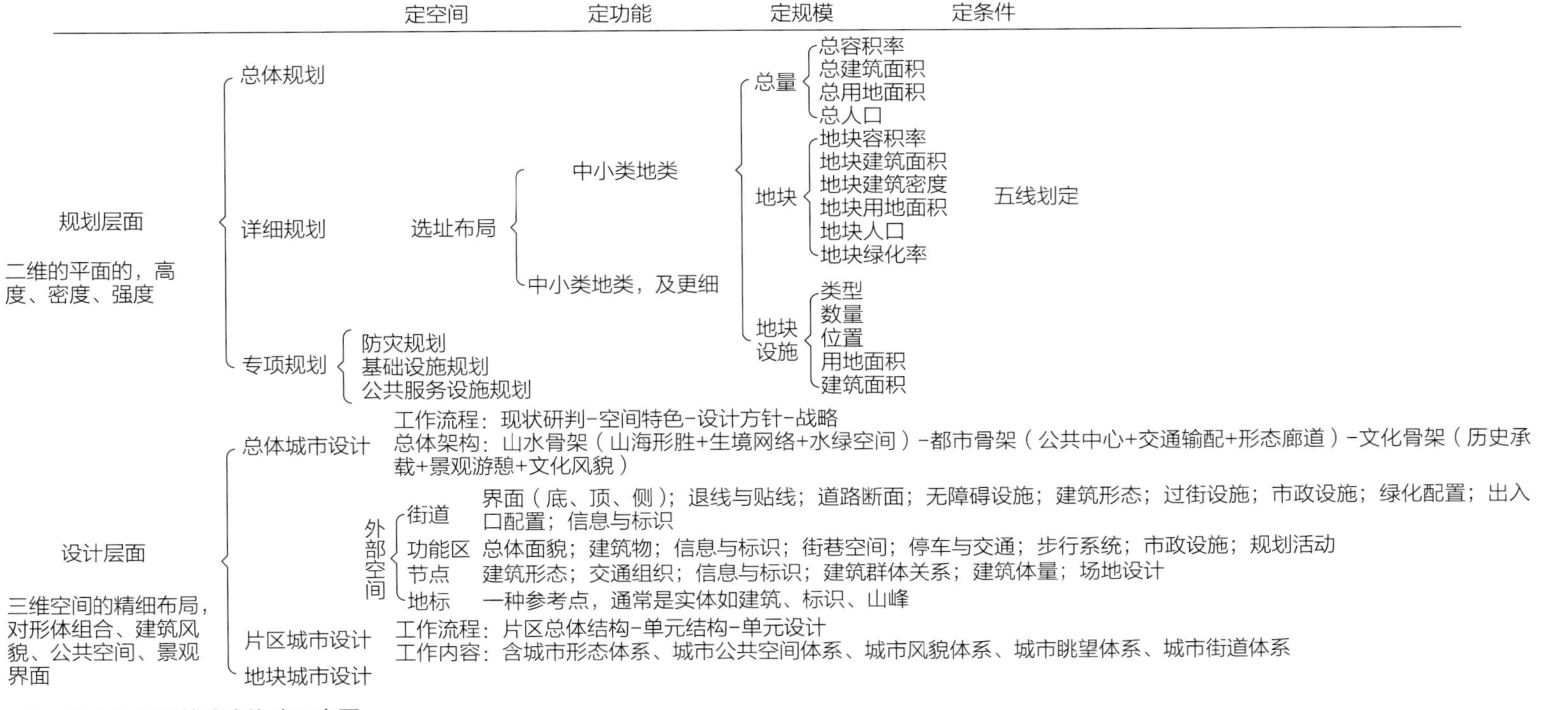

图5-10 适应性规划策略库构建示意图

医疗系统控制损失的策略指标分解表　　表5-2

策略层面	策略指标	分项指标	指标量化	与其他规划的衔接	策略类型
系统本体提升层面	提升建筑结构设防等级		设防等级	抗震防灾规划	
	医疗配套设施	医疗物资储备	应急床位数	医疗系统专项规划	定规模
功能兼容层面	医院周边用地的灾后医疗化	公园绿地的应急医疗兼容	公园绿地可用面积	绿地系统规划	定条件、定功能、定空间、定规模
		街道的应急医疗兼容	街道可用面积	交通规划、街道设计	定条件
		中小学的应急医疗兼容	中小学可用面积	中小学规划	定条件
平灾转换层面	医院周边的专门性医疗场所	体育馆转化为方舱医院	体育馆可用面积	体育设施规划	定条件
	应急医疗空间		转换效率	防灾规划	定空间、定条件
功能留白层面	配置专门用于应急医疗的留白用地		留白用地面积	城市更新、老旧小区改造	

系、公共空间体系等，在保证城市要素完备、合理的情况下，与城市防灾相关设计要素衔接；在地块（街区）城市设计中，着力引导城市内部空间包括街道界面、绿化配置、信息与标识的相互协调，共同为提高地块的灾害性态水平服务。

设施建设方面，结合医疗卫生规划和防灾规划对中高风险的医院建筑进行加固或提高设防等级并合理提升风险区内现有医院的床位数、救护车数量等。同时分级增加各等级医院的应急床位、药品等物资储备，并规划增加包括广场、避难场所等在内的应急医疗战略留白用地，健全城市急救体系。

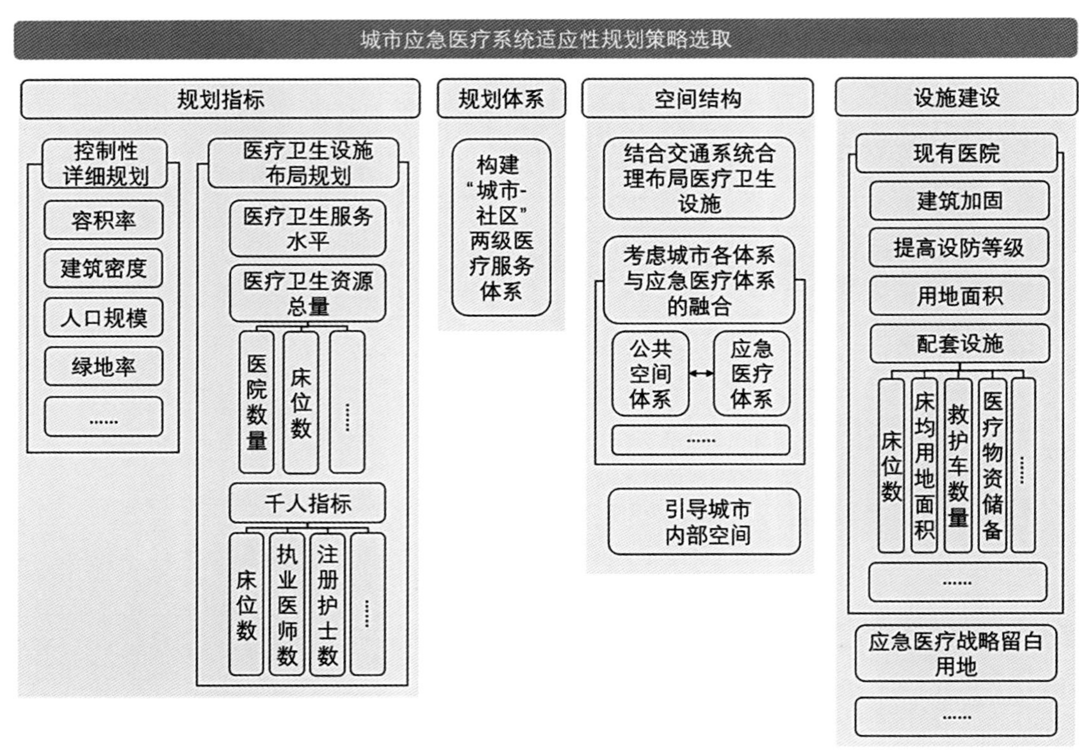

图5-11　城市应急医疗系统适应性规划策略选取示意图

4. 规划策略实现与多水准地震适应性评价

（1）研究区应急医疗系统规划策略选取

对多个武汉方舱医院改造设计的数据进行统计，选取应急医疗用地中人均医疗空间面积约为9.44m²。通过汶川地震的经验总结，在震后应急期，扣除医院病床的日常负荷外，新增的应急医疗需求为每4个轻伤人员对应一个床位需求，每个重伤人员对应一个床位需求。根据以上分析，基于假定目标下适应性提升要求对研究区提出以下优化策略（表5-3，图5-12）：

研究区优化策略汇总表　　　　表5-3

提出角度	规划策略	具体措施	增加床位数（床）
建筑本体	对部分医院进行抗震加固	建筑加固、提高设防等级	
与公共空间系统	规划医疗战略留白用地	选取中小学、城市公园、体育场馆等公共空间作为应急医疗备用空间	2 047
		增加战略留白用地相关医疗资源储备	
		信息和标识引导	
医疗系统	提升部分现有医院服务水平	提升医院规模，包括床位数量、医护人员数量、科室设置、医疗设备	300
		提升医疗技术水平	
		提升医院的管理水平，包括信息管理、医院感染控制、资源利用、应急管理等	
与周边用地设计	划示紧急医疗空间用地控制线	划示紧急医疗空间用地总控制线	900
		划分紧急医疗空间内的临时安置空间、医疗功能转换空间、医院自用空间、对外交通保障空间	
总计增加床位数			3 247

策略一：对部分医院进行工程韧性提升。对大震下床位数损失数量较多和建筑较为老旧的医院A、医院H和医院L进行抗震加固（图5-13）、应急医疗设施建筑功能配置优化，组织有效的建筑布局和人流物流组织。

策略二：规划医疗战略留白用地。将公共空间体系与医疗体系相结合，如将公园A、小学A作为医疗用地的战略留白（图5-13b、5-13c），作为地震发生时公共空间对于医疗空间的及时补充。公园A可提供15 170.08m²的应急医疗用地，共1 607张床

选定应急医院　应急医院8分钟服务范围　研究区范围
划示应急医疗空间的医院　需抗震加固的应急医院　新增应急医院

图5-12　规划策略空间分布

（a）医院A　　（b）公园A战略留白

（c）小学A战略留白

图5-13　医院设施策略——加固、留白

（a）运动场医疗用地转换示意

（b）公共绿地医疗用地转换示意

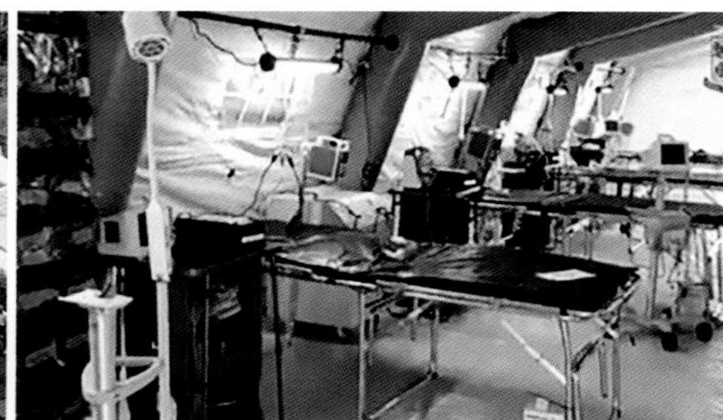

（c）应急医疗空间内部示意

图5-14　医院设施策略——用地转换示意

位，小学A可提供4 153.60m^{2}的应急医疗用地，共440张床位（图5-14）。

策略三：提升现有医院服务水平。根据现有医院的建设规模和医疗服务水平，选取研究区内东南侧的医院M和东侧的医院N为应急医院，提升其医院等级，分别增加150张，共300张应急床位的储备，同时提高社区医院的医疗服务水平。

策略四：划示医疗空间。根据不同水准地震下应急医院周边伤亡人数分布情况（图5-15），对所选周边伤亡人员密度较大的应急医院及其附近用地进行紧急医疗空间用地控制线的划示（表5-4），包括医院E（表5-5，图5-16）、医院K（表5-6，图5-17）和医院G（表5-7，图5-18）。紧急医疗空间划示区设置一定的折减系数，以满足灾时可用的面积和迅速转换为临时医疗空间的需求。

图例
轻伤
高：12
低：0
研究区医院
研究区面
N

图例
重伤
高：6
低：0
研究区医院
研究区面
N

图例
死亡
高：2
低：0
研究区医院
研究区面
N

图5-15　不同水准下应急医院周边伤亡人数分布图

医疗空间规模与主要适应性指标表　　表5-4

类型	面积(m^2)	建议冗余总床位数（床）	所属医院	策略类型
医疗空间	32 375	331	医院E	定条件
医疗空间	10 167.8	265	医院K	定条件
医疗空间	91 832.3	304	医院G	定条件

a）医院E主要功能区指标和空间划示如表5-5和图5-16所示。

医院E医疗空间主要功能区指标表　　表5-5

子类型	面积（m^2）	折减系数	可用面积（m^2）	冗余床位数（床）	所属医院	原功能	策略类
医院自用空间	20 257.30	1	20 257.30	0	医院E	医院用地	定功能、定空间、定规模
对外交通保障空间	1 381.77	0.5	690.88	0		街道	定功能、定空间、定规模
医疗功能转换空间	3 907.12	0.8	3 125.69	331		中小学	定功能、定空间、定规模
对外交通保障空间	2 725.18	0.5	1 362.58	0		街道	定功能、定空间、定规模

b）医院K主要功能区指标和空间划示如表5-6和图5-17所示。

医院K医疗空间主要功能区指标表　　表5-6

子类型	面积（m^2）	折减系数	可用面积（m^2）	冗余床位数（床）	所属医院	原功能	策略类
医院自用空间	7 037.85	1	7 037.85	0	医院K	医院用地	定功能、定空间、定规模
医疗功能转换空间	3 131.87	0.8	2 505.50	265		公园广场	定功能、定空间、定规模

c）医院G主要功能区指标和空间划示如表5-7和图5-18所示。

医院G医疗空间主要功能区指标表　　表5-7

子类型	面积（m^2）	折减系数	可用面积（m^2）	冗余床位数（床）	所属医院	原功能	策略类
医院自用空间	36 408.30	1	36 408.30	0	医院G	医院用地	定功能、定空间、定规模
对外交通保障空间	14 116.59	0.5	7 058.29	0		街道	定功能、定空间、定规模
临时安置空间	35 356.30	0.2	7 071.25	0		公园广场	定功能、定空间、定规模
医疗功能转换空间	1 266.91	0.8	1 013.53	107		停车场	定功能、定空间、定规模
医疗功能转换空间	2 320.46	0.8	1 856.38	197		停车场	定功能、定空间、定规模

（2）研究区应急医疗系统适应性提升效果分析

根据式（4-10），对选取的研究区应急医疗系统地震适应性提升策略进行统计，计算出策略提出后研究区不同水准下的地震灾害适应度（图5-19）。研究表明，针对大震提出的应急医疗系统适应性策略基本能够适应小震、中震、大震带来的灾害影响，在超大震（超罕遇地震，本次设防烈度为8度，超罕遇烈度为10度）的情景下，仅能满足2.65%的医疗资源需求，对于超大震的适应性明显不足。

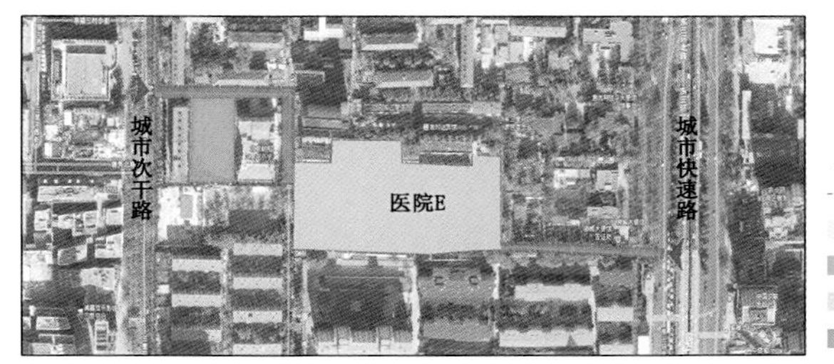

图5-16　医院E医疗空间划示图

图5-17　医院K医疗空间划示图

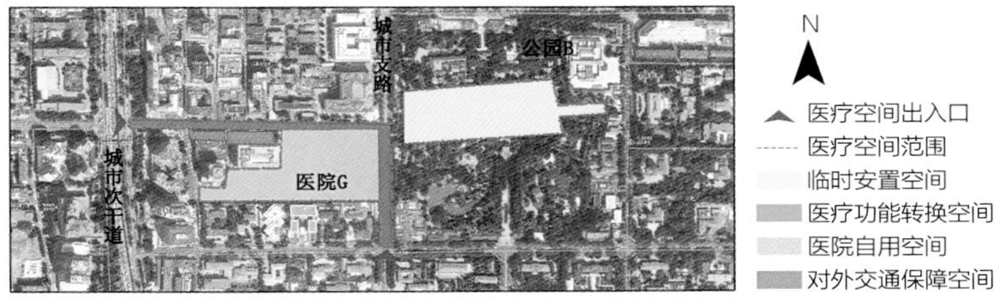

图5-18　医院G医疗空间划示图

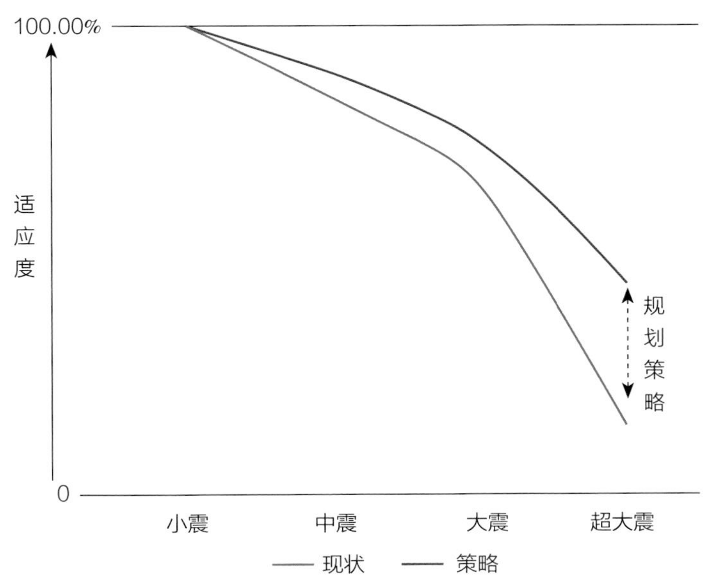

图5-19　规划策略提出后的研究区地震适应性曲线

六、研究总结

1. 模型设计特点

（1）考虑灾害影响不确定性特点

①城市功能系统地震适应性评价模型使用历史震害数据，基于Python编程构建了融合蒙特卡罗模拟的震害不确定性计算模型。

②融合传统人口伤亡、经济损失模型，提出符合规划特点的后果模型改进方案，计算可能的多水准震害所致可能性后果。

（2）考虑规划策略确定性特点

考虑规划策略的落地和与工程措施的对接，模型在规划策略适应性计算、适应度矩阵方面采取确定性的表达。

2. 创新点

①提出城市关键物质空间系统多水准地震适应性评价模型的构建方法。

②提出规划地震适应性与工程抗震的衔接模式。

③提出一种基于后果的适应度评估模型，用以评价城市功能系统规划策略的灾害适应性。

3. 应用前景

①将适应性的理念整合入城市抗震防灾规划、综合防灾规划等规划编制工作，为智慧城市、可持续智能城市在安全韧性方面的构建提供内核支持。

②为规划与工程提供一种衔接模式，为城市应对不确定性扰动提供规划方案的效能表达，对接投资与决策。

③从灾—城系统关系的角度进一步丰富韧性城市相关研究的内涵。

参考文献

[1] 张威涛，运迎霞．滨海城市风暴潮避难所分布的灾害风险适应性研究——以天津滨海新区为例［J］．规划师，2020，36（2）：27-33.

[2] 于洪蕾，曾坚，隋鑫毅．城市旧住区适应性防灾策略研究［J］．建筑学报，2016（S1）：159-162.

[3] 宋菊芳，李星仪，刘学军．基于洪涝适应性的城市弹性景观研究［J］．园林，2019（10）：2-6.

[4] 郑艳．适应型城市：将适应气候变化与气候风险管理纳入城市规划［J］．城市发展研究，2012，19（1）：47-51.

[5] 贾晗曦，林均岐，刘金龙．建筑结构地震易损性分析研究综述［J］．震灾防御技术，2019，14（1）：42-51.

[6] 尹之潜．结构易损性分类和未来地震灾害估计［J］．中国地震，1996（1）：49-55.

[7] 万波，陈琴．不确定需求下基于鲁棒优化的层级设施选址模型［J］．统计与决策，2018，34（6）：57-61.

[8] 刘如山，余世舟，颜冬启，等．地震破坏与经济损失快速评估精细化方法研究［J］．应用基础与工程科学学报，2014，22（5）：928-940.

[9] 郑山锁，张睿明，陈飞，等．地震人员伤亡评估理论及应用研究［J］．世界地震工程，2019，35（1）：87-96.

[10] 方舱医院改造设计［J］．华中建筑，2020，38（4）：13-16.

一种基于机器学习的全龄友好社区智能评估、诊断和规划方法*

工作单位：湖南师范大学、同济大学、长沙市规划勘测设计研究

报名主题：面向高质量发展的城市综合治理

研究议题：公平包容共享的城乡公共设施与基础设施体系

技术关键词："互联网+"众包样本训练集构建、随机森林的关键因子识别、多智能体智能选址

参赛人：黄军林、梁超、罗格琦、李紫玥、曾钰洁

参赛人简介：本团队由黄军林（华中科技大学城乡规划学博士、注册城乡规划师、城市规划高级工程师）、梁超、罗格琦（湖南师范大学人文地理与城乡规划专业本科生）、李紫玥（同济大学城乡规划学系博士研究生）、曾钰洁（长沙市勘测设计研究院）组成，主要研究方向为城乡空间资源配置机制、数字空间规划理论与分析方法，团队已构建相关指标体系、合作开发软件著作权2项。

一、研究问题

1. 研究背景及目的意义

（1）研究背景

1）全龄为本，理念实践

自1989年联合国推动"儿童权利"作为城市发展核心要素之一，全球对于幼年、青年、老年友好理念在城市及社区建设中的探索不断推进。基于社会建设与发展中不断浮现的社会性问题，社会各界通过探索与研究逐步提出以代际融合为主要特征的"全龄化社区"等新方案。

2010年，联合国首次提出"包容型城市"，从共享、参与和融合三个维度实现儿童、青年到老年阶段的全生命周期可持续性城市发展建设，并在国内外逐步实施。如2014年加拿大"全龄友好型城市"项目，2020年成都"全龄友好包容社会营建工程"，2020年雄安新区提出打造"全龄友好城市"。

但此类全龄友好建设项目存在部分有待改进的方面：一是社区尺度建设较少，基于人本主义视角的既有社区规划指标的定性化理论范围整合及涵盖维度与定量化规划指标体系构建结构有待突破；二是基于城市多源数据与机器学习算法研究全龄友好社区建设指标分析与评估的数据融合及方法有待突破；三是社区建设绩效分析及运行机理创新与本土化、区域治理实施的耦合实现，对于社区单元治理的合理性及效用性有待探索。

2）算法辅助，智慧更新

随着信息通信技术与智慧城市的不断推进，大数据与开放数据对城市规划与研究的影响也逐渐深入。由于城市数据复杂的数据融合与时空特性、数据的海量与多源的特征，寻求一种新的模

* 基金项目：国家自然科学基金资助项目（52008167,41871318）；支持项目：湖南师范大学大学生创新创业训练计划项目（项目批准号：2021149）。

式将大数据与城市规划、城市模型建设相结合成为迫切需求。

近年，算法模型与城市更新规划与评估关系愈发密切。城市有机更新不再是简单粗暴的拆除、改建、重建，而是在探讨城市可持续化发展，是对未来功能的重新定义。而其中的居住安全、出行边界、信息畅通、绿色环保等关键点建设均有赖于未来数字化信息化产业及智慧城市建设的保驾护航。从整体化的城市现状评价到细节化的社区建设评估，算法模型在城市规划中的运用也在不断由评估深入到决策建议中，从量到质，打造多方协同、精细治理的优质建设。

3）城市为体，社区为基

社区是社会治理的基本单元，在新冠肺炎疫情过程中，社区作用不断提升，社区功能更加复合，社区成为提高国家治理体系和治理能力现代化的基础性要素。

“老吾老以及人之老，幼吾幼以及人之幼”是中国情结，城市是一个有机生命体，社区则是构成这个“有机生命体”的一个个“细胞”，而全龄的友好性需求构成了“基因”，如何对这些“基因”进行检测成为研究的关键问题。研究通过构建基于随机森林的技术模型对全龄友好社区进行“基因检测”，继而研究全龄、全民、全时友好的实现路径，激活“城市细胞”，让研究具有“温度”。

（2）研究目的

①构建海量社区样本数据库，打造全龄友好社区全国乃至全球范围样本库、案例库，实现评价指标、项目规划及时更新。

②基于随机森林算法，构架智能化机器学习评估模型，精准评估社区建设现状，分类社区现状。

③基于海量样本案例，揭示全龄友好社区建设主体导向中的友好性关键因子、建设短板，精准刻画社区建设“难点”“痛点”。

④阐明规划干预在全龄友好社区中的方案路径及规划落实，解译建设发展机理。

⑤基于规划治理方案建议，预测社区发展方向，评估社区未来建设绩效，提供方案优化建议。

⑥最终建立一套全龄友好社区“评估、诊断、规划”全流程规划模型。

（3）研究意义

聚焦全龄友好社区多阶段主体维度现状评估与规划干预，通过基于随机森林（RF）的全龄友好社区评估、诊断及规划智能体系模型技术，构建儿童、青年、老年全生命周期主体友好社区，为城市空间规划更新提供建设新模式。

2. 研究目标及拟解决的问题

（1）总体目标

研究通过构建基于随机森林的技术模型对全龄友好社区进行“基因检测”，实现基于机器学习的社区动态评估反馈机制，继而研究全龄、全民、全时友好的实现路径，将以人为本、全龄友好包容作为研究理念，以社区为单元打造居者的“一生之城”。

（2）瓶颈问题及解决方法

①全龄友好社区评估指标体系的科学性与合理性。在指标选取及现状测算中，在公共友好、儿童友好、青年友好及老年友好四个维度基础上，基于城市体检指标体系、宜居城市指标体系、专项友好指标体系、文献评价体系及政府公示规划建设文件等公示文件得到100个具体指标，再通过打造研究网络评选指标、指标频次、数据可获取性及实践范围现状等方式对指标体系进行筛选，综合考虑友好需求及社区专项需求，得到实践具体使用的指标体系。

②短板诊断智能化，提高建议、方案针对性。运用短板效应理论识别社区建设中的建设不足，通过随机森林算法识别社区建设中的关键影响因子，对二者评估结果进行叠加分析，从而得出社区建设规划的方向性建议。

③规划项目选址合理化，增强方案落地性。通过多智能体算法对社区规划治理方案进行多层次需求考虑，测算出最佳地理范围，进行方案项目落实选址建议。

④第三方方案评估合理化。通过随机森林算法及模型模块整合，实现全龄友好社区现状评估、短板诊断、模式匹配、规划选址及方案评估全流程一体化操作。

⑤模型操作复用性，减少规划一线人员重复性劳动。将模型进行模块化设计，方便后期进行模块化开发优化及模型集成。

二、研究方法

1. 研究方法及理论依据

（1）研究方法

研究方法主要分为训练集构建、关键因子识别与社区评估、短板识别、智能规划及方案评估与再优化5个步骤（技术路线如

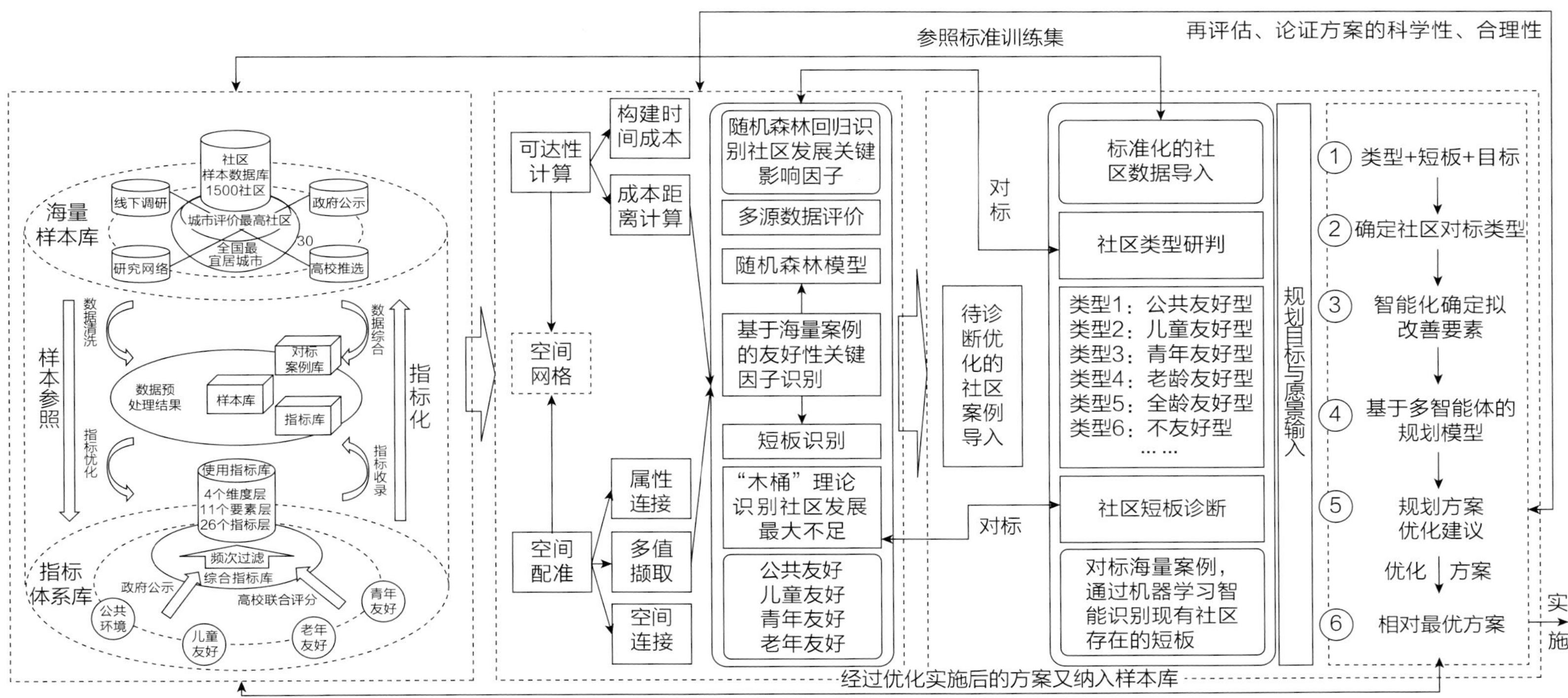

图2-1　研究技术路线图

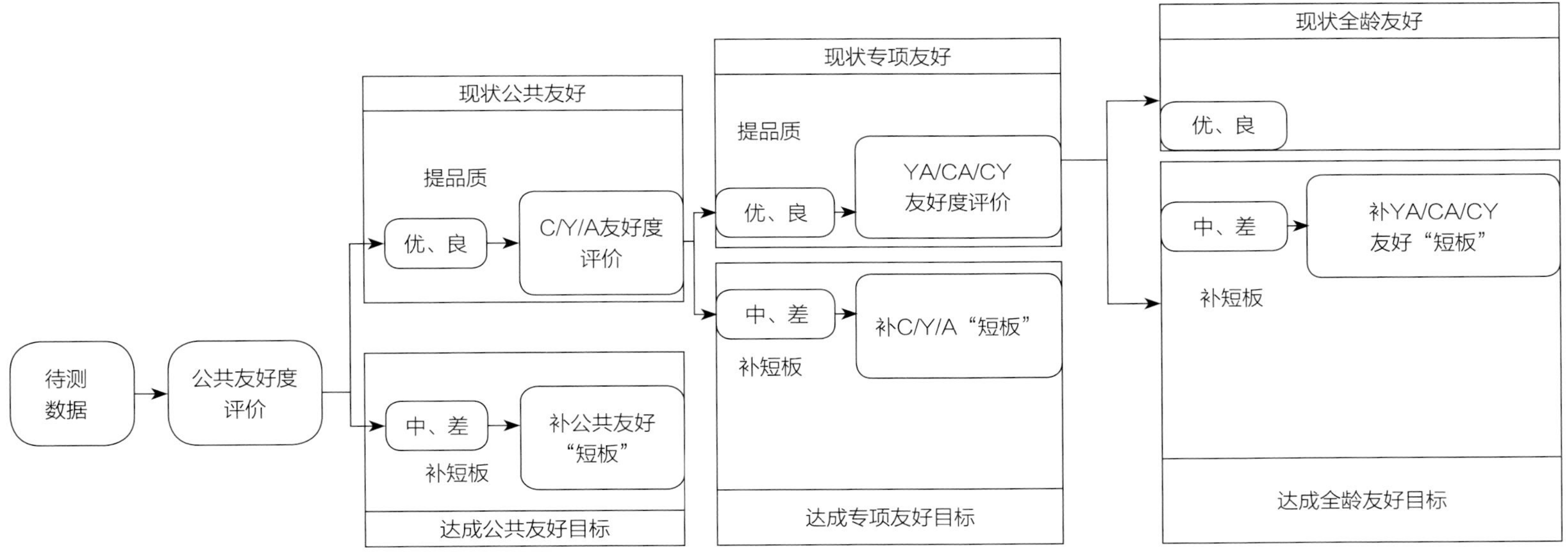

图2-2　全龄友好社区梯度评价体系

注：C：Child-friendly儿童友好；Y：Youth-friendly青年友好；A：Age-friendly老年友好

图2-1所示），其中社区现状评估为梯度评估（如图2-2所示）。

海量全龄友好社区训练集　本研究基于四个维度对指标数据参考体系进行获取、整合及筛选，最终构建指标体系库及研究使用指标体系。基于已构建的指标体系，以海量样本数据采集及训练集构建为基础，通过数据融合、数据清洗、标准化处理与属性连接等方法进行数据预处理。预计与机构政府合作并构建高校研究网络，构架海量样本数据库，并形成相应的样本库、案例库及对标项目库的更新。

基于随机森林算法的关键因子识别及社区评估　根据海量样本数据库，训练随机森林算法模型，提炼社区建设关键因子；并基于训练完成的模型，输入待测数据，对待测社区进行预测分类与评估。

社区梯度评估主要分为基础评估、专项评估及全龄友好评估三个阶段。公共友好度指标为人居环境建设的基础指标，是社区居民居住友好度需求的基本。因而，当社区现状不满足公共友好时，则尚未达到社区专项友好发展需求，该社区则先完善公共友好设施建设，在达到公共友好的基础上再进行专项友好社区评估与完善。

专项友好是在实现公共友好的基础上，基于社区现有评估基础，叠加对该社区的规划导向，从而形成的社区发展目标。该类社区已完成基本的公共友好，从而进行专项友好识别。如达到社区规划发展目标，则进入全龄友好社区评估，并加以完善建设；如未达到专项发展目标，则完善社区建设，以达到社区专项目标。

全龄友好是在实现基础友好及专项友好基础上，向全龄友好目标发展的评估导向。如以儿童友好为目标导向时，当实现公共友好基础目标及儿童友好专项目标基础上，对青年友好及老年友好进行评估及短板诊断，进而提出全龄友好建设建议。

基于木桶理论的短板识别　基于随机森林算法得到的社区关键因子及社区评估结果，经过综合考虑进行短板诊断，基于对标项目库匹配规划治理方案。

基于多智能体的智能规划　根据社区建设最关键阻碍因素，并结合多主体需求及综合阻碍要素，对规划方案及项目选址进行考虑，得到最佳效益治理落实路径。

社区规划方案评估及再优化　将规划方案、选址与社区现状数据结合，构建研究社区未来建设预期。将预期社区数据导入训练完成的随机森林模型，对社区方案进行预测分类，判断方案质量，提出方案待优化建议，完善社区规划治理。

（2）算法理论

主客观组合赋权法　确定指标权重的方法主要为主观赋权法和客观赋权法两种。本模型算法主要运用主客观组合赋权法，在客观赋权法的基础上，综合考虑到了设施的公众认知度与客观现实性，避免了绝对的主观和客观偏差，能够有效评价设施的友好度。

随机森林算法　随机森林算法（Random Forest，RF）即将多棵并无关联的决策树整合为一个森林，在通过各棵树投票或取均值来产生最终的分类结果，是一项以决策树为基学习器，基于Bagging集成学习算法的扩展变体。随机森林的构建主要分为生成森林、训练模型及决策分类与预测三部分。

木桶理论　短板效应理论又称为“木桶理论”，其内涵是将某个完整的系统视为一个木桶，体系中所包含的每个要素指标都作为构成木桶的一块木板，其蓄水量是由最短的一块木板决定。因此，想要提高社区整体建设水平，就应该找到最短木板，想办法补齐短板。

多智能体　多智能体系统是一种由多个自主个体组成的群体系统，其目标是实现个体间的相互信息通信和交互作用。它由一系列相互作用的智能体构成，内部的各个智能体之间通过相互通信、合作、竞争等方式，完成单个智能体不能完成的大量而又复杂的工作。

（3）区别与联系

原有算法模型多应用于自然生态风险评估及治理范畴，且未进行组合化使用。本研究基于全龄友好社区建设评估、诊断及规划治理框架，整合多种算法模型，侧面突破理论及算法模型现有问题，实现现状评估、短板识别、规划匹配、项目选址及方案优化全流程一体化。

2. 技术路线及关键技术

（1）多源数据收集与数据融合

通过编写Python爬虫代码从互联网公开数据进行爬取，收集得到指标层数据，并利用ArcGIS平台构建地理数据库，根据不同维度层指标将POI设施点和其他基础地理数据划分为不同数据集。

（2）数据预处理

为计算指标层中的可达性，首先利用OSM道路数据构建时间成本，具体步骤为：利用“要素转栅格”工具将OSM道路矢量数据转为栅格，并保留道路类型属性字段；利用“栅格重分类”工具参照OSM对应速度表（如OSM道路速度对照表，见表3-1）按照t=s/v公式进行重分类，得到一份时间成本数据；利用“成本距离”加载POI设施点作为源，基于制作好的时间成本数据进行运算即可得到该类POI设施点的可达性，同理得到指标层所有可达性的栅格数据。对于房价等此类数据，采取“空间插值”的方式对爬取的楼盘房价进行插值，得到研究范围内连续的栅格数据。为实现空间的精准识别，突破社区矢量边界的限制以及后续机器学习模型样本的收集，构建50m×50m的研究范围格网与标注点；在Python2中利用ArcPy模块编写代码，对数据进行无量纲化及向性统一处理。

（3）基于主客观组合赋权法的指标评价方法

在指标进行权重分配时，为综合考虑指标数据之间的内在统计规律和决策者的意图，此处采用主客观组合赋权法。对于标准化过后的数据，采用Python3编写熵值法代码求出每个指标的熵冗余，在此基础上求出每一层指标的权重；利用yaahp软件进行AHP层次分析法计算得出每个指标的权重。最后将两种赋权方法相结合进行加权，得到最终各类指标的权重及得分。

（4）基于木桶理论的短板识别方法

将长沙市全龄友好度评价指标体系看作一个“大木桶”，其蓄水量由区域全龄友好度综合评分决定。其中各子系统就是组成大木桶的小木桶，每个子系统的指标就是组成这个木桶的木板。为找出全龄友好度系统的短板要素，提升长沙市区域发展，通过计算各指标（标准化后的值）的差异，辨识出影响系统等级的短板因素。具体实现方法可参见Python2中利用Arcpy模块编写代码计算桶片均衡度以及最大短板指标。

（5）基于随机森林的关键因子识别

将已有的评价指标体系作为随机森林的特征工程，将基于熵值法计算的全龄友好度作为模型的标签，对随机森林回归模型按照社区单元进行有监督学习，计算出各类指标的特征重要度后返回最大值及最大值对应的指标名称，达到首要特征因子识别的目的。

（6）基于多智能体系统的智能选址推荐算法

本模型所构建的智能选址推荐算法模型中，多智能体系统的设计思路是将选址考虑到的三大基础因素进行适当抽象与描述，形成三类Agent：市民需求等级Agent、人流量Agent和政府Agent。具体决策见表4-2。按照制定好的决策算法可以得到不同短板的设施选址推荐地点。

（7）基于随机森林回归预测的社区规划预测模型

基于步骤（5）得到了每个社区的随机森林回归模型，对于社区规划的未来结果，此时可以更改相应的指标数值来查看预期全龄友好度的变化情况。

三、数据说明

1. 数据内容及类型

（1）数据概况

本模型以海量样本数据采集及训练集构建为基础，预计构架高校研究网络达成海量样本数据库，并形成相应的样本库、案例库及对标项目库的更新。

海量数据库构建方式：首先根据关键词搜索（儿童友好、青年宜居、老年关怀）、近7年最具幸福感城市评选结果、近7年中国十佳宜居城市评选结果以及高校研究网络推选，共选取30个城市作为全龄友好建设参照样本来源城市。然后，通过建成的高校研究网络，联结高校数据库，在已选取的30个城市中依据指标维度及标准选出最具代表性的50~70个社区。最后，每年选取共约1500个社区更新填充数据库，更新社区评价指标，优化社区评价体系，精细化识别社区短板，精准化规划方案项目选址。

（2）核心数据

核心数据主要由社区边界、居民小区边界、POI设施点、OSM道路数据及百度慧眼热力图等数据构成。

社区边界数据　该数据类型为Shp面数据，通过项目合作获得，可用以量定空间单元。

居民小区边界　该数据类型为Shp面数据，通过编写Python代码从高德地图获取，可用于辅助量化居民的需求范围。

POI设施点　该数据类型为Shp点数据，通过编写Python代码从高德API获取，用以辅助量化全龄友好社区的绩效评估。

OSM道路数据　该数据类型为Shp线数据，通过OpenStreetMap平台下载，可通过道路数据构建时间成本，对指标数据进行成本距离分析。

百度慧眼热力数据　该数据类型为Shp点数据，可通过编写Python代码从百度慧眼热力图爬取，可用于识别空间性质，反映社区居民活动情况。

（3）辅助数据

辅助数据包括社区格网数据，该类数据为Shp面数据，通过ArcGIS平台“渔网”工具创建所得，可用以量化空间上的指数情况，突破社区边界的限制。

2. 数据预处理技术与成果

①多源数据融合。针对已收集的POI设施点数据、道路数据、社区边界等，在ArcGIS中创建文件地理数据库对其按照指标体系维度进行分类，并将所有的数据统一坐标系并投影，将研究范围设定为处理范围与掩膜，栅格像元大小设定为50m×50m。

②将矢量数据通过计算得到具体指标层数据。为计算各类设施的可达性，首先构建全域时间成本。对于OSM道路数据，首先将要素转为栅格，随后参照OSM道路速度表（表3-1）对其进行重分类，使得每个栅格得到其成本距离。

OSM道路速度对照表　　表3-1

序号	Fclass	名称	速度（km/h）
1	Bridleway	马道	10
2	Construction	建设中	0
3	Cycleway	自行车道	15
4	Footway	步行	5
5	Living_street	街区	5
6	Motorway	高速公路	50
7	Motorway_link	高速公路连接处	50
8	Path	路	5
9	Pedestrian	人行道	5
10	Platform	月台	5
11	Primary	主干道	40
12	Primary_link	主干道连接处	40
13	Raceway	赛道	30
14	Residential	居住区道路	5
15	Road	所有不知名的道路	10
16	Secondary	次干道	30
17	Secondary_link	次干道连接处	30
18	Service	通往设施的道路	10
19	Steps	阶梯	5
20	Tertiary	三级道路	10
21	Tertiary_link	三级道路连接处	10
22	track	轨道	5
23	Trunk	支路	50
24	Trunk_link	支路连接处	50
25	Unclassified	未分类道路	20
26	Subway	地铁	50
27	rail	火车	40

注：此表参照维基字典，详见http://wiki.openstreetmap.org/wiki/Key：highway

根据t=s/v公式，利用“栅格重分类”对每一类道路属性的栅格重新赋值时间成本，由于此过程中不方便使用浮点数，先扩大10^7倍后，利用“成本距离”工具加载各类POI设施点作为“源”，将得到的结果再利用“栅格计算器”缩小10^7倍，即得到该类设施点的空间可达性。对每类POI设施进行该操作，得到不同指标层的研究范围内可达性栅格数据。

③对于房价数据，采用空间插值的方式进行补充。首先利用Python爬虫技术收集了长沙市所有小区楼盘房价数据，对其进行克里金插值得到全域连续的空间栅格数据进行数据补充。

④利用MinMax归一化方法对原始数据进行标准化，考虑到所有指标层向性为负，即数值越大得分越低，采用负向指标处理方法对所有数据正向化，具体步骤运算在Python中编程进行，得到正向化后的栅格数据。

综上所述，在ArcGIS平台中利用“成本距离”工具得到了所有指标层的可达性栅格数据；利用“空间插值”工具对房价矢量点数据进行空间插值，得到研究范围内连续的栅格数据；在Python2中利用ArcPy模块编写归一化函数，对所有指标数据进行无量纲化及正向化处理。

四、模型算法

1. 指标体系构建

本模型基于公共友好、儿童友好、青年友好及老年友好四个维度，基于人类全生命周期基本需求，考虑各年龄阶段发展特殊性需要，综合建立适于全生命周期各阶段共同追寻的更高需求。基于基本公共友好，遵循社区现状发展方向及上位规划定位，实施专项目标需求打造。最后综合考虑社区友好需求与专项需求，以全龄友好为目标，整合公共友好、专项友好、全龄友好共同满足的综合指标体系。

借鉴较为成熟的城市体检指标体系、宜居城市指标体系、专项友好指标体系、文献评价体系、政府公示规划建设文件及在已构建的高校研究网络进行调研评选所得的全龄友好评价指标体系，形成综合指标体系库。

通过研究网络内评选指标、指标出现频次及数据可获取性，对指标体系进行第一轮筛选，得到100个具体指标构成指标体系库（表4-1），该指标体系库为收集及参考的指标体系，是后续指标体系确认的基础，实验计算所用指标权重将重新计算。通过考察实践范围现状，进行第二轮筛选，得到25个具体指标，作为实践使用指标（表5-1）。

指标体系库　　表4-1

维度层	要素层	具体指标层
公共友好度	环境友好度	公园广场可达性
		大气污染系数
		垃圾处理率
		噪声
		饮用水标准
		绿化率
		用地混合度
		滨水空间最短距离
		公用空地
		社区容积率
		社区决策居民参与次数占比
		人口密度
		封闭地块面积
		围墙软化指数
		景观美观度
	设施友好度	垃圾处理站点可达性
		医疗设施可达性
		体育休闲设施可达性
		生活服务设施可达性
		购物设施可达性
		公共厕所可达性
		建筑密度
		建筑物高度
		4级以上文化活动室可达性
		街区的历史年代
		居住小区级别
		餐饮设施可达性
	交通友好度	公交站点可达性
		地铁站点可达性
		支路网密度
		距离市中心距离
		交通拥堵状况
		盲道阻点密度
		断头点密度
		道路照明设施覆盖率
		停车设施点可达性

续表

维度层	要素层	具体指标层
公共友好度	安全友好度	公安机关可达性
		犯罪率
		电子监控密度
		交通事故率
		避难场所可达性
		居住区封闭状况
		消防设施可达性
儿童友好度	儿童教育友好度	幼儿园可达性
		早教综合活动室
		小学可达性
		学位配比率
		课外教育可达性
		儿童实践基地可达性
		儿童文化场馆可达性
	儿童趣味友好度	儿童全幅运动场所可达性
		儿童创意设计空间覆盖率
		儿童趣味景观设施覆盖率
		儿童游戏场所可达性
	儿童设施友好度	儿童友好步行道占比
		非机动车道占比
		托管设施覆盖率
		儿童安全设施覆盖率
		特殊儿童看护场所可达性
		儿童保护中心可达性
		母婴设施可达性
青年友好度	青年安居友好度	金融机构可达性
		消费水平
		住房类型多样化程度
		职住平衡指数
		政策优惠程度
		盲道阻点密度
		房价、租金水平
	青年文化友好度	文化场馆可达性
		学位配比率
		中学可达性
		高等教育场所可达性
		特色商圈可达性

续表

维度层	要素层	具体指标层
青年友好度	青年文化友好度	青年文化中心可达性
		人口文化程度
		青年教育地点可达性
		购物休闲可达性
	青年就业友好度	街道办事处可达性
		创新创业空间可达性
		中小企业新增比例
		商铺租金
		中小企业贡献率
		登记就业率
		社区公共服务中心可达性
老年友好度	老年文化友好度	代际交流空间覆盖率
		棋牌室
		老年大学覆盖率
		老年文化活动中心可达性
		老年娱乐设施可达性
	老年生活友好度	健身活动场所覆盖率
		保健康复中心可达性
		日间看护设施覆盖率
		社区养老服务老人占比
		社区老年公益组织覆盖率
		老年公寓比例
		老年颐养设施可达性
	老年出行友好度	指示牌/标牌覆盖率
		老年友好宽度的步行道占比
		断头点密度
		无障碍设施和通道

2. 模型算法流程及相关数学公式

（1）主客观赋权法

确定指标权重的方法主要为主观赋权法和客观赋权法两种。本模型算法主要运用主客观赋权法，在熵值法基础上，综合考虑到了设施的公众认知度与客观现实性，避免了绝对的主观和客观偏差，能够有效地评价设施的友好度。熵值法既可以避免随机性问题，又能克服多个变量之间的信息叠置问题，在地理学领域广为应用。

$$W_j=\frac{\sqrt{\alpha_j\beta_j}}{\sum_{j=1}^{n}\sqrt{\alpha_j\beta_j}} \tag{4-1}$$

式中，α_j指层次分析法计算所得权重，β_j指熵值法。

（2）木桶理论

短板效应理论又称为“木桶理论”，其内涵是将某个完整的系统视为一个木桶，体系中所包含的每个要素指标都作为构成木桶的一块木板，其蓄水量由最短的一块木板决定。因此，想要调社区整体建设水平，就应该找到最短木板，想办法补齐短板。定义桶片均衡度为：

$$D=\frac{d_i^+}{\left(d_i^+ + d_i^-\right)} \tag{4-2}$$

式中，d_i^+、d_i^-为各指标点距离该样本最优、最劣指标点的距离；D的取值范围为［0，1］。D越小，表示目标桶片与最长桶片的长度差异越小，桶片越均衡；建立短板要素判别标准，均衡度为［0，0.3］［0.3，0.6］［0.6，1.0］，分别对应优势要素、限制性要素和短板要素。

（3）随机森林算法

随机森林算法是在CART算法决策树模型基础上引入Bagging算法（图4-1），将一系列树形单学习器$D=\{(x_t, y_t), t=1,2,\cdots,k\}$组合为强学习器，并在全部训练样本T中随机选择含有$j$个特征的训练子集$T_n$，再从中选出最优特征用于投票分类。

随机森林分类结果计算公式：

$$H(x)=\arg\max_{Y}\sum_{t=1}^{k}W\left(h_t(x)=y\right) \tag{4-3}$$

其中，$H(x)$表示随机森林算法中产生的模型结果；W表示决策树的分类模型；h_t表示每个决策树的单个分类器；y表示分类结果。

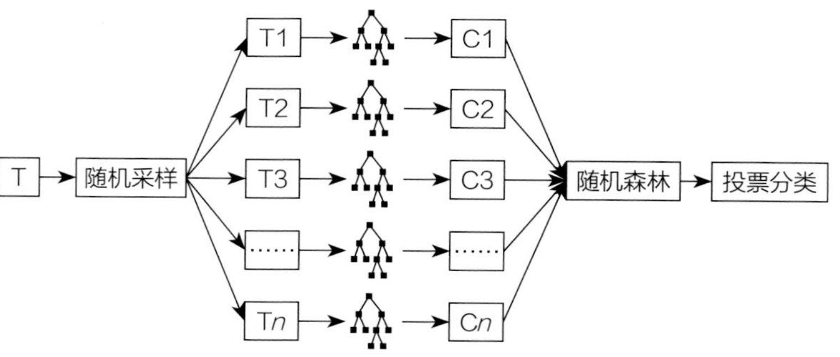

图4-1 随机森林算法流程

（4）多智能体算法

本研究构建的社区全龄友好规划治理方案选址模型中多智能体系统依据社区短板、人口密度及成本距离三大需求维度，形成三类Agent：市民需求等级Agent、人流量Agent、政府Agent，并根据三者重要度及具体需求进行综合考量计算：

1）市民需求等级Agent

$$p=\sqrt{(x_2-x_1)^2+(y_2-y_1)^2} \quad (4\text{-}4)$$

式中，p为（x_2，y_2）与点（x_1，y_1）之间的欧氏距离；其中，（x_2，y_2）代表研究范围内除识别出来的短板之外任意像元位置，（x_1，y_1）代表研究范围内识别出来的短板像元位置。并将计算出来的p值进行重分类。

2）人流量Agent

$$D(x_i,y_i)=\frac{1}{ur}\sum_{i=1}^{u}k\left(\frac{d}{r}\right) \quad (4\text{-}5)$$

式中，D（x_i，y_i）为空间位置（x_i，y_i）处的核密度值；r为距离衰减阈值；u为与位置（x_i，y_i）的距离小于等于r的要素点数；k函数则表示空间权重函数；d表示当前要素点与（x_i，y_i）两点之间的欧氏距离。

3）政府Agent

政府Agent会根据社区范围的短板等级、人流量Agent在空间上的活跃程度以及市民意向建设的空间选址位置综合作出决策，具体的决策情况见表4-2。

4）叠加以上三重维度进行综合选址分析

综合选址参照　表4-2

市民需求等级Agent	高			中			低		
人流量Agent	高	中	低	高	中	低	高	中	低
政府Agent	√	√	×	√	√	×	×	×	×

（5）算法模型应用

主客观组合赋权法　用于指标体系确立，从公共友好度、儿童友好度、青年友好度和老年友好度四个维度出发，确立研究范围和研究体系的构建，并运用主客观赋权法综合考虑公众认知度和客观现实度，确定指标权重，并对多项因子进行综合打分评价。

随机森林算法　基于已构建指标体系，投入海量数据库到随机森林算法模型进行样本训练，识别社区建设关键因子，评估待测样本社区现状分类。

木桶理论　基于社区评估分类及社区建设关键因子识别结果，对社区建设短板进行精准提取，为案例对标与规划方案生成提供参照。

多智能体算法　将生成的规划方案及社区建设短板地域范围，通过多个Agent的协调与交互行为，模拟多主体（居民需求、客观人流量、政府选择）之间空间决策，从而计算出适宜多主体的规划方案选址结果，为社区规划建设起到建设性的指导作用。

3. 模型算法相关支撑技术

①多因子综合评价法主要通过GIS平台的空间叠加工具辅助进行栅格数据加权计算；

②短板效应理论通过Python2中的Arcpy模块进行二次开发实现；

③随机森林算法通过Python3中的scikit-learn中的Random Forest Regressor和Random Forest Classfier实现；

④多智能体算法通过Python2中的ArcPy编程实现。

五、实践案例

1. 模型应用实证及结果解读

（1）长沙市六区概况

本次实践案例选取长沙市六区范围，共计621个基本社区，3 907.32平方公里面积，2 410个居民小区，51万多个POI设施点。

基于已形成的100个具体指标，依据长沙市六区现状及数据可获取性，本次实践筛选25项具体指标作为使用指标体系（表5-1）。

使用指标体系表　　表5-1

维度层	指标权重	要素层	指标权重	具体指标层	指标权重
公共友好度	0.394	环境友好度	0.169	公园广场可达性	0.586
				垃圾处理站点可达性	0.414
		设施友好度	0.288	医疗设施可达性	0.159
				体育休闲设施可达性	0.072
				生活服务设施可达性	0.365
				购物设施可达性	0.294
				公共厕所可达性	0.041
				餐饮设施可达性	0.071
		交通友好度	0.267	公交站点可达性	0.358
				地铁站点可达性	0.537
				停车设施点可达性	0.105
		安全友好度	0.276	公安机关可达性	0.455
				避难场所可达性	0.255
				消防设施可达性	0.291
儿童友好度	0.154	儿童教育友好度	0.433	幼儿园可达性	0.537
				小学可达性	0.463
		儿童设施友好度	0.567	儿童友好设施可达性	1
青年友好度	0.270	青年安居友好度	0.328	房价、租金水平	1
		青年文化友好度	0.340	文化场馆可达性	0.358
				中学可达性	0.427
				购物休闲可达性	0.215
		青年就业友好度	0.333	街道办事处可达性	0.674
				社区公共服务中心可达性	0.326
老年友好度	0.182	老年文化友好度	0.467	老年娱乐设施可达性	1
		老年健康友好度	0.533	老年颐养设施可达性	1

将长沙市六区社区数据投入已完成训练的随机森林模型，进行社区现状友好度单项评估，得到长沙市整体友好度空间格局（图5-1～图5-5）。长沙市社区各项友好度均呈现出“核心—边缘”格局，友好性较高的社区多集中于长沙市河东地区（尤其是雨花区等）。

本次实验基于阶段评估结果，以儿童友好为本次实践的专项评估目标，将每一阶段需进行完善的结果中选取一个案例进行展示。其中，公共友好（即基础友好）评价选取G社区，具体结果为医疗设施优化；专项友好（在本次实验中设置为儿童友好）评价选取T社区，具体结果为小学设施优化；全龄友好评价选取W社区，具体结果为房价优化。具体内容如下。

（2）案例1：以G社区为例，基于社区基础友好建设不足，公共友好目标为医疗设施优化

1）社区类型研判结果

将长沙市六区的社区数据导入随机森林模型，评估基本公共友好社区，评估结果如图5-6所示。根据基于现有长沙市宜居社

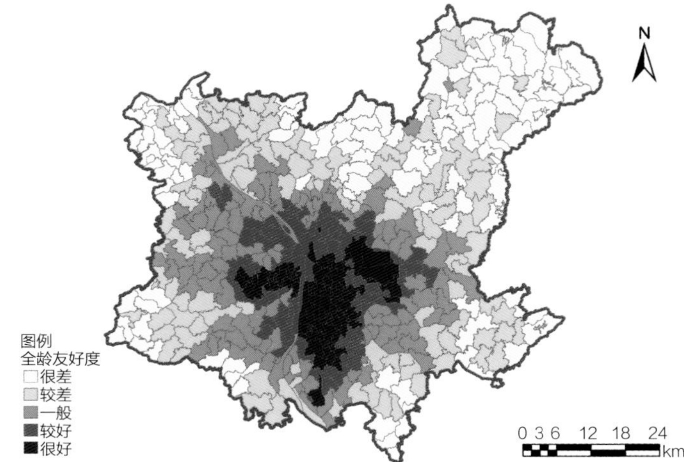

图5-1 长沙市六区全龄友好度分布

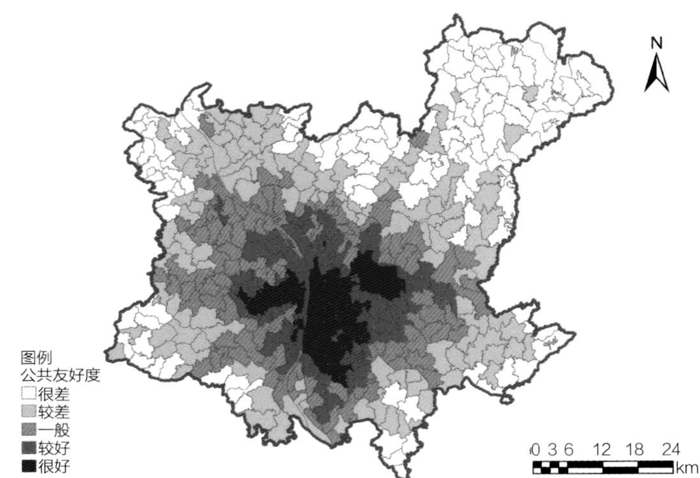

图5-2 长沙市六区公共友好度分布

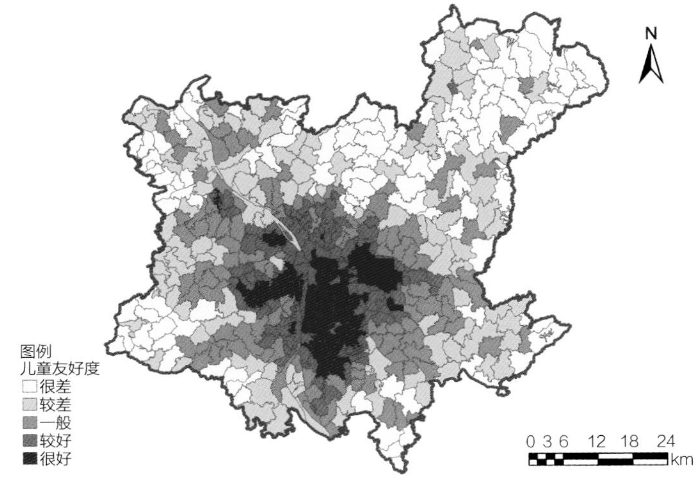

图5-3 长沙市六区儿童友好度分布

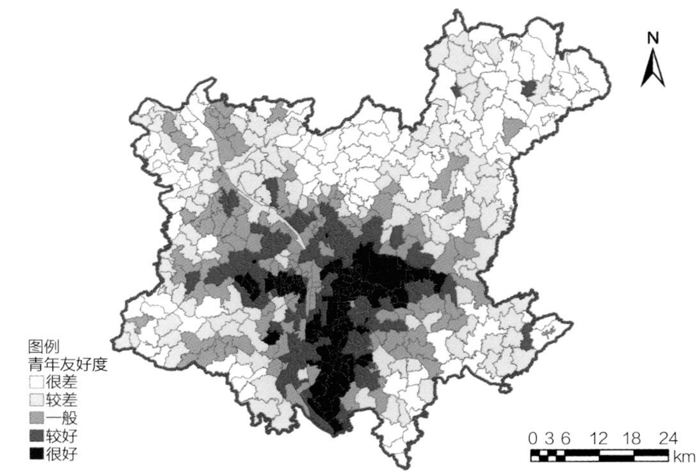

图5-4 长沙市六区青年友好度分布

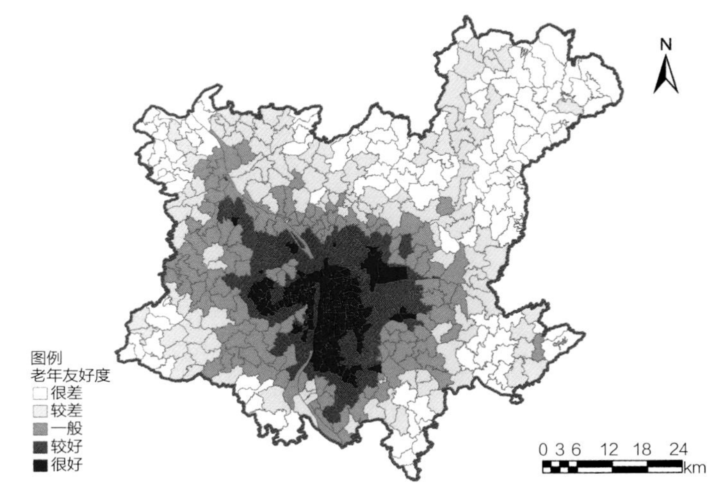

图5-5 长沙市六区老年友好度分布

区、儿童友好社区及城市体检等项目检测成果，以儿童友好作为专项目标，全龄友好作为最终目标，选取1个典型社区作为应用案例。

公共友好待优化单元主要分布于内六区外环区域，G社区为外环内待优化单元，靠近森林公园，受丘陵地形影响。

2）短板诊断结果

依据社区关键因子识别与木桶理论计算结果，案例单元存在设施友好短板，具体为内六区范围内医疗设施可达性不足。短板像元集中在单元中心位置（图5–7）。

3）选址建议

根据短板等级——市民需求等级Agent、人流量Agent及政府

Agent，该案例区分析结果如图5-8、图5-9所示。短板核心区位于场地中部，而人口分布呈现南高北低特征，综合得到场地中间部位带状选址建议区（图5-10）。

4）规划方案优化

原有方案建议：现状为森林公园山脚村落形态，生活服务设施集中，南侧有商品小区，小学、幼儿园各一处。选址建议区位

图5-6　G社区位置

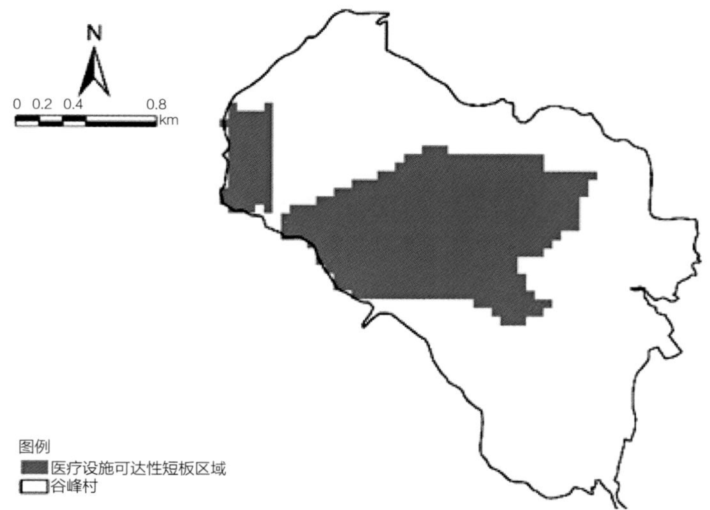

图5-7　G社区医疗设施短板区域

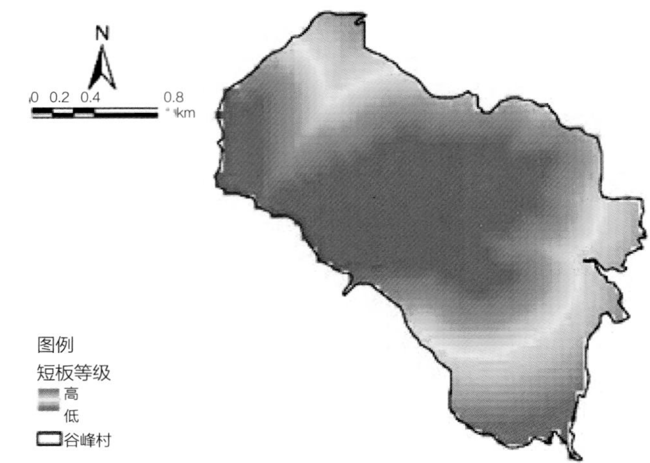

图5-8　G社区短板等级

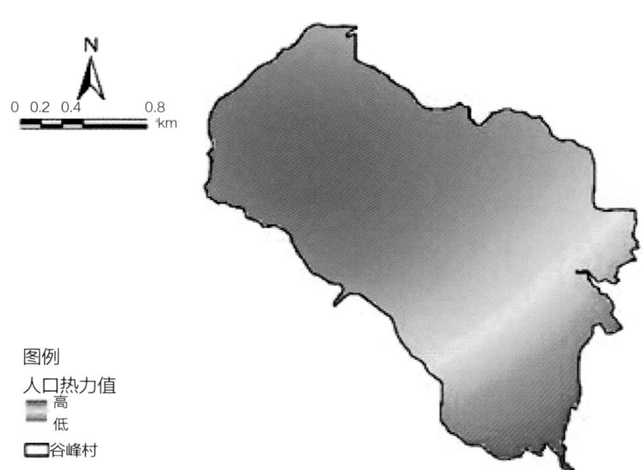

图5-9　G社区人口分布

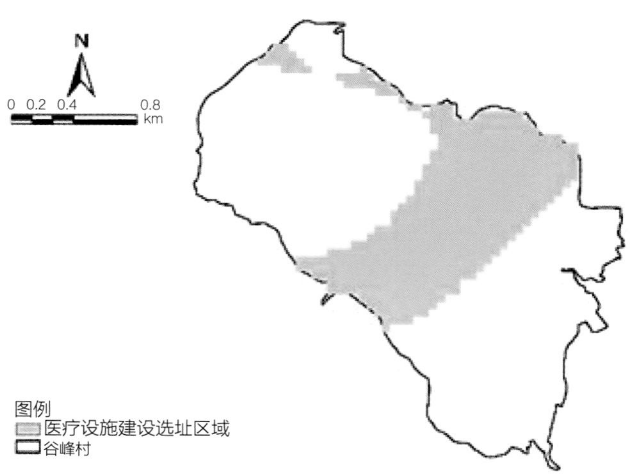

图5-10　G社区医疗设施选址建议区

图5-11　G社区原有规划方案

图5-12　G社区优化方案

于山脚村落内部。

将原方案与社区现状相结合，重新投入评估体系进行系统评估，得到原规划方案仍存在待优化之处（图5-11）。

优化方案建议：单元未来规划为居住、商业、学校综合型板块。结合用地性质加入医疗设施，形成项目策划意向（图5-12）。

（3）案例2：以T社区为例，达到基础友好指标，基于专项友好建设不足，儿童友好目标为教育设施优化

1）社区类型研判结果

在公共友好社区基础上，评估专项友好（儿童友好）社区，评估结果如图5-13所示。根据基于现有长沙市宜居社区、儿童友好社区及城市体检等项目检测成果，以儿童友好作为专项目标，全龄友好作为最终目标，选取1个典型社区作为应用案例。

在公共友好基础上叠加儿童友好评价维度。儿童友好待优化单元主要分布于沿外环以内区域，城西侧较城东单元更多。T社区为临近市中心的待优化单元之一，位于城市山体公园南侧。

2）短板诊断结果

案例单元存在小学短板，内六区范围内小学的可达性不足。短板像元几乎覆盖整个单元（图5-14）。

3）选址建议

根据短板等级——市民需求等级Agent、人流量Agent及政府Agent，该案例区分析结果如图5-15、图5-16所示。人口分布特征东高西低，综合得到场地东侧选址建议范围（图5-17）。

4）规划方案优化

原有方案建议：单元为城市山体公园山坳部位，东侧紧贴城市环线（图5-18）。

单元达到公共友好设施基准，面向儿童友好目标场地尚存在小学短板。现状有幼儿园、儿童服务设施沿环线分布。

将原方案与社区现状相结合，重新投入评估体系进行系统评估，得到原规划方案仍存在待优化之处。

优化方案建议：小学选址建议区位于场地东侧贴近环线区

图5-13　T社区位置

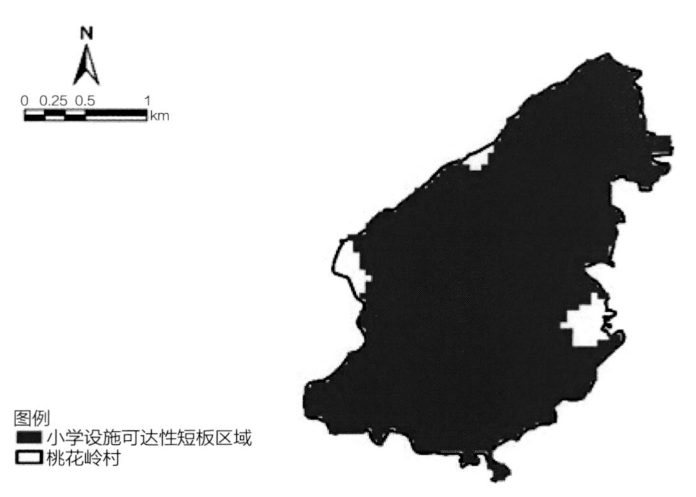

图5-14　T社区小学短板区域

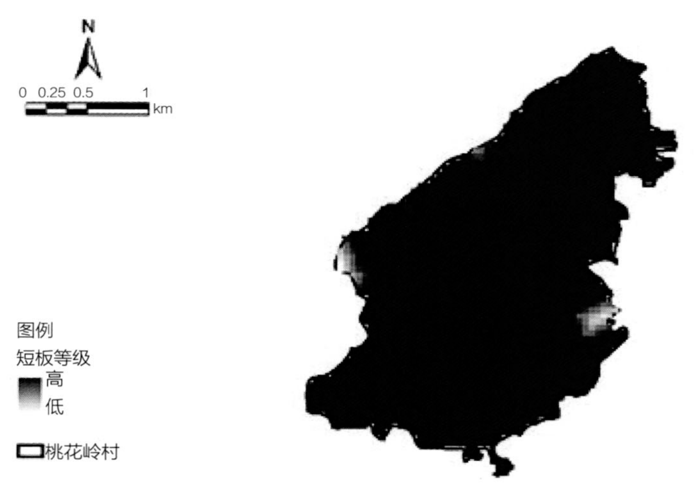

图5-15　T社区短板等级

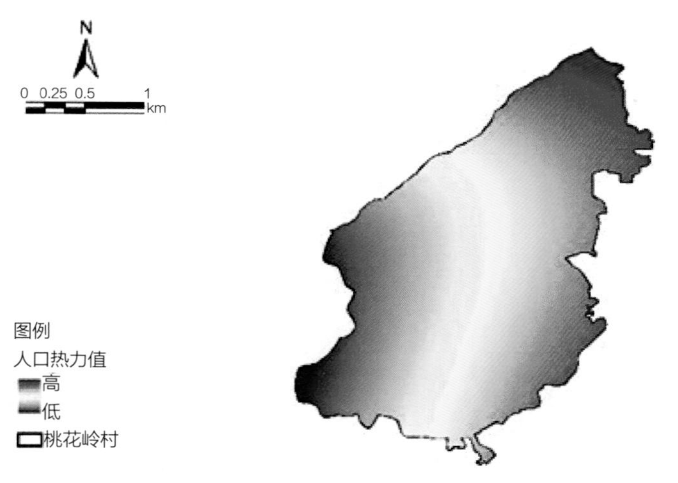

图5-16　T社区人口分布

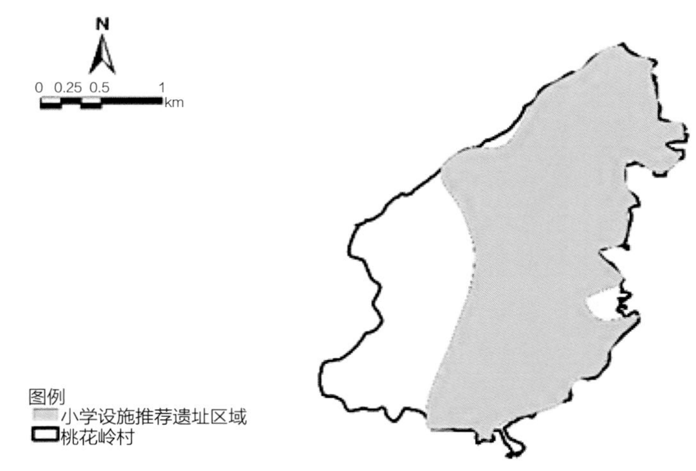

图5-17　T社区小学选址建议区

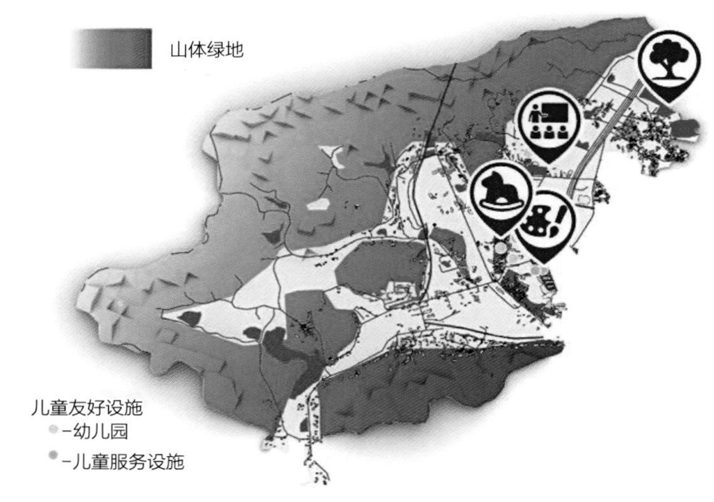

图5-18　T社区原有方案

域。结合儿童友好设施分布现状与可用空间，形成小学项目落点意向（图5-19）。

（4）案例3：以W社区为例，达成基础友好与专项友好目标，基于全龄友好建设不足，进行全龄友好目标优化

1）类型研判结果

在专项友好社区基础上，评估全龄友好社区，评估结果如图5-20所示。根据基于现有长沙市宜居社区、儿童友好社区及城市体检等项目检测成果，以儿童友好作为专项目标，全龄友好作为最终目标，选取1个典型社区作为应用案例。

在达成儿童友好基础上叠加青年、老年友好评价维度进行全龄友好度评价。全龄友好待优化单元散落在沿环线区域。W社区

图5-19　T社区优化方案

图5-20　W社区位置

为临近市中心的待优化单元之一，位于城市湿地公园以北。

2）短板诊断结果

根据短板等级——市民需求等级Agent、人流量Agent及政府Agent，该案例区分析结果如图5-21～图5-23所示。单元存在青年友好短板，具体为房价水平过高所导致。短板像元集中在单元东南侧。

3）选址建议

人口分布方面，东北、西南角较高，综合得到房价优化建议范围（图5-24）。

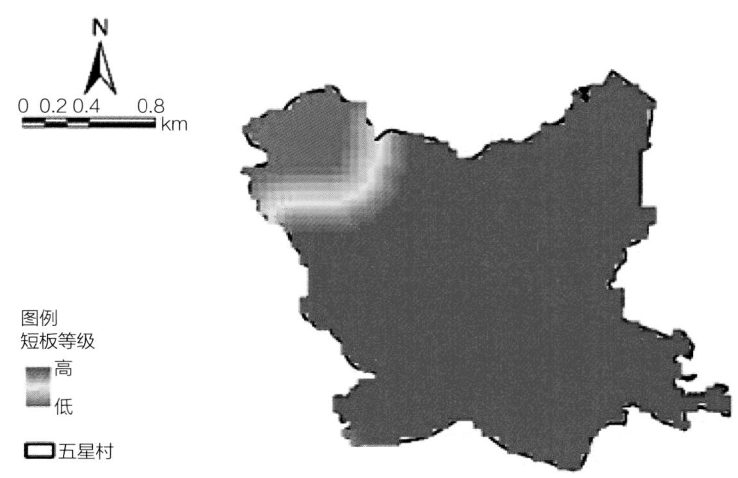

图5-21　W社区短板等级

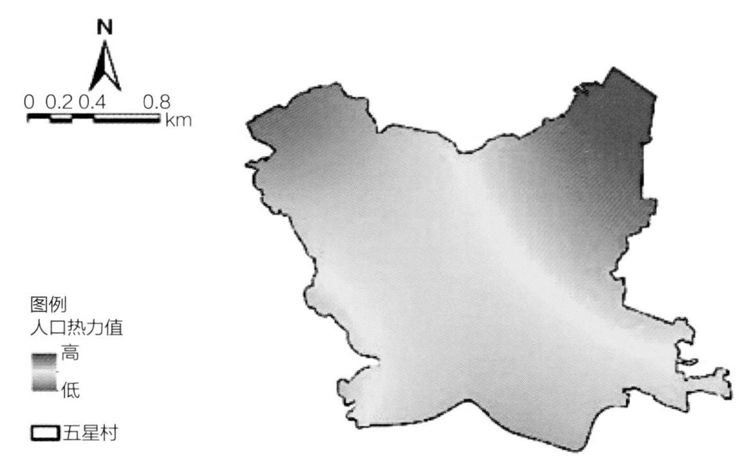

图5-22　W社区人口分布图

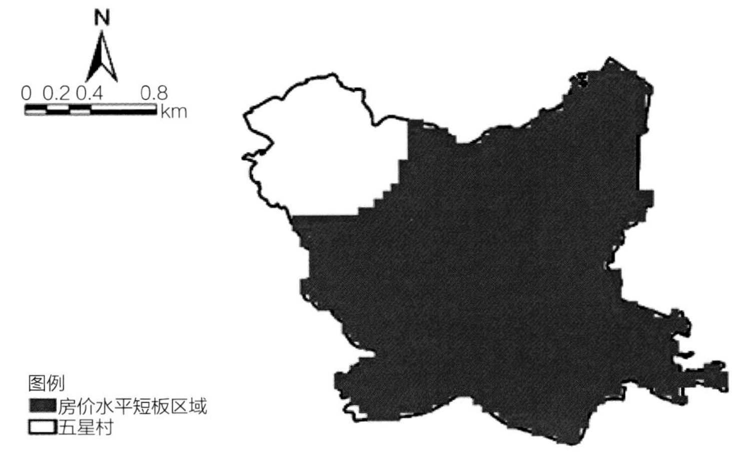

图5-23　W社区房价短板区域

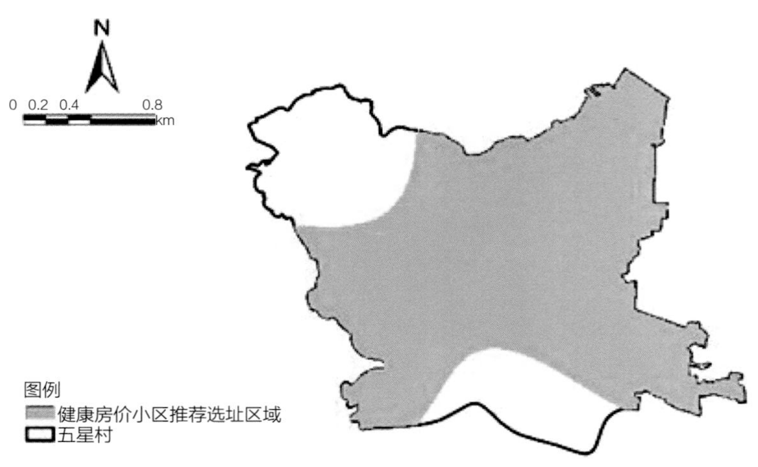

图5-24 W社区房价优化建议区

4）规划方案优化

原有方案建议：单元紧邻湿地公园板块，具有承接总部经济集聚区发展势能潜力。南侧高档居住区新房价格达25 000元/m²（长沙市均价10 200元/m²）（图5-25）。

面向全龄友好目标下，房价因素显著影响了青年人群的友好度。

将原方案与社区现状相结合，重新投入评估体系进行系统评估，得到原规划方案仍存在待优化之处。

优化方案建议：面向未来总部集聚溢出效应，板块应关注青年人才就近工作、生活、休闲的需求场景，形成活力、多元、包容的创新发展功能板块（图5-26）。

图5-25 W社区原有方案

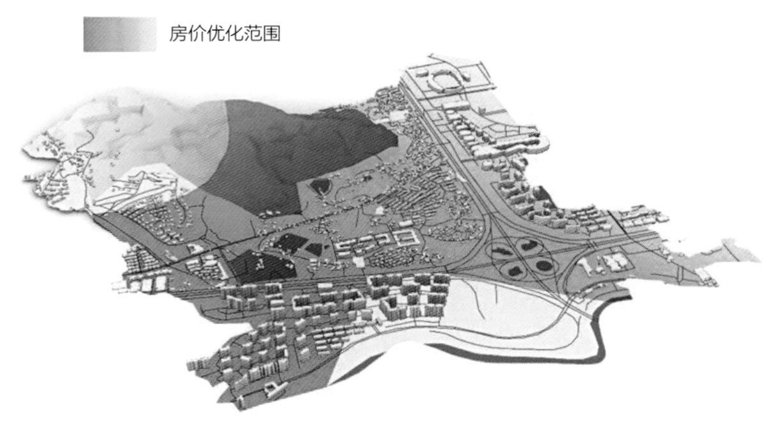

图5-26 W社区优化方案

建议试点多元住房形式，鼓励租售并举，控制板块房价健康平稳发展。

六、研究总结

1. 模型设计的特点

（1）从“全龄友好”角度评估社区，具有现实意义

传统社区建设评估往往采用“偏向性”评估单年龄段需求的方式，难以反映全生命周期的居民需求。

本模型引入“全龄友好”理念，从全生命周期的居民需求来衡量社区建设水平，更贴合实际，体现“以人为本”理念。

（2）提供社区针对性规划方案及选址范围，具备可落地性

模型整体基于社区针对性短板及现状评估结果，提出社区针对性规划方案，并针对规划方案提供落地范围建议。

①多源数据体系与多维度指标体系耦合。通过多因子综合评价法，多维度评估社区建设现况，分析挖掘多维度影响因素与多阶段主体之间的复杂关系，构建社区全生命周期建设完整性认知。

②社区建设短板与社区关键因子耦合。通过短板效应理论和随机森林算法，精准识别社区建设不足及发展关键要素，深度挖掘全龄化社区发展过程的内在潜力，解译社区建设评估及发展决策依据。

③社区规划方案与治理落实创新耦合。通过多智能体，在规划模式方案匹配完成后，引入综合评价空间可视化结果，综合识

别规划治理方案选址范围，提升规划方案可实现性。

（3）模型模块化程度高，具备易复用性

全套模型基于模块化理念设计，方便后续开发及模型集成，可复用性高，能减少规划一线人员的重复性劳动，且第三方监管机构可通过易生成的评估模型，将治理方案赋值于原有社区进行再评估，识别建设方案绩效并提出优化方案。

模型主要由社区整体评估、社区短板识别、社区规划匹配、社区项目选址几大模块组成。其中，数据处理主要通过Python实现，数据可视化主要借助GIS平台，算法模型主要通过Python实现。

（4）量化算法模型与人本主义理念结合，智能规划更具韧性温度

通过引入机器学习等前沿数据分析手段，结合传统规划、治理理念，形成了一套新的指标与技术体系，为研究全龄、全民、全时友好提供了一种可行路径，同时也让城市研究与规划更注重人的需求，从而打造具有“温度”的城市。

2. 应用方向或应用前景

（1）一种基于机器学习的全龄友好社区智能评估、诊断和规划方法

下一步可将模型整合，打造成控制性详细规划辅助编制、评估的特色化产品，解决全龄友好社区建设评估、诊断、规划模式构架及选址全流程问题。

（2）一个基于机器学习的存量空间智能评估、诊断和规划模型

基于原有社区评估、诊断、规划方法，通过对城市内部空间进行完善及优化配置，整合理念及各部分模型调整，打造基于随机森林的存量空间智能评估、诊断和规划模型，成为城市更新空间优化组成模块及实现模式之一。

（3）一个面向存量空间与人本需求的智能规划平台

整合存量空间模型，形成人民了解存量规划的窗口，城市政府决策的工具以及人人都参与的智能规划平台，实现量化孵化治理模型具有人性温度。

参考文献

［1］基金项目：国家自然科学基金资助项目（52008167，41871318）；支持项目：湖南省大学生创新创业训练计划项目（项目批准号：S202110542015）

［2］胡海龙，曾永年，张鸿辉，等. 多智能体与蚁群算法结合选址模型：长沙市生态用地选址［J］. 资源科学，2011，33（6）：1211-1217.

［3］冉钊，周国华，吴佳敏，等. 基于POI数据的长沙市生活性服务业空间格局研究［J］. 世界地理研究，2019，28（3）：163-172.

［4］郭晓晶，何倩，张冬梅，等. 综合运用主客观方法确定科技评价指标权重［J］. 科技管理研究，2012，32（20）：64-67，71.

［5］钟涛，吴慧芳，印天成，等. 区域供水安全指标体系构建及短板要素甄别［J］. 水电能源科学，2020，38（2）：52-55.

基于现场音乐空间异质性的音乐文化生态圈构建

工 作 单 位：天津大学

报 名 主 题：面向高质量发展的城市综合治理

研 究 议 题：数字化城市设计、城市更新与场所营造

技术关键词：地理加权回归、空间自相关

参 赛 人：翁童曦、王怡雯、徐彤伟、王超群、马昭仪

参赛人简介：参赛团队来自天津大学建筑学院。翁童曦、王怡雯、徐彤伟，城乡规划学在读本科生，对城市文化空间有较高的研究兴趣。王超群，风景园林学在读硕士研究生，曾在数字人文年会上作题为《从都市时空叙事看<海上花列传>的“穿插藏闪”》的报告并收录会议论文集。马昭仪，风景园林学在读博士研究生，致力于数字文化遗产、空间人文研究，在PLoS ONE上发表*Representation of the spatio-temporal narrative of The Tale of Li Wa*。

一、研究问题

1. 研究背景及目的意义

全球化背景下，创意城市以强大的创造力、驱动力、持续性和特质性凸显其在区域乃至国家发展中的重要作用。创意城市依托于创意产业，创意产业构筑创意城市。当前，城市创意文化越来越成为全球化过程中的竞争力，城市文化战略成为不少城市的发展战略，创意文化产业成为许多城市推动文化经济、知识经济的关键。对城市来说，通过科学的手段合理布局文化空间、营造文化场所是提升文化战略地位的重要支撑。

文化产业是一个复杂的系统，最终落位到空间实体，呈现异质性的分布特征。不同的文化空间实体承载不同的城市文化性格、映射不同的城市精神。因而在我国从“增量时代”向“存量时代”转型的重要时期，规划应抓住文化异质性特征背后的逻辑，使用科学的技术手段引导城市文化空间精细化布局。

城市音乐文化空间是文化空间中特殊的一类文化实体。音乐文化空间连接人群与音乐文化，是人感知音乐的重要载体。音乐文化界定了音乐文化空间的环境特征以及相关人群，使其不仅是物质空间，也是音乐个体或者集体对音乐文化的空间价值感知的混合体。基于音乐文化的特殊性，音乐文化空间在不同社会群体间呈现一定程度的异质分布，并映射成风格，落位到不同的空间，形成不同的音乐文化生态圈。研究城市区域音乐文化性格，挖掘城市音乐文化空间格局的生成，识别音乐文化空间分布特征与相关动因，总结文化空间布局模式，对不同特质的音乐文化空间优化提升具有重要的意义。

然而，目前我国城乡规划领域关于相关文化空间的研究还比较薄弱，在现行规划体系中，还未给予城市相关创意文化空间应有的重视。在以往学术研究中，对音乐空间的研究大多从全国尺度进行，较少有人深入探讨相关文化空间在城市内部的机制。部分学者研究城市内的相关创意空间，但基本属于定性分析，缺少定量和实证研究且较少使用新数据和新方法。综上所述，规划亟待更新技术方法，更科学地指导相关文化空间精细化、差异化、定制化的布局。

2. 目标及拟解决的问题

为了探索城市现场音乐空间分布异质性的内部机制并提出产业布局建议，本研究基于文化圈层的理论，构建相关模型，并进行实例印证。本研究主要利用地理加权回归模型探究城市中现场音乐空间分布的影响因素，并通过不同风格的现场音乐演出来表征区域文化性格，解释城市内部文化空间的差异性形成的原因。

本研究的瓶颈是现场音乐空间涉及多方主体，影响因素较多，研究要从众多因素中选择具有代表性及有显著影响的因子。在以往的研究中，较少从建模角度考虑文化产业的布局，因此研究需要借鉴文化研究的相关理论，进行多维度、全方位的考量。

最后，在全面总结以往相关文献的基础上，研究从现场音乐演出涉及的多个参与角色（经营者、表演者和观演者）的需求中提取因子，收集多源数据（采访、研究报告、地理信息数据、经济数据等），从多个维度构建针对不同风格的城市音乐空间影响指标体系，形成多风格音乐演出异质性地图，从区域基底环境及人群特征因子等多角度解释异质性成因，并对典型区域进行进一步分析，得出相关建议。

二、研究方法

1. 理论依据及研究方法

本文研究采用的主要理论是经典文化圈层理论与探究局部空间异质性的地理加权回归（Geographically Weighted Regression，GWR）模型。

（1）理论依据——经典文化圈层理论

近年来文化产业已经成为一些国家文化政策的关注焦点，因此形成了文化产业结构特征的诸多解释方法，而同心圆模式不同于以往对文化产业的研究，该模型最初基于文化商品和服务产生两种不同类型的价值主张，将文化类的商品和服务定义为一个独特的商品类别，其特殊性在于文化价值的输出与文化的赋能（图2-1）。

对文化意义本身进行创作和销售，生产和提供精神产品的产业称为文化产业，该文化圈层理论提出，中心是核心的文化产业，其文化内容的比例依据给定标准判定为最高，随着生产商品或服务的商业价值的上升，文化内容的比重下降，各个圈层由中心向外延伸。

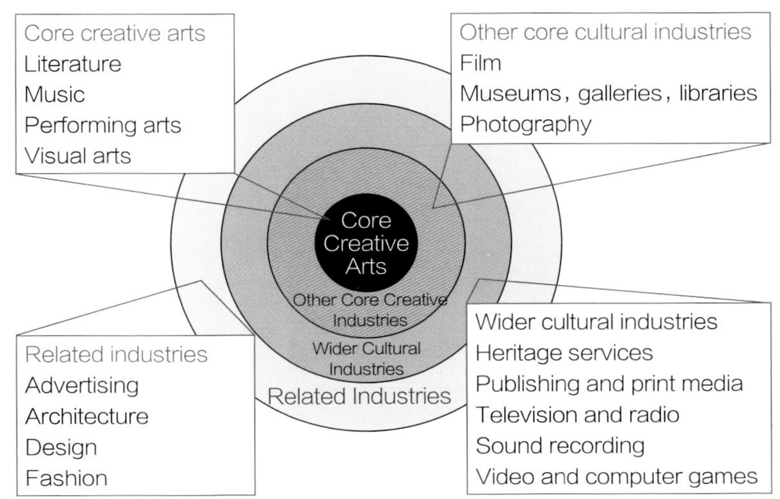

图2-1　经典文化圈层理论

图片来源：Throsby D . The concentric circles model of the cultural industries [J]. Cultural Trends，2008，17（3）：147-164.

本研究以文化产业的重要代表——现场音乐产业作为研究主体，由现场音乐这一空间载体向外延伸，探究现场音乐产业的空间发展机制，从而构建音乐文化生态圈层体系。

（2）经典文化圈层理论的衍生——现场音乐生态圈层理论

基于经典的文化圈层理论，本研究进行现场音乐空间圈层的预设，设定由现场音乐空间这一主体向外延伸三个圈层，分别为核心圈层、关联圈层、外围圈层，从而尝试建立现场音乐理论圈层模型，探讨现场音乐空间异质性的问题。

现场空间主体：以Live house、表演场地为主体的现场音乐场所，承担相关音乐演出，是本模型研究的主体空间。

核心圈层：从表演者的角度出发，探究现场音乐上下游相关产业，如乐器培训等，为现场音乐产业提供核心支持。

关联圈层：以观演者为主体，研究与现场音乐相关的文化产业对现场音乐空间分布特征的影响。

外围圈层：以经营者为主体，研究更广阔的社会外部经济条件对该产业的影响。

如图2-2所示，基于经典文化圈层理论，本研究将经典文化圈层进行空间落位，预设现场音乐产业的生态圈层，以此为基础开展后文研究。

（3）模型比选

本研究通过对比最小二乘法（Ordinary Least Squares，OLS回

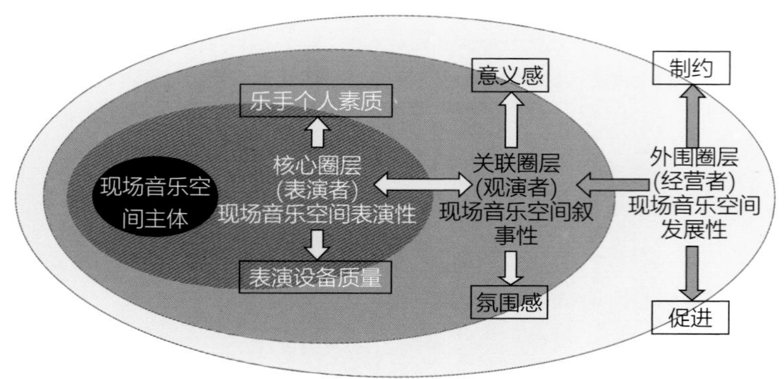

图2-2　现场音乐文化圈层理论

归分析）、断尾回归模型（Truncated Regression Model，Tobit线性回归）、随机森林回归模型（Random Forest Regression Model）和地理加权回归（GWR），分析各个模型的优点和缺点，综合比选后，考虑到空间对象的局部空间异质性、拟合度和精度，最终选取地理加权回归模型进行现场音乐空间异质性的探究。

（4）研究方法

本文研究从文本分析法、描述性研究、提出假设、构建模型、验证假设、经验总结法六个方面进行展开，形成如图2-3所示的研究框架。

1）文本分析阶段：收集整理关于创意城市、文化生态学、现场音乐报告等相关文献与国内外研究资料，了解网络上关于音乐论坛评论以及微博评论，运用参与式的实地调研与从业者访谈方法，构建现场音乐空间异质性探究的理论基础，为空间异质性的原因探讨提供方向。

2）描述性研究阶段：初步描述性探讨音乐现场表演的空间分布特征。

3）提出假设阶段：基于经典文化产业圈理论，构建现场音乐文化生态圈圈层预设与文化生态圈机制的假设，并确定现场音乐表演空间的影响因子。

4）构建模型阶段：构建现场音乐表演空间与影响因素的地理加权回归模型，分析特殊值区域、典型性影响因素以及区域文化特性；同时构建风格与影响因素的地理回归加权模型，分析风格形成的典型要素并总结区域风格特征。

5）验证假设阶段：对前文提出假设进行验证，深入阐释现场音乐文化生态圈的影响机制，并最终确定影响要素体系。

6）经验总结阶段：根据以上文化生态圈层理论以及北京五区实践案例，用上文探讨的音乐文化生态圈层机制指导现场音乐空间的选址与场所营造，进行精细化布局考虑，以推动创意城市建设。

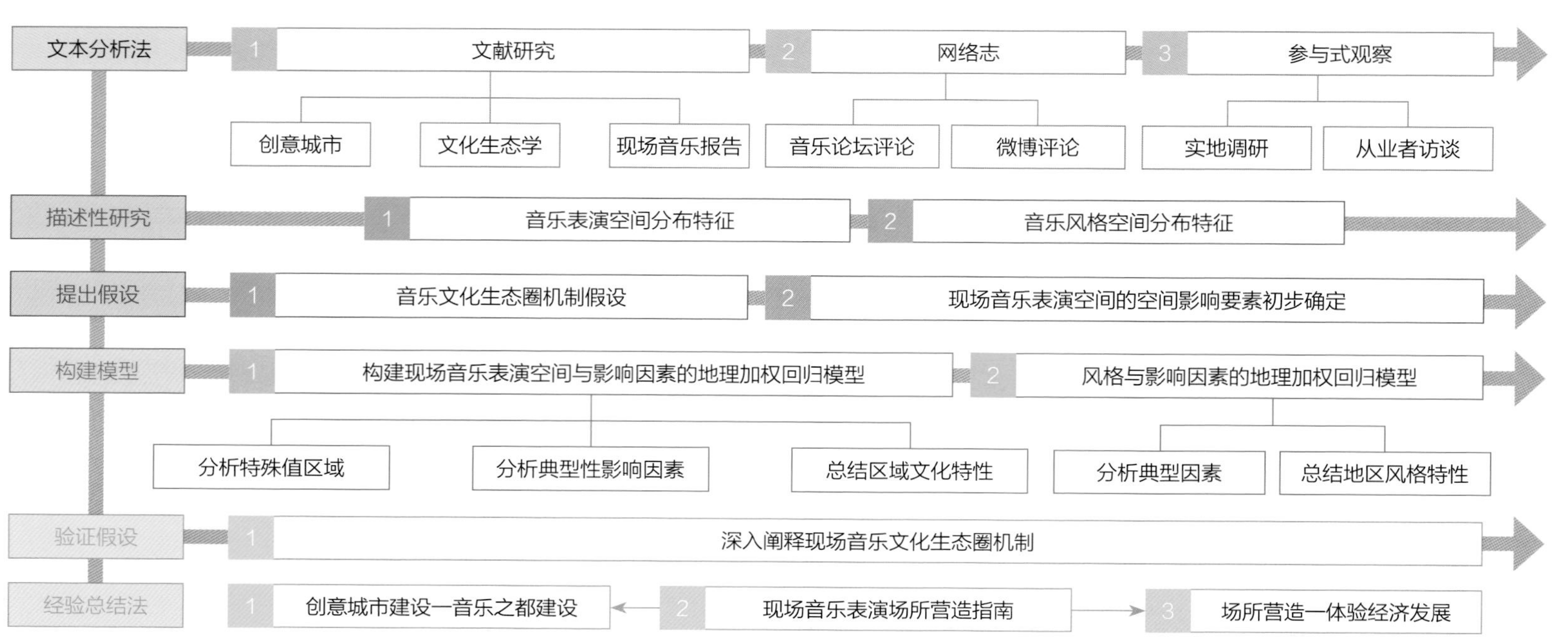

图2-3　研究方法

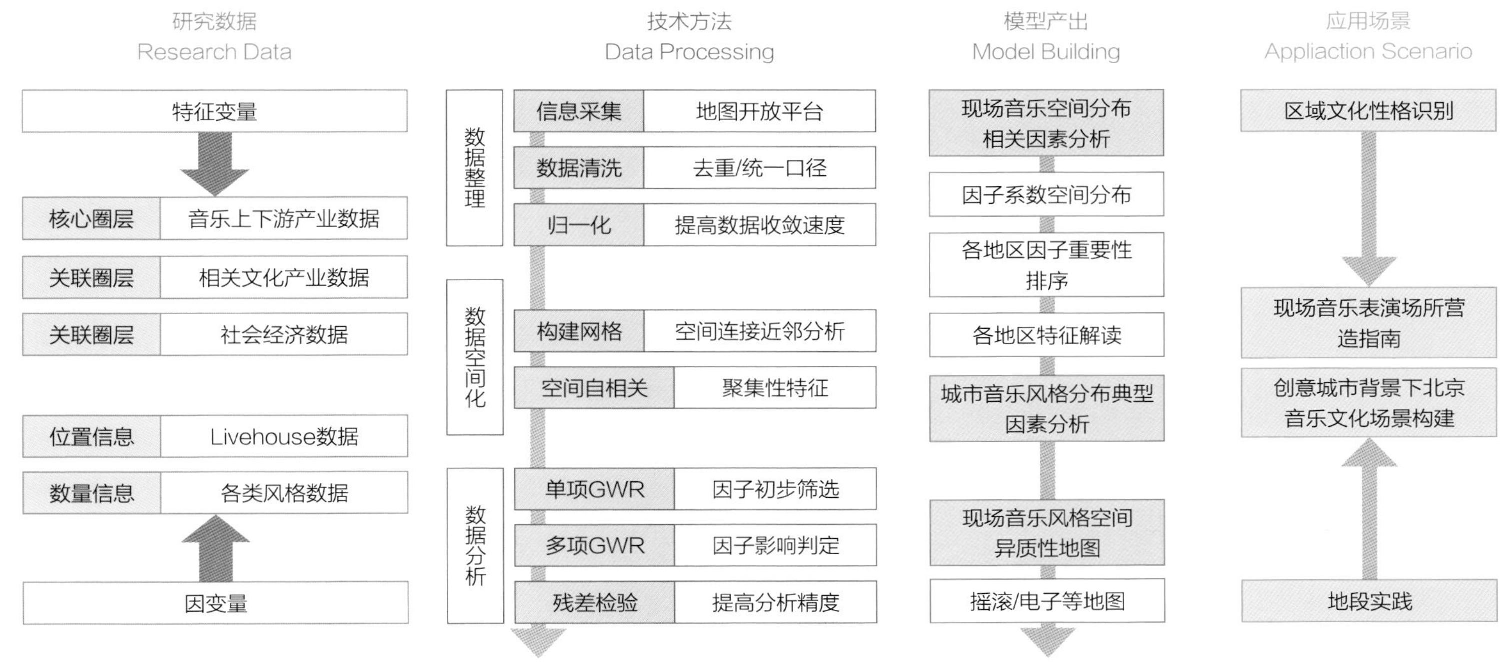

图2-4　技术路线

2. 技术路线与关键技术

（1）技术路线

本文的技术框架如图2-4所示，分为研究数据、技术方法、模型产出、应用场景四部分：

（2）关键技术

本研究基于空间异质性的现场音乐表演空间与影响因素探究的模型算法选用地理加权回归模型（GWR）。研究前期对于实践中应用较广的四种模型（多元线性回归模型、断尾回归模型、随机森林回归模型、地理加权回归模型）进行尝试与比选。

在准备数据阶段采用八爪鱼采集器、Python、SPSS对数据进行爬取与预处理，利用ArcGIS空间分析技术对收集与整理的数据进行录入与计算，并进行可视化的处理。

在运算模拟阶段，主要依靠地理加权回归模型（GWR）对音乐文化生态圈层影响机制进行解释与判读。

三、数据说明

1. 数据内容及类型

为尽可能全面解释现场音乐空间的内在选址机制，选取了四种类型的数据——空间主体数据、核心圈层数据、关联圈层数据、外围圈层数据进行研究。

（1）现场音乐空间演出数据

将现场音乐空间异质性作为研究对象，研究现场音乐的空间分布特征以及风格分布特征。数据来源为通过秀动网、微信公众平台、音乐类访谈采集北京五区现场音乐空间演出的风格、表演者、表演时间以及票价等相关信息，时间周期为2019年1月到2019年12月。

（2）核心圈层（音乐上下游产业）数据

该部分数据主要刻画音乐相关的上下游产业的空间分布特征，是衡量演出质量的重要因素，分为音乐软实力、音乐硬件条件、经典音乐场所3个中类指标。

（3）关联圈层（相关文化业态）数据

该部分数据主要刻画现场音乐的氛围感，主要分为文化街区、风雅性气质、文艺性气质、躁动性气质、国际性气质5个中类指标。其中以“与文化街区的距离”为代表的文艺街区相关数据来源于北京政务网站；以“各种高档餐厅、文艺小店、夜店等多种兴趣点”为代表的风雅性气质、文艺性气质、躁动性气质数据来源于大众点评网站；以“与外国人聚集地的距离、与最近大使馆距离、与最近语言大学距离”为代表的国际性气质数据来源于高德地图、百度地图和知乎。

（4）外围圈层（社会经济特征）数据

外围圈层数据主要刻画区域空间的社会经济特质，主要分为城市商圈、次生消费、房价地租、交通可达性4个中类指标，其中城市商圈数据来源于北京政务网站；次生消费数据来源于百度地图兴趣点；房租地价数据来源于链家二手房交易网站；交通可达性刻画道路交通便利程度，其中道路矢量数据来源Open Street Maps，公交站与地铁站数据来源于百度地图兴趣点。

2. 数据预处理技术与成果

（1）基于研究区域划定网格体系

基于所选区域，分析现场音乐空间空间集聚情况并确定网格大小——构建2km×2km的格网，格网单元为后续统计各类特征数据的基本分析单元，以北京中心城区五区为例，初次划分为515个格网单元。

为增强模型运算过程结果的合理性，考虑到尽可能将北京重点区域置于一个网格内部，本研究将第一套网格纵向平移500m，最终形成第二套网格，第二次划分得到网格515个，因此采用第二套网格进行空间运算。

（2）原始数据地理纠偏

通过高德API、百度地图、大众点评获取的各个供给点、兴趣点的经纬度坐标、名称和地点，并基于Python平台进行地理纠偏。数据类型为Excel工作表，并通过ArcGIS平台，进行XY坐标的转化。

路网数据在使用前，通过拓扑与编辑工具使得道路数据没有伪节点、悬挂点，并且将相交道路打断以便进行交通可达性与网络分析。

（3）以网格为单元对原始数据进行汇总，得到自变量与因变量

因变量的选取。首先，在空间分布异质性分析层面，将空间连接后，每个网格内现场音乐空间的数量作为因变量，进行空间的探讨与分析；其次，在区域风格异质性层面，将空间连接后每个网格内各种不同风格演出的数量（选取的风格为摇滚、民谣、爵士、电子）作为因变量，进行风格地图的绘制。

自变量的选取如表3-1所示，按照介绍数据类型时采用的三个圈层——核心圈层、关联圈层、外围圈层的三个维度对自变量进行数据处理。

1）核心圈层：采用ArcGIS近邻分析，计算音乐软实力和经典音乐场所这两个指标内各类兴趣点坐标点到网格中心点最短距离；采用空间连接将音乐硬件条件的每个兴趣点连接到网格上。

2）关联圈层：运用ArcGIS近邻分析，计算文化街区到每个网格中心点的最短距离；风雅性气质、文艺性气质、躁动性气质、国际性气质分别计算空间连接后每个网格内各类兴趣点的个数。

3）外围圈层：城市商圈这一指标中，将距离商圈距离分为2km以内、2~5km、5km、10km 4个等级，其中，2km以内评分记为4，2~5km评分记为3，5~10km评分记为2，10km以外评分记为1；次生消费指标、交通可达性指标均采用计算每个网格内各类兴趣点的数量；房价地租这一指标，计算每个网格内的平均房价并赋到对应的网格上。

指标体系　　表3-1

维度	数据类型	所刻画特征	数据具体内容	数据来源
核心圈层——空间主体（Live house等现场音乐空间）	Live house	现场音乐空间分布	Live house的演出位置、数量与风格	秀动网
	音乐软实力	乐手个人演出质量	与最近音乐大学距离、与最近的培训机构、与最近音乐社团的距离	百度地图
	音乐硬件条件	表演设备质量	网格内琴行、排练室、录音棚的数量	大众点评
	经典音乐场所	经典现场音乐场所的意义感	距离独立音乐大事发生地的距离	问卷、访谈材料
关键圈层（相关文化业态）	文化街区	地标式音乐场所	与文化街区的距离	北京政务网站
	风雅性气质	现场音乐氛围感	网格内高档餐厅、酒窖、展览厅、话剧剧场、音乐厅的数量	大众点评
	文艺性气质	现场音乐氛围感	网格内文艺小店、书店音像、咖啡厅、艺术厅的数量	大众点评
	躁动性气质	现场音乐氛围感	网格内夜店、轰趴馆、酒吧的数量	大众点评
	国际性气质	现场音乐氛围感	与外国人聚集地的距离、与最近语言大学的距离	知乎、百度地图

续表

维度	数据类型	所刻画特征	数据具体内容	数据来源
外围圈层（社会经济特征）	城市商圈	区域空间的繁华程度	到最近商圈的距离分别为2km以内、2~5km、5~10km、10km以外4个等级	北京政务网站
	次生消费	现场音乐推动的二次消费场所	网格内夜宵店、旅店、KTV、电影院的数量	百度地图
	房价地租	土地经济价值	网格内覆盖小区的平均房价、到最近居住区的距离	链家网
	交通可达性	街区交通便捷程度	网格内平均道路宽度、拐点数量、地铁站和公交站数量	高德KPI

（4）数据归一化处理

将以上处理过的数据与515个网格进行空间连接，得到的数据制成统一的数据表格，导入SPSS 20.0软件。

运用离差标准化的方法对原始数据进行数据进行线性变换，将各类数据映射到［0，1］的区间上，运用公式计算原始数据标准化后的映射数据，计算公式如下：

$$x^* = \frac{x - x_{min}}{x_{max} - x_{min}} \tag{3-1}$$

式中，x^*为标准化结果，x为原始数据，x_{max}为同类数据最大值，x_{min}为同类数据最小值。

3. 数据预处理结果

基于以上数据预处理的流程，得到以网格为单位的自变量与因变量表格，总计515行数据，每行数据包括相应的网格单元ID，其中包括5个因变量，30个自变量，为下一步进行因子相关性检验与因子的剔除提供了数据依据。

四、模型算法

1. 模型算法流程与相关数学公式

（1）模型算法及数学公式

1）空间自相关：指一些变量在同一个分布区内的观测数据之间潜在的相互依赖性。空间自相关的Moran's I统计方法：

$$I = \frac{n\dfrac{\sum_{i=1}^{n}\sum_{j=1}^{n} w_{i,j}^{z_i z_j}}{\sum_{i=1}^{n} z_i^2}}{S_0} \tag{4-1}$$

式中，z_i是要素i的属性与其平均值（$x_i - \bar{X}$）的偏差，$w_{i,j}$是要素i和j间空间权重，n是要素总数，S_0是空间权重的聚合：

$$S_0 = \sum_{i=1}^{n}\sum_{j=1}^{n} w_{i,j} \tag{4-2}$$

统计的z_I得分按以下形式计算：

$$z_I = \frac{I - E[I]}{\sqrt{V[I]}} \tag{4-3}$$

$$E[I] = -1/(n-1) \tag{4-4}$$

$$V[I] = E[I^2] - E[I]^2 \tag{4-5}$$

2）地理加权回归：根据Tobler地理学第一定律，距离越近的事物之间的相关性越大。故对于一个给定的地理位置（u_0，v_0），可以采用局部加权最小二乘来估计β_j（u_0, v_0）（j=0，1，2，…，p），即

$$min\sum_{i=1}^{n}\left[y_i - \sum_{j=1}^{p}\beta_j(u_0,v_0)x_{ij}\right]^2 w_i(u_0,v_0) \tag{4-6}$$

其中，$w_i(u_0,v_0)_{i=1}^{n}$是在地理位置（u_0, v_0）处的空间权重。令：

$$\beta_0(u_0,v_0) = \left(\beta_0(u_0,v_0), \beta_1(u_0,v_0), \cdots, \beta_p(u_0,v_0)\right)^T \tag{4-7}$$

则$\beta_0(u_0,v_0)$在（u_0, v_0）处的局部最小二乘估计值为：

$$\hat{\beta}(u_0,v_0) = \left(X^T W(u_0,v_0) X\right)^{-1} X^T W(u_0,v_0) Y \tag{4-8}$$

其中，

$$X = (X_0, X_1, \cdots, X_p), X_j = (x_{1j}, x_{2j}, \cdots, x_{nj})^T$$
$$Y = (Y_1, Y_2, \cdots, Y_n)^T \tag{4-9}$$
$$W(u_0,y_0) = Diag\left(w_1(u_0,v_0), \cdots, w_n(u_0,v_0)\right)$$

令（u_0, v_0）=（u_i, v_i），（i=1,2,⋯,n）则可以由公式（4-5）得到回归函β（u, v）在所有观测位置处的局部估计值。

（2）算法流程

算法模型流程图如图4-1所示：

1）基于莫兰指数的空间自相关分析

莫兰指数检验：莫兰指数是衡量空间自相关性的重要指标，经检验，全局莫兰指数为0.404，伴随概率p值为0.001，Z得分为18.071 3，表明现场音乐的空间分布有99%的集聚可能性，呈现出

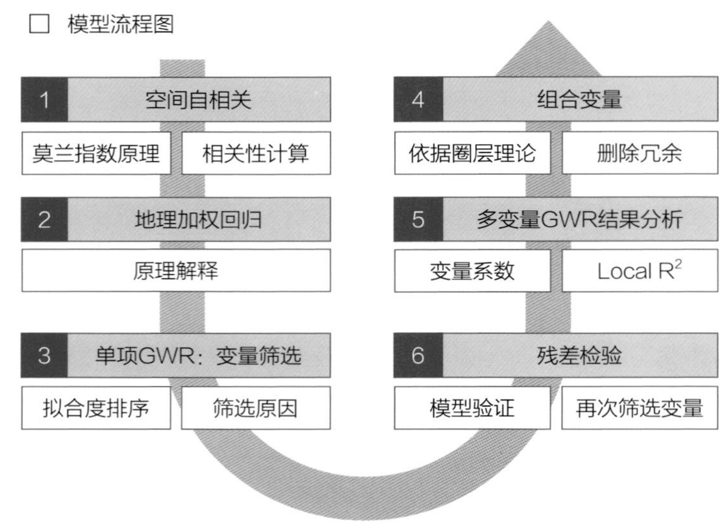

图4-1 算法流程

显著的自相关性。

Moran散点图中的四个象限用来识别一个空间与邻近空间的关系，大部分现场音乐空间点位分布在第一和第三象限中，结合现实地图可以发现，北京中心城区五区现场音乐空间在东二环附近到东四环之间呈现相似值集聚的特征。

最后采用Lisa显著地图进行显著性检验，现场音乐空间集聚分布的显著性在0.001~0.05之间，因此判断，Lisa集聚性地图对于现场音乐空间分布的集聚性判断准确。

2）单项特征变量筛选

特征变量筛选的目的是提取拟合优度较高的因子，从30个描述各个圈层城市空间特征变量中，提取出与音乐空间异质性分布拟合性较好的因子。根据单项因子与因变量进行GWR模拟，按照R^2的大小从高到低进行排序。在排序结果中，依据R^2为0.5作为临界值，保留30个因子中的前17个R^2高于0.5的因子，剔除后13个因子R^2低于0.5的因子，因此在排序结果中，关联圈层的5项指标未能通过检验被剔除，外围圈层的指标去掉KTV、距最近住区的距离等5个因子也未能通过检验，因此被剔除。

但同时基于现状文献资料的查阅、访谈和现实经验，初步预判被剔除的13个因子中房价因子对于现场音乐空间的发展是有必要作用的，因此选择暂时保留这个因子，进行下一步检验。

3）变量组合

如表4-1所示，根据上文初步筛选完的变量，进行变量组合，以完成变量降维。并依据以下原则进行变量组合：

①选择原来数据量不足的变量（如展览厅、剧院）进行组合，增强样本密度，从而更能提高计算的精确性。

②依据文化生态学理论进行组合，选择进行组合的变量应该符合常识和经验判断，从而更好地表达文化生态圈的内在逻辑与机制。

③构建相关性矩阵，保证组合后的变量两两之间不存在强相关，对因变量有不同的作用，删除冗余变量，提高变量的解释力度。

新的变量圈层指标体系　　表4-1

维度	组合后的变量	选择进行组合的变量
核心圈层——空间主体（Live house等现场音乐空间）	Live house	Live house的演出位置、数量、风格
核心圈层（音乐上下游产业）	音乐软件	与最近音乐大学的距离
	音乐硬件条件	网格内琴行、排练室、录音棚的数量
	经典音乐场所	距独立音乐大事发生地的距离
关联圈层（相关文化业态）	文化街区	到文化街区的距离
	风雅性气质	网格内酒窖、展览厅、话剧剧场
	文艺性气质	网格内文艺小店、咖啡厅的数量
	躁动性气质	网格内轰趴馆、酒吧的数量
	国际性气质	与最近大使馆的距离
外围圈层（社会经济特征）	城市商圈	距离最近商圈的距离分别为2km以内、2~5km、5~10km、10km以外四个等级
	次生消费	网格内夜宵店、旅店数量
	房价地租	网格内覆盖小区的平均房价、网格内覆盖小区的平均地租
	交通可达性	网格内平均道路宽度、网格内道路拐点数

4）GWR模拟结果分析

将新组合的变量圈层体系“核心圈层—关联圈层—外围圈层”的各项指标逐一进行GWR模拟，并对变量系数和拟合度进行研究分析：

①目前考虑到的各类影响因素对朝阳区和海淀区现场音乐演出场所空间分布的拟合度近1/2的R^2都高于0.5，因此海淀区、朝阳区现场音乐场所与空间因素整体拟合度较好，而相比之下，西城区的拟合程度最差。

②从模拟变量系数来看：大部分的因子与50%以上区域的相关系数为正值，只有交通可达性、经典音乐场所、音乐的软件条件、国际性4个因子在50%以上区域与现场音乐呈负相关的状态，考虑这与不同类型现场音乐空间成长机制不同有关。

5）GWR模拟结果再次检验：残差MORAN对比

将上文降维合并完成的12个指标进行残差检验，此时残差呈现随机模式分布，p值为0.103 013，z值为-1.163，模型通过空间自相关检验，模型R^2为0.776。因此，选取的音乐硬件条件、音乐软件条件、经典音乐场所、文化街区、风雅性气质、文艺性气质、躁动性气质、国际性气质、城市商圈、次生消费、房租地价、交通可达性这12个因子有较高的拟合优度，模型精度更高。

2. 模型算法相关支撑技术

本研究的模型算法相关技术手段包括软件、方法、平台等，具体如下：

（1）软件

采用AMAPPOI、八爪鱼采集器、SPSS 20.0、GWR4等相关软件作为技术支撑。

（2）方法

1）空间自相关：在给定一组要素及相关属性的情况下，评估所表达的模式是聚类模式、离散模式还是随机模式，从而判断变量的空间聚集性。

2）GWR地理加权回归：核心和出发点是考虑空间关系的影响，不同区域之间某些对因变量产生影响的因素差异很大，也称为空间异质性，此时引入地理加权回归探究局部空间效应。

3）相关性矩阵：直观展示多个变量之间相关性的强弱，有助于对数据的校验与分析，辅助剔除共线或冗余因子。

4）Arcgis相关技术可视化：核密度分析、空间连接等。

（3）平台

高德API数据获取平台、Echarts可视化平台。

五、实践案例

1. 地理加权回归结果整体分析

（1）模型范围与基础数据

本项目研究范围为北京市中心城区五区——东城区、西城区、海淀区、朝阳区、丰台区及周边区域，全域划分为515个2km×2km的网格，研究范围内共计现场音乐空间275个。

（2）地理加权回归模型结果解读

模型设置每个网格内的现场音乐空间数量为因变量，核心圈层、关联圈层和外围圈层的各项影响因子为自变量，进行地理加权回归分析，最终得到地理加权回归的各项参数值（表5-1）。

地理加权回归各项参数值　表5-1

变量	最小值	最大值	下四分位数	上四分位数	中位数
音乐硬件条件	-6.679 08	6.131 79	-0.550 76	1.215 98	0.371 24
音乐软件条件	-6.562 80	8.970 29	-1.401 96	0.227 80	-0.203 33
经典音乐场所	-6.002 34	1.371 24	-2.122 27	0.061 54	-0.373 54
文化街区	-6.352 10	2.278 78	-0.368 05	0.449 40	0.151 67
风雅性气质	-2.492 65	12.736 9	-0.500 75	10.55 34	6.474 19
文艺性气质	-5.007 65	13.117 1	1.186 554	5.919 18	3.654 37
躁动性气质	-27.327 9	35.687 4	-5.865 58	16.942 3	13.851 86
国际性气质	-8.796 44	5.697 76	-2.596 48	0.567 35	-0.062 74
城市商圈	-1.525 81	18.904 0	-0.372 41	2.144 20	0.145 373
次生消费	-3.747 09	6.149 89	-1.106 41	1.578 41	0.212 306
房价地租	-0.531 17	2.611 84	-0.003 12	0.495 76	0.086 690
交通可达性	-3.884 38	1.874 98	-1.313 33	-0.072 59	-0.693 353

本次研究以部分因子为例对模型回归结果进行解读。以风雅性气质因子为例，在515个网格中，系数为正值的网格数量达到了386个，占总研究面积的74.9%，这说明在大部分的地区风雅性气质对现场音乐空间的分布有显著的正向影响；以交通可达性因子为例，在515个网格中，系数为负值的网格数量达到了392个，占到总研究面积的76.1%，这说明大部分地区现场音乐空间的分布与交通可达性呈负相关关系。结合之前对经营者的访谈，这个结果的出现可能与现场音乐空间对“地下”气质的追求有关，其经常分布在隐蔽度较高的文化街区或商圈内部。

现场音乐空间的分布总体上与其他文化产业的分布存在较强的相关性，在微观层面上与展览厅、剧场、书店等文化业态息息相关，而与城市商圈、音乐硬件设施等因子的相关性相对较弱。

2. 单因子机制分析

分析地理加权回归各个单项因子的结果，可以得到各因子的相关系数及t检验值，从而可以通过相关系数的可视化来直观地解释通过检验的因子的内部机制，本次研究以每个圈层（前文提到的核心圈层、关联圈层和外围圈层）的1个因子为例进行说明。

（1）经典音乐场所（核心圈层）

通过文献阅读和乐迷访谈，对北京市现场音乐的发展历程做了大致的梳理，并通过筛选和整理，提取出现频率最高的23个场所，对北京独立音乐历史上的音乐大事件发生地作了汇总，并对经纬度进行转化，在ArcGIS软件中进行投影和可视化。本次研究中将这些音乐大事件发生地定义为经典音乐场所，发现大事件发生地与大部分现场音乐空间密集区的分布呈正相关关系。

如图5-1所示，以鼓楼、三里屯片区为中心，向外逐渐衰减。但也有少部分单元呈负相关，如张自忠路附近。通过对该项因子的系数分布研究可以发现，鼓楼、三里屯片区成为独立音乐地标式的存在，对现场音乐表演空间的布局产生了较大的影响。

（2）文化街区（关联圈层）

北京市文化街区的分布与现场音乐空间的分布在泛鼓楼地区、后海地区、798艺术街区等地存在较显著的正相关，并在鼓楼片区出现了系数值的峰值（图5-2）。

文化街区的密集区域，在一定程度上也是现场音乐空间的密集区域。文化街区片区为独立音乐的发展提供了艺术文化氛围和土壤。除了文化街区自身的文化底蕴和纪念价值，丰富的文化商业业态也带来了庞大的青年消费者群体，在市场层面上也为独立音乐提供了广阔的发展空间。

（3）次生消费（外围圈层）

现场音乐演出带来了年轻消费者丰富的次生消费活动，例如观演后的短时租赁、夜宵等，将这两个因子合并并定义为次生消费，发现其与现场音乐空间的分布存在地理空间上的明显分异。次生消费在新街口片区呈现显著负相关，在三里屯、望京片区呈现显著正相关。现场音乐空间的布局受次生消费的影响程度要考虑不同的地理单元，在三里屯、望京等建成的繁华区，次生消费对现场音乐的空间布局影响更大；在存量较多、建设限制较多的老城区，次生消费对现场音乐空间分布的影响较弱（图5-3）。

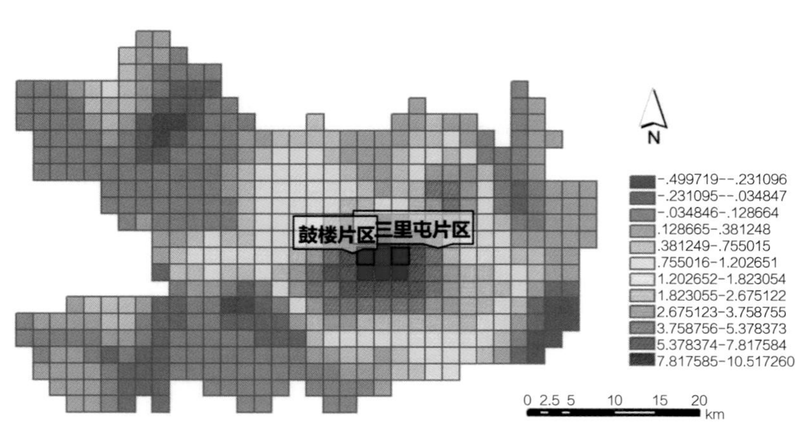

图5-1 经典音乐场所因子机制分析

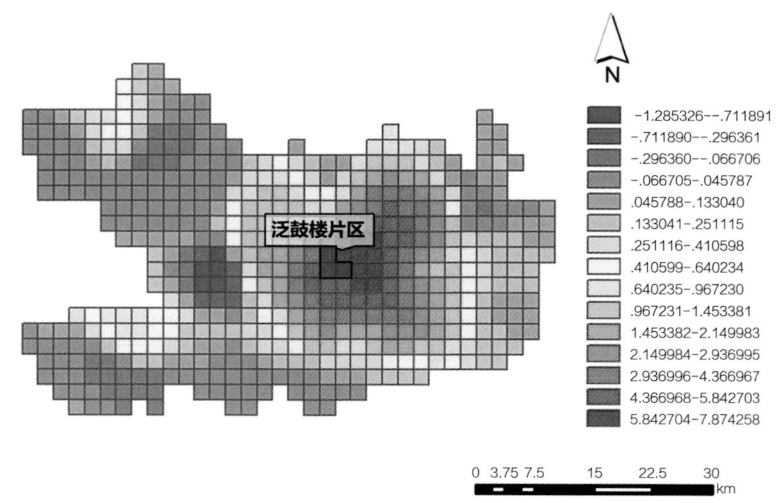

图5-2 文化街区因子机制分析

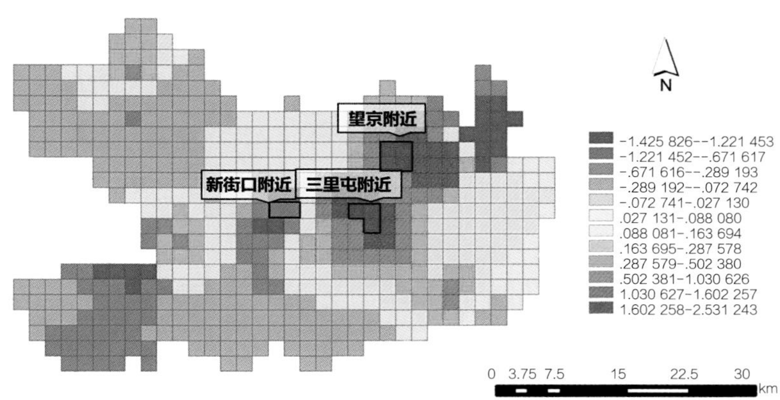

图5-3　次生消费因子机制分析

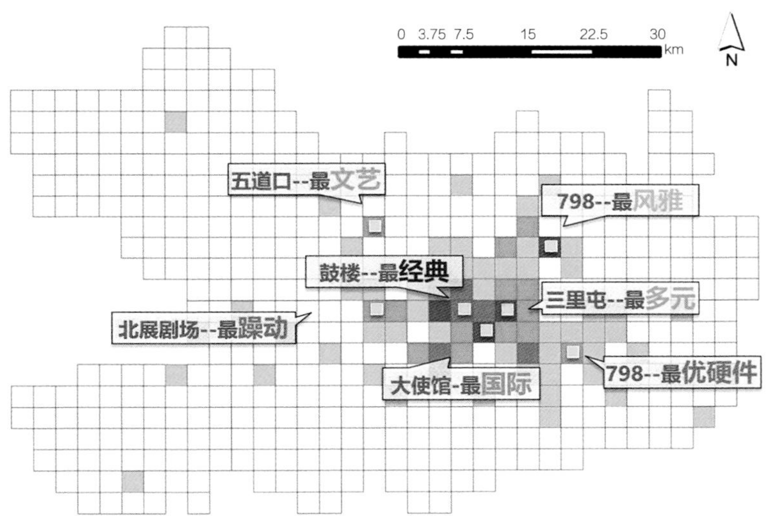

图5-4　全域单因子系数排序

3. 全域单因子系数排序

选取现场音乐空间数量较多、具有典型性的网格区域进行单因子的系数值排序，以探索场所气质的空间异质性，从而刻画出场所的文化特质。最终选取单一因子系数最高的7个网格，这7个网格分别位于五道口片区、798片区、鼓楼片区、三里屯片区、北展剧场片区、大使馆片区和百子湾片区（图5–4）。

（1）躁动性指标排序

北展剧场的躁动系数最高，北展剧场可以承办规模在2 000人左右的现场音乐演出，一些较为知名的独立音乐人经常在此演出。附近有众多文艺青年心中到访北京时的必选打卡地老莫西餐厅，还有众多的酒吧，是北京文化气氛十分活跃的区域之一（图5–5）。

（2）音乐纪念意义指标排序

鼓楼的音乐纪念意义系数最高，因为它是北京独立音乐大事件发生最为集中的区域之一。众多独立音乐人也曾在自己的音乐作品中提及鼓楼，它是北京独立音乐的地标（图5–6）。

（3）文艺性指标排序

五道口的文艺性指标系数最高，原因是五道口位于海淀区大学城，在清华大学附近，周边大规模的商圈、大型的展览馆和剧场等文化设施分布较少，而青年学生消费群体青睐的各类文艺小店、书店、咖啡厅分布广泛，这使得该片区的文艺性对现场音乐空间分布有较大的影响（图5–7）。

（4）风雅性指标排序

798艺术区的风雅性指标系数最高，原因是798艺术街区内及

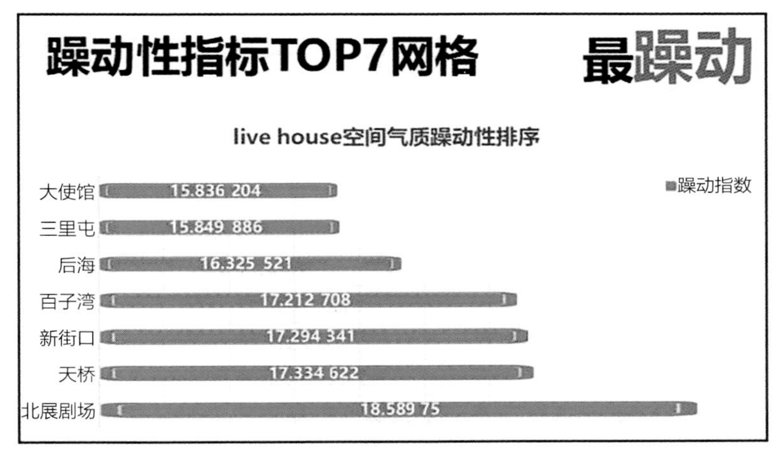

图5–5　躁动性指标排序

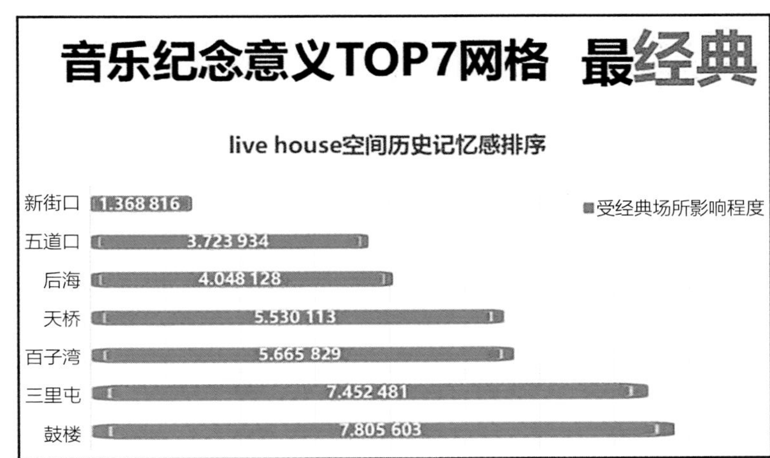

图5–6　音乐纪念意义指标排序

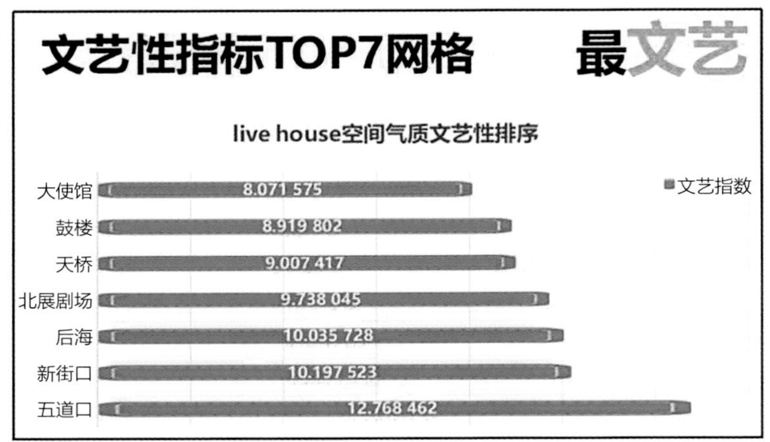

图5-7 文艺性指标排序

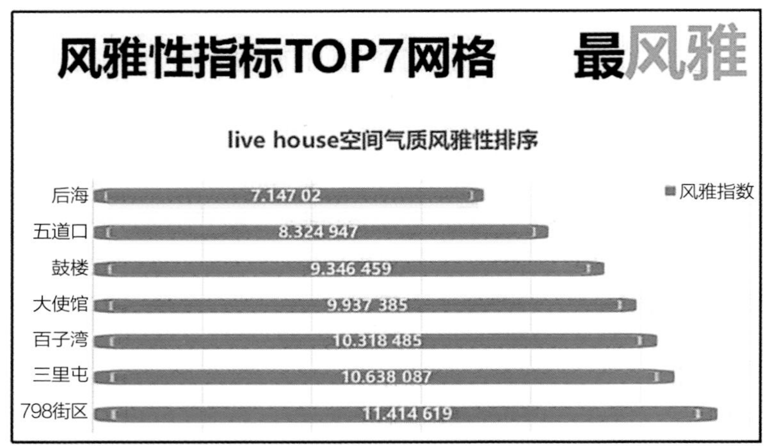

图5-8 风雅性指标排序

周边分布着较多的展览空间和剧场，缺乏大型的商圈和历史文化街区。这些使得该片区的风雅性对于现场音乐空间分布的影响较为显著（图5-8）。

对所有网格中的单一因子系数进行排序，得到单一因子系数最高的7个网格，探索各种场所气质的空间异质性，刻画音乐空间文化特质。

4. 单个网格内各因子系数排序

针对部分典型性地区，对网格内各个因子的系数进行排序。五道口周围大学分布较多，更具青春气息，众多民谣酒馆、文艺小店在此云集，因此文艺指数和躁动指数较高。而三里屯片区周围商场较多，依托外部条件发展起来，躁动指数高。798艺术区外部依托条件较差，其自身文化内生的特性促进现场音乐空间的形成（图5-9~图5-12）。

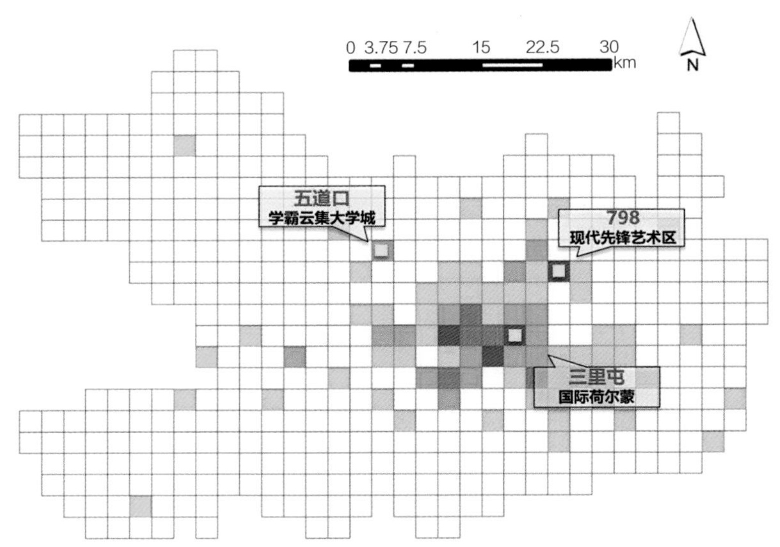

图5-9 因子系数排序选取的网格

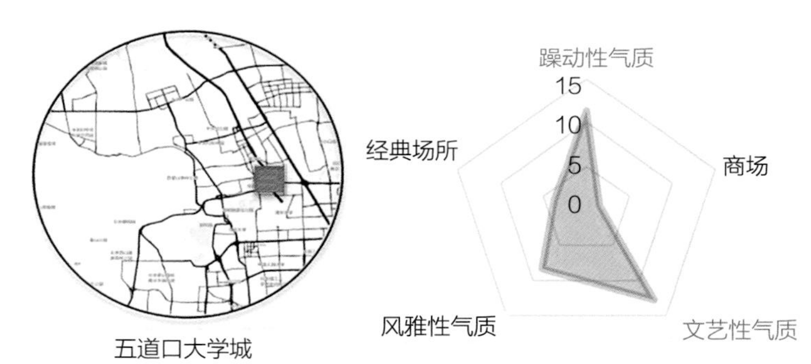

图5-10 五道口网格内各因子系数排序

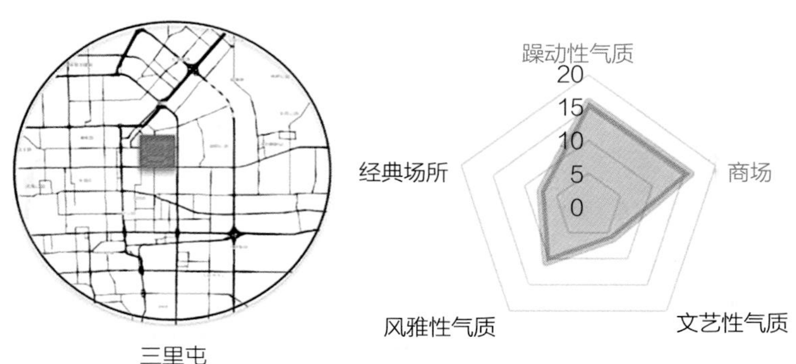

图5-11 三里屯网格内各因子系数排序

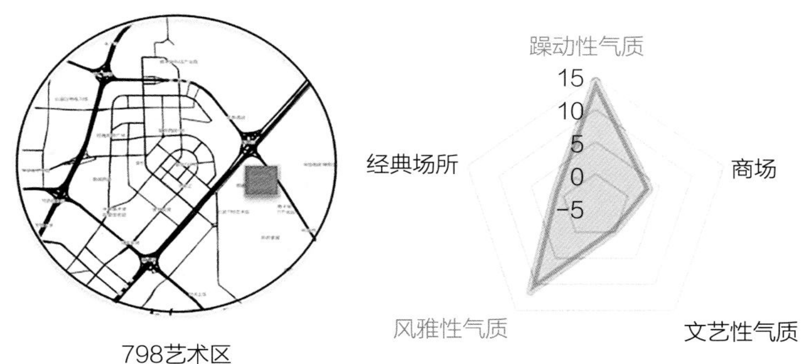

图5-12　798艺术区网格内各因子系数排序

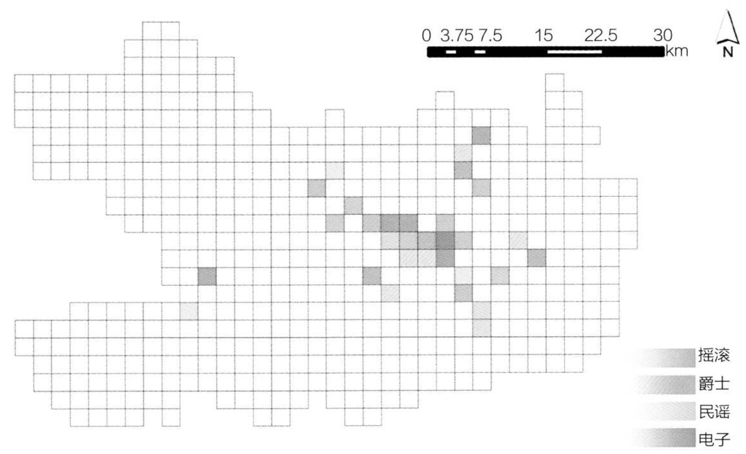

图5-13　北京音乐风格地图

5. 北京音乐风格地图

本次研究对依附在现场音乐空间上的各风格表演的数量（来自各现场音乐空间2019年全年的演出数据）进行可视化，并将其作为因变量，分别结合指标体系进行GWR分析。北京的摇滚乐中心是鼓楼东大街和五道口。对北京五区摇滚乐演出数量与文艺性指标（文艺小店、咖啡厅）的空间相关性进行分析，从对摇滚乐发展的贡献度层面上来说，文艺性指标是占主要地位的因子之一。北京从后海向北到五道口片区的文艺性系数值最高，系数值的显著性也较强（图5-13）。

六、研究总结

1. 模型设计的特点

以往国内外的研究较少通过模型构建探讨现场音乐空间的内部机制，且相关理论对产业规划布局的直接指导意义不强。在我国现有规划体系中，对文化产业布局指导方法存在滞后，为城市建言献策有难以定制化、精细化的缺点。对于如何定性评价文化产业，辅佐城市产业布局尚处于摸索阶段。在以往学术研究中，对音乐空间的研究大多从全国尺度进行，较少有人深入探讨相关文化空间在城市内部的机制。部分学者研究城市内相关创意空间，但基本属于定性分析，缺少定量和实证研究且较少使用新数据和新方法。

本研究基于空间自相关、地理加权回归模型，将现场音乐空间的异质性、音乐风格的异质性映射到城市层面，研究城市各区域的音乐文化性格，挖掘城市音乐文化空间格局的特征及成因。

2. 应用方向与应用前景

该模型可以推广到其他有特点且空间上分布有异质性的文化业态，例如书店、影院等文化设施的布局。研究成果可以指导文化产业迎合区域文化性格更好地进行选址入驻，形成集群，从而构成具有区域特色的产业文化生态圈。当文化产业与城市内部文化性格实现调性的耦合，文化产业更容易与城市环境形成良好互动且自身也更易实现良性循环。本研究对指导音乐文化空间规划与文化产业发展模式有重要意义，基于城市音乐文化生态圈的整体评价，能够指导精细化城市更新、场所营造，为城市的发展增添新的活力。城市内部的文化分异性探索，有利于定制化进行城市设计，在旧城更新与场所营造中植入文化业态，促进城市文化氛围营造。

参考文献

［1］Throsby D . The concentric circles model of the cultural industries［J］. Cultural Trends，2008，17（3）：147-164.

［2］徐冲，柳林，周素红，姜超. 微观空间因素对街头抢劫影响的空间异质性——以DP半岛为例［J］. 地理研究，2017，36（12）：2492-2504.

［3］李小月，王士君，浩飞龙. 中国现场音乐演出空间特征及成因［J］. 人文地理，2020，35（5）：36-43.

［4］唐锦玥，何益珺，塔娜. 基于兴趣点数据的上海市餐饮业空间分布特征及影响因素［J］. 热带地理，2020，40（6）：

1015–1025.

[5] 文娉，张强国，杜恒，等. 北京电影产业空间集聚与网络权力分布特征研究[J]. 地理科学进展，2019，38(11)：1747–1758.

[6] 赵静平，卢明华，刘汉初. 北京上市公司总部空间分布特征及影响因素[J]. 经济地理，2020，40(1)：12–20.

[7] 崔喆，沈丽珍，刘子慎. 南京市新街口CBD服务业空间集聚及演变特征——基于微观企业数据[J]. 地理科学进展，2020，39(11)：1832–1844.

[8] 魏伟，刘畅，张帅权，等. 城市文化空间塑造的国际经验与启示——以伦敦、纽约、巴黎、东京为例[J]. 国际城市规划，2020，35(3)：77–86，118.

[9] 李翔，余明. 多元数据下24小时便利店选址研究——以北京市老城区为例[J]. 福建师范大学学报(自然科学版)，2021，37(2)：75–86.

[10] Allen J. Scott. A World in Emergence：Notes Toward a Resynthesis of Urban–Economic Geography for the 21st Century [J]. Urban Geography，2011，32(6)：845–870.

[11] Steve Oakes and Gary Warnaby. Conceptualizing the management and consumption of live music in urban space [J]. Marketing Theory，2011，11(4)：405–418.

[12] Adam Behr and Matt Brennan and Martin Cloonan. Cultural value and cultural policy：some evidence from the world of live music [J]. International Journal of Cultural Policy，2016，22(3)：403–418.

[13] Cecilie Sachs Olsen. Performance and urban space：An ambivalent affair [J]. Geography Compass，2018，12(12)：n/a–n/a.

[14] Chris Gibson and Shane Homan. URBAN REDEVELOPMENT，LIVE MUSIC AND PUBLIC SPACE [J]. International Journal of Cultural Policy，2004，10(1)：67–84.

基于SRP模型的生态环境脆弱性监测*
——以中国福建平潭、埃及尼罗河三角洲为例

工 作 单 位：福建师范大学

报 名 主 题：生态文明背景下的国土空间格局构建

研 究 议 题：气候变化响应、生态系统服务与景观格局塑造

技术关键词：时空行为分析、主成分分析和熵权法、生态监测模型

参　赛　人：陈晓薇、余恬、令小艳、沙晋明

参赛人简介：参赛团队由两名2018级本科生、一名2017级本科生和一名福建师范大学教授（指导老师）组成。参赛成员为自然地理和资源环境专业与地理信息科学专业背景，致力于通过分析与评价生态环境的脆弱性为区域的可持续发展提供支撑。目前，研究成果为已发表在国际期刊*Human and Ecological Risk Assessment*上。

一、研究问题

1. 研究目的、背景及意义

（1）本研究选取中国福建平潭、埃及尼罗河三角洲的沿海区域作为研究区域，二者近年来均处于经济、人口、工业化等飞速发展且生态问题持续严峻的发展阶段。基于二者共同特征，本研究确定了“生态脆弱性评估”的研究目的。

（2）当前，生态脆弱性研究是全球环境变化与可持续发展研究的热点、核心问题之一。生态脆弱性评估是一项综合性的评估，主要涉及对研究区生态系统现状的脆弱程度做出定量或半定量的分析、描绘和鉴定，其评价模型广泛应用指标评价法，主要包括生态脆弱性指数评价法、综合指数评价法、景观格局法、模糊评价法、SRP模型评价法等，其中SRP模型（Ecological Sensitivity-Ecological Recovery-Ecological Pressure Model，即生态敏感性—生态恢复力—生态压力度概念模型）由于具有与“生态脆弱性”相同层次而在国内生态脆弱性评价中得到广泛应用。

（3）本研究选取SRP综合评价模型，以中国福建平潭主岛（2013年、2018年）、埃及尼罗河三角洲沿海区域（2018年、2019年）为研究对象，评估不同地区不同时期的生态脆弱性。其中，为检验SRP模型的科学性，本研究将埃及尼罗河三角洲沿海区域设置为对比研究区，通过对比不同区域的生态脆弱性评估结果，有利于检验本研究针对性构建的沿海生态脆弱性模型的准确性。综上，基于研究区自然环境、社会环境特征，针对性地选取指标以正确构建沿海生态脆弱区的SRP模型评价体系，不仅有助于获取不同研究区的生态脆弱性时空变化格局等信息，还能通过对比生态脆弱机制类似的SRP模型体系，为脆弱性评价体系的模型构建提供新的思路。

* 本文基于Xiaowei C, Xiaomei L, Ahmed Eladawy, et al. A multi-dimensional vulnerability assessment of Pingtan Island（China）and Nile Delta（Egypt）using ecological Sensitivity-Resilience-Pressure（SRP）model［J］. Human and Ecological Risk Assessment, 2021, 5.

2. 研究目标及拟解决的问题

（1）我国关于生态脆弱性的研究起步较晚，对生态系统的关注时间也不长，对沿海区域的生态脆弱性评价更是少见，而沿海区域是海洋经济建设中的核心区域。近年来，部分沿海区域在社会经济快速发展过程中生态问题日益突出，因此探究沿海地区生态环境脆弱性的驱动机制及其演变规律，尽早提出科学的保护与恢复对策，具有重要的现实意义。

当前，已有大量国内外学者通过指标模型方法实现对平潭、尼罗河三角洲区域的生态脆弱性评估，但已有的研究主要集中于小区域的生态环境脆弱性评价，指标评价体系不完善。已使用的模型主要包括AHP和模糊综合评判模型、M-RSEI生态评价模型等，涉及的模型层次多为自然—人为—环境、暴露—敏感—适应。生态脆弱性的构成要素大致可以按照自然属性和人为属性分为敏感性、恢复力和压力度3个部分，而SRP模型具有与之相同的“敏感性、恢复力、压力度”3个层次，因此在国内外得到了广泛应用。然而，由于SRP模型具有指标选取主观性强、实验操作量大、历时长等缺点，因此虽然目前关于该模型的相关研究较多，但涉及的生态脆弱性区类型依旧不足，且对于沿海生态脆弱区域的研究还鲜有所闻。

（2）本研究拟解决的问题如下：①评估沿海生态脆弱区域即中国福建平潭主岛（2013年、2018年）、埃及尼罗河三角洲沿海区域（2018年、2019年）不同时期的生态脆弱性；②通过对比二者评估结果以检验构建的SRP模型的准确性。

二、研究方法

1. 研究方法及理论依据

（1）研究方法主要包括构建与生态脆弱性联系紧密的指标、不同层面指标的加权设置与累加、综合指数分级评价。本文以评估特定区域生态脆弱性的SRP模型为基础，结合研究区自然、社会特质选取相应监测指标，如基于其沿海特性选择湖泊水面因子为生态敏感性指标，选取指标以构建科学的沿海区域生态脆弱性模型评价体系为基础，并在此基础上，通过文献查证、对比分析检验构建模型的准确性。

此外，由于生态环境脆弱性评价指标及其多种因子的数量较多且相关性较大，因此本研究使用集成主成分分析、熵权法与灵敏性分析相结合的权重确定方法。应用主成分分析法能设法将原来的指标重新组合成一组新的互相无关的较少的主要综合指标，减少冗余，但这以牺牲精度为代价。因此，为客观确定评价指标的权重，在主成分分析的基础上使用了熵权法确定每一个指标的权重，并通过灵敏性分析检验权重准确性，以尽可能多地反映原来指标的信息，使生态环境脆弱性的研究更加全面具体。

（2）当前，生态脆弱性研究是全球环境变化与可持续发展研究的热点、核心问题之一。国际政府间气候变化专门委员会（IPCC）第三次评估报告（TAR）定义的生态脆弱性是指生态系统在特定时空尺度下相对于外界干扰所具有的敏感反应和自恢复能力，是自然属性和人为活动共同作用的结果。特定区域的生态脆弱性构成要素大致包括敏感性、恢复力、压力度，其原因是：不稳定的生态系统结构主要存在于系统内部，对外界干扰表现出敏感性。同时，由于系统在受到干扰后具有恢复原来状态的能力，因此表现出生态恢复力。此外，生态环境具有自然与人类属性，即包括对该区域环境造成压力的经济、社会等活动，表现为生态压力度。

生态脆弱性评估是一项综合性的评估，主要涉及对研究区生态系统现状的脆弱程度做出定量或半定量的分析、描绘和鉴定。评估模型中的指数需涉及生态敏感性、恢复力、压力度3个层面。

2. 技术路线及关键技术

（1）技术路线

本研究的技术路线共有三个阶段，数据及其预处理、生态脆弱性指标计算、生态脆弱性监测与分析。数据及其预处理包括：HJ-1B数据、Landsat8数据、MODIS数据、Sentinel-2数据。生态脆弱性指标共分为三类，即生态敏感性指标、生态恢复力指标、生态压力度指标（图2-1）。

生态脆弱性监测与分析是将16幅因子栅格图分别进行分组主成分分析，得到生态敏感性、生态恢复力、生态压力度各主成分的特征值、贡献率、累积贡献率，通过熵权法确定权重得到最终生态脆弱性监测及其分级结果，自此实现SRP模型生态脆弱性监测。对比2013年、2018年福建平潭生态脆弱性监测结果，基于部门对应年份公示，分析近年来福建平潭生态环境变化状况、相关政策成效信息。对比2018年福建平潭与2019年埃及尼罗河三角洲生态脆弱性监测结果，总结沿海地区生态脆弱性相关规律（图2-2）。

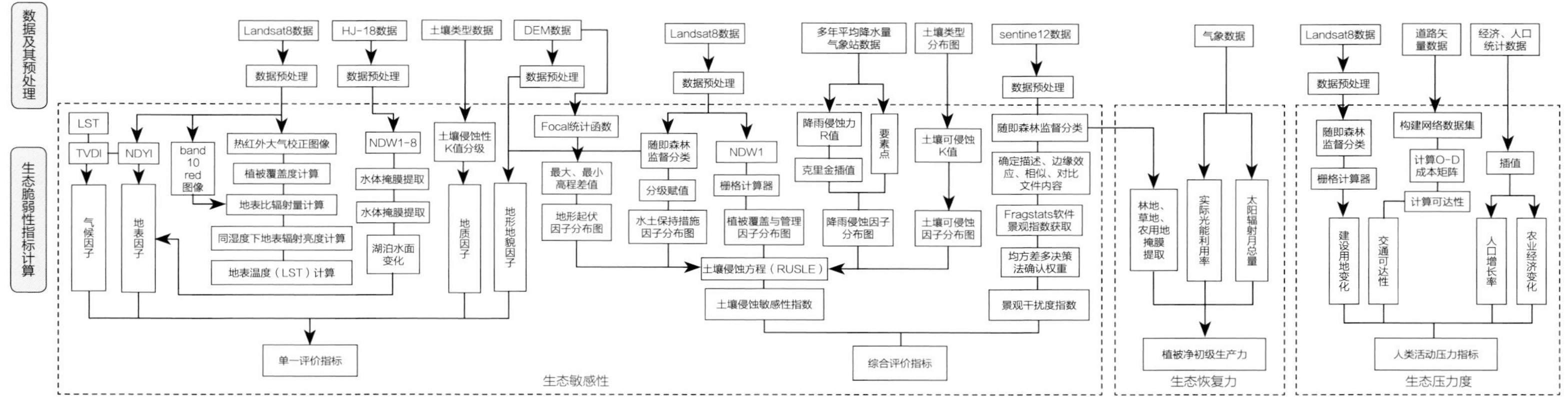

图2-1 生态脆弱性指标计算详细技术路线

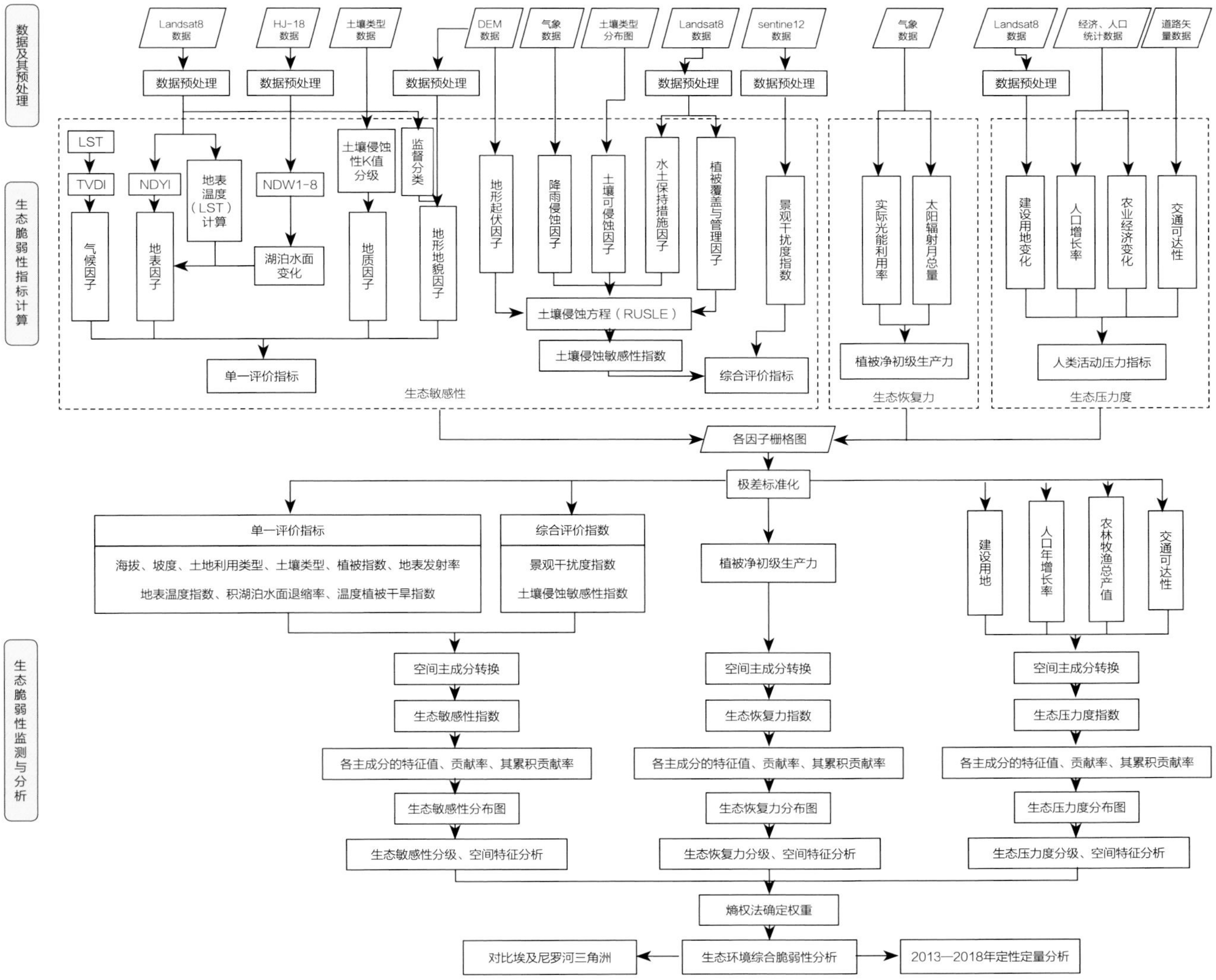

数据及其预处理
Landsat8数据
HJ-1B数据
土壤类型数据
DEM数据
气象数据
土壤类型分布图
Landsat8数据
sentine12数据
气象数据
Landsat8数据
经济、人口统计数据
道路矢量数据
数据预处理
数据预处理
数据预处理
数据预处理
数据预处理
数据预处理

生态脆弱性指标计算
LST
TVDI
NDYI
地表温度（LST）计算
NDW1-8
土壤侵蚀性K值分级
监督分类
气候因子
地表因子
湖泊水面变化
地质因子
地形地貌因子
地形起伏因子
降雨侵蚀因子
土壤可侵蚀因子
水土保持措施因子
植被覆盖与管理因子
景观干扰度指数
土壤侵蚀方程（RUSLE）
土壤侵蚀敏感性指数
单一评价指标
综合评价指标
生态敏感性
实际光能利用率
太阳辐射月总量
植被净初级生产力
生态恢复力
建设用地变化
人口增长率
农业经济变化
交通可达性
人类活动压力指标
生态压力度

各因子栅格图
极差标准化

生态脆弱性监测与分析
单一评价指标
海拔、坡度、土地利用类型、土壤类型、植被指数、地表发射率
地表温度指数、积湖泊水面退缩率、温度植被干旱指数
综合评价指数
景观干扰度指数
土壤侵蚀敏感性指数
植被净初级生产力
建设用地
人口年增长率
农林牧渔总产值
交通可达性
空间主成分转换
生态敏感性指数
各主成分的特征值、贡献率、其累积贡献率
生态敏感性分布图
生态敏感性分级、空间特征分析
空间主成分转换
生态恢复力指数
各主成分的特征值、贡献率、其累积贡献率
生态恢复力分布图
生态恢复力分级、空间特征分析
空间主成分转换
生态压力度指数
各主成分的特征值、贡献率、其累积贡献率
生态压力度分布图
生态压力度分级、空间特征分析
熵权法确定权重
对比埃及尼罗河三角洲
生态环境综合脆弱性分析
2013—2018年定性定量分析

图2-2 技术路线

（2）本研究的关键技术

①多源数据的处理与应用。

②使用多源遥感数据进行地表温度的反演和对比。分别使用辐射传输方程法（大气校正法）和单窗算法进行地表温度反演。

③评价土壤侵蚀敏感性，主要使用基于修正的通用水土流失方程RUSLE和GIS技术。

④评价景观干扰度，使用景观干扰度指数，指数中采用均方差多决策这一客观赋权法确定权重，并通过对不同地类掩膜的指数赋值、合并、自然间隔确定研究区分级标准，最终得到景观干扰度指数分级结果。

⑤植被净初级生产力的计算与建模：基于已提出的植被净初级生产力计算体系，根据获取的气象数据完成子级实验。获取月日照时数、平均水汽压、月平均降水量、归一化植被指数（NDVI）、比值植被指数（SR）等数据并结合相关文献，完成太阳辐射月总量估算、实际光能利用率以及入射光合有效辐射吸收比例的求算，并将NPP计算过程集成于ENVI建模实现快速处理。

⑥通过ENVI modeler、IDL代码实现一键化，其中包括多源数据预处理、植物净第一生产力指数（NPP）等的一键化实现。

三、数据说明

1. 数据类型及内容

（1）本研究使用到的数据类型多样，具体见表3-1。

数据来源一览表　　表3-1

数据类型	获取时间	来源
空间分辨率30m的DEM数据	2020/5/23	中国地理空间数据云平台（http://www.gscloud.cn/）、NASA网站（https://blog.arabnubia.com/）
Landsat8数据	2018/10/30（平潭18）、2013/12/03（平潭13）、2018（埃及）	地理空间数据云（http://www.gscloud.cn/）、美国地质勘探局官网（https://earthexplorer.usgs.gov/）、USGS网站的地球引擎数据（https://developers.google.com/earth-engine/datasets/catalog/landsat）
HJ-1B数据	2018/03/28	中国资源卫星应用中心官网（http://www.cresda.com/CN/）
MODIS数据	2018/10/30	LAADS　DAAC官网（https://ladsweb.modaps.eosdis.nasa.gov/）、USGS网站的地球引擎数据（https://developers.google.com/earth-engine/datasets/catalog/modis）
Sentinel-2数据	2018/02/13	地球探索者官网（https://earthexplorer.usgs.gov/）
气象数据	2020/08/09	中国气象数据网（http://data.cma.cn/）、OPeNDAP Server（GDS）网站（http://apdrc.soest.hawaii.edu/）
道路数据	2020/06/01	OSM官方网站（www.openstreetmap.org）
埃及经济数据	2020/08/24	埃及统计局网站（https://www.capmas.gov.eg/）
平潭土壤、经济数据	2019/04/18、2020/08/09	由沙晋明教授提供
埃及尼罗河三角洲道路、土壤、经济数据	2020/08/15	由Ahmed Eladawy教授提供

（2）Landsat8、HJ-1B、MODIS、Sentinel-2数据即多源卫星数据，其中HJ-1B数据用于NDWI-B指数模型的水体提取MOD05_L2数据用于大气水汽近红外的反演，Sentinel-2数据用于高精度的土地利用类型提取。

2. 数据预处理技术与成果

（1）HJ-1B数据处理

通过IDL代码打开HJ-1B数据，在ENVI中进行辐射定标、几何配准、FLAASH大气校正、图像裁剪，同时使用ENVI MODELER一键式实现HJ-1B预处理（图3-1、图3-2）。

（2）Landsat8数据处理

在ENVI中进行辐射定标、FLAASH大气校正、几何校正、图像裁剪，同时使用ENVI MODELER一键式实现Landsat8数据预处理（图3-3）。

（3）MODIS数据

采用MCTK扩展工具对MOD05_L2数据进行辐射校正，Georeference MODIS几何校正、去除GLT效应、图像裁剪的预处理。

（4）Sentinel-2数据

应用扩展工具Radiance Sentinel-2L1C进行辐射定标，对10m、20m分辨率的波段进行重采样，QUAC快速大气校正、图像裁剪，该过程使用ENVI MODELER一键式实现Sentinel-2数据预处理（图3-4）。

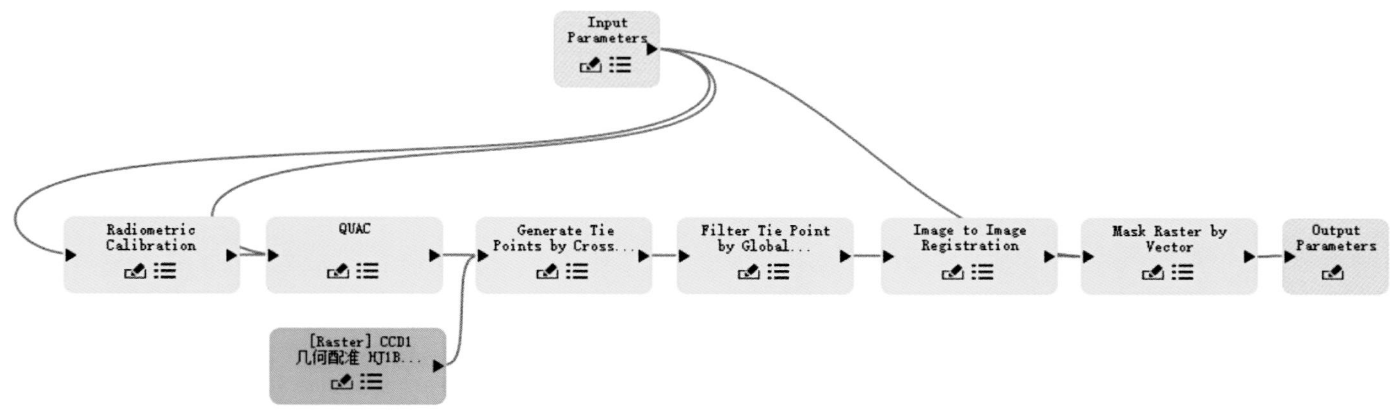

图3-1　HJ-1B CCD1预处理一键式截图

```
PRO open_hj1b_ccd
  COMPILE_OPT DEFINT32, STRICTARR
  e=envi()

  ;HJ1B-CCD1-448-84-20131231-L20001107469.XML
  ;HJ1B-CCD1-448-84-20131231-L20001107469-*.TIF
  xmlfile = 'E:\QQ\E\data\HJ-IB\平潭\HJ1B-CCD1-448-84-20131231-L20001107469\1107469'

  ;搜索TIFF文件
  basename = FILE_BASENAME(xmlfile,'.xml',/fold_case)
  tiffiles = FILE_SEARCH(FILE_DIRNAME(xmfile),basename+'-*.tif',$
    /fold_case,count=count)

  ;循环打开
  rasters = 'HJ1B-CCD1-448-84-20131231-L20001107469-*.TIF'
  FOR i=0, count-1 DO BEGIN
    raster = e.OpenRaster(tiffiles[i])
    rasters = [rasters,raster]
  ENDFOR

  ;波段组合
  hjRaster = ENVIMetaspectralRaster(rasters,spatialref=raster.SPATIALREF)

  ;添加元数据信息
  hjRaster.metadata.AddItem,'wavelength',[0.475,0.560,0.660,0.830]
  hjRaster.metadata.AddItem,'wavelength units','Micrometers'
  hjRaster.metadata.AddItem,'data ignore value',0

  ;修改虚拟栅格名字
  hjRaster.name = basename

  ;添加结果到Date Manager，并显示
  e.data.add,hjRaster
  view = e.GetView()
  layer = view.Createlayer(hjRaster)

  ;移除每个波段TIFF
  e.data.remove,rasters
END
```

图3-2　IDL代码打开HJ-1B数据

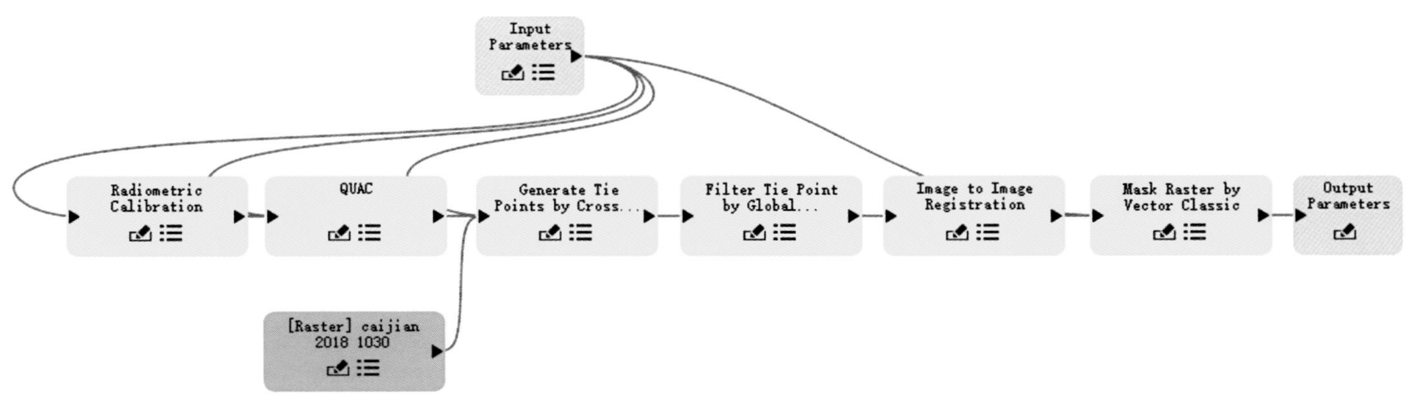

图3-3　Landsat8预处理一键式截图

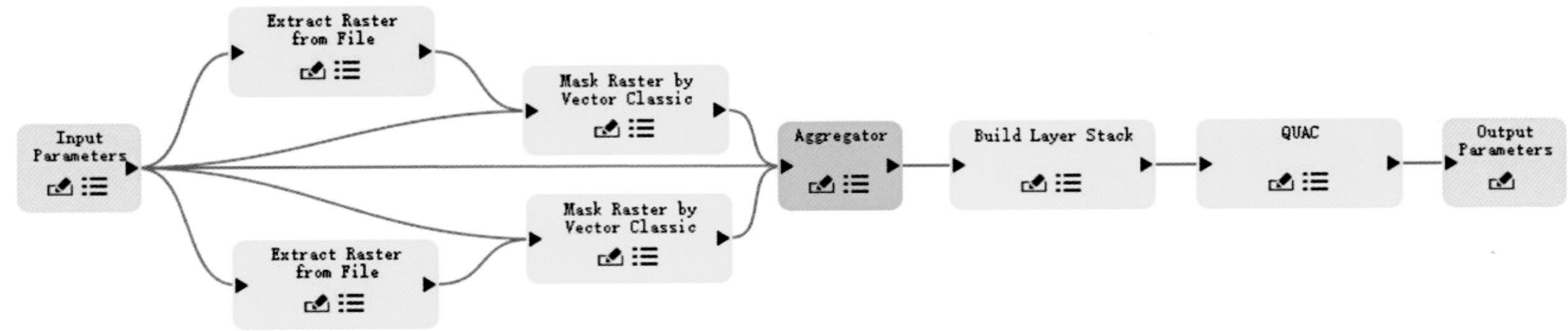

图3-4 Sentinel-2预处理一键式截图

四、模型算法

1. 模型算法流程及相关数学公式

（1）在生态脆弱性评价常用指标的基础上，本研究结合平潭主岛和尼罗河三角洲沿海区域的气候、植被、土壤、灾害等与生态脆弱性相关的重要特征，分别选取了16个平潭主岛指标、11个尼罗河三角洲沿海区域指标。

（2）生态敏感性指生态系统受外界环境影响所表现出的敏感性，其数值大小可用来衡量外界影响产生的生态后果。本研究将生态敏感性指标归为地形地貌因子、地质因子、气候因子、地表因子4类共11个指标。

（3）生态恢复力是指区域内的生态系统受到外界破坏或外界压力超过系统承受能力后自我调节和恢复的能力，往往对生态脆弱性有正向修复作用。植被净初级生产力（Net Primary Productivity）是指在单位面积、单位时间内绿色植物通过光合作用所合成的有机质总量减去植物自身呼吸消耗后所剩余的累积有机质数量，本研究利用CASA模型进行估算。

（4）生态压力度指生态系统受到外界压力和干扰的程度，是研究人类活动对生态脆弱性影响的关键部分，经济、人类活动都包含其中。本研究选取建设用地变化率、人口年增长率、农林牧渔总产值、交通可达性因子来表示。

具体情况见表4-1、表4-2。

16个脆弱性指标与脆弱度相关性一览表　　表4-1

编号	类型	指标		计算统计方法	反映指标情况	相关性
1	生态敏感性	地形地貌因子	海拔	DEM数据重分类	地形地貌	正
2			坡度	DEM数据提取坡度	地形地貌	正
3			土地利用类型	Sentinel-2数据随机森林监督分类	土地利用	/
4		地质因子	土壤类型	土壤类型分布数据分级	地表土壤分布	/
5		地表因子	植被指数	$NDVI=(NIR-R)/(NIR+R)$	植被覆盖	负
6			地表温度指数	①大气校正法：在band10_rad图像基础上进行NDVI计算得到；②MOD05_L2获取参数后运行单窗算法插件	地表温度	正
7			地表发射率	Landsat8数据大气校正法	地表	负
8			湖泊水面变化	HJ-1B数据 $NDWI\_B=(\rho B-\rho NIR)\times(\rho B+\rho NIR)$ 指数计算、差值分析 （比一般土地利用提取方法具有更高的精度）	水体变化	负

续表

编号	类型	指标		计算统计方法	反映指标情况	相关性
9	生态敏感性	气候因子	TVDI	$NDVI$、LST数据通过TVDI插件得到	干燥、干旱程度	正
10	综合评价指标		景观干扰度指数	景观破碎度指数$FN=MPS\times(Nf-1)/Nc$ 景观分维数倒数$FD=\ln(a_{ij})/2\ln(0.25p_{ij})$ 景观分离度指标$FI=\left[1-\sum_{i=1}^{m}\sum_{j=1}^{n}\left(\frac{a_{ij}}{A}\right)^2\right]$ 均方差决策分析法得到景观干扰度指数：$E_i=aFN_i+bFD_i+cFI_i$	景观被破坏、人为干扰程度、破碎化程度、稳定性	正
11	综合评价指标		土壤侵蚀敏感性指数	修正的通用水土流失方程$RUSLE$为 $A=R\times K\times LS\times C\times P$ 降水因子$R=\sum_{i=1}^{12}(-2.6398+0.3046P_i)$ 植被覆盖与管理因子$C=\exp\left[-\alpha\times\frac{NDVI}{\beta-NDVI}\right]$ 地形因子（LS）通过DEM数据分级获取；土壤可蚀性（K）通过土壤类型分布数据重分类、分级可得；水土保持措施因子（P）在土地分类的结果上重分类、分级获取	土壤遭受各类侵蚀的敏感程度	正
12	生态恢复力		NPP	$NPP(x,t)=SOL(x,t)\times FPAR(x,t)\times 0.5\times\varepsilon(x,t)$ $SOL=Q_1(a+bs)$ $Q_0=0.418675(C_0+C_1\varphi+C_2H+C_3e)$ $\varepsilon(x,t)=T_{\varepsilon1}(x,t)\times T_{\varepsilon2}(x,t)\times W_{\varepsilon}(x,t)\times\varepsilon_{max}$ $FPAR(x,t)=\alpha FPAR_{NDVI}+(1-\alpha)FPAR_{SR}$ $NDVI=(NIR-R)/(NIR+R)$ $SR=(1+NDVI)/(1-NDVI)$ $FPAR(x,t)_{NDVI}=\left[\frac{NDVI_{(x,t)}-NDVI_{(i\min)}}{NDVI_{(i,\max)}-NDVI_{(i\min)}}\right]$ $\times(FPAR_{\max}-FPAR_{\min})+FPAR_{\min}$ $SR_{(x,t)}=\frac{1+NDVI_{(x,t)}}{1-NDVI_{(x,t)}}$	遭受干扰破坏后的恢复速度	负
13	生态压力度		人口年增长率	（年末人口数-年初人口数）/年平均人口数×100%	人口增长	正
14	生态压力度	农林牧渔总产值		/	经济	正
15	生态压力度	建设用地变化		监督分类结果掩膜提取、差值分析	建设用地变化	正
16	生态压力度	交通可达性		[Sum_Total_长度] /（N-1）	交通可达性	负

16个生态脆弱性指标分级标准　　表4-2

指标分级	微度脆弱	轻度脆弱	中度脆弱	重度脆弱	极度脆弱
海拔	<5	5~20	20~35	35~50	>50
坡度	<2	2~4	4~8	8~15	>15
植被指数	>0.45	0.35~0.45	0.25~0.35	0.2~0.25	<0.20
土地利用类型	水体	林地	草地	耕地	建设用地

续表

指标分级	微度脆弱	轻度脆弱	中度脆弱	重度脆弱	极度脆弱
土壤类型	灰泥土	硅铝质赤、旱沙土、黄泥田	风沙土、润沙土、海泥土	赤砂土、潮泥土、海泥沙土	塿土
地表温度指数	<20	20~22	22~24	24~26	>26
地表发射率	>0.988	0.9875~0.988	0.987~0.9875	0.9865~0.987	<0.9865

续表

指标分级	微度脆弱	轻度脆弱	中度脆弱	重度脆弱	极度脆弱
TVDI	0～0.2	0.2～0.4	0.4～0.6	0.6～0.8	0.8～1.0
景观干扰度指数	0～0.2	0.2～0.4	0.4～0.6	0.6～0.8	0.8～1
湖泊水面变化	0.5～1	0～0.5	0	-0.5～0	-1～-0.5
土壤侵蚀敏感性指数	<40	40～80	80～120	120～200	>200
NPP	>18.3168	11.6962～18.3168	-1.5450～11.6962	-8.1657～-1.5450	<-8.1657
人口年增长率	<12	12～14	14～16	16～18	>18
农林牧渔总产值	<10000	10000～30000	30000～50000	50000～70000	>70000
建设用地变化	-1～-0.5	-0.5～0	0	0～0.5	0.5～1
交通可达性	>270	135～270	45～135	5～45	<5

2. 模型算法相关支撑技术

（1）由于脆弱性评价指标及其因子数量较多且相关性较大，为避免在评价过程中忽视主要指标，本文结合主成分与熵权法确定各指标权重。主成分分析法设法将原指标重新组合成一组，选择累计贡献率80%以上的主成分代替原指标，可最大限度地保留原始信息。但减少变量数量是以牺牲精度为代价的，因此为避免确定权重时的主观随意性，本文在主成分分析的基础上使用熵权法。利用排列在前的累计贡献率大于80%的主成分因子参与到熵权法的计算，先计算出各个指数的方差，再计算出指标权重。权重越大，对生态环境脆弱性的影响参与占比越大，该指标的影响越大。

由以下熵权法公式（4-1）确定权重：

$$H_j=\sum_{j=1}^{m}\lambda_{jk}^{2}(j=1\,2,\cdots,11;k=1,2,\cdots,m)$$
$$W_j=H_j/\sum_{j=1}^{11}H_j(j=1,2,\cdots,11) \quad (4-1)$$

式中，H_j为各因子的公因子方差，W_j为指标权重，λ_{jk}为主成分载荷矩阵，j为指标的排序位置，k为主成分数，m为主成分总个数。

此外，研究对于权重结果还进行了“灵敏性分析”，测量结果显示本研究的权重结果处于采纳范围内。

（2）本研究多次通过ENVI modeler、IDL代码实现一键化，其中包括多源数据预处理、植物净第一生产力指数（NPP）等（图4-1）。

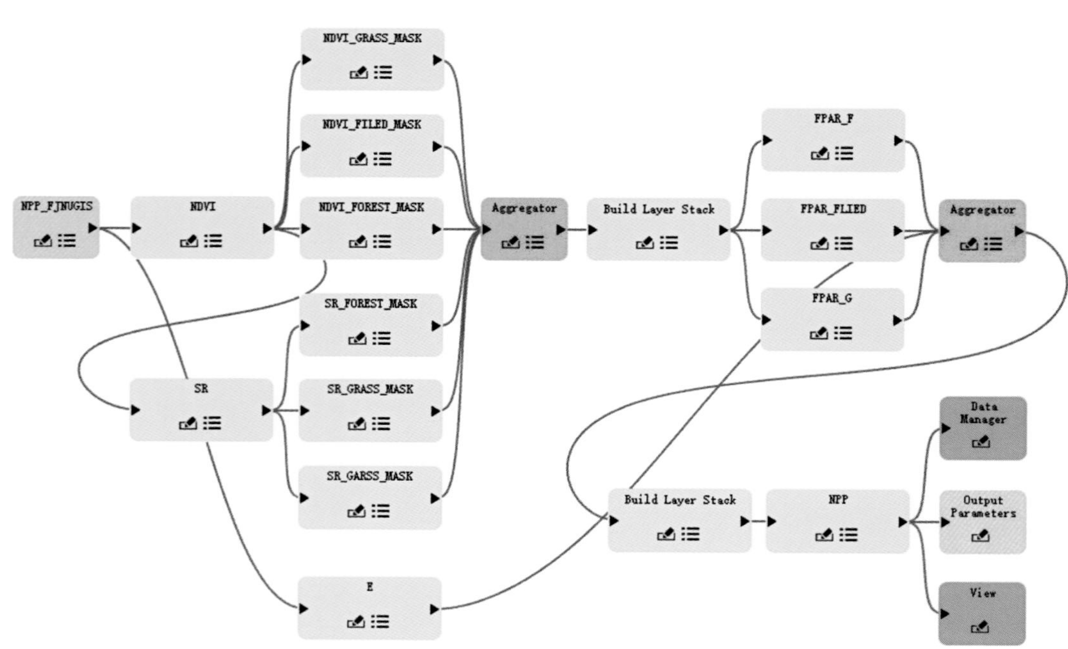

图4-1 植被净初级生产力（NPP）估算一键式实现模型截图

五、实践案例

1. 模型应用实证及结果解读

（1）基于16个指标的主成分分析、熵权法结果，分析得出生态敏感性的第一主成分是地表温度指数、第二主成分是景观干扰度指数，生态压力度第一主成分是农林牧渔总产值、第二主成分是人口年增长率，因此气候（主要涉及气温、降水）、土地利用、植被、经济、人口是影响敏感性、压力度的主要因素。同时，基于权重结果（表5–1、表5–2）可得，权重占比最大的是生态压力度，为0.498 9，其次是生态敏感性，为0.318 5，所以平潭主岛生态脆弱性在自然、人为共同影响下，其分布格局总体上与压力度基本一致。结果表明，气候（主要涉及气温、降水）、土地利用、植被、经济、人口是影响该区生态敏感性、压力度的主要因子（表5–3）。

生态敏感性（Xi）、生态压力度（Yi）评价指标权重表 表5–1

指标代码	评价指标	指标权重
X1	海拔	0.168 1
X2	坡度	0.027 0
X3	植被指数	0.052 0
X4	土地利用类型	0.116 0
X5	土壤类型	0.070 0
X6	地表温度指数	0.076 1
X7	地表发射率	0.076 0
X8	TVDI	0.083 0
X9	景观干扰度指数	0.146 2
X10	湖泊水面变化	0.061 0
X11	土壤侵蚀敏感性指数	0.125 0
Y1	人口年增长率	0.496 9
Y2	农林牧渔总产值	0.492 5
Y3	建设用地变化	0.003 3
Y4	交通可达性因子	0.007 4

生态脆弱性评价指标权重表 表5–2

指标	指标权重
生态敏感性	0.318 5
生态恢复力	0.182 6
生态压力度	0.498 9

2018年平潭主岛生态敏感性、恢复力与土地利用类型关系一览表 表5–3

	微度脆弱	轻度脆弱	中度脆弱	重度脆弱	极度脆弱
生态敏感性	北部林地、部分草地	周边沿海地势低平的草地、农用地	分布较广，集中在中部农业用地、城乡交界	城镇周边、北部山地	多为建设用地
生态恢复力	无	极少，位于林地中心范围内	部分林地区域中心位置	分布广泛，集中在林地、草地、城镇不集中区域	人流密集的建设用地广布、水体分布区域

（2）作为对比研究区的尼罗河三角洲，近年来生态问题日益凸显，主要包括海岸侵蚀、海水入侵和水质恶化等。随着干旱、水质恶化等一系列问题日益突出，尼罗河流域对水资源的依赖程度越来越高。此外，大坝、铁路等工程的建设，使尼罗河下游沿海平原失去了定期泛滥带来的天然肥料，土地肥力下降，下游流量减少，导致海水倒灌。同时，三角洲盐渍化加重，海岸侵蚀后退，在给生态造成压力的同时，又进一步加剧了流域生态环境的脆弱性。基于上述生态问题，与之密切相关的指标均包含在本研究构建的SRP模型（表5–4）当中，以期通过较完善的指标选取和科学的方法实现对研究区生态脆弱性的动态分析。

此外，据生态脆弱性评价指标权重（表5–5）表明，生态压力权重最大为0.496 0，生态敏感性权重第二为0.494 2，即生态压力度、敏感性是影响尼罗河三角洲沿海区域生态脆弱性的重要因素，换而言之，植被、气候和人类活动是影响研究区生态脆弱性的主要驱动因素。基于主成分分析结果可得，影响生态环境敏感性的因子可以概括为植被指数、土地利用类型、地表温度指数3个主因子，因此植被和气候影响研究区生态脆弱性的主要驱动因素。其中主成分1集中反映了植被对生态环境敏感性的影响，地面植被覆盖稀少的区域，生态环境更加敏感。主成分2基本反映了气候和人类活动对生态环境脆弱的影响，地温高、建设用地集中分布的区域，生态系统的稳定性较差。

尼罗河三角洲沿海区域生态敏感性主成分得分载荷矩阵及其指标权重表 表5–4

生态敏感性因子	PC1	PC2	PC3	PC4	指标权重
海拔	−0.460 8	0.164 7	0.721 3	0.175 6	0.249 6
坡度	0.195 1	0.328 5	−0.424 0	0.820 2	0.231 0

续表

生态敏感性因子	PC1	PC2	PC3	PC4	指标权重
植被指数	0.582 6	−0.08 51	−0.101 1	−0.169 6	0.096 4
土地利用类型	−0.664 3	0.315 9	−0.152 0	−0.059 7	0.142 0
地表温度指数	−0.034 0	0.330 6	0.497 0	0.125 6	0.093 3
地表发射率	0.213 1	−0.027 5	−0.022 5	−0.087 5	0.013 6
TVDI	0.205 0	0.405 1	0.646 5	0.125 2	0.160 0
景观干扰度指数	0.220 9	−0.086 5	0.012 4	0.010 6	0.014 1

尼罗河三角洲沿海区域生态脆弱性评价指标权重表　表5-5

指标	指标权重
生态敏感性	0.494 2
生态恢复力	0.009 8
生态压力度	0.496 0

2. 模型应用案例可视化表达

（1）由折线拟合情况（图5-1、图5-2）、面积变化柱状图（图5-3）可知：①2013年平潭主岛微度脆弱区域最大，占比34.18%；②2018年轻度脆弱区域最大，占比31.81%；③2013—2018年生态状况呈现出轻微恶化趋势，轻度、中度、重度、极度脆弱区域都有不同程度的增加；④5年间生态恢复力发生了巨大变化，说明部分地区植被覆盖率骤降严重。由研究区生态脆弱性分级结果（图5-4、表5-6）可知，平潭主岛整体处于微度、轻度脆弱水平，且自西向东呈明显加重趋势，靠近台湾海峡的区域更加脆弱，具有明显的块状区域特征。

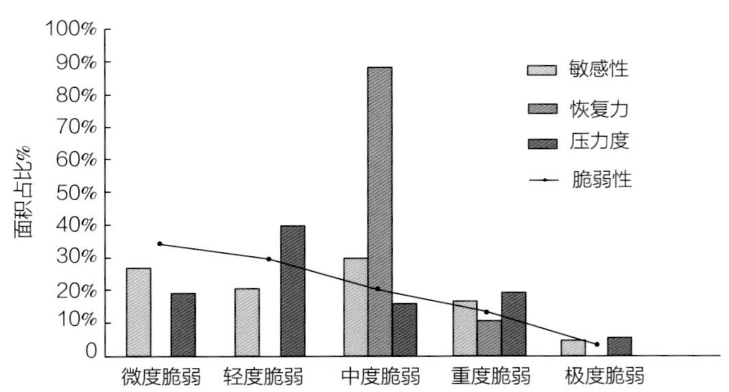

图5-1　2013年平潭主岛生态脆弱性、敏感性、压力度、恢复力面积占比图

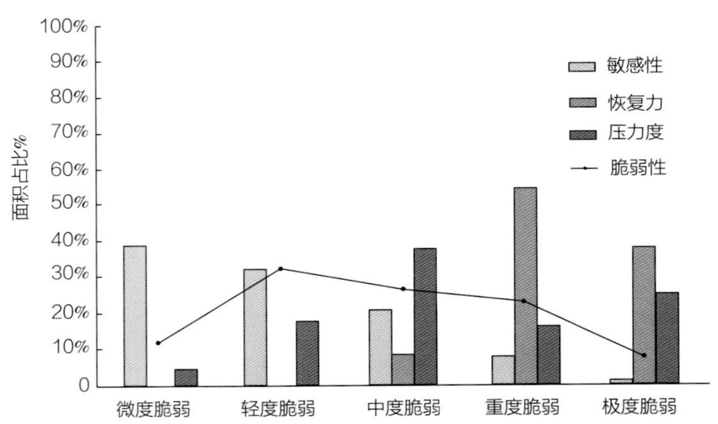

图5-2　2018年平潭主岛生态脆弱性、敏感性、压力度、恢复力面积占比图

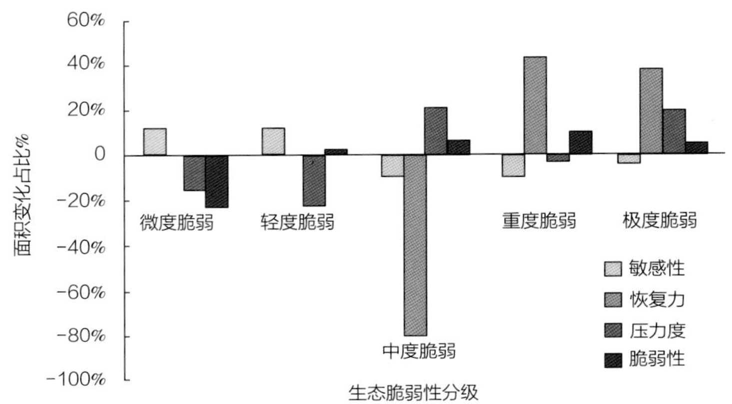

图5-3　2013—2018年平潭主岛生态脆弱性、敏感性、压力度、恢复力面积变化柱状图

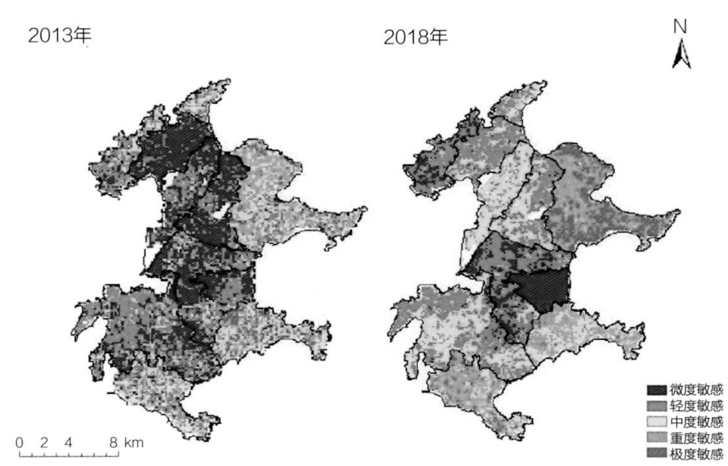

图5-4　2013年、2018年平潭主岛生态脆弱性分级结果图

2013年、2018年平潭主岛脆弱性面积比重表　表5-6

脆弱程度	指标	2013年	2018年
微度脆弱区	面积（km^2）	81.35	27.20
	占比（%）	34.18	11.41
轻度脆弱区	面积（km^2）	69.48	75.82
	占比（%）	29.19	31.81
中度脆弱区	面积（km^2）	48.73	62.81
	占比（%）	20.47	26.35
重度脆弱区	面积（km^2）	30.98	54.23
	占比（%）	13.01	22.75
极度脆弱区	面积（km^2）	7.50	18.28
	占比（%）	3.15	7.67

（2）基于2010年9月公示的《平潭综合实验区总体规划（2010—2030）》、2019年5月公示的《平潭综合实验区总体规划（2018—2035年）环境影响评价》文件，对已实施相关生态措施的规划区域进行现状生态脆弱性评价分析。通过对特定区域进行生态脆弱性评价（表5-7）可知：①位于港口的金井湾组团、吉钓港组团为极度脆弱；②对生态敏感性保护效果显著的四大生态廊道多为不脆弱；③5年内规划区整体生态环境有轻微恶化趋势，但部分已基本实现了生态改善。

2013—2018年平潭主岛规划区生态脆弱性评价 表5-7

脆弱程度	指标	2013年	2018年
微度脆弱区	面积（km^2）	81.35	27.20
	占比（%）	34.18	11.41
轻度脆弱区	面积（km^2）	69.48	75.82
	占比（%）	29.19	31.81
中度脆弱区	面积（km^2）	48.73	62.81
	占比（%）	20.47	26.35
重度脆弱区	面积（km^2）	30.98	54.23
	占比（%）	13.01	22.75
极度脆弱区	面积（km^2）	7.50	18.28
	占比（%）	3.15	7.67

（3）基于不同脆弱性面积占比（表5-8）可知，尼罗河三角洲沿海区域的生态环境整体上呈现微度、轻度脆弱，二者面积占比约为63.37%，且随着生态脆弱性程度的增加，其面积占比不断减小（图5-5）。由图5-6可知，2018年尼罗河流域沿海区域的生态脆弱区主要分布在流域周边植被覆盖较少、地表温度较高、海拔较高的干旱沙漠地区以及北部沿海区域，而流域中部干旱指数小，植被广布，温度较低的地区则有较低的生态脆弱性，该结论与平潭主岛的生态脆弱性评价研究结论类似，表明本研究构建的SRP模型具有较强的适用性。

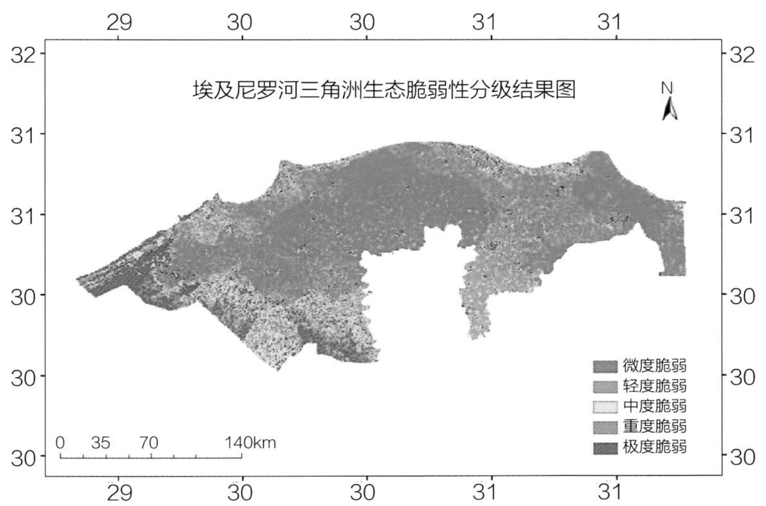

图5-5　2018年埃及尼罗河三角洲沿海区域生态脆弱性分级结果图

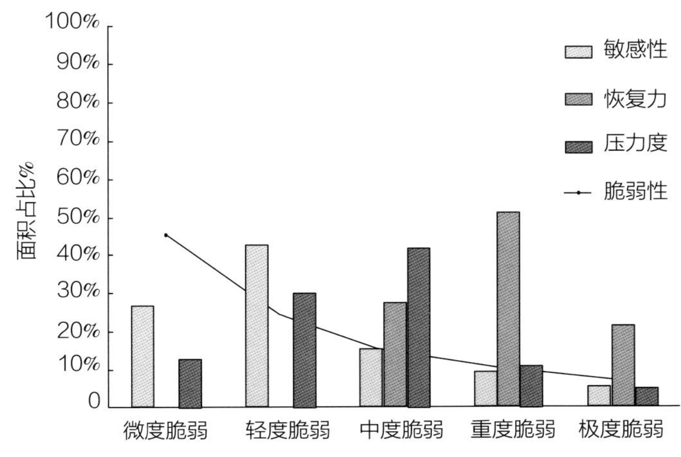

图5-6　2018年尼罗河三角洲沿海区域生态脆弱性、敏感性、压力度、恢复力面积占比图

2018年尼罗河三角洲沿海区域脆弱性面积比重表 表5-8

脆弱程度	微度脆弱		轻度脆弱		中度脆弱		重度脆弱		极度脆弱	
指标	面积（km²）	占比（%）	面积（km²）	占比（%）	面积（km²）	占比（%）	面积（km²）	占比（%）	面积（km²）	占比（%）
2018年	81.35	34.18	69.48	29.19	48.73	20.47	30.98	13.01	7.5	3.15

六、研究总结

1. 模型设计的特点

（1）多源数据运用。本小组根据不同数据进行了多源数据的运用，包括HJ-1B数据指标精准提取水体、MODIS数据进行大气水汽近红外的高精度反演、Sentinel2实现高分类精度监督分类、Landsat8数据进行多波段指标求算（例如植被净初级生产力等）。

（2）SRP模型本地化、指标选取全面。本研究在整体生态指标的基础上，结合研究区自然、社会特质选取，基于其沿海特性选择湖泊水面因子为生态敏感性指标，结合1996—2020年不同地类转移矩阵确定建设用地变化因子为生态压力度指标。

（3）结合研究区相关规划政策、土地分类特性进行分析。基于2019年5月20日公示的《平潭综合实验区总体规划（2018—2035年）环境影响评价》文件提出的重要发展区域、生态关键区域，对其进行针对性生态脆弱性结果分析，有利于实现对研究区的可持续性生态评价。

2. 应用方向或应用前景

（1）本研究构建的SRP模型的应用方向为对沿海生态脆弱性区域进行科学、正确、较全面的生态脆弱性监测。

（2）本研究得到了对沿海生态脆弱区域有普遍适用性的结论：①生态敏感性、压力度是影响两个研究区生态脆弱性的重要评价指标；②气候（主要涉及气温、降水）、土地利用、植被和人类活动是影响平潭主岛、尼罗河三角洲沿海区域生态脆弱性的关键因素，其中植被覆盖度与生态脆弱性呈负相关，干热程度、降雨侵蚀程度和人口、经济即人类干扰程度与生态脆弱性呈正相关；③本研究基于研究区生态环境特征，针对性构建的沿海生态脆弱区域SRP模型评价体系具有较强适用性。基于此，相关部门应重视高人流量地区的人居环境退化现象，在缓解人居环境退化问题的前提下，及时制定措施和调整城市发展。例如，在确保植被覆盖的同时规划当地土地利用，在有效解决生态脆弱性的同时开展旅游和港口活动，制定海岸带综合管理（ICZM）计划，在保护水资源的同时进行填海、城市建设和港口建设等。

综上所述，本研究构建的SRP模型的应用前景为向相关部门、政府提供有效的政策与意见，以降低沿海区域的生态脆弱性，促进其可持续发展。

参考文献

[1] Boughton D A，Smith E R O. Regional vulnerability：A conceptual framework [J]. Ecosystem Health，1999，(5)：312-322.

[2] Adger N，Kelly N. Social vulnerability to climate change and the architecture of entitlements [J]. Mitigation and Adaptation Strategies for Global Change，1999，(4)：253-266.

[3] 蒙吉军，张彦儒，周平. 中国北方农牧交错带生态脆弱性评价——以鄂尔多斯市为例 [J]. 中国沙漠，2010 (4)：850-856.

[4] 徐广才，康慕谊，贺丽娜，等. 生态脆弱性及其研究进展 [J]. 生态学报，2009，29 (9)：2578-2588.

[5] 张慧琳，吴攀升，侯艳军. 五台山地区生态脆弱性评价及其时空变化 [J]. 生态与农村环境学报，2020，36 (8)：1026-1035.

[6] BROOKS N，ADGER W N，KELLY P M. The determinants of vulnerability and adaptive capacity at the national level and the implications for adaptation [J]. Global Environmental Change，2005，15 (2)：151-163.

[7] 张行，陈海，史琴琴，等. 陕西省景观生态脆弱性时空演变及其影响因素 [J]. 干旱区研究，2020，37 (2)：225-234.

[8] 范语馨，史志华．基于模糊层次分析法的生态环境脆弱性评价——以三峡水库生态屏障区湖北段为例［J］．水土保持学报，2018，32（1）：91-96.

[9] 乌宁巴特，刘新平，马相平．叶尔羌河流域土地生态脆弱性差异评价［J］．干旱区地理，2020，191（3）：296-305.

[10] 钟晓娟，孙保平，赵岩，等．基于主成分分析的云南省生态脆弱性评价［J］．生态环境学报，2011，20（1）：109—113.

[11] 周嘉慧，黄晓霞．生态脆弱性评价方法评述［J］．云南地理环境研究，2008，20（1）：55—59，71.

[12] 李永化，范强，王雪，等．基于SRP模型的自然灾害多发区生态脆弱性时空分异研究——以辽宁省朝阳县为例［J］．地理科学，2015，35（11）：1452-1459.

[13] Negm A M，Saavedra O，El-Adawy A. Nile Delta Biography：Challenges and Opportunities［C］．Negm A.（eds）The Nile Delta，2016，55.

[14] Hereher ME. Mapping coastal erosion at the Nile Delta western promontory using Landsat imagery［J］．Environ Earth Sci，2011，64（4）：1117－1125.

[15] Mabrouk B，Farhat Abd-Elhamid H，Badr M，el ta Adaptation to the impact of sea level rise in the Northeastern Nile Delta，Egypt［J］．EGU General Assembly Conference Abstracts，2013，15：4042.

[16] Nofal ER，Amerb MA，El-Didyb SM，el ta. Delineation and modeling of seawater intrusion into the Nile Delta Aquifer：a new perspective［J］．Water Sci，2015，29：156－166.

[17] El-Adawy A，Negm AM，Elzeir MA，el ta. Modeling the hydrodynamics and salinity of El-Burullus Lake（Nile Delta Northern Egypt）［J］．J Clean Energy Technol，2013，1（2）：157－163.

[18] 郭佳蕾，黄义雄．基于AHP和模糊综合评判法的平潭县生态系统脆弱性评价［J］．防护林科技，2016（9）：18-21.

[19] 李洋．基于多要素的海岛型城市生态状况评价——以平潭综合实验区为例［D］．福州：福州大学，2017.

[20] 孟晋晋，刘花台．基于主成分—聚类分析模型的生态环境脆弱性分析：以平潭综合实验区为例［J］．环境科学与技术，2014. 37（1）：179-182.

[21] 郭佳蕾．平潭岛社会——生态系统脆弱性评价［D］．福州：福建师范大学，2017.

[22] 姚昆，余琳，刘光辉，等．基于SRP模型的四川省生态环境脆弱性评价［J］．物探化探计算技术，2017，39（2）：291-295.

[23] 张晓光．朝阳县单家店小流域生态敏感性评价［J］．水土保持应用技术，2020（5）：18-20.

[24] 刘正佳，于兴修，李蕾，等．基于SRP概念模型的沂蒙山区生态环境脆弱性评价［J］．应用生态学报，2011，22（8）：2084-2090.

[25] 车良革．广西北部湾经济区生态环境脆弱性评价［D］．桂林：广西师范学院，2013.

[26] 赵林洪．基于GIS和RS的海岛型城市生态脆弱性评价——以平潭岛为例［D］．福州：福州大学，2018.

[27] 江源通，田野，郑拴宁．海岛型城市生态安全格局研究——以平潭岛为例［J］．生态学报，2018，38（3）：769-777.

基于百度地图API数据的西安市文化旅游个性化动态路径决策模型研究

工 作 单 位：西北农林科技大学

报 名 主 题：面向高质量发展的城市综合治理

研 究 议 题：数字化城市设计、城市更新与场所营造

技术关键词：TSP、蚁群算法、java

参　赛　人：张双羽、赵倩怡、卓越、任彦申、刘珅、杨欣娟、孟佳欣、王玉、林珈亦、张双喆

参赛人简介：团队成员来自西北农林科技大学、风景园林艺术学院、风景园林专业和天津大学软件工程专业，指导老师为西北农林科技大学风景园林艺术学院博士生导师李厚华、城乡规划硕士研究生导师付鑫老师。团队研究方向主要为城市景观规划与设计、城市植物规划设计，研究兴趣包括园林环境规划、交通路径规划、空间分析与数据可视化等。

一、研究问题

1. 研究背景及目的意义

（1）研究问题

西安作为国际著名旅游目的地城市，是世界历史名城之一，具有许多历史文化景区和景点，文化资源丰富，但是目前尚无清晰的旅游规划路线，文化旅游体验有待增强。因此，本研究基于游人的视角，在中微尺度下，利用大数据对西安市进行城市历史文化景区的定量评价与最优旅游路线选择分析。

当前社会的快速发展，也使得人们节奏加快，休闲时间紧缺。而西安各景区之间串联混乱，造成游客在道路交通上浪费了大量时间，所以这种交通时间的冗长与休闲时间短缺之间的矛盾尤为突出。

新数据环境的出现则为解决游客在道路上浪费过多时间这一问题提供了契机。大数据相比传统数据，可以通过线上调查的方式得到较大规模的反馈，也可以通过调查过往游客对旅行满意度和景点评价发现问题，还可以通过模型系统预估游客旅行路径。基于大数据的历史文化景区分布及功能评价能够提高空间识别的精细化程度，从而针对各问题提出切实、合理的优化对策。

（2）研究现状

旅游路径选择是一个从起点出发，游览多个景点的多段路径选择过程，需要从整体进行考虑，在某种程度上与旅行商问题比较类似。

传统的一些非启发式方法，从计算复杂度理论的角度考虑，其不足显而易见，因而一种称为启发式的算法应运而生，其基本思想简而言之即：在可以接受的时间和空间复杂度的限制下去寻求最优的解。从实际效果来看，以禁忌算法、模拟退火算法、遗传算法、人工神经网络算法为代表的现代智能优化算法发展至今，成果斐然。目前世界上研究TSP遇到的瓶颈是如何避免陷入局部最优以及计算效率的问题。为了解决这些难题，20世纪90年代起，一些更新的思想和算法逐渐形成。由群居性昆虫行为特性获得灵感的蚂蚁算法（又称蚁群算法）是目前研究的热点；又如受混沌现象启发的一系列新尝试，将混沌机制和启发式搜索方法、人工神经网络、模拟退火等相交叉结合，建立更多优质高效

的算法，来提高算法的计算效率和对全局最优点的获取能力。

除出行距离的因素以外，游客在选择旅游出行路径时往往还需要考虑游客个人需求、旅游出行时间和其他旅游出行相关的因素，这就涉及旅行出行目的地和路径选择的问题。

游客在进行目的地的选择时，会受到其他旅游目的地选择、居民的工作、生活方式和出行偏好等因素的影响，因此许多研究者根据不同的影响因素设计出不同的最佳旅游路线。如利用景点附近的网络设施进行定位，参照当前景点的旅游信息和评级产生景观最佳游览路线；通过在距离优化的基础上进行时间优化，寻找出一条出行时间最短路径，减少游客的旅行时间，产生一条节约时间的最佳游览路线；通过构建城市旅游规划行程链模型，考虑节点综合价值和节点空间距离等影响因素，对旅游节点进行筛选；利用遗传算法对筛选出旅游节点的游览顺序进行优化组合，生成满足游客需求的综合最佳旅游路径。

（3）研究意义

对旅游动态路径选择的研究意义主要有以下三点：

为游客选择旅游路径提供决策支持。旅游动态路径选择方法可以在游客根据自身个性需求自主选择旅游目的地后，制订出游览所有计划景点的旅游路线，并根据实际情况作出满足游客需求的路径选择决策。

减少游客在旅游出行过程中的出行延误。旅游动态路径选择方法是在考虑旅游景点的分布、路段连接关系、道路交通状态和景点客流因素后选择出的旅游路径，可以尽量避免交通拥堵以及景区拥挤的情况，为游客节省道路上的行程时间和景点游览时间。

提升游客的旅游舒适度。旅游动态路径选择方法可以尽量避免在景点过于拥挤的时段进行游览，使得游客不会处在视线被遮挡以及噪声过大的环境当中，可以在游览的过程中保持愉悦的心情，从而提高游客的旅游舒适度。

2. 研究目标及拟解决的问题

西安城区有历史的厚重感，而现代化发展的需求与文化景点的冲突与矛盾日益突出，我们研究将历史古迹、文化遗存清晰梳理出来，对其分布、功能等分析评价，作为城市重要节点解构，并根据大数据确定最佳联通路线，进行城市重要节点重构，对特色节点突出文化场所营造。通过旅游动态路径的研究，最终根据旅客的需求，形成一条最佳路线，在节约游客出行时间的同时，促进西安市旅游的发展和文化的传播。

由路线划分出相应的空间，以文化空间的营造及场所的更新为重点，体现出对城市发展的对应与贡献。城市“空间生产”理论应用于城市的文化领域，形成了“文化空间”理论。所谓“城市文化空间”，是指基于城市记忆之上由民族历史文化遗产和现代生活场景组成的物理空间及其象征符号系统集合而成的特定文化场域。特色文化空间一方面是由旅游路径划分出来，另一方面特色文化空间又是旅游路径线路上的重要节点，关注特色文化空间的营造可以提高线路的可行性和优越性。

二、研究方法

1. 研究方法及理论依据

对于旅游文化城市的发展，旅行线路的规划显得尤为重要，传统方法多将其转换为基于时间或路程的旅行商问题（TSP）进行求解，得到一条不间断的“路线环”。旅游出行路径是旅游者从起始位置出发经过途中一系列计划游览景点后到达最终目的地的旅游出行过程，它受到旅游景点、交通条件、旅游时间等因素的制约，能够反映游客在某次近郊旅游出行过程中的空间位置变化关系。

在城市近郊旅游出行过程中，将旅游者的计划游览景点和其他与旅游活动相关的地点，定义为游客在旅游过程中的必经节点，又称为旅游节点；而将游客计划途经的各旅游节点通过道路交通网络连接起来形成的完整链式结构定义为旅游出行路径。出行路径在形式上是由旅游节点和交通道路组成，并且能够表达游客出行过程的线性排列。

解决旅行商问题，经典的算法包括由荷兰算法学家Edgar Wybe Dijkstra在1959年首次提出的Dijkstra算法，由Hallow.J等提出的遗传算法（Genetic Algorithm），以及蚁群算法、神经网络算法等。本研究采用蚁群算法，蚁群算法是从蚂蚁寻找最优路径的自然现象抽象出来的智能种群算法，该算法以蚂蚁的信息素交流为基础，模拟现实蚂蚁的信息素挥发机制和状态转移策略，形成总体上的信息素正反馈机制，使得算法能够快速地进行全局搜索。相对于其他算法，蚁群算法模拟了自然界蚂蚁路径寻优的过程，具有天然的动态路径寻优的优势，而且蚁群算法具有较强的并行特性，算法的运算时间可以进一步缩短，所以更加适合此次对于最佳旅游路线的研究。

文化空间是指利用独特创意和商业模式，将都市闲置的工业遗址等高敞物理空间打造成可集中展示城市不同历史文化内容和文化商业业态的大型室内文化旅游产品。文化空间呈稳定、有序、饱满的动态平衡状态，它展现了基于科学性、有机性层面的价值追求和理想表达；而活力则蕴含着城市空间的文化生命力，社会生活的丰富多样性及人类文明的可持续性。当代城市文化空间建构面临全球化、现代性及信息化的挑战，只有弥补城市发展缺失的人本主义精神，在人与城市空间互动的深层次的文化实践中才能真正创造稳定有序，鲜明活力的城市文化空间。

2. 技术路线及关键技术

本研究的技术路线和关键技术主要包括两个部分：

（1）文化选点及路径规划

文化选点方面，以西安市具有秦文化、汉文化、唐文化的人文景点为标准，选择了17个景点为研究对象，包括木塔寺生态遗址公园、汉长安城未央宫遗址、太液池、汉城湖、文景公园、昆明湖、大小雁塔、华清池、兵马俑、秦二世遗址公园、青龙寺、大唐芙蓉园、曲江池、兴庆宫、城墙、大明宫国家遗址公园、先祖部落（图2-1）。

研究将17个景点集中抽象为17个旅游节点，采取调查问卷的方法，根据游客不同的出行安排，分别计算从起点出发回到起点、临时取消景点、临时增加景点三种情况下的出行距离最短路径和出行时间最短路径。根据路径选择结果给出相应的旅游安排，并对不同路径选择方法在游客不同出行需求下的路径选择结果的出行距离和出行时间进行对比分析，同时增加文化的加权，让游客依据自己的喜好选择自己的目标路径（图2-2）。

（2）场所更新与空间营造

由路线划分出相应的空间，其中以蕴含丰富文化资源的文化空间作为营造及场所更新的重点，体现出对城市发展的对应与贡献。以文化交通型、交通空间型、文化空间型为三个场所类型，研究大数据背景下城市场所的更新与活化。

模型的构建首先是根据秦文化、汉文化、唐文化等要素进行文化旅游节点的选择，然后通过大数据对旅游节点中距离的远近、时间的长短、人流量的大小等方面设计旅游道路选线，最后对旅游路线上的文化空间进行营造。其中，空间场所根据文化资源突出、道路选线优异、文化空间营造较强三个方面中，任意选取两个突出因素相互结合生成文化交通型、交通空间型、文化空间型三个类型（图2-3）。

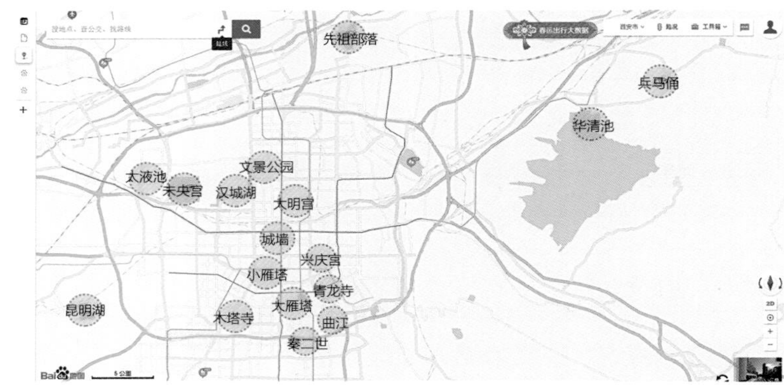

图2-1 17个景点位置图

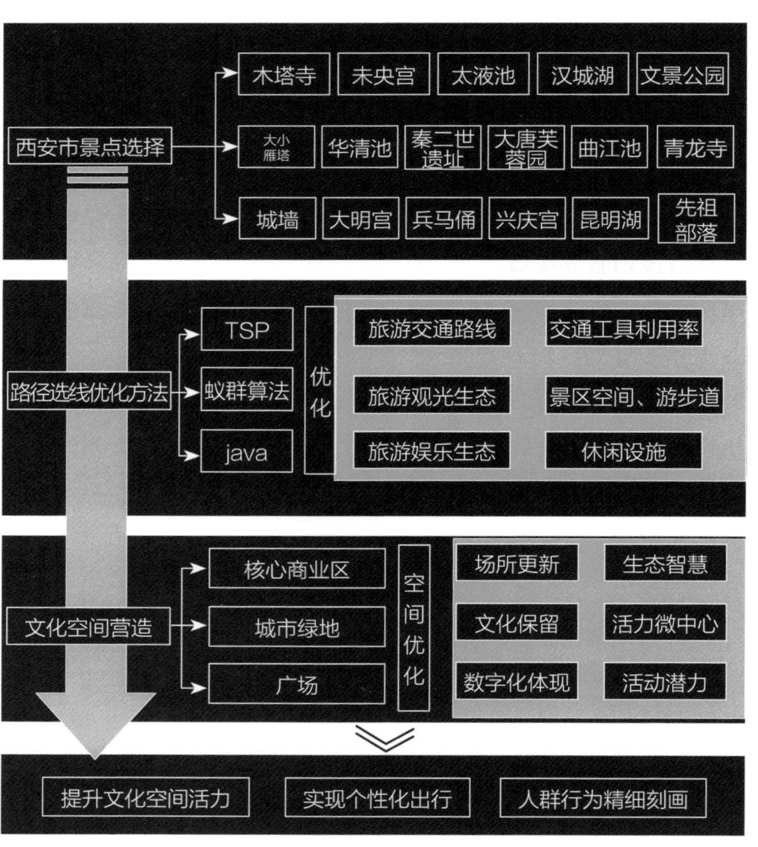

图2-2 技术路线图

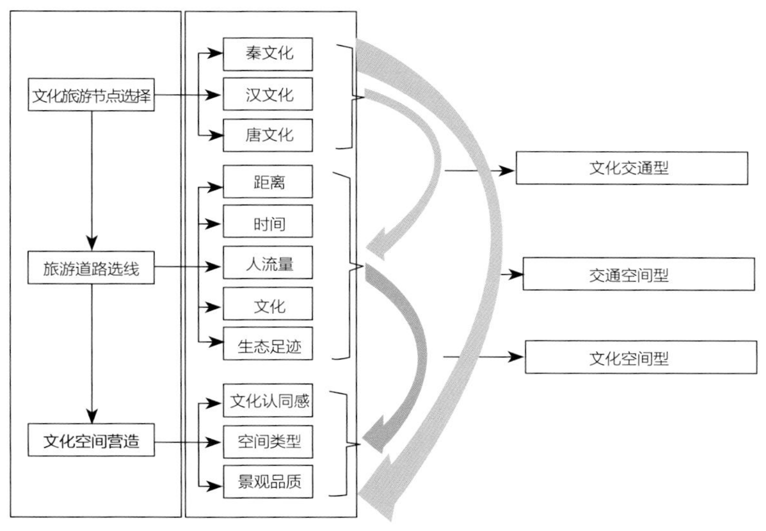

图2-3 设计结构图

三、数据说明

1. 数据内容及类型

本研究所使用的数据内容以17个文化地点的基本信息、路径信息和蚁群算法的数据调参为主。数据来源主要为百度地图API，通过调用百度地图Web服务api相关接口获得数据。具体接口分别是：①地理编码服务接口：提供将结构化地址数据（如北京市海淀区上地十街十号）转换为对应坐标点（经纬度）的功能；②路线规划服务接口：提供驾车、骑行、步行、公交根据起终点坐标规划出行路线距离和耗时。数据类型为表格数据，由程序控制存储到MySQL数据库中，通过后端接口调用返回json格式到前端进行数据展示。

数据选择及其作用：①17个文化地点的经纬度信息，用于展示和标识各个地点在地图上的信息。②17个文化地点之间的通勤时间和距离，用于蚁群算法的路径规划使用。③关于蚁群算法的数据调参，例如迭代次数、数据公式的参数、最大路径/最长时间等，用于精确最终路径信息结果和方便进行数据处理。

2. 数据预处理技术与成果

阐明相关数据的预处理流程、关键技术以及预处理成果数据的结构等。

（1）预处理流程：①规划页面数据使用格式，主要是规划展示内容上需要哪些格式数据。②使用MySQL数据库建立相关表，分别是region表和regionTable表，region表用于所有选址的经纬度信息和每个地区的起始和结束要求等；regionTable表用于各个地址之间的距离和时间的存储。

（2）关键技术：百度地图JavaScript API GL v1.0是一套由JavaScript语言编写的应用程序接口，可帮助用户在网站中构建功能丰富、交互性强的地图应用，支持PC端和移动端基于浏览器的地图应用开发，且支持HTML5特性的地图开发。

数据库MySQL，存储百度地图api接口的数据，通过java后端程序开发调用展示。

（3）预处理成果数据的结构：展示使用百度地图Vue，通过获取的选址的经纬度将地区展示到地图上，并通过算法算出的行走路线，路线标注到地图上。

四、模型算法

1. 模型算法流程及相关数学公式

本研究主要采用蚁群算法。蚁群系统（Ant System或Ant Colony System）一种群体仿生类算法，灵感来源于蚂蚁觅食的过程。学者们发现，单个蚂蚁的行为比较简单，但是蚁群整体却可以体现一些智能的行为，例如可以在不同的环境下找到到达食物源的最短路径。

用蚁群算法解决VRPTW的过程主要分为以下几步：

①初始化蚂蚁信息（以下用agents表示）；

②为每位agents构造完整路径；

③更新信息素；

④迭代，保存最优解。

算法的关键在第二步：构造解时该如何查找下一个服务的客户。

我们用以下公式计算客户j被服务的概率：

$$P_{ij}^{k}=\begin{cases}\dfrac{\tau_{ij}^{\beta}\times\eta_{ij}^{\theta}}{\sum_{z\in J_k(i)}\tau_{iz}^{\beta}\times\eta_{iz}^{\theta}}\times w_1+\dfrac{\dfrac{1}{|t_i-a_j|}+\dfrac{1}{|t_i-b_j|}}{\sum_{z\in Jk(i)}\dfrac{1}{|t_i-a_z|}+\dfrac{1}{|t_i-b_z|}}\times w_2 & if\ j\in J_k(i)\\ 0 & otherwise\end{cases}\tag{4-1}$$

构造启发值由路径长度决定的固定值，由以下公式确定：

$$\eta_{ij}=\frac{1}{c_{ij}} \tag{4-2}$$

其中，c_{ij}表示距离。

信息素的初值也由距离决定：

$$\tau_0=\frac{1}{\bar{c}_{ij}} \tag{4-3}$$

其中，$\bar{c}_{ij}$表示图中所有边距离的平均值。

每次迭代中，信息素将会挥发和增加。

挥发公式由固定参数α决定：

$$\tau_{ij}=\tau_{ij}\times(1-\alpha)$$

$$\tau_{ij}=\tau_{ij}+\frac{1}{now\_best\_cost}\times(1+\text{delta}) \tag{4-4}$$

信息素增加的公式由每次派出的最强蚂蚁的总路程决定，即当前最优解：

在计算公式中加入惩罚值delta，目的是为了奖励超过全局最优解的超级精英蚂蚁：

$$delta=\frac{best\_cost-now\_best\_cost}{now\_best\_cost}\ if best\_cost>now\_best\_cost \tag{4-5}$$

θ，β参数用于平衡启发值和信息素，数值越大占比越大。

明白了启发值和信息素的计算公式，就能明白概率P大概是如何计算的；启发值和信息素组成的部分指向路径较短的边；时间窗和总时间的部分指向符合时间约束的边，再w_1，w_2两个参数综合考虑两个目标，其中$w_1+w_2=1$。所以，如果设置$w_2=0$，算法就可以用于解决问题。

2. 模型算法相关支撑技术

主要利用百度地图Web接口获取所需数据。开发方式前后端分离。前端框架使用Vue脚手架，后端使用SpringBoot开发。前后端开发通过Gradle进行框架的搭建和控制。前端的组件主要使用iview组件进行布局，以及使用Vue百度地图进行地图展示。后端分两部分，一部分是通过开发定时任务去完成百度地图api的调用，对从百度地图获取的数据进行存储，将数据存入MySQL数据库中；另一部分是通过开发后端接口让前端调用，处理数据，进行算法计算，方便最后页面展示。

五、实践案例

1. 模型应用实证及结果解读

西安市文化历史底蕴浓厚，人文景点丰富，因此选取西安市的17个有代表性的景点，利用人群偏好以及蚁群算法的特点梳理当地文化主线，串联文化故事，制定合理科学的旅游路线。在路线生成的同时，发现区位重要却在文化营造方面有欠缺的空间，对其加以改造和提升。

（1）西安市主城区主要节点的选择

深入了解西安市文化构成，主要具备和吸引游客兴趣的是秦、汉、唐三个朝代的文化，将17个主要文化节点分为三条线，分别是秦文化线、汉文化线和唐文化线。

获取17个文化地点的经纬度信息，用于展示和标识各个地点在地图上的位置。

获取17个文化地点之间的通勤时间和距离，用于蚁群算法的路径规划使用。

（2）参数调整

关于蚁群算法的数据调参，主要调整以下参数：迭代次数、数据公式的参数、最大路径/最长时间等，用于精确最终路径信息结果和方便进行数据处理。

（3）结果与实际的验证

根据调查问卷所得到的不同类型游人的偏好及选择（图5-1），作为耦合结果的依据，来验证算法路线的合理性。

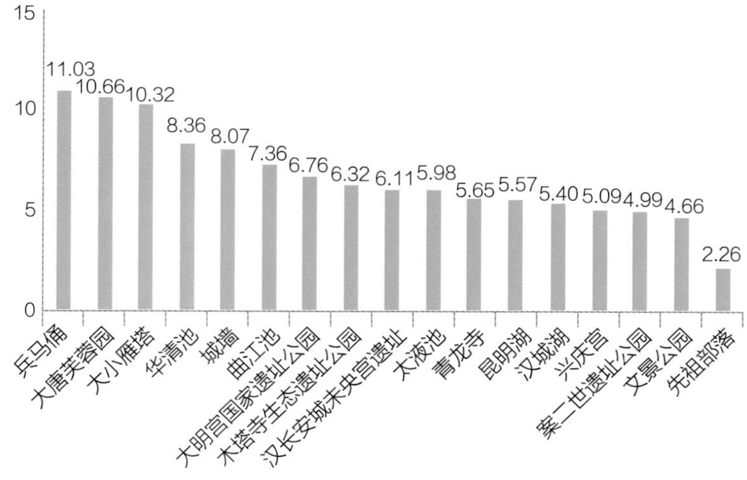

图5-1　游客对17个景点的排序分数情况

2. 模型应用案例可视化表达

（1）可视化的系统界面

构建前端网页界面，在左侧设计简捷的菜单栏，包括数据统计和路线规划两部分，用户可以随时查看关于景区的信息，并且通过设置景点距离、旅行时间等来生成自己想要的最佳旅行路线。更改迭代参数，时间、距离会生成不同的结果，同时也可根据文化偏好选择出不同路线，如图5-2所示。

（2）以17个景点为例

以距离选项调参的结果：只想游览主城区景点，以最短距离为优先，迭代数设置为20，如图5-3所示。

以时间选项调参的结果：假设游客想要花4天时间游玩西安，迭代参数设置为1 000，如图5-4所示。

（3）以汉唐文化节点为例

以距离选项优先调参的结果如图5-5所示：

以时间选项优先调参的结果如图5-6所示：

（4）以秦汉文化景点为例

以距离选项优先调参的结果如图5-7所示：

以时间选项优先调参的结果如图5-8所示：

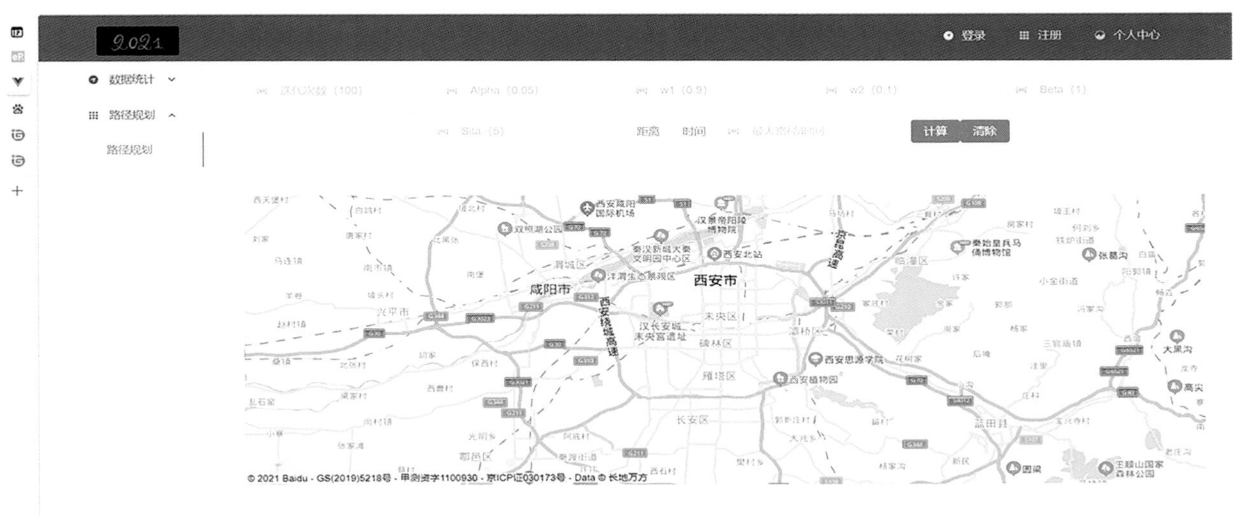

图5-2　系统可视化界面

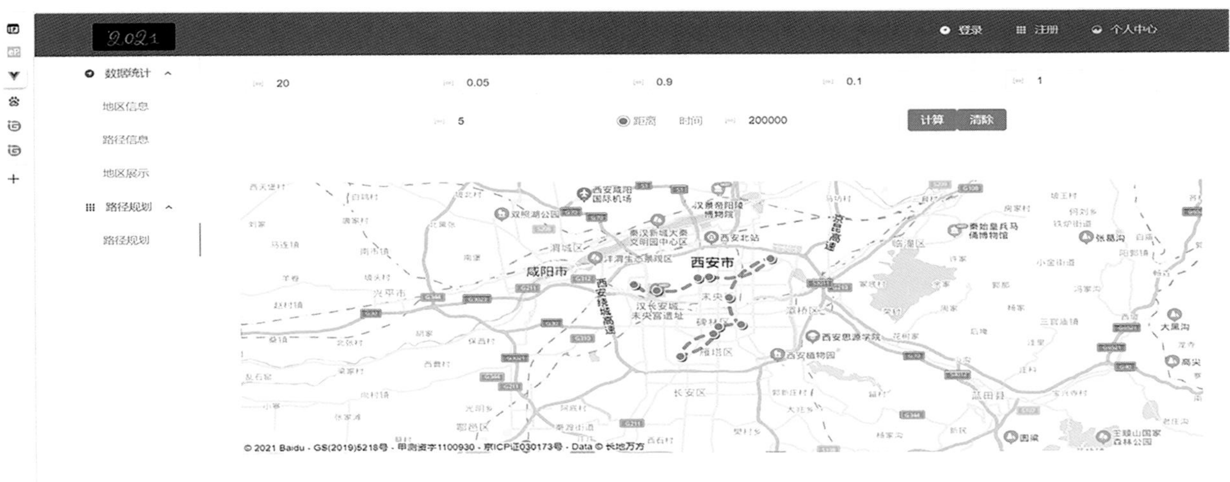

图5-3　路线图1

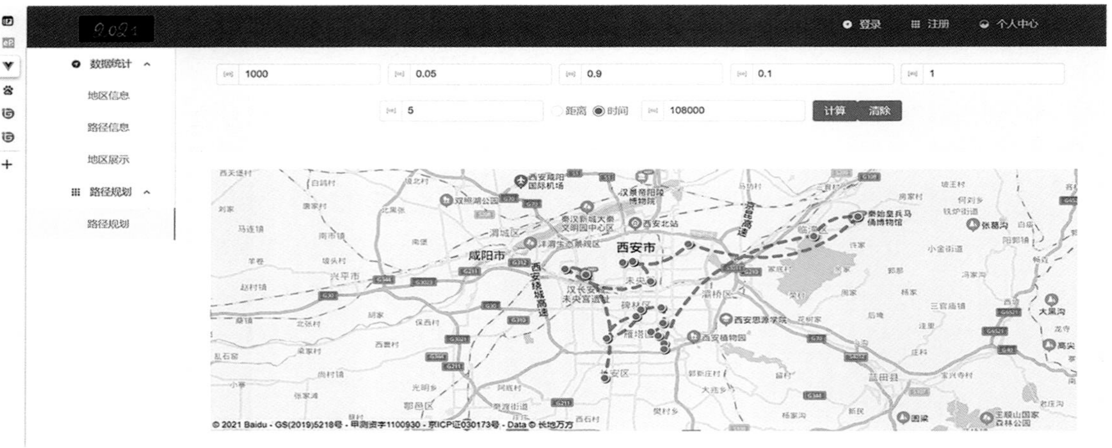

图5-4　路线图2

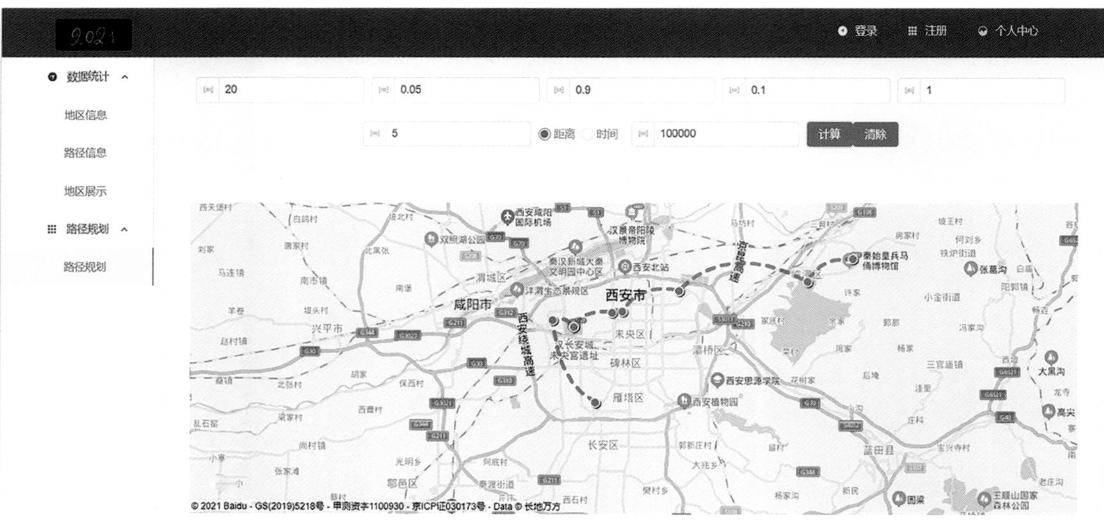

图5-5　路线图3

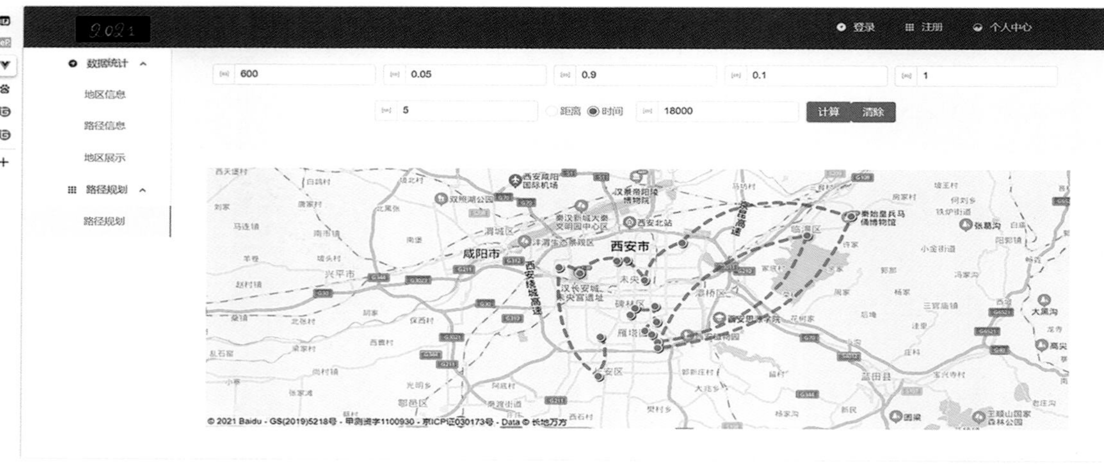

图5-6　路线图4

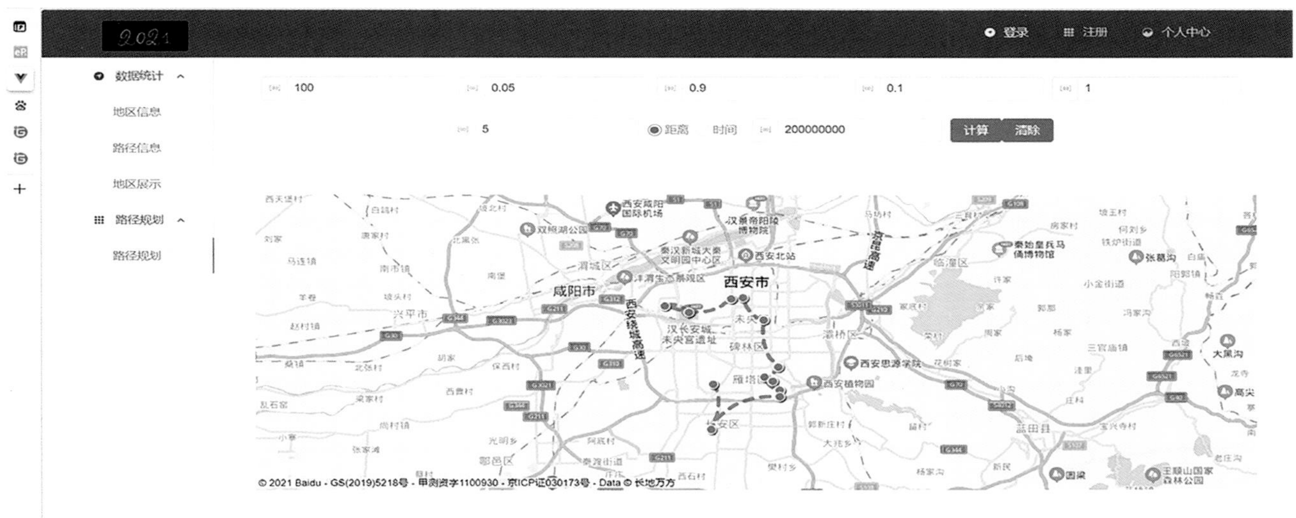

图5-7　路线图5

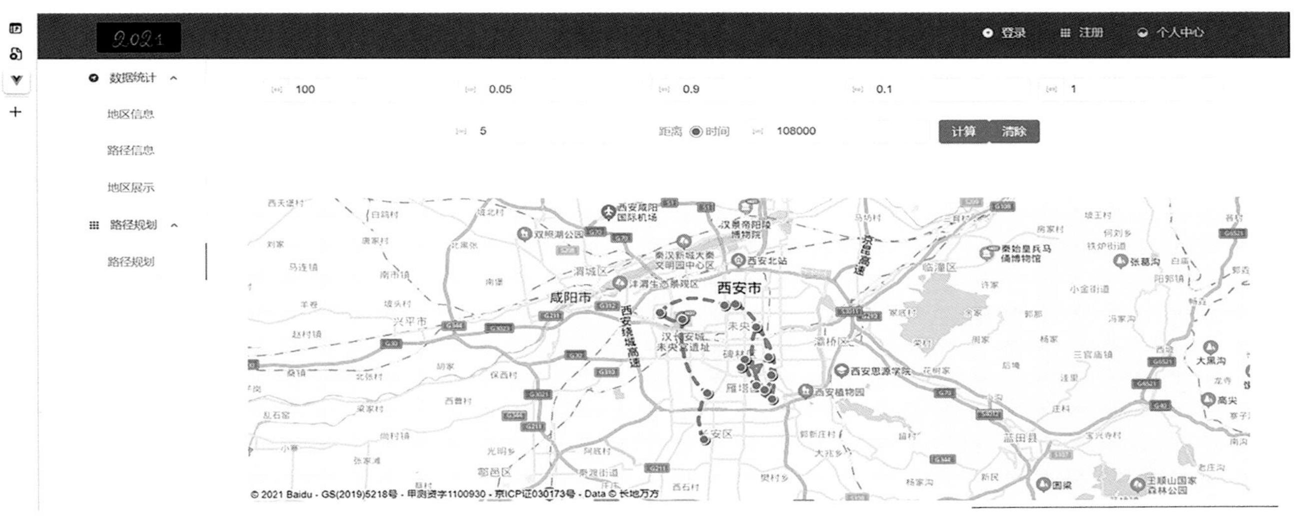

图5-8　路线图6

使用评价：邀请10位用户进行体验，大多数反馈该模型操作简单，设计人性化，界面一目了然，可调整的参数——距离和时间，也是出行旅游时考虑最多的问题；文化元素在整个设计中属于创新点，很好地把握了西安市特点，较为符合用户的需求，后期可以增加更多可以调整的参数，使得生成的旅游路线更加个性化。

3. 文化空间的场所营造

城市道路很大程度上决定了城市空间的划分和布局，根据模型生成的旅游路线，分割出了一些距离文化景点较近的城市空间，通过道路选线结果，发现部分区位重要但是文化营造欠缺的空间，严重影响到文化景区辐射范围内的文化氛围营建，因此选取北院门和秦唐大道两个适宜改造提升的区域进行再设计。

（1）北院门

通过分析路径选线的结果，我们发现在城墙内有曾是唐皇城一部分的北院门回坊文化风情街（图5-9），其15分钟生活圈内包括莲湖公园、唐元宫、安定园等唐文华气息浓郁的区域；5分钟生活圈内南有鼓楼、西有“榜眼古民居”、北有古石牌坊，历史文化气息浓厚。

图5-9　北院门回坊风情街效果图

现状：场地虽然区位优越，但是街区文化空间体验较差，景观设施落后，唐文化符号缺失，景观品质有待加强。

整体特征：历史与现代的交融。

场地设置：街道、文化要素、历史建筑。

场地特色：体现历史文脉，居民生活便捷，吸引游客。

景观空间优化策略：①空间优化。合理控制街道空间尺度，调整街道内部空间布局，改善零散、混乱的商业布局模式。②界面优化。应用文化符号改善界面形象，控制界面风貌以营造文化氛围。③景观节点优化。依据居民日常生活需要创建景观节点，创造具有文化特色的景观设施，整理街道环境，增加交汇空间的吸引力。

（2）秦唐大道

通过对路径选线的结果分析，我们注意到秦始皇兵马俑和华清宫之间的秦唐大道区位良好，市规划院也拟依照周边用地和使用人群的不同，将场地分为商业段、公园段和商业行政段三段，各段在其空间和地形的营造上各具特色，但目前还未完成整体规划。

秦唐大道与兵马俑、秦始皇陵、华清宫等历史文化景区联系紧密，周围坐落标逢社区、杨家村等居民区，在秦唐大道设计秦文化主题公园，有利于提升居民生活品质，在游园的过程中充分体验秦文化，促进文化与城市空间相融合（图5-10）。

整体特征：自然、历史的景观。

场地设置：历史游园、唐汉历史展示。

场地特色：体现小游园环境向公路的延伸；在公园出入口处设置快速通行通道、指示系统及景观节点；设置文化景观要素，景观微地形处理；铺装及景观构筑以木质材料为主。

景观空间优化策略：①空间优化。合理控制秦文化主题公园的布局，调整公园与周边空间联系的紧密性，改善华清宫、秦始

图5-10　秦文化主题公园效果图

皇陵、秦始皇兵马俑等景点连接道路的观赏性。②界面优化。应用文化符号改善界面形象、控制界面风貌以营造文化氛围。③景观节点优化。依据周边居民日常生活需要创建景观节点，创造具有文化特色的景观设施。

六、研究总结

1. 模型设计的特点

本项目深入分析西安市具有代表性的17个文化古迹景点，在评价景点基础条件以及景观、文化品质的基础上，对城市文化旅游路径的选择进行研究。通过动态信息处理、蚁群算法、TSP问题求解等方法，建立了基于不同交通与旅游相关因素（时间、距离、人流量、文化影响力等）影响下的最短旅游路径选择模型和基于用户需求的个性化旅游路径选择模型，实现了不同情景下游览多个景点的最短出行路径动态选择方案。旅游动态路径选择方法可以在游客根据自身个性需求自主选择旅游目的地后，制订出游览计划以及旅游路线，并根据实际情况做出满足游客需求的路径选择决策，提升旅游出行效率。

（1）实践技术方面：基于蚂蚁在觅食的时候不会无限循环的自然现象，利用蚁群算法正反反馈可以保证有效的信息保留下来，也促使了数据的多样性以及多种数据的利用，体现数据的权威性。不同的特性展现出数据的智能行为，促进了整个机制的运行；数据库的使用确保了整个数据的高维度。在计算测量中，可以有效地解决数据多维度的问题。蚁群算法虽然是常规的算法，但是其特点非常适用于城市旅游路径规划，用蚂蚁模拟游客的轨迹，结合游客的偏好与特点，生成合理又个性化的旅游线路。

面对数据误差，蚁群算法的高维度也保证了空间的有效性，对整个对象而言，数据的分布有所依存，高度的偏斜可以保证数据的算法是极具挑战性的。考虑到数据的不同维度问题，需要减少各方面的要求，也提高整个高度的测量。

（2）数据收集及分析方面：通过调查问卷采集用户对景区基础设施、景观品质、文化氛围、交通便利性、交通可达性、景区偏好等方面的信息，充分了解用户的需求，并通过百度地图获得景区之间距离、点客流分布情况和实时道路交通状态等数据，运用分析方法处理动态信息，获得不同偏好用户对旅游景点的动态路径。将获得的数据整合在数据库中，与前端配合丰富整体模型内容。

（3）研究视角方面：旅游业的蓬勃发展与道路资源的慢增加和景点的承载量之间的矛盾日益严峻，本项目将舒适的旅游交通体验与充分体验旅游地文化结合起来，探究如何动态选取最优旅游路径以充分体验历史文化古迹魅力，避免出行拥堵和景点排队成为提高旅行舒适度和减少出行延误的首要问题。由于目前对该问题的研究较少，因此，本项目创新性地综合考虑旅游者的个性化需求，梳理西安市文化结构，设计三条文化线，根据旅游的起始出行位置以及景区之间距离、点客流分布情况和实时道路交通状态等，提前制订出行距离最短、人流量较少、文化体验充分且符合旅行者偏好的最优路径。本项目在制订个性化旅游路线的基础上根据道路分割出文化空间，关注城市文化空间的营造，并且筛选出文化建设缺失的空间，加以提升改造，提高人文景点片区的整体文化氛围。

2. 应用方向或应用前景

随着国民经济水平的逐渐提高，人们对精神世界的追求也在逐渐增高，旅游业迎来巨大机遇，发展前景广阔。旅游路线的选择和规划作为旅游者旅行前的重要准备工作，传统的旅游路线规划费时费力，用户体验感较差，急需改进。依托大数据的智慧旅游路线应用模型，能够结合用户的个性化需求，制订动态规划方案。有助于提升城市旅游服务的水平，更好地推进旅游经济稳步发展，为游客提供便捷、多元的旅行道路选择，满足不同人群的文化消费需要。在助力城市经济建设的同时，满足社会上人们日益增长的精神文化需求。西安作为古代文化与现代发展交汇地的典范，文化底蕴深厚，通过个性化动态旅游路径选择模型优化城市历史文化公共空间，更新城市重要文化节点，丰富城市特色文化节点，提高城市文化活力，唤起居民的城市记忆。

中国具有五千年的深远历史，具有浓郁人文气息的城市数量很多，近代以来，全国各地战火纷飞，英雄频出，许多城市留下了珍贵的红色文化。本项目立足于文化传承与体验，可以推广至全国各城市，串联与梳理传统文化以及红色文化，促使游客在游览胜地时，在旅游道路和顺序的选择过程中体验更强的文化代入感，助力中国源远流长、博大精深的优秀文化深入人心。

参考文献

[1] LIU Xingjian，SONG Yan，WU Kang，et al. Understanding Urban China with Open Data［J］. Cities，2015（47）：53-61.

[2] 龙瀛，沈尧. 数据增强设计——新数据环境下的规划设计回应与改变［J］. 上海城市规划，2015（2）：81-87.

[3] 刘伦，龙瀛，巴蒂·麦克. 城市模型的回顾与展望——访谈麦克·巴蒂之后的新思考［J］. 城市规划，2014（8）：63-70.

[4] 龙瀛，高炳绪. "互联网+"时代城市街道空间面临的挑战与研究机遇［J］. 规划师，2016（2）：23-30.

[5] 龙瀛. 街道城市主义——新数据环境下城市研究与规划设计的新思路［J］. 时代建筑，2016（4）：128-132.

[6] 王建国，阳建强，杨俊宴. 总体城市设计的途径与方法——无锡案例的探索［J］. 城市规划，2011（5）：88-95.

[7] 龙瀛，吴康，王江浩，等. 大模型：城市和区域研究的新范式［J］. 城市规划学刊，2014（6）：55-63.

[8] Abdoun O，Abouchabaka J.A comparative study of adaptive crossover operators for genetic algorithms to resolve the traveling salesman problem［J］. Xiv preprint Xiv：1203.3097, 2012.

[9] Jati G K. Evolutionary discrete firefly algorithm for travelling salesman problem［M］. Springer Berlin Heidelberg, 2011.

[10] 苏丽杰，聂义勇. 现实旅行商问题［J］. 小型微型计算机系统，2005，26（4）：655-657.

[11] 李薇. 遗传算法及其在TSP问题中的应用研究［D］. 贵阳：贵州大学，2008.

[12] 任昊南. 用遗传算法求解TSP问题［D］. 济南：山东大学，2008.

[13] 海军. 战区联勤配送运输路径优化问题研究［D］. 北京：清华大学，2009.

[14] 余英瀚. 过必经点的最短无环路径算法［J］. 时代金融，2016（24）：387-388.

[15] Wu L，Zhang J，Fujiwara A. A Tourist' s Multi-Destination Choice Model with Future Dependency［J］. Asia Pacific Journal of Tourism Research，2012，17（2）：121-132.

[16] Scheiner J. Social inequalities in travel behaviour：trip distances in the context of residential self-selection and lifestyles［J］. Journal of Transport Geography，2010，18（6）：679-690.

[17] Gavalas D，Kenteris M.A web-based pervasive recommendation system for mobile tourist guides［J］. Personal and Ubiquitous Computing，2011，15（7）：759-770.

[18] 曹阳. 城市旅游规划行程链的模型构建及其应用研究［D］. 南京：南京师范大学，2014.

[19] 张勇，陈玲，徐小龙，等. 基于PSO-GA混合算法时间优化的旅行商问题研究［J］. 计算机应用研究，2015，32（12）：3613-3617.

[20] 张宇菲，彭旭，邵光明，等. 旅游路线规划问题［J］. 数学的实践与认识，2016，46（15）：81-89.

[21] 王烨萍. 基于综合导航网格的智慧旅游动态寻径方法［D］. 成都：西南交通大学，2017.

[22] 饶亚玲. 基于客流疏导的景区游览线路优化研究［D］. 厦门：华侨大学，2015.

[23] 高蓉. 基于蚁群算法的旅游交通线路优化问题研究［D］. 北京：北京交通大学，2008.

[24] 肖人峰，陈瑞，李静雯，苏小珂，张斌. 基于TSP模型的游览路线设计研究——以徐州潘安湖风景区为例［J］. 科技与创新，2020（21）：58-59.

[25] 刘长迎，高远昕，汤恬恬，等. 一种基于评价指标体系的优化TSP模型在多日旅行规划中的应用［J］. 桂林理工大学学报，2020，40（2）：437-442.

[26] 陆婷，朱家明. 多目标TSP模型在景区游览路线规划中的应用［J］. 黑河学院学报，2019，10（7）：89-99.

基于多源数据的欠发达地区协同发展评价与优化模型

工 作 单 位：昆明理工大学建筑与城市规划学院

报 名 主 题：面向高质量发展的城市综合治理

研 究 议 题：应对经济社会发展新格局的战略谋划

技术关键词：空间自相关、偏移—分享模型、地理探测器

参　赛　人：鞠爽、杨柳青

参赛人简介：参赛团队是昆明理工大学建筑与城市规划学院城乡规划系的在读研究生，团队成员的研究方向多样，包括大数据、国土空间规划、乡村规划、城市设计。团队成员在城市空间定量研究领域已有一定的积累，并参与多项云南省国土空间规划相关研究、规划及数据库构建工作。

一、研究问题

1. 研究背景及目的意义

近年来随着我国交通建设和城镇化的快速发展，人口的流动迁徙也在持续加快。人口数量及空间分布等发生的变化受自然、社会和经济多方面因素的影响，也对城市未来发展政策具有一定导向性。目前，在规划领域的研究设计中，多是基于人口普查数据进行分析，而人口普查数据通常由于时空分辨率不高等原因无法准确反映一定地域单元内人口的时空分布及演变情况。并且，规划中的城市结构体系多靠人口数量进行确定缺乏对城市人口集聚和规模发展的动态反映，无法对区域协调的优化调整产生合理的导向作用。

（1）研究目的：本研究针对数据开源程度低的欠发达地区，深度挖掘已有数据潜力。从地区协调发展角度出发，研究人口偏移与其影响因素的特征，从人口偏移视角对不同地区进行有针对性的优化调整，从而进行区域整体城市结构优化与预测模拟。

（2）研究意义：过去对地区人口的相关研究多立足于人口总量和人口密度。而本研究以人口偏移增长为核心进行研究，能够为优化地区协调发展策略提供宏观、中观、微观三个层面的借鉴意义：从宏观角度，可以关注人口偏移增长趋势和区域协调模拟，适用于判断区域人口集聚趋势和区域协调程度；在中观角度，偏向关注城市群中城市结构的演变特征，适用于城市群人口偏移因子分析和城市联系度模拟；而从微观层面，则有助于关注城市人口影响因子的变化及城市联系度优化模拟，适用于模拟区域协调发展中多因素对城市结构的优化效果。从整体上看，为优化地区协调发展策略提供一种可借鉴的分析研究模型。

2. 研究目标及拟解决的问题

本研究旨在针对数据类型少且开源程度低的欠发达地区，通过深度挖掘可获得的数据，结合人口时空演变特征和城市结构模型，以云南省和滇中城市群为对象，构建基于人口偏移的城市联系结构体系，分析影响人口偏移和城市结构的关键因素。通过对每个地区的关键因子进行有针对性的调整，实现对城市群人口偏移的优化调整及对城市联系网络结构的预测模拟，为城市在区域协调发展过程中的决策提供支持模型。希望通过本研究模型的预测和分析，为以下三个问题的解决提供帮助：

（1）人口密度空间关联性评价

空间自相关可以反映一定区域内某地理现象的某一属性值与其邻近的区域单元上同属性值之间的相关程度。本研究通过对人口密度展开全局自相关和局部自相关的分析研究，探讨人口密度的空间关联性和变化趋势，为不同地区的人口偏移推动因素提供宏观空间角度的探索辅助。

（2）人口偏移分享趋势评价

人口的集聚和扩散趋势受城市交通、经济、政策等多方面因素的影响，也对城市未来发展格局的谋划具有指导意义。人口的偏移—分享模型是一个能够较好判定人口集聚扩散的模型。本研究通过对不同层级地区的人口偏移增长情况进行分析研究，探讨影响人口集聚和扩散的趋势和原因。并通过多次的筛选检验寻找影响每个地区人口偏移增长的关键因子，通过政策有针对性地对关键因子进行调整，从而帮助地区更好地融入区域协调发展中。

（3）城市联系及区域协调发展效果评价

在《国家新型城镇化规划（2014—2020年）》中，强调了区域协调发展对都市圈建设的重要性。而随着地区核心城市的发展，其辐射能力逐步增强，与周围的城市联系也愈加紧密。通过城市联系模型的分析，可以发现城市发展等级结构和区域协调发展中存在的问题。本研究在模型中模拟了云南省129个区县的城市联系度情况，并重点针对滇中城市群，通过不同因素的优化模拟，评估关键因素在改善区域协调程度上的有效性和合理性。

本研究存在的瓶颈问题是在因子筛选的过程中，由于地方特性的差异，因子类型的选取难以统一为一个标准的因子模式。并且，在层层递进缩小因子范围的过程中，所能选取的方法受样本数量的限制，类似于随机森林等方法难以使用，关键因素的确定和优化模型公式的构建无法通过同一种工具建立。本团队在阅读大量文献、经过多种方法和数据类型的计算实验后，确定了通过建立相关因子的多元线性公式和因子重要性筛选两个方法来实现模型的构建。

二、研究方法

1. 研究方法及理论依据

本研究采用的主要方法是空间自相关、人口偏移分享模型、因子筛选方法和引力模型。空间自相关和人口偏移—分享模型用于分析人口时空格局的演变，因子筛选方法用于层层递进筛选不同层级地区的相关因子，而引力模型用于探索城市联系结构和区域协调的优化模拟。

（1）空间自相关

本研究通过ArcGIS的全局空间自相关（Moran I）工具对云南省2000—2019年人口密度的空间关联性进行测度，以此从空间角度分析人口分布的集聚和离散程度，并进一步对云南省的人口分布空间格局进行探讨。并通过GeoDa对关键年份进行局部空间自相关分析，研究每个地区的自相关类别变化。

（2）人口偏移分享模型

人口偏移增长采用克里默提出的偏移—分享法（shift-share analysis）进行分析。该方法最初被用于研究产业结构调整、区域经济增长和人口格局演变等方面。其中，“偏移”指绝对增长量与分享增长量差额，“分享”指按区域增长率所获得的增长量，通过偏移—分享法可以从区域、城市和县区多个层级分析人口的集聚和扩散趋势，并且可以对不同地区人口的区域内和区域间流动产生直观判断。

（3）人口偏移分享影响因素筛选

通过相关分析、面板回归、地理探测器等多种方法对不同层级人口偏移的影响因子进行探寻，最终确定研究区域内各单元的主要影响因子。

（4）城市联系度模型

通过引力模型构建研究区域中城市的联系度网络，对比规划城市结构分析现状城市结构的不足，并按现状发展趋势预测2035年城市发展结构。同时，通过现状结构与规划结构的叠加，找出与规划发展趋势不符的地区，针对未达到规划要求的地区提出下一步的优化调整建议。

（5）区域协调优化效果模拟

通过对不同单元主要影响因子进行调整，优化模拟区域整体城市结构，针对性地提出促进协同发展的城市经济社会发展策略。

2. 技术路线及关键技术

本研究模型以人口为核心，通过与城市结构的结合来优化模拟区域协调程度。技术路线分为五个层级，如图2-1所示。

（1）数据处理

数据获取主要来源于统计年鉴、可获取的自然地理等数据及

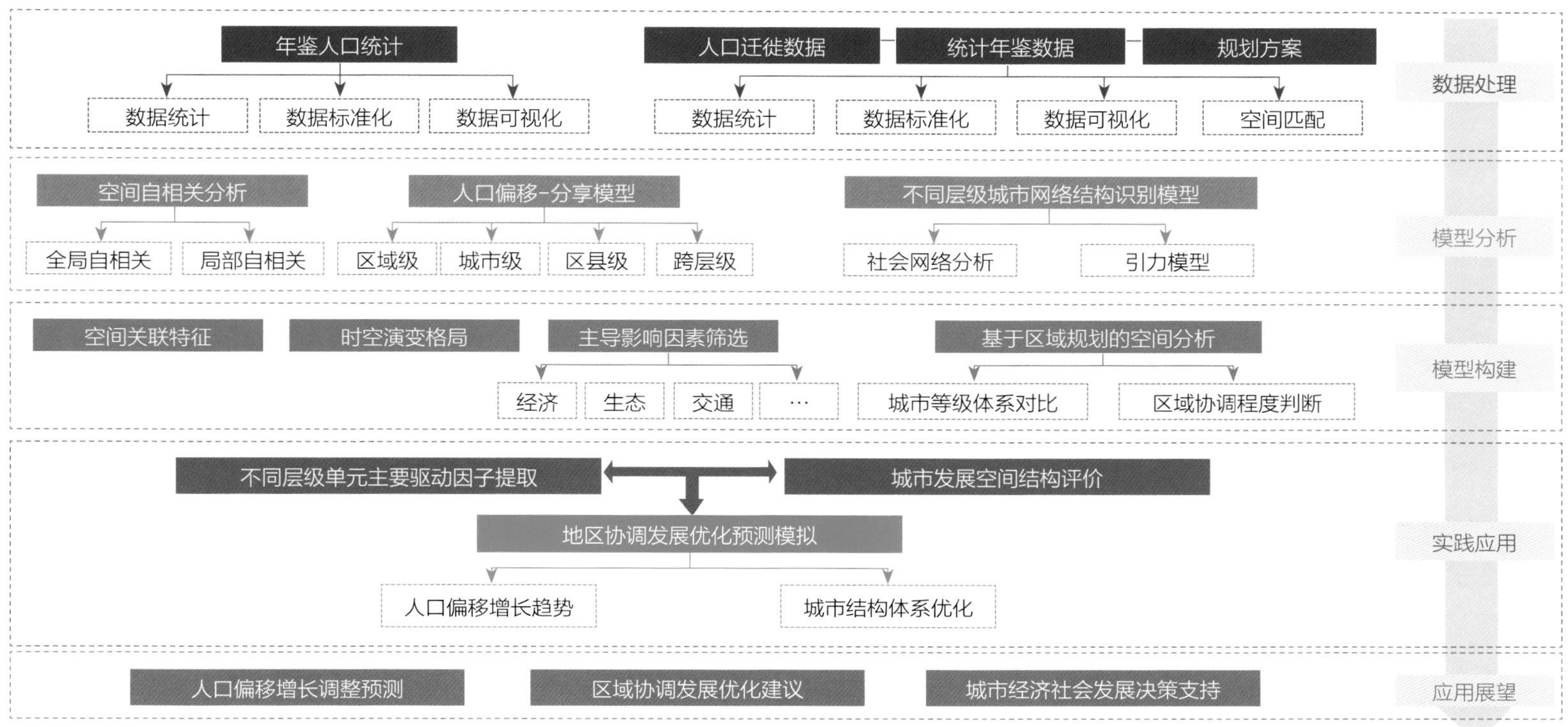

图2-1　技术路线

已公布的规划方案等。对所需数据进行统计、清洗、标准化、可视化，并与空间进行匹配以支撑后期分析。

（2）模型分析和构建

模型分析与构建两个板块分为了两条路线：第一条路径是针对人口空间自相关和偏移—分享的模型研究，先通过空间自相关和偏移—分享模型，探究不同尺度不同时间下人口密度和人口集聚扩散的时空演变特征，并以最新年份数据对影响全区域的因素进行筛选。之后针对研究范围内不同城市人口偏移的主要驱动因子进行提取，以便对不同城市地域进行有针对性的优化调整。第二条模型构建路径为通过Python在百度地图中爬取各地间最短行车距离，应用引力模型构建城市结构识别模型，并通过近5年的发展趋势来预测规划年的城市结构体系。通过与规划结构进行空间叠加分析，识别出未达到规划结构的地区。

（3）实践应用

本研究以云南省129个区县和滇中城市群为案例进行模型模拟，针对在城市结构体系中不符合规划结构或协调度较差的地区，通过对其主要影响因子的有针对性的调整来进行地区人口偏移增长量的优化和协调发展程度的预测模拟。

（4）应用展望

整个模型主要可以应用于人口偏移增长的调整和预测、为区域协调发展提供优化建议以及为面向高质量发展的城市经济社会发展格局的战略谋划提供决策支撑。

三、数据说明

1. 数据内容及类型

本模型主要涉及以下四类数据，见表3-1：

（1）人口数据来源于《云南省统计年鉴（2000—2019）》，以“常住人口”为人口统计口径。

（2）经济、生态、交通、土地等数据来自云南省及各市县的统计年鉴。

（3）云南省县域行政区划的矢量数据来源于国家测绘局基础地理信息数据库。以2020年行政区划为基准，包含129个行政县级区划单位。

（4）引力模型所需两地间行车最短时间的路程距离通过Python编程在百度地图爬取。

数据信息 表3-1

	数据内容	数据格式	数据来源	获取方式	使用目的
人口数据	2010—2019年云南省各县区人口	CSV	云南省统计年鉴	云南省政府网站	进行人口分布及演变分析
因子数据	云南省各区县与经济、生态、交通及土地的相关数据	CSV	云南省统计年鉴	云南省政府网站	对影响云南省人口偏移增长的相关因子进行筛选
基础空间数据	云南省县域行政区划	SHP	国家测绘局基础地理信息数据库	网站下载	整个模型的构建基础
	云南省道路网	SHP	全国地理信息资源目录服务系统	网页下载	用于影响因素筛选
	云南省水系	SHP	全国地理信息资源目录服务系统	网页下载	用于影响因素筛选
	云南省DEM数据	栅格数据	全国地理信息资源目录服务系统	网页下载	用于影响因素筛选
	云南省NDVI	栅格数据	资源环境科学与数据中心	网页下载	用于影响因素筛选
	2020土地利用遥感监测数据	栅格数据	资源环境科学与数据中心	网站下载	用于影响因素筛选
	各区县间最短行车时间的路程距离	CSV	百度地图	Python爬取	用于引力模型
城市规划	城镇结构及城市群规划中的城市结构体系	JPG、PDF	云南省政府网站	网站下载	用于与现状城市结构的叠加分析和模拟预测

2. 数据预处理技术与成果

（1）云南省基础地理数据处理

通过ArcGIS对云南省地理数据进行拼合提取，并按三度带投影，得到云南省各区县单元的矢量边界，以及交通、水系、铁路和地名数据。

（2）人口数据处理

人口数据包括人口密度数据和人口总量数据。通过ArcGIS将人口密度数据赋予到空间单元内，如图3-1所示。将人口数据统计后以便下一步进行偏移—分享计算。

（3）影响因子提取

通过ArcGIS计算出每个行政单元内的水系密度、路网密度，通过DEM数据提取云南省的海拔、坡度、坡向和地形起伏度。对土地利用遥感监测的栅格数据进行矢量化转换，并计算行政区划内不同土地类型的面积平均值。

（4）各区县间最短行车距离

通过Python爬取云南省各地间的最优行车距离后，进行清洗和整理，包括检查数据的完整性和可用性，处理获缺失值、无效或错误数据，如图3-2所示。

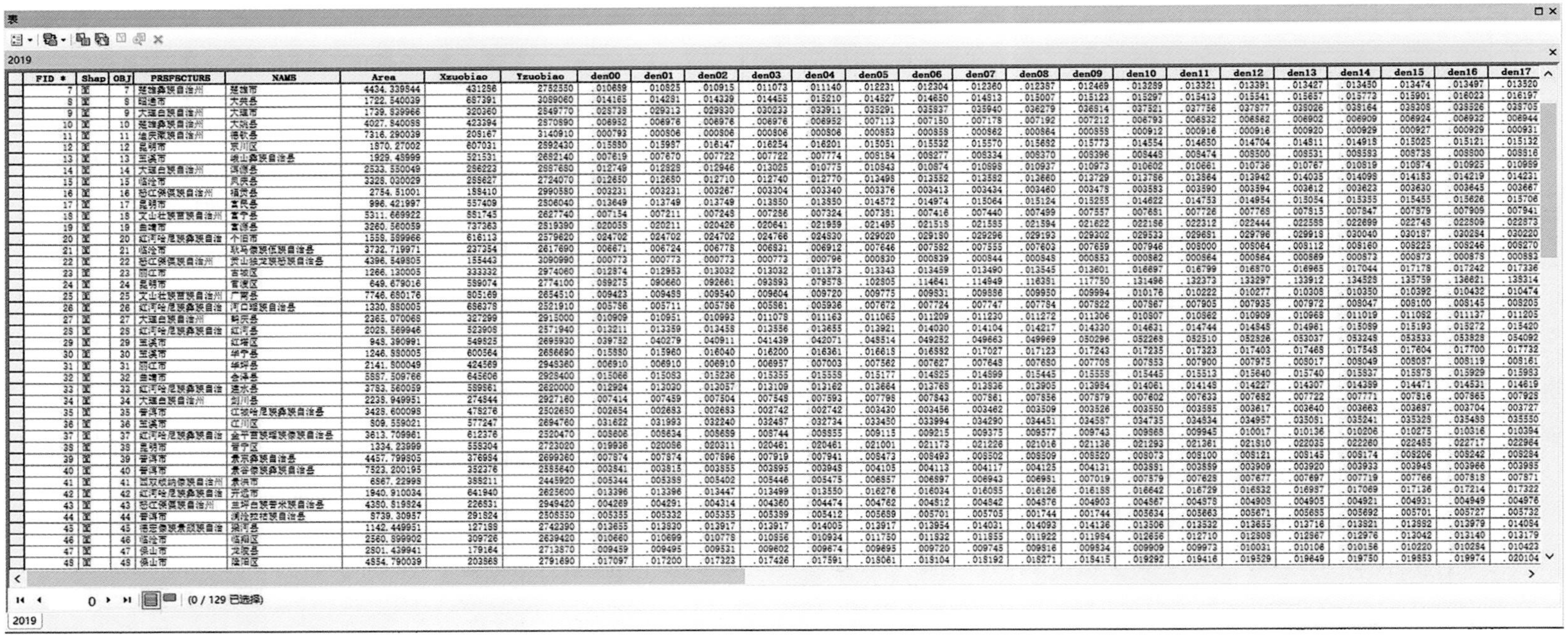

图3-1 云南省人口数据分类整理结果

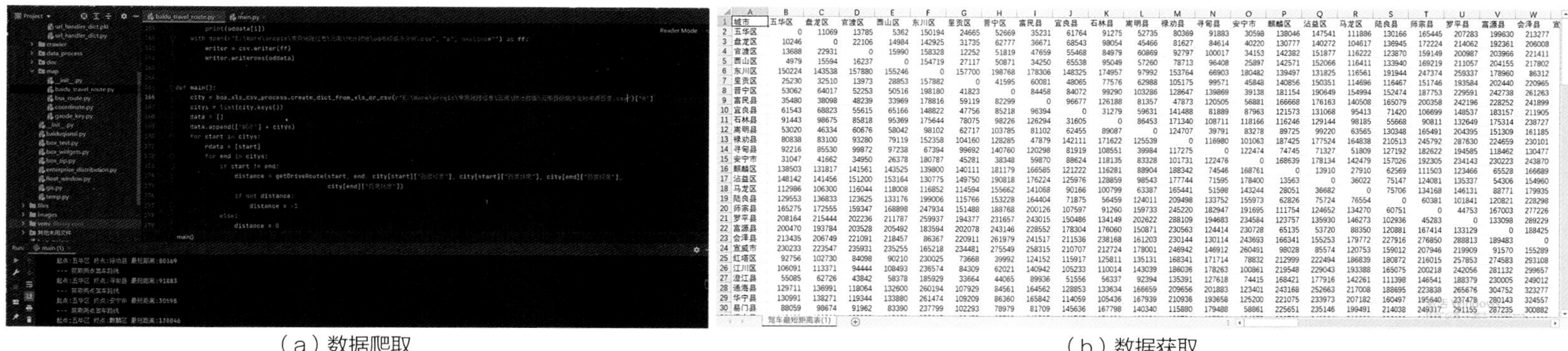

（a）数据爬取

（b）数据获取

（c）数据整理

图3-2　云南省道路距离数据整理

四、模型算法

1. 模型算法流程及相关数学公式

本模型从人口密度及偏移的时空演变以及城市结构两个方向入手，构建人口偏移和区域协调发展的优化模拟模型。具体步骤如下：

（1）全局空间自相关

本文引入全局墨兰指数（Global Moran's Ⅰ）分析全部研究对象间的关联性。全局空间自相关Moran's I统计可表示为：

$$I=\frac{1}{s^2}\times\frac{\sum_{i=1}^{N}\sum_{i=1}^{N}w_{ij}\left(Y_i-\overline{Y}\right)\left(Y_j-\overline{Y}\right)}{\sum_{i=1}^{N}\sum_{i=1}^{N}w_{ij}} \qquad (4\text{-}1)$$

式中，Y_i是要素i的属性与其平均值（X_i-X）的偏差，w_{ij}是要素i和j之间的空间权重矩阵，N等于要素总数，S^2是所有空间权重的聚合：

$$S^2=\frac{1}{N}\sum_{i=1}^{N}\left(Y_i-\overline{Y}\right)^2 \qquad (4\text{-}2)$$

Moran's I取值一般在-1到1之间。Moran's I >0表示空间正相关性，其值越大，空间相关性越明显；Moran's I <0表示空间负相关性，其值越小，空间差异越大，否则，Moran's I = 0，空间呈随机性。当样本个数足够大时（n>30），Moran's I值的标准化变量渐进服从标准正态分布。

接着通过蒙特卡罗模拟对Moran's I值进行显著性检验：

$$Z=\frac{I-E(I)}{SE(I)} \quad (4\text{-}3)$$

式中，$E(I)$ 是Moran's I的均值，$SE(I)$ 是Moran's I的标准差。当$|Z|>1.96$时，说明通过$\rho<0.05$的显著性检验。

（2）局部空间自相关

在全局自相关的基础上进一步通过局部自相关来分析数据空间结构差异性，局部Moran's I的计算公式如下：

$$I_i=\frac{(x_i-\bar{x})}{s^2}\times\sum_{j}^{n}C_{ij}(x_i-\bar{x}) \quad (4\text{-}4)$$

式中，x_i为空间单元i的属性值，C为空间权矩阵，C_{ij}代表空间单元i和j之间的影响程度。

$$x=\frac{1}{n}\sum_{i-1}^{n}x_i \quad (4\text{-}5)$$

$$s^2=\frac{\sum_{j=1,j\neq1}^{n}(x_i-\bar{x})^{2[8,9]}}{n-1} \quad (4\text{-}6)$$

正值I_i表示该空间单元与邻近单元的属性值相似（高—高或低—低），负值I_i表示该空间单元与邻近单元的属性值不相似（高—低或低—高）。

I_i可以通过公式进行标准化：

$$Z(I_i)=\frac{I_i-E(I_i)}{\sqrt{VAR(I_i)}} \quad (4\text{-}7)$$

$E(I_i)$和$VAR(I_i)$是其理论期望和理论方差。可以通过GeoDa软件绘制*LISA*散点图来进行可视化展示。

（3）偏移—分享模型

人口偏移增长通常采用*Creamer*提出的偏移—分享法（shift-share analysis）进行分析。其中，"偏移"指绝对增长量与分享增长量差额，"分享"指按区域增长率所获得的增长量。具体计算模型如下：

$$SHIFT_i=ABSGR_i-SHARE_i=POP_{it1}-\left|\frac{\sum_{i=1}^{n}POP_{it_1}}{\sum_{i=1}^{n}POP_{it_0}}\right|POP_{it0} \quad (4\text{-}8)$$

$$VOLSHIFT_{intra}=\sum_{j=1}^{m}VOLSHIFT_{inraj} \quad (4\text{-}9)$$

$$VOLSHIFT_{inra_j}=\frac{\sum_{i=1}^{r}\left|SHIFT_{ij}\right|-\left|\sum_{i=1}^{r}SHIFT_{ij}\right|}{2} \quad (4\text{-}10)$$

$$VOLSHIFT_{inter}=\sum_{j=1}^{m}\left(\frac{\left|\sum_{i=1}^{r}SHIFT_{ij}\right|}{2}\right) \quad (4\text{-}11)$$

式中，$SHIFT_i$、$ABSGR_i$、$SHARE_i$表示i区域在（t_0t_1）时间段内人口的偏移增长量、绝对增长量和分享增长量。$VOLSHIFT_{intra}$为子区域内部不同地区之间的总偏移增长量，$VOLSHIFT_{inter}$为子区域之间的偏移增长量。POP_i表示区域内人口总量；n表示区域内地区的数量。正偏移增长表明人口集聚能力较强，反之人口集聚能力较弱。将云南省按6大发展区、16个州市和129个区县三个层级进行人口偏移增长的计算分析。

（4）因子的筛选与提取

①选取云南省129个区县在2019年的经济、生态、地理、交通等方面20个因子进行相关分析，得出影响云南省人口偏移增长的相关因子：

$$\rho_{X,Y}=\frac{\sigma XY}{\delta X\,\delta Y} \quad (4\text{-}12)$$

式中，$\rho_{X,Y}$为变量X和Y的皮尔逊相关系数，σXY为变量X和Y的协方差；δX和δY分别为变量X和Y的标准差。

②以滇中城市群为例，为昆明市、曲靖市、玉溪市和楚雄彝族自治州及红河哈尼族彝族自治州5个州市，通过面板回归对2001—2005年、2006—2010年、2011—2015年和2015—2019年四个阶段的主要影响因子进行进一步筛选。面板数据为对不同时刻的截面个体进行连续观测所得到的多为时间序列数据。通常采用混合估计模型（POOL）、固定效应模型（FE）和随机效应模型（RE）对数据进行处理，并采用Hausman检验对模型进行选择。面板数据模型公式为：

$$Y=\beta_0+\beta_1X_1+\beta_1X_1+\beta_2X_2+\cdots+\beta_iX_i+\cdots+\beta_nX_n+\varepsilon_i \quad (4\text{-}13)$$

式中，Y表示人口偏移增长量，β为回归参数，β_0为常数项，ε_i为随机误差项，X_i为解释变量。当解释变量对被解释变量有正向影响时，说明解释变量的增加提升了人口吸引力；反之，说明弱化了人口吸引力。

③通过地理探测器对需要调整区县2015—2019年影响因子重要性进行排序，用以对各区县相关因子进行调整，以实现区域协调度的优化。

地理探测器是可以用来探测地理事物的空间分异性、揭示其背后驱动力或影响因素的一组统计学方法。通过因子探测可以比较某一环境因素和地理事物的变化在空间上是否具有显著的一致性，若环境因素和地理事物的变化具有一致性，则说明这种环境因素对地理事物的发生和发展具有决定意义。其公式如下：

$$P_{DU}=1-\frac{1}{n\sigma_U^2}\sum_{i=1}^{m}n_{D,i}\,\sigma_{U_{D,i}}^2 \qquad (4\text{–}14)$$

式中，P_{DU}为影响因素对人口偏移的影响力探测指标；n为地区数量；$n_{D,i}$为次一级区域样本数；m为次级区域个数；σ_U^2为全市人口偏移的方差；$\sigma_{U_{Di}}^2$为次一级区域人口偏移方差。假设$\sigma_{U_{D,i}}^2\neq0$，模型成立，P_{DU}的取值区间为［0，1］，$P_{DU}=0$时，表明人口偏移空间分布不受影响因素的驱动，P_{DU}值越大表明因素对人口偏移的影响越大。

（5）引力模型

本研究使用的引力模型由万有引力定律引申而来，被广泛应用于测度城市之间的经济联系强度，即地区之间的经济联系强度与两地的社会经济规模成正比，与两地之间的距离平方成反比。公式如下：

$$F_{ij}=k\,\frac{\sqrt{p_i\upsilon_i}\cdot\sqrt{p_j\upsilon_j}}{d_{ij}^b} \qquad (4\text{–}15)$$

式中，F_{ij}表示地区i、j之间的经济联系强度，p_i、υ_i和p_j、υ_j则描述i和j两个地区的经济规模。p_i、p_j分别表示i和j的总人口，υ_i、υ_j分别表示i和j的GDP；d_{ij}为两个地区之间的距离，本研究使用Python通过百度地图爬取两地间最短行车时间的路程作为道路距离。参考相关论文将常数值k取为1，距离系数b也取值为1，以此来修正距离的影响。

（6）区域协调发展优化预测模拟

通过现状城市结构与规划结构的对比分析，可以得出不符合规划、需要调整的地区，通过多元线性公式构建因子与人口偏移之间的公式模型，对每个地区选取的关键因子在合理范围内进行多次提高调整，以实现人口偏移量的优化以及对区域内城市联系结构的模拟预测。

$$Y_1=\beta_0+\beta_1X_1+\beta_2X_2+\cdots+\beta_KX_{KI}+\mu_I \qquad (4\text{–}16)$$

$$i=1，2，\cdots，n$$

式中，Y为人口偏移量，X为影响因子，K为解释变量的数目，β_j（j=1，2，…，k）为回归系数。

2. 模型算法相关支撑技术

①ArcGIS软件的Anselin Local Moran I工具用于全局空间自相关分析以及偏移—分享模型的可视化处理。通过连接功能和xy转线实现引力模型数据的可视化呈现，并与规划城市结构叠加分析。最终的地区协调发展优化预测可视化对比也通过ArcGIS展现。

②GeoDa用于局部空间自相关的分析。

③Python进行数据的爬取，获得引力模型所需距离数据。

④SPSS工具中的相关和线性工具用于对人口偏移影响因子进行筛选和提取，以及城市结构优化模拟模型的公式构建。

⑤SPSSAU分析软件用于进行因子的面板回归分析。

⑥地理探测器用于对区县级影响因子进行重要性排序。

五、实践案例

1. 模型应用实证及结果解读

（1）人口密度空间关联性评价

通过ArcGIS的全局空间自相关（Moran I）工具对云南省2000—2019年人口密度的空间关联性进行测度，发现云南省人口密度全局Moran' I指数的Z值均在9.7以上，在$P<0.01$的置信度上都通过显著性检验（|Z|>2.58）。从整体上来看，各年份的Moran' I指数均为正，从2000—2004年，全局Moran' I指数减小，人口空间集聚程度持续下降；全局Moran' I指数在2005年显著增加后基本稳定上升至2019年的0.48，说明云南省人口分布存在着正向空间自相关，人口空间集聚程度不断增强，分布趋向集中化（图5-1）。

对2000—2019年的云南省数据进行局部空间自相关分析，如图5-2所示。从整体上来看，自2000年开始云南省人口密度局部自相关类型未发生变化的县域单元有124个，占总数的96.12%，说明云南省人口密度的总体格局相对稳定。人口密度的高高区域的为昆明市的官渡区、盘龙区、五华区、西山区、呈贡区和嵩明县。这说明昆明市中心城区一直是人口最为密集的地区，也是云南省人口集聚的核心区域。

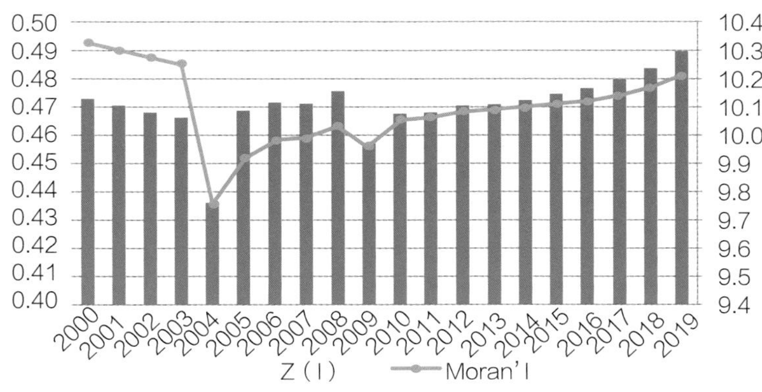

图5-1 全局空间自相关

（a）2000年 （b）2001年 （c）2002年 （d）2003年 （e）2004年

（f）2005年 （g）2006年 （h）2007年 （i）2008年 （j）2009年

（k）2010年 （l）2011年 （m）2012年 （n）2013年 （o）2014年

（p）2015年 （q）2016年 （r）2017年 （s）2018年 （t）2019年

图5-2 局部空间自相关

而低—低区域则一直在滇西北和滇西南地区，大部分位于哀牢山和横断山以西的高原区、高山区以及坝区和边疆河谷地区。这些地区由于自然环境恶劣、社会经济水平发展缓慢、多种少数民族散乱聚居分布等原因，表现为人口的低密度集聚特征。

（2）人口偏移分享趋势评价

本研究根据《滇中城市群发展规划2020—2035年》和《云南省国民经济和社会发展第十四个五年规划和二〇三五年远景目标纲要》将云南省分为一群五区，共六大发展片区。并从云南省6大发展区、16个市州、129个区县三个层级入手，来研究区域人口演变与内部各单元偏移增长的关系。

①从六大发展区来看，2000—2019年六大区域中正偏移增长的区域为滇中城市群、滇西北和滇西南发展区，其中滇中城市群偏移人口超过70万，占总偏移增长量的91.07%。人口偏移增长呈现显著区域差异，滇中城市群为云南省的人口偏移增长核心，受其经济辐射影响及交通条件的不断改善，加剧了人口向滇中偏移的趋势，因而滇东北、滇东南及滇西地区的人口偏移增长整体为负（图5-3）。

②从六大发展区内来看，滇中城市群区域内偏移增长量占六大区域内总偏移增长的66.52%，其次为滇西南发展区和滇西发展区。说明滇中城市群、滇西南发展区和滇西发展区内的人口流动相对活跃。

③从16州市层面来看，2000—2019年，人口偏移增长为正、负的城市比例为3：5。其中昆明市、德宏傣族景颇族自治州和西双版纳傣族自治州形成人口集聚的核心（图5-4）。

④从四个阶段来看，2000—2004年人口主要向滇中及滇东北方向迁移；2005—2009年人口集聚州市单元开始增加，空间位置开始分散至滇西和滇西北地区，表明其他市州取得了较快发展；2010—2014年人口聚居州市单元开始减少，且偏移分享量普遍放

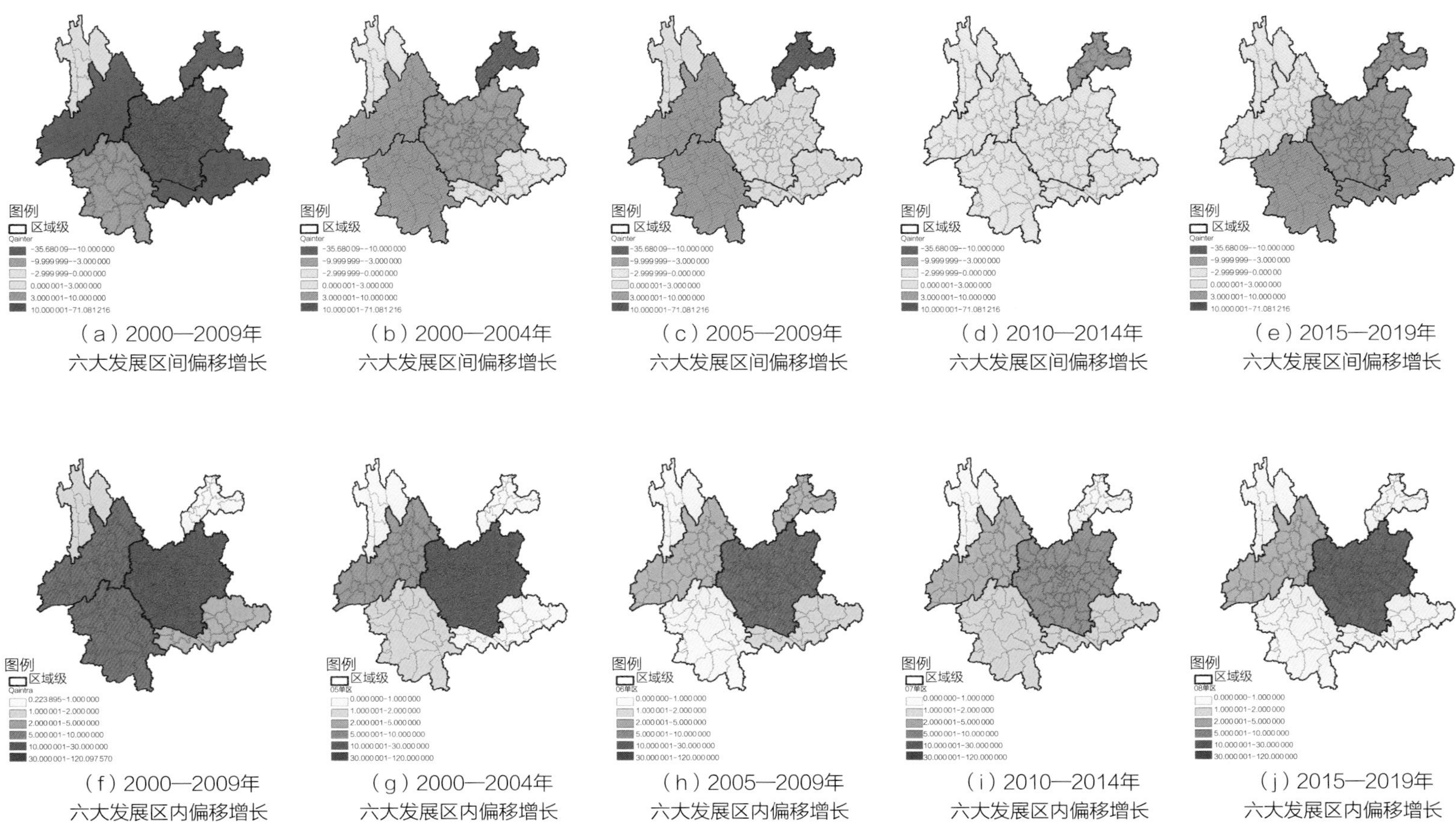

（a）2000—2009年 六大发展区间偏移增长；（b）2000—2004年 六大发展区间偏移增长；（c）2005—2009年 六大发展区间偏移增长；（d）2010—2014年 六大发展区间偏移增长；（e）2015—2019年 六大发展区间偏移增长

（f）2000—2009年 六大发展区内偏移增长；（g）2000—2004年 六大发展区内偏移增长；（h）2005—2009年 六大发展区内偏移增长；（i）2010—2014年 六大发展区内偏移增长；（j）2015—2019年 六大发展区内偏移增长

图5-3 六大区域人口偏移增长演变趋势

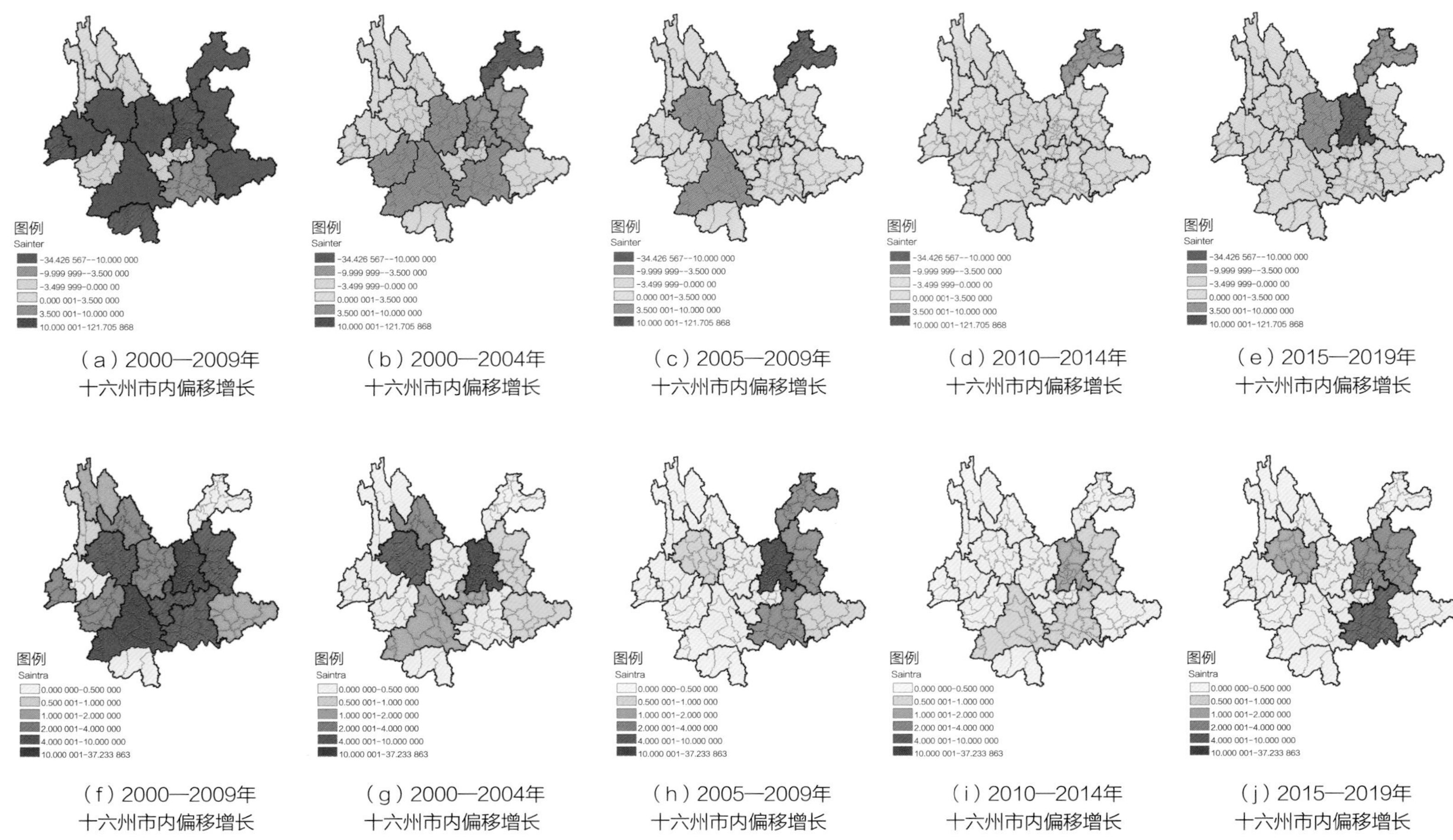

（a）2000—2009年十六州市内偏移增长　（b）2000—2004年十六州市内偏移增长　（c）2005—2009年十六州市内偏移增长　（d）2010—2014年十六州市内偏移增长　（e）2015—2019年十六州市内偏移增长

（f）2000—2009年十六州市内偏移增长　（g）2000—2004年十六州市内偏移增长　（h）2005—2009年十六州市内偏移增长　（i）2010—2014年十六州市内偏移增长　（j）2015—2019年十六州市内偏移增长

图5-4　十六州市人口偏移增长演变趋势

缓，表明区域差异进一步缩小；2015—2019年极核州市带动人口增长的趋势明显，且云南省“做强滇中，搞活沿边”的政策效果开始凸显。

⑤从16州市内部来看，2000—2019年昆明市内部的人口流动最为活跃，其次是普洱市、红河哈尼族彝族自治州和大理白族自治州。

⑥在129个区县层面，2000—2019年30.2%的县区实现了正的人口偏移增长。空间上主要集聚在滇中城市群的市辖区和县级市，以及滇西北、滇西、滇西南的边缘区域，特别是昆明市五区、蒙自市和景洪市等。人口负偏移增长的县区围绕正偏移增长县区集中连片分布（图5-5）。

⑦从四个阶段来看，2000—2004年，实现人口正偏移增长的县区在空间分布上较为散乱，主要集聚在各州市的市辖区和县级市，以及自然及民族旅游资源优越的区县。2005—2009年，实现人口正偏移增长的县区在空间上明显向东转移。这一时期云南东西人口偏移增长差异显著，六大发展区雏形开始形成。2010—2014年，实现人口正偏移增长县区的空间分布格局转为云南东部和南部集中连片的“V”形分布。六大发展区格局进一步加剧。2015—2019年，人口偏移增长呈现大集中、小分散的多中心极核化趋势，六大发展区格局基本形成。

（3）因子的筛选与提取

参考人口分析文献并结合云南省特色，选取经济、交通、自然、地形地貌、土地利用方面共40个因子。在SPSS中以云南省129个区县为样本，通过皮尔斯相关分析，对选取的40个因子进行检验，提取出18个具有相关关系的因子；再剔除无法人为控制的自然地理因素，得到11个相关因子（表5-1）。

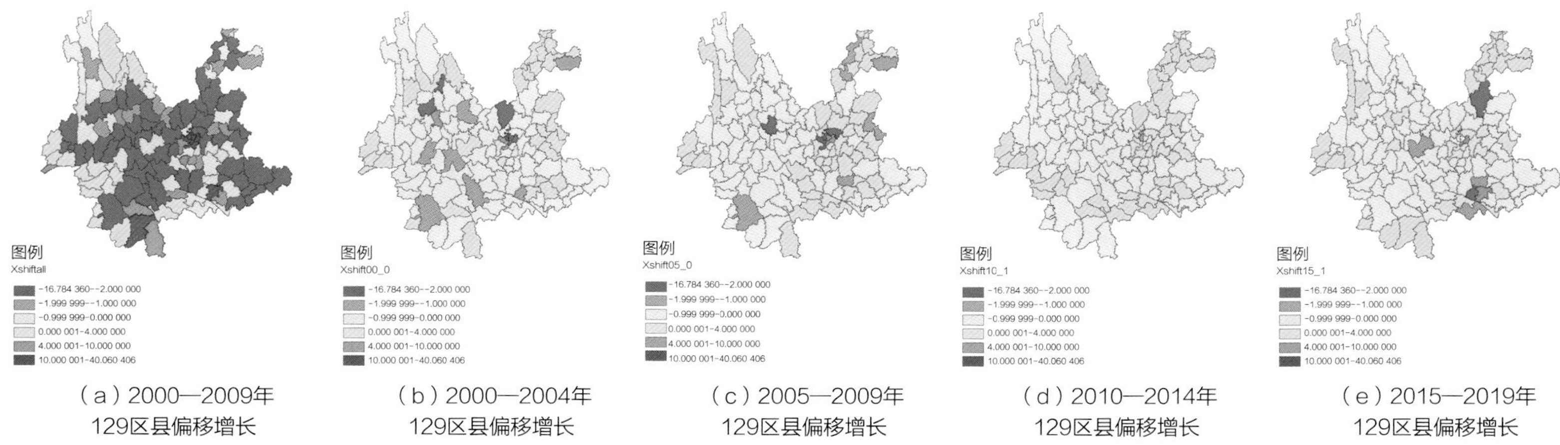

（a）2000—2009年 129区县偏移增长　（b）2000—2004年 129区县偏移增长　（c）2005—2009年 129区县偏移增长　（d）2010—2014年 129区县偏移增长　（e）2015—2019年 129区县偏移增长

图5-5　129区县人口偏移增长演变趋势

相关因子筛选　表5-1

影响因素	影响因子	皮尔逊相关性
经济社会发展	人均GDP	.216*
	GDP	.219*
	一产总值	-.065
	一产占比	-.158
	一产增速	-.028
	二产总值	.187*
	二产占比	.033
	二产增速	.031
	三产总值	.229**
	三产占比	.113
	三产增速	.075
	就业人口总数	.296**
	就业人口增速	.142
	固定资产投资增长速度	.018
	人均财政支出	-.100
	人均财政收入	.218*
道路交通	机场数量	.064
	高铁站数量	.143
	高铁线数量	.277**
	路网密度	.291**
自然生态条件	年降水量	.008
	年平均气温	.042
	河网密度	-.069
	NDVI	-.250**

续表

影响因素	影响因子	皮尔逊相关性
地形地貌	地形起伏度	-.208*
	平均高程	-.043
	平均坡度	-.248**
土地利用	林地总面积	-.182*
	林地面积占比	-.171
	耕地总面积	-.010
	耕地面积占比	.214*
	草地总面积	-.320**
	草地面积占比	-.174*
	水域总面积	.031
	水域面积占比	.160
	城乡建设用地总面积	.331**
	城乡建设用地面积占比	.342**
	未利用土地总面积	-.074
	未利用土地面积占比	-.060
	坝区面积占比	.319**

注：*在0.05水平上显著相关，**在0.01水平上显著相关。

以滇中城市群为对象，通过面板回归分析发现2005—2009年、2010—2014年以及2015—2019年三个阶段对人口偏移增长的影响因子有所不同（表5-2）。说明人口偏移数据受各时期经济政策和发展建设的影响，主导因素变化较大，因此选择2015—2019年数据进行下一步趋势推演。

面板回归分析 表5-2

变量	2005-2009年			2010-2014年			2015-2019年		
	POOL	EE	RE	POOL	EE	RE	POOL	EE	RE
截距	762.499* （2.334）	123.948 （2.154）	660.631 （0.250）	-2.075 （-0.357）	19.414 （1.015）	8.081 （0.584）	38.886 （0.282）	229.474 （0.583）	295.114 （1.261）
人均GDP	0.013* （2.213）	-0.014 （-1.791）	-0.013 （-1.784）	0.000 （0.482）	0.000 （0.462）	0.001 （0.766）	—	—	—
GDP	0.022 （0.172）	0.539** （3.336）	0.522** （3.440）	-0.025 （-0.563）	0.029 （0.525）	0.011 （0.240）	-0.027** （-3.381）	-0.032** （-3.530）	-0.031** （-4.297）
二产总值	-0.095 （-1.624）	-0.004 （-0.078）	-0.007 （-0.142）	0.010 （0.210）	-0.019 （-0.356）	-0.008 （-0.183）	0.022* （2.392）	0.032* （2.874）	0.029** （3.533）
三产总值	0.393 （1.148）	-0.956* （-2.407）	-0.912* （-2.443）	0.014 （0.295）	-0.037 （-0.637）	-0.020 （-0.431）	0.030** （3.944）	0.036** （3.950）	0.034** （4.832）
就业人口	-3.767 （-1.792）	-7.237** （-4.467）	-7.124** （-4.649）	0.246 （1.864）	-0.010 （-0.044）	0.096 （0.626）	-0.053 （-1.343）	-0.001 （-0.009）	0.006 （0.136）
人均财政收入	-0.140 （-2.062）	0.120 （1.598）	0.111 （1.580）	-0.002 （-0.328）	-0.004 （-0.539）	-0.005 （-0.820）	0.001 （1.146）	0.001 （0.807）	0.001 （0.934）
高铁线数量	—	—	—	—	—	—	-0.034 （-0.228）	0.156 （0.666）	0.085 （0.472）
公路里程	-0.005 （-1.371）	0.000 （0.109）	0.000 （0.058）	0.000 （0.718）	-0.001 （-0.591）	-0.001 （-0.560）	0.001** （5.277）	0.001 （1.513）	0.001* （2.364）
路网密度	719.752 （1.503）	768.329 （1.380）	768.730 （1.465）	-27.758 （-0.222）	-238.489 （-1.115）	-112.592 （-0.763）	-40.752 （-1.252）	3.688 （0.088）	-7.278 （-0.238）
耕地面积占比	-657.290* （-2.343）	—	-766.134 （-0.361）	-8.741 （-1.989）	-5.101 （-0.649）	-5.688 （-1.044）	-55.470 （-0.357）	-247.747 （-0.545）	-331.786 （-1.279）
城市建设用地面积占比	1333.898 （1.072）	—	7925.427 （1.335）	238.276** （3.147）	201.951 （1.134）	238.355* （2.138）	60.706 （0.239）	-853.839 （-1.371）	-767.222 （-1.503）
R^2	0.501	0.758	0.746	0.742	0.766	0.738	0.963	0.931	0.927
检验	F（10，14） =1.406， p=0.272	F（8，12） =4.702 p=0.008	x^2（10） =41.035 p=0.000	F（10，14） =4.037 p=0.009	F（10，10） =3.273 p=0.038	x^2（10） =39.483 p=0.000	F（10，14） =36.579 p=0.000	F（10，10） =13.518 p=0.000	x^2（10） =178.973 p=0.000
建议采用	FE模型			POOL模型			POOL模型		

为对人口偏移增长以及城市结构的优化具有预测性，决定选取2015—2019年的时间范围，以滇中城市群为对象针对这11个因子进行相关检验，见表5-3，发现大部分都与滇中城市群偏移增长量相关。再剔除受法规等约束条件限制难以调控的用地类因子，最终确定8个因子进行重要性排序和优化模型构建。

滇中城市群相关检验 表5-3

因子	皮尔逊相关性
人均GDP	.559**
GDP	.849**
二产总值	.804**
三产总值	.866**
就业人口	.743**
人均财政收入	.646**
高铁线数	.735**
高等级路网密度	.444*
公路里程	.071
耕地占地面积	-.727**
城乡建设用地面积占比	.747**

（4）城市联系及区域协调发展效果评价

通过引力模型构建云南省区县单元的城市关联度模型，如图5-6所示。发现云南省的城市结构极不平衡，除昆明市主城区形成鲜明一级核心外，二、三等级中心还未构建成熟。云南省内联系度大于1的城市联系结构可以分为六个组团，如图5-7所示。以昆明市市区间为核心的联系度组团最大，由此发散逐渐扩展到滇中城市群中部分区县。其余五个组团多出于旅游、经济贸易等要素推动产生联系。对于已经发布规划的滇中城市群而言，需要避免昆明市的单极核增长模式，加强其余地区的人口集聚能力，提高联系度，以形成健康良好的区域协调发展体系。

2. 模型应用案例可视化表达

通过建立滇中城市群现状联系度结构，发现现状城市结构等级差距悬殊，整体协调性不足，如图5-8所示。

以全国GDP增速的平均值6%和2015—2019年各区县人口年平均增长率的增速对2035年滇中城市群联系度结构进行预测。发现滇中城市群2035年预测结构显示虽然第二等级区县有所增加，但整体仍呈现以昆明市四区为核心的极核式发展，与规划结构差

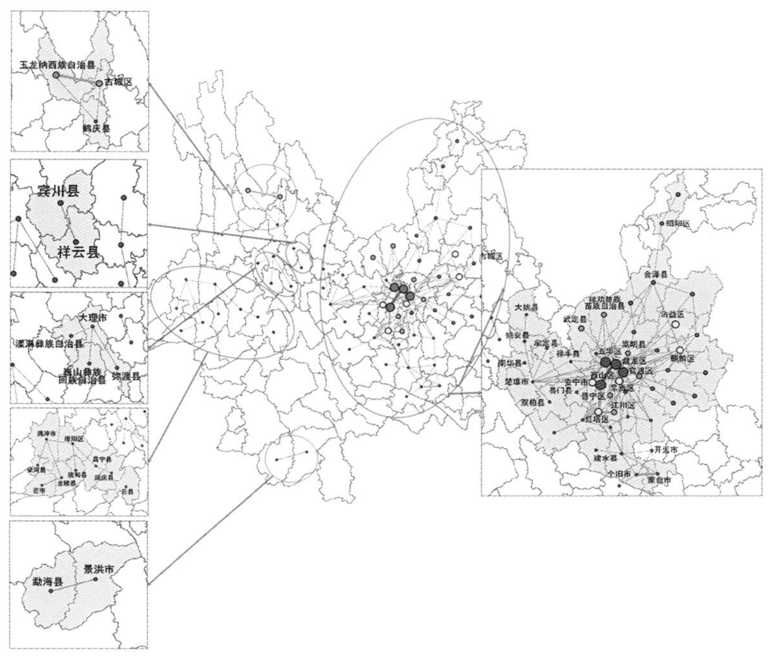

图5-7　云南省城市联系度分类

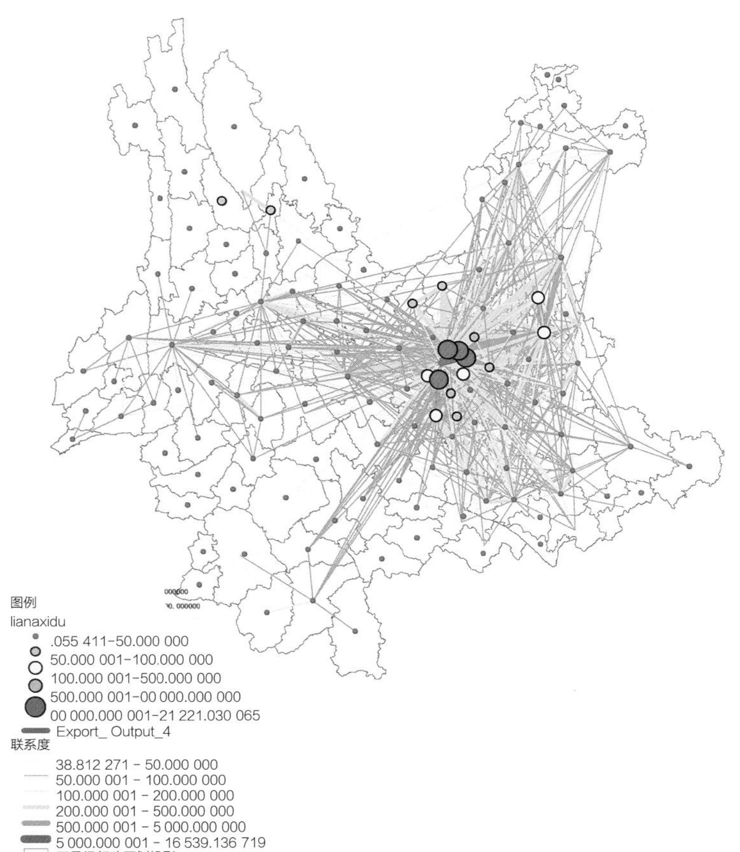

图5-6　云南省区县级现状联系度模型

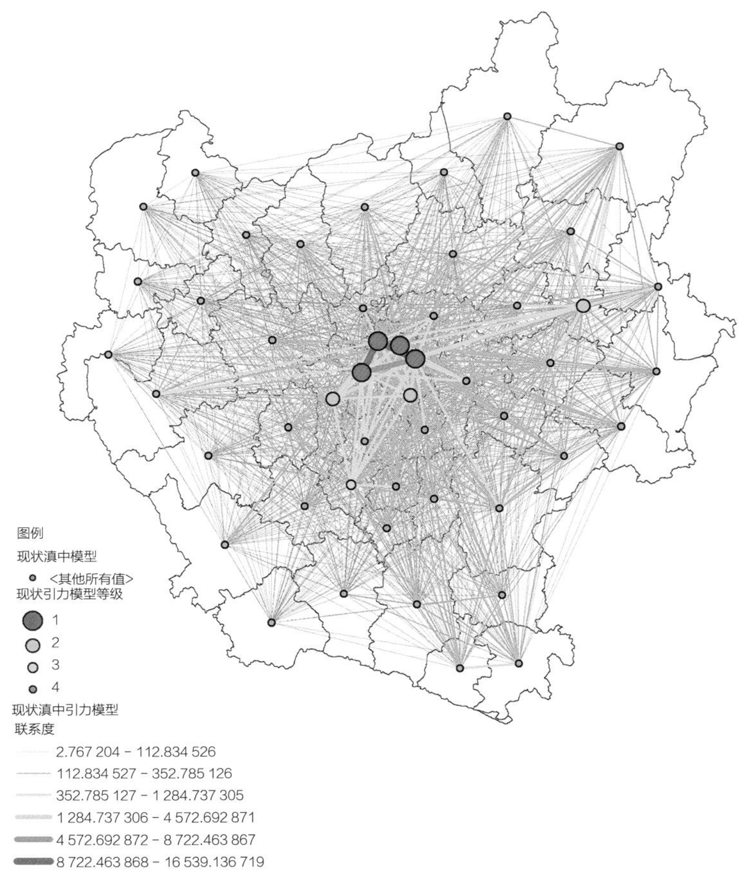

图5-8　滇中城市群现状城市网络结构

距较大，如图5-9所示。通过ArcGIS将预测结构与规划结构进行对比分析，提取出无法发展为规划结构需要优化调整的地区进行可视化呈现。

（1）人口偏移增长趋势优化

通过地理探测器对滇中城市群中需要调整区县的影响因素进行重要性排序，如图5-10所示。

图例
预测2035
1
2
3
4
联系度
4.930 498–291.196 972
291.196 973–776.717 491
776.717 492–1 683.620 899
1 683.620 900–4 948.691 883
4 948.691 884–17 039.773 914
17 039.773 915–35 392.871 443
35 392.871 444–65 976.245 971

（a）滇中城市群2035年预测城市结构

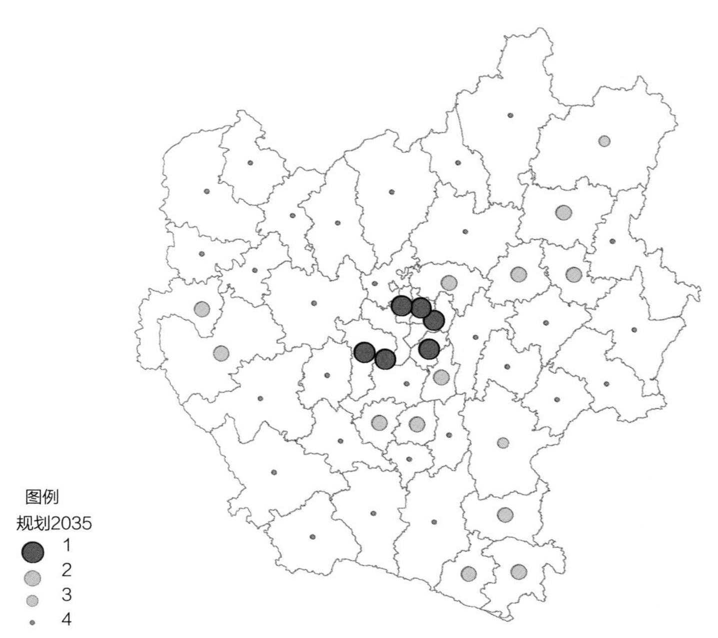

（b）滇中城市群2035年规划城市结构

图5-9 滇中城市群2035年预测城市结构与规划城市结构对比

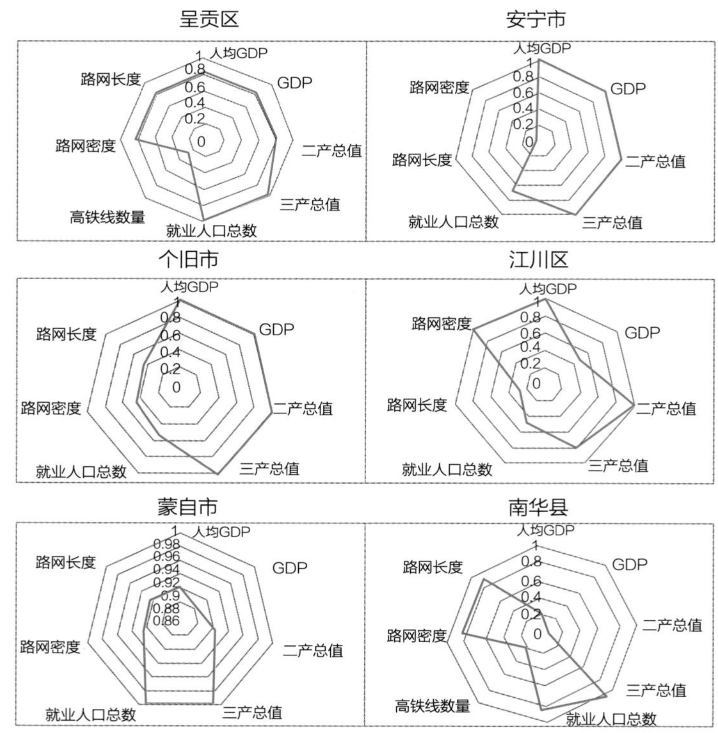

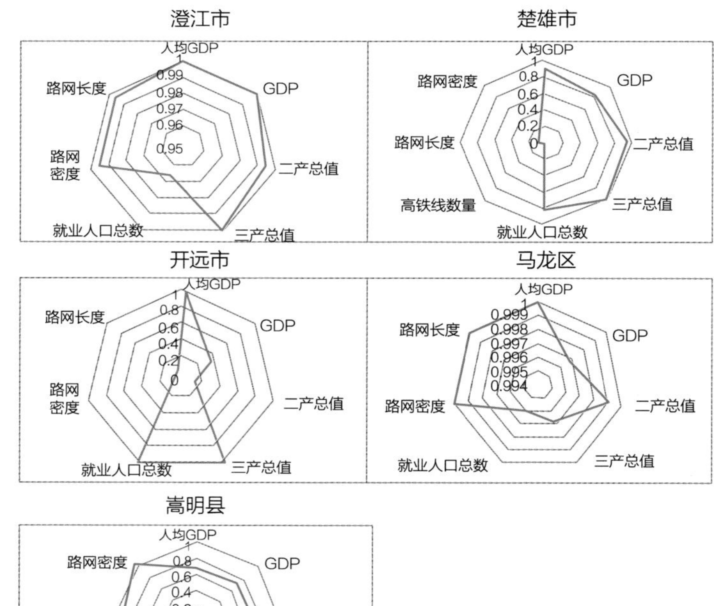

图5-10 地理探测器因子排序结果

建立多元线性回归公式，将已去除共线因子的各因子系数与地理探测器所得的关键因子进行相互检验后，选取对偏移增长正影响最大的1~3个因子在合理范围内进行适当提高，得到调整后的人口偏移增长量，以此偏移量计算规划年限2035年的人口规模。如果区县需要调整经济因子则其年GDP按9%增速计算，如果需调整的因子不涉及经济因子则年GDP按6%增速计算，以此进行2035年各区县引力模型的计算。而不需要优化调整的区县人口增长仍按近5年人口年平均增长率计算其2035年人口规模。通过多次调整，最终各区县调整情况确定如下：（表5-4~表5-14）。

安宁市关键因子优化调整（单位：万人） 表5-4

安宁市			
线性回归公式	$shift=10978.2846+6.2462\times X_1+104.7912\times X_2-2615.7447\times X_3-16040.0837\times X_4$		
关键因子	路网密度、三产、就业人口总数、二产	正向影响较大因子调整	三产总值
调整前人口偏移总量	0.5722	调整后人口偏移总量	0.8919

呈贡区关键因子优化调整（单位：万人） 表5-5

呈贡区			
线性回归公式	$shift=132717.4462+724.3490\times X_1-42524.9648\times X_2+3313.2222\times X_3+34649.6770\times X_4$		
关键因子	就业人口总数、三产、高铁线数量、路网密度	正向影响较大因子调整	三产总值
调整前人口偏移总量	1.5889	调整后人口偏移总量	3.5179

嵩明县关键因子优化调整（单位：万人） 表5-6

嵩明县			
线性回归公式	$shift=-29685.0539+536.9832\times X_1-41.7570\times X_2-6521.1360\times X_3+46426.4105\times X_4$		
关键因子	路网密度、高铁线数量、二产、就业人口总数	正向影响最大因子调整	路网密度、二产总值
调整前人口偏移总量	1.3861	调整后人口偏移总量	1.9902

楚雄市关键因子优化调整（单位：万人） 表5-7

楚雄市			
线性回归公式	$shift=-16097.8339+17.8800\times X_1+1569.2461\times X_2-941.1399\times X_3+5269.3341\times X_4$		
关键因子	就业人口总数、三产、路网密度、高铁线数量	正向影响较大因子调整	就业人口总数、三产总值、路网密度
调整前人口偏移总量	-0.2087	调整后人口偏移总量	0.1050

个旧市关键因子优化调整（单位：万人） 表5-8

个旧市			
线性回归公式	$shift=-28758.4002-2.1284\times X_1+1681.3916\times X_2-726.9515\times X_3-22735.0357\times X_4$		
关键因子	二产、人均GDP、三产、路网密度	正向影响较大因子调整	二产总值
调整前人口偏移总量	-2.0213	调整后人口偏移总量	2.2713

江川区关键因子优化调整（单位：万人） 表5-9

江川区			
线性回归公式	$shift = 760.3806 + 0.4817 \times X_1 - 702.8544 \times X_2 - 442.6781 \times X_3 + 10002.9286 \times X_4$		
关键因子	二产、人均GDP、路网密度、就业人口总数	正向影响较大因子调整	人均GDP、路网密度
调整前人口偏移总量	-0.1523	调整后人口偏移总量	0.8345

开远市关键因子优化调整（单位：万人） 表5-10

开远市			
线性回归公式	$shift = -61478.2210 - 0.3260 \times C_7 + 273.2142 \times F_7 + 14800.0051 \times G_7 - 1561.9848 \times J_7$		
关键因子	就业人口总数、三产、人均GDP、路网密度	正向影响较大因子调整	就业人口总数、三产总值
调整前人口偏移总量	-1.1222	调整后人口偏移总量	0.8178

马龙区关键因子优化调整（单位：万人） 表5-11

马龙区			
线性回归公式	$shift = 7734.5397 + 0.0912 \times X_1 + 237.6625 \times X_2 - 10805.9805 \times X_3 - 2125.7421 \times X_4$		
关键因子	二产、就业人口总数、人均GDP、路网密度	正向影响较大因子调整	二产总值、人均GDP
调整前人口偏移总量	0.6326	调整后人口偏移总量	1.0140

蒙自市关键因子优化调整（单位：万人） 表5-12

蒙自市			
线性回归公式	$shift = -195158.5648 - 1.1097 \times X_1 + 373.4043 \times X_2 + 37177.0209 \times X_3 - 21135.3895 \times X_4$		
关键因子	人均GDP、就业人口总数、三产、路网密度	正向影响较大因子调整	就业人口总数、三产总值
调整前人口偏移总量	4.2960	调整后人口偏移总量	4.5998

南华县关键因子优化调整（单位：万人） 表5-13

南华县			
线性回归公式	$shift = -16395.6294 - 38.2636 \times X_1 + 15627.5571 \times X_2 + 606.6090 \times X_3 - 1239.5384 \times X_4$		
关键因子	就业人口总数、高铁线数量、三产、路网密度	正向影响最大因子调整	就业人口总数
调整前人口偏移总量	-0.953	调整后人口偏移总量	0.0305

澄江市关键因子优化调整（单位：万人） 表5-14

澄江市			
线性回归公式	$shift = 10050.1925 + 0.0424 \times X_1 - 92.7081 \times X_2 - 10213.1187 \times X_3 + 7268.4705 \times X_4$		
关键因子	就业人口总数、三产、路网密度、人均GDP	正向影响较大因子调整	路网密度、人均GDP
调整前人口偏移总量	-0.0388	调整后人口偏移总量	0.2602

（2）城市结构体系模拟预测

通过对人口偏移增长的优化调整，根据调整因子模拟优化后的2035年滇中城市群结构发展，城市整体联系结构与规划结构基本符合，各区县协调发展程度有了明显改善，区域协调发展程度得以加强，如图5-11所示。

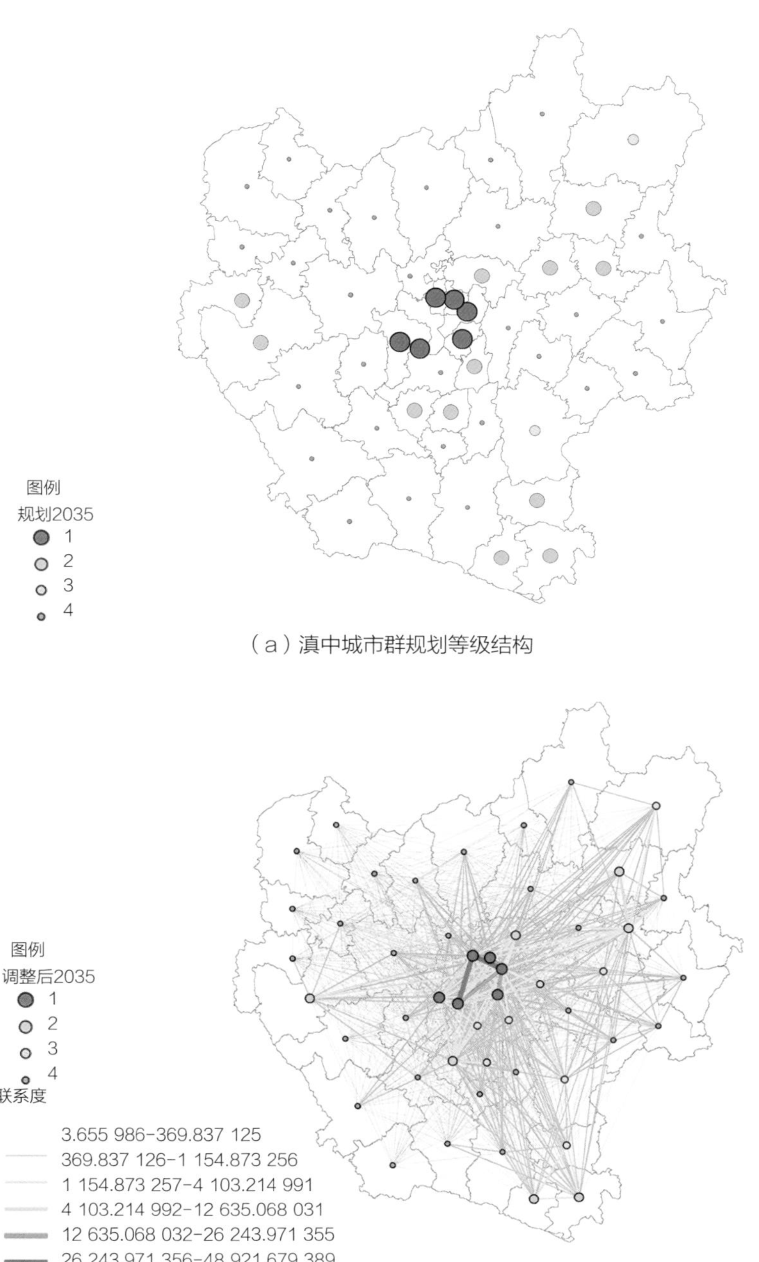

图5-11　滇中城市群模拟预测结果对比

（3）总结与城市发展建议

通过优化调整后发现滇中城市结构更为合理均衡，昆明市四区单极化发展趋势有所抑制，其中：

①安宁市和呈贡区在提高三产总值后可以达到一级结构等级，与五华区、盘龙区、官渡区、西山区共同组成滇中城市群主要核心区县。

②嵩明县、楚雄市、个旧市、蒙自市调整后通过自身发展与周边带动可以达到第二结构等级。

③澄江市、江川区和开远市通过合理范围内的调整后在2035年虽然等级有所提升但仍未达到规划等级。由于这几个地方靠近昆明、玉溪和个旧发展极，因此可能需要更长的时间才能达到规划等级。

④南华县、马龙区在调整后仍处于第四等级。这两个地方人口基数小且受周边高等级区县影响，因此发展相对困难，需要在规划中对其定位进行重新考虑，如无特大发展机遇可考虑适当降低其等级。

⑤云南省作为欠发达地区，其经济发展多处于不平衡不充分状态，甚至有些地区的三产比例看似合理，但实际发展中仅靠单一产业带动。在滇中城市群内很多区县没有成熟产业，多以农业为主，因此发展起步难度大。我们的研究在为城市未来发展策略提供一定参考的同时，也还需要各地积极找寻自己的优势产业及其他遇，以谋求更好的发展。

六、研究总结

1. 模型设计的特点

（1）面向欠发达地区的多源数据支撑。相较于发达地区，欠发达地区数据类型少且开源程度低。本模型所需数据多来自政府和数据网站，通过深度挖掘可获取数据，来支撑城市未来经济社会发展策略的制定。

（2）以人口偏移增长为核心的模型构建。在规划中面向人口的考虑多出于总量和密度进行研究，本模型基于自相关分析和人口偏移—分享模型，可以直观分析人口密度的空间变化以及人口集聚与扩散趋势。

（3）多层次因子筛选。本模型经过多次的因子筛选与检验，更为精准地把握不同地区影响人口偏移增长的因子，为因地制宜制定城市发展策略提供支撑。

（4）与规划方案的紧密互动。通过现状城市等级结构、基于现状的预测城市等级结构和规划城市等级结构三者之间的比对分析，可以评估规划实施情况。通过优化方案模拟，可以为城市发展策略的调整提供可视化的预测模型。

（5）面向区域协调发展的优化模型方法。突破了以往基于人口及经济的规划制定模式，适用于区域及城市群协调发展战略下的人口偏移战略决策支持。

2. 应用方向或应用前景

（1）人口偏移增长调整预测

目前国内在规划中通常不会采用人口偏移量作为数据支撑，以本次云南省案例为基础，建立多层级的人口偏移增长模型，通过构建多相关因子的线性回归公式，来预测调整某一因子后地区人口偏移增长量的变化，为城市发展的决策制定提供支持。

（2）区域协调发展优化建议

将人口偏移增长作为城市结构体系的核心指标，更为合理地体现人口集聚与扩散对城市规模的改变。通过人口偏移增长影响因子的调整来优化区域内城市联系度模型，为城市体系规划以及区域协调发展提供优化建议。

（3）城市经济社会发展决策支持

通过对各区县的预测联系度模型与规划结构模型进行叠加分析，找出地区等级结构中存在的问题。根据人口偏移增长因子优化模型，更有针对性地为经济社会发展的战略政策提供更准确的决策支持。

参考文献

［1］王国力，宋昂．基于引力模型的上海大都市圈联系度分析［J］．辽宁师范大学学报（自然科学版），2020，43（2）：260-266.

［2］段学军，王书国，陈雯．长江三角洲地区人口分布演化与偏移增长［J］．地理科学，2008，28（2）：139-144.

［3］劳昕，沈体雁，杨洋，等．长江中游城市群经济联系测度研究——基于引力模型的社会网络分析［J］．城市发展研究，2016，23（7）：91-98.

［4］张松林，张昆．局部空间自相关指标对比研究［J］．统计研究，2007（7）：65-67.

［5］李定，张杰，张雅洁，等．陕西省人口分布的空间特征及其演变趋势［J］．资源开发与市场，2014，30（5）：545-549+597.

［6］吕晨，蓝修婷，孙威．地理探测器方法下北京市人口空间格局变化与自然因素的关系研究［J］．自然资源学报，2017，32（8）：1385-1397.

［7］苗长虹，王海江．河南省城市的经济联系方向与强度——兼论中原城市群的形成与对外联系［J］．地理研究，2006（2）：222—232.

专家采访

马良伟：培养艺术审美情怀，锻炼哲学思辨能力，创造智慧型人类社会

马良伟
北京市城市规划设计研究院副院长
《北京规划建设》主编

专访马良伟副院长，聊聊：

北规院信息化发展历程是怎样的？
规划艺术性与技术性如何平衡把握？
规划信息化背景下的人才引领如何开展？
……

采访内容

记者：今年已经是“城垣杯·规划决策支持模型设计大赛”的第五届，在过去的几年间，大赛吸引了业界的广泛关注。您能否为我们介绍一下，北京市城市规划设计研究院规划信息化发展的历程是怎样的？

马良伟：北规院的信息化工作可大致分为五个阶段。

20世纪80年代，规划院在张其锟老院长带领下开始关于遥感方面的新技术应用，“8301”工程在当时来说是属于领先项目，是规划院自成立以后在新技术方面所做的尝试。

20世纪90年代，逐步开始利用计算机辅助制图，对这个阶段我比较清楚，因为在那时候我开始学计算机技术，而且还作为院里的CAD老师教授其他同事进行CAD制图。在CAD技术不是很普及的时代，具有开创性的意义。1999版控规中所有数据库输入、成果输出都是通过计算机完成的。现在院里基础的数据库就是在那个时候建立起来的，比如数据库中的底图、城市道路红线等。

随着科技的发展，到了2000年以后，运用的是GIS、数据库、空间数据库管理等概念，在技术应用方面有了更进一步的提升。

当下进入了智慧平台的时代。过去我们只是把计算机作为工具，当成手的延长和脚的延长，减少重复化的工作，用来存储数据。现在的发展趋势是我们需要更加的智慧化、智能化，计算机

需要自我判断能力。

记者：规划学科，本身是具有艺术性和技术性的。定量模型的建设，其实可以看作是规划技术性的一个侧面。您觉得，技术性和艺术性二者，应该如何去把握他们之间的平衡呢？

马良伟：很多学科都是技术与艺术的综合体，尤其是规划学科，规划很大一部分是技术工程问题，还有一部分是艺术类问题。城市设计大部分都是在探讨美学上的事情，比如街景怎么好看，城市色彩怎么丰富，空间比例怎么合理，城市天际线怎么优美，都是源于大脑对美学的理解，但是美学的问题往往得不到一个明确的答案。而技术方面可以有比较明确的答案，一是一，二是二，能有明确的判断，比如造价、成本、持久性等。

现在有的学者和艺术家也在通过技术手段试图给美学要素以量化的指标，让它有较为明确的答案，尽管很难，但是可以尝试。规划学科中两者结合在一起的特点不同于其他学科，对于美学的追求源于城市规划学的综合性。

关于规划的哲学性，哲学是一个思考问题的方法，它并不一定能够产生什么产品，但是它是我们认识世界和观察世界的方法、路径和思维方式。我认为不管是在技术层面还是在艺术层面，都要用哲学的方式去思考，才能把这个事情搞明白。还有一点我想到的是，什么是哲学？哲学就是刨根问底。古希腊的哲学家兼数学家毕达哥拉斯对哲学家有个定义：那些在体育场里面静静观看比赛的人就是哲学家。在我们城市规划领域也有很多问题要用哲学去思考。

比如城市规划统计分类方面，按照居住类、工业类和农田类等等进行分类，这些是不是可以严格的分开？根据我们现在的情况来看，这种方法可能并没有反映我们客观世界的本质。实际上土地分类是很模糊的状态。我曾经对城市土地分类提出八个字的看法："没有分类，只有属性。"这个看法是受到了数据库的启发。其实还有很多其他例子，比如公共交通和私人交通。公共交通指公共汽车和地铁等，私人交通指私家车等，国外就有一种这样的出行方式叫Carpool，就是几家合开一辆车，私人和公共的界限在模糊。还有一个例子是交通工具和住宅，如果有了房车，它既是交通工具也是住宅，可以把它叫作移动住宅。可能因此使城市形态发生变化。到底什么是哲学，就是打破砂锅问到底，把问题弄到穷尽。

记者：北规院的职能定位，是为首都城市规划建设的宏观决策及各项建设提供服务，是北京市国土空间规划与实施的"智库"。智库的建立，必然离不开人才的培养。您认为，在新技术、信息化等背景下，应该以怎样的思路，来引领规划领域的人才建设呢？

马良伟：我们单位是以规划设计为主业的，现在要朝着智库的方向发展，我同意这个观点。智库的特点是什么？我想出三条我对智库的理解。

第一条是，智库建设要有博大胸怀、长远眼光，要进行宏观分析、深入研究。博大胸怀是心胸要开阔，不能狭隘在局部利益上，要站在全体的利益、社会的利益甚至整个人类共同体的利益上。长远眼光是看问题不能太近期，发展是一个长期漫长的过程。有些事情不是一两天，也不是一两年，恐怕是要十年、二十年的过程。梁启超在1900年左右发表小说预测六十年以后的中国，要细致地描述六十年以后是很难的，很让人佩服。也有科幻作家写百年以后什么样，也算一种长远眼光，但是六十年以后下一代人会切切实实的看到，当代人能指出我们未来工作的方向。还有就是要宏观分析、深入研究，因为社会太复杂，各种各样的因素制约着某一个细小的事项。比如房价这件事，制约房价的因素太多了，去年的疫情也影响到了房价，美国实行货币宽松政策，对我们中国的房价会不会有影响？

第二条是，智库在技术上应该有自我更新、自我迭代能力。单纯从技术上讲，计算机技术随着时代发展要有更新，当然思想也要跟上迭代，还有能力、算法、软件等。

第三条是，智库在精神上要有客观独立性。智库不能跟随别人的看法做政策判断，要从客观的视角来对社会进行分析。

以上就是我对智库的理解。我认为在当今社会，第三条尤为重要。

我们的人才培养首先要让自己有宏大的视角，锻炼成为有战略思维的规划师，不能仅限于具体的工程技术问题，还要学技术、学算法，要有独立精神。

记者：今年的"城垣杯"大赛即将拉开序幕，您对于今年的大赛以及参赛选手，有哪些宝贵建议呢？

马良伟：跳出既有框框，努力思考探索，培养艺术审美情怀，锻炼哲学思辨能力，以数据计算为工具，创造智慧型人类社会。这是我给规划院做计算机技术和数据计算领域的同志们提的一点希望，希望以后做数据计算的工程师能够开发出一个平台，就像下围棋一样，把规则告诉计算机，它能够帮助我们做出几个规划方案，罗列每个方案的优缺点供我们选择。围棋是一个非常复杂的计算过程，原来在围棋界有一个说法，计算机可以在象棋和五子棋智力游戏中战胜人类，但是不能在围棋领域战胜人类，因为围棋不仅是计算的问题还有美学的问题。关于美学计算机没有办法去计算，但是AlphaGo已经把人类打败了。所以，我们要努力以数据计算为工具，创造一个智慧型的人类社会。

访谈时间：2021年3月

甄峰：
基于数据又不止于数据，通过数据分析驾驭未来

甄峰
南京大学建筑与城市规划学院副院长、教授、博士研究生导师
中国地理学会城市地理专业委员会主任委员
中国自然资源学会国土空间规划研究专业委员会主任委员

专访甄峰教授，聊聊：

规划人员如何助力“城市大脑”实践？
如何更好地在国土空间规划中应用智慧技术？
规划领域大数据分析存在着哪些问题？应当如何解决？
规划人才教育体系如何响应规划智慧化的新需求？
……

采访内容

记者：请问您认为大赛对我国规划行业量化研究的发展有着怎样的意义呢？

甄峰：首先，大赛有效地推进了规划行业技术创新的工作，进一步让高校、规划设计机构来关注规划决策支持模型，关注大数据、新技术、新方法在规划领域的应用。

其次，大赛也激励和培养了一批有志于规划技术创新的应用型人才。城垣杯大赛有很大一部分参赛的群体是在校大学生。他们的参与能够带动更多年轻的同学参与到新技术、新方法的探索中。

最后，大赛的举办提升了规划行业的社会影响力。原先的规划工作主要还是面向城市规划管理部门的一种行业内部工作。在国土空间规划改革的背景下，我们面临的问题会越来越多，很多问题实际上也是社会各界所关心的。大赛也可以让社会各界了解到我们规划行业对于解决社会经济问题的能力和贡献，对规划行业的社会影响力也有极大的提升作用。

记者：近年来，您领衔的“智城至慧”团队聚焦智慧城市顶层设计以及“城市大脑”领域，产出了很多成果。请问您认为规划人员应当在“城市大脑”的实践中做出哪些努力呢？

甄峰：“城市大脑”的基础是数据，但是肯定不是止于数

据。“城市大脑”的核心应该还是在于分析处理数据，利用数据来解决问题，支持综合决策，为城市学习能力的提升提供支持。这才是我们建设“城市大脑”的宗旨所在。

城市规划师可以在“城市大脑”的建设过程中发挥巨大的作用。“城市大脑”的建设不仅依赖于IT从业者，也依赖于城市规划师。因为规划师知道城市是如何产生的；城市面临着哪些问题、哪些机遇、哪些挑战；城市的功能是如何运转的；城市中老百姓、企业和政府的诉求是什么？迫切需要解决的问题是什么？只有了解了这些问题，我们才能够更好地使“城市大脑”在分析计算能力方面提供有效的支撑。所以，我们规划师在“城市大脑”领域大有作为，这也是我们今后应该去努力的一个方向。

记者：我国的国土空间规划体系正在逐步建立起来，各地的国土空间规划工作也在进行之中。您认为应当怎样更好地在国土空间规划中应用以大数据为支撑的这样一种智慧技术呢？

甄峰：首先，进入国土空间规划时代，实际上规划要解决的问题可能越来越多了。但是规划师也不是万能的，我们需要在这个时代更多的和其他的学科加强协作。其次，要把我们在人类活动大数据方面的一些研究与国土空间规划的相关内容，包括“双评价”“三类空间”等结合起来，在以人为本的空间规划编制方面去做出实质性的探索。

记者：您是国内规划领域进行大数据研究的先行者和领军者，在大数据领域有很多的实践和探索。现在规划领域的大数据分析已经被更多的人所接受，成为一门显学，您认为目前在规划实践当中应用大数据存在着哪些问题，应当如何解决？

甄峰：规划领域应用大数据的发端应该是在2011年左右。当时大家都欢呼大数据的到来，觉得大数据对城市研究提供了很好的素材、方法以及解决问题的能力。到了2015年之后，开始探讨怎样把大数据分析和城市规划结合起来。近年来大数据应用已经在规划界产生了巨大的影响，被规划界绝大多数人所接受，对促进规划编制的科学化意义重大。我们还是面临着很多问题和挑战。首先要解决的一个就是数据的规范和标准的问题。在应用大数据方面更多的还是探索研究。与大数据相比，“小数据”的数据规范性强，比如统计年鉴是规范的，它的这种范式是大家都能接受的。但是大数据是没有标准的，并且很多大数据的标准由IT企业所掌握，有时候我们可能对它的内涵，它是否真实反映了我们所想要的信息，都不掌握。所以我想，标准和规范的制定非常重要。而且现在我们要建“城市大脑”的话，标准和规范问题就更为迫切，“城市大脑”还需要引入政务数据、运营商数据等。怎么在“城市大脑”的框架下，匹配城市空间治理的需求，去考虑大数据的标准和规范的建设，这一点非常重要。其次是怎样更有效地利用大数据支持规划编制的科学化。这个问题之前我们在做大数据研究的时候也会遇到。有时候大家都觉得大数据很重要，大数据分析出来的问题确实是真实存在的，但是大数据只是对问题做了可视化和量化展示，对当前所存在的问题进行分析评价，但是在支撑规划、驾驭未来这方面，大数据却显示出能力不足。我觉得这不是大数据本身的问题，而是在数据积累方面的漏洞所导致的。目前的大数据分析往往缺乏连续的、多时段的分析和比较。如果今后在大数据积累方面能够做些工作的话，那就可以更好地对未来城市空间发展做一些科学的预测。同时也可以进行实时动态的监测，再通过模型来对城市未来进行预测和模拟，从而达到空间高效治理。最后，数字孪生城市的建设实际上也有利于我们利用大数据去解决未来的一些问题。

最后是数据共享的一个问题。现在推进数据共享有很大的难度。我想这需要在不同的学科之间以及同一学科内部加强协作。这样的话在围绕一个共同的问题或者一个区域进行研究和规划时，通过数据共享，可以群策群力来共同做好一件事情，进而共同推动空间规划编制科学化和空间治理现代化的工作。

记者：来自高校的教师和学生团队是我们城垣杯大赛参赛者的主体。作为来自高校的专家代表，请问您认为当前的规划人才教育体系应当如何响应规划工作对智慧化的需求呢？

甄峰：我想谈三点吧，一是，我们要在对学生的教学和培养中引导学生去树立善用数据的理念，要鼓励学生利用多源数据进行城市问题的分析和规划的探索。二是，要利用各个学校各个学科在已有数据科学方面的基础去增设相关的课程。在南京大学，我们在2019年给本科生开设了“城市大数据应用和智慧规划”课程，在这个课程中，我们致力于让学生掌握数据挖掘、数据分析的基本技能，能够利用编程技术，利用大数据进行分析建模。两年多来，这个课程得到了同学们的积极响应，对同学们在这方面技能的提升有一定的作用。在研究生课程建设方面，我们也新开了一门“未来城市研究导论”课程，实际上我们也主要是想通过对未来城市理论和方法的探索，引导大家关心智慧城市，关心大数据，关心规划的新方法和新技术。三是，作为学校，要让学生有获得感，要鼓励学生走出校外参加各种各样的竞赛。从这几年来看，我们南京大学的学生也都积极参加各类城市规划竞赛，包括智慧城市、大数据的竞赛。通过这些竞赛，同学们认识问题、分析问题、解决问题的能力得到了不断提升。同时，因为竞赛都是团队合作的模式，所以大家的团队合作意识也得到了很大的加强。

记者：今年的“城垣杯”大赛也在如火如荼地进行之中，您认为怎样才是一个好的规划决策支持模型呢？对于今年大赛的众多参赛选手，您有哪些宝贵建议可以提供给他们呢？

甄峰：我觉得对于什么是好的决策支持模型，这个概念很大，有很多维度。我觉得如果单就竞赛而言，一个好的决策支持模型一定是有创新的。创新可能在数据源方面，可能在模型和算法方面，也可能在应用方面。虽然这个模型可能不够完美，比如在数据方面存在一些缺陷，但是我觉得这也应是一个好的模型。从将来的实践层面来讲，一个好的模型一定要能够解决实际问题。能够最大可能地解决某些方面问题的模型，才是一个好模型。中国现在也处在一个“百年未有之大变局”的时代，我想这是我们今年参赛的一个很好的时代背景。我们应从当前的社会需求、国家战略需求、实际问题中去选择好题目，做好研究设计，认真准备，创新探索，同时还要注重团队协作。

访谈时间：2021年3月

柴彦威：
基于行为洞察城市时空，面向个体推进人本规划

柴彦威
北京大学城市与环境学院教授、博士研究生导师
北京大学城市与环境学院智慧城市研究与规划中心主任
中国地理学会常务理事及城市地理学专业委员会主任

专访柴彦威教授，聊聊：

人本规划与城市治理如何相结合？
行为数据采集与应用的前沿进展如何？
国内外研究交流合作如何推进？
……

采访内容

记者："城垣杯"已经举办到第五届，首先感谢柴老师对于往届大赛的支持。您认为，大赛举办最核心的价值在哪里？

柴彦威：大赛在国内独树一帜，很有特点。其最大的价值首先是探索性，其次是开放性。

在探索性上，中国城市规划在理念、编制方法、规划类型和规划意义理解上都需要新的探索，而"城垣杯"很鼓励这方面的探索，像北京这种大城市面临新的规划问题，利用大数据、机器学习、人工智能等方法来推动新的解决方法。

在开放性上，参赛团队很年轻，具有多样性。在北规院的牵头下，已成为供大家共同探讨城市规划转型的平台。

记者：从历届的"城垣杯"报名和参赛情况来看，可以说有两大"门派之争"。其中一个是来自高校的学者师生；另一个则是规划编制、规划管理、规划研究等领域的规划从业人员。二者的作品风格，通常差异比较大。您认为，其各自的特点、特色是什么？

柴彦威：高校的选题比较前沿，方法更具有创新性。老师和学生研究团队对国际前沿的把握，对方法的长期探索积累，有好的研究基础条件，在理念上、方法上和技术上更超前，但是相对来讲在规划实施方面有不足的地方。

而规划从业者在方法上也具有先进性，同时更加擅长与具体问题的结合，在基础数据的支撑下，紧密结合实际，开展大量实证分析。

记者：您一直以来致力于以人为核心的、以生活空间为导向的城市研究与规划。而今年的大赛，新增加了“城市综合治理”这一重要议题。能否请您谈一谈，城市中微观的个体——人，与城市的宏观治理之间的关联性、互动性？

柴彦威：首先我们国家的城市规划和城市治理越来越转向以人为本，确实要研究居民多样性需求，有针对性地做好城市规划的品质提升和以人为本的动态管理服务。我们经常讲以人为本，但是实际上对人的理解还是不够，现在我们强调分人群做更细致的需求分析。

在二十多年前，我们团队就接受了一些人文主义、行为主义的思想，提出了时空行为规划概念。在这些概念上，针对人的需求，物质形态规划编制的思路以及服务对象发生了变化，规划和城市治理的边界变得越来越模糊，有些规划编制的过程就是居民参与的一个过程。所以我觉得从这个角度讲，从一开始就要把居民个体研究和居民参与性纳入城市规划编制和治理的过程中。

城市治理是自上而下和自下而上的结合，可以落在宏观治理的方略和政策上，也可以落到居民参与等更加扁平化的城市治理模式上。这是目前大城市的规划管理部门应该探索的问题。

记者：近些年来，行为大数据的采集，逐渐成为学界关注的热点。您能否为我们简单介绍一下，在居民行为数据采集方面开展的探索，以及这些数据的研究支撑方面？

柴彦威：细致到个人家庭组织层面的研究，有一个最大的难点就是数据的采集。普查数据对个体关注较少，尤其微观和机理性数据还是比较少。所以，时空行为研究一定要突破数据的难点。传统的调查手段有问卷调查、访谈、历史资料、居民日志、家庭记录等，这些都可以作为个体层面资料进行研究。

研究组最早对北京、天津等城市开展行为数据采集，主要采用活动日志方法，较为复杂且精度不足。此后对调查方法不断革新，采用电子化、网络化和多设备化的居民行为调查方法，采用精准的GPS定位设备，自动建立数据库并实现数据管理。结合相关议题，选用特定设备，如空气污染检测仪、噪声检测仪、穿戴设备、眼动仪等。新技术、新设备的结合，使得行为数据更加精准和多样，甚至主观评价的调查也越来越精准化，比如EMA调查方法。

新的调查方法支撑了很多新的研究，比如GPS时空轨迹调查，使得对居民行为的理解和对居民设施资源匹配的理解上更加深刻，有利于发现时空行为与研究议题之间的关联关系，从中找到机理性的解释。此外，对人的时空行为的刻画、模拟预测、调控也支撑了智慧城市规划应用管理。

未来，行为数据的采集应常态化、广泛化，并建立开放共享的数据平台，加强采集、共享、使用等机制建设。

记者：您的研究组在近年来一直在推动时空间行为研究网络的建立。这项工作，对于凝聚学术研究力量、共同推动时空行为研究的进展，是具有重要的意义的。能否请您介绍一下当前国内外研究网络的合作交流情况？

柴彦威：行为研究是一个跨学科的工作。15年前国内城市规划、城市交通、经济学等领域十余位学者，共同组建了空间行为与规划研究会，举办的学术会议吸引了大量青年学者参与。

在此基础上，2013年基于某些前沿问题，推进了与国际同行的合作交流，合作发起中国城市时空行为研究，合作方式是“引进来、走出去”。所谓“引进来”，是在研究技术和应用实施层面吸取国外经验，并在国内召开国际学术研究会。“走出去”，就是去国外学习关于社会转型和城市规划发展的研究经验。

当前该网络已常态化运行，并培养了大批学者。未来，希望城市行为和居民时空行为研究能够吸引各个学科的关注。我们国家的社会转型才刚刚起步十多年，下一个阶段要加大研究力度，让这个网络不断扩大。

访谈时间：2021年3月

选手采访

梁弘：
《个体视角下的新冠疫情时空传播模拟》获特等奖

梁弘，**第四届“城垣杯·规划决策支持模型设计大赛”特等奖作品《个体视角下的新冠疫情时空传播模拟》团队代表，目前就职于北京市城市规划设计研究院数字技术规划中心，毕业于瑞士苏黎世联邦理工大学。主要研究方向为定量城市分析、多智能体模型。**

记者：*您在去年“城垣杯”大赛上的参赛作品《个体视角下的新冠疫情时空传播模拟》发人深思，您是如何想到用微观的方法去透视疫情传播这样一种大尺度的空间现象呢？这种方法有什么优势？*

梁弘：城市研究不同于其他科学，因为其研究的对象和尺度，大部分的研究内容是不具备在现实生活中开展多次对比实验的可能性的。模拟（或者说模型），能够表达系统的抽象特征和规律，可以进行重复实验，寻找城市系统的规律，比较不同条件下的后果，不失为城市实验有效的代用方法。由于过去高精度数据的缺失，我们对城市的模拟大多是过于抽象的。对于城市这样一个复杂巨系统来说，一些人为的简化或理想化假设，会使得模拟结果失真或者失败。现在，随着算力大幅的提升和微观尺度数据的获取变为可能，微观尺度的城市仿真，甚至是孪生城市、平行城市这种概念也逐渐变为可能。

但从另一个角度来说，仿真和模拟是不是一定要追求高精度呢？我认为也不是的。很多时候，宏观的模拟，能够更加精准地把握规律，更易解释，也节约成本。回到去年我们的研究题目，之所以采取个体的视角去研究疫情在北京这样一个大尺度空间内的传播规律，主要有两个原因：一是北京作为一个超大城市，内部的异质性是极强的，尽管预测北京整体可能的感染规模也是极有意义的，但是我们作为城市研究者更关心城市内部风险的差异和成因；二是，也是我们此次模型研究的另一个目的，是希望能够比较不同防疫策略的有效性和成本。在疫情常态化的背景下，我们防控疫情不再依靠一刀切式的封城，而是依靠精细化、网格化的管理，在维持城市正常运转的同时，控制住疫情。那么在这种背景下，想要模拟不同精细化的策略，从个体视角开展微观尺度的模拟就必不可少了。

记者：*大数据现如今在城市研究中十分流行，您的作品之中也运用到了大数据。您认为大数据和传统数据的关系是怎么样的？可以结合您的研究谈一谈吗？*

梁弘：对于大数据的定义，很多的机构和专家都给出过不同的定义。最广为流传的应该是大数据的4V特征，即规模性（Volume）、多样性（Varity）、高速性（Velocity）和价值性（Value）。这些特征对数据的存储方式和算法都有了新的要求，大数据这一个独特的研究分支也就形成了。但是，对于我们这些城市研究者而非纯粹的计算科学的从业人员，我们更关心大数据能给城市研究带来什么不同的视角。归根结底，大数据就是数字时代的产物，在这个万物互联的时代，个体的每一次移动、操作和交易都被记录了下来，数据更新的频率非常快。因此，比起传统统计数据要5~10年的周期才能摸清城市的现状和变化，现在依靠新型大数据，我们每个月甚至每天都能实时看到城市的变化，数据的颗粒度也从以往的区县、街道精细到了地块、楼宇，这对我们精细化的城市管理起了很大的支撑作用。

但是数据是对城市各系统要素的抽样提取，即使是当前的大数据也做不到全样本的覆盖，甚至有系统性的偏差，例如对老年人、儿童和弱势群体的缺失。因此，对大数据可信性的验证以及与传统数据的比较和融合都是必要的研究前提。

记者：但是大数据的应用门槛也很高，现在随着数字经济时代的来临，大数据开放共享机制的建设也成为当下的一个热门话题，您认为有什么办法可以提升大数据面向研究者的服务能力吗？

梁弘：数字开放共享不仅是大数据时代面临的问题，不同机构和不同部门之间的数字壁垒是一个长期存在的问题。但令人欣喜的是，在国家政策的引导和鼓励下，各大城市的开放数据工作，已从政策、平台、数据、应用推广等多方面取得了诸多进展。例如，北京已建立了整合各部门开放数据的门户平台，具备相当的数据储备，以及相对完善的开放数据接口。

但是不仅是政务数据，一些企业机构在开放共享数据时，都会面临细粒度的数据所带来的研究应用价值和个体隐私安全之间的矛盾问题。数据，特别是基于个体行为产生的大数据，存在着很多个人隐私的安全隐患问题，一方面我们还应该加强数据隐私方面的立法工作，另一方面一些新的技术和算法，例如“差分隐私”，也可以在有效模糊、保护个人信息的条件下，给研究者带来更多的可能性。

记者：现如今疫情还没有散去，您认为在后疫情时代的城市研究，与传统的城市研究相比，应该突出哪些方面？

梁弘：韧性城市并不是一个新的概念，在经历了此次疫情之后，城市的韧性，即面对不同灾害的风险程度、抵抗能力和从灾害中恢复的能力，更是成为城市管理者、城市研究者，乃至每一个在城市里生活的居民关注的问题。具体而言，城市空间的留白、小区单元的开放与封闭、适宜的城市人口密度、精细化的城市治理等一系列问题，在疫情的语境下都有了新的思考与讨论。

另外，疫情给生活带来的另一个变化，就是云办公、云娱乐、线上课堂的推广。虚拟世界的连通，最终可能给我们的城市结构和布局带来以往难以想象的可能，这些是需要城市设计者、规划者、研究者提前思考的。

记者：您的参赛团队中还有另外两位小伙伴，在去年的参赛过程中你们是如何分工和合作的呢？

梁弘：去年我们团队的三人虽然来自不同专业，但是都长期从事城市研究相关工作，有着城市决策模型和大数据研究的相关积累。在模型攻关的一段时间里，我们都发挥了自己的长项，分别负责基础理论的收集整理、数据的清洗与预处理、模型框架的搭建与优化、结果的分析与表达。多条线的工作能够同步开展，高效合作，应该是我们研究能够顺利完成不断优化的核心了。

记者：您对于今年的比赛，您有什么建议和期许？

梁弘：今年已经是大赛的第五年，五年前我还在瑞士读研究生，远程参加了“城垣杯”的首届大赛。这五年里，看着大赛在一直创新，越办越好，去年更是向选手提供了大数据方面的支持。期待今年的选手能够用好数据、用好方法，从数据和模型里感受城市的呼吸与跳动，更好地理解和解读城市。预祝选手们取得优异的成绩！

访谈时间：2021年3月

林诗佳：《基于手机信令数据的轨道交通线网建设时序决策支持模型》获一等奖

林诗佳，第四届“城垣杯·规划决策支持模型设计大赛”一等奖作品《基于手机信令数据的轨道交通线网建设时序决策支持模型》团队代表，同济大学建筑与城市规划学院城市规划系2019级硕士在读，主要研究方向是城市更新背景下产业园职住关系演变与影响机制、城市人口分布与流动格局监测等。

记者：您在去年“城垣杯”大赛上的参赛作品《基于手机信令数据的轨道交通线网建设时序决策支持模型》给人留下了深刻的印象，轨道交通也是现如今大城市规划建设中人们关注的焦点。能再介绍一下您和您的团队开展这项研究的初衷吗？

林诗佳：首先，随着如今城市规模扩大和人们出行需求增长，轨道交通已成为各大城市缓解交通问题甚至是优化城市空间结构的共同选择。从单线规划到网络规划，城市轨道交通规划建设趋向复杂、长期、高成本、系统化，更需要“合理”的线网规划来避免规划不当造成的浪费和折腾。对于许多城市轨道交通线网规划来说，建设时序是总体规划或交通专项规划确定大致线网布局之后最为首要的问题，虽说“以人为本”“统筹协调”等规划原则已是老生常谈和明文导则，但由于数据和方法所限，大多时候考虑的因素偏重城市空间规划、交通线网等级、经济效益、工程实施等，这些静态物质层面的要素，抑或客流量、站间OD等轨道交通线网内部的动态要素，而忽视了乘客实际、完整的活动规律和活动需求，很大一部分原因就在于难以精确把握客流动态，尤其是空间分布和地上地下的全程活动轨迹，从而无法对乘客的来源去向、站点服务范围和服务对象进行探知。传统数据对于城市空间、经济社会信息的分析能够较好地支撑，而对于人的行为活动则较为局限，即便是公共交通刷卡数据，也只能支持人在交通工具线网内部的活动情况认知。随着移动通信全面普及，手机信令数据在人群时空行为活动方面的研究已有较多积淀。本次使用的杭州市用户手机信令数据，能够识别轨道交通乘客及其全程活动轨迹，即包括个人在当天是否有轨道交通出行、在何时何地进出站以及轨道交通出行前后的地上行程等重要信息，这将是我们了解轨道交通乘客活动轨迹，进而分析背后的活动需求的重要入口。因此，我们希望借助这个数据，为轨道交通出行需求和线网建设时序预测提供全新的视角，真正补充上“人本”角度的规划决策支持。

记者：在去年大赛中，我们更多了解的是您的作品，能否更多的介绍一下您的研究方向？

林诗佳：我们团队在导师的带领下，主要研究利用时空活动大数据认知人的活动规律和需求，并以此为基点对城市发展规划中的重要议题进行再探讨。借助移动通信信令数据、LBS数据等大数据的兴起，我们得以从“人”的视角观察城市，数据是重要工具，但绝非目的，最终目的应当是将原先基于经验、基于物质空间的规划认知，向最本质的“人的活动”转变，如此使我们的规划回归本质，更加贴近人的需求，更加符合城市高效、科学、宜居的发展诉求。宏观层面，我们通过分析城际人口流动认知中国城市体系和发展机制，如不同城市群的层级、空间结构和发展模式；中观层面，我们有城市之间的跨城通勤现象及背后机制探索，城市内部的开发边界识别、轨道交通对城市活动的作用、城市公共中心体系、市域城镇体系等方面的研究；微观层面，利用更精确的定位数据研究城市街道活力等。共性在于利用大数据挖掘人的活动特征，进而解读空间之间的关系以及行为活动背后的形成机制。关于轨道交通，是我们团队较为重视的方向之一，因为既已观测到城市轨道交通对城市人群活动和空间结构都起到了至关重要的作用。目前主要涉及两方面，一是轨道交通对城市活动的作用，最为典型的就是对城市职住空间关系的改变，刷新了我们对“职住平衡”的认知；二是轨道交通乘客的活动轨迹，相较前者，这个更为微观、从个体出发认知城市，目前在轨道交通乘客来源和去向、轨道交通服务范围、服务对象方面已有一些新的发现，并在轨道交通客流监测、出行需求预测、线网规划决策方面进行了初步应用尝试，本次比赛的决策模型就是一例。现在进一步试图利用乘客全程的活动轨迹，而不只是轨道交通行程前后的停留点，来更为深入地剖析城市轨道交通对人的行为活动带来的影响及其原因。利用大数据对于轨道交通乘客活动的研究，最终目的都是希望更为全面、透彻地理解轨道交通对城市人群，再到城市空间产生的作用，不再单一地从线网位置和城市区位理解轨道交通站点的职能，最终导向差异化的轨道交通开发策略。

记者：您和您的团队是如何分工合作的呢？

林诗佳：首先前期探索性分析的阶段，我们团队三位成员分工去遍历、学习了历届“城垣杯”大赛的获奖作品，了解了这些优秀作品的选题特色、模型方法和表达技巧。其次在主要工作阶段，由我完成了轨交乘客及其出行链的识别和轨交站点理论服务范围的计算，张竹君在此基础上进行了数据遍历和特征发掘，刘思涵负责完成了模型指标和评价体系的构建。在最后模型呈现的环节，根据前一阶段各位成员的分工，完成了各自的ppt和文本工作。由于疫情影响我们三个均为居家工作，但保持着每周至少两次的线上集体讨论频率，所以每个成员在分工的基础上对研究内容都有比较好的整体把控，这对最后成果的完整呈现有很大的帮助。整体而言，我们三位成员在过程中保持着平衡的分工，整个成果的选题、设计、计算和呈现都是所有成员讨论研究的共同成果。

记者：您所在的同济大学建筑与城市规划学院一直以来在规划的新技术创新方面有很多长足的发展与探索。您认为，传统的以设计为基础的规划实践，和新技术领域应该如何更好地结合呢？

林诗佳：这要看“新技术”是如何定义的。实际上，规划实践一直都处在和新技术不断结合、发展的过程中。在手绘图纸的时代，CAD等计算机绘图技术属于“新技术”，而现在已经成为规划实践中最为基础的技能；GIS也曾经是“新技术”，现如今在规划行业也得到了越来越广泛的应用，尤其是在国土空间规划体系实施后；现在也有更多的大数据、人工智能等“新技术”开始被用于规划方向的研究。城市规划是一个实践学科，金经昌前辈曾经说过“城市规划是具体为人民服务的工作”，一切新技术在规划领域的应用，都要以实用为基础，都要服务于规划实践。因此，规划实践与新技术的结合，首先要求从规划的实际问题出发，再寻找能够解决问题的技术。如轨道交通线网建设时序一直是实践当中面对的重要问题，针对这一问题现在能够使用什么方法技术去解决，这些现有的方法技术有什么长处，又有什么可以被补充和改进的方向，在此基础上再思考有没有新技术可以被应用进来，如手机信令数据识别乘客的技术可以扩充原有的方法。这要求有一批规划人应当既懂规划的基本原理，又懂得新技术，不能在传统的设计领域止步不前，也不能只重视技术本身而忽视了规划的现实需求，规划师应该更多地直接参与到技术的学习、应用中去。当前，大数据、人工智能、模拟模型等各类技术都在规划领域进行着探索，学术研究与实践应用是相辅相成的，这些技术中有价值的内容未来一定会被应用在规划实践当中。

记者：大数据的申请和使用是2020年大赛的一项亮点，2021年的大赛还会沿用这一模式。请问在去年的大赛中您对于大数据的使用感受如何？对于今后的大数据使用环节，您有哪些建议吗？

林诗佳：我们认为大数据的使用无疑是城市规划领域规划决策支持的一大利器，通过观测大规模城市个体行为来获知群体规律，从而高效及时且有针对性地给出规划决策。我们团队所在的工作室，长期以来从事“以大数据等信息技术支持城市空间优化研究、支持城市规划设计”的研究，认为这个研究方向充满了机遇与挑战。本次竞赛选题对于我们也是一次全新的探索，通过手机信令数据还原真实客流出行分布，通过基于人的供需落差来评估轨道交通建设时序决策，目前认为取得了较为理想的成果。对于大数据的使用，结合自身研究经历，有三点较为深切的感受：其一，大数据的使用必须审慎，前期数据清洗和质量检核工作是能不能用对大数据、用好大数据的基础。可以通过数据本身的重复率检查以及与传统调查数据相校核、多源大数据相互校核的办法，来提高数据的可信度。其二，在大数据计算时，必须找到和实际问题或传统概念相吻合的算法。以大数据计算常住人口为例，常住人口的定义是“实际经常居住半年及以上的人口”，这本身是一个生活的逻辑，那么在大数据计算过程中，如何识别居住，如何定义经常半年及以上，如何把这些定义转化为数据计算的规则，甚至手机信令数据多大程度上可以代表行为个体，如何确定样本率如何实现扩样，都是需要考虑的问题。其三，大数据计算要有明确的问题导向，不能为了算数据而算数据，计算本身可以无穷无尽，无效的工作量反而是给自己增加的负担。因此，在使用大数据之前，必须明确研究目标，在此基础上有针对性地进行计算推导或验证，或是有的放矢地找到相应问题的答案，或是有力证实或证伪自己的预期结论。

记者：您认为决策支持的工作在未来有哪些新的发展机遇和挑战？为此我们应该如何应对呢？

林诗佳：随着自然资源部的成立，我国国土空间规划体系逐步建立。决策支持工作贯穿于国土空间规划编制、实施、监测、评估的全过程，且面临多学科、多专业融合的需求，这既是机遇，也是挑战。从全过程来看，新的国土空间规划体系不再只是关注规划编制与管理，还关注落地实施、监测预警、评估反馈等多个阶段的工作，无疑对数据采集与分析提出了更高的要求，但同时也有利于多方位地提升国土空间规划编制的科学性、规划实施的高效性、监测评估预警的及时性及社会公众的参与性。从多学科来看，新的国土空间体系规划涉及城乡规划、土地资源学、自然地理学、城市生态学、大气环境学等学科，如何实现多方博弈无疑是个难点。但通过将不同规划参与方所关心的影响决策的各种因素进行周密、全盘深入的剖析，有助于增强规划方案审批和决策的科学性，以及规划实施的可操作性。面对上述机遇与挑战，以模型为代表的规划决策支持应用会拓展到规划全过程，也会与其他学科模型结合、融合。我们可以预先建设面向国土空间规划的模型库，一方面，国土空间规划融合新型数据源，需要专业的数据分析模型和更高的信息技术运用能力，但规划和信息技术复合型人才的培养成本和时间周期较长，短时间内需要工具辅助来满足国土空间规划工作的迫切需要，通过构建模型库的方式可以提高上述知识的复用率，降低知识使用的门槛；另一方面，未来国土空间规划编制、监测、评估及预警各个阶段都将实现系统化、自动化，其核心是如何将空间规划相关的法律、规范转化为可量化、可计算、信息化系统可复用的软件模块。因此，构建功能全面的模型库可以有效地支撑各类国土空间规划信息化平台的智能化建设，实现更高效的规划决策支持工作。

记者：可以谈一谈您在去年大赛中的备赛经验吗？

林诗佳：首先在数据来源方面，感谢同门师兄师姐完成了艰辛的数据采集工作，通过为期两周的实地路测建构了地下基站数据库，为识别手机用户乘坐地铁记录、构建地铁乘客包含进出站的完整出行轨迹奠定基础。基于此，我们还进行了严格的数据质量检验与无效数据筛查，使得后期研究能够顺利开展。

其次在研究选题方面，感谢导师为我们提供了创新的研究思路，提出手机信令数据也可以用于轨道交通服务能力的评估。具体通过地上地下的出行链连接，克服传统轨道交通数据无法反映乘客地面活动的问题，精准还原各个站点的地上服务空间范围。在初步拟定选题方向和完成数据质量检验后，组员们在阅读大量文献的基础上进行探索创新。通过引入信息熵指标、等效路阻模型等构建量化客源溢出程度的指标体系，再基于供需差异的紧迫程度建立建设时序决策评分体系，从而指定完整合理的研究框架，使得研究工作能有的放矢地高效进行。在确定研究方法的同时，我们还制定了构建—预测—反馈—再预测的模型设计思路，确保模型真实可信。最后值得一提的是，汇报环节也需要精心准备。研究思路不等于汇报逻辑，如何更好地传递模型价值、如何让观众更好地理解建模逻辑、如何简明概要地讲明白技术难点与重点，都是汇报阶段需要注意的问题。总结来说，整个研究工作期间，虽然受疫情影响大家都是居家工作，但是工作室内定期举行组会，使得我们能及时交流，按照预期计划推进研究进度；并多次得到导师、同门的有效建议，整体研究进程较为顺畅。

访谈时间：2021年3月

吴海平：《基于多源数据的15分钟生活圈划定、评估与配置优化研究》获二等奖

吴海平，第四届“城垣杯·规划决策支持模型设计大赛”二等奖作品《基于多源数据的15分钟生活圈划定、评估与配置优化研究》团队代表，长沙市规划信息服务中心空间规划部大数据组技术负责人，注册城乡规划师、中级城乡规划工程师。

记者：生活圈的划定和规划目前已经成了学界热点，您在去年“城垣杯”大赛上的参赛作品《基于多源数据的15分钟生活圈划定、评估与配置优化研究》也对此展开了讨论。现如今包括长沙市在内的很多城市都开展了社区生活圈方面的规划实践，您可以向我们介绍一下您的研究工作开展的具体背景吗？

吴海平：党的十九大报告对我国社会面临的主要矛盾作了新的界定，指出：“中国特色社会主义进入新时代，我国社会主要矛盾已经转化为人民日益增长的美好生活需要和不平衡不充分的发展之间的矛盾。”为适应新时代新要求，破解公共服务设施配置不充分不均衡现象，切实增强群众幸福感、获得感和安全感，2018年4月13日，长沙市政府发布《长沙市“一圈两场三道”建设两年行动计划（2018—2019年）》，相继出台了《15分钟生活圈规划导则》《长沙市便民生鲜农产品供应体系建设实施方案》等8个标准规范文件，促进了“一圈两场三道”项目建设的高质量、高品质，真正让老百姓在家门口就能享受到幸福感的提升。

我们团队在2020年“城垣杯”大赛的研究主题聚焦于15分钟生活圈，这正是长沙市“一圈两场三道”行动计划中的“一圈”。在长沙市推动15分钟生活圈的建设进程中，我们也面临一系列问题与疑惑，一方面是15分钟生活圈最初提出时仅是一个概念，如何与实体空间关联，并形成一个能够满足居民需求且不打破行政边界、让其实施有主体的实体地域？这是我们一直在思考的问题；另一方面，如何从以人为本的视角发现“15分钟生活圈”中真真切切存在的问题，并基于问题生成系列项目库，再通过行动计划予以落实？这是研究能否落地的重要前提，也是让我们团队沉下心来探讨关于15分钟生活圈的系列研究工作的动力来源。

记者：和以往大尺度的城市规划设计相比，生活圈规划显然是一个新兴话题，您认为生活圈的规划与当前国土空间规划体系建立的大背景，或者说和当前法定规划的体系应该如何结合呢？

吴海平：为全面贯彻社区生活圈的理念，自然资源部起草《社区生活圈技术规划指南（征求意见稿）》，文件中明确提出生活圈规划如何与当前国土空间规划体系衔接，一是总体规划主要对社区生活圈规划进行定目标、提原则、编标准；二是详细规划是落实社区生活圈理念的重要规划，可开展规划专题研究，全面评估、查找问题和制定对策，明确空间划分规则，落实各要素配置的具体内容、规划要求和空间布局，形成规划行动任务；三是相关专项规划协调好与社区生活圈规划工作的相关内容。

在这个文件的指导下，结合长沙实践经验，我们认为生活圈规划本质上是以解决群众衣、食、住、行等需求为导向的规划，除与法定规划衔接这条主干外，更应该作为一种行动规划，强调

“评估—问题—计划”这条以实施为导向的逻辑链条，建议借鉴《国土空间规划城市体检评估规程》，形成社区生活圈“一年一体检、五年一评估”的专项评估体系，根据评估结果，推导当下群众在衣、食、住、行等方面的问题，依据规划制订项目行动计划，这样使生活圈规划既能符合当下，也能迎合未来。

记者：与众多来自高校的参赛选手不同，您所在的单位长沙市规划信息服务中心更多接触到规划的一线工作，可否介绍一下您所在的单位？以及开展科研工作的特点？

吴海平：长沙市规划信息服务中心是长沙市自然资源和规划局的二级机构，是一家专业从事软件研发、信息化建设与应用、规划研究与技术服务的事业单位，现有在职员工500余人，构建了智慧自然资源和规划、智慧住房和城乡建设、智慧城市和智慧规划编制与研究四大业务板块，拥有CMMI5、城乡规划编制乙级、测绘甲级、涉密档案数字化加工、涉密信息系统集成等多项资质。此外，中心高度重视科研创新与行业协同，出版学术专著4本，每年在各类行业论文竞赛、期刊杂志上发表论文20余篇，现完成国家、省、市科研立项36项，拥有软件著作权60多项，获得国家、省、市各类奖项48项。

我中心高度重视研究工作，2008年就成立了长沙市规划信息服务中心学术委员会，从科研立项、成果规范、绩效考核等方面出台了明确的机制，以规划研究为例，中心鼓励务实性、落地性的研究，开展的基础性研究（体系研究、标准研究等）和前沿性研究（大数据、人工智能等）直接为国土空间规划编制、国土空间规划信息化等提供支撑。相较于相当多的大数据研究工作无法与规划设计业务形成直接关系，无法真正落地，甚至出现规划设计业务部门反对大数据介入的问题，我中心将规划研究和新技术创新作为开展规划编制、规划咨询业务的重要基础和前提条件，两者是相互依存的关系，让规划研究尤其是大数据研究工作深度融入规划业务和信息化建设业务中，为规划设计机构开展大数据研究工作提供了新的途径。

记者：这一轮数字化、信息化的浪潮，对于国土空间规划的转型来说是至关重要的，您可否结合您的日常工作，谈一谈您对于当前规划信息化面临的挑战和机遇的看法，以及我们要如何应对和把握？

吴海平：目前来说，数字化、信息化是国土空间规划的一个大背景，就我们日常工作来说，规划信息化趋势可以分为两个方向：

一是以国土空间规划“一张图”实施监督信息系统为载体的信息化平台，主要面向规划管理部门，侧重通过信息化手段对国土空间规划开展监测评估预警，以辅助规划管理者全盘监督规划实施情况，这也是我们单位的主力产品之一，今年重点在推2.0版本的产品迭代和优化。

二是以国土空间规划辅助编制系统为载体的信息化工具，主要面向规划院、设计机构等，侧重针对传统规划编制过程中劳动密集度高、数据处理烦琐、附加价值低的环节，研发相应规划辅助编制工具，以提高规划编制人员效率，减少重复性劳动，建立部分环节的标准化机制，这一部分的工作也是我们单位着重发力的方向，相信不久后大家就能够看到可以量产和推广的产品了。

机遇往往都是和挑战一起出现的，我们认为规划信息化的其中两个重点方向就是“一张图”和规划辅助编制系统，两者是面向规划管理和规划编制环节的重要工具，随着国土空间规划编制进度的推进，工具的重要性会愈发得到体现，如何更快地完成规划研究与编制？如何更实时地掌握规划实施的动态？这些方向都是规划信息化可以发力的领域，也是八仙过海时各显神通之处。

记者：您的研究之中运用到了POI和手机信令等大数据，我们在2021年的大赛中还会继续沿用这种数据申请合作的模式。您认为，当前大数据能够在国土空间规划领域发挥的作用有哪些？

吴海平：“城垣杯”原有数据申请模式采用申请制，很多参赛团队并不能够获取到离线大数据，我们觉得可以借鉴2021数字中国创新大赛的模式，比如聚焦到某一类特别具体的问题（如共享单车、街景识别、出行挖掘等）设计可选赛题，并开放配套的基础类数据，最终可根据选手们提交结果实时打分。这样比赛的竞争性和实时性会更强一些，离线数据也能让各团队发挥更大的能动性，这个是我们去年参赛后比较有感触的点，因为去年申请长沙市联通信令离线数据的时候没能成功，后来我们团队是通过自购的方式获取到了相关信令数据，这才更好地支撑了我们研究的推进。

从大数据发挥领域的角度来说，我们更多地还是将大数据作为城市运营现状的测度指标，通过各种数据挖掘方法去分析和评估背后隐含的规律模式，从而掌握和了解目前城市运行、规划实施情况，这是我们利用大数据的主要出发点和立足点。数据始终是基于现状产生的，不同类型的数据有着不同的生产逻辑，大数据如此，小数据也如此。无论是做哪种类型的规划，现状评估终究是第一步，而大数据的出现就很好地补充了传统规划编制过于依赖小样本数据和领导拍脑袋做决定的困境，使得对城市运营现状的动态实时评估技术具有可行性，比如借助动态更新的手机信令数据可以实时测度城市人流动向乃至预测趋势，这对于以往的规划从业者来说是很难想象的，这也是近几年大数据相关技术在规划领域发展迅速的原因。

国土空间规划的诞生正好处于“部门机构改革”和“规划体系重构”的双重背景下，对于广大规划师来讲，如何能够尽快打通“数据获取—数据清洗—数据挖掘—模型建构—数据可视化”的全套流程，并将其有效运用到日常规划实践过程中，更好地提升自己和团队的规划编制与研究水平是特别重要的；对于众多规划管理者来讲，如何能够借助各类信息化平台产品更好地为日常管理业务服务，提升国土空间规划相关业务效能则是更为关注的重点。

而这两类人群的需求都依赖于大数据和相关技术的更进一步发展。如何让大数据技术更好用、更易用？如何降低大数据分析挖掘的技术门槛？如何让没有编程背景的普通人也能够享受到大数据时代的技术红利？等问题，这些都是需要众多规划信息化领域从业者共同努力的。国土空间规划为大数据的技术发展提供了一个很好的契机，数据始终是为需求服务的，每年一届的“城垣杯”设立初衷也是基于各类数据去挖掘和发现城市运营的现状问题，并建立相关算法或模型去提出优化策略以辅助规划决策，这是大数据应用的其中一个重要方向，也是我们团队在规划实践过程中不断努力的方向。

记者：您的参赛团队一共有10名成员，这是否是一支多学科背景的团队？请问在去年大赛中，你们是如何开展专业协作的呢？

吴海平：我们团队具备多学科背景，包含城乡规划、人文地理、土地资源管理、地理信息系统等专业。团队成员各有所长，有资料收集小王子，能够快速检索出相关研究成果并作出价值判断，进而筛选出对选题有用的信息与资料；有算法模型小能手，能根据团队需要开展算法编写，实现工作处理自动化；有大数据挖掘机，能在爬取长沙市各类数据的同时，暴露出其隐含的有效信息，为本次竞赛提供强有力的数据支撑；有公众号大咖，以其强烈的问题意识，集结团队开展创新思考与研究实践；有规划小天才，从深耕多年的城乡规划的视角，以国土空间规划在城市与乡村关注焦点的差异作为研究的切入点，为研究提供宝贵的参考意见；有专业智囊团队，从其多学科知识视角对竞赛选题、阶段性成果、汇报演练等方面提出了宝贵的建议，保证课题的落地性与创新性。

记者：今年的第五届大赛也即将拉开帷幕，您对于今年的大赛有没有什么期许？

吴海平：从我们的理解来讲，“城垣杯”大赛更强调发现城市现状运营中遇到的真实问题，并运用大数据、新技术等手段分析规律、总结模式，再进一步提出针对性解决方案，因此近年来吸引了大批研究团队与机构参赛。我们团队去年的选题是落脚于公共服务设施均等化，提出了一套涵盖15分钟生活圈划定、评估与配置优化的全生命周期解决方案，虽然探索过程历经不少坎坷，但过程中团队成员都有所收获，对“15分钟生活圈”的理解也更深一层，这对团队的成长也是有所帮助的。

近年来，越来越多的城市已进入到城市更新的重要时期，逐渐由大规模增量建设转为存量提质改造和增量结构调整并重，以前更多是“有没有”，未来可能更多是“好不好”，这也是规划编制、规划研究的重要议题，因此在2021年新一届大赛中，我们团队希望能够顺承15分钟生活圈的视角切入到城市更新与活化的研究中去，借助联通智慧足迹、百度慧眼等数据探索大数据在中微观尺度的应用前景，希望能够有所建树，也希望能够为长沙市的城市更新出一份力。

此外，还希望“城垣杯”组委会能够多探索灵活的数据申请方式，可以参考下国内其他类似数据竞赛，在保证数据脱敏的前提下适当开放重点城市的离线数据开放范围，这对于众多研究团队的能力提升也是具有重大帮助的。我们希望未来能够看到更为开放、规范和共享的大数据研究氛围，毕竟数据才是研究的生命。

最后，我们祝“城垣杯”能越办越好，继续做大做强！

访谈时间：2021年3月

崔喆：《基于图神经网络的城市产业集群发展路径预测模型》获三等奖

崔喆，第四届“城垣杯·规划决策支持模型设计大赛”三等奖作品《基于图神经网络的城市产业集群发展路径预测模型》团队代表，南京大学建筑与城市规划学院2018级硕士研究生。主要研究方向是流动空间背景下的产业集聚与产业网络研究。

记者：崔喆您好，对于“城垣杯”，您有过多次参赛经历，而且都获得了奖项。今年已经是城垣杯举办的第五年，您认为这类竞赛举办的意义是怎样的？

崔喆：我从本科阶段就接触到了“城垣杯”大赛，并且在本科阶段和研究生阶段两次报名参加了大赛。现在我马上要告别校园，步入职场，开启一段崭新的人生篇章。回顾我从一名懵懂的规划菜鸟到即将独当一面进行研究和规划实践工作的规划工作者的成长历程，“城垣杯”就像一盏导航明灯，它照亮了还尚不明朗的规划大数据分析与城市计算领域，让我们知道了新技术在城乡规划领域中大有可为。它又像一座知识宝库，历届“城垣杯”大赛的优秀成果无论从选题切入角度，还是具体的模型算法，抑或是各种直观、新颖的可视化手段，都使我们获益良多。可以说，从规划学生的角度，“城垣杯”的存在非常有效地补充了本科与研究生阶段课程教学涉及较少的领域。我相信我们这一代在“城垣杯”熏陶之下的规划学子在进入规划业界后，也一定会将“城垣杯”所坚持的用数据说话，用算法支撑的理念带入规划工作中，为规划行业注入一股清流。从这种角度看，“城垣杯”的启蒙意义怎么说都不为过。

记者：您在2020年“城垣杯”大赛上的获奖作品《基于图神经网络的城市产业集群发展路径预测模型》，是一篇十分具有新意的作品。我们知道产业的发展是城乡规划中需要考虑的重要方面。能介绍一下您这篇作品选题的背景或者初衷吗？

崔喆：我们的作品研究的是城市与区域的产业发展。产业并不是传统的空间规划中所关注的重点，但它却是决定城市发展路径与城市竞争力，影响城市空间形态，关乎城市中人民群众生活的最重要的要素。因此，产业规划不仅在区域规划、战略规划等专项规划领域中有非常重要的地位，在新的国土空间规划中也是重点之一，在省市两级的国土空间规划编制指南中，产业以及与产业相关的功能定位、协调发展等专题均有所提及。并且以我个人的观察来看，不仅城市规划中需要产业规划，在各类五年规划、产业规划等发改、工信部门牵头的发展规划中，也非常迫切需要从地理空间视角看问题。在传统的产业研究中常常会出现就产业论产业、忽视空间要素的弊病。很多产业研究机构、咨询公司对产业链的了解比较深刻，但往往忽视“产业依附于空间”这一点。地方政府最急需的恰恰是在有限的空间中安排最合适的产业，以实现集聚效能的最大化，达到1+1>2的效果。但实践中往往却是园区内的企业毫无关系，在错误的产业规划指引下被强行“拉郎配”，企业所需的配套企业没进来，集聚在一起的企业毫无集聚效能。

在产业的大框架下，我们的参赛作品主要解决的是实践问题，而非理论研究。规划实践与理论研究有一定相通之处，但从研究逻辑与方法论来说两个方向有着非常大的区别。理论研究的基本逻辑是从原理出发，分析各类要素对城市与区域产业发展的影响，各种产业对城市与区域要素特征的需求，从而逻辑推导出适当产业，并基于产业选择进行规划。而解决实践问题则既可以从原理出发进行推导，也可以从结果出发进行溯源。既然某一种产业发展模式已经在部分地区验证可行，那么这样的模式在某种意义上来说就是有一定道理的，我们可以借鉴这样的路径。即使某种产业的发展背后有着非常复杂的路径机制，也可能蕴含着非常深刻的理论问题，但我们仍然可以把它们视为一个“黑箱”，从最后的发展结果入手，反推该地区产业发展的路径与机制。毕竟“黑猫白猫，抓到耗子就是好猫”。很多情况下，“路径依赖”不等于“路径锁定”，从哲学意义上来说，纵然被大量证实行之有效的方法或许存在“水土不服”的可能性，但更多情况下大量的成功案例背后是科学规律，满分作业已经摆在面前，为什么不去抄作业呢？

记者：您在分析产业关联时运用了图神经网络这一方法，请问这一方法的优势是什么？

崔喆：正如我上面提到的，我们作品的基本思路是从结果出发，在已有的产业发展路径中进行学习，挖掘其规律，进而进行产业推荐。机器学习、深度学习以及神经网络这类工具恰恰可以帮助达成这一目标。这些工具可以帮助我们在纷繁复杂的现象中找到隐含的规律，有些规律背后的机制可能被我们掌握了，有些可能还没有被我们掌握。但不管怎样，规律已经被算法挖掘出来了。

与普通的神经网络处理的对象不同，图神经网络处理的对象是“图”。“图”是数学中图论这个分支里的概念。图包含两种元素：节点和边。节点表示任意一种事物，如人、城市、产业等，而边表示的是这些事物之间的关联。比如A和B是好朋友，A和B这两个节点之间就建立起了联系；又如我先去了北京，又去了上海，北京和上海这两个节点之间也可以建立联系。

图神经网络的一大应用领域就是推荐算法。基于图神经网络的推荐算法已经被非常多地应用在我们生活中的各个角落。我们每天在使用淘宝、豆瓣、网易云音乐等App时都会碰到基于大数据的音乐、电影以及商品推荐。它们不需要知道你姓甚名谁，年龄多大，是男是女，有无对象，学历怎样，爱好如何，只需通过图神经网络算法把你的听歌历史、观影记录、商品点击历史等构建成复杂网络，也就是图，再把这一个隐含了你无数信息的图，与成千上万用户的海量点击数据训练出来的图进行比较计算，从进而为你推荐最适合你的音乐、电影、商品。

于是我们就想到，这样的算法可否为我们的产业推荐模型服务呢？同理，我们不需要知道城市的各类指标（类比于用户的各种特征），通过城市的产业引入路径（类比于用户的听歌历史）构建网络，是不是也可以把模型建起来，进而进发掘隐含规律，实现产业推荐呢？从图神经网络的应用中我们可以看出，第一，图神经网络应用于推荐算法可以更好地挖掘规律，因为我们不需要告诉电脑每一个节点的具体属性，他们的属性都隐含在他的联系里了。第二，图神经网络可以避开“大众化”的推荐，能够更好地根据该城市的已有特色产业进行专属的推荐，这样就可以更好地做到错位竞争，找到真正适合自己的产业领域，而避免都一窝蜂地涌向电子信息、人工智能等领域，既要找到好的，也要找到适合自己的。

记者：从您的作品中我们其实可以看到，模型算法在规划研究实践中的重要性是日渐上升的，而且也得到了越来越多的学者的关注。您认为，作为一名即将从事规划的从业人员，应该如何看待模型算法和规划实践之间的关系呢？

崔喆：以我个人的观察，大数据与模型算法在规划研究中的应用程度要远高于在规划实践中的应用程度。似乎模型算法在解决“是什么”和“为什么”的领域上更好用，而到了“怎么做”的领域上就失灵了。的确，规划是面向实践的，而实践中确实会遇到很多不能纯靠模型算法解决的问题，包括各类主体间的沟通协调与治理、规划公众参与等。但是，我认为这二者是可以和谐共存，相互支持，达成一个更好的结果的。首先，规划方案的生成需要科学性，而科学性的来源就在于数据和算法；其次，规划方案的传导与实施需要科学化的构建，实践中产生的大量问题往往就在于一个科学的方案缺乏实施策略配套，从而招致各类主体的反弹。我认为，“城垣杯”大赛鲜明的实践导向在模型算法对“怎么做”问题的回答中起着引领作用。身在高等学府，我有时感到过分重视规划研究，论文写出来，机制分析清楚就完事了。

很感谢“城垣杯”大赛的平台能够给我们一个契机来思考规划实践中的问题。

此外，我认为有时候规划人员在规划实施过程中排斥抵制模型往往来源于模型算法的不成熟。这种不成熟体现在两个方面：一是数据源与算法的不合适。有些数据只能从侧面反映事物的一个方面，但我们却用它来说明全局问题；有些方法只适用于宏观尺度，但我们却在微观尺度应用。二是在建模过程中忽视“大数据”与“小数据”的融合，我们团队一直倡导“大数据”与“小数据”融合，规划的“以人为本”不仅需要我们“开天眼”从大数据看城市，也需要我们在开发模型算法的同时俯下身，认识这个色彩缤纷的世界。有时我们往往沉浸于“炫技”，却忽视了对理论、对人、对城市本身的把握。

记者：对于将来的“城垣杯”竞赛，您是否还会持续关注？

崔喆：到目前为止，“城垣杯”陪伴我走过了我的学生生涯。工作后，我将继续关注“城垣杯”。我相信身处规划业务一线以后，“城垣杯”更能刺激我更多的想法。今年是“城垣杯”大赛的第五年，这五年来，我身边关注“城垣杯”，参加“城垣杯”的同仁越来越多，希望大赛能够继续扩大它的影响力，能够吸引更多领域的学者、从业人员、学生前来参加。也希望今年参加竞赛的选手用好数据，为规划事业科学化尽一份力。祝选手们取得优异的成绩！

访谈时间：2021年3月

影像
记忆

01
全体合影

第五届大赛全体合影

02
选手精彩瞬间

03
专家讨论及会场花絮

欒彦威
钮心毅
王芙蓉
邹哲
罗劲涛
刘晨
周宏文
第五届

附录

2021年“城垣杯·规划决策支持模型设计大赛”获奖结果公布

作品名称	工作单位	参赛选手	获得奖项
人本视角下的城市色彩谱系——“建筑—街道—街区”城市色彩量化计算模型实证研究	北京工业大学、北京市城市规划设计研究院	张梦宇、顾重泰、陈易辰、王良	特等奖
多源数据支撑下的城市绿道智能选线规划研究	江苏省规划设计集团有限公司	蒋金亮、高湛、徐云翼、陈军	特等奖
VGI动态响应下的山地步道空间治理平台——以宁海NTS为例	天津大学	王超群、郭佳欣、马昭仪、袁诗雨、张舒	一等奖
碳中和愿景下城市交通碳排测定与模拟——以上海为例	同济大学	段要民、许惠坤、王海晓、李振男、张静、吴琪	一等奖
基于AnyLogic多情景模拟的城市复杂空间疏散能力评价及规划决策检验	深圳大学	黄伟超、梁欣媛、黄颖欢、邓琦琦、辜智慧	一等奖
基于民生性和经济性评价的老旧小区改造项目生成算法	清华大学	刘晨、梁印龙、刘锦轩、田莉	一等奖
廊道视角下职住关系“梯度平衡”监测与优化——兼论功能疏解影响下北京典型通勤廊道变化	北京市城市规划设计研究院、中国科学院地理科学与资源研究所、中国中元国际工程有限公司	王吉力、董照诚、吴明柏、陈一山	一等奖
1000份方案的诞生：设施用地优化方法——以儿童友好社区为例	天津大学	牟彤、肖天意、温雯、张舒、邵彤	二等奖
基于空间句法的步行者视野潜力模拟和界面视觉机会分析	伦敦大学学院	范子澄	二等奖
大规模街景信令数据下的老城区更新单元出行模式识别与预测研究	长沙市规划信息服务中心	吴海平、胡兵、石珊、陈伟、欧景雯、申慧晴、周健、孙曦亮、刘昭、陈炉	二等奖
新城新区商业设施人流网络预测——基于VGAE神经网络模型	南京大学	刘梦雨、张书宇、仲昭成、刘笑千、李悦、黄劲	二等奖
融合多源异构时空大数据的共享单车骑行友好度评价研究	荷兰特文特大学、厦门市城市规划设计研究院	戴劭勍、陈志东、雷璟晗、王彦文	二等奖
基于多源数据的城市内涝风险评估系统构建	天津大学	李涵璟、毛露、崔佳星、杨雯琪、闫炳彤、邵闻嘉、贺玺桦、邵彤、赵爽、许涛	二等奖
不完备信息震害预测下的城市地震适应性规划方法研究——以医疗系统切入	北京工业大学	赵志成、李露霖、魏米铃、孙妍、倪乐、武佳佳、费智涛	二等奖
一种基于机器学习的全龄友好社区智能评估、诊断和规划方法	湖南师范大学、同济大学、长沙市规划勘测设计研究院	黄军林、梁超、罗格琦、曾钰洁、李紫玥	二等奖
基于现场音乐空间异质性的音乐文化生态圈构建	天津大学	翁童曦、王怡雯、徐彤伟、王超群、马昭仪	二等奖
基于SRP模型的生态环境脆弱性监测——以中国福建平潭、埃及尼罗河三角洲为例	福建师范大学	陈晓薇、余恬、令小艳、孙高鹏	二等奖
基于百度地图API数据的西安市文化旅游个性化动态路径决策支持模型构建及文化空间营造	西北农林科技大学	张双羽、赵倩怡、卓越、任彦申、刘珅、杨欣娟、孟佳欣、王玉、林珈亦、张双喆	二等奖
基于多源数据的欠发达地区协同发展评价与优化模型	昆明理工大学	鞠爽、杨柳青	二等奖

后记

《城垣杯·规划决策支持模型设计大赛获奖作品集》已经出版到了第三集，我们欣喜地看到，在第五届大赛中，越来越多的青年才俊在大赛舞台上展现风采，创作出一件件构思精巧、研究扎实、技术深厚、特色鲜明、贴合实践的参赛作品。大赛组委会将其中的精彩之作收录进作品集，以飨读者。这本作品集不仅是对这场学术盛宴的实录，更是规划行业新技术创新发展的见证。我们欣慰地见到，各个学科在大赛上交汇、交流、交融，学者们在大赛中碰撞思维，激荡火花。我国的规划工作正是在这一次次的融汇、碰撞中向着更加科学、更加严谨、更加精细的方向发展，展现出了一副新时代智慧规划技术的崭新图景。

近几年，大赛不断在主题与形式上推陈出新，2019年大赛响应国土空间规划的推行增设了自然资源保护、城市环境优化等主题；2020年响应新冠肺炎疫情防疫需求增设了城市安全卫生模型、城市卫生健康研究方向，增加了开放大数据的申请与应用；2021年重构大赛议题，以“生态文明背景下的国土空间格局构建”和“面向高质量发展的城市综合治理”两大主题统领作品的选题方向。

大赛从筹备到举办，再到此次作品集的成书，受到了业内的广泛关注与大力支持。在此，特别向大赛荣誉主席、中国工程院院士吴志强对大赛的鼓励与指导表示由衷的感谢！吴院士以远见卓识，高瞻远瞩地指明了大赛的前进方向。感谢参与大赛评审的专家学者：党安荣、詹庆明、汤海、柴彦威、钮心毅、甄峰、龙瀛、邹哲、王芙蓉、欧阳汉峰、周宏文、徐辉、黄晓春、张铁军、张晓东。他们不仅对于赛事的举办给予了充分肯定与帮助，而且在大赛赛场上秉承公平、公正、公开的原则，以严谨的学术视角对参赛作品进行了一丝不苟的审定和鞭辟入里的点评！感谢主办单位北京城垣数字科技有限责任公司、世界规划教育组织WUPEN、北规院弘都规划建筑设计研究院有限公司的各位同仁在大赛筹办中做出的周密细致的工作！感谢百度地图慧眼、中国联通智慧足迹为大赛提供国内多个城市的大数据资源！感谢北京城市实验室（BCL）、联合国教科文组织IKCEST–iCity智能城市服务平台对大赛的鼎力支持！感谢国匠城和CityIF对赛事的持续宣传报道！

感谢中国城市规划学会城市规划新技术学术委员会对规划决策支持模型领域创新工作的长期关心与指导！

千帆竞发东风劲，百舸争流奋楫先。在规划新技术大数据应用蓬勃发展的今天，规划决策支持模型的研究工作仍要奋发创新，努力探索。规划决策支持模型设计大赛，仍将继续为各位有志于规划量化模型研究工作的杰出人才提供展现作品的舞台，欢迎业界同仁持续关注！

《作品集》难免有疏漏之处，敬请各位读者不吝来函指正！

编委会

2021年10月

Postscript

The Planning Decision Support Model Design Compilation has been published to the second episode. We are so glad to see that in the contest of 2021, more and more young entrants are showcasing their elegant demeanor on the stage of the contest. They created entries with exquisite ideas, solid research, profound technology, distinctive characteristics and practice. The Organizing Committee of the contest collected the wonderful works in this collection. This collection is not only a record of the academic feast, but also a witness to the innovation and development of new technologies in the planning industry. We are pleased to see that various disciplines meet, communicate and blend in the contest, and scholars collide with each other and stir sparks in the contest. Urban and spatial planning in China is developing towards a more scientific, rigorous and refined approach in this integration and collision, showing a new picture of intelligent planning technology in the new era.

The contest has been constantly introducing new themes and forms in recent years. In 2019, the contest implemented the theme of natural resources protection and urban environment optimization in response to the implementation of spatial planning. In 2020, in response to needs of 'COVID-19' prevention, the contest added two new research direction included urban safety and health model, and healthy city research. The application of big data were also added in the contest of 2020. In 2021, two themes of 'construction of spatial pattern under the background of ecological civilization' and 'comprehensive urban management for high-quality development' were rebuilt, which command the topic selection of entrants' work.

From the preparation to the holding, and then to the completion of this collection of works, the contest has been widely concerned and strongly supported by the industry. Here, we would like to express our heartfelt thanks to Prof. Wu Zhiqiang, the Chinese Academy of Engineering (CAE) academician and honorary chairman of the contest. Prof. Wu pointed the direction of the competition with foresight. Thanks to the experts who participated in the evaluation of works in the contest: Dang Anrong, Zhan Qingming, Tang Hai, Chai Yanwei, Niu Xinyi, Zhen Feng, Long Ying, Zou Zhe, Wang Furong, Ouyang Hanfeng, Zhou Hongwen, Xu Hui, Huang Xiaochun, zhang Tiejun, Zhang Xiaodong. They not only gave full affirmation and help to the holding of the contest, but also adhered to the principles of fairness, impartiality and openness in the contest. They also made meticulous examination and penetrating comments on the entries from a rigorous academic perspective! Thanks to the colleagues of Beijing Chengyuan Digital Technology Co. LTD., World Urban Planning Education Network (WUPEN), and Homedale Urban Planning and Architects Co. Ltd. of BICP for their meticulous work in the preparation of the contest! In addition, we would like to thank Baidu Map Insight and China Unicom Smart Steps for providing big data resources of many cities for the contest! Thanks to Beijing City Lab (BCL), iCity Platform of International Knowledge Centre for Engineering Sciences and Technology under the Auspices of UNESCO (IKCEST-iCity) for their great support to the contest! Thanks to CAUP.NET and CityIF for their continuous publicity and coverage of the contest!

Thanks to China Urban Planning New Technology Application Academic Committee in Academy of Urban Planning for its long-term concern and guidance for the innovation in the field of planning decision support model!

With the rapid development of big data application and new technology applications in the field of planning, the research work of planning decision support model still needs to be innovated and explored. The Planning Decision Support Model Design Contest will continue to provide a stage for talents who are interested in planning model research. We welcome the industry colleagues to continue to follow it!

Some mistakes in the collection of works may be unavoidable. It would be pleasure to hear from you for correction!

Editorial Board

October, 2021